实战名称 实战001——会声会影X10简介

实战名称 实战003——卸载会声会影X10

实战名称 实战012——使用绘图器编辑

实战名称 实战018——将360° 视频转化为普通视频

实战名称 实战020——调整素材区间

实战名称 实战021——调整素材顺序

实战名称 实战025——用时间轴剪辑视频

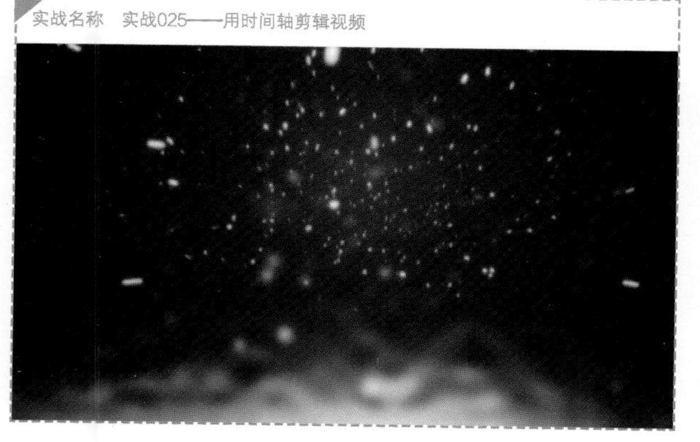

实战名称 实战027——按场景分割素材

实战名称　实战030——图像色彩调整

实战名称　实战032——快动作播放

实战名称　实战039——闪电滤镜——暴雨前夕

实战名称　实战041——气泡滤镜——魔幻泡泡

实战名称　实战043——彩色笔滤镜——五彩童年

实战名称　实战045——FX漩涡滤镜——无尽黑洞

实战名称　实战047——老电影滤镜——城南旧事

实战名称　实战048——光线滤镜——午夜之城

实战名称　实战051——FX涟漪滤镜——水波荡漾

实战名称　实战053——水彩滤镜——精美油画

实战名称　实战054——活动摄像机滤镜——狂欢午夜

实战名称　实战056——亮度和对比度滤镜——梦幻街道

实战名称　实战058——FX往内挤压滤镜——缩放隧道

实战名称　实战060——频闪动作滤镜——闪动画面

实战名称　实战063——动态模糊滤镜——真实视角

实战名称　实战065——色调滤镜——色彩变换

实战名称　实战067——自动曝光滤镜——绚丽花园

实战名称　实战068——浮雕滤镜——古典浮雕

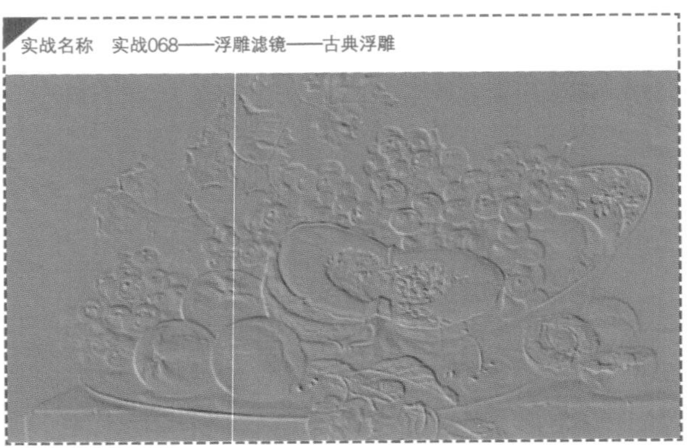

实战名称　实战071——晕影滤镜——望远镜

实战名称　实战072——镜头校正滤镜——电视画面

实战名称　实战074——视频摇动和缩放滤镜——摇动画面

实战名称　实战076——色彩平衡滤镜——调剂色彩

实战名称　实战078——单色滤镜——单一色彩

实战名称　实战079——鱼眼滤镜——恶搞人物

实战名称　实战081——缩放动作滤镜——街头跑酷

实战名称　实战085——应用当前效果

实战名称　实战088——自定义转场属性

实战名称　实战090——单向转场——卷轴打开

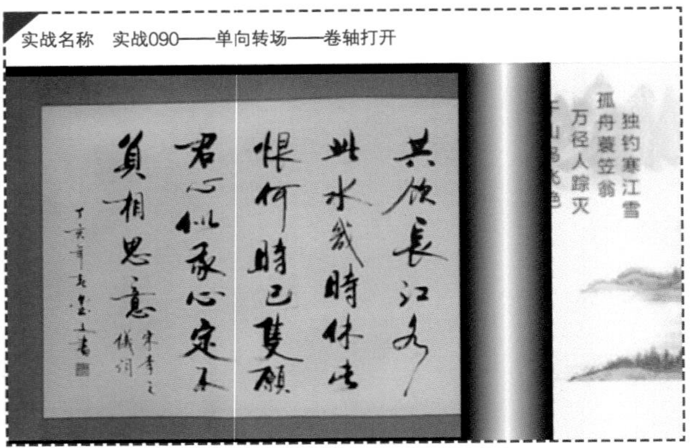

实战名称　实战095——遮罩C转场——生活情调

实战名称　实战105——拼图转场——奇特变化

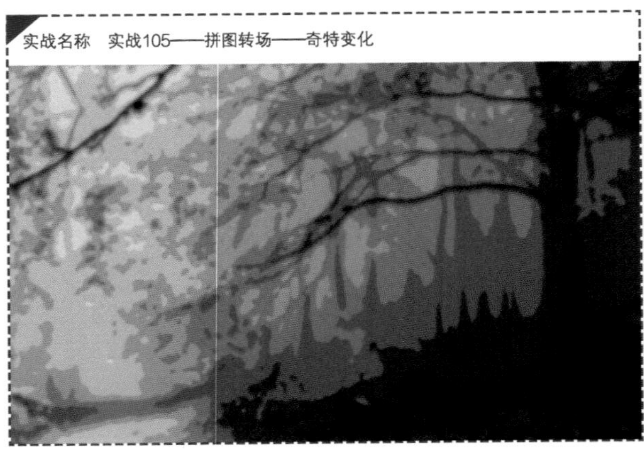

实战名称　实战109——闪光转场——荒芜草原

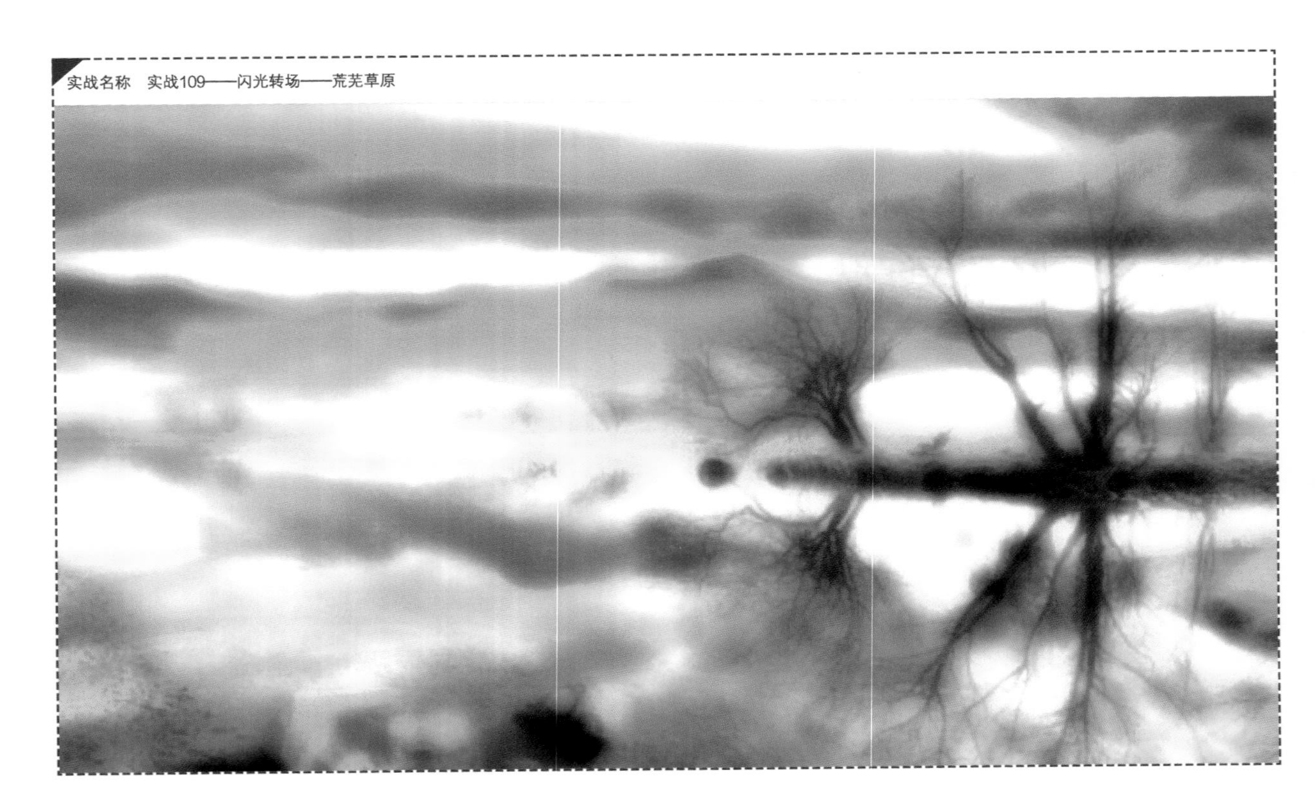

实战名称 实战112——圆形转场——天真无邪

实战名称 实战128——覆叠滤镜应用——云上芭蕾

实战名称 实战129——复制覆叠属性——东方文化

实战名称 实战153——制作移动路径特效

实战名称 实战173——添加滤镜和转场效果

实战名称 实战179——添加标题字幕

实战名称 实战182——添加并修整素材

实战名称 实战184——添加标题字幕

实战名称 实战188——添加滤镜和转场效果

实战名称 实战194——添加标题字幕

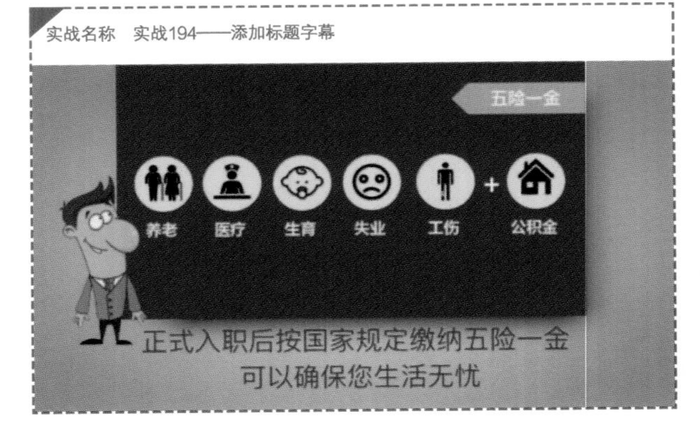

实战名称 实战199——添加标题字幕

实战名称 实战203——“个人信息”部分

实战名称 实战225——输出视频文件

会声会影X10
实战从入门到精通

麓山文化 编著

人 民 邮 电 出 版 社
北 京

图书在版编目（CIP）数据

会声会影X10实战从入门到精通 / 麓山文化编著. --
北京 : 人民邮电出版社, 2019.2（2024.1重印）
ISBN 978-7-115-49758-1

Ⅰ. ①会… Ⅱ. ①麓… Ⅲ. ①视频编辑软件 Ⅳ.
①TN94

中国版本图书馆CIP数据核字(2018)第239536号

内容提要

本书是一本会声会影 X10 的实战教程，全书分为 4 篇，包括入门篇、进阶篇、提高篇、实战篇。通过丰富的案例全面且细致地讲解了会声会影 X10 从捕获素材、视频的剪辑与修整、照片的编辑、添加视频特效、后期处理到分享输出的全部制作流程和剪辑技巧，帮助读者轻松、快速地从入门到精通会声会影 X10 软件。同时，实战篇包括 8 大综合案例，分别是婚礼视频、节目片头、童年相册、商业广告、企业招聘、城市宣传、个人简历和淘宝视频，帮助读者融会贯通、巧学活用，制作出完整且精彩的个人影片，从新手成为视频编辑高手。

本书附赠教学资源，包括书中案例的素材文件、效果文件，以及高清语音教学视频。

本书内容简单易学、步骤清晰、技巧实用、实例可操作性强，适合于 DV 爱好者、影像工作者、数码家庭用户及视频编辑入门者阅读，也可作为大中专院校相关专业及视频编辑培训机构的辅导教材。

◆ 编　　著　麓山文化
责任编辑　张丹阳
责任印制　陈　犇

◆ 人民邮电出版社出版发行　　北京市丰台区成寿寺路 11 号
邮编　100164　　电子邮件　315@ptpress.com.cn
网址　http://www.ptpress.com.cn
北京九州迅驰传媒文化有限公司印刷

◆ 开本：787×1092　1/16　　彩插：4
印张：19.5　　2019 年 2 月第 1 版
字数：584 千字　　2024 年 1 月北京第 10 次印刷

定价：59.00 元

读者服务热线：(010)81055410　印装质量热线：(010)81055316
反盗版热线：(010)81055315
广告经营许可证：京东市监广登字 20170147 号

前言

PREFACE

会声会影是一款高清视频剪辑、编辑、制作的软件。它的功能灵活易用，编辑步骤清晰明了，即使初学者也能在软件的引导下轻松制作出优秀的视频作品。会声会影提供了从捕获、编辑到分享的一系列功能，拥有上百种视频转场特效、视频滤镜、覆叠效果及标题样式，用户可以充分利用这些元素修饰影片，制作出更加生动的影片效果。

编写目的

我们希望为读者展现出会声会影的高级编辑模块，1 000种以上的精致特效、音频工具、平移和缩放、蓝幕及DVD动态选单等高级功能，让读者体会会声会影X10带来的便利和功能的强大。

我们希望运用会声会影X10进行视频制作的人能够更多地体会到视频制作带来的愉悦和快乐，可以学会用会声会影X10进行刻录光盘、电子相册制作、制作节日贺卡、婚礼视频制作、广告制作、栏目片头制作、宣传视频制作、课件制作等操作。

本书内容安排

本书共分为17章，从最基础的会声会影X10入门方法开始讲起，先介绍会声会影的应用领域、安装与卸载技巧以及启动与退出的方法，然后讲解软件的功能，包括项目的基本操作——捕获视频准备工作、添加与制作影视素材、矫正画面色彩、剪辑视频片段、分割视频场景，视频滤镜特效、转场特效、覆叠特效、字幕特效以及背景音乐特效等高级功能，以及输出视频和音频、转换视频和音频格式、将视频分享至网络等其他功能。本书内容涉及领域众多，在介绍软件功能的同时，还对视频捕获、剪辑、滤镜、转场、覆叠、字幕、音频等核心功能进行了深入剖析，并通过8大领域案例实战展现了会声会影在实际生活与工作中的具体应用。

篇名	内容安排
入门篇 （第01章~第02章）	本篇主讲一些会声会影X10的基本使用技巧，包括软件安装、卸载、启动与退出，以及文件保存输出等等，具体章节介绍如下 第01章：会声会影 X10快速入门 第02章：导入与管理素材
进阶篇 （第03章~第07章）	本篇主要介绍视频素材的捕获和剪辑，应用会声会影X10中自带的滤镜、转场以及覆叠特效等效果，这样才能制作出更专业的视频 第03章：视频与图像的编辑 第04章：应用视频滤镜 第05章：应用转场效果 第06章：应用覆叠效果 第07章：添加标题字幕
提高篇 （第08章~第09章）	本篇主要介绍如何应用会声会影X10中的音频制作和输出工具，有了这些后期的合成，视频将更具观赏性 第08章：音频添加制作 第09章：视频共享输出

（续表）

篇　名	内 容 安 排
实战篇 （第10章~第17章）	本篇主要介绍常用会声会影制作的8大经典案例，通过制作案例对前面所学的内容进行巩固和应用 第10章：婚礼视频——我们结婚啦 第11章：节目片头——山水中国 第12章：童年相册——温馨童年 第13章：商业广告——时尚家居 第14章：企业招聘——麓山图文 第15章：城市宣传——斯德哥尔摩 第16章：个人简历——视频简历 第17章：淘宝视频——“双十二”促销

本书写作特色

为了让读者更好地阅读本书，本书在具体的写法上也颇具匠心，具体总结如下。

- **实战数量多　大小知识点一网打尽**

实战是本书最大的特点之一，有225个实战案例，能够让新手完美上手使用会声会影X10，在实战的过程中，初学者也能快速掌握知识点。

- **素材、视频应有尽有　扫描二维码即可下载**

本书物超所值，除了书本之外，还附赠本书所用到的素材文件与效果文件，以及所有案例的教学视频。扫描“资源下载”二维码即可获得下载方式，扫描“在线视频”二维码可在线观看教学视频。

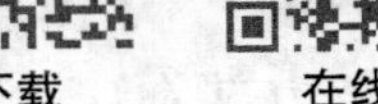

资源下载　　在线观看

- **难易安排有节奏　轻松学习乐无忧**

编写本书时特别考虑了初学人员的感受，实战从易到难，难度等级分明。在每个实战案例前都有一个难度指数，能够让读者了解各个实战的难易程度，便于读者学习钻研。

- **注重精彩的视频特效　吸引眼球的视频效果**

本书为了使读者能够更好地了解会声会影X10中每个滤镜特效的应用方法，对会声会影X10中的全部特效都进行了具体的介绍和实例讲解，精彩的视频特效能够让读者更加明白素材与特效搭配的重要性。

- **大案例的视频种类丰富　让读者了解更多类型的视频**

本书实战篇的8个大案例基本概括了所有可能应用到会声会影的领域，读者能够通过学习本书，学会制作多个方面的视频。

本书编写团队

本书由麓山文化组织编写，具体参与编写的有陈志民、江凡、张洁、马梅桂、戴京京、骆天、胡丹、陈运炳、申玉秀、李红萍、李红艺、李红术、陈云香、陈文香、陈军云、彭斌全、林小群、刘清平、钟睦、刘里锋、朱海涛、廖博、喻文明、易盛、陈晶、张绍华、陈文轶、杨少波、杨芳、刘有良、刘珊、赵祖欣、毛琼健、江涛、张范、田燕、刘志坚等。

由于编者水平有限，书中疏漏与不妥之处在所难免。在感谢读者选择本书的同时，也希望读者能够把对本书的意见和建议告诉我们。

联系信箱：lushanbook@qq.com

读者QQ群：327209040

麓山文化

2018年9月

目录

Contents

入门篇

第01章 会声会影X10快速入门

第02章 导入与管理素材

进阶篇

第03章 视频与图像的编辑

第04章 应用视频滤镜

第 05 章 应用转场效果

第 06 章 应用覆叠效果

第 07 章 添加标题字幕

提高篇

第 08 章 音频添加制作

第 09 章 视频共享输出

实战篇

第 10 章 婚礼视频——我们结婚啦

第 11 章 节目片头——山水中国

第 12 章 童年相册——温馨章年

第 13 章 商业广告——时尚家居

第 14 章 企业招聘——麓山图文

第 15 章 城市宣传——斯德哥尔摩

第 16 章 个人简历——视频简历

第 17 章 淘宝视频——“双十二”促销

会声会影X10快速入门

会声会影X10是加拿大Corel公司最新推出的、专门为视频爱好者和一般家庭用户打造的操作简单明了、功能强大的视频编辑软件。它功能齐全，不仅能够满足一般视频制作的需求，甚至还能够挑战专业级的影片剪辑软件。本章将对使用会声会影X10需要了解的相关知识进行初步讲解，为用户更好地使用会声会影X10打下基础。

实战 001 会声会影X10简介

会声会影是加拿大Corel公司制作的一款功能强大的视频编辑软件，具有图像抓取和编修功能，可以抓取，转换MV、DV、V8、TV和实时记录抓取画面文件，并提供有超过100种的编制功能与效果，可导出多种常见的视频格式，甚至可以直接制作成DVD和VCD光盘。

- **素材位置** | 无
- **效果位置** | 无
- **视频位置** | 无
- **难易指数** | ★☆☆☆☆

会声会影X10是Corel公司最新推出的视频编辑软件，其功能灵活易用，编辑步骤清晰明了，即使是初学者也能在软件的引导下轻松地制作出优秀的视频作品。会声会影可让用户以强大、新奇和轻松的方式完成视频片段从导入计算机到输出的整个过程，制作出一流的视频作品。其主要功能优势在于以下几个方面。

1. 操作简单

会声会影的界面操作简单，容易上手，已经成为家庭影片剪辑最常用软件之一。而会声会影X10的时间轴编辑模式较之前版本更便捷简单。用户可以将轨道自由创建为群组，或直接从音乐库中选取配乐，在欢迎界面中获取视频资源。

2. 步骤引导

采用影片制作向导模式，只要三个步骤就可快速做出DV影片，入门新手也可以在短时间内体验影片剪辑。

3. 功能强大

通过即时项目、影音快手模板剪辑制作视频，并配以音乐、标题等来为其增添创意。从捕获、剪接、转场、滤镜、覆叠、字幕、配乐到刻录，功能繁多，它提供了专业视频编辑所需要的一切。

会声会影X10新增了对360° 视频的支持，这个功能也是在顺应科技发展的一个潮流。360° 视频即全景视频，如图 1-1所示，是一种用3D摄像机全方位360° 拍摄的视频，用户在观看视频的时候可以随意调节视频的上下左右，在房产、旅游等方面已有不少应用。会声会影X10新增了对360° 视频的支持，满足了大众对于该类视频的编辑需求。

图 1-1 使用会声会影X10可以编辑全景视频

4. 创造力强

会声会影X10中各种不同的滤镜、转场、覆叠及标题等功能能让用户发挥创造力，制作出生动的影片效果。图1-2所示为会声会影中的各种特效。它通过全新的“轨透明度”将素材分层处理，采用全新的“重新映射时间”来控制速度。

图1-2 会声会影中的各种特效

实战 002 安装会声会影X10

当用户仔细了解了安装会声会影X10所需的系统配置后，就可以准备安装会声会影X10软件。该软件的安装与其他应用软件的安装方法基本一致。在安装会声会影X10之前，需要先检查计算机是否装有低版本的会声会影程序，如果有，需要将其卸载后再进行安装。下面将具体向读者介绍如何安装会声会影X10程序。

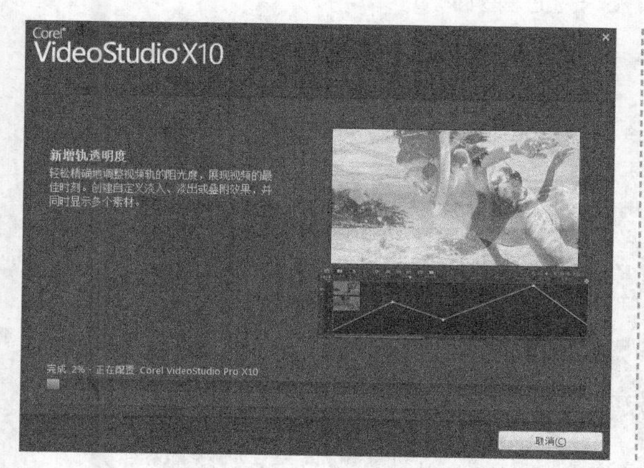

- **素材位置** | 无
- **效果位置** | 无
- **视频位置** | 视频\第1章\实战002安装会声会影X10.MP4
- **难易指数** | ★★☆☆☆

操作步骤

01 先下载会声会影，下载完成后双击“会声会影X10.exe”文件，系统将自动弹出安装界面，即可进行会声会影X10的安装。

02 进入许可协议界面，认真阅读最终用户许可协议，勾选“我接受许可协议中的条款”复选框，然后单击“下一步”按钮，如图 1-3所示。

03 进入下一个页面，用户可根据个人意愿选择是否勾选“启用使用者体验改进计划”复选框，然后单击“下一步”按钮，如图 1-4所示。

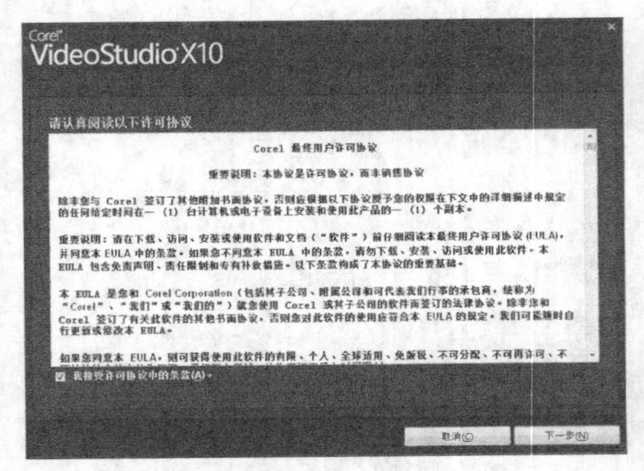

图 1-3 会声会影安装界面

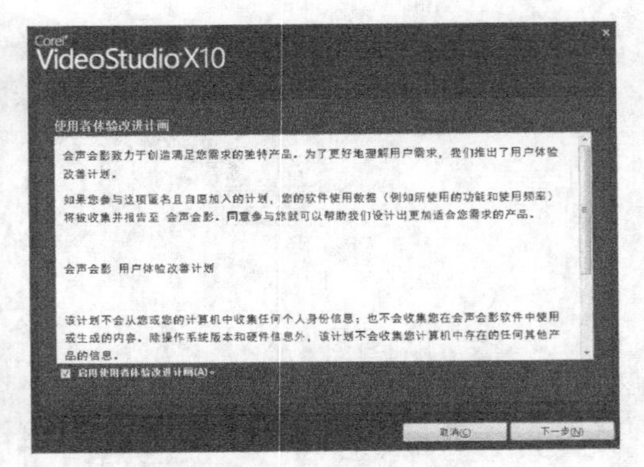

图 1-4 使用者体验计划

04 在“选择您所在的城市/区域”中选择“中国”，视频标准若无特别需求可不进行更改。然后选择保存路径，默认为C：\Program Files\Corel\Corel VideoStudio X10\，用户也可以根据自己的需要更改保存路径。之后点击“立刻安装”，如图 1-5所示。

05 此时进入会声会影x10程序安装状态，这个过程约花费20分钟，电脑配置不同，安装需要的时间也不同，如图 1-6所示。

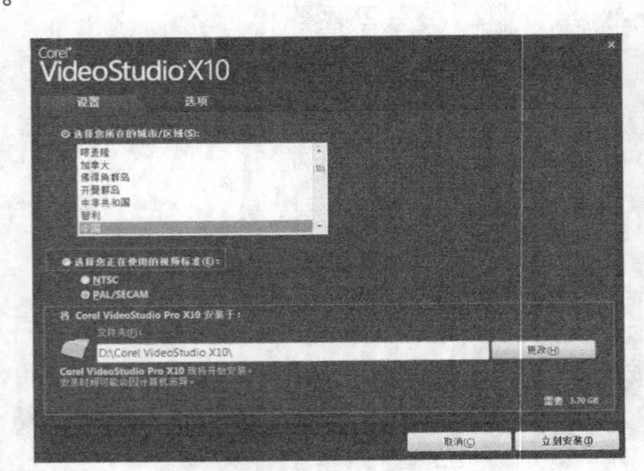

图 1-5 设置软件安装路径

图 1-6 安装过程界面

技巧

安装路径最好设置在 D 盘或其他硬盘分区中，不宜装在 C 盘中，因为 C 盘为系统盘，不建议安装大型软件。

06 安装成功完成后，单击“完成”按钮就可以结束会声会影X10程序的安装了，如图 1-7所示。

图 1-7 安装完成

实战
003 卸载会声会影X10

当用户不需要再使用会声会影X10时，可以将会声会影X10卸载，以提高电脑运行速度，腾出磁盘空间来放置其他文件。下面向读者详细介绍卸载会声会影X10的操作方法。

- **素材位置 |** 无
- **效果位置 |** 无
- **视频位置 |** 视频\第1章\实战003卸载会声会影X10.MP4
- **难易指数 |** ★☆☆☆☆

操作步骤

01 在计算机桌面上执行“开始”|“控制面板”命令，打开控制面板，单击“卸载程序”链接，如图1-8所示。

02 进入“卸载或更改程序”界面，右键单击要卸载的Corel VideoStudio Pro X10，选择弹出的菜单中的“卸载/更改”命令，如图1-9所示。

图1-8 单击“卸载程序”链接

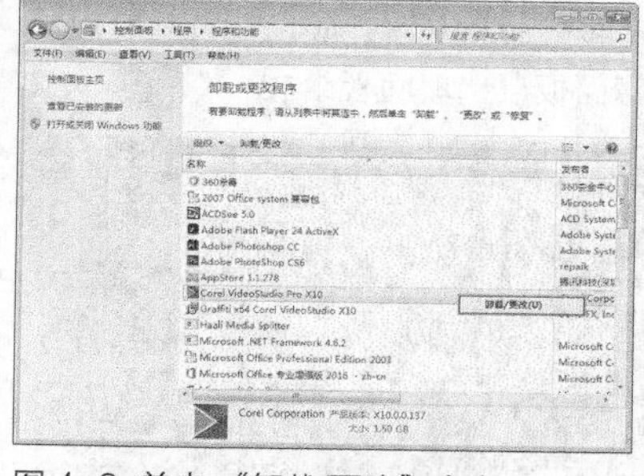

图1-9 单击“卸载/更改”命令

03 单击“卸载/更改”命令后等待数秒，会进入初始化安装界面，如图1-10所示。

04 待卸载程序初始化完成后，会进入“确定要完全删除Corel VideoStudio Pro X10及其所有功能吗？”界面，勾选“清除Corel VideoStudio Pro X10中的所有个人设置”复选框，如图1-11所示。

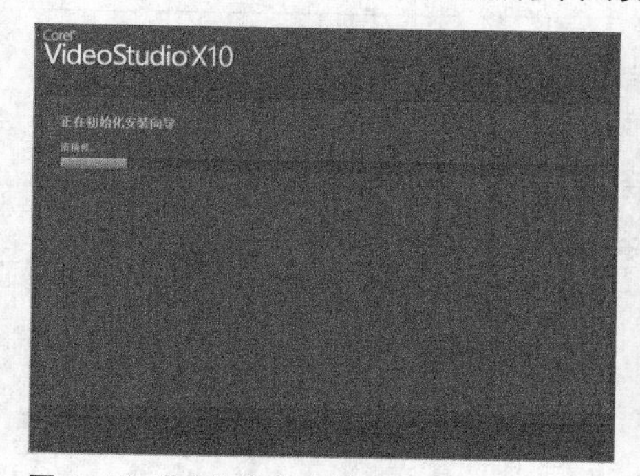

图1-10 进入初始化安装界面

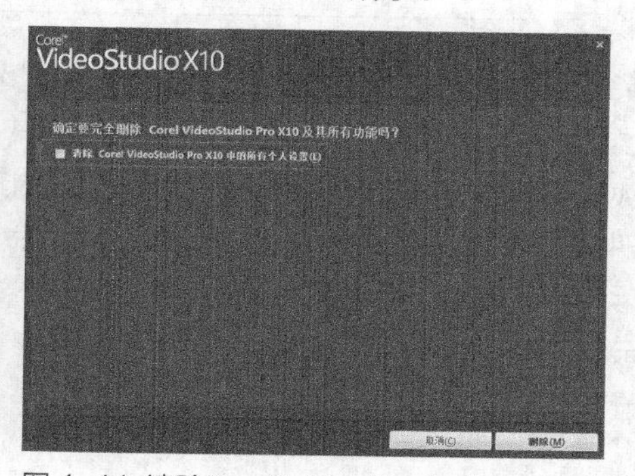

图1-11 清除Corel VideoStudio Pro X10中的所有个人设置

技巧

用户可根据需要选择是否清除个人设置，如果勾选之后进行卸载的话，将不会保存任何之前的操作设置。否则在再次安装会声会影的时候，可以将之前自定义的设置自行移植在新安装的会声会影上。

05 在界面中单击“删除”按钮，系统将会提示正在配置，移除的进度可能会慢一点，因电脑而异，耐心等待即可，如图 1-12所示。

06 卸载的进度条满格的时候，卸载就完成了。单击“完成”退出向导，会声会影X10卸载成功，如图 1-13所示。

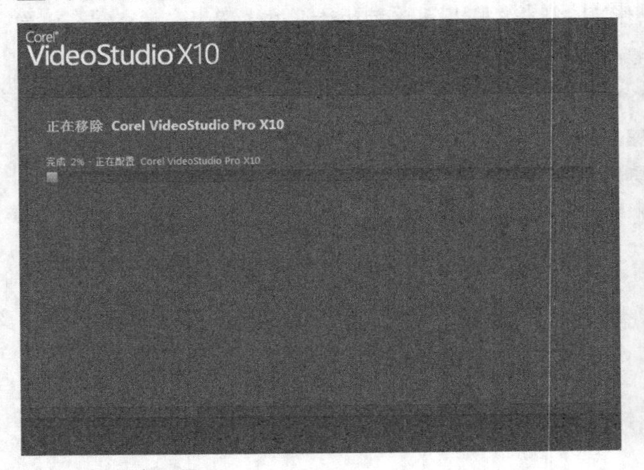

图 1-12 正在配置

图 1-13 卸载完成

实战 004 熟悉会声会影X10的工作界面 ★重点★

会声会影X10界面主要是编辑界面，编辑界面由步骤面板、菜单栏、预览窗口、导览面板、工具栏、项目时间轴、素材库、素材库面板、选项面板组成。

- **素材位置**丨无
- **效果位置**丨无
- **视频位置**丨视频\第1章\实战004熟悉会声会影X10的工作界面.MP4
- **难易指数**丨★★☆☆☆

操作步骤

01 当用户安装好会声会影X10应用软件之后，该软件的程序会存在于用户计算机的“开始”菜单中，此时用户可以通过“开始”菜单来启动会声会影X10。

02 在Windows桌面上，单击“开始”菜单，在弹出的菜单列表中找到会声会影X10软件文件夹，单击“Corel VideoStudio X10”命令，如图 1-14所示。

03 执行操作后，即可启动会声会影X10应用软件，进入软件工作界面，其布置如图 1-15所示。

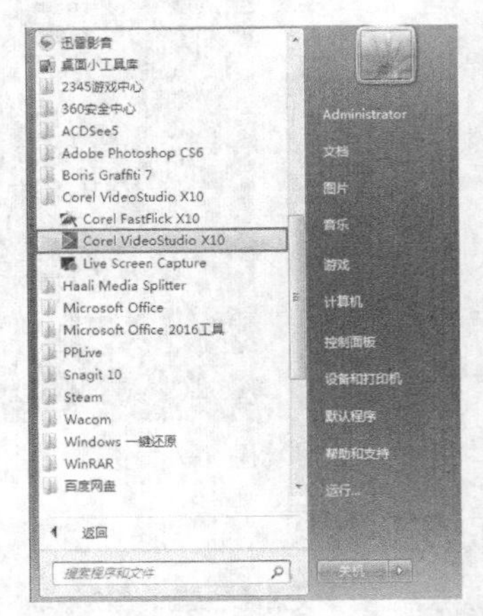

图 1-14 单击“Corel VideoStudio X10”命令

图 1-15 会声会影X10操作界面

04 下面对会声会影X10操作界面中各个部分的名称和功能做一个简单介绍，见表 1-1，使读者对影片编辑的流程和控制方法有一个基本认识。

表 1-1 会声会影界面各部分的名称和功能

名称	功能及说明
步骤面板	包括“捕获”“编辑”和“共享”按钮，这些按钮对应视频编辑中的不同步骤
菜单栏	包括“文件”“编辑”“工具”“设置”和“帮助”菜单，这些菜单提供了不同的命令集
预览窗口	显示了当前项目或正在播放的素材的外观
导览面板	提供一些用于回访和精确修正素材的按钮。在“捕获”步骤中，它也可用作DV或HDV摄像机的设备控制器
工具栏	包括在两个项目视图（如故事板视图和时间轴视图）之间进行切换的按钮，以及其他快速设置的按钮
项目时间轴	显示项目中使用的所有素材、标题和效果
素材库	存储和组织所有媒体素材，包括视频素材、照片、转场、标题、滤镜、路径、色彩素材和音频文件
素材库面板	根据媒体类型过滤素材库——媒体、转场、标题、图形、滤镜和路径
选项面板	包含控制按钮，以及可用于自定义所选素材设置的其他信息，该面板的内容会有所不同，具体取决于所选媒体素材的性质

实战 005 会声会影的常用术语

会声会影X10虽然是一款操作简单的视频编辑软件，但是同样会用到许多视频编辑的专业术语。下面我们将简单介绍一些会声会影中常用的术语。

- **素材位置 |** 无
- **效果位置 |** 无
- **视频位置 |** 视频\第1章\实战005会声会影的常用术语.MP4
- **难易指数 |** ★☆☆☆☆

1. 帧与帧速率

视频是由一幅幅静态画面所组成的图像序列，而组成视频的每一幅静态图像便被称为“帧”。也就是说，帧是视频（包含动画）内的单幅影像画面，相当于电影胶片上的每一格影像，以往人们常常说到的“逐帧播放”指的便是逐幅画面地查看视频。

在播放视频的过程中，播放效果的流畅程度取决于静态图像在单位时间内的播放数量，即“帧速率”，其单位为 帧/秒（fps）。

要生成平滑连贯的动画效果，帧速率一般不小于8 帧/秒。

- 在电影中，帧速率为24帧/秒，严格来讲，在电影中应称之为24格/秒。
- PAL制：帧速率为25帧/秒，即每秒播放25幅画面。
- NTSC制：帧速率为30帧/秒，即每秒播放30幅画面。
- 网络视频：帧速率为15帧/秒，即每秒播放15幅画面。

2. 场

场就是场景，是各种活动的场面，由人物活动和背景等构成。影视作品中需要很多场景，并且每个场景的对象可能都不同，且要求在不同场景中跳转，从而将多个场景中的视频组合成一系列有序的、连贯的画面。

3. 分辨率和像素

分辨率和像素都是影响视频质量的重要因素，与视频的播放效果有着密切联系。

- 像素：在电视机、计算机显示器及其他相类似的显示设备中，像素是组成图像的最小单位，而每个像素则由多个不同颜色的点组成。
- 分辨率：是指屏幕上像素的数量，通常用“水平方向像素数量×竖直方向像素数量”的方式来表示，例如640×480（480p）、1280×720（720p）、1920×1080（1080p）等。

每幅视频画面的分辨率越大，像素数量越多，整个视频的清晰度也就越高，对比结果如图 1-16所示。

图 1-16 不同的分辨率效果对比

4. 画面宽高比与像素宽高比

- 画面宽高比：拍摄或制作影片的长度和宽度之比，主要包括了4:3和16:9两种，由于后者的画面更接近人眼的实际视野，所以应用更为广泛。
- 像素宽高比：在平面软件所建立的图像文件中像素宽高比基本为1，电视上播放的视频的像素宽高比基本不为1。

5. 镜头

在后期制作中，将拍摄的视频进行剪辑或与其他视频片段组接，在这一过程中，通过剪辑得到的每个视频片段都被称为镜头。

6. 转场

场景与场景之间的过渡或转换就叫作转场。在会声会影中，常见的转场有交叉淡化、淡化到黑场、闪白等。

7. 视频轨与覆叠轨

视频轨与覆叠轨是会声会影中的专有名词。在会声会影中有1个视频轨和20个覆叠轨。

- 视频轨：视频轨是会声会影中添加视频、图像、色彩的轨道，如图 1-17所示。
- 覆叠轨：覆叠轨就是覆盖叠加的轨道，是制作画中画视频的关键，如图 1-18所示。

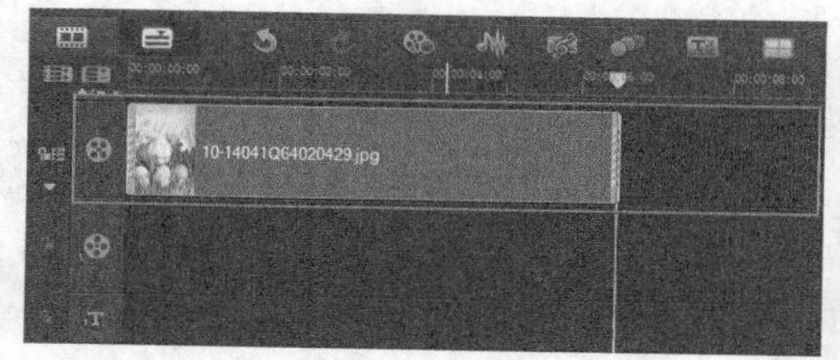

图 1-17 视频轨

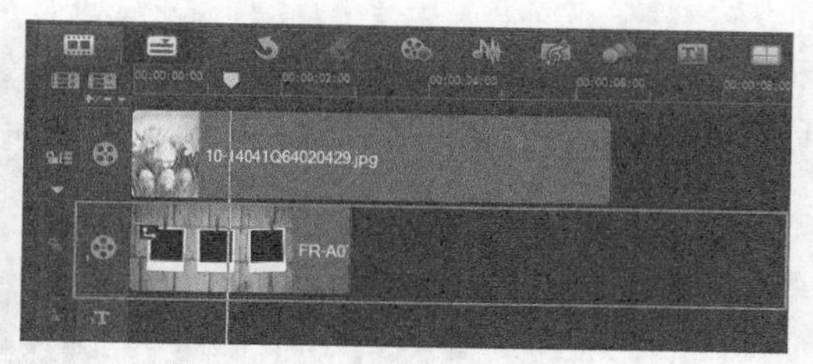

图 1-18 覆叠轨

8. 视频时间码

视频时间码是摄像机在记录图像信号的时候针对每一幅图像记录的唯一的时间编码，也就是在拍摄DV影像时准确地记录的视频拍摄的时间。

在用DV记录一些特殊场景的时候，如果添加上拍摄的时间就显得更有纪念意义，更弥足珍贵。

9. 项目

项目是指待进行视频编辑等加工操作的文件，如照片、视频、音频、边框素材及对象素材等。

10. 素材

在会声会影中可以进行编辑的对象称为素材，如照片、视频、声音、标题、色彩、对象、边框及Flash动画等。

11. 滤镜

滤镜是指能够给视频或图像添加的特效，如图 1-19所示。滤镜的操作是非常简单的，但是真正用起来却很难恰到好处。滤镜通常需要同通道、图层等联合使用，才能取得较好的艺术效果。如果想在最适当的时候应用滤镜到最适当的位置，除了平常的美术功底之外，用户还需要对滤镜相当熟悉和具有很强的操控能力，甚至需要具有很丰富的想象力。这样才能发挥出滤镜的最大作用。

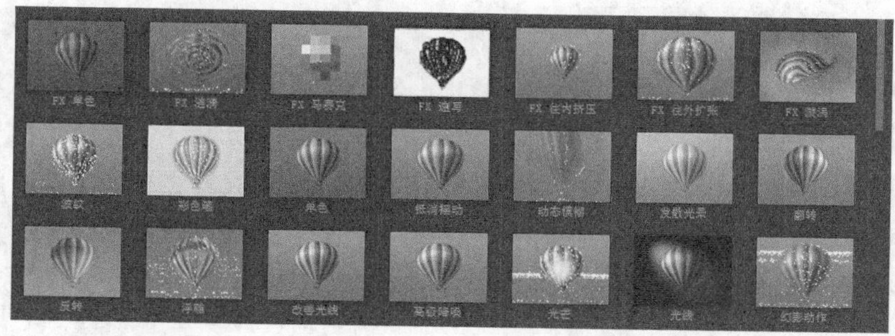

图 1-19 各种滤镜

12. 关键帧

表示关键状态的帧叫作关键帧。任何动画要表现运动或变化，至少前后要给出两个不同的关键状态，而中间状态的变化和衔接，电脑可以自动生成。

13. 路径

这个路径并不是指文件的存储路径，在会声会影中，有“路径”这一栏素材库，里面的素材都是一些基本动作，比如旋转、绕圈、“Z”形移动等，这些路径可以添加到图片素材上，使其动起来。在会声会影中，我们还可以自定义路径，这就让我们拥有了更多的创作空间和发挥想象力的空间。

14. 运动追踪

运动追踪是指在同一画面中，图像可以通过追踪跟着视频中的某一处进行相同的运动。运动追踪一般用于覆叠轨中的素材，能够让图像活起来，在一般的视频编辑中可能应用较少，但在专业的视频编辑中经常会用到运动追踪，来使画面更加协调一致。运动追踪一般是为了打上马赛克或者添加静态图片，让视频效果符合需求。

导入与管理素材

在编辑影片前，首先需要捕获素材文件，然后对素材进行管理，才能更好地编辑制作影片视频。在本章中将具体介绍素材的导入与管理。

实 战

006 从DV中捕获视频

在会声会影X10编辑器中，将DV与计算机相连接，即可进行视频的捕获。下面介绍一下捕获DV视频的方法。

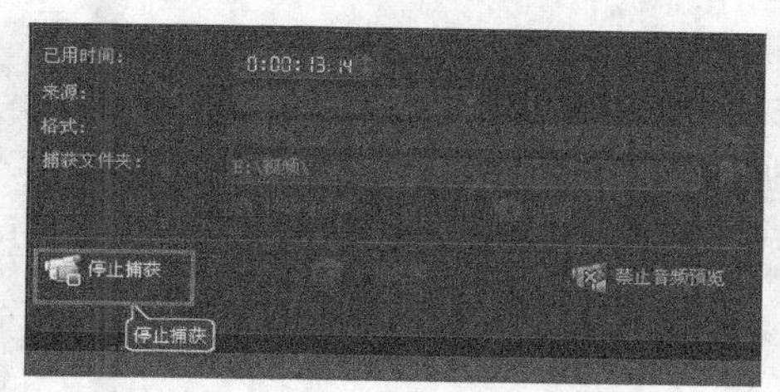

- **素材位置** | 无
- **效果位置** | 无
- **视频位置** | 无
- **难易指数** | ★☆☆☆☆

操作步骤

01 启动会声会影，单击“捕获”按钮，切换至“捕获”步骤面板，单击“捕获视频”按钮，如图2-1所示。

02 进入捕获界面，单击“捕获文件夹”按钮，如图2-2所示。

图2-1 单击“捕获视频”按钮

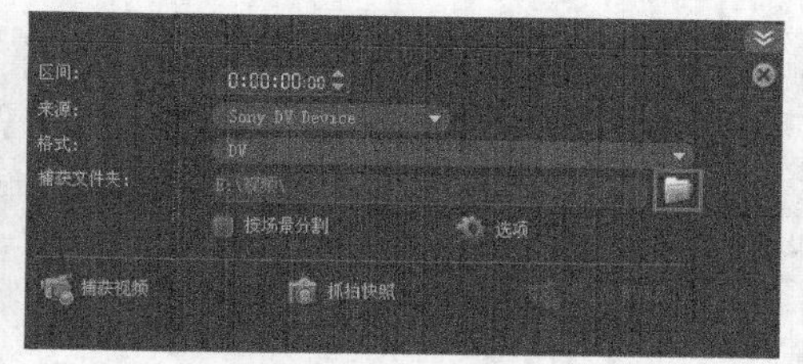

图2-2 单击“捕获文件夹”按钮

03 弹出“浏览文件夹”对话框，选择需要保存的文件夹的位置，如图2-3所示。单击“确定”按钮。

04 单击“捕获视频”按钮，开始捕获视频，如图2-4所示。

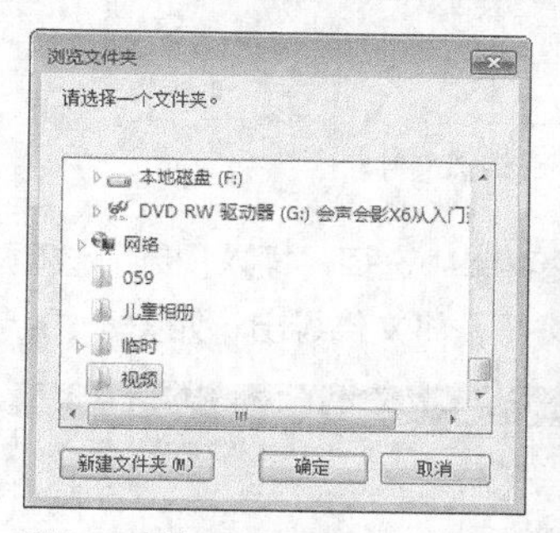

图2-3 选择保存路径

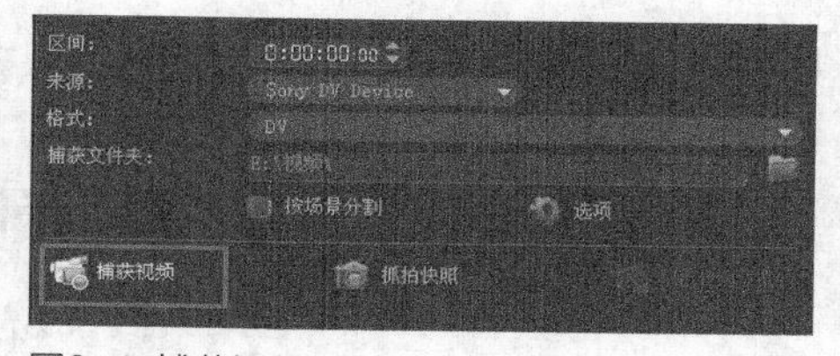

图2-4 捕获视频

05 捕获到需要的区间后，单击“停止捕获”按钮，如图2-5所示。

06 捕获完成的视频文件即可保存到素材库中，切换至“编辑”步骤，在时间轴中即可对捕获到的视频进行编辑。

图2-5 单击“停止捕获”按钮

技巧

当用户使用连接线将DV连接到计算机上时，打开会声会影，进入“捕获”步骤面板，如果此时会声会影无法识别或无法正常连接DV摄像机，可能是用户的连接线接触不良所导致的，建议用户更换一根连接线。

实 战

007 从移动设备中捕获视频 ★重点★

移动设备主要是指手机、iPad、PSP等。本实战将具体介绍从移动设备中捕获视频的操作方法。

- **素材位置** | 素材\第2章\实战007
- **效果位置** | 无
- **视频位置** | 视频\第2章\实战007从移动设备中捕获视频.MP4
- **难易指数** | ★☆☆☆☆

操作步骤

01 在Windows界面中，双击“此电脑”图标，在弹出来的界面中用鼠标双击连接的手机设备，如图 2-6所示。

02 在界面中，将手机设备中的视频复制到一个文件夹中，如图 2-7所示。

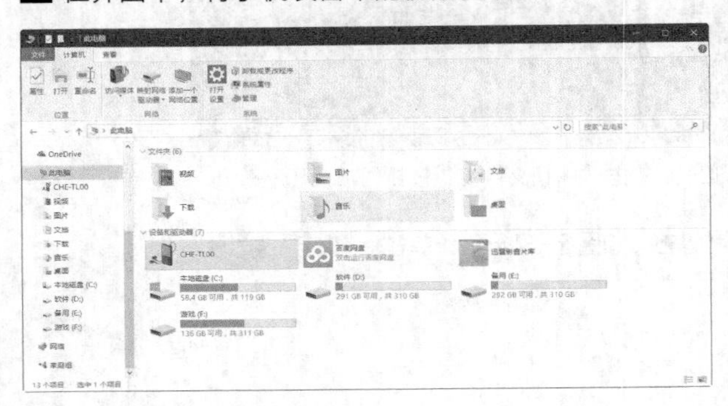

图 2-6 选择手机设备

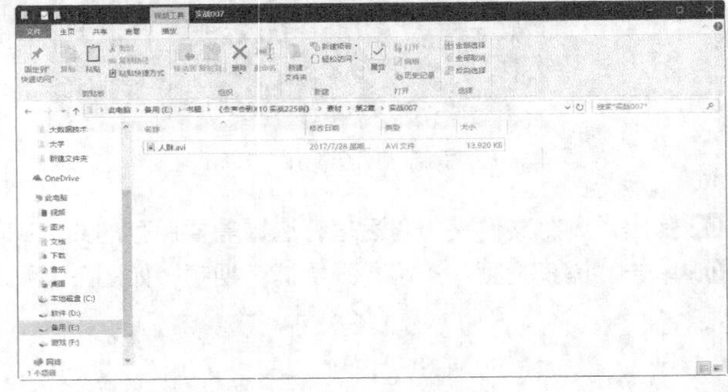

图 2-7 转移文件

03 进入会声会影X10，在视频轨中单击鼠标右键，在弹出的快捷菜单中选择“插入视频”选项，如图 2-8所示。

04 在弹出的对话框中，选择所需要的文件，然后单击“确定”按钮，将文件导出，如图 2-9所示。

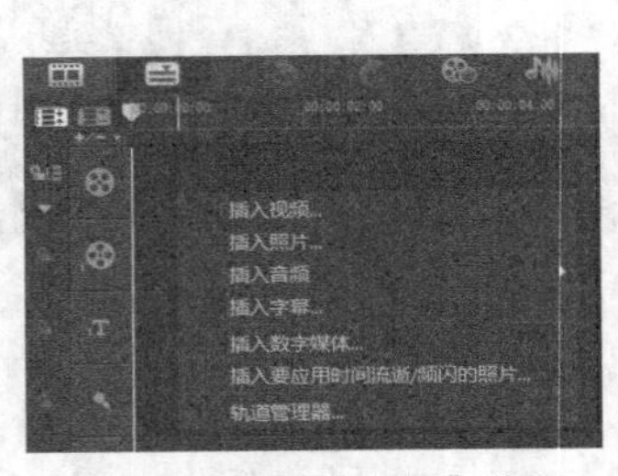

图 2-8 选择“插入视频”选项

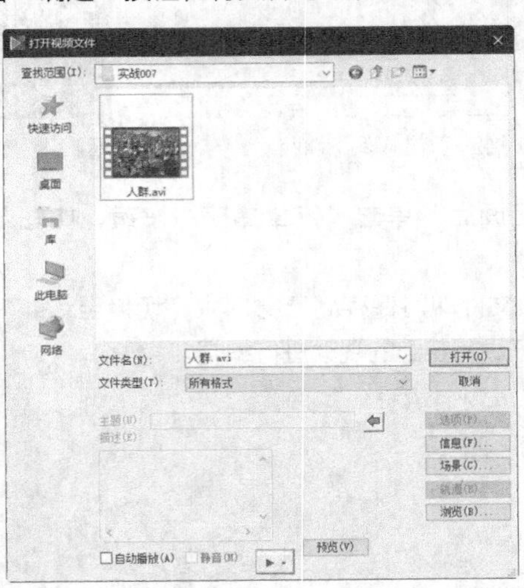

图 2-9 选择文件

05 执行操作后，即可完成从移动设备中捕获视频的操作，单击“播放”按钮即可预览效果，如图 2-10所示。

图 2-10 预览效果

实战 008 从数字媒体中导入视频 ★重点★

“从数字媒体导入”功能是针对DVD或VCD光盘的。该功能可以将DVD摄像机存储在光盘中的视频文件捕获到电脑中作为视频素材。在本实战中将具体介绍从数字媒体中导入视频的操作方法。

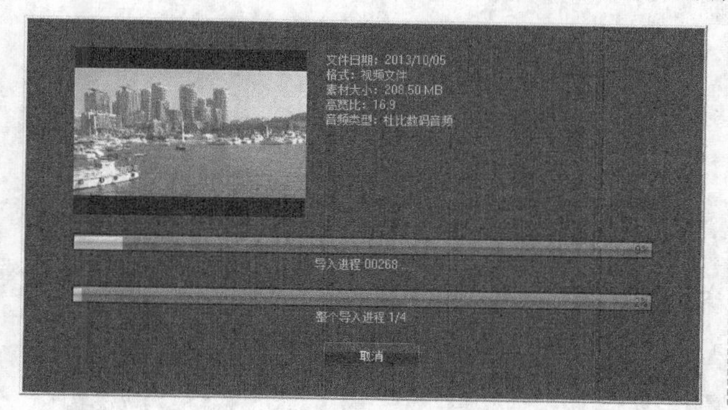

- **素材位置 |** 素材\第2章\实战008
- **效果位置 |** 效果\第2章\实战008从数字媒体中导入视频.VSP
- **视频位置 |** 视频\第2章\实战008从数字媒体中导入视频.MP4
- **难易指数 |** ★★★★☆

操作步骤

01 启动会声会影，单击“捕获”按钮，进入“捕获”步骤面板，如图2-11所示。

02 单击“捕获”面板中的“从数字媒体导入”选项，如图2-12所示。

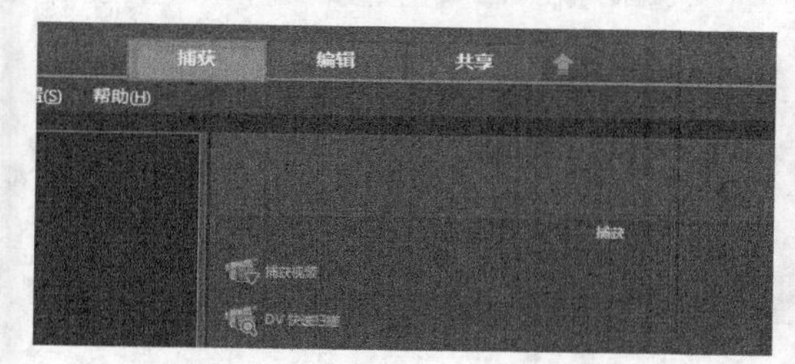

图2-11 单击“捕获”按钮

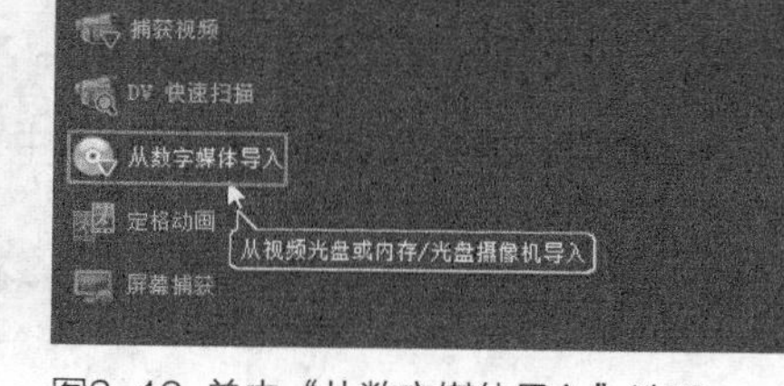

图2-12 单击“从数字媒体导入”选项

03 弹出“选取‘导入源文件夹’”对话框，选择需导入的路径，如图2-13所示。

04 单击“确定”按钮，弹出“从数字媒体导入”对话框，单击“起始”按钮，如图2-14所示。

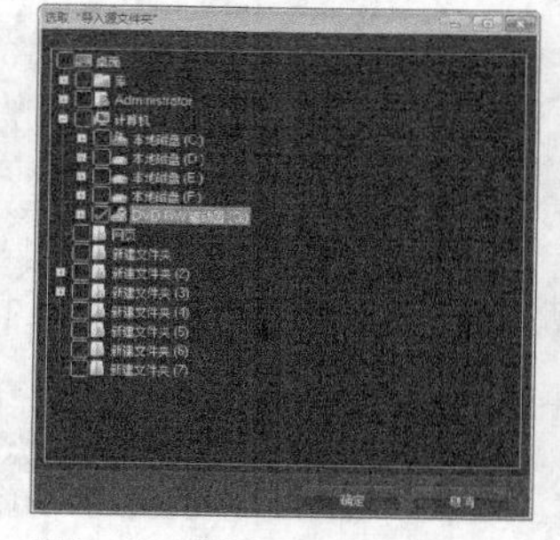

图2-13 选择需导入的路径

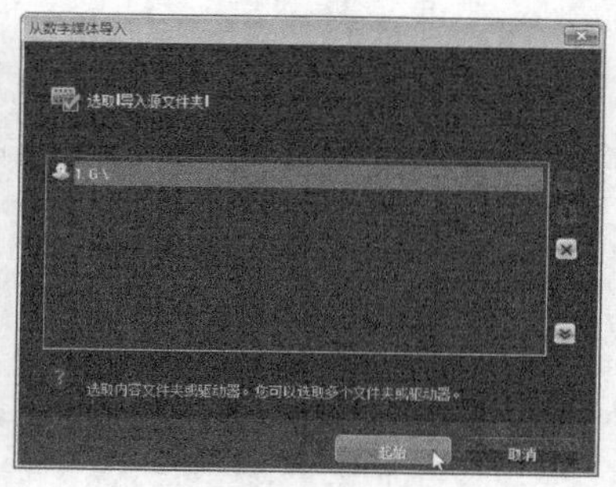

图2-14 单击“起始”按钮

05 打开另一个对话框，选中素材左上角处的复选框，如图2-15所示。

06 在“工作文件夹”后单击“选取目标文件夹”按钮，弹出对话框，设置导出视频的存储路径，如图2-16所示。

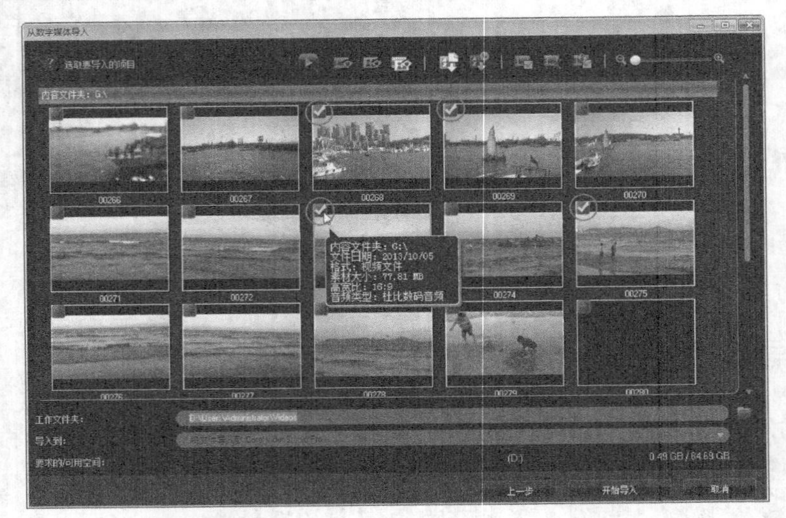

图2-15 选中素材复选框

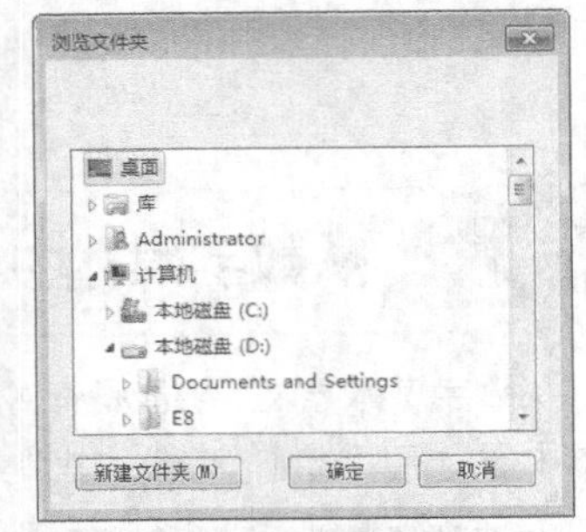

图2-16 设置存储路径

07 单击“确定”按钮关闭对话框。单击“开始导入”按钮，如图2-17所示。

08 文件开始导入，并显示导入进程，如图2-18所示。

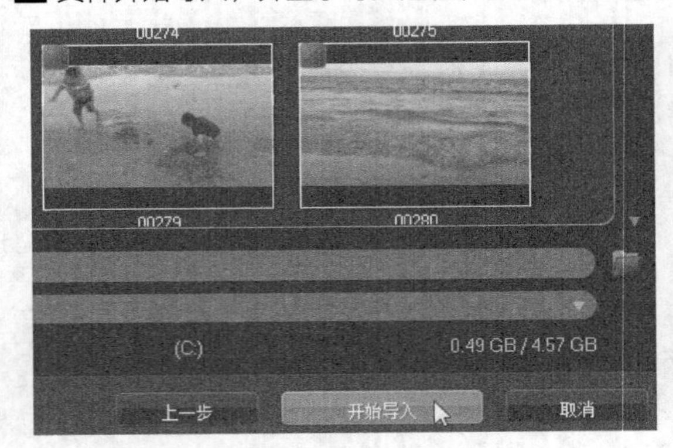

图2-17 单击“开始导入”按钮

图2-18 导入进程

09 弹出“导入设置”对话框，设置参数，如图2-19所示。

10 单击“确定”按钮，素材即导入会声会影的素材库中，同时插入时间轴中。在预览窗口中预览导入的视频素材，如图2-20所示。

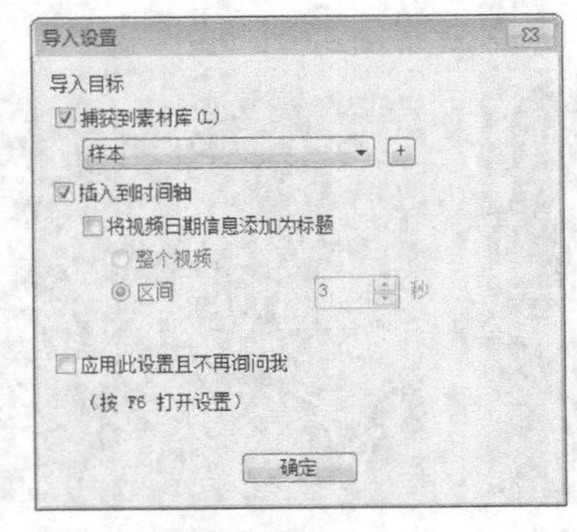

图2-19 设置参数

图2-20 预览导入的视频素材

实战 009 通过摄像头捕获视频 ★重点★

在会声会影中，也可以直接通过与计算机连接的摄像头捕获视频。可以直接将网络中的游戏竞技、体育赛事捕获下来，并应用于会声会影中进行剪辑、制作及分享。

- **素材位置** | 无
- **效果位置** | 无
- **视频位置** | 视频\第2章\实战009通过摄像头捕获视频.MP4
- **难易指数** | ★★★★☆

操作步骤

01 启动会声会影，单击“捕获”按钮，切换至“捕获”步骤面板，如图2-21所示。

02 在“捕获”面板中，单击“实时屏幕捕获”按钮，如图2-22所示。

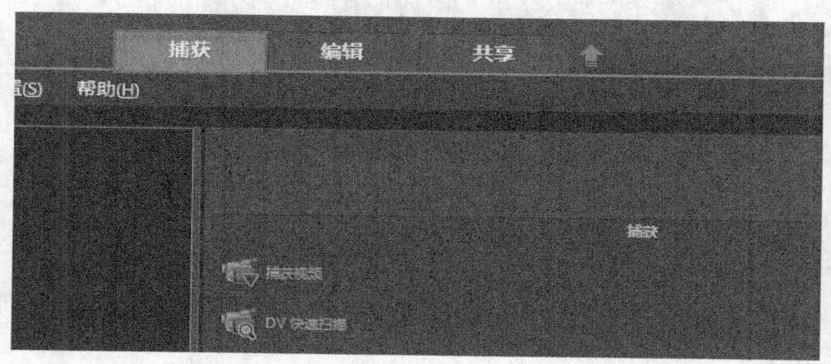

图2-21 单击“捕获”按钮

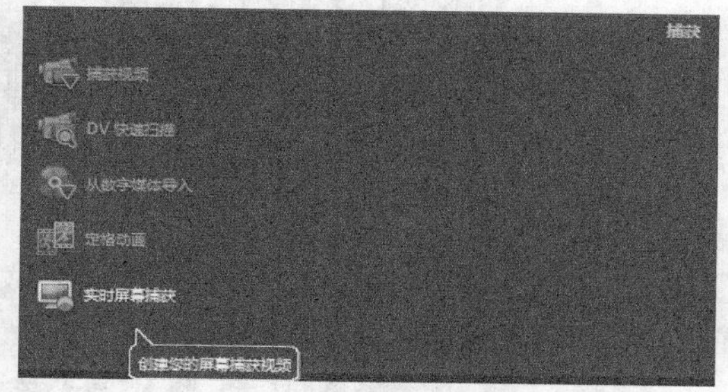

图2-22 单击“实时屏幕捕获”按钮

03 执行操作后，弹出屏幕捕获定界框，如图2-23所示。

04 将光标放在捕获框的四周，当光标变成双向箭头时，拖动光标即可调整捕获框的大小，如图2-24所示。

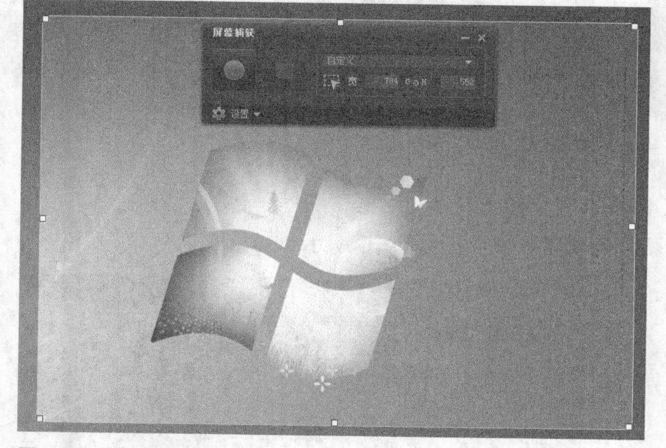

图2-23 “屏幕捕获”窗口

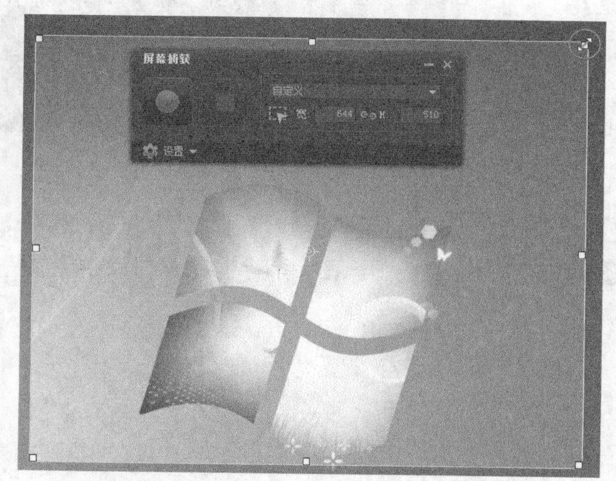

图2-24 调整捕获框的大小

05 鼠标选中中心控制点，调整捕获框的位置，如图2-25所示。

06 单击“设置”右侧的倒三角按钮，查看更多设置，如图2-26所示。

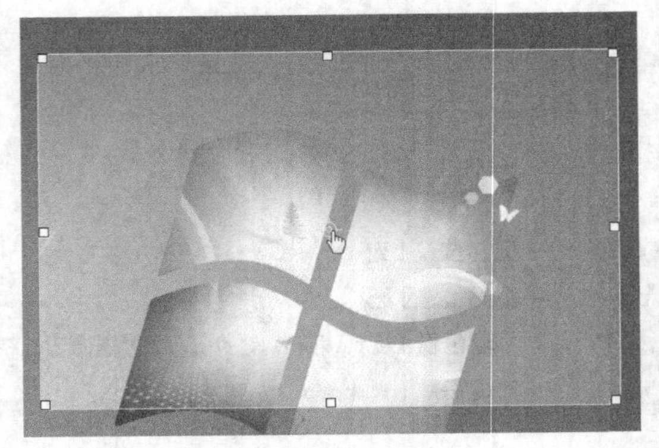

图2-25 调整捕获框的位置

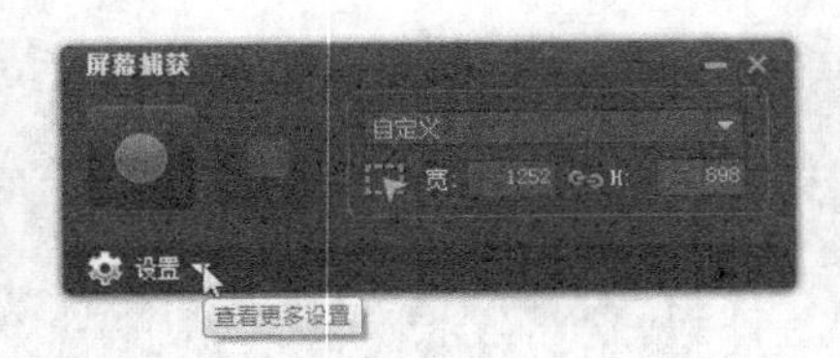

图2-26 单击倒三角按钮

07 在弹出的列表中，设置文件名称及文件保存路径，如图2-27所示。

08 在“音频设置”选项组中，单击“声效检查”按钮，如图2-28所示。

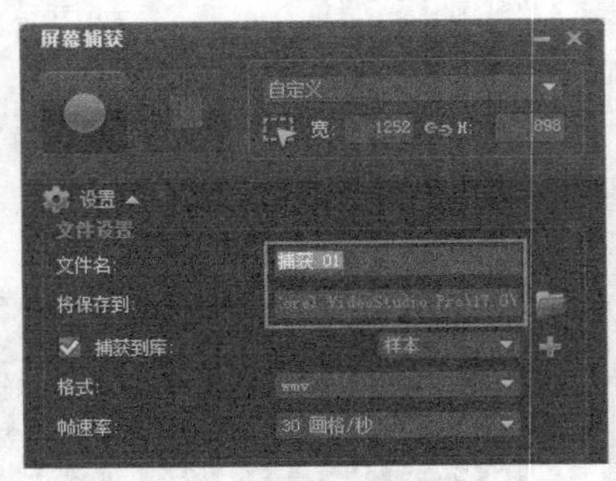

图2-27 设置文件名及保存路径

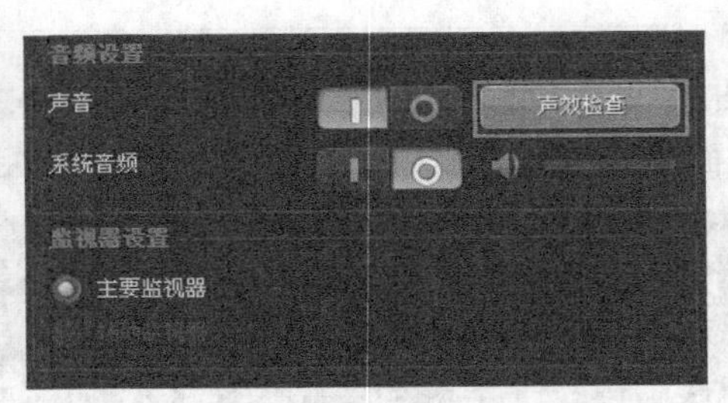

图2-28 单击“声效检查”按钮

09 单击“记录”按钮，如图2-29所示。试音完成后，单击“停止”按钮。

10 音频开始播放试音效果。播放完后，关闭“声效检查”窗口。单击“开始录制”按钮，如图2-30所示。

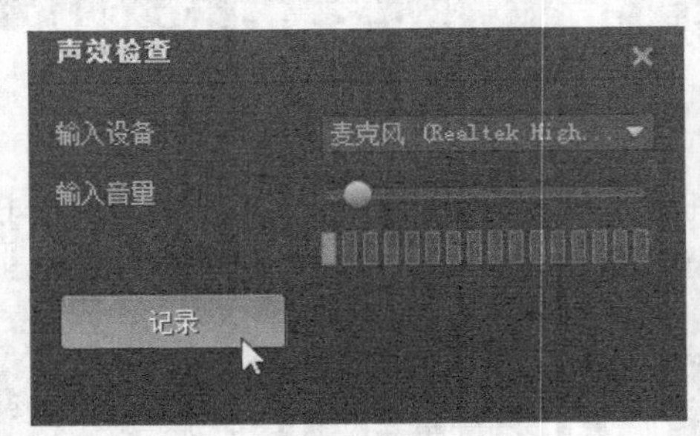

图2-29 单击“记录”按钮

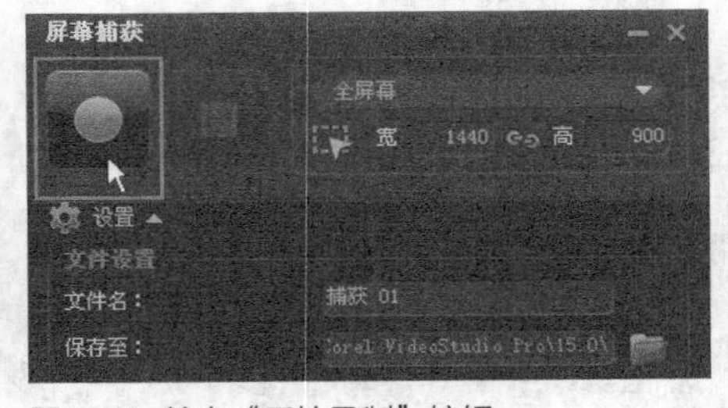

图2-30 单击“开始录制”按钮

11 界面3秒倒计时过后，开始录制视频。按快捷键F10停止录制，弹出提示对话框，如图2-31所示。

12 单击“确定”按钮。在会声会影的素材库中查看捕获到的屏幕视频，如图2-32所示。

图2-31 提示对话框

图2-32 素材库

实战 010

录制画外音 ★重点★

在会声会影中，可以直接用麦克风录制语音文件并应用到视频文件中。本实战将具体介绍画外音的录制。

- **素材位置 |** 无
- **效果位置 |** 无
- **视频位置 |** 视频\第2章\实战010录制画外音.MP4
- **难易指数 |** ★☆☆☆☆

操作步骤

01 把麦克风正确连接到电脑上，进入会声会影X10，在时间轴视图中单击“录制/捕获选项”按钮，如图 2-33所示。

02 在弹出的对话框中单击“画外音”按钮，如图 2-34所示。

图 2-33 单击“录制/捕获选项”按钮

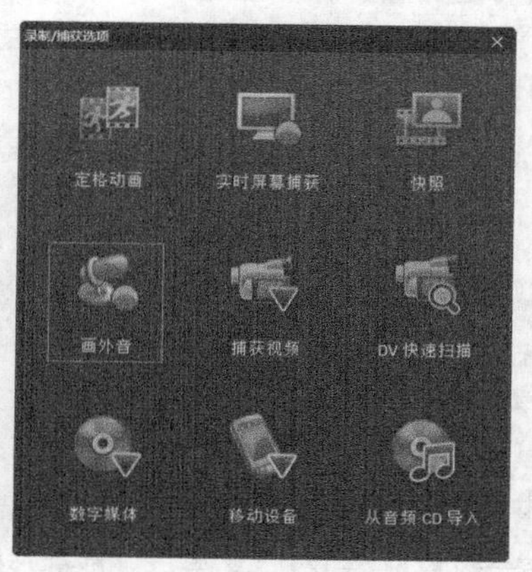

图 2-34 单击“画外音”按钮

03 弹出“调整音量”对话框，对着麦克风测试语音输入设备，检测是否正常录入，如图 2-35所示。

04 单击“开始”按钮就可以通过麦克风录制语音，如图 2-36所示。然后按Esc键即可结束录音。

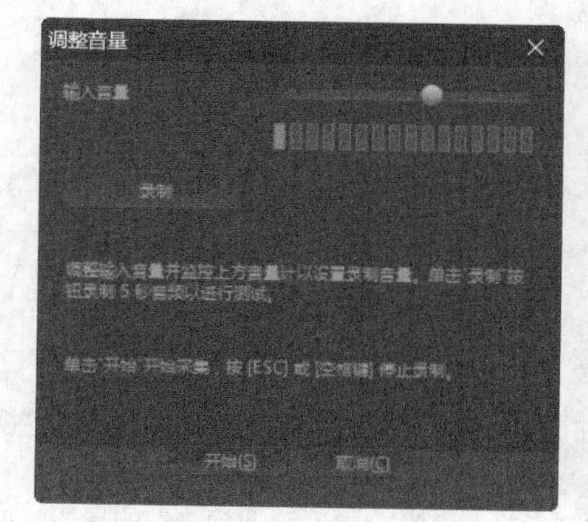

图 2-35 “调整音量”对话框

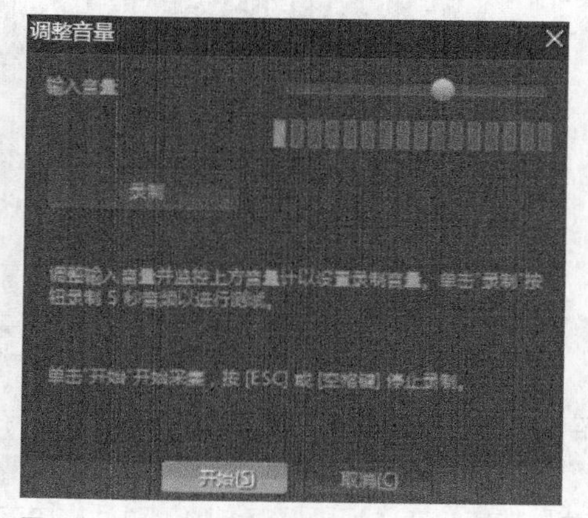

图 2-36 单击“开始”按钮

05 录制结束后，语音素材会被插入项目时间的声音轨中，如图 2-37所示。

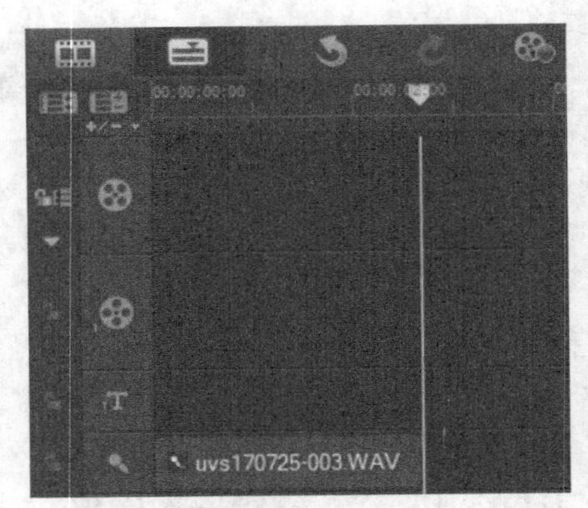

图 2-37 录制的音频素材

实战 011 批量转换视频

成批转换工具可以统一转换项目中的所有视频格式，使管理更方便，输出速度更快。在本实战中将具体介绍视频的批量转换。

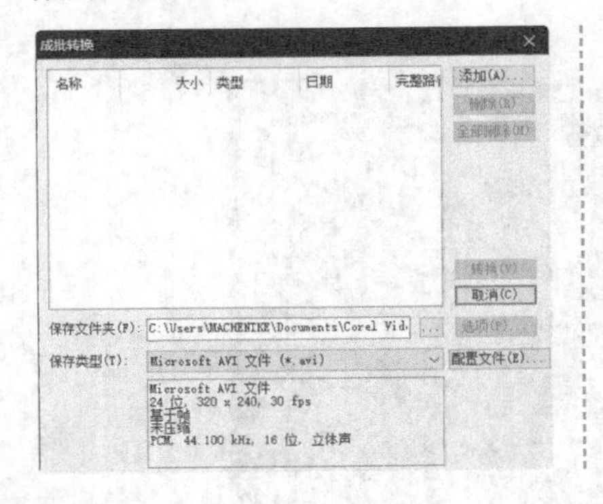

- **素材位置** | 无
- **效果位置** | 无
- **视频位置** | 视频\第2章\实战011批量转换视频.MP4
- **难易指数** | ★☆☆☆☆

操作步骤

01 进入会声会影X10，执行“文件”|“成批转换”命令，如图 2-38所示。

02 弹出“成批转换”对话框，单击“添加”按钮，如图 2-39所示。

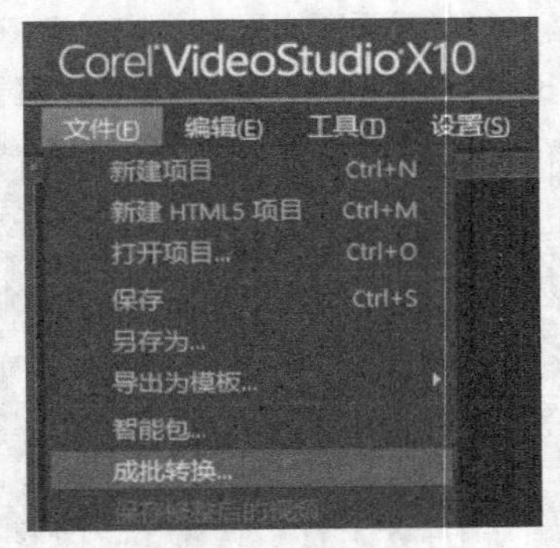

图 2-38 执行“成批转换”命令

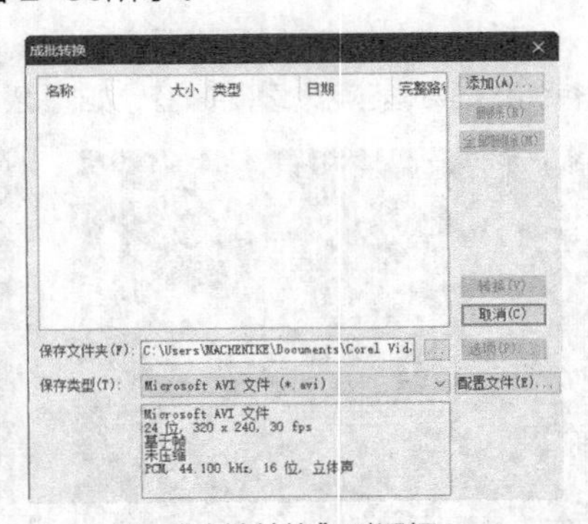

图 2-39 “成批转换”对话框

03 单击“保存文件夹”后面的按钮，选择保存路径，在“保存类型”下拉列表中选择要转换成的视频格式，如图 2-40所示。

04 单击“选项”按钮，在“视频保存选项”对话框中的“常规”选项卡中设置视频文件的品质，如图 2-41所示。然后单击“确定”按钮完成设置。

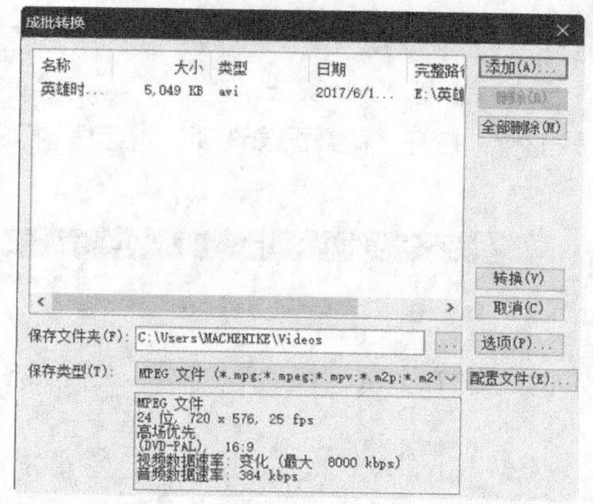

图 2-40 选择要转换的视频格式

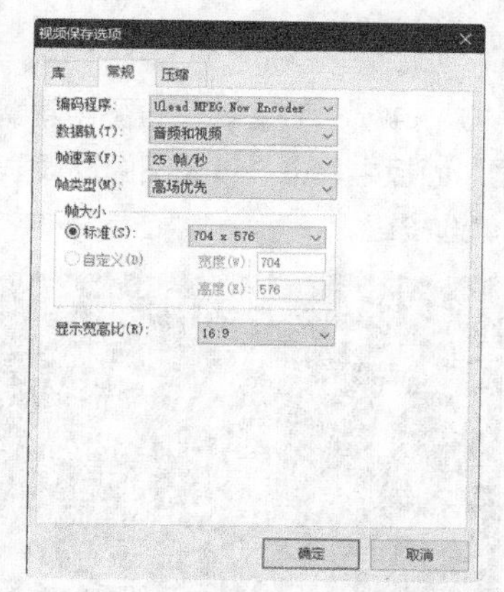

图 2-41 设置视频文件的品质

提示

会声会影成批转换的视频格式不包括会声会影所不支持的 RMVB、MKV 等格式，这些视频格式需要借助视频格式转换软件来转换。

05 在“成批转换”对话框中单击“转换”按钮进行文件的转换，如图 2-42所示。

06 转换完成后，弹出“任务报告”对话框，单击“确定”按钮完成视频文件的转换操作，如图 2-43所示。

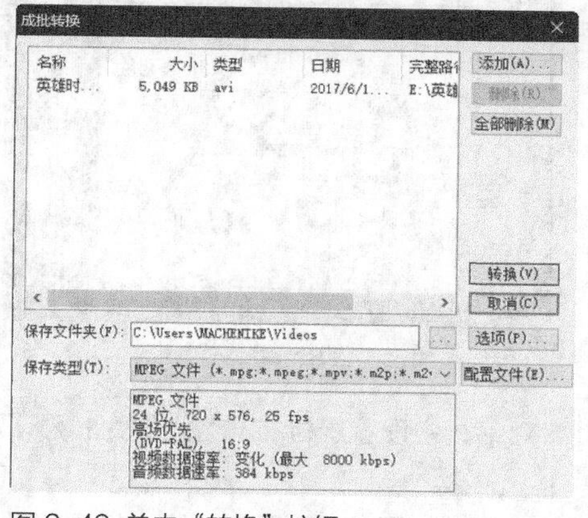

图 2-42 单击“转换”按钮

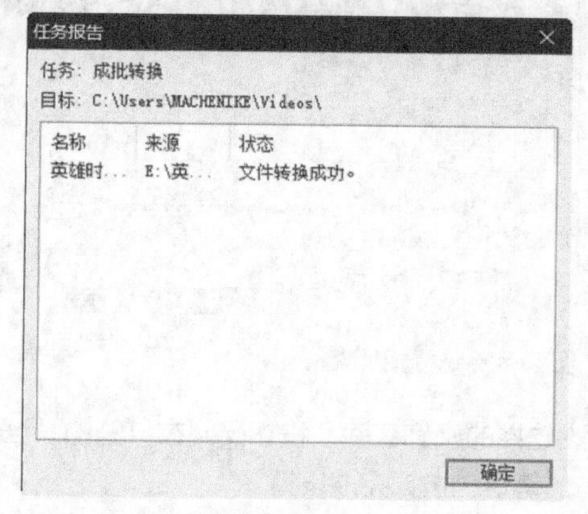

图 2-43 “任务报告”对话框

实战 012 使用绘图器编辑

绘图创建器可以将绘制的过程记录成动画素材并在会声会影里使用。

- **素材位置 | **素材\第2章\实战012
- **效果位置 | **无
- **视频位置 | **视频\第2章\实战012使用绘图器编辑.MP4
- **难易指数 | **★★☆☆☆

操作步骤

01 进入会声会影X10，执行“工具”|“绘图创建器”命令，如图 2-44所示。

02 在“绘图创建器”面板中单击“背景图像选项”按钮，打开“背景图像选项”对话框，如图 2-45所示，单击“自定义图像”单选按钮。

图 2-44 执行“绘图创建器”命令

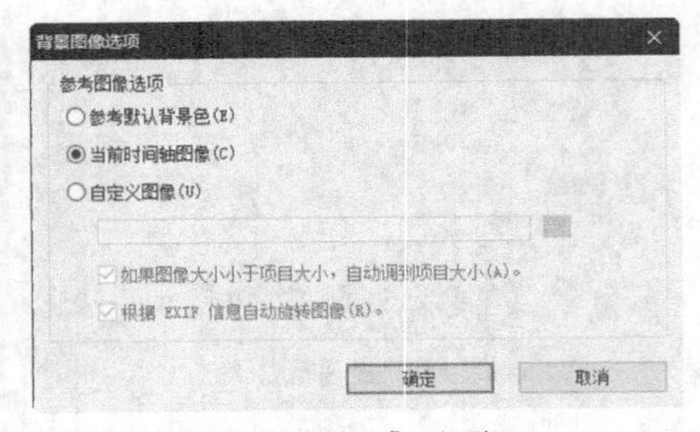

图 2-45 “背景图像选项”对话框

03 选择需要的图片素材（素材\第2章\实战012\小女孩.jpg），如图 2-46所示。然后单击“确定”按钮关闭窗口。

04 单击“开始录制”按钮，即可参考背景图像绘图，绘制完成后单击“停止录制”按钮，如图 2-47所示。

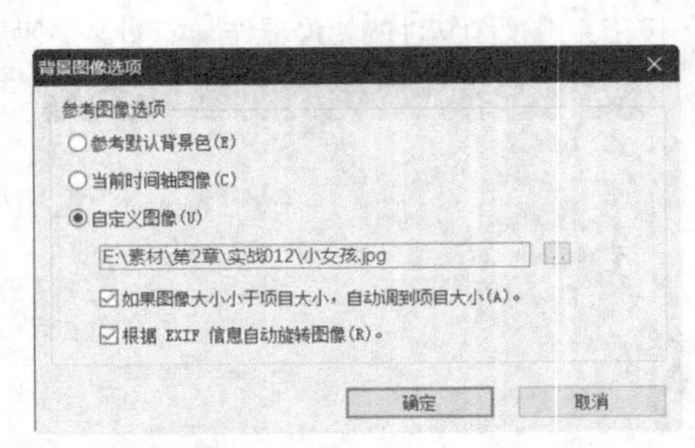

图 2-46 选择图片素材

图 2-47 单击“停止录制”按钮

05 单击“更改选择的画廊区间”按钮，在打开的“区间”对话框中设置素材的“区间”为10秒，如图 2-48所示。然后单击“确定”按钮完成设置。

06 回到“绘图创建器”面板，单击“确定”按钮完成素材的绘制，如图 2-49所示。绘制完成后，素材会自动保存到会声会影素材库中。

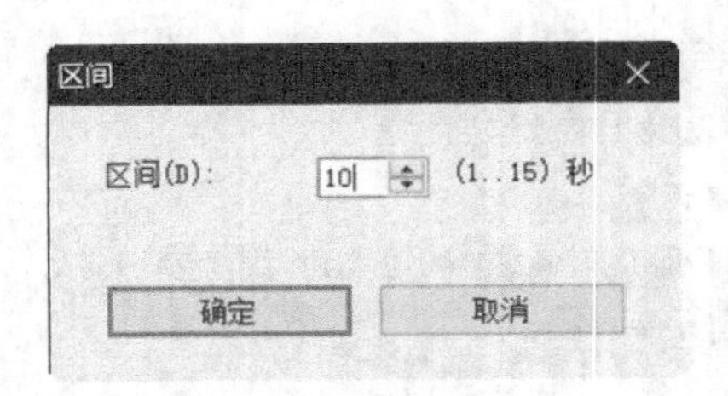

图 2-48 设置素材的“区间”为10秒

图 2-49 完成绘制

提示

在默认设置下，绘制素材的背景是透明的，便于在覆叠轨中使用。要想绘制带有背景的素材，需要进行相应的设置：单击“绘图创建器”窗口左下角的“参数选择设置”按钮，在弹出的对话框中取消“启用图层模式”复选框的选中状态即可，还可以通过“默认背景色”颜色框设置背景画布的颜色。

实战 013 查看素材库

会声会影X10的素材全部放在同一素材库中。可以通过显示按钮来查看相应的素材。在本实战中，我们将具体介绍素材库的查看。

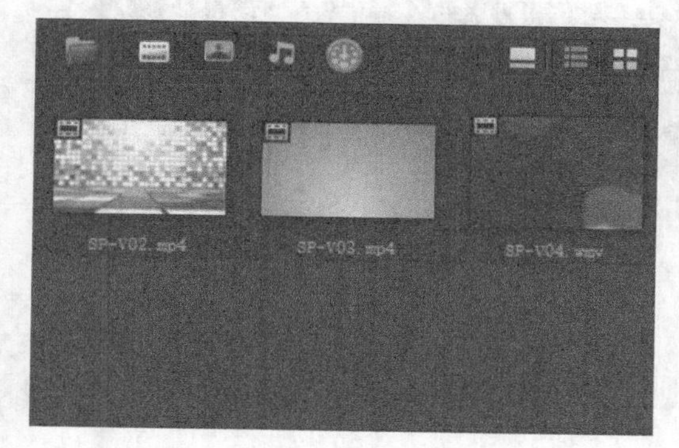

- **素材位置** | 无
- **效果位置** | 无
- **视频位置** | 视频\第2章\实战013查看素材库.MP4
- **难易指数** | ★★☆☆☆

操作步骤

01 进入会声会影编辑器，在素材库面板中可以看到视频、照片、音频都放在同一素材库中，如图 2-50所示。

图 2-50 素材库

02 单击“隐藏视频”按钮，即可隐藏视频素材，如图 2-51所示。

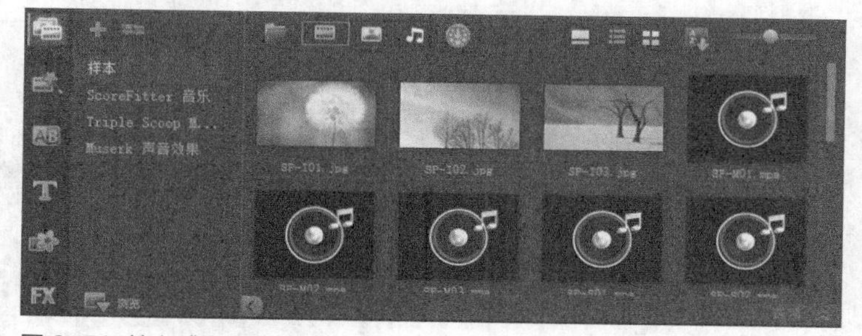

图 2-51 单击“隐藏视频”按钮

03 如果想显示出视频文件，单击“显示视频”按钮，如图 2-52所示，即可显示出视频素材。

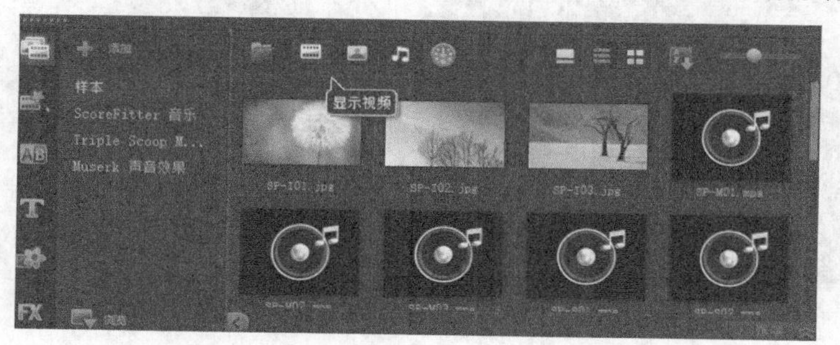

图 2-52 单击“显示视频”按钮

04 用同样的方法可以隐藏或显示图片和音频素材，如图2-53所示。

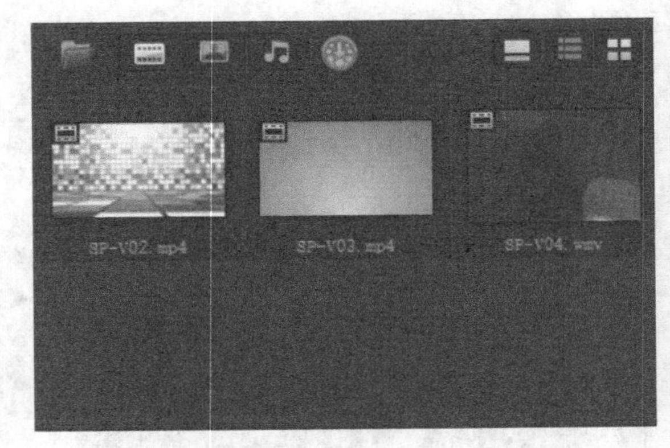

图 2-53 隐藏图片和音频素材

提示

在会声会影 X10 中，当素材库上方的按钮变成灰色时，即隐藏了相应的素材文件，单击相应按钮又可显示出相应素材。

实战 014 添加和删除素材文件 ★重点★

将已经保存在硬盘上的素材添加到会声会影素材库中或将不需要的素材从素材库中删除，能便于日后的使用和管理。本实战将具体介绍素材文件的添加和删除。

- **素材位置 |** 素材\第2章\实战014
- **效果位置 |** 无
- **视频位置 |** 视频\第2章\实战014添加和删除素材文件.MP4
- **难易指数 |** ★★☆☆☆

操作步骤

01 进入会声会影X10，在素材库面板中单击“导入媒体文件”按钮，如图 2-54所示。

02 在弹出的“浏览媒体文件”对话框中选择需要添加的文件素材，如图 2-55所示。

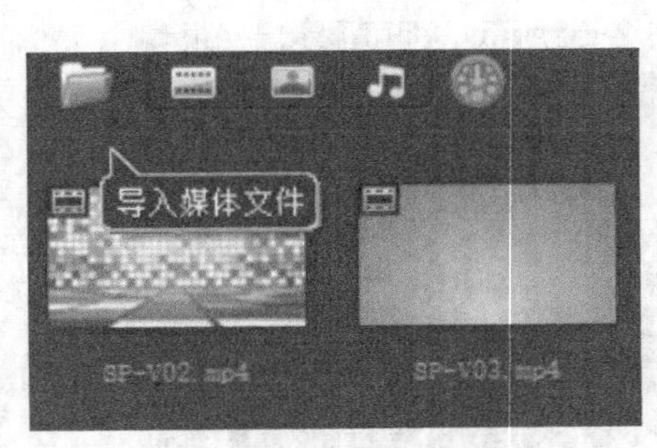

图 2-54 单击“导入媒体文件”按钮

图 2-55 选择需要添加的文件素材

03 单击“打开”按钮，即可将素材文件添加到会声会影素材库中，如图 2-56所示。

图 2-56 添加至素材库中

提示

在素材库中单击鼠标右键，执行“插入媒体文件”命令，也可添加素材文件至素材库中。

04 在素材库中选择一张不需要的素材图像，单击鼠标右键，执行“删除”命令，即可将不需要的素材删除，如图 2-57所示。

提示

选择素材文件后，按 Delete 键也可进行删除操作。

图 2-57 执行“删除”命令

实战 015 恢复素材文件

如果不小心删除会声会影素材库中自带的素材文件，可以通过重置素材库将其恢复，或者当素材库中不需要的素材太多时，也可重置素材库。本实战将具体介绍素材文件的恢复。

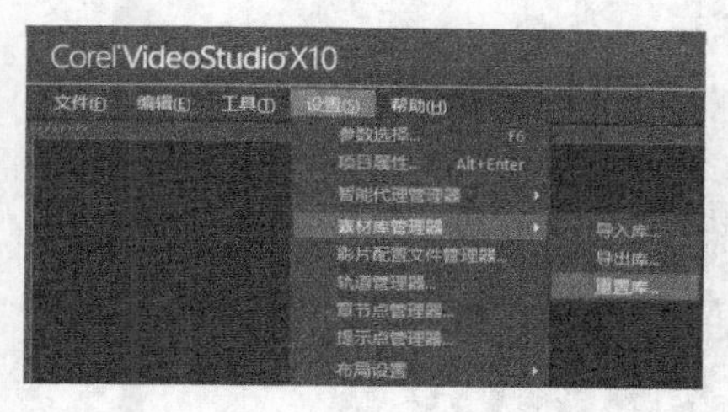

- **素材位置 |** 无
- **效果位置 |** 无
- **视频位置 |** 视频\第2章\实战015恢复素材文件.MP4
- **难易指数 |** ★☆☆☆☆

操作步骤

01 进入会声会影X10，执行“设置”|“素材库管理器”|“重置库”命令，如图 2-58所示。

02 弹出提示对话框，单击“确定”按钮，如图 2-59所示。

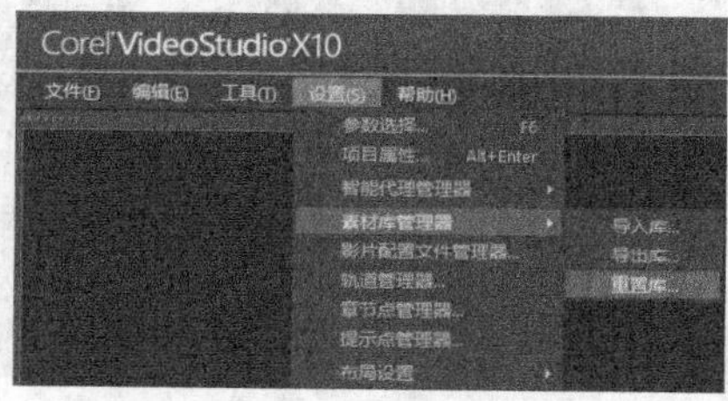

图 2-58 执行“重置库”命令

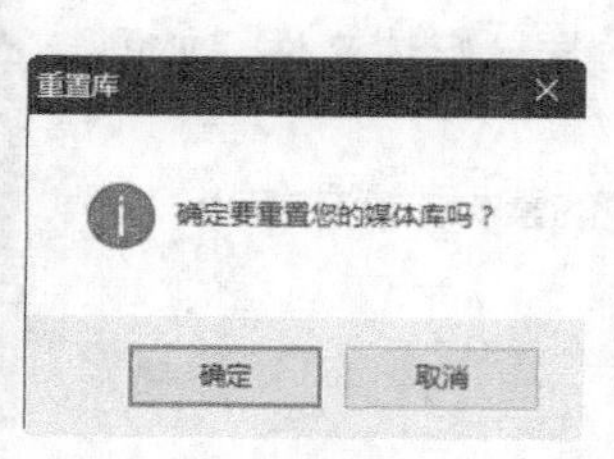

图 2-59 提示对话框

03 弹出图 2-60所示的对话框提示用户，单击“确定”按钮，完成设置。

04 回到素材库面板，如图 2-61所示，此时素材库已经恢复至默认状态。

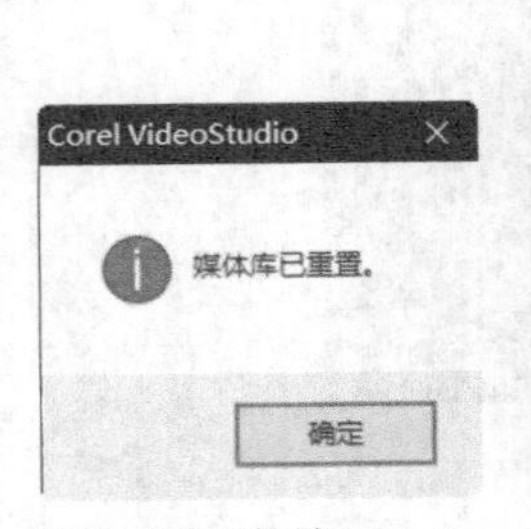

图 2-60 对话框

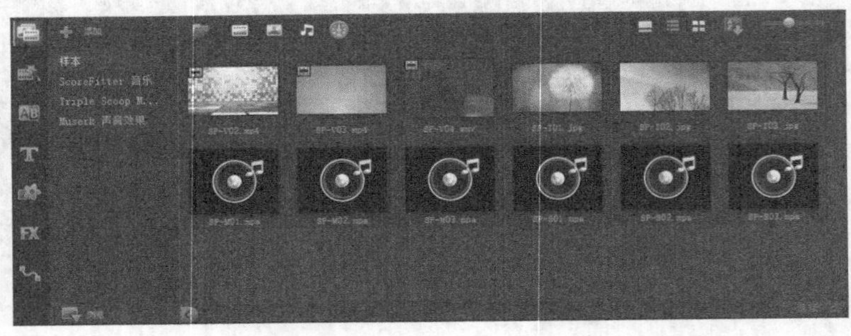

图 2-61 默认状态的素材库

实战 016 创建和管理素材库

创建新的素材库可以便于管理。本实战将具体介绍素材库的创建和管理。

- **素材位置 |** 视频\第2章\实战016
- **效果位置 |** 无
- **视频位置 |** 视频\第2章\实战016创建和管理素材库.MP4
- **难易指数 |** ★☆☆☆☆

操作步骤

01 进入会声会影X10，单击素材库面板中的“添加”按钮，如图 2-62所示。

02 此时添加了一个素材库，双击新的素材库，即可进行重命名，如图 2-63所示。

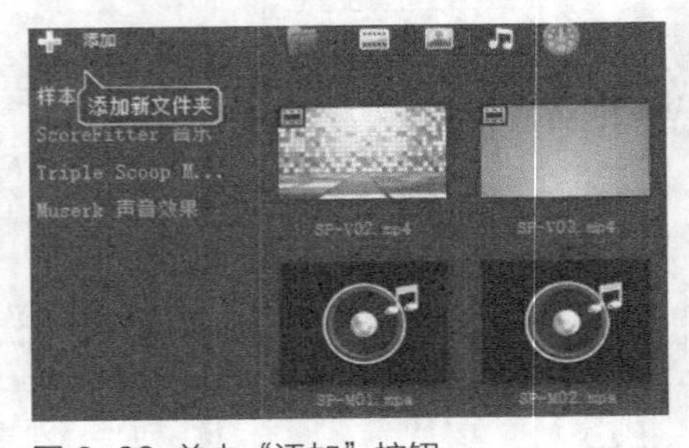

图 2-62 单击“添加”按钮

图 2-63 进行重命名

03 在素材库中单击鼠标右键，执行“插入媒体文件”命令，即可插入媒体文件，如图 2-64所示。

04 单击“对素材库中的素材排序”按钮，如图 2-65所示。

图 2-64 执行“插入媒体文件”命令

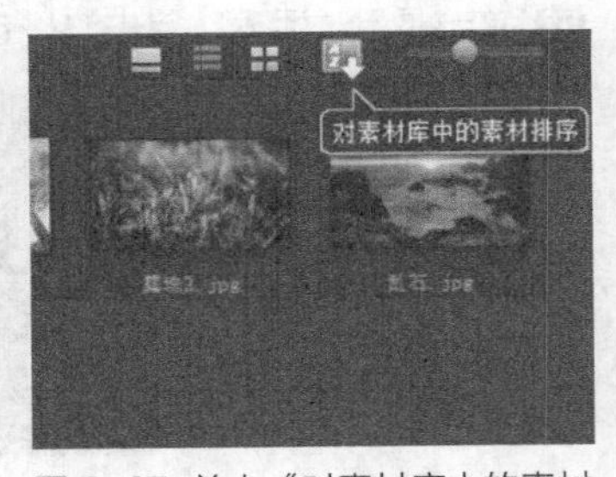

图 2-65 单击“对素材库中的素材排序”按钮

05 在弹出的下拉列表中选择“按名称排序”命令，如图 2-66所示。

06 素材库中的文件将自动排列顺序，如图 2-67所示。

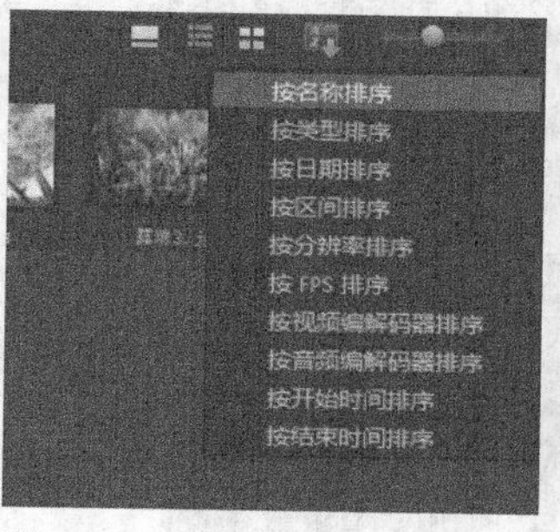

图 2-66 选择“按名称排序”命令

图 2-67 自动排列顺序

实战017 将普通视频转化为360° 视频

在会声会影X10中，新增的支持360° 视频功能能够帮助我们轻松地将普通视频转化为360° 视频。

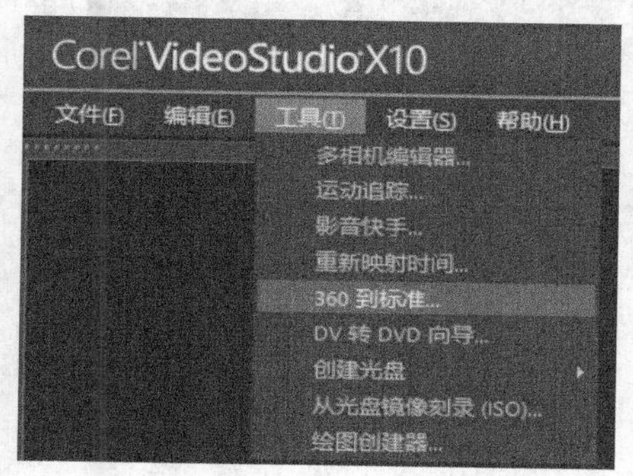

- **素材位置 |** 视频\第2章\实战017
- **效果位置 |** 无
- **视频位置 |** 视频\第2章\实战017将普通视频转化为360° 视频.MP4
- **难易指数 |** ★☆☆☆☆

操作步骤

01 进入会声会影X10，执行“工具”|“360到标准”命令，如图 2-68所示。

02 在弹出的“打开视频文件”对话框中，选择需要转化的视频文件，如图 2-69所示。然后单击“打开”按钮。

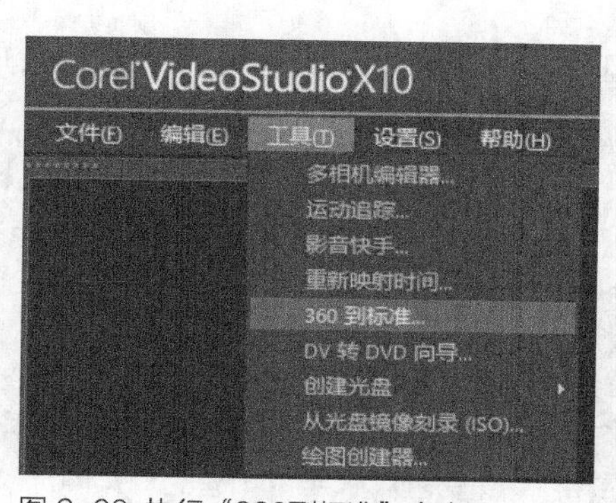

图 2-68 执行“360到标准”命令

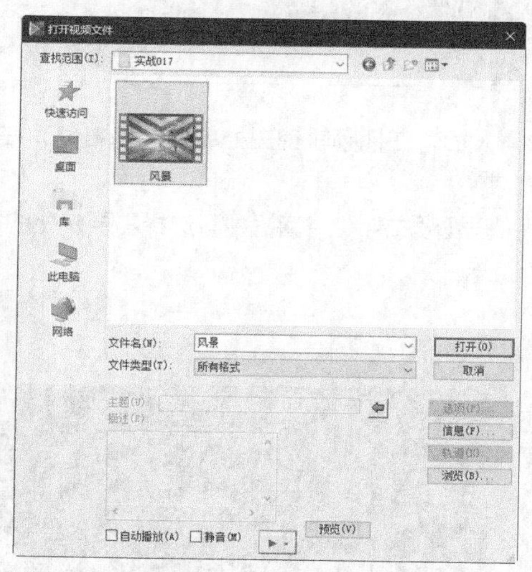

图 2-69 选择文件

03 弹出“360到标准”窗口，在“视野”数值框中输入参数“147”，如图 2-70所示。然后单击“确定”按钮。

图 2-70 设置参数

04 执行上述操作后，即可将普通视频转化为360° 视频，转化后的视频将显示在视频轨中，如图 2-71所示。

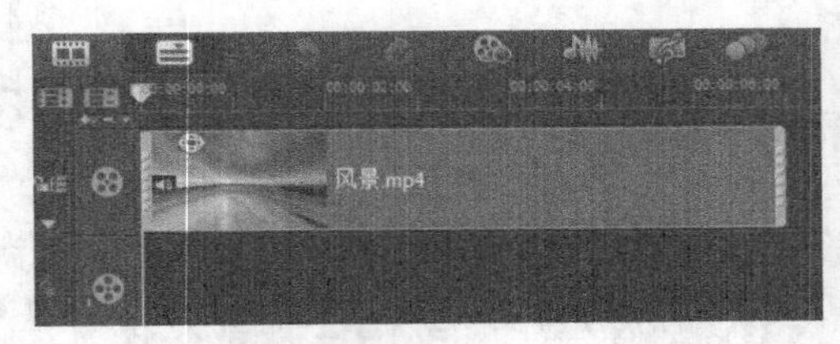

图 2-71 视频轨

实战 018 将360° 视频转化为普通视频

通过会声会影X10能够将360° 视频转化为普通视频。

- **素材位置 |** 视频\第2章\实战018
- **效果位置 |** 无
- **视频位置 |** 视频\第2章\实战018将360° 视频转化为普通视频.MP4
- **难易指数 |** ★☆☆☆☆

操作步骤

01 进入会声会影X10，在视频轨空白处单击鼠标右键，在弹出的快捷菜单中选择“插入视频”选项，如图 2-72所示。

02 在弹出的“打开视频文件”对话框中，选择需要转化的视频文件，如图 2-73所示。然后单击“打开”按钮。

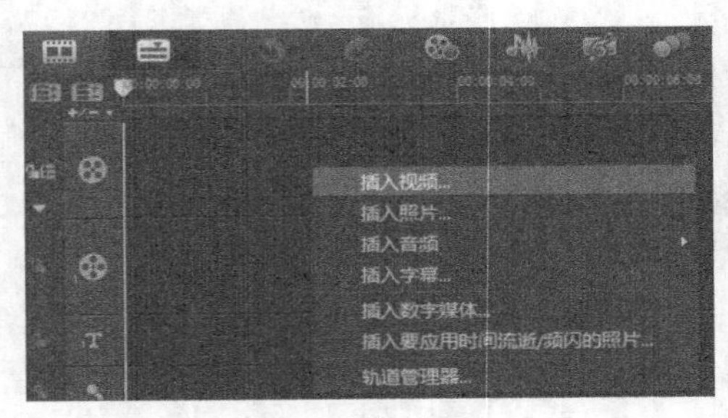

图 2-72 选择“插入视频”选项

图 2-73 选择文件

03 弹出“360到标准”窗口，在“视野”数值框中输入参数“137”，如图 2-74所示。然后单击“确定”按钮。

图 2-74 设置参数

04 用鼠标右键单击视频轨素材，在弹出的快捷菜单中执行“360视频”|“重置360视频”命令，如图 2-75所示。

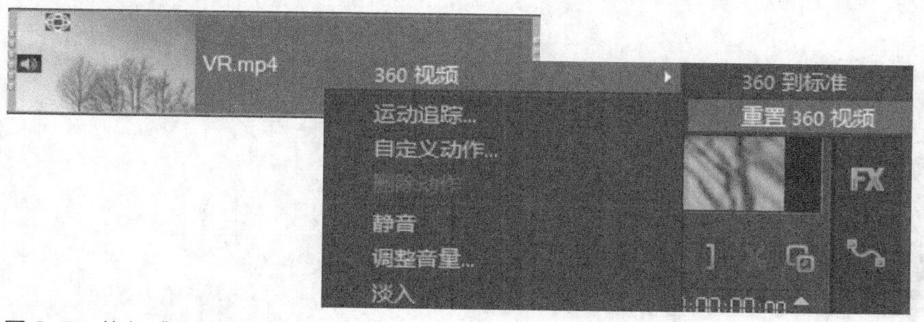

图 2-75 执行“重置360视频”命令

05 执行上述操作后，即可将360° 视频转化为普通视频，单击“播放”按钮即可预览最终效果，如图 2-76和图 2-77所示。

图 2-76 预览效果

图 2-77 预览效果

视频与图像的编辑

会声会影X10拥有强大的视频编辑功能，通过对素材进行修剪、编辑、调整顺序等操作，可以完成影片的初步制作。本章将重点介绍素材的编辑流程和方法。通过对本章的学习，读者可以根据自己的需要来制作影片。

实 战
019 设置项目属性 ★重点★

项目属性决定了影片在预览时的外观和质量。在使用会声会影制作影片前，应该先对项目属性进行设置。本实战将具体介绍项目属性的设置。

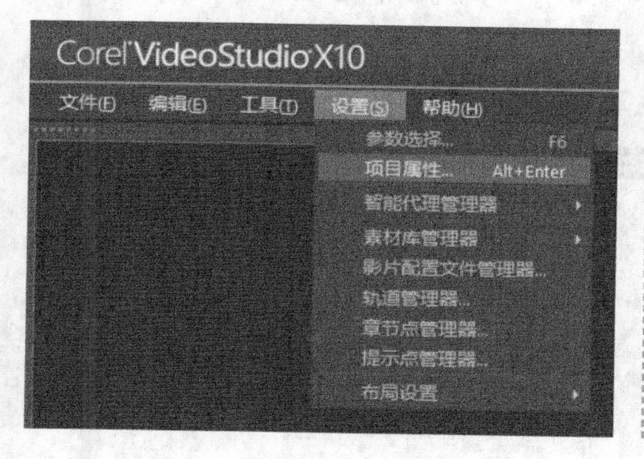

- **素材位置 |** 无
- **效果位置 |** 无
- **视频位置 |** 视频\第3章\实战019 设置项目属性.MP4
- **难易指数 |** ★☆☆☆☆

1. 设置MPEG项目属性

操作步骤

01 进入会声会影X10，执行“设置”|“项目属性”命令，如图 3-1所示。

02 确认“项目格式”下拉列表中的选项为“在线”，单击“编辑”按钮，如图 3-2所示。

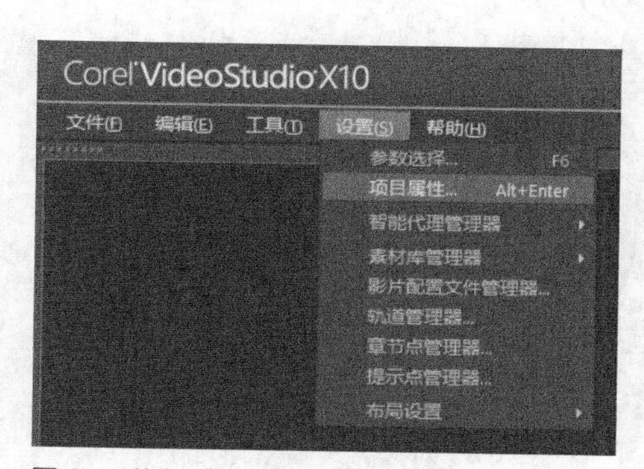

图 3-1 执行“项目属性”命令

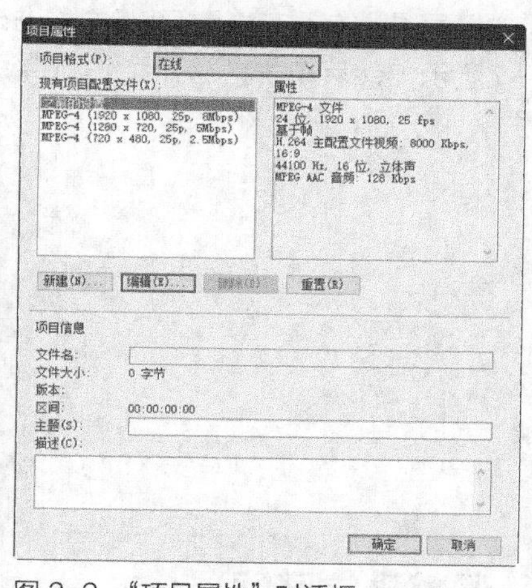

图 3-2 “项目属性”对话框

03 进入“常规”选项卡，在“标准”下拉列表中设置影片的尺寸大小，如图 3-3所示。

04 进入“压缩”选项卡，设置影片的质量后单击“确定”按钮完成设置，如图 3-4所示。

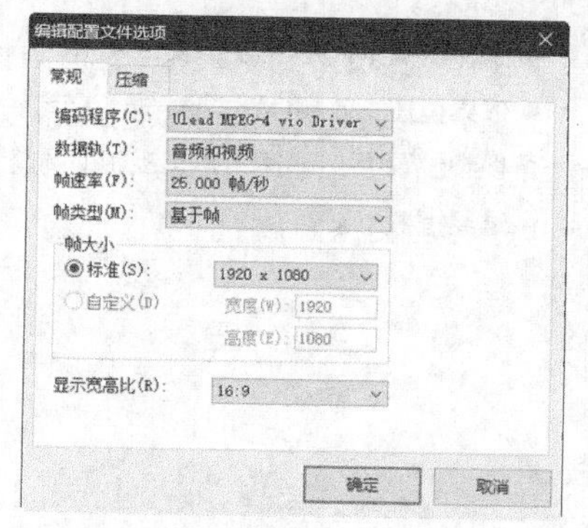

图 3-3 “常规”选项卡

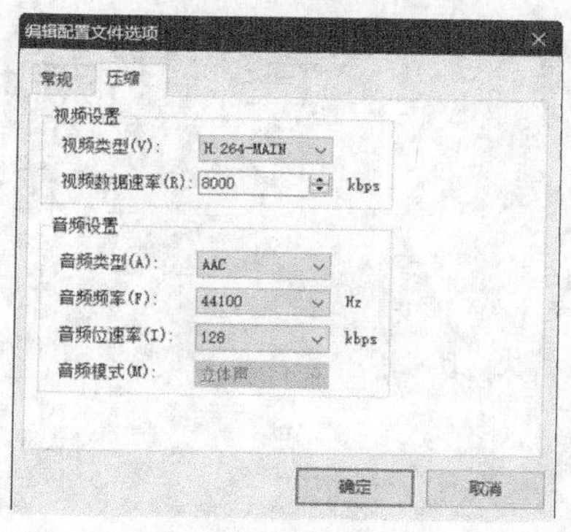

图 3-4 “压缩”选项卡

2. 设置AVI项目属性

操作步骤

01 在“项目属性”对话框的“项目格式”下拉列表中选择“DV/AVI”，单击“编辑”按钮，如图 3-5所示。

02 进入“常规”选项卡，在“帧速率”下拉列表中选择“25”，在“标准”下拉列表中选择影片的尺寸大小，如图 3-6所示。

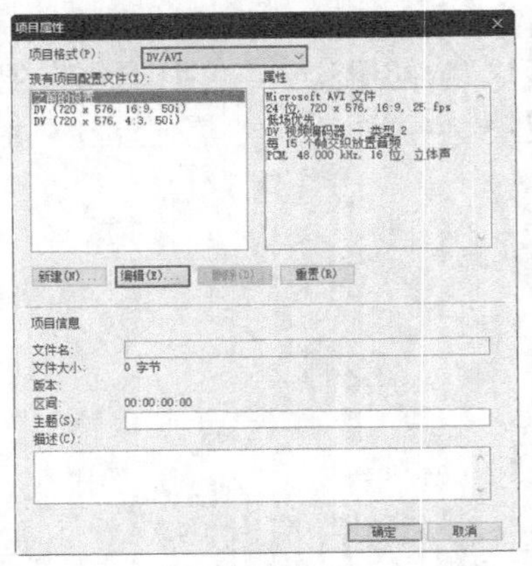

图 3-5 “项目属性”对话框

图 3-6 设置参数

03 进入“AVI”选项卡，在“压缩”下拉列表中选择视频编码方式，单击“配置”按钮，对视频编码方式进行设置，如图 3-7所示。然后单击“确定”按钮完成设置。

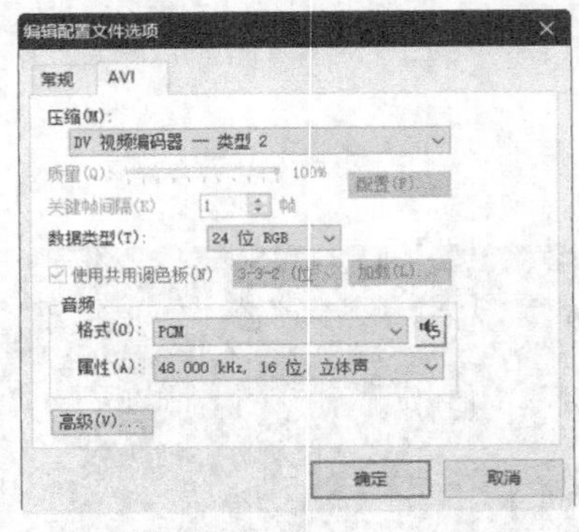

图 3-7 “AVI”选项卡

实战 020 调整素材区间

区间是指素材或整个项目的时间长度，会声会影提供了很多设置区间的方法。本例将具体介绍如何调整素材区间。

- **素材位置 |** 素材\第3章\实战020
- **效果位置 |** 效果\第3章\实战020调整素材区间.VSP
- **视频位置 |** 视频\第3章\实战020调整素材区间.MP4
- **难易指数 |** ★☆☆☆☆

操作步骤

01 进入会声会影X10，在素材库中选中一张素材图片并插入视频轨中（素材\第3章\实战020\秋叶2.jpg），如图3-8所示。

02 单击鼠标左键选中视频轨中的素材，此时素材边框呈黄色，将光标放置在黄色边框的一侧，向右侧拖动光标可以增长图形素材区间，如图 3-9所示。反之，向左侧拖动边框可以缩短素材区间。

图 3-8 插入素材

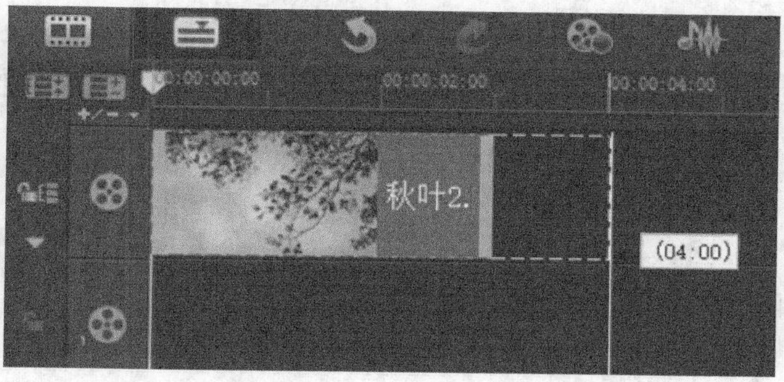

图 3-9 调整素材区间

03 第二种方法是展开“选项”面板，设置“照片”选项卡中的“照片区间”参数，可以精确控制区间长度，如图3-10所示。

04 第三种方法是在项目时间轴中的素材上单击鼠标右键，执行“更改照片区间”命令，如图 3-11所示。

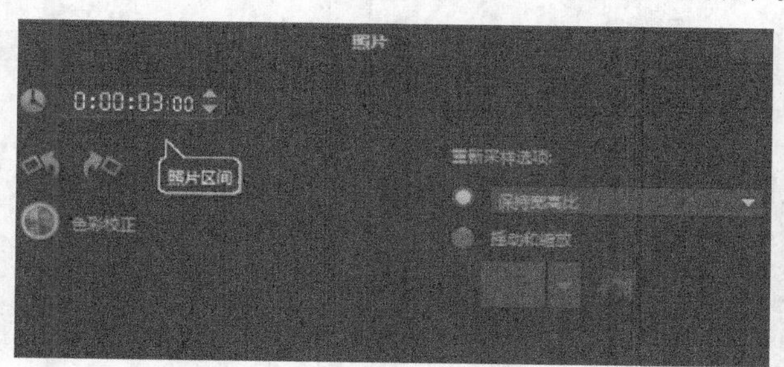

图 3-10 “照片”选项卡

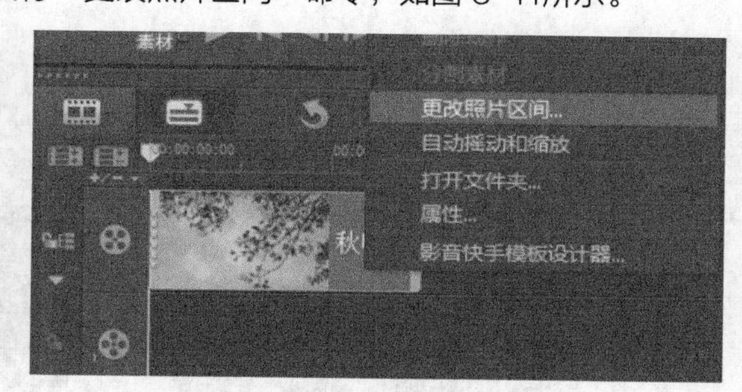

图 3-11 执行“更改照片区间”命令

05 然后在弹出的“区间”对话框中设置区间长度，如图 3-12所示。

06 单击导览面板中的“播放”按钮，即可预览视频效果，如图 3-13所示。

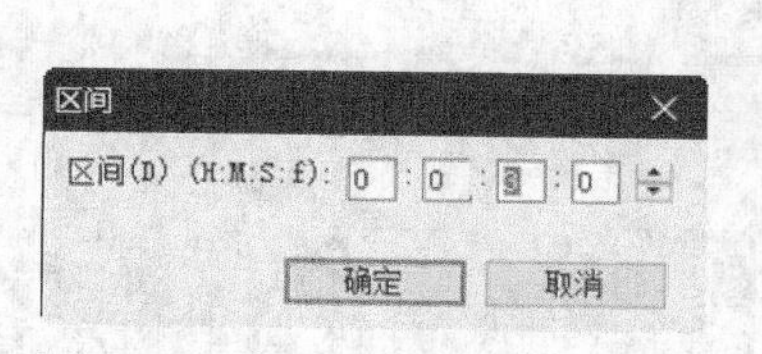

图 3-12 “区间”对话框

图 3-13 预览效果

提示

如果需要同时更改多个素材的区间，可在故事板中按住 Shift 键同时选中多个素材，然后单击鼠标右键，执行“更改照片区间”命令，然后在弹出的对话框中修改区间参数。

实战
021 调整素材顺序

素材的顺序决定了视频的播放顺序，我们可以按照需要对素材的顺序进行调整，以达到理想的效果。

- **素材位置** | 素材\第3章\实战021
- **效果位置** | 效果\第3章\实战021调整素材顺序.VSP
- **视频位置** | 视频\第3章\实战021调整素材顺序.MP4
- **难易指数** | ★☆☆☆☆

操作步骤

01 进入会声会影X10，在素材库中单击鼠标右键，执行“插入媒体文件”命令，如图 3-14所示。

02 在媒体文件中选择所有素材图片（素材\第3章\实战021），单击“打开”按钮，如图 3-15所示。

图 3-14 执行“插入媒体文件”命令

图 3-15 选择素材图片

03 返回会声会影X10工作界面，此时素材已经插入素材库中，如图 3-16所示。

04 选择所有素材，并拖动到视频轨中，如图 3-17所示。

图 3-16 素材库

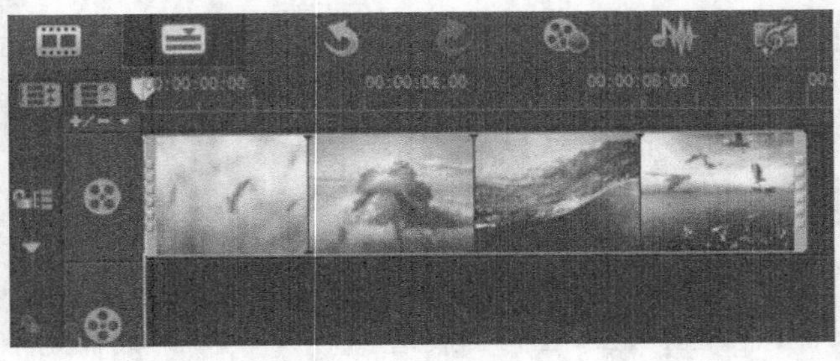

图 3-17 拖至视频轨中

05 选择需要移动的素材，按住鼠标左键不放，拖动到第一张素材的前面，如图 3-18所示。

06 释放鼠标左键，即可看到素材调整后的顺序，如图 3-19所示。

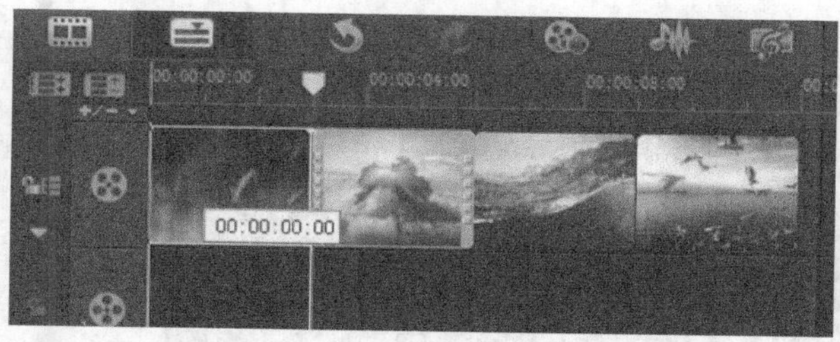

图 3-18 拖曳素材

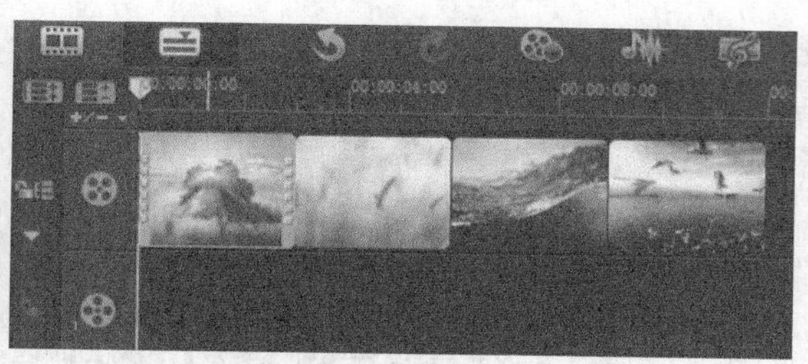

图 3-19 调整顺序

07 用同样的方法，排列其他三张图片的顺序。单击导览面板中的“播放”按钮，即可预览调整素材顺序后的最终效果，如图 3-20所示。

图 3-20 预览效果

实战 022 摇动和缩放图像

摇动和缩放图像功能可以模拟相机的移动和变焦效果，使静态的图片动起来，能增强画面的动感。

- **素材位置** | 素材\第3章\实战022
- **效果位置** | 效果\第3章\实战022摇动和缩放图像.VSP
- **视频位置** | 视频\第3章\实战022摇动和缩放图像.MP4
- **难易指数** | ★★☆☆☆

操作步骤

01 在素材库中选择一张图片并拖动到视频轨中（素材\第3章\实战022\柳.jpg），如图 3-21所示。

图 3-21 拖入素材

02 展开选项面板，在“照片”选项卡中设置“照片区间”参数为20秒，在“重新采样选项”下拉列表中选择“调到项目大小”选项，如图 3-22所示。

03 选中“摇动和缩放”单选按钮，然后单击“自定义”按钮，如图 3-23所示。

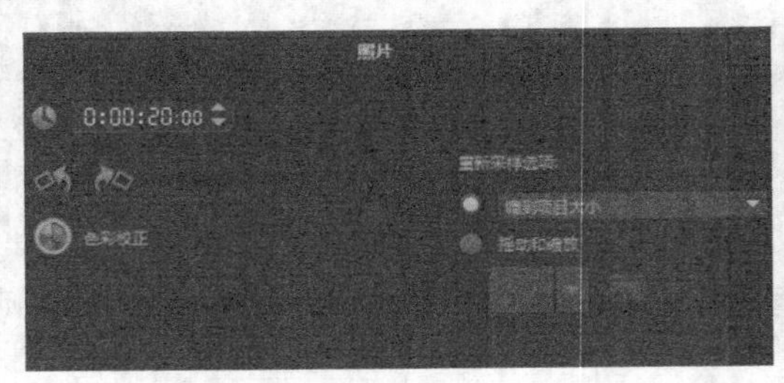

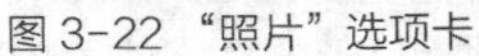
图 3-22 “照片”选项卡

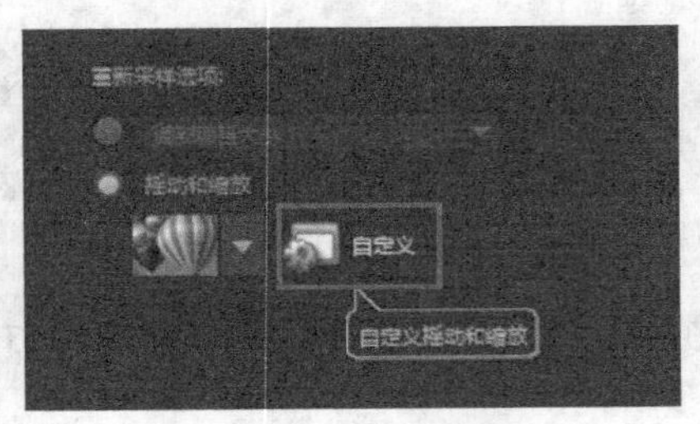

图 3-23 单击“自定义”按钮

04 在“摇动和缩放”对话框中设置“缩放率”参数为170，在“停靠”选项组中单击左侧中间的按钮，如图 3-24所示。

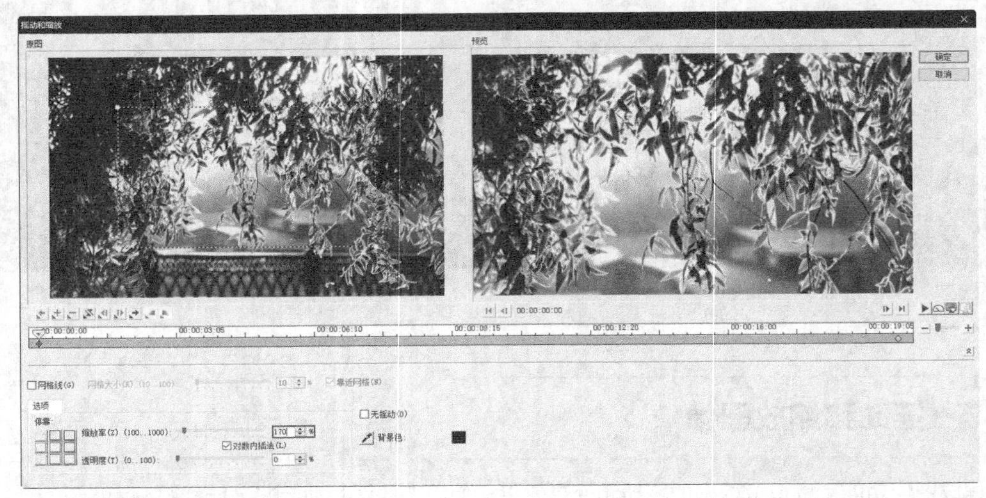

图 3-24 设置第一个关键帧

05 拖动时间轴至10秒的位置，单击按钮插入一个关键帧，如图 3-25所示。

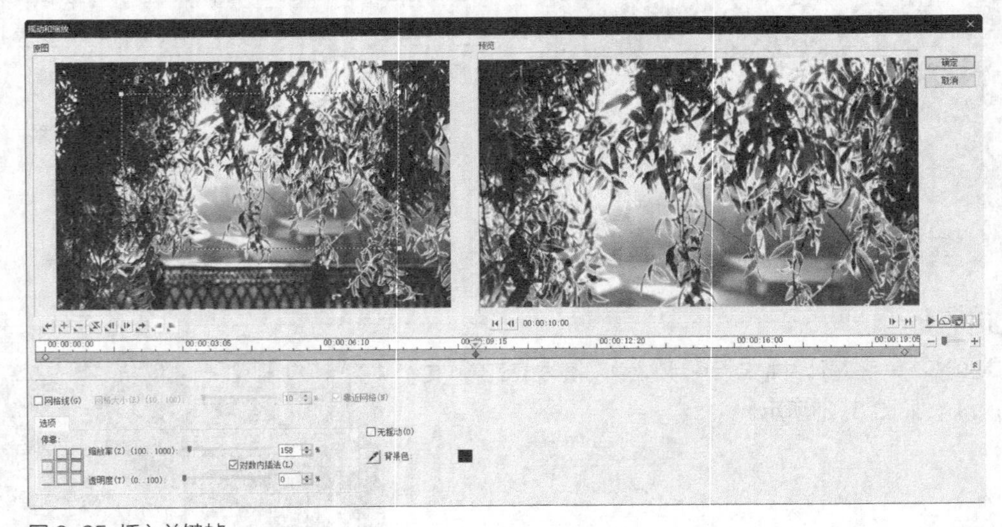

图 3-25 插入关键帧

06 设置“缩放率”参数为170，调整中心点的位置，如图 3-26所示。

图 3-26 设置第二个关键帧

07 选择最后一个关键帧，调整中心点位置，并设置“缩放率”参数为112，如图 3-27所示。

图 3-27 设置最后一个关键帧

08 单击导览面板中的“播放”按钮，即可预览最终效果，如图 3-28所示。

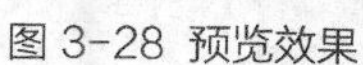
图 3-28 预览效果

实战
023
用黄色标记剪辑视频

在会声会影中，剪辑视频的方式有很多，本实战将具体介绍如何用黄色标记剪辑视频。

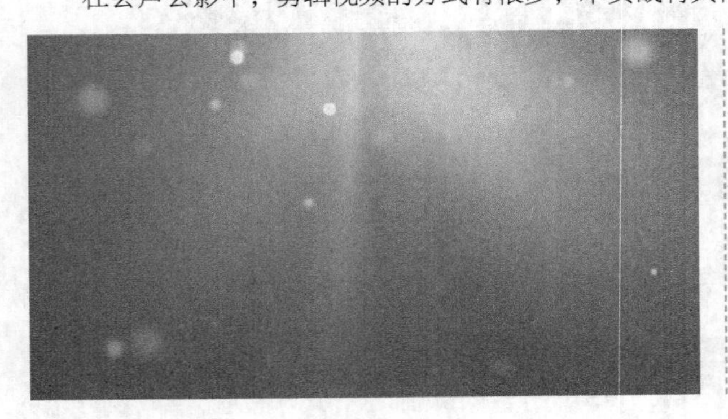

- **素材位置** | 素材\第3章\实战023
- **效果位置** | 效果\第3章\实战023用黄色标记剪辑视频.VSP
- **视频位置** | 视频\第3章\实战023用黄色标记剪辑视频.MP4
- **难易指数** | ★★☆☆☆

操作步骤

01 在素材库中选择一个视频素材并插入视频轨中（素材\第3章\实战023\光效.avi），如图 3-29所示。

02 选择视频轨中的视频素材，将光标移至视频素材的起始位置，当光标呈双向箭头形状时，按住鼠标左键并向右拖动，如图 3-30所示。

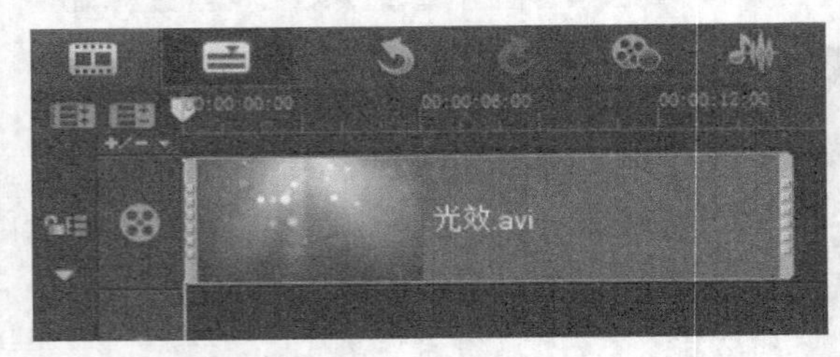

图 3-29 插入素材

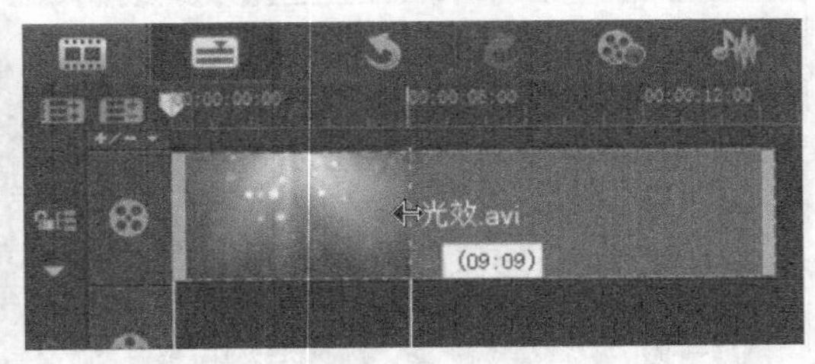

图 3-30 拖动起始位置

03 将其拖至合适位置后，释放鼠标左键，即可标记素材的起始点，如图 3-31所示。

04 用同样的方法，将光标移至视频素材的末端位置，按住鼠标左键并向左拖动，如图 3-32所示。

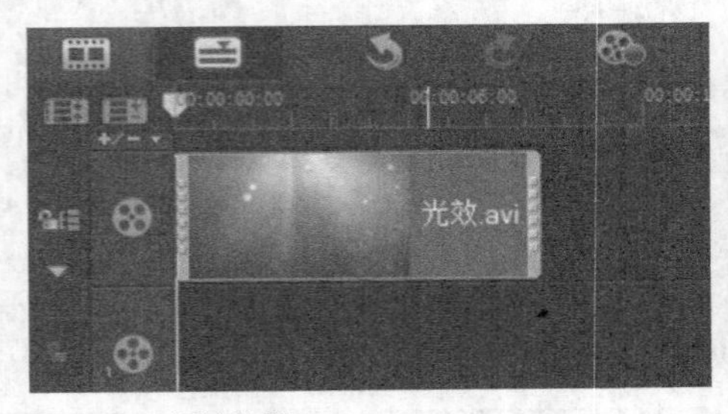

图 3-31 起始位置

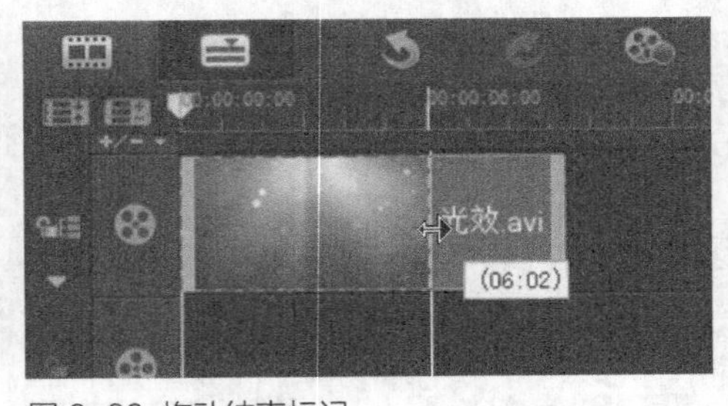

图 3-32 拖动结束标记

05 将其拖到合适位置后释放鼠标左键，即可标记素材的结束点。这样就将需要的视频片段剪辑出来了。单击导览面板中的“播放”按钮，即可预览最终效果，如图 3-33所示。

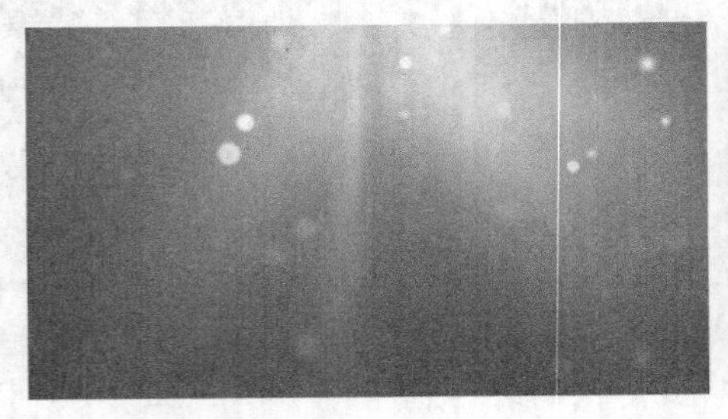

图 3-33 预览效果

实战 024 用修剪栏剪辑视频

在会声会影中，我们还可以利用修剪栏来进行视频剪辑的操作。

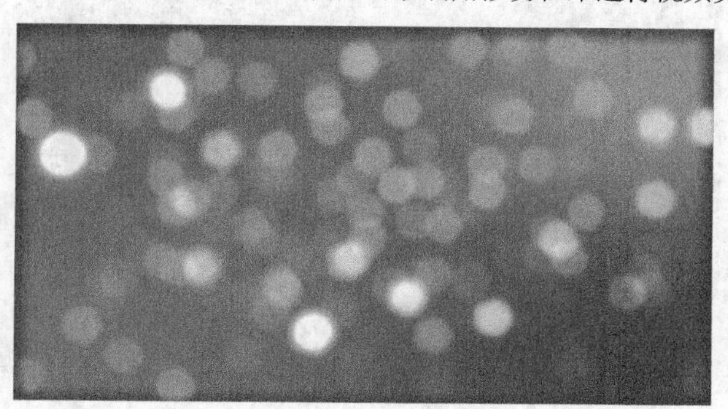

- **素材位置** | 素材\第3章\实战024
- **效果位置** | 效果\第3章\实战024用修剪栏剪辑视频.VSP
- **视频位置** | 视频\第3章\实战024用修剪栏剪辑视频.MP4
- **难易指数** | ★★☆☆☆

操作步骤

01 进入会声会影X10，在素材库中选择一个视频素材并插入视频轨中（素材\第3章\实战024\粒子红.MP4），如图 3-34所示。

02 将光标移动到修剪栏的起始修整柄上，按住鼠标左键并向右拖动，至合适的位置后释放鼠标左键，即可标记开始点，如图 3-35所示。

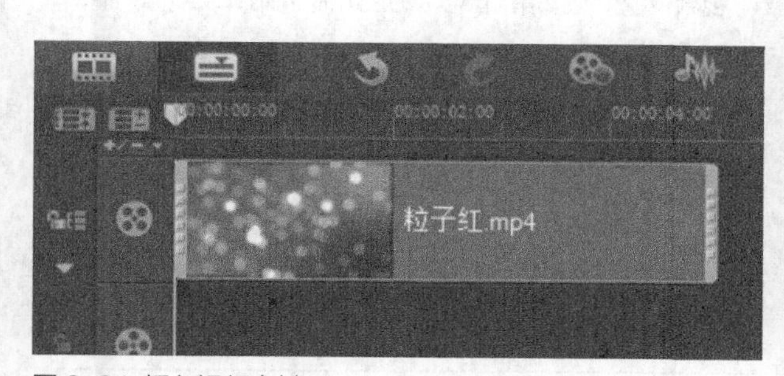

图 3-34 插入视频素材

图 3-35 标记开始点

03 用同样的方法，将光标移动至修剪栏的结束修整柄上，按住鼠标左键并向左拖动，至合适的位置后释放鼠标左键，即可标记结束点，如图 3-36所示。

图 3-36 标记结束点

04 单击导览面板中的“播放”按钮，即可预览剪辑后的视频效果，如图 3-37所示。

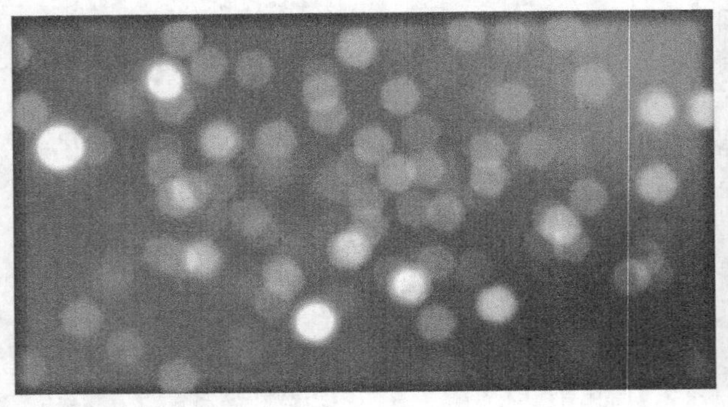
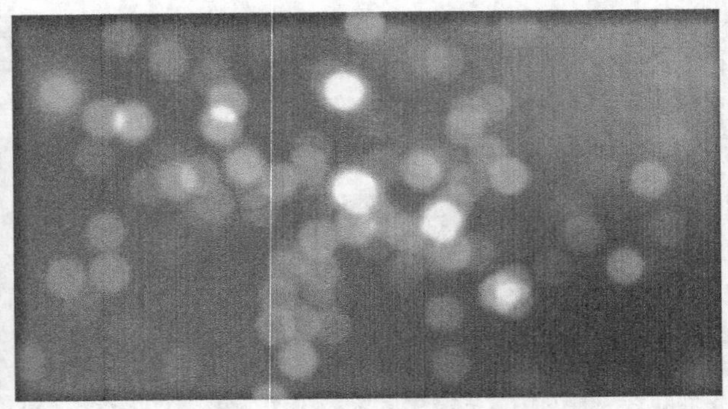

图 3-37 预览效果

提示

将素材文件修整后若想恢复到原始状态，把修整标记拖回原来的开始和结束处，即可将修整后的视频恢复到原始状态。

实战 025 用时间轴剪辑视频 ★重点★

在会声会影中，我们还可以利用时间轴来进行视频剪辑的操作。

- **素材位置** | 素材\第3章\实战025
- **效果位置** | 效果\第3章\实战025用时间轴剪辑视频.VSP
- **视频位置** | 视频\第3章\实战025用时间轴剪辑视频.MP4
- **难易指数** | ★★☆☆☆

操作步骤

01 进入会声会影X10，在素材库中选择一个视频并插入视频轨中（素材\第3章\实战025\唯美粒子.MP4），如图3-38所示。

02 在时间轴面板中，将时间线移至00：00：02：00处，如图 3-39所示。

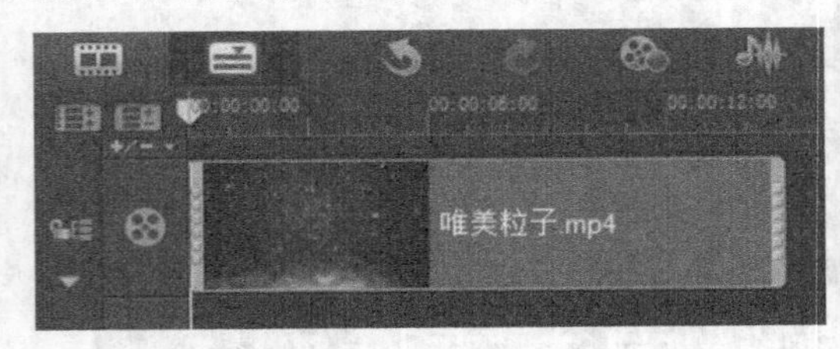

图 3-38 插入素材

图 3-39 移动时间线

03 在导览面板中，单击"开始标记"按钮，如图 3-40所示。

04 此时，在时间轴上方会显示一条橘红色线条，如图 3-41所示。

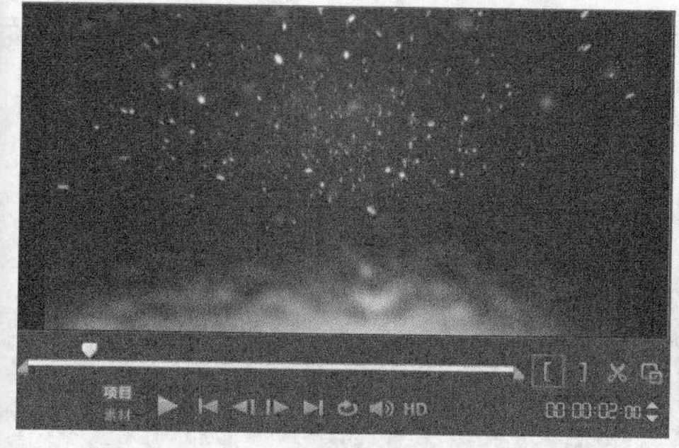

图 3-40 单击“开始标记”按钮

图 3-41 橘红色线条

05 在时间轴面板中，将时间线移至00：00：04：00的位置处，如图 3-42所示。

06 在导览面板中，单击“结束标记”按钮]，确定视频的终点位置，如图 3-43所示。

图 3-42 移动时间线

图 3-43 单击“结束标记”按钮

07 执行上述操作后，单击导览面板中的“播放”按钮，即可预览视频效果，如图 3-44和图 3-45所示。

图 3-44 预览效果

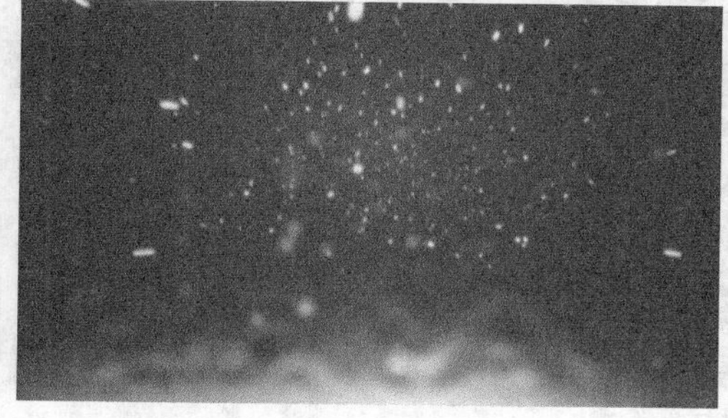

图 3-45 预览效果

实战 026 通过按钮剪辑视频

在会声会影中，我们还可以利用按钮来进行视频剪辑的操作。

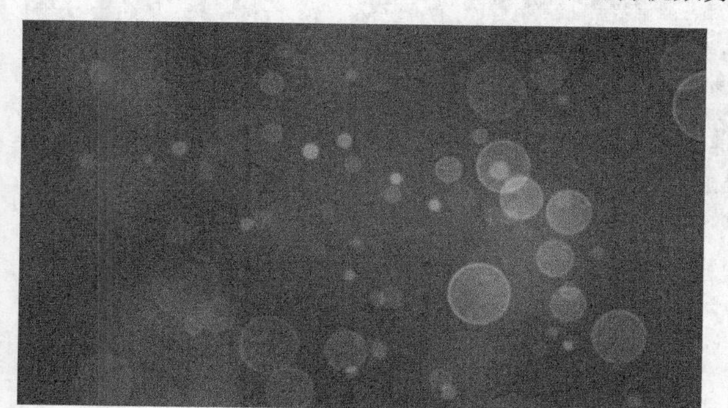

- **素材位置 |** 素材\第3章\实战026
- **效果位置 |** 效果\第3章\实战026通过按钮剪辑视频.VSP
- **视频位置 |** 视频\第3章\实战026通过按钮剪辑视频.MP4
- **难易指数 |** ★☆☆☆☆

操作步骤

01 进入会声会影X10，在素材库中选择一个视频并插入视频轨中（素材\第3章\实战026\泡泡紫.WMV），如图3-46所示。

02 在导览面板中，拖动标记至合适位置，单击“根据滑轨位置分割素材”按钮标记素材起始位置，如图 3-47所示。

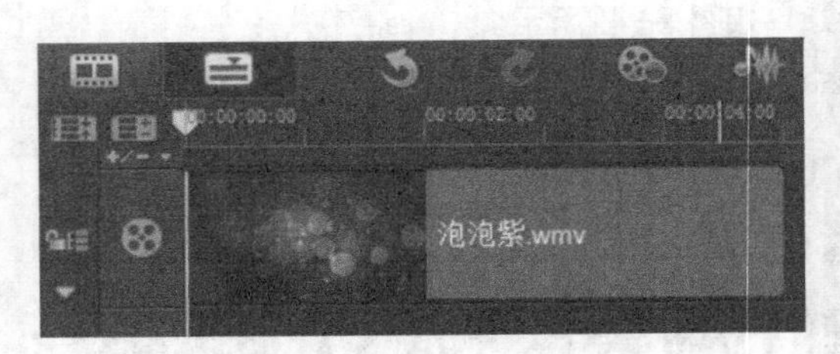

图 3-46 插入素材

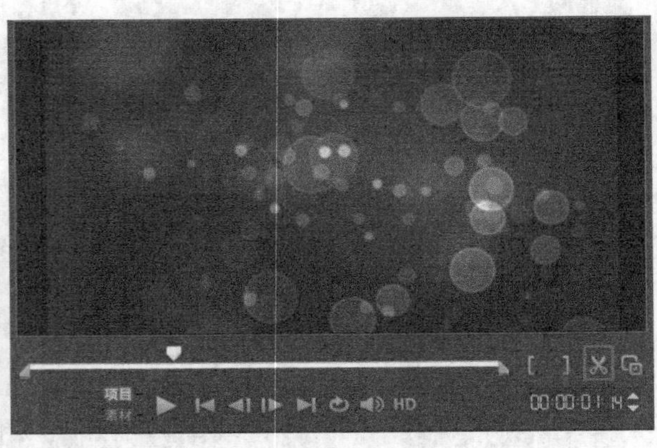

图 3-47 单击按钮

03 用同样的方法，设置素材结束点位置，如图 3-48所示。

04 执行操作后，在故事板视图中可以看到素材被分割为了三部分，如图 3-49所示。

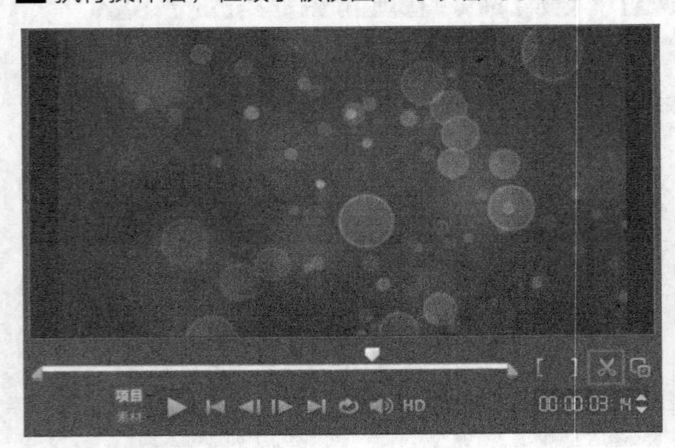

图 3-48 设置结束点

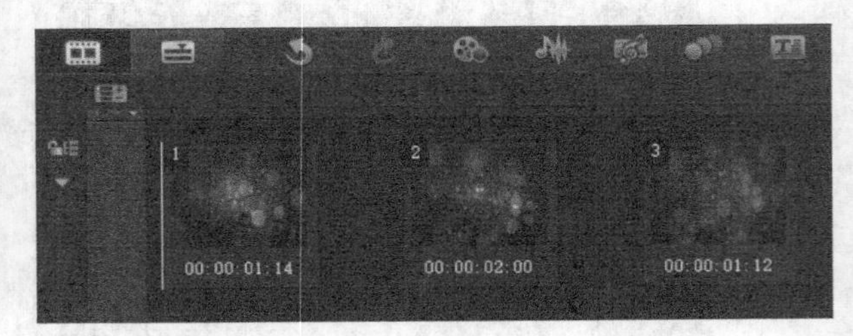

图 3-49 故事板视图

05 单击导览面板中的“播放”按钮，即可预览视频最终效果，如图 3-50和图 3-51所示。

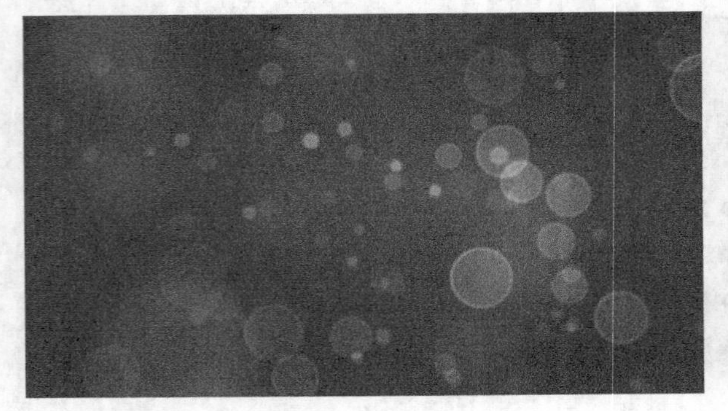
图 3-50 预览效果

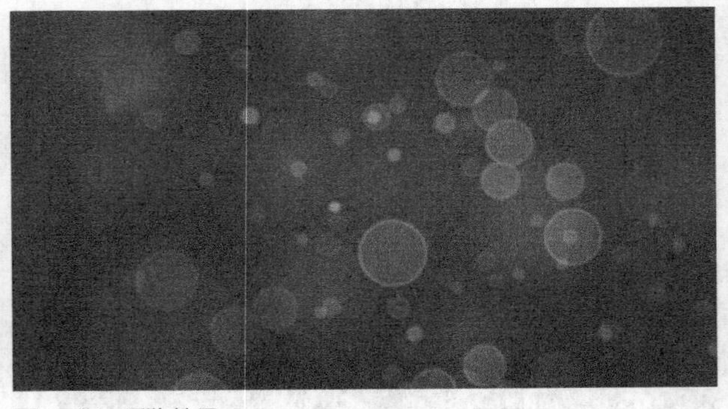
图 3-51 预览效果

实战

027 按场景分割素材

利用按场景分割功能可以将不同场景下拍摄的视频捕获成不同的文件。

- **素材位置 |** 素材\第3章\实战027
- **效果位置 |** 效果\第3章\实战027按场景分割素材.VSP
- **视频位置 |** 视频\第3章\实战027按场景分割素材.MP4
- **难易指数 |** ★☆☆☆☆

操作步骤

01 进入会声会影X10，在视频轨中插入一段视频文件（素材\第3章\实战027\人来人往.MP4），如图 3-52所示。

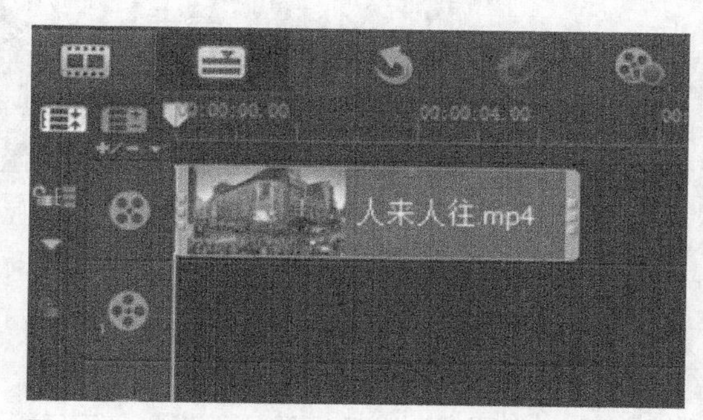

图 3-52 插入素材

02 展开“视频”选项面板，单击“按场景分割”按钮，如图 3-53所示。

图 3-53 单击“按场景分割”按钮

03 弹出“场景”对话框，在该对话框中单击“选项”按钮，如图 3-54所示。

04 在打开的对话框中设置“敏感度”参数为50，如图 3-55所示。单击“确定”按钮。

图 3-54 单击“选项”按钮

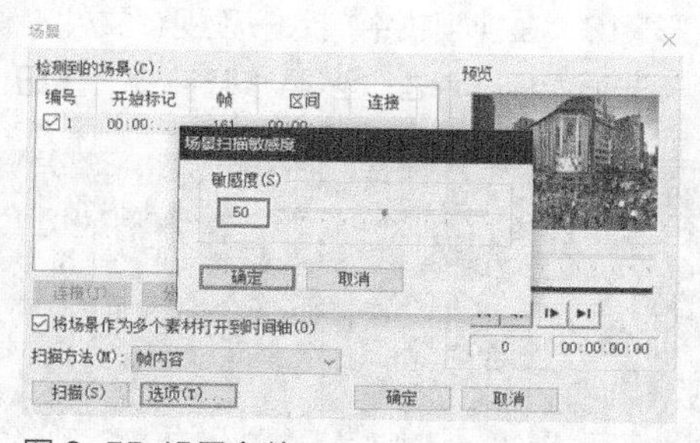

图 3-55 设置参数

05 单击“扫描”按钮，根据视频中的场景变化进行扫描，扫描结束后按照编号显示出段落，如图 3-56所示。

06 单击“确定”按钮，视频轨中的视频素材就已经按照场景被分割了，如图 3-57所示。

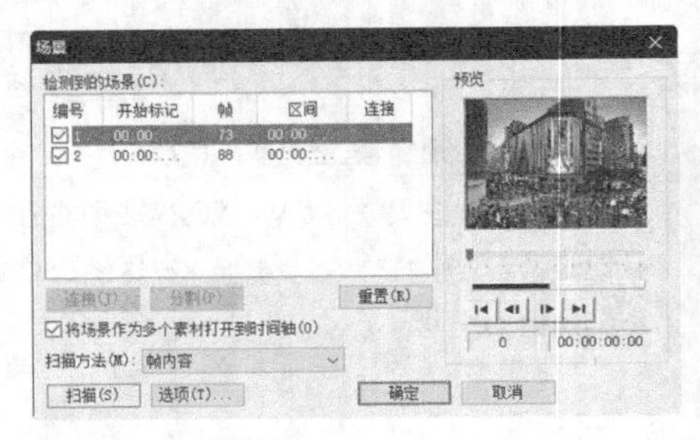

图 3-56 扫描结果

图 3-57 故事板视图

07 执行上述操作后，单击导览面板中的“播放”按钮，即可预览最终效果，如图 3-58所示。

图 3-58 预览效果

实战 028 多重修整视频

用户需要从一段视频中一次性修整出多段视频片段，可使用“多重修整视频”功能，创建出不同场景的多个视频。

- **素材位置 |** 素材\第3章\实战028
- **效果位置 |** 效果\第3章\实战028多重修整视频.VSP
- **视频位置 |** 视频\第3章\实战028多重修整视频.MP4
- **难易指数 |** ★☆☆☆☆

操作步骤

01 进入会声会影X10，在视频轨中插入一段视频文件（素材\第3章\实战028\人海.MP4），如图 3-59所示。

02 展开“视频”选项面板，单击“多重修整视频”按钮，如图 3-60所示。

图 3-59 插入视频素材

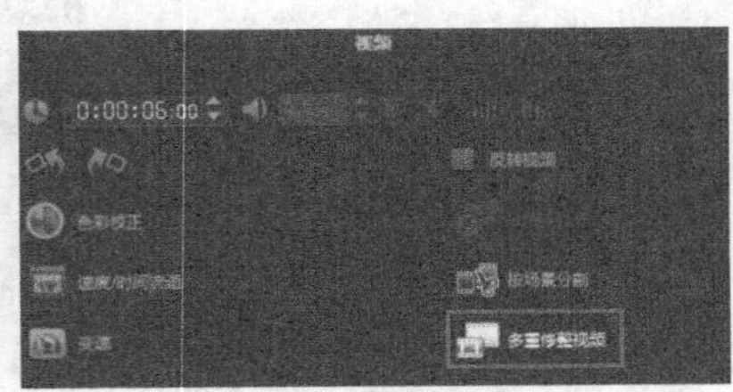

图 3-60 单击“多重修整视频”按钮

03 执行操作后，即可弹出“多重修整视频”界面，如图 3-61所示。

04 在“多重修整视频”对话框中，拖动滑轨，单击“开始标记”按钮设置起始标记位置，如图 3-62所示。

图 3-61 “多重修整视频”对话框

图 3-62 设置起始标记位置

05 单击预览窗口下方的“播放”按钮，查看视频素材，在播放至合适位置时单击“暂停”按钮，如图 3-63所示。

06 在对话框中右侧单击“结束标记”按钮，确定视频的终点位置，如图 3-64所示。

图 3-63 查看视频素材

图 3-64 单击“结束标记”按钮

07 单击“确定”按钮完成多重修整操作，返回会声会影工作界面，在故事板中即可看到已修整的视频片段，如图 3-65所示。

图 3-65 故事板

08 单击导览面板中的“播放”按钮，即可预览视频的最终效果，如图 3-66所示。

图 3-66 预览效果

实战
029 素材变形

在会声会影中，除了可以调整素材的大小外，还可以任意倾斜或扭曲素材，使素材应用更加自由。

- **素材位置** | 素材\第3章\实战029
- **效果位置** | 效果\第3章\实战029素材变形.VSP
- **视频位置** | 视频\第3章\实战029素材变形.MP4
- **难易指数** | ★★☆☆☆

操作步骤

01 进入会声会影X10，在视频轨中插入图像素材（素材\第3章\实战029\相框.png），如图 3-67所示。

02 用同样的方法在覆叠轨1中插入图像素材（素材\第3章\实战029\达芬奇.jpg），如图 3-68所示。

图 3-67 插入素材

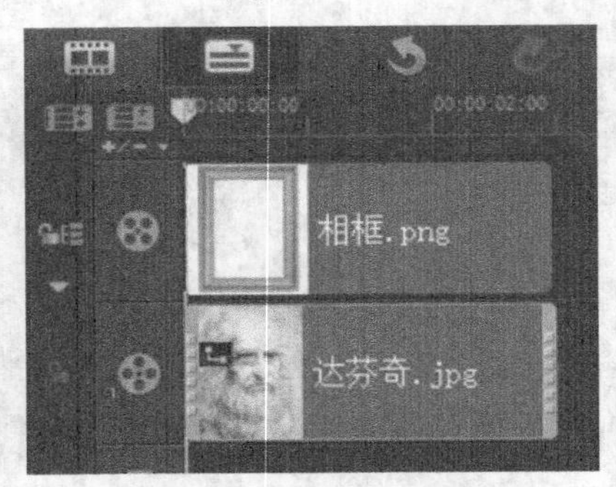

图 3-68 插入素材

03 选择需要变形的覆叠素材，将光标移至左下角的绿色调节点上，按住鼠标左键并向下方拖动，如图 3-69所示。

04 至合适位置后释放鼠标左键，即可调整素材左下角的调节点，如图 3-70所示。

图 3-69 拖动绿色调节点

图 3-70 释放调节点

05 将光标移至图像右下角的调节点上，按住鼠标左键并向下方拖动，至合适位置后释放鼠标左键，即可调整右下角调节点的位置，如图 3-71所示。

06 用同样的方法将素材另外两个调节点调整到合适位置，如图 3-72所示。

图 3-71 调整右下角调节点

图 3-72 素材变形

07 执行上述操作后，即可完成素材的变形操作，单击导览面板中的“播放”按钮，即可预览最终效果，如图3-73所示。

图 3-73 预览效果

> **提示**
>
> 为了更精确地使素材变形，可以单击导览面板中的“扩大”按钮，把预览窗口最大化，然后编辑素材。

实战 030 图像色彩调整

当用户对图像色彩不满意时，可以对其进行修整，得到自己想要的效果。

- **素材位置 |** 素材\第3章\实战030
- **效果位置 |** 效果\第3章\实战030图像色彩调整.VSP
- **视频位置 |** 视频\第3章\实战030图像色彩调整.MP4
- **难易指数 |** ★☆☆☆☆

操作步骤

01 进入会声会影X10，在视频轨中插入一张图像素材（素材\第3章\实战030\小花丛.jpg），如图 3-74所示。

02 展开“选项”面板，单击“色彩校正”按钮，如图 3-75所示。

图 3-74 插入素材

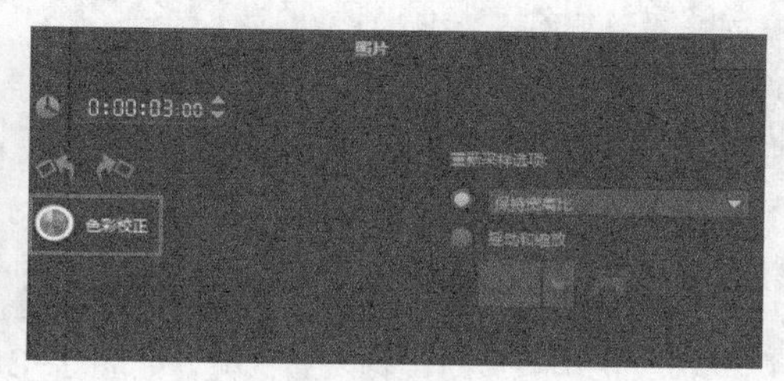

图 3-75 单击“色彩校正”按钮

03 执行操作后，进入相应选项面板，拖动“色调”右侧的滑块调整参数为-55，如图 3-76所示。

04 完成操作后，在预览窗口中可看到更改色调后的素材图像颜色效果，如图 3-77所示。

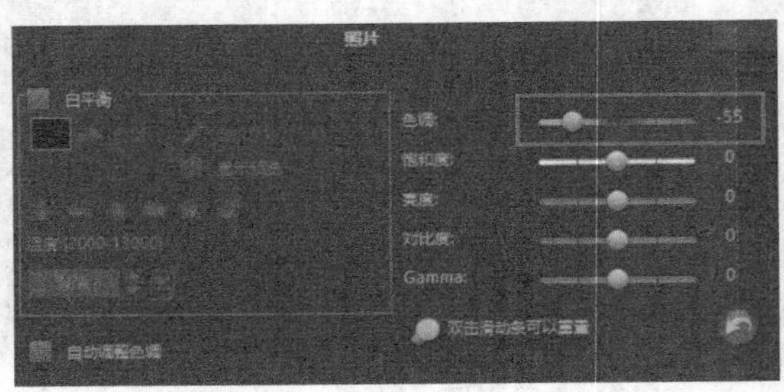

图 3-76 设置参数

图 3-77 预览效果

提示

通过调整色调能调整画面颜色，调整饱和度能调整图像的色彩浓度，调整亮度能调整图像的明暗，调整对比度能调整图像明暗对比，调整 Gamma 值能调整图像明暗平衡。

实战 031 回放视频

经常可以在电影中看到打碎的镜子复原或者泼出去的水收回来的效果，在会声会影中也能轻松地制作出这种效果。

- **素材位置** | 素材\第3章\实战031
- **效果位置** | 效果\第3章\实战031回放视频.VSP
- **视频位置** | 视频\第3章\实战031回放视频.MP4
- **难易指数** | ★☆☆☆☆

操作步骤

01 进入会声会影X10，在视频轨中插入一段视频文件（素材\第3章\实战031\人群.AVI），如图 3-78所示。

02 在视频素材上单击鼠标右键，执行“复制”命令，如图 3-79所示。

图 3-78 插入视频文件

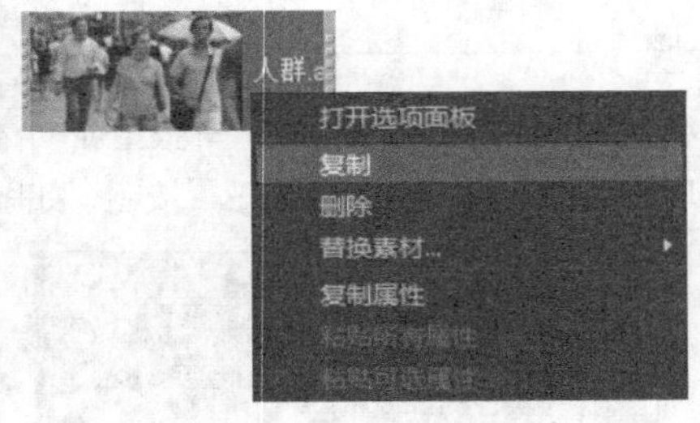

图 3-79 执行“复制”命令

03 当光标变成一个小手形状时，在视频素材后单击鼠标左键，即可粘贴视频，如图 3-80所示。

04 打开“选项”面板，选中“反转视频”复选框，如图 3-81所示。

图 3-80 粘贴视频

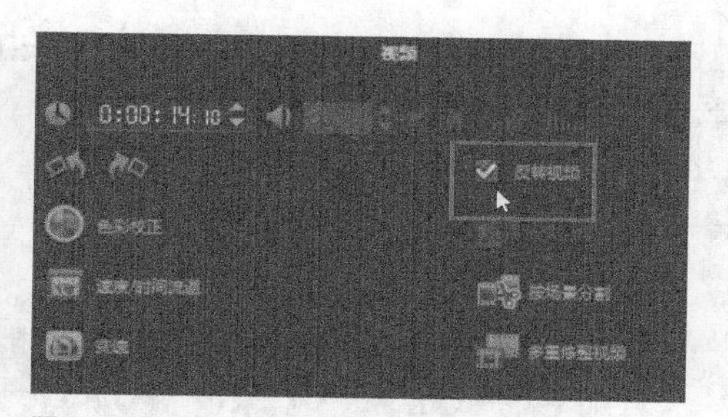
图 3-81 选中“反转视频”复选框

05 执行操作后，单击导览面板中的“播放”按钮，即可预览视频效果，如图 3-82所示。

图 3-82 预览效果

实战 032 快动作播放

电影镜头中常会用人来人往的快动作播放效果，在本实战中我们用会声会影来制作这种效果。

- **素材位置 |** 素材\第3章\实战032
- **效果位置 |** 效果\第3章\实战032快动作播放.VSP
- **视频位置 |** 视频\第3章\实战032快动作播放.MP4
- **难易指数 |** ★☆☆☆☆

操作步骤

01 进入会声会影X10，在视频轨中插入一段视频文件（素材\第3章\实战032\行人.AVI），如图 3-83所示。

02 在视频素材上单击鼠标右键，执行“复制”命令，将光标放置到视频素材的后方，然后单击鼠标左键即可粘贴素材，如图 3-84所示。

图 3-83 插入视频文件

图 3-84 粘贴素材

03 打开“选项”面板，单击“速度/时间流逝”按钮，如图 3-85所示。

04 弹出“速度/时间流逝”对话框，设置“速度”参数为400，如图 3-86所示。然后单击“确定”按钮完成设置。

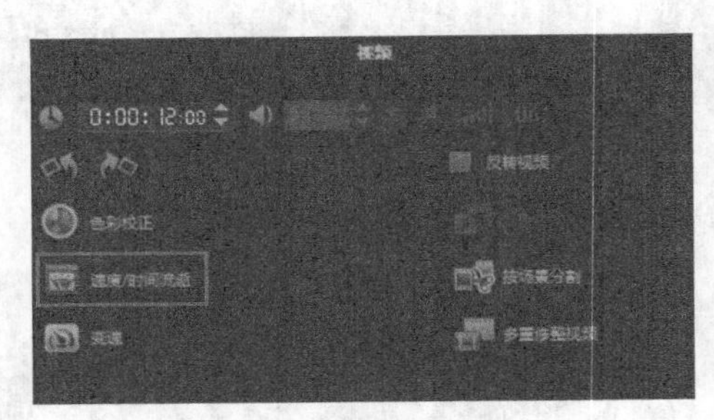

图 3-85 单击“速度/时间流逝”按钮

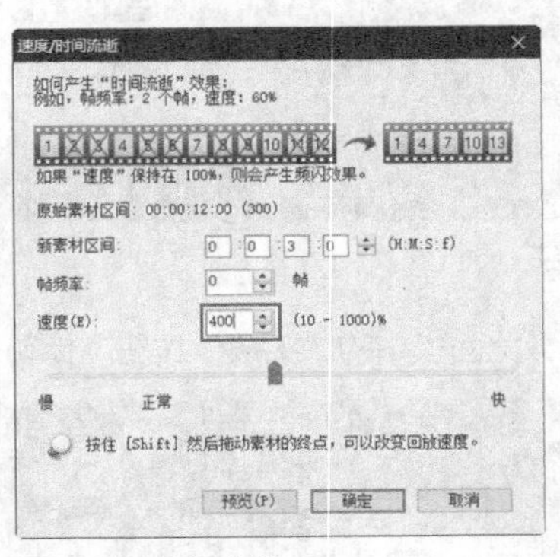

图 3-86 设置参数

05 执行操作后，单击导览面板中的“播放”按钮，即可预览最终效果，如图 3-87所示。

图 3-87 预览效果

实战 033 人物慢动作

电影中的打斗场景多会用到慢动作效果，在本实战中我们用会声会影将一段视频慢动作化。

- **素材位置 |** 素材\第3章\实战033
- **效果位置 |** 效果\第3章\实战033人物慢动作.VSP
- **视频位置 |** 视频\第3章\实战033人物慢动作.MP4
- **难易指数 |** ★☆☆☆☆

操作步骤

01 进入会声会影X10，在视频轨中插入一段视频文件（素材\第3章\实战033\跑酷.wmv），如图 3-88所示。

02 在视频素材上单击鼠标右键，执行“复制”命令，将光标放置到视频素材的后方，然后单击鼠标左键即可粘贴素材，如图 3-89所示。

图 3-88 插入素材

图 3-89 粘贴素材

03 打开“选项”面板，单击“速度/时间流逝”按钮，如图 3-90所示。

04 弹出“速度/时间流逝”对话框，设置“速度”参数为50，如图 3-91所示。然后单击“确定”按钮完成设置。

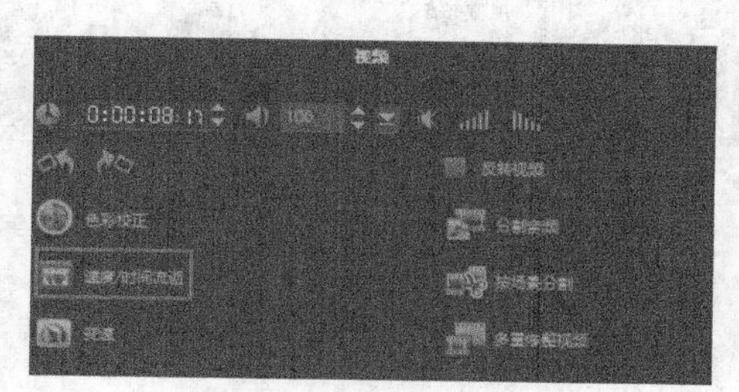

图 3-90 单击“速度/时间流逝”按钮

速度/时间流逝
如何产生“时间流逝”效果：
例如，帧频率：2 个帧，速度：60%
如果“速度”保持在 100%，则会产生频闪效果。
原始素材区间：00:00:08:17 (217)
新素材区间：0 : 0 : 17 : 9 (H:M:S:f)
帧频率：0 帧
速度(%)：50 (10 - 1000)%
慢 正常 快
按住 [Shift] 然后拖动素材的终点，可以改变回放速度。
预览(P) 确定 取消

图 3-91 设置参数

05 执行操作后，单击导览面板中的“播放”按钮，即可预览最终效果，如图 3-92所示。

图 3-92 预览效果

实战 034 变速

在会声会影中，我们可以通过变速来达到想要的效果。

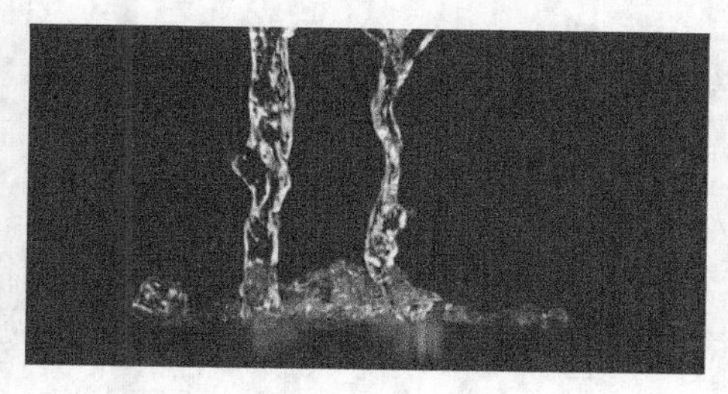

- **素材位置** | 素材\第3章\实战034
- **效果位置** | 效果\第3章\实战034变速.VSP
- **视频位置** | 视频\第3章\实战034变速.MP4
- **难易指数** | ★★☆☆☆

操作步骤

01 进入会声会影X10，在视频轨中插入一段视频文件（素材\第3章\实战034\水.mov），如图 3-93所示。

02 在视频素材上单击鼠标右键，执行“复制”命令，将光标放置到视频素材的后方，然后单击鼠标左键即可粘贴素材，如图 3-94所示。

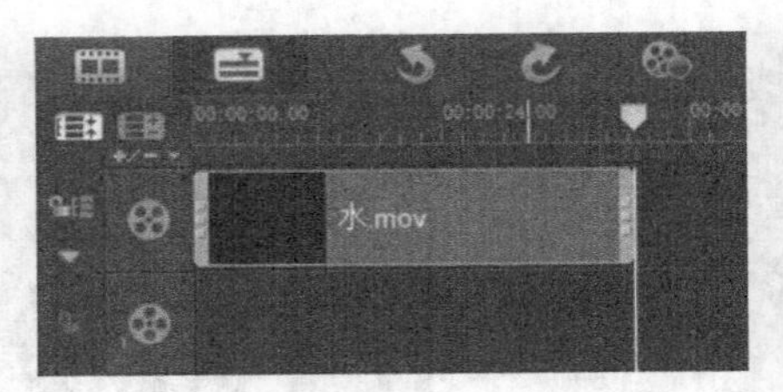

图 3-93 插入视频

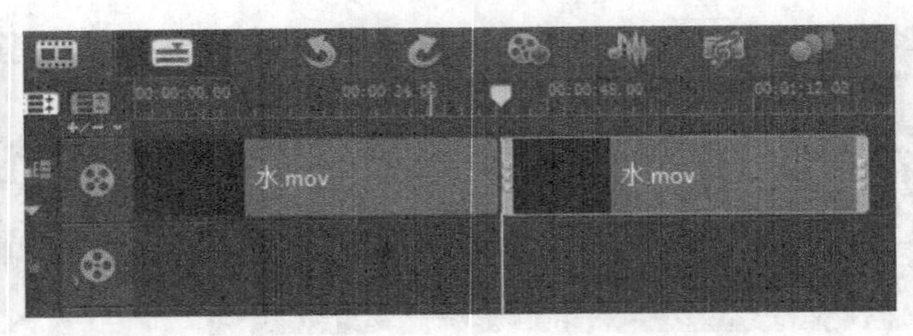

图 3-94 粘贴素材

03 打开“选项”面板，单击“变速”按钮，如图 3-95所示。

04 弹出“变速”对话框，设置“速度”参数为206，如图 3-96所示。然后单击“确定”按钮完成设置。

图 3-95 单击“变速”按钮

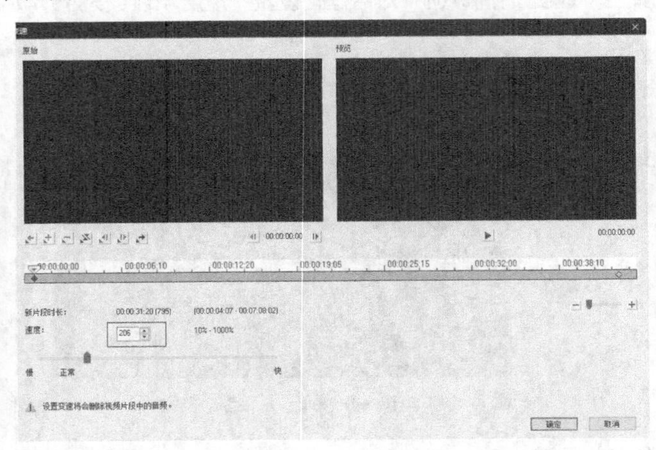

图 3-96 设置参数

05 执行操作后，单击导览面板中的“播放”按钮，即可预览最终效果，如图 3-97所示。

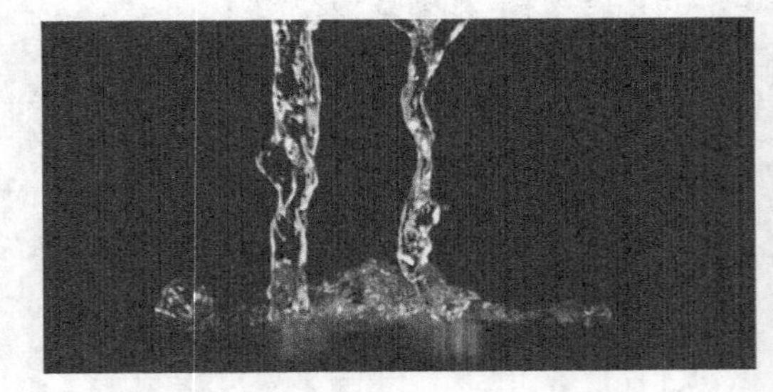

图 3-97 预览效果

实战 035 智能包输出

智能包输出功能很人性化，能将素材及项目文件同时输出到一个文件夹或一个压缩文件中，方便了日后的查看和使用。

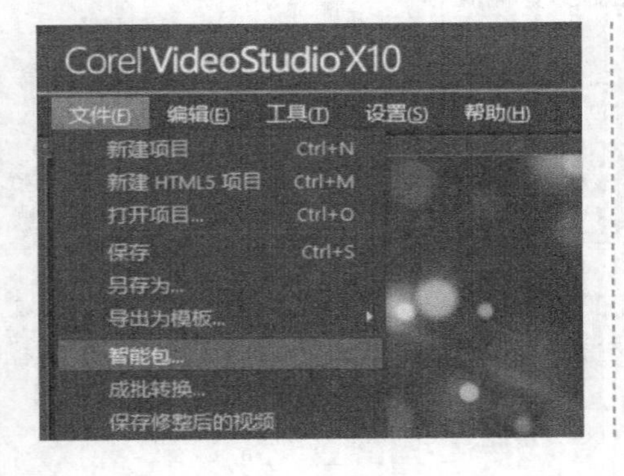

- **素材位置 |** 素材\第3章\实战035
- **效果位置 |** 效果\第3章\实战035智能包输出.VSP
- **视频位置 |** 视频\第3章\实战035智能包输出.MP4
- **难易指数 |** ★☆☆☆☆

操作步骤

01 进入会声会影X10，在视频轨中插入一段视频文件（素材\第3章\实战035\粒子光斑.MP4），如图 3-98所示。

02 执行“文件”|“智能包”命令，如图 3-99所示。然后在弹出的对话框中单击“是”按钮。

图 3-98 插入素材

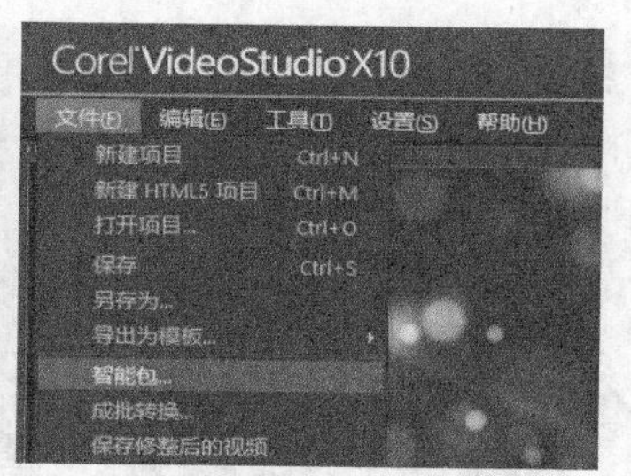

图 3-99 执行“智能包”命令

03 弹出“另存为”对话框，设置智能包保存路径并输入文件名，如图 3-100所示。然后单击“保存”按钮。

04 弹出“智能包”对话框，在“智能包”对话框中单击按钮，选择项目文件保存路径，如图 3-101所示。然后单击“确定”按钮完成设置。

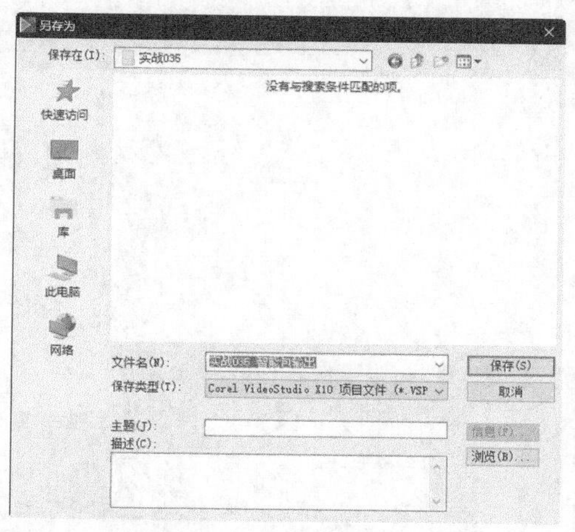

图 3-100 “另存为”对话框

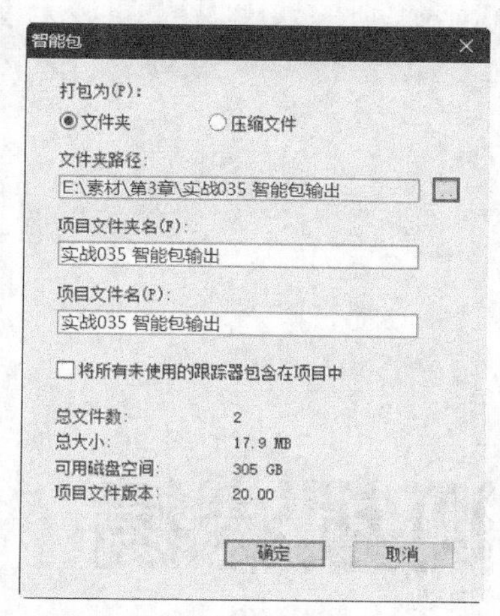

图 3-101 “智能包”对话框

05 在保存路径中可以看到，除了保存的项目文件外，项目中所有素材也会被复制到同一个文件夹中，如图 3-102所示。

图 3-102 文件夹

应用视频滤镜

常在电影电视中看到各种各样的视频后期效果，会声会影的视频滤镜具备模拟制作各种特殊效果的功能，在本章中将具体介绍视频滤镜的应用。

实战 036

自定义滤镜属性 ★重点★

在会声会影中，用户可根据需要对滤镜效果进行自定义设置。

- **素材位置** | 素材\第4章\实战036
- **效果位置** | 效果\第4章\实战036自定义滤镜属性.VSP
- **视频位置** | 视频\第4章\实战036自定义滤镜属性..MP4
- **难易指数** | ★☆☆☆☆

操作步骤

01 进入会声会影X10，在故事板视图中插入一张素材图片（素材\第4章\实战036\浪.jpg），如图 4-1所示。

02 展开“选项”面板，在“重新采样选项”下拉列表中选择“调到项目大小”选项，如图 4-2所示。

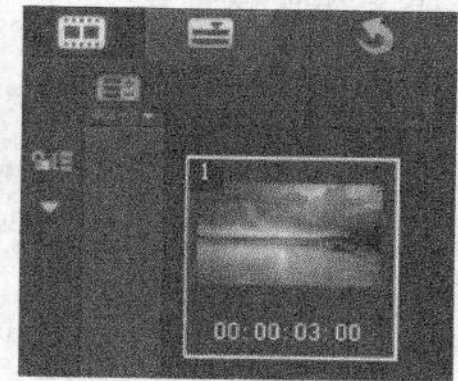

图 4-1 插入素材

图 4-2 选择“调到项目大小”选项

03 在“滤镜”素材库中，选择“修剪”滤镜，如图 4-3所示。将其拖曳至素材图片上。

04 展开选项面板，在“属性”选项面板中单击“自定义滤镜”按钮，如图 4-4所示。

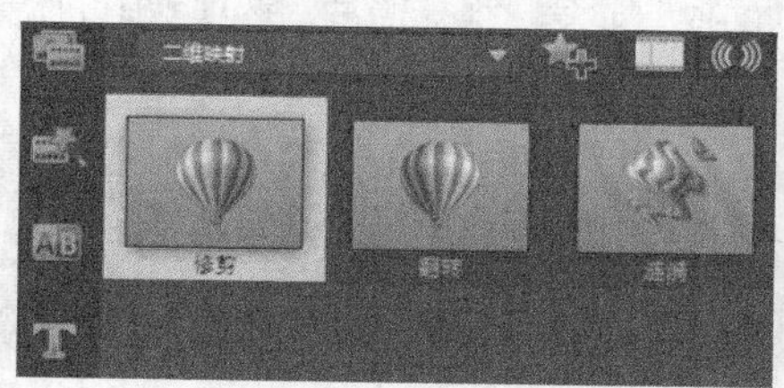

图 4-3 选择“修剪”滤镜

图 4-4 单击“自定义滤镜”按钮

05 弹出“修剪”对话框，设置“宽度”参数为70，“高度”参数为50，如图 4-5所示。然后单击“确定”按钮完成设置。

图 4-5 设置参数

06 在导览面板中，单击“播放”按钮即可预览视频效果，如图 4-6所示。

图 4-6 预览效果

实战 037 雨点滤镜——细雨柔荷

“雨点”滤镜能模拟雨天的环境。在本实战中，将具体介绍“雨点”滤镜的应用。

- **素材位置 |** 素材\第4章\实战037
- **效果位置 |** 效果\第4章\实战037雨点滤镜——细雨柔荷.VSP
- **视频位置 |** 视频\第4章\实战037雨点滤镜——细雨柔荷.MP4
- **难易指数 |** ★☆☆☆☆

操作步骤

01 启动会声会影X10软件，进入工作界面，添加图片素材（素材\第4章\实战037\荷花.jpg），如图 4-7所示。

02 用鼠标右键单击视频轨中的素材，执行“打开选项面板”命令，在“照片”选项卡中的“重新采样选项”下拉列表中选择“调到项目大小”，如图 4-8所示。

图 4-7 插入素材

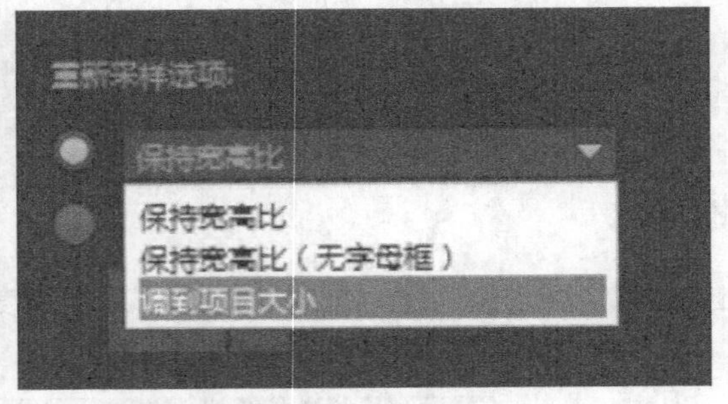

图 4-8 选择“调到项目大小”

03 单击“滤镜”按钮FX，在素材库中选择“雨点”滤镜，如图 4-9所示，用鼠标左键将它拖到视频轨中的素材上。

图 4-9 选择“雨点”滤镜

04 用鼠标右键单击视频轨中的素材，执行“打开选项面板”命令，在“属性”选项卡中的“预设模式”下拉列表中选择第二个预设模式，如图 4-10所示。

05 添加“雨点”滤镜成功，最终预览效果如图 4-11所示。

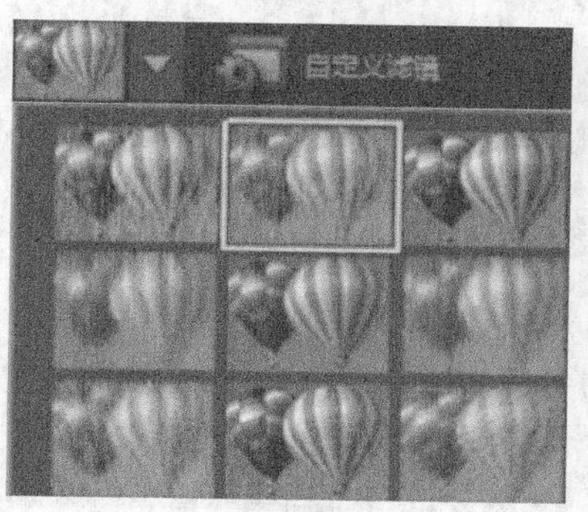

图 4-10 选择第二个预设模式

图 4-11 预览效果

实战 038 雨点滤镜——雪花飞扬 ★新功能★

“雨点”滤镜不仅能模拟出雨天的环境，还能制作出下雪的效果。

- **素材位置** | 素材\第4章\实战038
- **效果位置** | 效果\第4章\实战038雨点滤镜——雪花飞扬.VSP
- **视频位置** | 视频\第4章\实战038雨点滤镜——雪花飞扬.MP4
- **难易指数** | ★☆☆☆☆

操作步骤

01 启动会声会影X10软件，进入工作界面，添加图片素材（素材\第4章\实战038\雪地.jpg），如图 4-12所示。

02 用鼠标右键单击视频轨中的素材，执行“打开选项面板”命令，在“照片”选项卡中的“重新采样选项”下拉列表中选择“调到项目大小”，如图 4-13所示。

图 4-12 插入素材

图 4-13 选择“调到项目大小”

03 单击“滤镜”按钮FX，在素材库中选择“雨点”滤镜，如图 4-14所示，用鼠标左键将它拖到视频轨中的素材上。

04 展开选项面板，在“属性”选项卡中单击“自定义滤镜”按钮，如图 4-15所示。

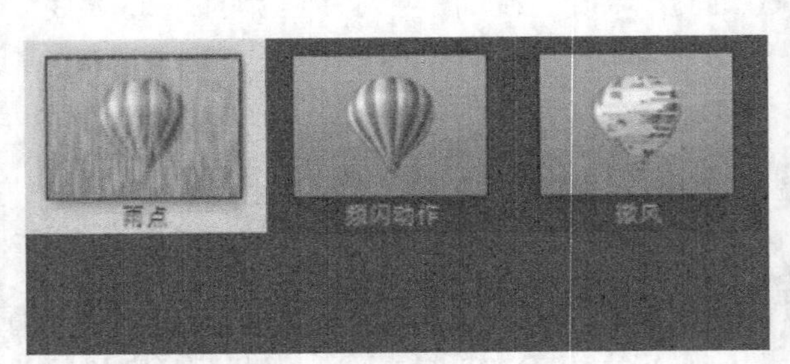

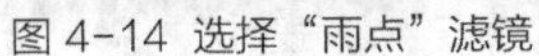

图 4-14 选择“雨点”滤镜

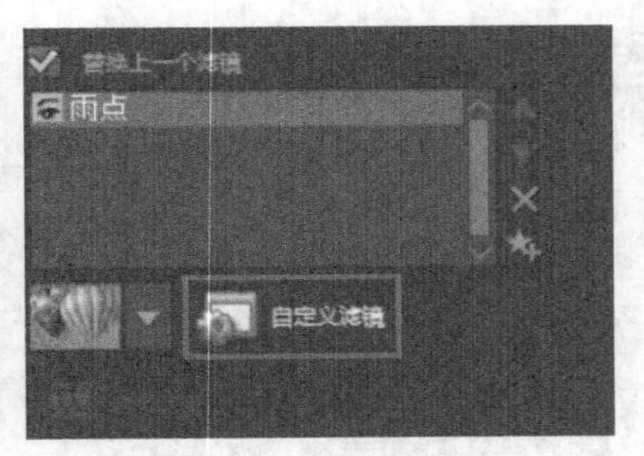

图 4-15 单击“自定义滤镜”按钮

05 在弹出的对话框中，设置“密度”参数为500，“长度”参数为4，“宽度”参数为30，“背景模糊”参数为20，设置“变化”参数为20，“主体”参数为0，“阻光度”参数为50，如图 4-16所示。

图 4-16 设置参数

06 进入“高级”选项卡，设置“速度”参数为50，“湍流”参数为5，如图 4-17所示。

图 4-17 第一个关键帧

07 选中第二个关键帧，设置“密度”参数为1 000，“长度”参数为4，“宽度”参数为30，“背景模糊”参数为20，“变化”参数为20，“主体”参数为0，“阻光度”参数为50，如图 4-18所示。

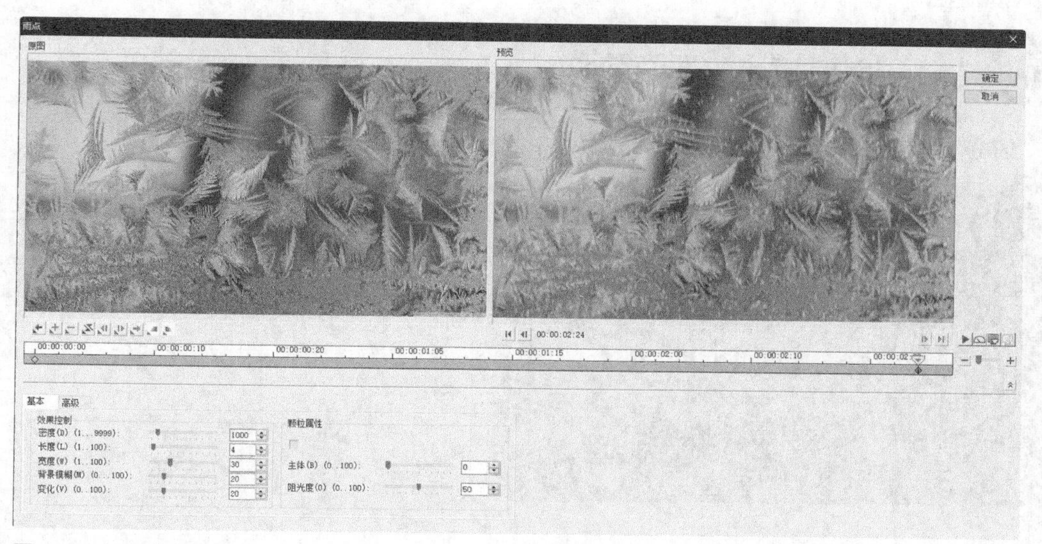

图 4-18 设置参数

08 进入“高级”选项卡，设置“速度”参数为50，“湍流”参数为10，如图 4-19所示。然后单击“确定”按钮完成设置。

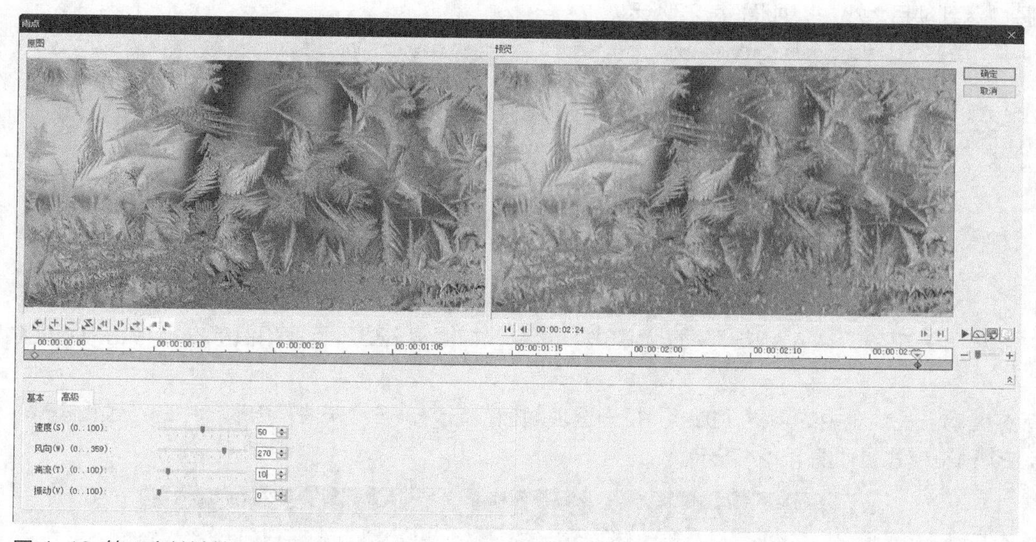

图 4-19 第二个关键帧

09 添加“雨点”滤镜成功，最终预览效果如图 4-20所示。

图 4-20 预览效果

实战 **039**

闪电滤镜——暴雨前夕

"闪电"滤镜能制作出闪电的效果。在本实战中，将具体介绍"闪电"滤镜的应用。

- **素材位置 |** 素材\第4章\实战039
- **效果位置 |** 效果\第4章\实战039闪电滤镜——暴雨前夕.VSP
- **视频位置 |** 视频\第4章\实战039闪电滤镜——暴雨前夕.MP4
- **难易指数 |** ★★☆☆☆

操作步骤

01 启动会声会影X10软件，进入工作界面，添加图片素材（素材\第4章\实战039\阴天.jpg），如图 4-21所示。

02 用鼠标右键单击视频轨中的素材，执行"打开选项面板"命令，在"照片"选项卡中的"重新采样选项"下拉列表中选择"调到项目大小"，如图 4-22所示。

图 4-21 插入素材

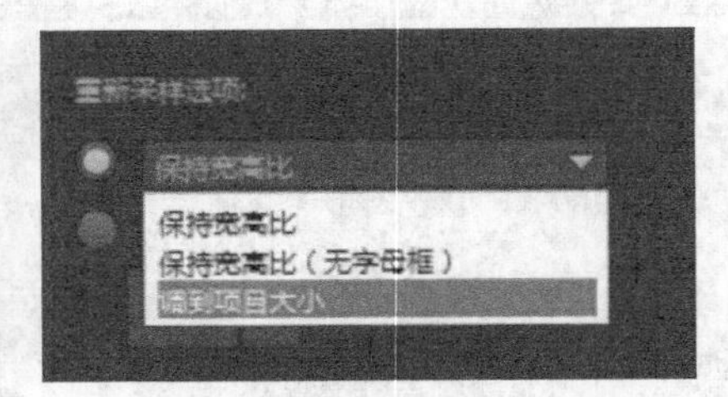

图 4-22 选择"调到项目大小"

03 单击"滤镜"按钮FX，在素材库中选择"闪电"滤镜，如图 4-23所示，用鼠标左键将它拖到视频轨中的素材上。

04 用鼠标右键单击视频轨中的素材，执行"打开选项面板"命令，在"属性"选项卡中的"预设模式"下拉列表中选择第二个预设模式，如图 4-24所示。

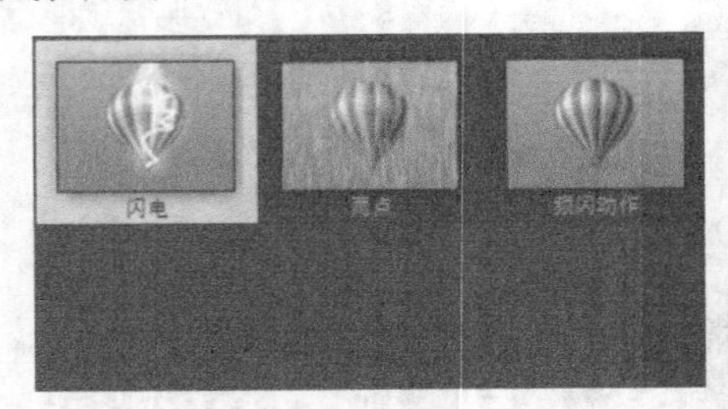

图 4-23 选择"闪电"滤镜

图 4-24 选择第二个预设模式

05 添加"闪电"滤镜成功，最终预览效果如图 4-25所示。

图 4-25 预览效果

实战 040 云彩滤镜——云雾袅绕

“云彩”滤镜能制作出云朵的效果。在本实战中，将具体介绍“云彩”滤镜的应用。

- **素材位置** | 素材\第4章\实战040
- **效果位置** | 效果\第4章\实战040云彩滤镜——云雾袅绕.VSP
- **视频位置** | 视频\第4章\实战040云彩滤镜——云雾袅绕.MP4
- **难易指数** | ★★☆☆☆

操作步骤

01 启动会声会影X10软件，进入工作界面，添加图片素材（素材\第4章\实战040\花与叶.jpg），如图 4-26所示。

02 用鼠标右键单击视频轨中的素材，执行“打开选项面板”命令，在“照片”选项卡中的“重新采样选项”下拉列表中选择“调到项目大小”，如图 4-27所示。

图 4-26 插入素材

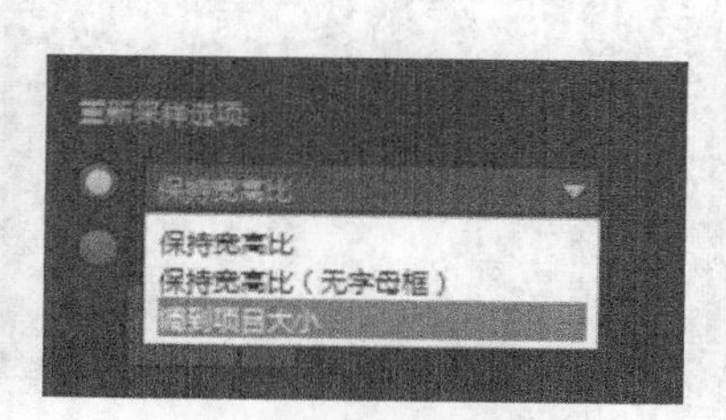

图 4-27 选择“调到项目大小”

03 单击“滤镜”按钮FX，在素材库中选择“云彩”滤镜，如图 4-28所示，用鼠标左键将它拖到视频轨中的素材上。

04 用鼠标右键单击视频轨中的素材，执行“打开选项面板”命令，在“属性”选项卡中的“预设模式”下拉列表中选择第六个预设模式，如图 4-29所示。

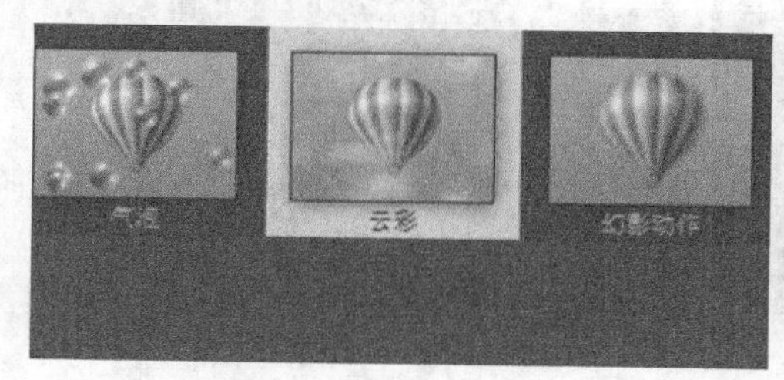

图 4-28 选择“云彩”滤镜

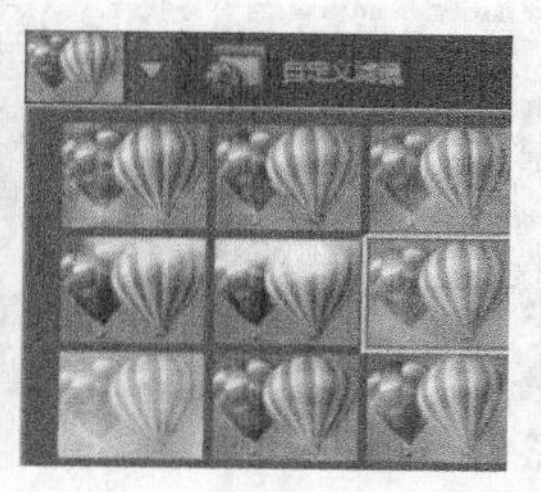

图 4-29 选择第六个预设模式

05 添加“云彩”滤镜成功，最终预览效果如图4-30所示。

图 4-30 预览效果

实战 041 气泡滤镜——魔幻泡泡

"气泡"滤镜能制作出气泡的效果。在本实战中，将具体介绍"气泡"滤镜的应用。

- **素材位置** | 素材\第4章\实战041
- **效果位置** | 效果\第4章\实战041气泡滤镜——魔幻泡泡.VSP
- **视频位置** | 视频\第4章\实战041气泡滤镜——魔幻泡泡.MP4
- **难易指数** | ★★☆☆☆

操作步骤

01 启动会声会影X10软件，进入工作界面，添加图片素材（素材\第4章\实战041\儿童.jpg），如图 4-31所示。

02 用鼠标右键单击视频轨中的素材，执行"打开选项面板"命令，在"照片"选项卡中的"重新采样选项"下拉列表中选择"调到项目大小"，如图 4-32所示。

图 4-31 插入素材

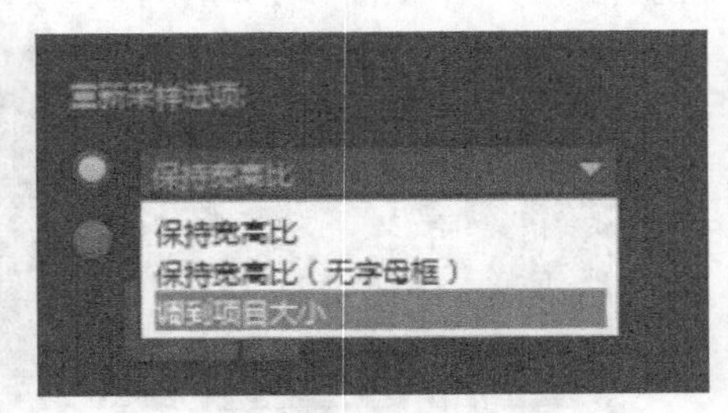

图 4-32 选择"调到项目大小"

03 单击"滤镜"按钮FX，在素材库中选择"气泡"滤镜，如图 4-33所示，用鼠标左键将它拖到视频轨中的素材上。

04 用鼠标右键单击视频轨中的素材，执行"打开选项面板"命令，在"属性"选项卡中的"预设模式"下拉列表中选择第三个预设模式，如图 4-34所示。

图 4-33 选择"气泡"滤镜

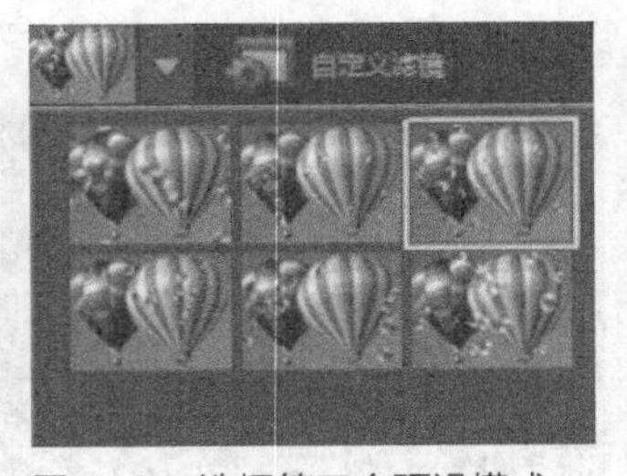

图 4-34 选择第三个预设模式

05 添加"气泡"滤镜成功，最终预览效果如图 4-35所示。

图 4-35 预览效果

实战

042

自动草绘滤镜——人物肖像 ★重点★

“自动草绘”滤镜能制作出自动草绘的效果。在本实战中，将具体介绍“自动草绘”滤镜的应用。

- **素材位置 |** 素材\第4章\实战042
- **效果位置 |** 效果\第4章\实战042自动草绘滤镜—人物肖像.VSP
- **视频位置 |** 视频\第4章\实战042自动草绘滤镜—人物肖像.MP4
- **难易指数 |** ★★☆☆☆

操作步骤

01 启动会声会影X10软件，进入工作界面，添加图片素材（素材\第4章\实战042\小孩.jpg），如图 4-36所示。

02 用鼠标右键单击视频轨中的素材，执行“打开选项面板”命令，在“照片”选项卡中的“重新采样选项”下拉列表中选择“调到项目大小”，如图 4-37所示。

图 4-36 插入素材

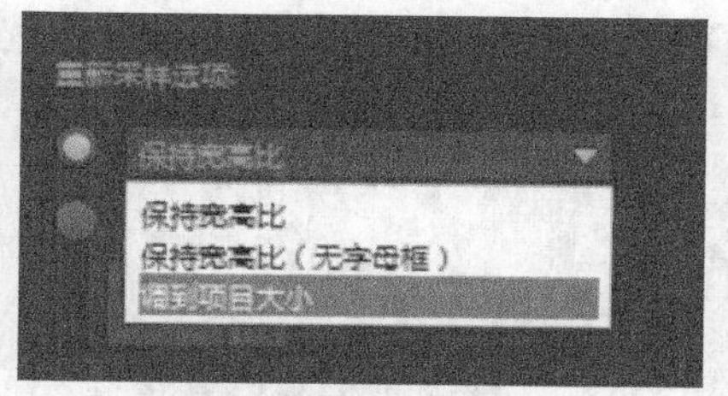

图 4-37 选择“调到项目大小”

03 单击“滤镜”按钮FX，在素材库中选择“自动草绘”滤镜，如图 4-38所示，用鼠标左键将它拖到视频轨中的素材上。

图 4-38 选择“自动草绘”滤镜

04 添加“自动草绘”滤镜成功，最终预览效果如图 4-39和图 4-40所示。

图 4-39 预览效果

图 4-40 预览效果

实战
043
彩色笔滤镜——五彩童年

“彩色笔”滤镜能制作出彩色笔的效果。在本实战中，将具体介绍“彩色笔”滤镜的应用。

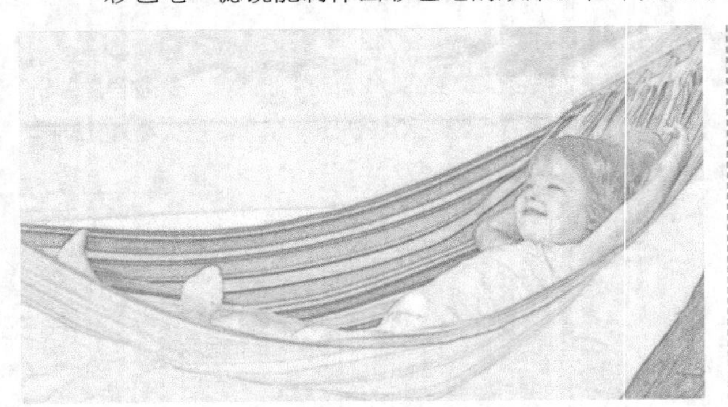

- **素材位置 |** 素材\第4章\实战043
- **效果位置 |** 效果\第4章\实战043彩色笔滤镜——五彩童年.VSP
- **视频位置 |** 视频\第4章\实战043彩色笔滤镜——五彩童年.MP4
- **难易指数 |** ★★☆☆☆

操作步骤

01 启动会声会影X10软件，进入工作界面，添加图片素材（素材\第4章\实战043\儿童2.jpg），如图 4-41所示。

02 用鼠标右键单击视频轨中的素材，执行“打开选项面板”命令，在“照片”选项卡中的“重新采样选项”下拉列表中选择“调到项目大小”，如图 4-42所示。

图 4-41 插入素材

图 4-42 选择“调到项目大小”

03 单击“滤镜”按钮FX，在素材库中选择“彩色笔”滤镜，如图 4-43所示，用鼠标左键将它拖到视频轨中的素材上。

04 用鼠标右键单击视频轨中的素材，执行“打开选项面板”命令，在“属性”选项卡中的“预设模式”下拉列表中选择第八个预设模式，如图 4-44所示。

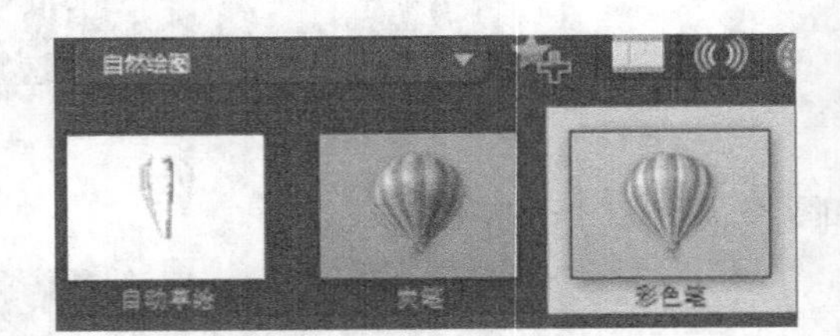

图 4-43 选择“彩色笔”滤镜

图 4-44 选择第八个预设模式

05 添加“彩色笔”滤镜成功，最终预览效果如图 4-45所示。

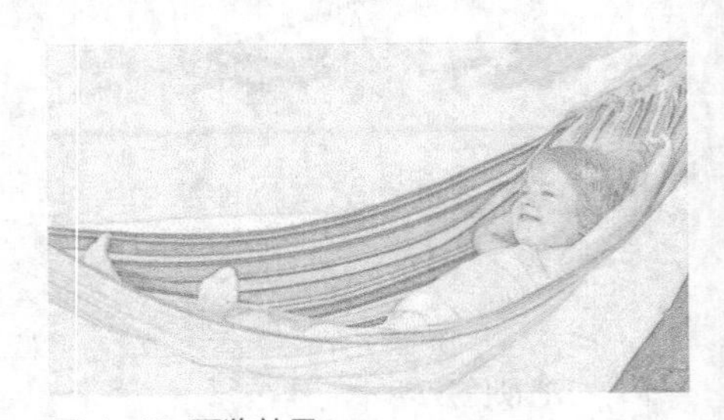

图 4-45 预览效果

实战 044 镜头闪光滤镜——东方日出

“镜头闪光”滤镜能制作出镜头闪光的效果。在本实战中，将具体介绍“镜头闪光”滤镜的应用。

- **素材位置** | 素材\第4章\实战044
- **效果位置** | 效果\第4章\实战044镜头闪光滤镜——东方日出.VSP
- **视频位置** | 视频\第4章\实战044镜头闪光滤镜——东方日出.MP4
- **难易指数** | ★☆☆☆☆

操作步骤

01 启动会声会影X10软件，进入工作界面，添加图片素材（素材\第4章\实战044\日出.jpg），如图 4-46所示。

02 用鼠标右键单击视频轨中的素材，执行“打开选项面板”命令，在“照片”选项卡中的“重新采样选项”下拉列表中选择“调到项目大小”，如图 4-47所示。

图 4-46 插入素材

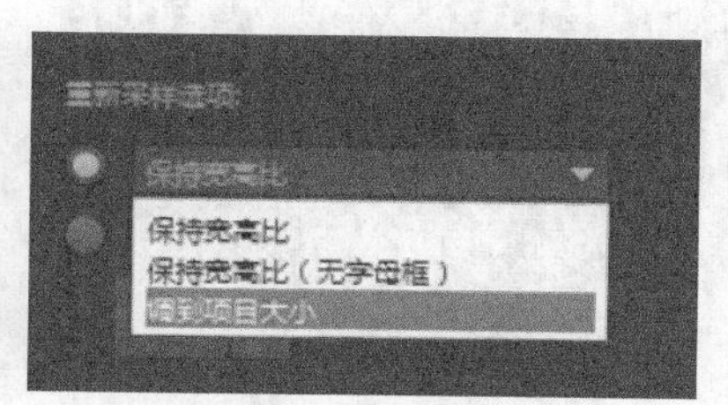

图 4-47 选择“调到项目大小”

03 单击“滤镜”按钮FX，在素材库中选择“镜头闪光”滤镜，如图 4-48所示，用鼠标左键将它拖到视频轨中的素材上。

04 用鼠标右键单击视频轨中的素材，执行“打开选项面板”命令，在“属性”选项卡中的“预设模式”下拉列表中选择第二个预设模式，如图 4-49所示。

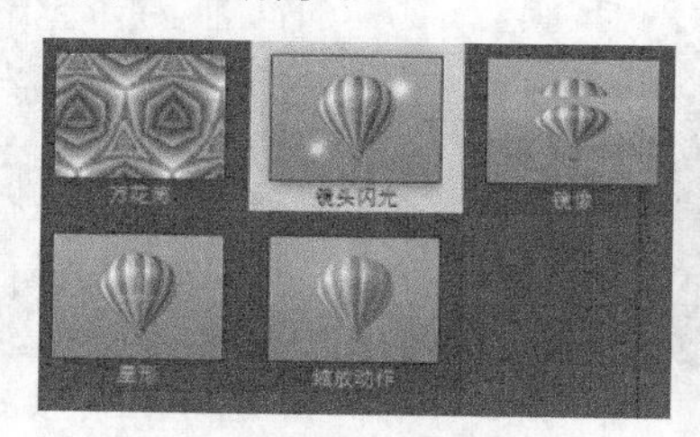

图 4-48 选择“镜头闪光”滤镜

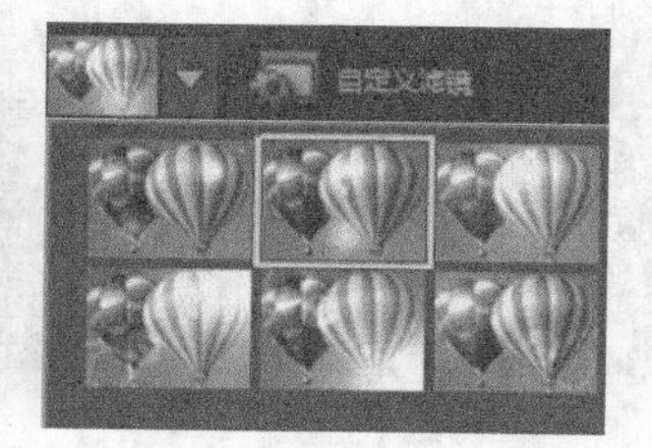

图 4-49 选择第二个预设模式

05 添加“镜头闪光”滤镜成功，最终预览效果如图 4-50所示。

图 4-50 预览效果

实战
045

FX旋涡滤镜——无尽黑洞

“FX旋涡”滤镜能制作出漩涡的效果。在本实战中，将具体介绍“FX旋涡”滤镜的应用。

- **素材位置 |** 素材\第4章\实战045
- **效果位置 |** 效果\第4章\实战045FX旋涡滤镜——无尽黑洞.VSP
- **视频位置 |** 视频\第4章\实战045FX旋涡滤镜——无尽黑洞.MP4
- **难易指数 |** ★☆☆☆☆

操作步骤

01 启动会声会影X10软件，进入工作界面，添加图片素材（素材\第4章\实战045\黑洞.jpg），如图4-51所示。

02 用鼠标右键单击视频轨中的素材，执行“打开选项面板”命令，在“照片”选项卡中的“重新采样选项”下拉列表中选择“调到项目大小”，如图4-52所示。

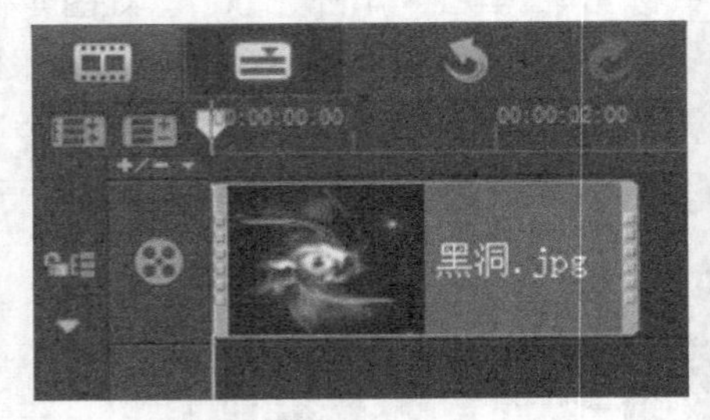

图4-51 插入素材

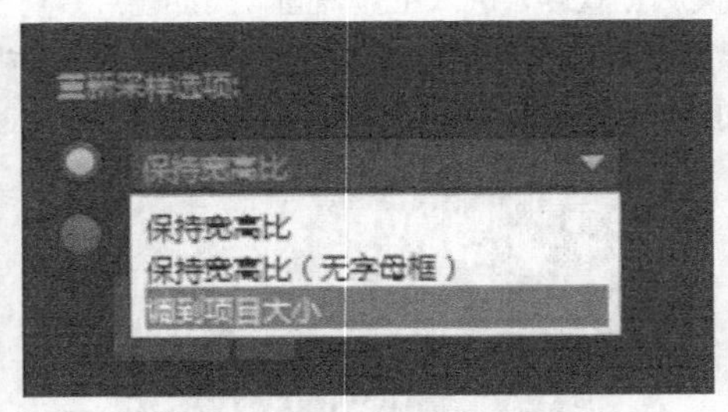

图4-52 选择“调到项目大小”

03 单击“滤镜”按钮FX，在素材库中选择“FX旋涡”滤镜，如图4-53所示，用鼠标左键将它拖到视频轨中的素材上。

04 用鼠标右键单击视频轨中的素材，执行“打开选项面板”命令，在“属性”选项卡中的“预设模式”下拉列表中选择第二个预设模式，如图4-54所示。

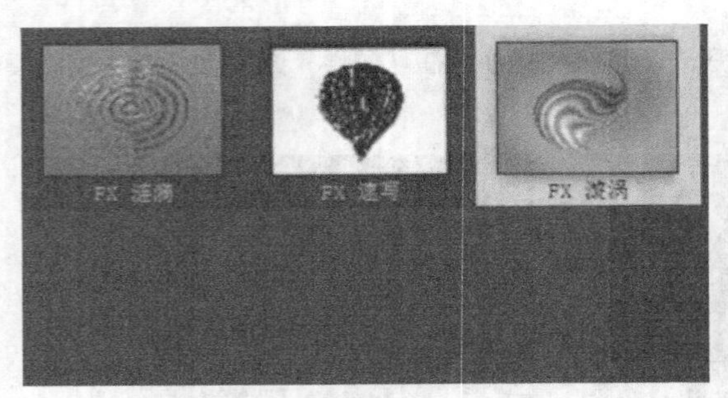

图4-53 选择“FX旋涡”滤镜

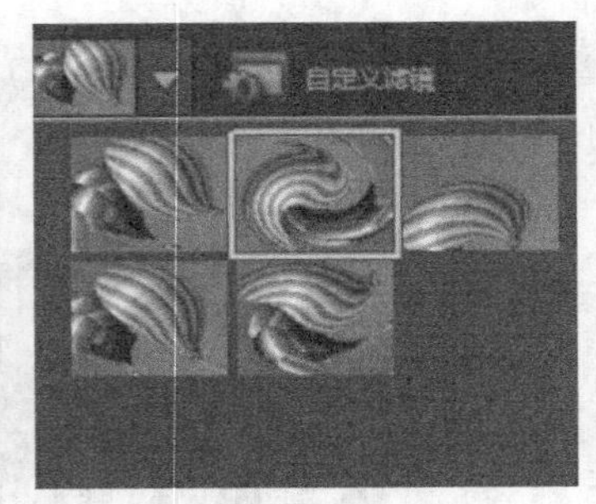

图4-54 选择第二个预设模式

05 添加“FX旋涡”滤镜成功，最终预览效果如图4-55所示。

图4-55 预览效果

实战 046

双色调滤镜——健康水果

“双色调”滤镜能制作出双色的效果。在本实战中，将具体介绍“双色调”滤镜的应用。

- **素材位置** | 素材\第4章\实战046
- **效果位置** | 效果\第4章\实战046双色调滤镜——健康水果.VSP
- **视频位置** | 视频\第4章\实战046双色调滤镜——健康水果.MP4
- **难易指数** | ★★☆☆☆

操作步骤

01 启动会声会影X10软件，进入工作界面，添加图片素材（素材\第4章\实战046\水果.jpg），如图 4-56所示。

02 用鼠标右键单击视频轨中的素材，执行“打开选项面板”命令，在“照片”选项卡中的“重新采样选项”下拉列表中选择“调到项目大小”，如图 4-57所示。

图 4-56 插入素材

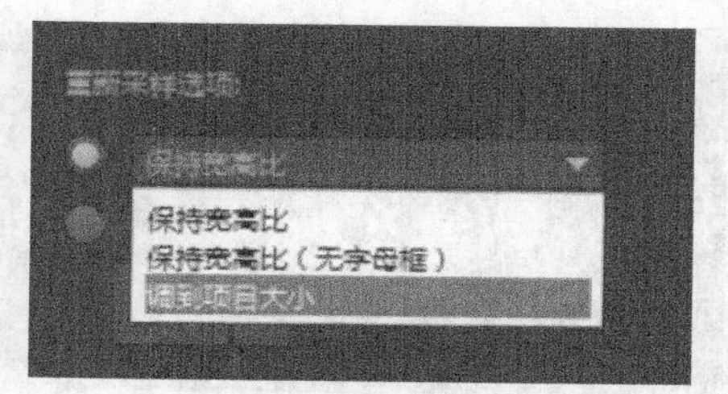

图 4-57 选择“调到项目大小”

03 单击“滤镜”按钮FX，在素材库中选择“双色调”滤镜，如图 4-58所示，用鼠标左键将它拖到视频轨中的素材上。

04 用鼠标右键单击视频轨中的素材，执行“打开选项面板”命令，在“属性”选项卡中的“预设模式”下拉列表中选择第六个预设模式，如图 4-59所示。

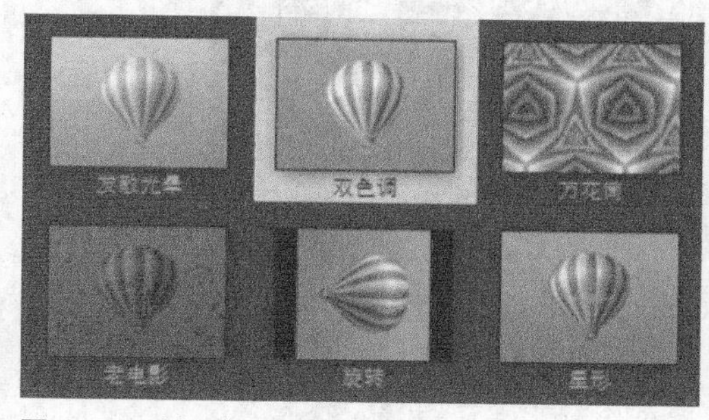

图 4-58 选择“双色调”滤镜

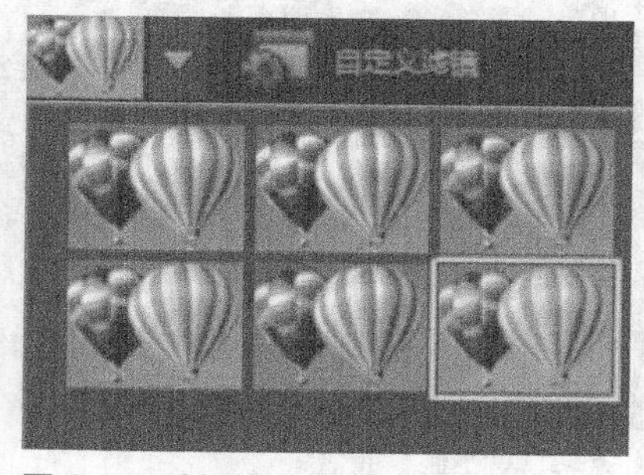

图 4-59 选择第六个预设模式

05 添加“双色调”滤镜成功，最终预览效果如图 4-60所示。

图 4-60 预览效果

实战 047 老电影滤镜——城南旧事

“老电影”滤镜能制作出老电影的效果。在本实战中，将具体介绍“老电影”滤镜的应用。

- **素材位置 |** 素材\第4章\实战047
- **效果位置 |** 效果\第4章\实战047老电影滤镜——城南旧事.VSP
- **视频位置 |** 视频\第4章\实战047老电影滤镜——城南旧事.MP4
- **难易指数 |** ★☆☆☆☆

操作步骤

01 启动会声会影X10软件，进入工作界面，添加图片素材（素材\第4章\实战047\梅花.jpg），如图 4-61所示。

02 用鼠标右键单击视频轨中的素材，执行“打开选项面板”命令，在“照片”选项卡中的“重新采样选项”下拉列表中选择“调到项目大小”，如图 4-62所示。

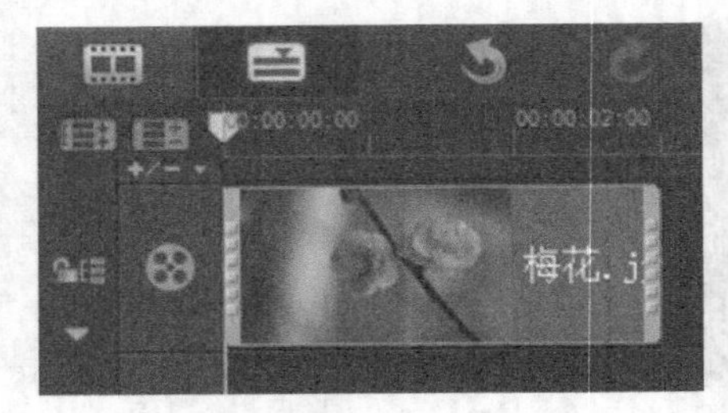

图 4-61 插入素材

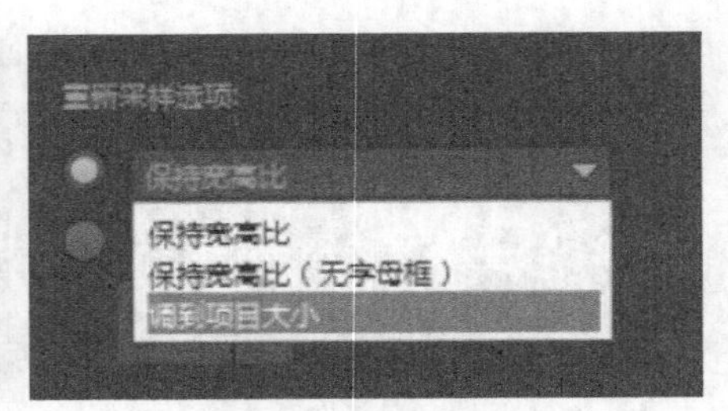

图 4-62 选择“调到项目大小”

03 单击“滤镜”按钮FX，在素材库中选择“老电影”滤镜，如图 4-63所示，用鼠标左键将它拖到视频轨中的素材上。

04 用鼠标右键单击视频轨中的素材，执行“打开选项面板”命令，在“属性”选项卡中的“预设模式”下拉列表中选择第二个预设模式，如图 4-64所示。

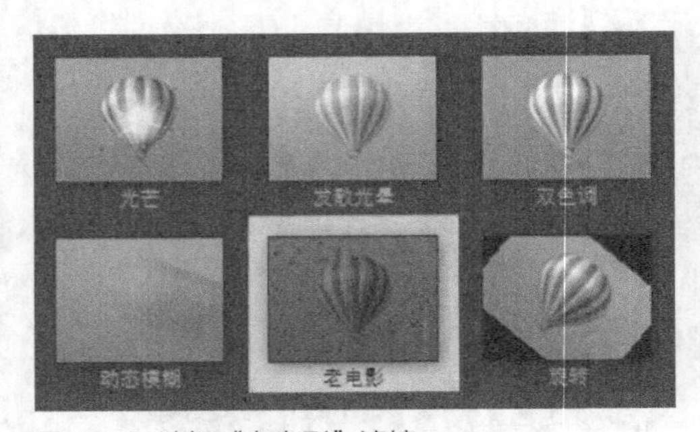

图 4-63 选择“老电影”滤镜

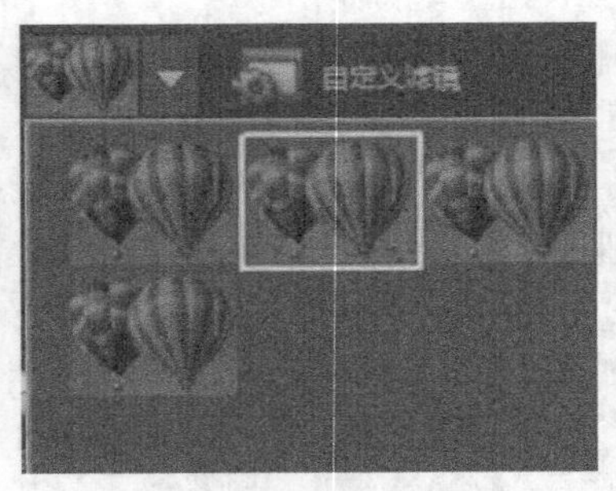

图 4-64 选择第二个预设模式

05 添加“老电影”滤镜成功，最终预览效果如图 4-65所示。

图 4-65 预览效果

实战
048

光线滤镜——午夜之城

"光线"滤镜能制作出光线的效果。在本实战中，将具体介绍"光线"滤镜的应用。

- **素材位置** | 素材\第4章\实战048
- **效果位置** | 效果\第4章\实战048光线滤镜——午夜之城.VSP
- **视频位置** | 视频\第4章\实战048光线滤镜——午夜之城.MP4
- **难易指数** | ★☆☆☆☆

操作步骤

01 启动会声会影X10软件，进入工作界面，添加图片素材（素材\第4章\实战048\城市.jpg），如图 4-66所示。

02 用鼠标右键单击视频轨中的素材，执行"打开选项面板"命令，在"照片"选项卡中的"重新采样选项"下拉列表中选择"调到项目大小"，如图 4-67所示。

图 4-66 插入素材

图 4-67 选择"调到项目大小"

03 单击"滤镜"按钮FX，在素材库中选择"光线"滤镜，如图 4-68所示，用鼠标左键将它拖到视频轨中的素材上。

04 用鼠标右键单击视频轨中的素材，执行"打开选项面板"命令，在"属性"选项卡中的"预设模式"下拉列表中选择第五个预设模式，如图 4-69所示。

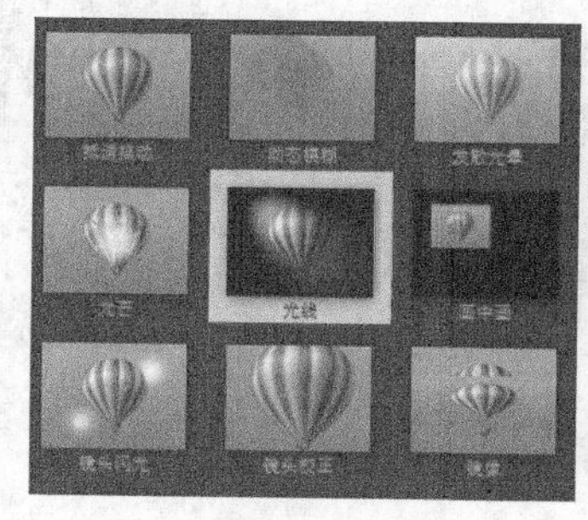

图 4-68 选择"光线"滤镜

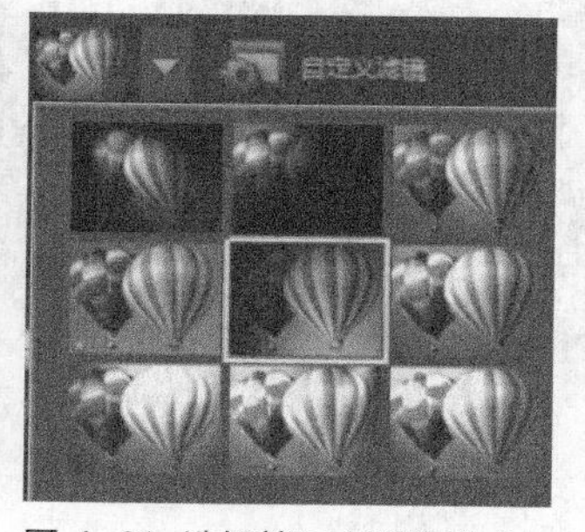

图 4-69 选择第五个预设模式

05 添加"光线"滤镜成功，最终预览效果如图 4-70所示。

图 4-70 预览效果

实战 049 喷枪滤镜——幻想天空

“喷枪”滤镜能制作出喷枪的效果。在本实战中，将具体介绍“喷枪”滤镜的应用。

- **素材位置** | 素材\第4章\实战049
- **效果位置** | 效果\第4章\实战049喷枪滤镜——幻想天空.VSP
- **视频位置** | 视频\第4章\实战049喷枪滤镜——幻想天空.MP4
- **难易指数** | ★☆☆☆☆

操作步骤

01 启动会声会影X10软件，进入工作界面，添加图片素材（素材\第4章\实战049\天空.jpg），如图 4-71所示。

02 用鼠标右键单击视频轨中的素材，执行“打开选项面板”命令，在“照片”选项卡中的“重新采样选项”下拉列表中选择“调到项目大小”，如图 4-72所示。

图 4-71 插入素材

图 4-72 选择“调到项目大小”

03 单击“滤镜”按钮FX，在素材库中选择“喷枪”滤镜，如图 4-73所示，用鼠标左键将它拖到视频轨中的素材上。

04 添加“喷枪”滤镜成功，最终预览效果如图 4-74所示。

图 4-73 选择“喷枪”滤镜

图 4-74 预览效果

实战 050 画中画滤镜——立体相册

“画中画”滤镜能制作出画中画的效果。在本实战中，将具体介绍“画中画”滤镜的应用。

- **素材位置** | 素材\第4章\实战050
- **效果位置** | 效果\第4章\实战050画中画滤镜——立体相册.VSP
- **视频位置** | 视频\第4章\实战050画中画滤镜——立体相册.MP4
- **难易指数** | ★☆☆☆☆

操作步骤

01 启动会声会影X10软件，进入工作界面，添加图片素材（素材\第4章\实战050\一家.jpg），如图 4-75所示。

02 用鼠标右键单击视频轨中的素材，执行“打开选项面板”命令，在“照片”选项卡中的“重新采样选项”下拉列表中选择“调到项目大小”，如图 4-76所示。

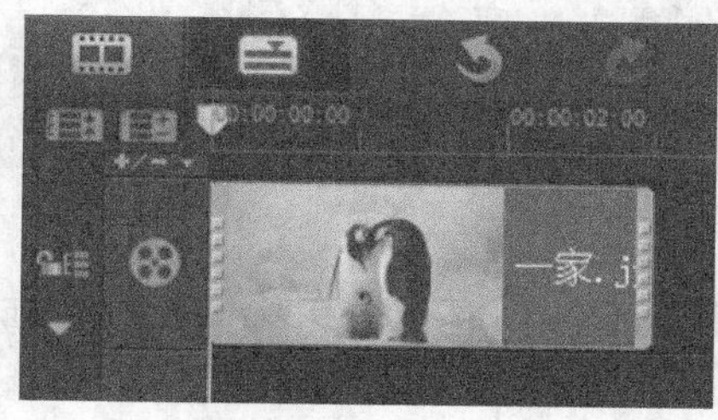

图 4-75 插入素材

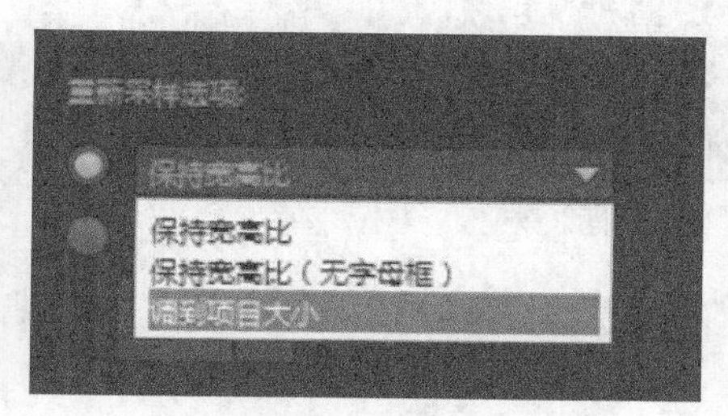

图 4-76 选择“调到项目大小”

03 单击“滤镜”按钮FX，在素材库中选择“画中画”滤镜，如图 4-77所示，用鼠标左键将它拖到视频轨中的素材上。

04 添加“画中画”滤镜成功，最终预览效果如图 4-78所示。

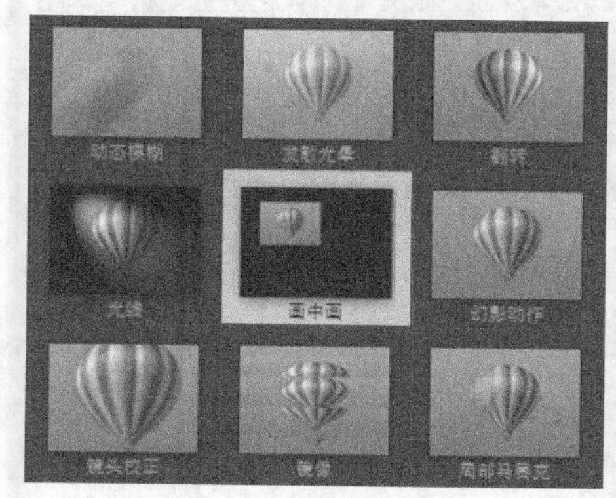

图 4-77 选择“画中画”滤镜

图 4-78 预览效果

实战 051 FX涟漪滤镜——水波荡漾

“FX涟漪”滤镜能制作出涟漪的效果。在本实战中，将具体介绍“FX涟漪”滤镜的应用。

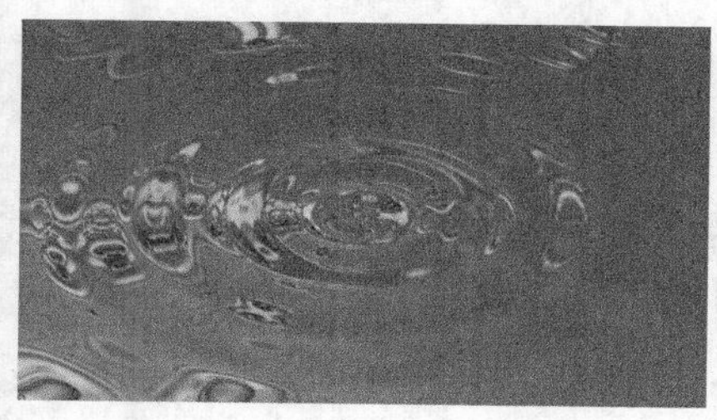

- **素材位置** | 素材\第4章\实战051
- **效果位置** | 效果\第4章\实战051FX涟漪滤镜——水波荡漾.VSP
- **视频位置** | 视频\第4章\实战051FX涟漪滤镜——水波荡漾.MP4
- **难易指数** | ★★☆☆☆

操作步骤

01 启动会声会影X10软件，进入工作界面，添加图片素材（素材\第4章\实战051\水.jpg），如图 4-79所示。

02 用鼠标右键单击视频轨中的素材，执行“打开选项面板”命令，在“照片”选项卡中的“重新采样选项”下拉列表中选择“调到项目大小”，如图 4-80所示。

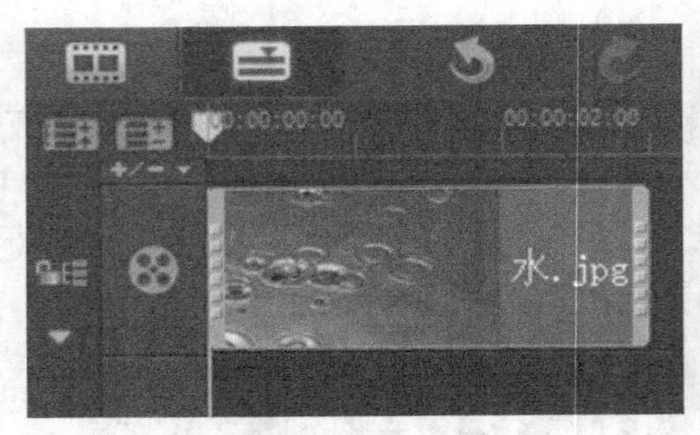

图 4-79 插入素材

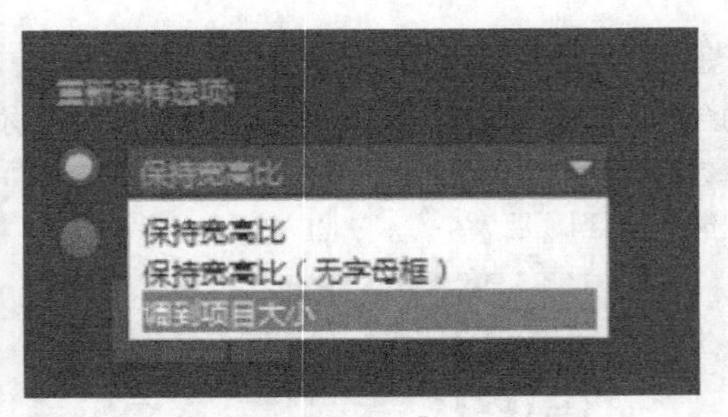

图 4-80 选择“调到项目大小”

03 单击“滤镜”按钮FX，在素材库中选择“FX涟漪”滤镜，如图 4-81所示，用鼠标左键将它拖到视频轨中的素材上。

04 添加“FX涟漪”滤镜成功，最终预览效果如图 4-82所示。

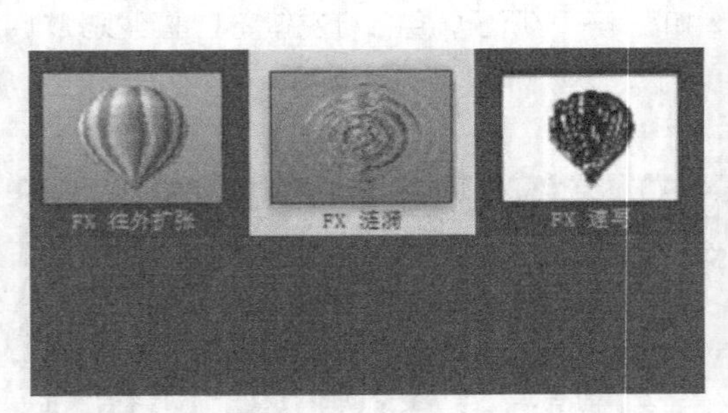

图 4-81 选择“FX涟漪”滤镜

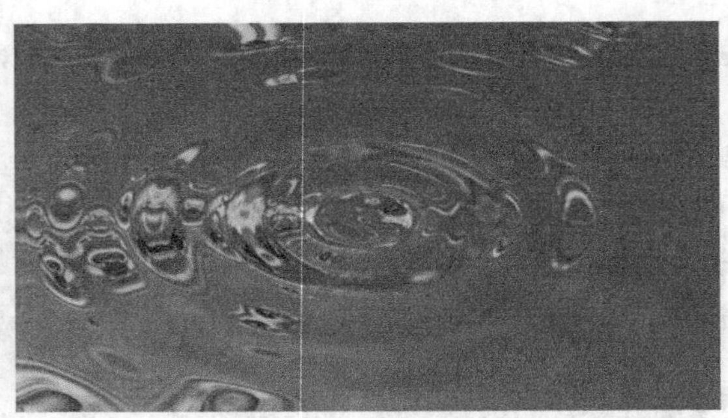
图 4-82 预览效果

实战 052 强化细部滤镜——叶片纹理

“强化细部”滤镜能强化细部的效果。在本实战中，将具体介绍“强化细部”滤镜的应用。

- **素材位置** | 素材\第4章\实战052
- **效果位置** | 效果\第4章\实战052强化细部滤镜——叶片纹理.VSP
- **视频位置** | 视频\第4章\实战052强化细部滤镜——叶片纹理.MP4
- **难易指数** | ★☆☆☆☆

操作步骤

01 启动会声会影X10软件，进入工作界面，添加图片素材（素材\第4章\实战052\树叶.jpg），如图 4-83所示。

02 用鼠标右键单击视频轨中的素材，执行“打开选项面板”命令，在“照片”选项卡中的“重新采样选项”下拉列表中选择“调到项目大小”，如图 4-84所示。

图 4-83 插入素材

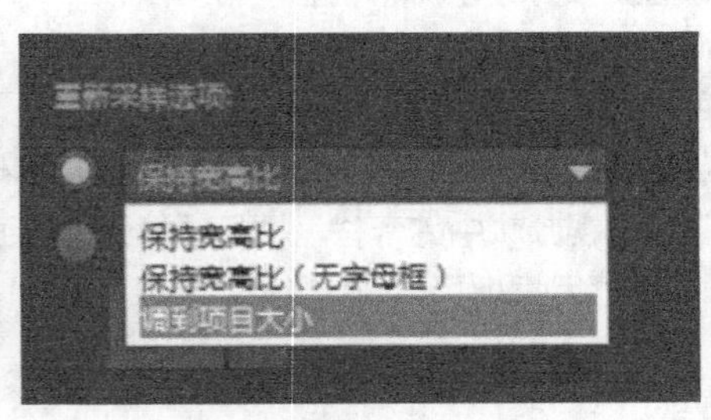

图 4-84 选择“调到项目大小”

03 单击“滤镜”按钮FX，在素材库中选择“强化细部”滤镜，如图 4-85所示，用鼠标左键将它拖到视频轨中的素材上。

04 添加“强化细部”滤镜成功，最终预览效果如图 4-86所示。

图 4-85 选择“强化细部”滤镜

图 4-86 预览效果

实战 053 水彩滤镜——精美油画

“水彩”滤镜能制作出水彩的效果。在本实战中，将具体介绍“水彩”滤镜的应用。

- **素材位置** | 素材\第4章\实战053
- **效果位置** | 效果\第4章\实战053水彩滤镜——精美油画.VSP
- **视频位置** | 视频\第4章\实战053水彩滤镜——精美油画.MP4
- **难易指数** | ★☆☆☆☆

操作步骤

01 启动会声会影X10软件，进入工作界面，添加图片素材（素材\第4章\实战053\油画.jpg），如图 4-87所示。

02 用鼠标右键单击视频轨中的素材，执行“打开选项面板”命令，在“照片”选项卡中的“重新采样选项”下拉列表中选择“调到项目大小”，如图 4-88所示。

图 4-87 插入素材

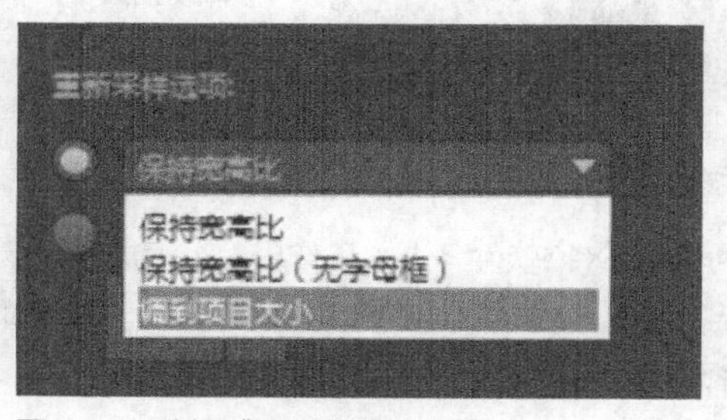

图 4-88 选择“调到项目大小”

03 单击“滤镜”按钮FX，在 素材库中选择“水彩”滤镜，如图 4-89所示，用鼠标左键将它拖到视频轨中的素材上。

04 用鼠标右键单击视频轨中的素材，执行“打开选项面板”命令，在“属性”选项卡中的“预设模式”下拉列表中选择第七个预设模式，如图 4-90所示。

图 4-89 选择“水彩”滤镜

图 4-90 选择第七个预设模式

05 添加“水彩”滤镜成功，最终预览效果如图 4-91所示。

图 4-91 预览效果

实战 054 活动摄像机滤镜——狂欢午夜

“活动摄像机”滤镜能制作出活动摄像机的效果。在本实战中，将具体介绍“活动摄像机”滤镜的应用。

- **素材位置 |** 素材\第4章\实战054
- **效果位置 |** 效果\第4章\实战054活动摄像机滤镜——狂欢午夜.VSP
- **视频位置 |** 视频\第4章\实战054活动摄像机滤镜——狂欢午夜.MP4
- **难易指数 |** ★☆☆☆☆

操作步骤

01 启动会声会影X10软件，进入工作界面，添加图片素材（素材\第4章\实战054\狂欢.jpg），如图 4-92所示。

02 用鼠标右键单击视频轨中的素材，执行“打开选项面板”命令，在“照片”选项卡中的“重新采样选项”下拉列表中选择“调到项目大小”，如图 4-93所示。

图 4-92 插入素材

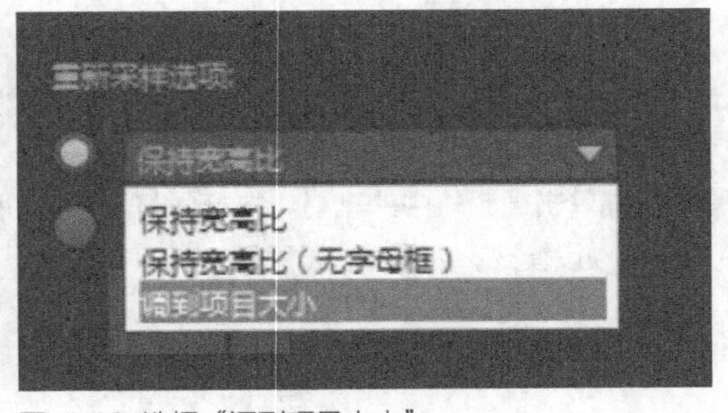

图 4-93 选择“调到项目大小”

03 单击“滤镜”按钮FX，在素材库中选择“活动摄像机”滤镜，如图 4-94所示，用鼠标左键将它拖到视频轨中的素材上。

04 添加“活动摄像机”滤镜成功，最终预览效果如图 4-95所示。

图 4-94 选择“活动摄像机”滤镜

图 4-95 预览效果

实战 055 锐利化滤镜——逼真视觉

“锐利化”滤镜能制作出锐利化的效果。在本实战中，将具体介绍“锐利化”滤镜的应用。

- **素材位置 |** 素材\第4章\实战055
- **效果位置 |** 效果\第4章\实战055锐利化滤镜——逼真视觉.VSP
- **视频位置 |** 视频\第4章\实战055锐利化滤镜——逼真视觉.MP4
- **难易指数 |** ★☆☆☆☆

操作步骤

01 启动会声会影X10软件，进入工作界面，添加图片素材（素材\第4章\实战055\路灯.jpg），如图 4-96所示。

02 用鼠标右键单击视频轨中的素材，执行“打开选项面板”命令，在“照片”选项卡中的“重新采样选项”下拉列表中选择“调到项目大小”，如图 4-97所示。

图 4-96 插入素材

图 4-97 选择“调到项目大小”

03 单击“滤镜”按钮FX，在素材库中选择“锐利化”滤镜，如图 4-98所示，用鼠标左键将它拖到视频轨中的素材上。

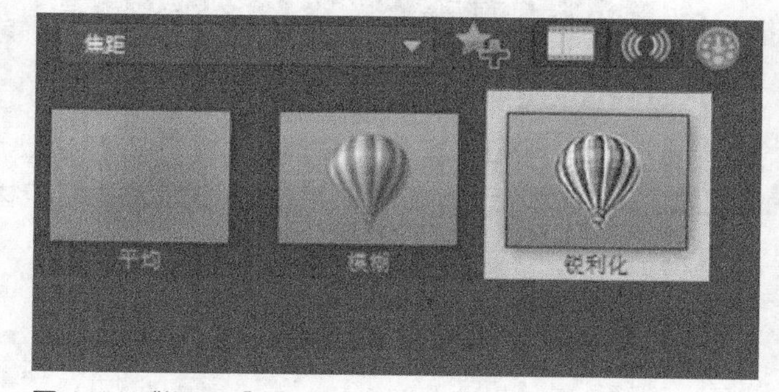

图 4-98 “锐利化”滤镜

04 用鼠标右键单击视频轨中的素材，执行“打开选项面板”命令，在“属性”选项卡中的“预设模式”下拉列表中选择第四个预设模式，如图 4-99所示。

05 添加“锐利化”滤镜成功，最终预览效果如图 4-100所示。

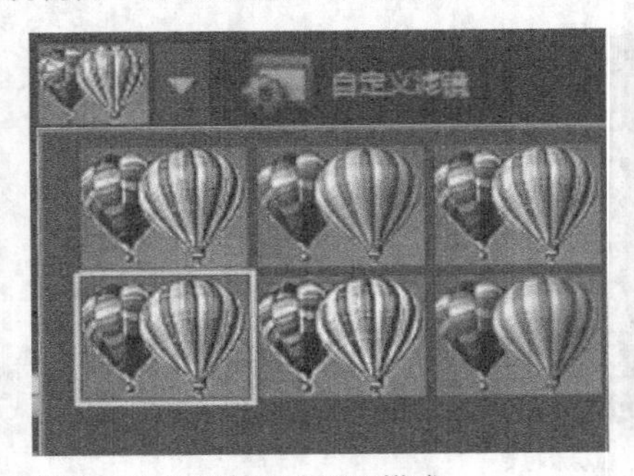

图 4-99 选择第四个预设模式

图 4-100 预览效果

实战 056 亮度和对比度滤镜——梦幻街道

“亮度和对比度”滤镜能增强图片的亮度和对比度。在本实战中，将具体介绍“亮度和对比度”滤镜的应用。

- **素材位置** | 素材\第4章\实战056
- **效果位置** | 效果\第4章\实战056亮度和对比度滤镜——梦幻街道.VSP
- **视频位置** | 视频\第4章\实战056亮度和对比度滤镜——梦幻街道.MP4
- **难易指数** | ★☆☆☆☆

操作步骤

01 启动会声会影X10软件，进入工作界面，添加图片素材（素材\第4章\实战056\街景2.jpg），如图 4-101所示。

02 用鼠标右键单击视频轨中的素材，执行“打开选项面板”命令，在“照片”选项卡中的“重新采样选项”下拉列表中选择“调到项目大小”，如图 4-102所示。

图 4-101 插入素材

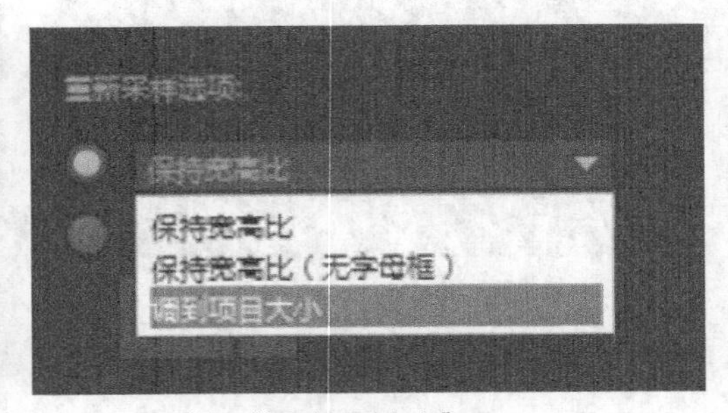

图 4-102 选择“调到项目大小”

03 单击“滤镜”按钮 FX，在素材库中选择“亮度和对比度”滤镜，如图 4-103所示，用鼠标左键将它拖到视频轨中的素材上。

图 4-103 选择“亮度和对比度”滤镜

04 用鼠标右键单击视频轨中的素材，执行“打开选项面板”命令，在“属性”选项卡中的“预设模式”下拉列表中选择第三个预设模式，如图 4-104所示。

05 添加“亮度和对比度”滤镜成功，最终预览效果如图 4-105所示。

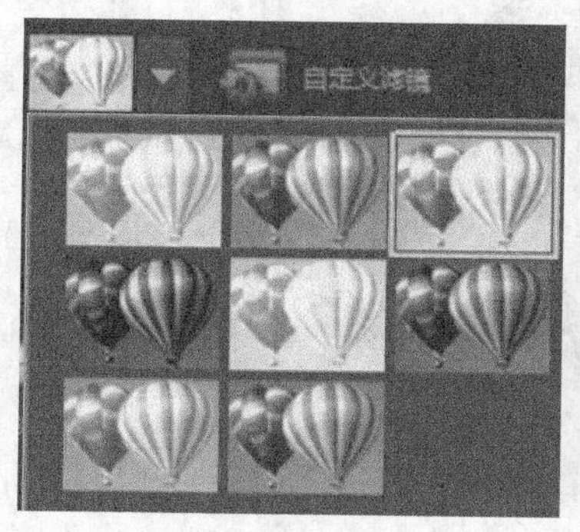

图 4-104 选择第三个预设模式

图 4-105 预览效果

实战 057 FX速写滤镜——静物素描

“FX速写”滤镜能制作出速写的效果。在本实战中，将具体介绍“FX速写”滤镜的应用。

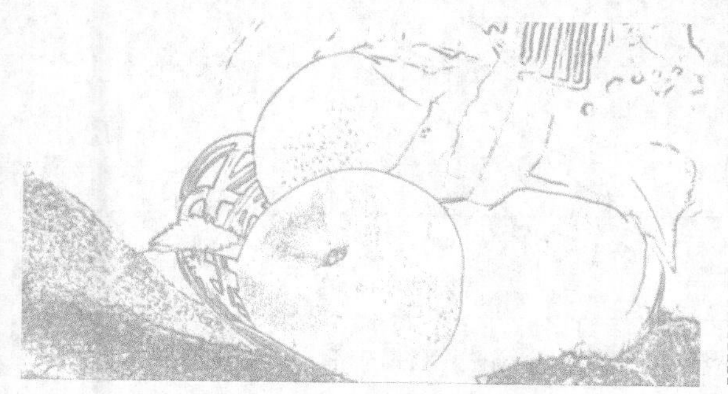

- **素材位置** | 素材\第4章\实战057
- **效果位置** | 效果\第4章\实战057FX速写滤镜——静物素描.VSP
- **视频位置** | 视频\第4章\实战057FX速写滤镜——静物素描.MP4
- **难易指数** | ★☆☆☆☆

操作步骤

01 启动会声会影X10软件，进入工作界面，添加图片素材（素材\第4章\实战057\水果盆.jpg），如图 4-106所示。

02 用鼠标右键单击视频轨中的素材，执行“打开选项面板”命令，在“照片”选项卡中的“重新采样选项”下拉列表中选择“调到项目大小”，如图 4-107所示。

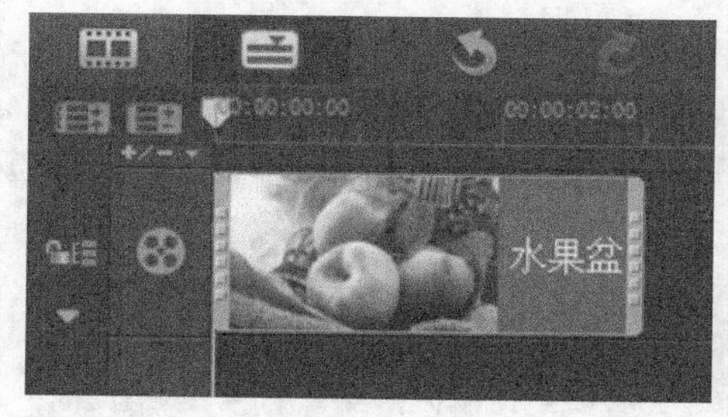

图 4-106 插入素材

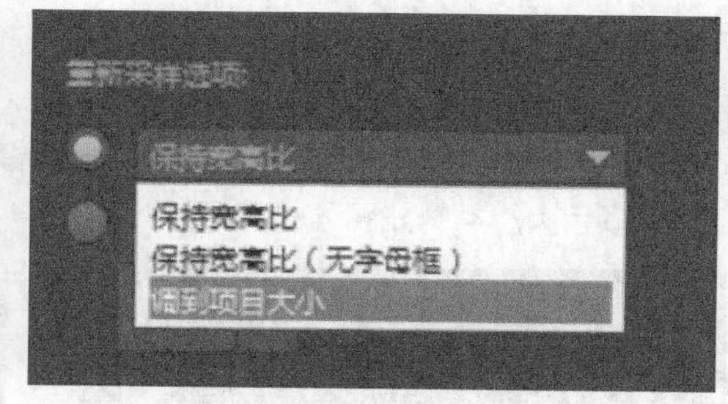

图 4-107 选择“调到项目大小”

03 单击“滤镜”按钮FX，在素材库中选择“FX速写”滤镜，如图 4-108所示，用鼠标左键将它拖到视频轨中的素材上。

04 用鼠标右键单击视频轨中的素材，执行“打开选项面板”命令，在“属性”选项卡中的“预设模式”下拉列表中选择第六个预设模式，如图 4-109所示。

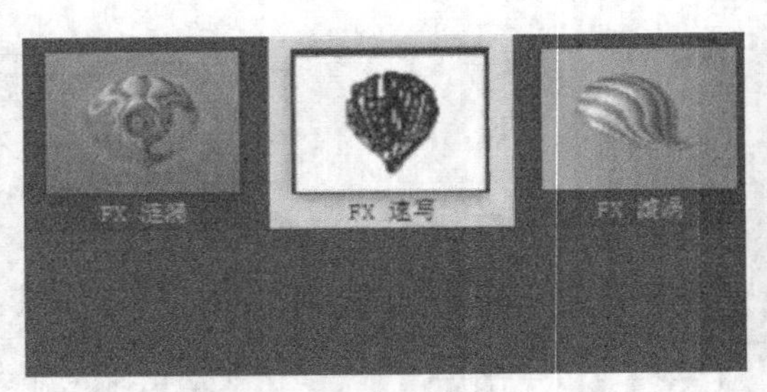

图 4-108 选择“FX速写”滤镜

图 4-109 选择第六个预设模式

05 添加“FX速写”滤镜成功，最终预览效果如图 4-110所示。

图 4-110 预览效果

实战 058 FX往内挤压滤镜——缩放隧道

“FX往内挤压”滤镜能制作出往内挤压的效果。在本实战中，将具体介绍“FX往内挤压”滤镜的应用。

- **素材位置 |** 素材\第4章\实战058
- **效果位置 |** 效果\第4章\实战058FX往内挤压滤镜——缩放隧道.VSP
- **视频位置 |** 视频\第4章\实战058FX往内挤压滤镜——缩放隧道.MP4
- **难易指数 |** ★☆☆☆☆

操作步骤

01 启动会声会影X10软件，进入工作界面，添加图片素材（素材\第4章\实战058\隧道.jpg），如图 4-111所示。

02 用鼠标右键单击视频轨中的素材，执行“打开选项面板”命令，在“照片”选项卡中的“重新采样选项”下拉列表中选择“调到项目大小”，如图 4-112所示。

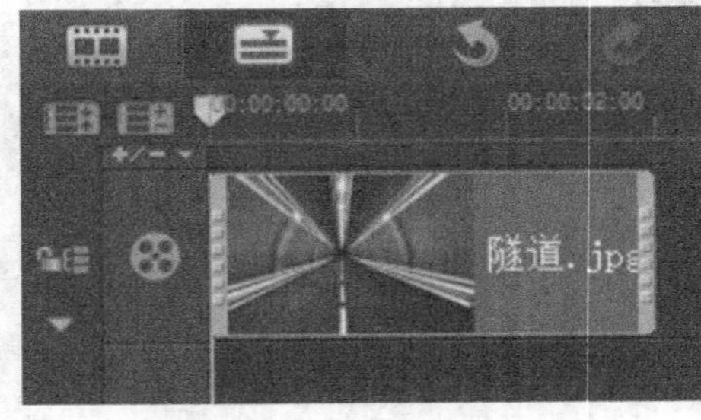

图 4-111 插入素材

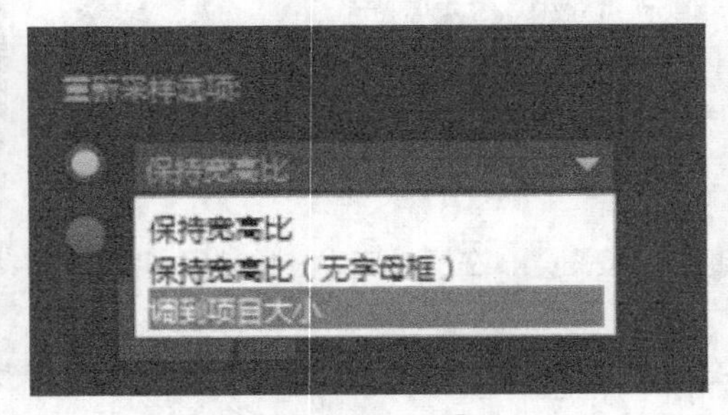

图 4-112 选择“调到项目大小”

03 单击“滤镜”按钮FX，在素材库中选择“FX往内挤压”滤镜，如图 4-113所示，用鼠标左键将它拖到视频轨中的素材上。

04 添加“FX往内挤压”滤镜成功，最终预览效果如图 4-114所示。

图 4-113 选择“FX往内挤压”滤镜

图 4-114 预览效果

实战 059 万花筒滤镜——奇趣画面

“万花筒”滤镜能制作出万花筒的效果。在本实战中，将具体介绍“万花筒”滤镜的应用。

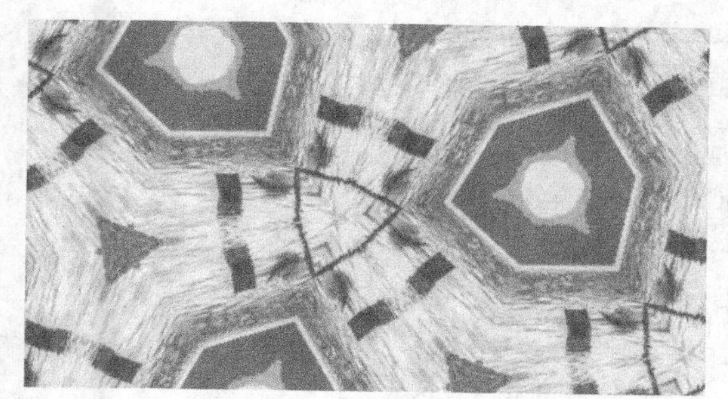

- **素材位置** | 素材\第4章\实战059
- **效果位置** | 效果\第4章\实战059万花筒滤镜——奇趣画面.VSP
- **视频位置** | 视频\第4章\实战059万花筒滤镜——奇趣画面.MP4
- **难易指数** | ★☆☆☆☆

操作步骤

01 启动会声会影X10软件，进入工作界面，添加图片素材（素材\第4章\实战059\天鹅.jpg），如图 4-115所示。

02 用鼠标右键单击视频轨中的素材，执行“打开选项面板”命令，在“照片”选项卡中的“重新采样选项”下拉列表中选择“调到项目大小”，如图 4-116所示。

图 4-115 插入素材

图 4-116 选择“调到项目大小”

03 单击“滤镜”按钮FX，在 素材库中选择“万花筒”滤镜，如图 4-117所示，用鼠标左键将它拖到视频轨中的素材上。

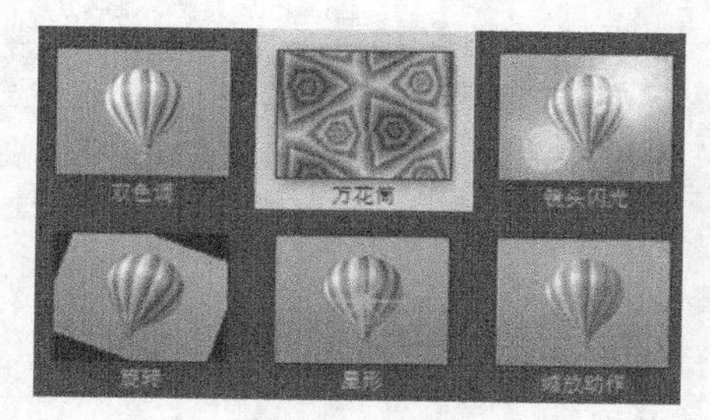

图 4-117 选择“万花筒”滤镜

04 用鼠标右键单击视频轨中的素材，执行“打开选项面板”命令，在“属性”选项卡中的“预设模式”下拉列表中选择第三个预设模式，如图 4-118所示。

05 添加“万花筒”滤镜成功，最终预览效果如图 4-119所示。

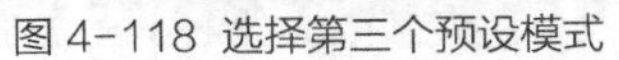

图 4-118 选择第三个预设模式

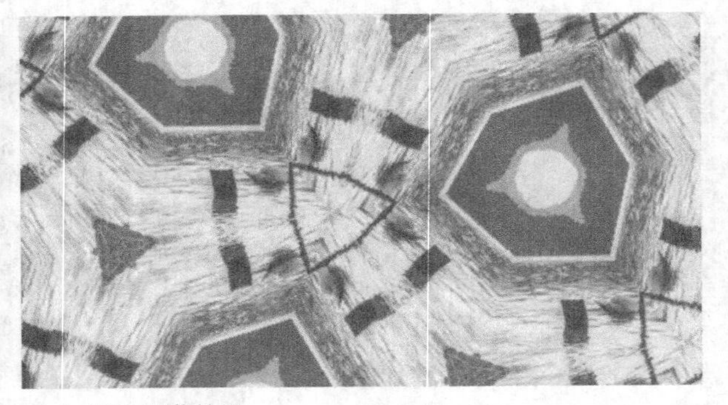

图 4-119 预览效果

实战 060 频闪动作滤镜——闪动画面

“频闪动作”滤镜能制作出频闪动作的效果。在本实战中，将具体介绍“频闪动作”滤镜的应用。

- **素材位置** | 素材\第4章\实战060
- **效果位置** | 效果\第4章\实战060频闪动作滤镜——闪动画面.VSP
- **视频位置** | 视频\第4章\实战060频闪动作滤镜——闪动画面.MP4
- **难易指数** | ★☆☆☆☆

操作步骤

01 启动会声会影X10软件，进入工作界面，添加图片素材（素材\第4章\实战060\峡谷2.jpg），如图 4-120所示。

02 用鼠标右键单击视频轨中的素材，执行“打开选项面板”命令，在“照片”选项卡中的“重新采样选项”下拉列表中选择“调到项目大小”，如图 4-121所示。

图 4-120 插入素材

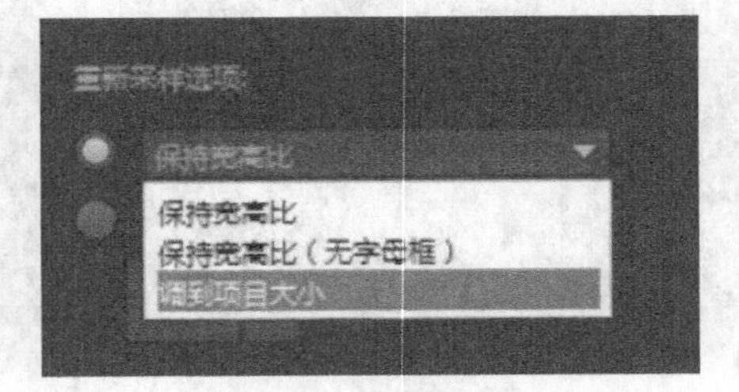

图 4-121 选择“调到项目大小”

03 单击“滤镜”按钮FX，在 素材库中选择“频闪动作”滤镜，如图 4-122所示，用鼠标左键将它拖到视频轨中的素材上。

图 4-122 选择“频闪动作”滤镜

04 用鼠标右键单击视频轨中的素材，执行“打开选项面板”命令，在“属性”选项卡中的“预设模式”下拉列表中选择第三个预设模式，如图 4-123所示。

05 添加“频闪动作”滤镜成功，最终预览效果如图 4-124所示。

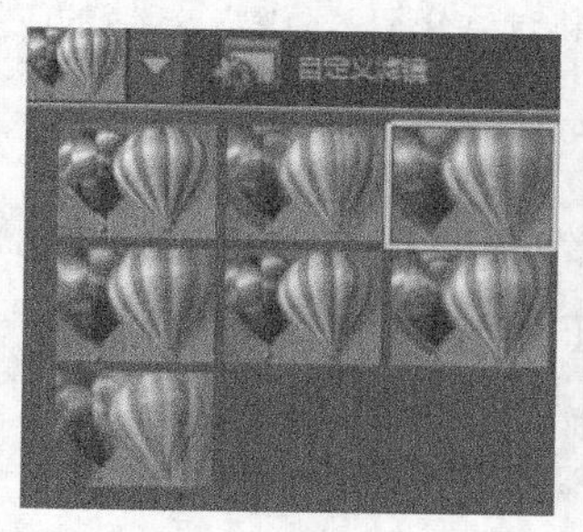

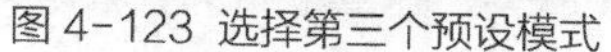

图 4-123 选择第三个预设模式　图 4-124 预览效果

实战 061 阴影和高光滤镜——森林晨光

“阴影和高光”滤镜能制作出阴影和高光的效果。在本实战中，将具体介绍“阴影和高光”滤镜的应用。

- **素材位置** | 素材\第4章\实战061
- **效果位置** | 效果\第4章\实战061阴影和高光滤镜——森林晨光.VSP
- **视频位置** | 视频\第4章\实战061阴影和高光滤镜——森林晨光.MP4
- **难易指数** | ★☆☆☆☆

操作步骤

01 启动会声会影X10软件，进入工作界面，添加图片素材（素材\第4章\实战061\朦胧森林.jpg），如图 4-125所示。

02 用鼠标右键单击视频轨中的素材，执行“打开选项面板”命令，在“照片”选项卡中的“重新采样选项”下拉列表中选择“调到项目大小”，如图 4-126所示。

图 4-125 插入素材

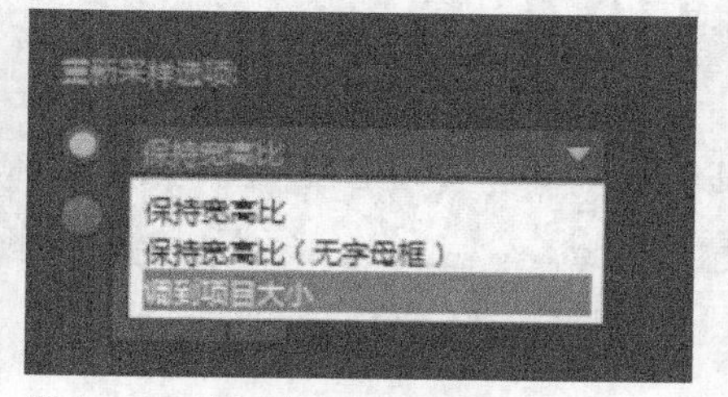

图 4-126 选择“调到项目大小”

03 单击“滤镜”按钮FX，在素材库中选择“阴影和高光”滤镜，如图 4-127所示，用鼠标左键将它拖到视频轨中的素材上。

04 添加“阴影和高光”滤镜成功，最终预览效果如图 4-128所示。

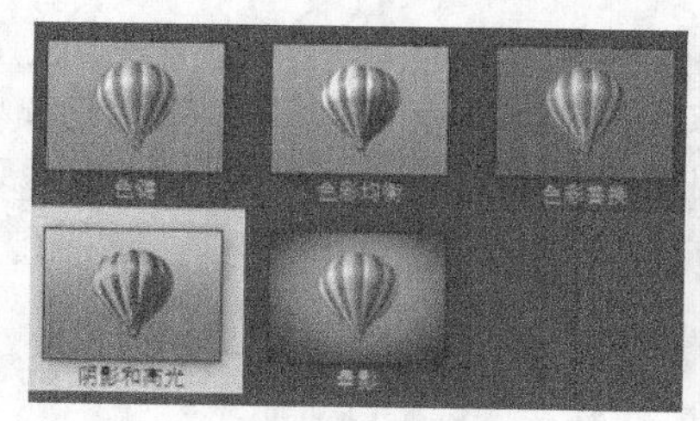

图 4-127 选择“阴影和高光”滤镜

图 4-128 预览效果

实战
062 降噪滤镜——照片美化

“降噪”滤镜能减少图片或视频中的噪点数量。在本实战中，将具体介绍“降噪”滤镜的应用。

- **素材位置** | 素材\第4章\实战062
- **效果位置** | 效果\第4章\实战062降噪滤镜——照片美化.VSP
- **视频位置** | 视频\第4章\实战062降噪滤镜——照片美化.MP4
- **难易指数** | ★☆☆☆☆

操作步骤

01 启动会声会影X10软件，进入工作界面，添加图片素材（素材\第4章\实战062\噪点.jpg），如图 4-129所示。

02 用鼠标右键单击视频轨中的素材，执行“打开选项面板”命令，在“照片”选项卡中的“重新采样选项”下拉列表中选择“调到项目大小”，如图 4-130所示。

图 4-129 插入素材

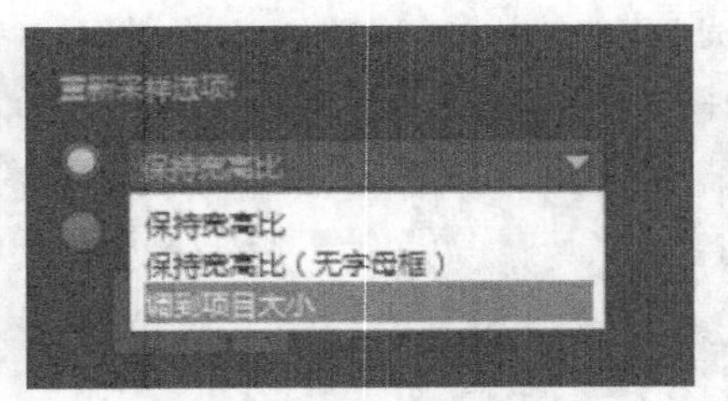

图 4-130 选择“调到项目大小”

03 单击“滤镜”按钮FX，在素材库中选择“降噪”滤镜，如图 4-131所示，用鼠标左键将它拖到视频轨中的素材上。

04 添加“降噪”滤镜成功，最终预览效果如图 4-132所示。

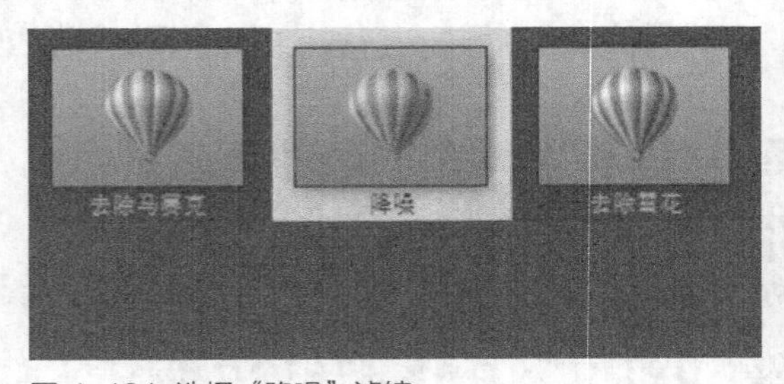

图 4-131 选择“降噪”滤镜

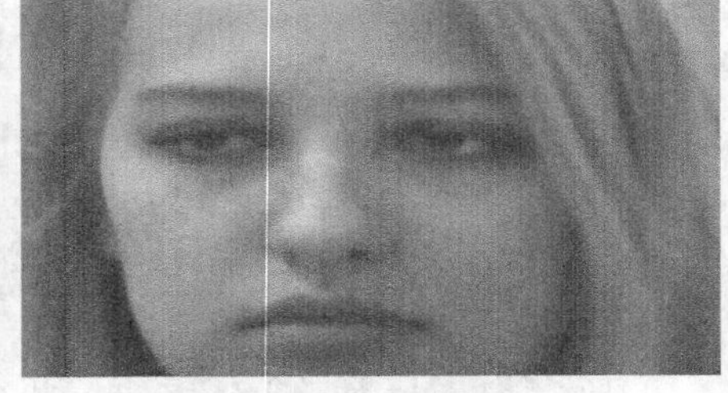

图 4-132 预览效果

实战
063 动态模糊滤镜——真实视角

“动态模糊”滤镜能制作出动态模糊的效果。在本实战中，将具体介绍“动态模糊”滤镜的应用。

- **素材位置** | 素材\第4章\实战063
- **效果位置** | 效果\第4章\实战063动态模糊滤镜——真实视角.VSP
- **视频位置** | 视频\第4章\实战063动态模糊滤镜——真实视角.MP4
- **难易指数** | ★☆☆☆☆

操作步骤

01 启动会声会影X10软件，进入工作界面，添加图片素材（素材\第4章\实战063\动物.jpg），如图 4-133所示。

02 用鼠标右键单击视频轨中的素材，执行“打开选项面板”命令，在“照片”选项卡中的“重新采样选项”下拉列表中选择“调到项目大小”，如图 4-134所示。

图 4-133 插入素材

图 4-134 选择“调到项目大小”

03 单击“滤镜”按钮FX，在素材库中选择“动态模糊”滤镜，如图 4-135所示，用鼠标左键将它拖到视频轨中的素材上。

04 用鼠标右键单击视频轨中的素材，执行“打开选项面板”命令，在“属性”选项卡中的“预设模式”下拉列表中选择第二个预设模式，如图 4-136所示。

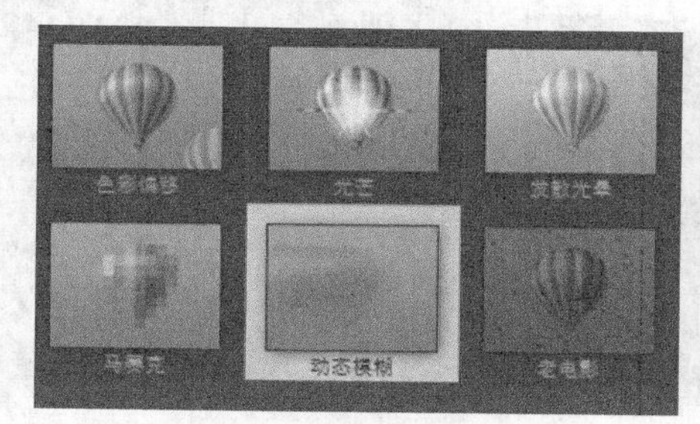

图 4-135 选择“动态模糊”滤镜

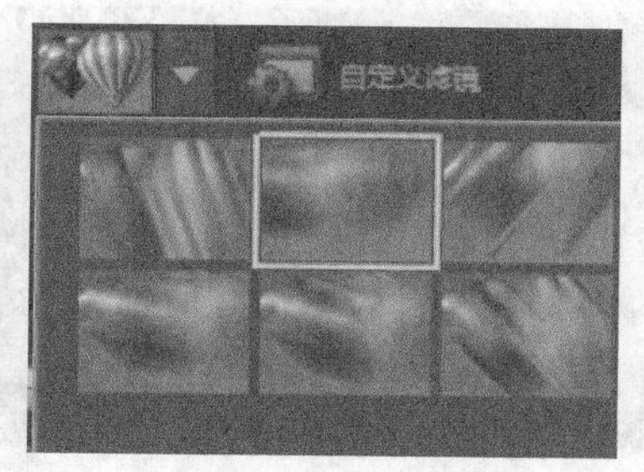

图 4-136 选择第二个预设模式

05 添加“动态模糊”滤镜成功，最终预览效果如图 4-137所示。

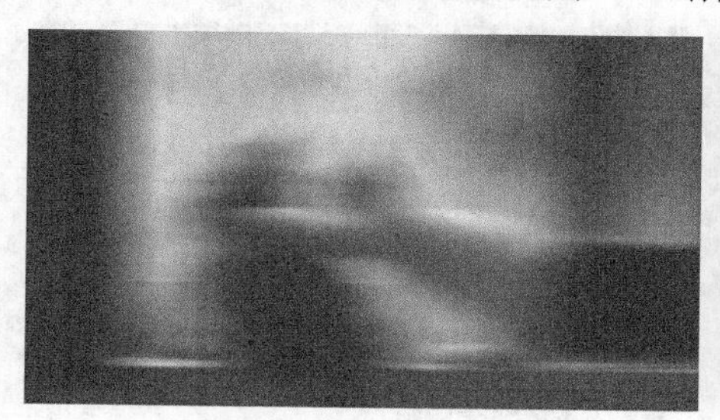

图 4-137 预览效果

实战 064 平均滤镜——朦胧雨景

“平均”滤镜能制作出平均的效果。在本实战中，将具体介绍“平均”滤镜的应用。

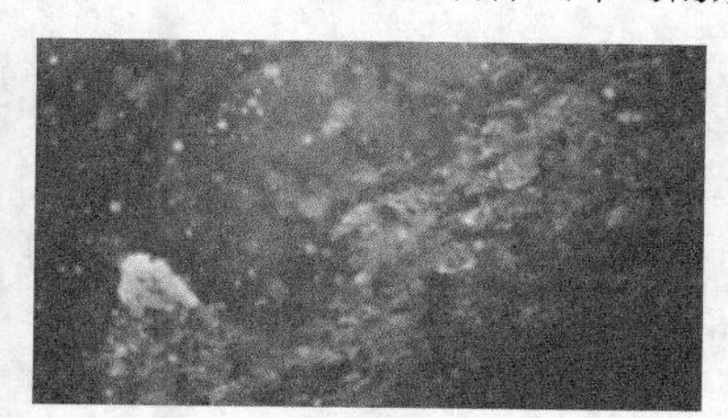

- **素材位置** | 素材\第4章\实战064
- **效果位置** | 效果\第4章\实战064平均滤镜——朦胧雨景.VSP
- **视频位置** | 视频\第4章\实战064平均滤镜——朦胧雨景.MP4
- **难易指数** | ★☆☆☆☆

操作步骤

01 启动会声会影X10软件，进入工作界面，添加图片素材（素材\第4章\实战064\雨景.jpg），如图 4-138所示。

02 用鼠标右键单击视频轨中的素材，执行“打开选项面板”命令，在“照片”选项卡中的“重新采样选项”下拉列表中选择“调到项目大小”，如图 4-139所示。

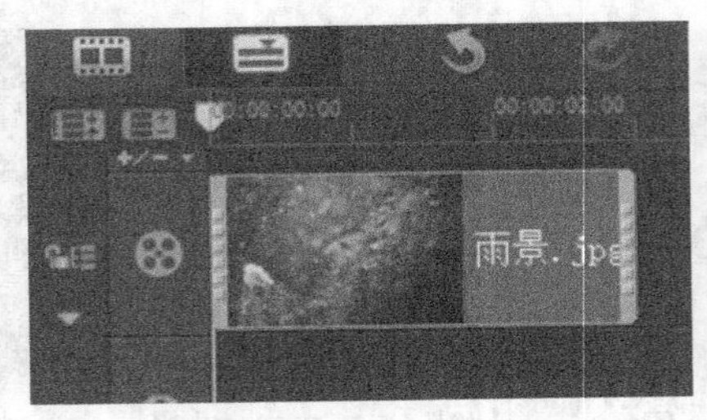

图 4-138 插入素材

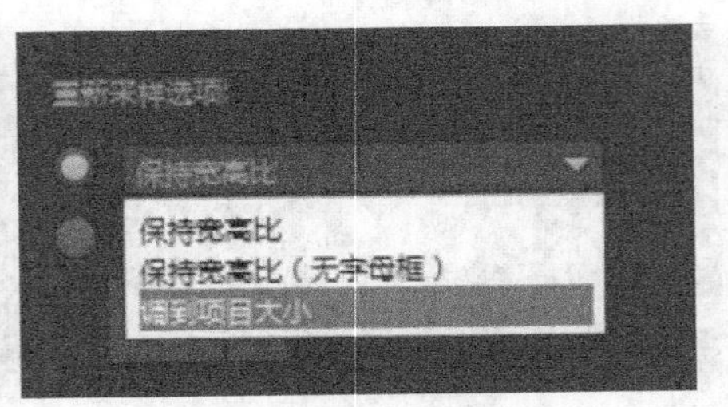

图 4-139 选择“调到项目大小”

03 单击“滤镜”按钮FX，在素材库中选择“平均”滤镜，如图 4-140所示，用鼠标左键将它拖到视频轨中的素材上。

04 用鼠标右键单击视频轨中的素材，执行“打开选项面板”命令，在“属性”选项卡中的“预设模式”下拉列表中选择第一个预设模式，如图 4-141所示。

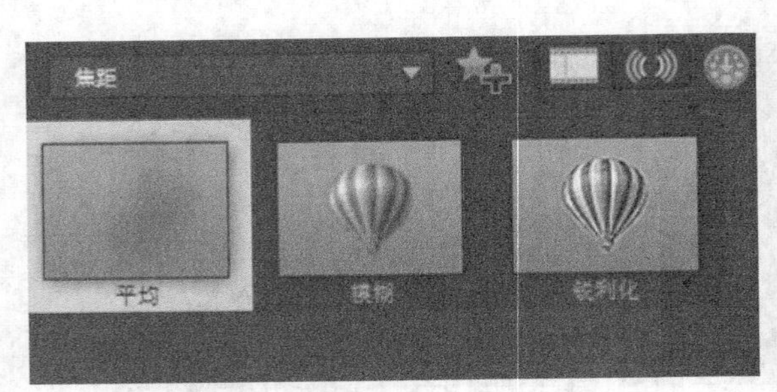

图 4-140 选择“平均”滤镜

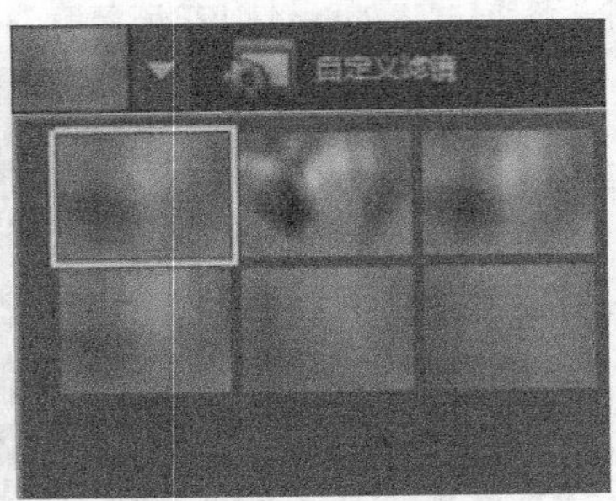

图 4-141 选择第一个预设模式

05 添加“平均”滤镜成功，最终预览效果如图 4-142和图 4-143所示。

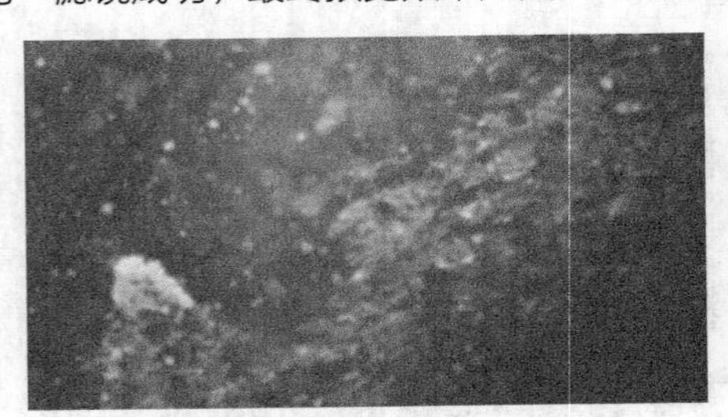

图 4-142 预览效果

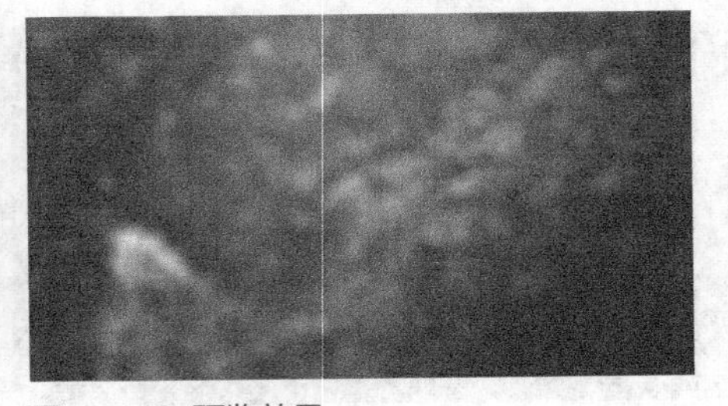

图 4-143 预览效果

实战 065 色调滤镜——色彩变换

“色调”滤镜能修改图片或视频原本的色彩。在本实战中，将具体介绍“色调”滤镜的应用。

- **素材位置** | 素材\第4章\实战065
- **效果位置** | 效果\第4章\实战065色调滤镜——色彩变换.VSP
- **视频位置** | 视频\第4章\实战065色调滤镜——色彩变换.MP4
- **难易指数** | ★☆☆☆☆

操作步骤

01 启动会声会影X10软件，进入工作界面，添加图片素材（素材\第4章\实战065\巨树.jpg），如图 4-144所示。

02 用鼠标右键单击视频轨中的素材，执行“打开选项面板”命令，在“照片”选项卡中的“重新采样选项”下拉列表中选择“调到项目大小”，如图 4-145所示。

图 4-144 插入素材

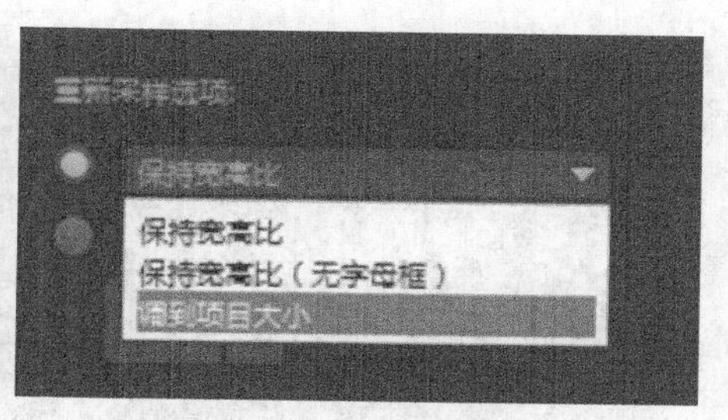

图 4-145 选择“调到项目大小”

03 单击“滤镜”按钮FX，在素材库中选择“色调”滤镜，如图 4-146所示，用鼠标左键将它拖到视频轨中的素材上。

04 添加“色调”滤镜成功，最终预览效果如图 4-147所示。

图 4-146 选择“色调”滤镜

图 4-147 预览效果

实战 066 色调和饱和度滤镜——天空变换

“色调和饱和度”滤镜能修改图片的色调和饱和度。在本实战中，将具体介绍“色调和饱和度”滤镜的应用。

- **素材位置** | 素材\第4章\实战066
- **效果位置** | 效果\第4章\实战066色调和饱和度滤镜——天空变换.VSP
- **视频位置** | 视频\第4章\实战066色调和饱和度滤镜——天空变换.MP4
- **难易指数** | ★☆☆☆☆

操作步骤

01 启动会声会影X10软件，进入工作界面，添加图片素材（素材\第4章\实战066\天空.jpg），如图 4-148所示。

02 用鼠标右键单击视频轨中的素材，执行“打开选项面板”命令，在“照片”选项卡中的“重新采样选项”下拉列表中选择“调到项目大小”，如图 4-149所示。

图 4-148 插入素材

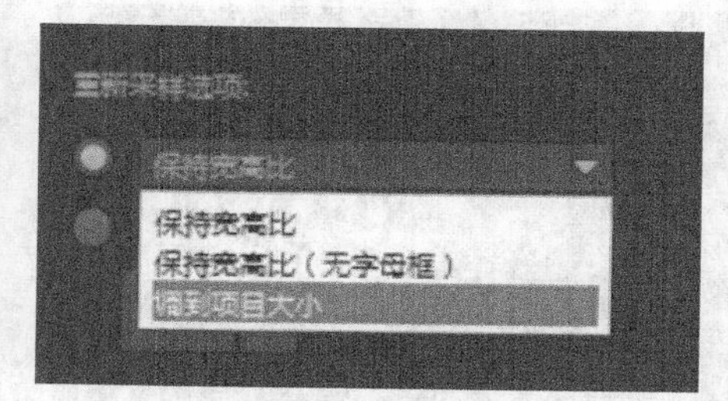

图 4-149 选择“调到项目大小”

03 单击“滤镜”按钮，在素材库中选择“色调和饱和度”滤镜，如图 4-150所示，用鼠标左键将它拖到视频轨中的素材上。

04 用鼠标右键单击视频轨中的素材，执行“打开选项面板”命令，在“属性”选项卡中的“预设模式”下拉列表中选择第二个预设模式，如图 4-151所示。

图 4-150 选择“色调和饱和度”滤镜

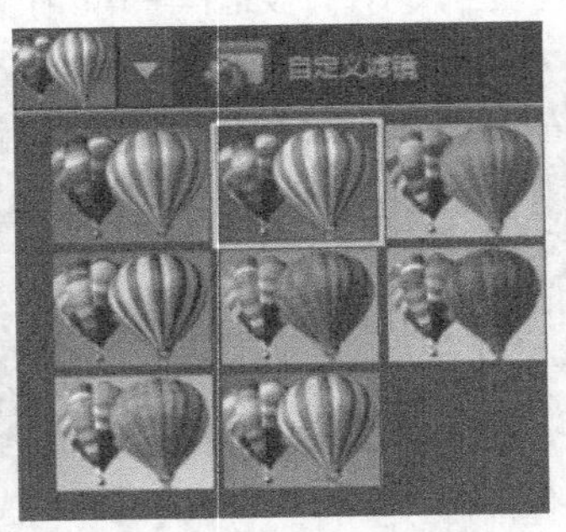

图 4-151 选择第二个预设模式

05 添加“色调和饱和度”滤镜成功，最终预览效果如图 4-152所示。

图 4-152 预览效果

实战 067 自动曝光滤镜——绚丽花园

“自动曝光”滤镜能制作出自动曝光的效果。在本实战中，将具体介绍“自动曝光”滤镜的应用。

- **素材位置 |** 素材\第4章\实战067
- **效果位置 |** 效果\第4章\实战067自动曝光滤镜——绚丽花园.VSP
- **视频位置 |** 视频\第4章\实战067自动曝光滤镜——绚丽花园.MP4
- **难易指数 |** ★☆☆☆☆

操作步骤

01 启动会声会影X10软件，进入工作界面，添加图片素材（素材\第4章\实战067\黄菊.jpg），如图 4-153所示。

02 用鼠标右键单击视频轨中的素材，执行“打开选项面板”命令，在“照片”选项卡中的“重新采样选项”下拉列表中选择“调到项目大小”，如图 4-154所示。

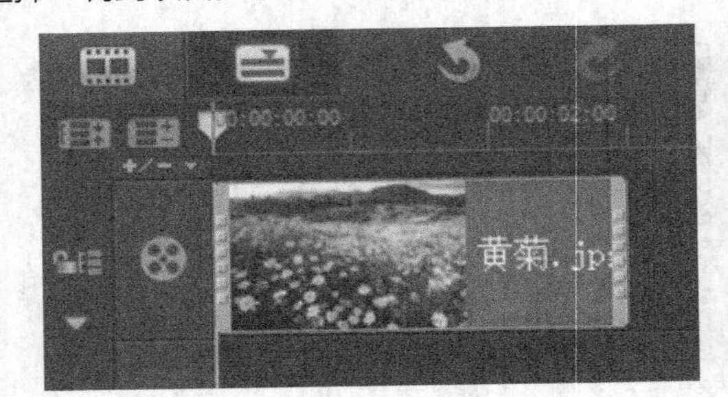

图 4-153 插入素材

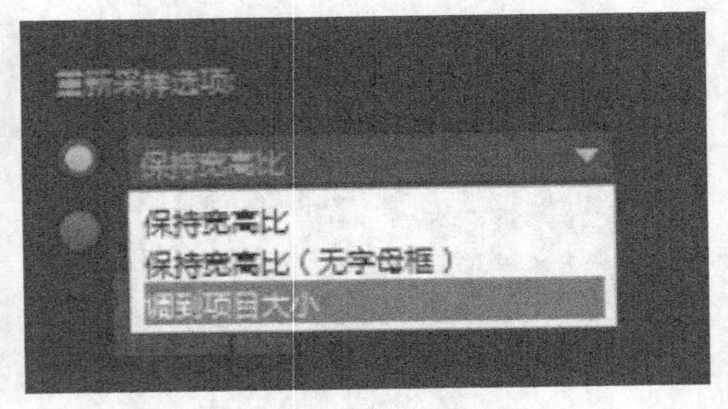

图 4-154 选择“调到项目大小”

03 单击“滤镜”按钮FX，在素材库中选择“自动曝光”滤镜，如图 4-155所示，用鼠标左键将它拖到视频轨中的素材上。

04 添加“自动曝光”滤镜成功，最终预览效果如图 4-156所示。

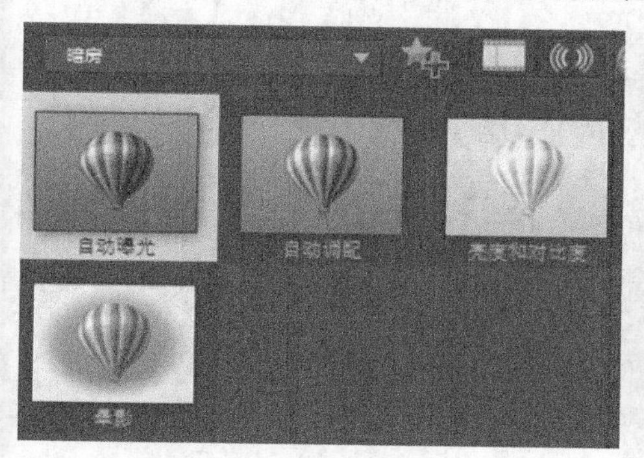

图 4-155 选择“自动曝光”滤镜

图 4-156 预览效果

实战 068 浮雕滤镜——古典浮雕

“浮雕”滤镜能制作出浮雕的效果。在本实战中，将具体介绍“浮雕”滤镜的应用。

- **素材位置** | 素材\第4章\实战068
- **效果位置** | 效果\第4章\实战068浮雕滤镜——古典浮雕.VSP
- **视频位置** | 视频\第4章\实战068浮雕滤镜——古典浮雕.MP4
- **难易指数** | ★☆☆☆☆

操作步骤

01 启动会声会影X10软件，进入工作界面，添加图片素材（素材\第4章\实战068\古典.jpg），如图 4-157所示。

02 用鼠标右键单击视频轨中的素材，执行“打开选项面板”命令，在“照片”选项卡中的“重新采样选项”下拉列表中选择“调到项目大小”，如图 4-158所示。

图 4-157 插入素材

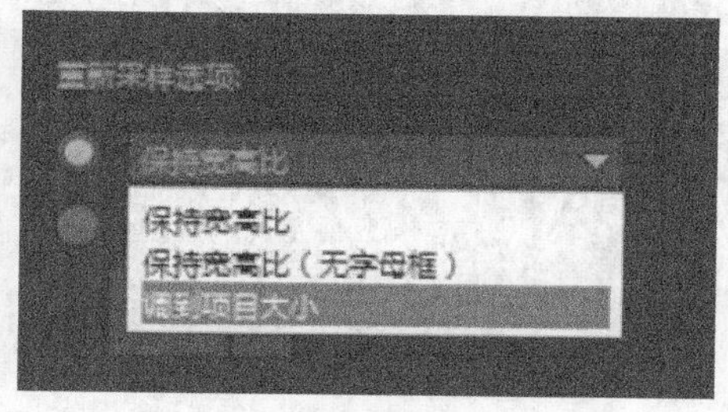

图 4-158 选择“调到项目大小”

03 单击“滤镜”按钮FX，在素材库中选择“浮雕”滤镜，如图 4-159所示，用鼠标左键将它拖到视频轨中的素材上。

图 4-159 选择“浮雕”滤镜

04 用鼠标右键单击视频轨中的素材，执行“打开选项面板”命令，在“属性”选项卡中的“预设模式”下拉列表中选择第七个预设模式，如图 4-160所示。

05 添加“浮雕”滤镜成功，最终预览效果如图 4-161所示。

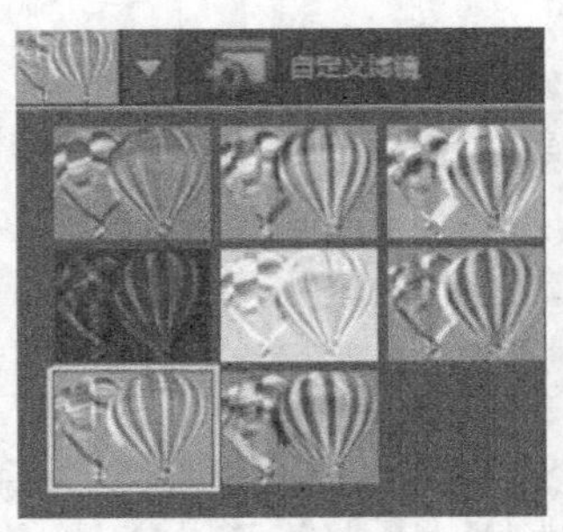

图 4-160 选择第七个预设模式

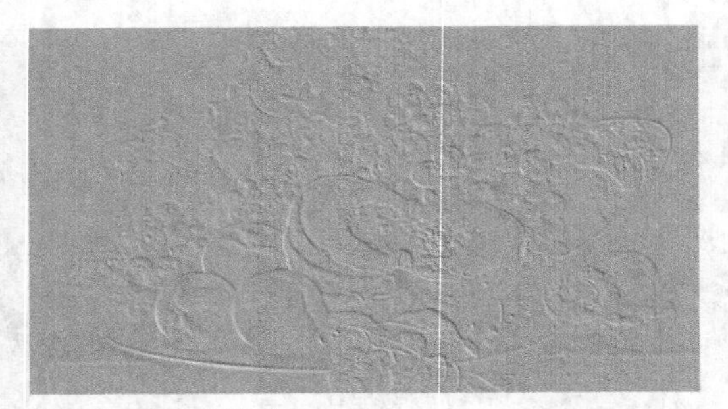
图 4-161 预览效果

实战 069 光芒滤镜——璀璨钻石

“光芒”滤镜能制作出光芒的效果。在本实战中，将具体介绍“光芒”滤镜的应用。

- **素材位置 |** 素材\第4章\实战069
- **效果位置 |** 效果\第4章\实战069光芒滤镜——璀璨钻石.VSP
- **视频位置 |** 视频\第4章\实战069光芒滤镜——璀璨钻石.MP4
- **难易指数 |** ★☆☆☆☆

操作步骤

01 启动会声会影X10软件，进入工作界面，添加图片素材（素材\第4章\实战069\钻石.jpg），如图 4-162所示。

02 用鼠标右键单击视频轨中的素材，执行“打开选项面板”命令，在“照片”选项卡中的“重新采样选项”下拉列表中选择“调到项目大小”，如图 4-163所示。

图 4-162 插入素材

图 4-163 选择“调到项目大小”

03 单击“滤镜”按钮FX，在素材库中选择“光芒”滤镜，如图 4-164所示，用鼠标左键将它拖到视频轨中的素材上。

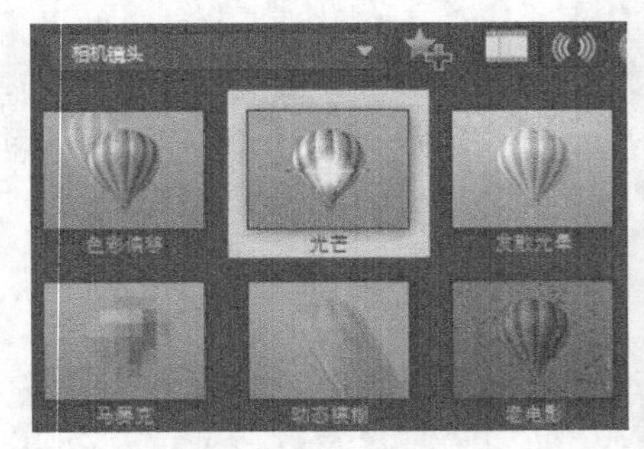

图 4-164 选择“光芒”滤镜

04 用鼠标右键单击视频轨中的素材，执行“打开选项面板”命令，在“属性”选项卡中的“预设模式”下拉列表中选择第十个预设模式，如图 4-165所示。

05 添加“光芒”滤镜成功，最终预览效果如图 4-166所示。

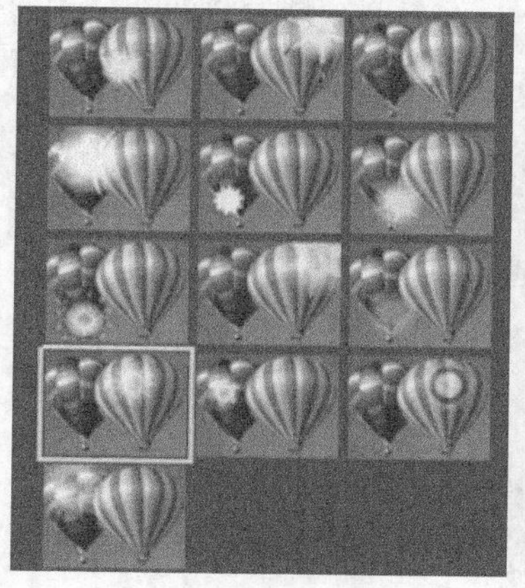

图 4-165 选择第十个预设模式

图 4-166 预览效果

实战 070 改善光线滤镜——温暖早晨

“改善光线”滤镜能改善图片中的光线效果。在本实战中，将具体介绍“改善光线”滤镜的应用。

- **素材位置** | 素材\第4章\实战070
- **效果位置** | 效果\第4章\实战070改善光线滤镜——温暖早晨.VSP
- **视频位置** | 视频\第4章\实战070改善光线滤镜——温暖早晨.MP4
- **难易指数** | ★☆☆☆☆

操作步骤

01 启动会声会影X10软件，进入工作界面，添加图片素材（素材\第4章\实战070\老树与雪.jpg），如图 4-167所示。

02 用鼠标右键单击视频轨中的素材，执行“打开选项面板”命令，在“照片”选项卡中的“重新采样选项”下拉列表中选择“调到项目大小”，如图 4-168所示。

图 4-167 插入素材

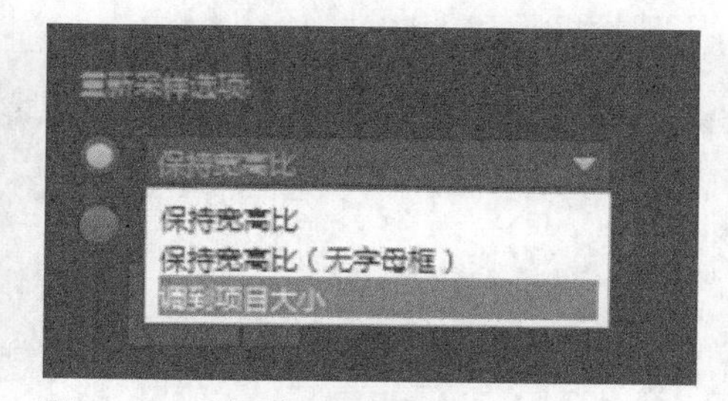

图 4-168 选择“调到项目大小”

03 单击“滤镜”按钮FX，在素材库中选择“改善光线”滤镜，如图 4-169所示，用鼠标左键将它拖到视频轨中的素材上。

04 添加“改善光线”滤镜成功，最终预览效果如图 4-170所示。

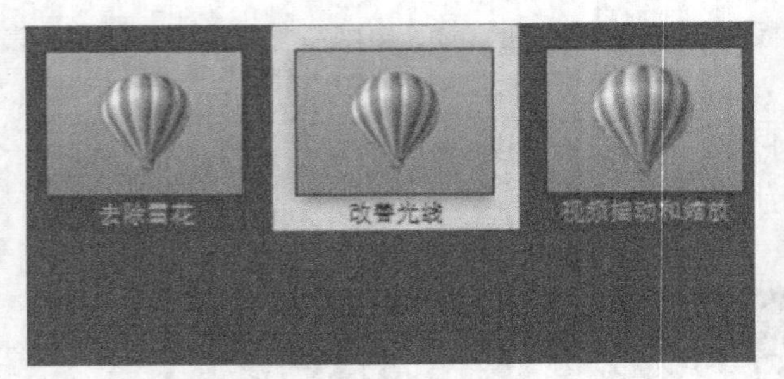

图 4-169 选择“改善光线”滤镜

图 4-170 预览效果

实战 071 晕影滤镜——望远镜

“晕影”滤镜能制作出晕影的效果。在本实战中，将具体介绍“晕影”滤镜的应用。

- **素材位置 |** 素材\第4章\实战071
- **效果位置 |** 效果\第4章\实战071晕影滤镜——望远镜.VSP
- **视频位置 |** 视频\第4章\实战071晕影滤镜——望远镜.MP4
- **难易指数 |** ★☆☆☆☆

操作步骤

01 启动会声会影X10软件，进入工作界面，添加图片素材（素材\第4章\实战071\猫.jpg），如图 4-171所示。

02 用鼠标右键单击视频轨中的素材，执行“打开选项面板”命令，在“照片”选项卡中的“重新采样选项”下拉列表中选择“调到项目大小”，如图 4-172所示。

图 4-171 插入素材

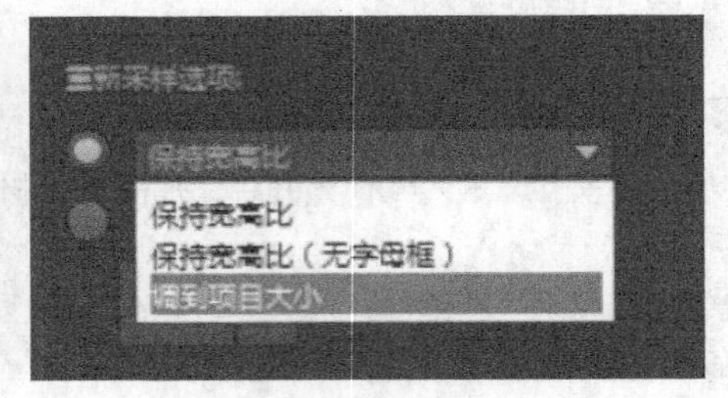

图 4-172 选择“调到项目大小”

03 单击“滤镜”按钮，在素材库中选择“晕影”滤镜，如图 4-173所示，用鼠标左键将它拖到视频轨中的素材上。

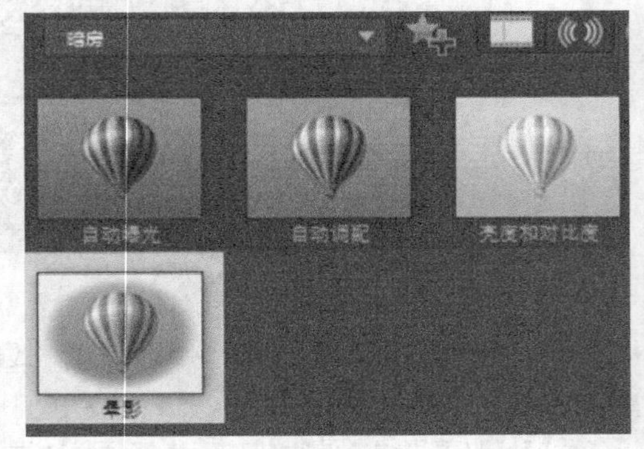

图 4-173 选择“晕影”滤镜

04 用鼠标右键单击视频轨中的素材，执行“打开选项面板”命令，在“属性”选项卡中的“预设模式”下拉列表中选择第五个预设模式，如图 4-174所示。

05 添加“晕影”滤镜成功，最终预览效果如图 4-175所示。

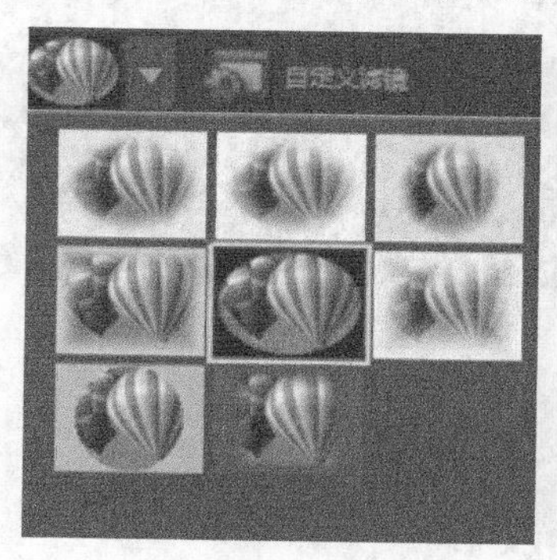

图 4-174 选择第五个预设模式

图 4-175 预览效果

实战 072 镜头校正滤镜——电视画面

“镜头校正”滤镜能校正视频的画面。在本实战中，将具体介绍“镜头校正”滤镜的应用。

- **素材位置** | 素材\第4章\实战072
- **效果位置** | 效果\第4章\实战072镜头校正滤镜——电视画面.VSP
- **视频位置** | 视频\第4章\实战072镜头校正滤镜——电视画面.MP4
- **难易指数** | ★☆☆☆☆

操作步骤

01 启动会声会影X10软件，进入工作界面，添加图片素材（素材\第4章\实战072\奇幻效果.jpg），如图 4-176所示。

02 用鼠标右键单击视频轨中的素材，执行“打开选项面板”命令，在“照片”选项卡中的“重新采样选项”下拉列表中选择“调到项目大小”，如图 4-177所示。

图 4-176 插入素材

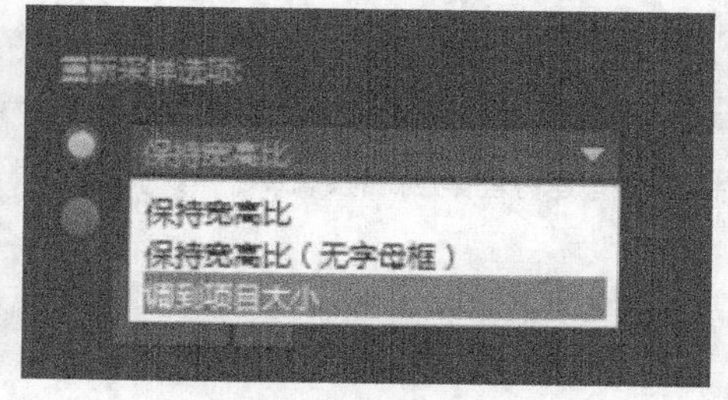

图 4-177 选择“调到项目大小”

03 单击“滤镜”按钮FX，在素材库中选择“镜头校正”滤镜，如图 4-178所示，用鼠标左键将它拖到视频轨中的素材上。

04 添加“镜头校正”滤镜成功，最终预览效果如图 4-179所示。

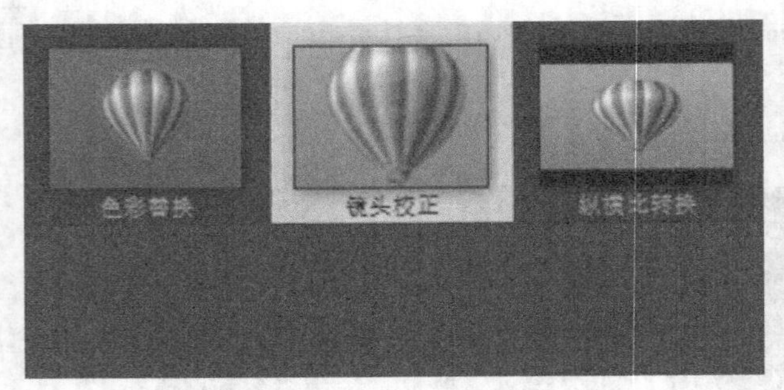

图 4-178 选择“镜头校正”滤镜

图 4-179 预览效果

实战 073 马赛克滤镜——世界名画

“马赛克”滤镜能制作出马赛克的效果。在本实战中，将具体介绍“马赛克”滤镜的应用。

- **素材位置** | 素材\第4章\实战073
- **效果位置** | 效果\第4章\实战073马赛克滤镜——世界名画.VSP
- **视频位置** | 视频\第4章\实战073马赛克滤镜——世界名画.MP4
- **难易指数** | ★☆☆☆☆

操作步骤

01 启动会声会影X10软件，进入工作界面，添加图片素材（素材\第4章\实战073\名画.jpg），如图 4-180所示。

02 用鼠标右键单击视频轨中的素材，执行“打开选项面板”命令，在“照片”选项卡中的“重新采样选项”下拉列表中选择“调到项目大小”，如图 4-181所示。

图 4-180 插入素材

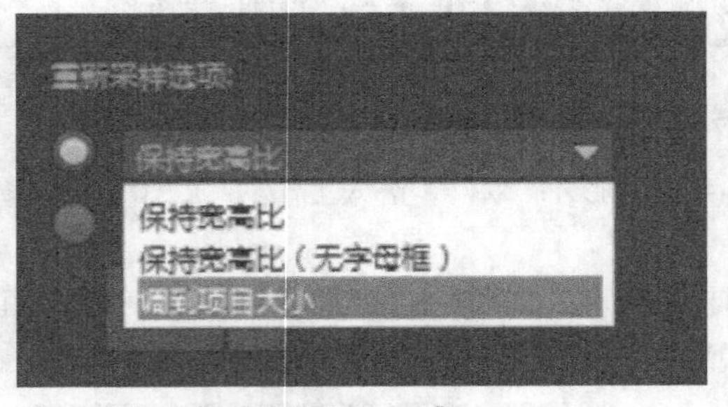

图 4-181 选择“调到项目大小”

03 单击“滤镜”按钮FX，在素材库中选择“马赛克”滤镜，如图4-182所示，用鼠标左键将它拖到视频轨中的素材上。

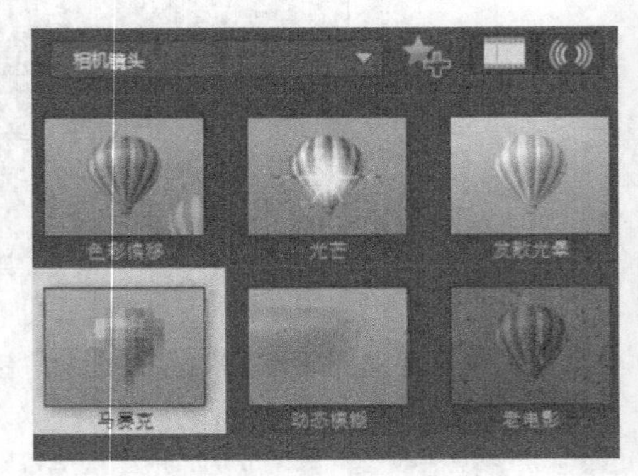

图 4-182 选择“马赛克”滤镜

04 用鼠标右键单击视频轨中的素材，执行“打开选项面板”命令，在“属性”选项卡中的“预设模式”下拉列表中选择第三个预设模式，如图 4-183所示。

05 添加“马赛克”滤镜成功，最终预览效果如图 4-184所示。

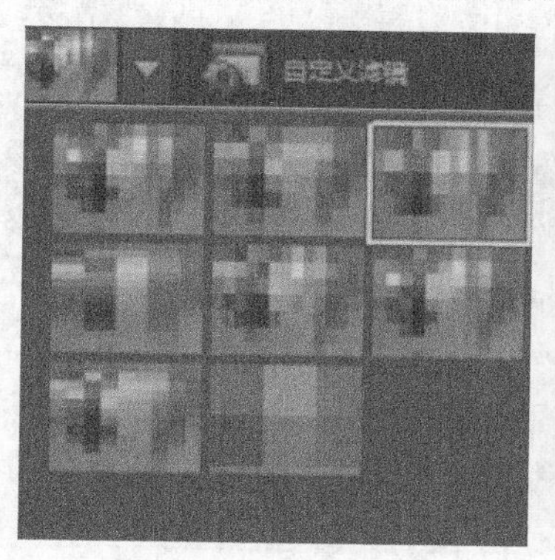

图 4-183 选择第三个预设模式

图 4-184 预览效果

实战 074 视频摇动和缩放滤镜——摇动画面

“视频摇动和缩放”滤镜能制作出摇动和缩放的效果。在本实战中，将具体介绍“视频摇动和缩放”滤镜的应用。

- **素材位置** | 素材\第4章\实战074
- **效果位置** | 效果\第4章\实战074视频摇动和缩放滤镜——摇动画面.VSP
- **视频位置** | 视频\第4章\实战074视频摇动和缩放滤镜——摇动画面.MP4
- **难易指数** | ★☆☆☆☆

操作步骤

01 启动会声会影X10软件，进入工作界面，添加图片素材（素材\第4章\实战074\热气球.jpg），如图 4-185所示。

02 用鼠标右键单击视频轨中的素材，执行“打开选项面板”命令，在“照片”选项卡中的“重新采样选项”下拉列表中选择“调到项目大小”，如图 4-186所示。

图 4-185 插入素材

图 4-186 选择“调到项目大小”

03 单击“滤镜”按钮FX，在素材库中选择“视频摇动和缩放”滤镜，如图 4-187所示，用鼠标左键将它拖到视频轨中的素材上。

04 添加“视频摇动和缩放”滤镜成功，最终预览效果如图 4-188所示。

图 4-187 选择“视频摇动和缩放”滤镜

图 4-188 预览效果

实战 075 翻转滤镜——倒立房子

“翻转”滤镜能制作出翻转的效果。在本实战中，将具体介绍“翻转”滤镜的应用。

- **素材位置 |** 素材\第4章\实战075
- **效果位置 |** 效果\第4章\实战075翻转滤镜——倒立房子.VSP
- **视频位置 |** 视频\第4章\实战075翻转滤镜——倒立房子.MP4
- **难易指数 |** ★☆☆☆☆

操作步骤

01 启动会声会影X10软件，进入工作界面，添加图片素材（素材\第4章\实战075\倒立房子.jpg），如图 4-189所示。

02 用鼠标右键单击视频轨中的素材，执行“打开选项面板”命令，在“照片”选项卡中的“重新采样选项”下拉列表中选择“调到项目大小”，如图 4-190所示。

图 4-189 插入素材

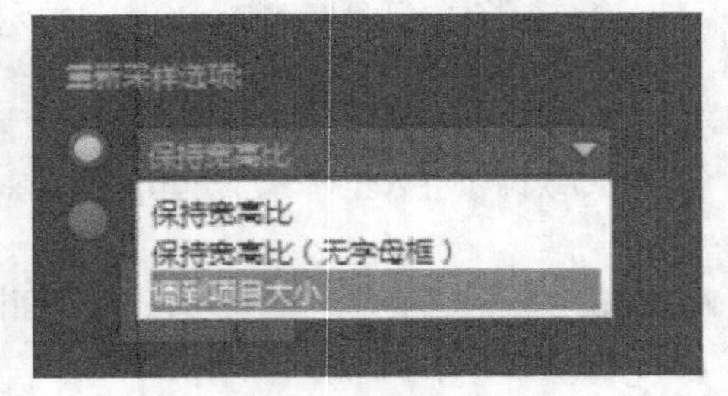

图 4-190 选择“调到项目大小”

03 单击“滤镜”按钮FX，在素材库中选择“翻转”滤镜，如图 4-191所示，用鼠标左键将它拖到视频轨中的素材上。

04 添加“翻转”滤镜成功，最终预览效果如图 4-192所示。

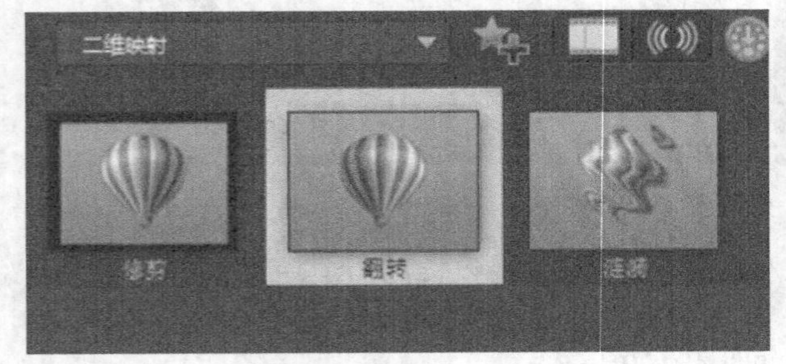

图 4-191 选择“翻转”滤镜

图 4-192 预览效果

实战 076 色彩平衡滤镜——调剂色彩

"色彩平衡"滤镜能平衡视频中的色彩效果。在本实战中，将具体介绍"色彩平衡"滤镜的应用。

- **素材位置** | 素材\第4章\实战076
- **效果位置** | 效果\第4章\实战076色彩平衡滤镜——调剂色彩.VSP
- **视频位置** | 视频\第4章\实战076色彩平衡滤镜——调剂色彩.MP4
- **难易指数** | ★☆☆☆☆

操作步骤

01 启动会声会影X10软件，进入工作界面，添加图片素材（素材\第4章\实战076\秋菊花田.jpg），如图 4-193所示。

02 用鼠标右键单击视频轨中的素材，执行"打开选项面板"命令，在"照片"选项卡中的"重新采样选项"下拉列表中选择"调到项目大小"，如图 4-194所示。

图 4-193 插入素材

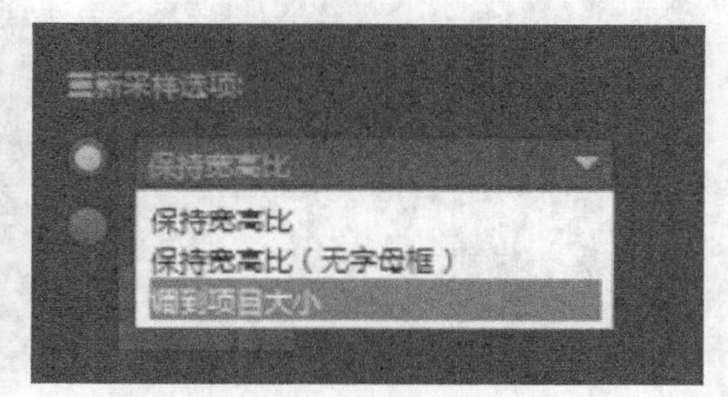

图 4-194 选择"调到项目大小"

03 单击"滤镜"按钮FX，在素材库中选择"色彩平衡"滤镜，如图 4-195所示，用鼠标左键将它拖到视频轨中的素材上。

04 用鼠标右键单击视频轨中的素材，执行"打开选项面板"命令，在"属性"选项卡中的"预设模式"下拉列表中选择第六个预设模式，如图 4-196所示。

图 4-195 选择"色彩平衡"滤镜

图 4-196 选择第六个预设模式

05 添加"色彩平衡"滤镜成功，最终预览效果如图 4-197所示。

图 4-197 预览效果

实战 077 柔焦滤镜——软化视觉

“柔焦”滤镜能制作出柔焦的效果。在本实战中，将具体介绍“柔焦”滤镜的应用。

- **素材位置 |** 素材\第4章\实战077
- **效果位置 |** 效果\第4章\实战077柔焦滤镜——软化视觉.VSP
- **视频位置 |** 视频\第4章\实战077柔焦滤镜——软化视觉.MP4
- **难易指数 |** ★☆☆☆☆

操作步骤

01 启动会声会影X10软件，进入工作界面，添加图片素材（素材\第4章\实战077\秋叶.jpg），如图 4-198所示。

02 用鼠标右键单击视频轨中的素材，执行“打开选项面板”命令，在“照片”选项卡中的“重新采样选项”下拉列表中选择“调到项目大小”，如图 4-199所示。

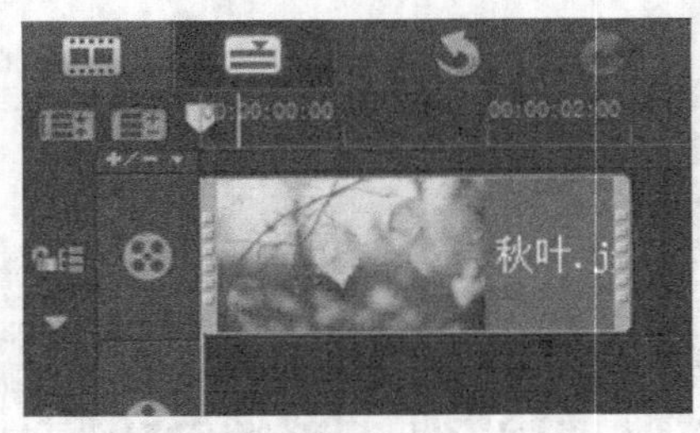

图 4-198 插入素材

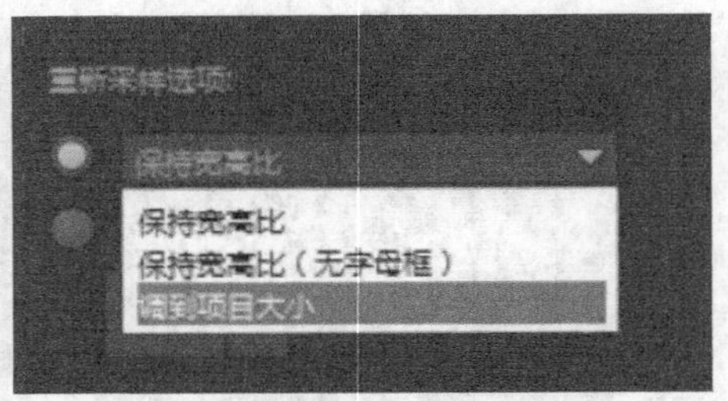

图 4-199 选择“调到项目大小”

03 单击“滤镜”按钮FX，在素材库中选择“柔焦”滤镜，如图 4-200所示，用鼠标左键将它拖到视频轨中的素材上。

04 添加“柔焦”滤镜成功，最终预览效果如图 4-201所示。

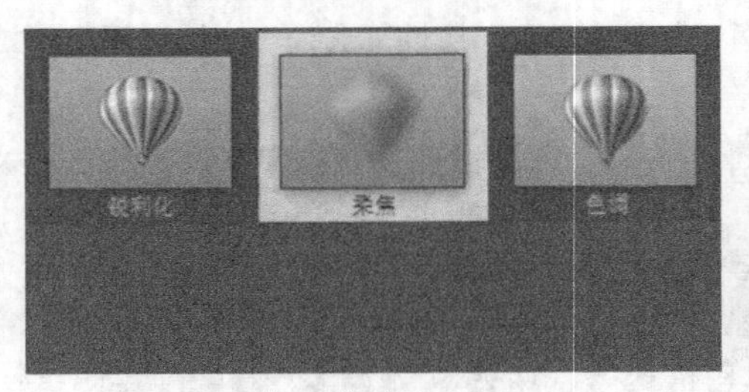

图 4-200 选择“柔焦”滤镜

图 4-201 预览效果

实战 078 单色滤镜——单一色彩

“单色”滤镜能制作出单色的效果。在本实战中，将具体介绍“单色”滤镜的应用。

- **素材位置 |** 素材\第4章\实战078
- **效果位置 |** 效果\第4章\实战078单色滤镜——单一色彩.VSP
- **视频位置 |** 视频\第4章\实战078单色滤镜——单一色彩.MP4
- **难易指数 |** ★☆☆☆☆

操作步骤

01 启动会声会影X10软件，进入工作界面，添加图片素材（素材\第4章\实战078\马路.jpg），如图 4-202所示。

02 用鼠标右键单击视频轨中的素材，执行“打开选项面板”命令，在“照片”选项卡中的“重新采样选项”下拉列表中选择“调到项目大小”，如图 4-203所示。

图 4-202 插入素材

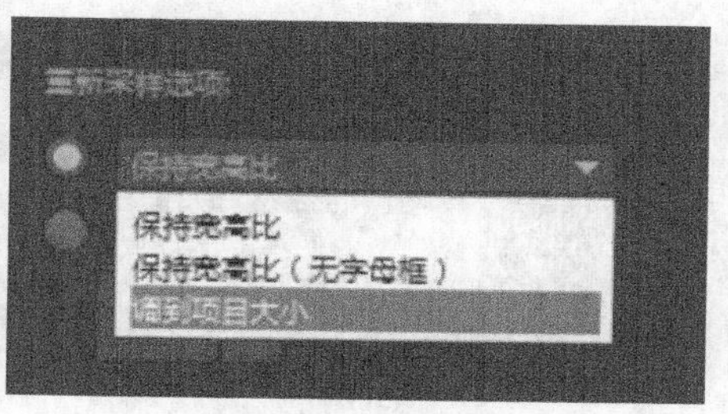

图 4-203 选择“调到项目大小”

03 单击“滤镜”按钮FX，在素材库中选择“单色”滤镜，如图 4-204所示，用鼠标左键将它拖到视频轨中的素材上。

04 用鼠标右键单击视频轨中的素材，执行“打开选项面板”命令，在“属性”选项卡中的“预设模式”下拉列表中选择第十个预设模式，如图 4-205所示。

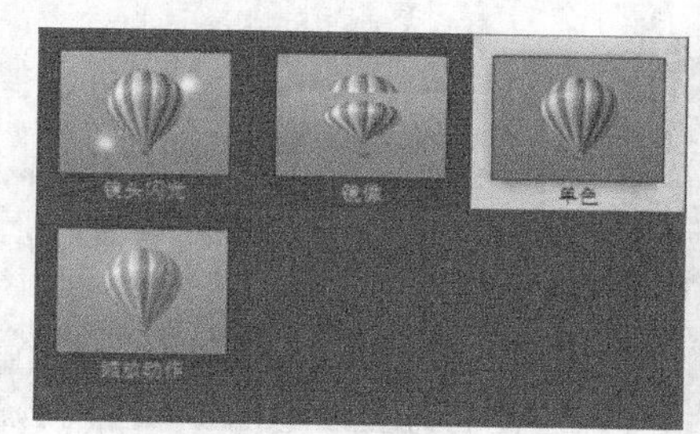

图 4-204 选择“单色”滤镜

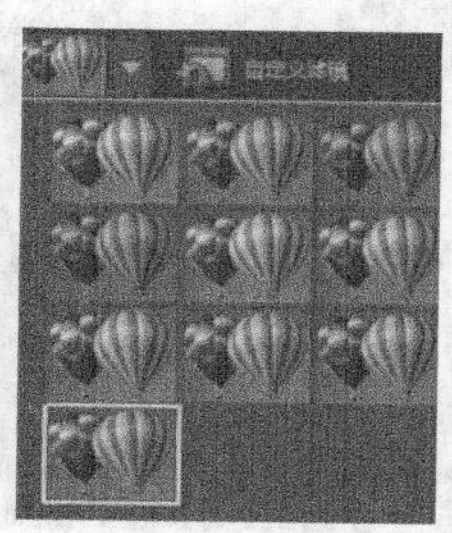

图 4-205 选择第十个预设模式

05 添加“单色”滤镜成功，最终预览效果如图4-206所示。

图 4-206 预览效果

实战 079 鱼眼滤镜——恶搞人物 ★新功能★

“鱼眼”滤镜能制作出鱼眼的效果。在本实战中，将具体介绍“鱼眼”滤镜的应用。

- **素材位置 |** 素材\第4章\实战079
- **效果位置 |** 效果\第4章\实战079鱼眼滤镜——恶搞人物.VSP
- **视频位置 |** 视频\第4章\实战079鱼眼滤镜——恶搞人物.MP4
- **难易指数 |** ★☆☆☆☆

操作步骤

01 启动会声会影X10软件，进入工作界面，添加图片素材（素材\第4章\实战079\搞怪.jpg），如图 4-207所示。

02 用鼠标右键单击视频轨中的素材，执行“打开选项面板”命令，在“照片”选项卡中的“重新采样选项”下拉列表中选择“调到项目大小”，如图 4-208所示。

图 4-207 插入素材

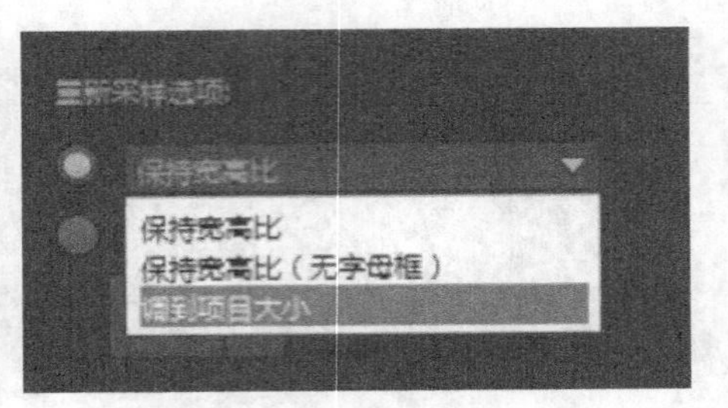

图 4-208 选择“调到项目大小”

03 单击“滤镜”按钮FX，在素材库中选择“鱼眼”滤镜，如图 4-209所示，用鼠标左键将它拖到视频轨中的素材上。

04 添加“鱼眼”滤镜成功，最终预览效果如图 4-210所示。

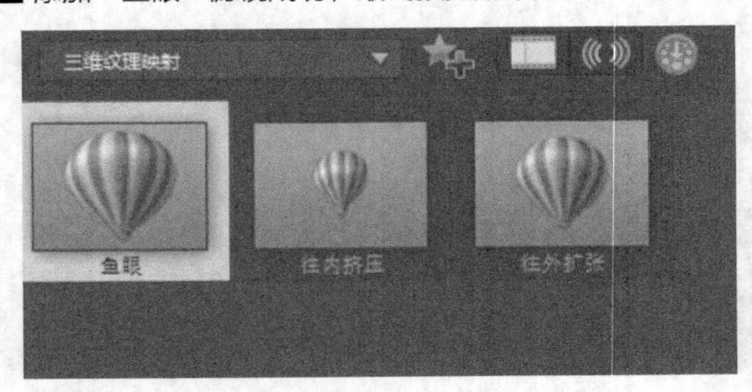

图 4-209 选择“鱼眼”滤镜

图 4-210 预览效果

实战 080 炭笔滤镜——雨中漫步

“炭笔”滤镜能制作出炭笔的效果。在本实战中，将具体介绍“炭笔”滤镜的应用。

- **素材位置 |** 素材\第4章\实战080
- **效果位置 |** 效果\第4章\实战080炭笔滤镜——雨中漫步.VSP
- **视频位置 |** 视频\第4章\实战080炭笔滤镜——雨中漫步.MP4
- **难易指数 |** ★☆☆☆☆

操作步骤

01 启动会声会影X10软件，进入工作界面，添加图片素材（素材\第4章\实战080\雨中漫步.jpg），如图 4-211所示。

02 用鼠标右键单击视频轨中的素材，执行“打开选项面板”命令，在“照片”选项卡中的“重新采样选项”下拉列表中选择“调到项目大小”，如图 4-212所示。

图 4-211 插入素材

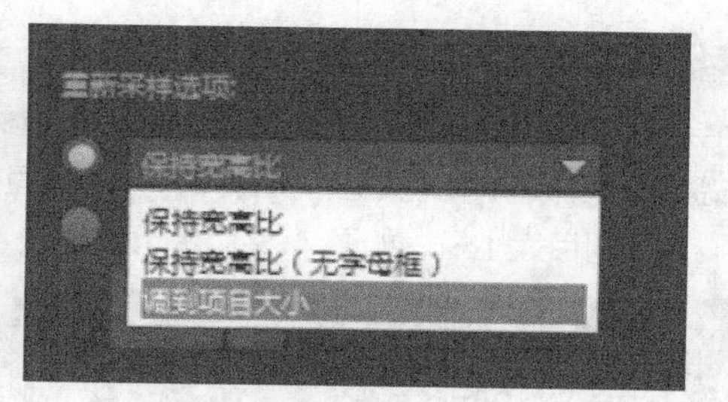

图 4-212 选择“调到项目大小”

03 单击“滤镜”按钮FX，在素材库中选择“炭笔”滤镜，如图 4-213所示，用鼠标左键将它拖到视频轨中的素材上。

04 用鼠标右键单击视频轨中的素材，执行“打开选项面板”命令，在“属性”选项卡中的“预设模式”下拉列表中选择第三个预设模式，如图 4-214所示。

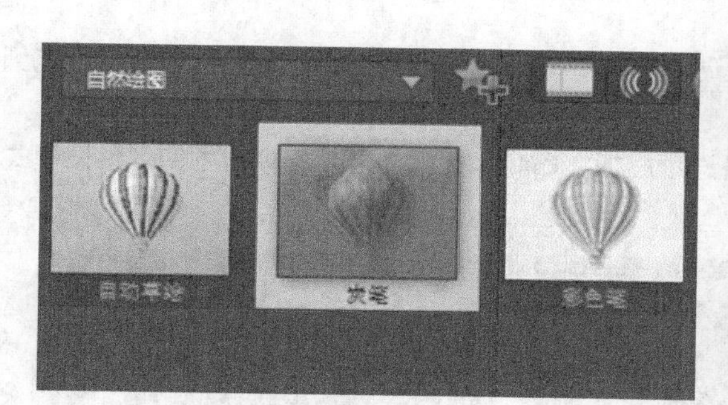

图 4-213 选择“炭笔”滤镜

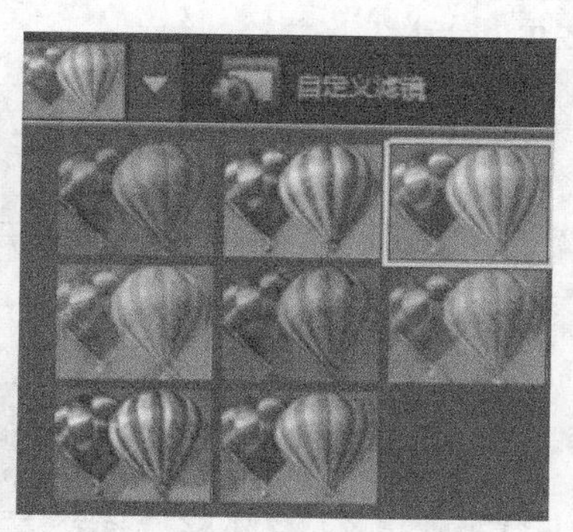

图 4-214 选择第三个预设模式

05 添加“炭笔”滤镜成功，最终预览效果如图 4-215所示。

图 4-215 预览效果

实战 081 缩放动作滤镜——街头跑酷

“缩放动作”滤镜能制作出缩放的效果。在本实战中，将具体介绍“缩放动作”滤镜的应用。

- **素材位置** | 素材\第4章\实战081
- **效果位置** | 效果\第4章\实战081缩放动作滤镜——街头跑酷.VSP
- **视频位置** | 视频\第4章\实战081缩放动作滤镜——街头跑酷.MP4
- **难易指数** | ★☆☆☆☆

操作步骤

01 启动会声会影X10软件，进入工作界面，添加图片素材（素材\第4章\实战081\跑酷.jpg），如图 4-216所示。

02 用鼠标右键单击视频轨中的素材，执行“打开选项面板”命令，在“照片”选项卡中的“重新采样选项”下拉列表中选择“调到项目大小”，如图 4-217所示。

图 4-216 插入素材

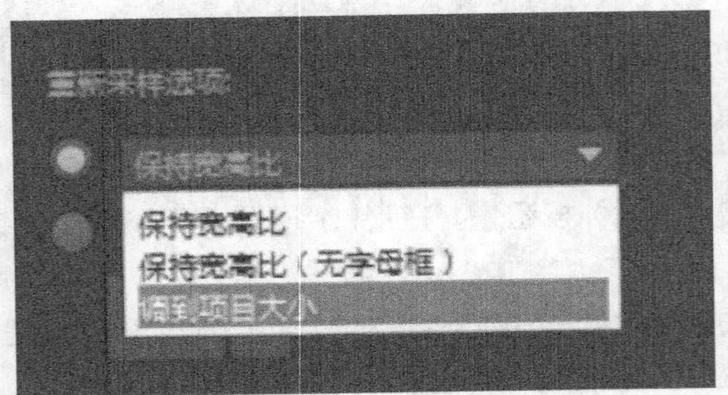

图 4-217 选择“调到项目大小”

03 单击“滤镜”按钮FX，在素材库中选择“缩放动作”滤镜，如图 4-218所示，用鼠标左键将它拖到视频轨中的素材上。

04 用鼠标右键单击视频轨中的素材，执行“打开选项面板”命令，在“属性”选项卡中的“预设模式”下拉列表中选择第二个预设模式，如图 4-219所示。

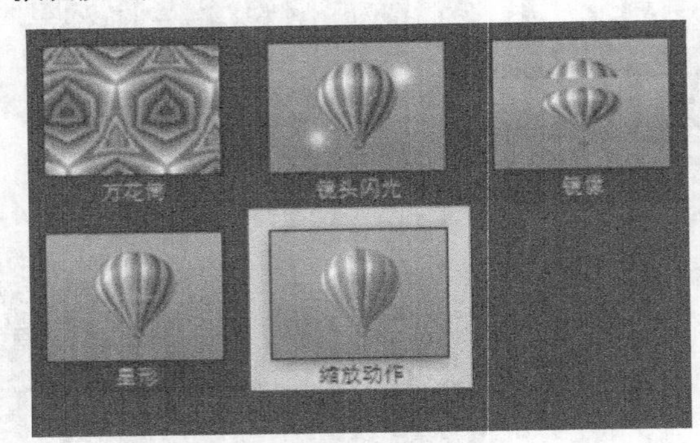

图 4-218 选择“缩放动作”滤镜

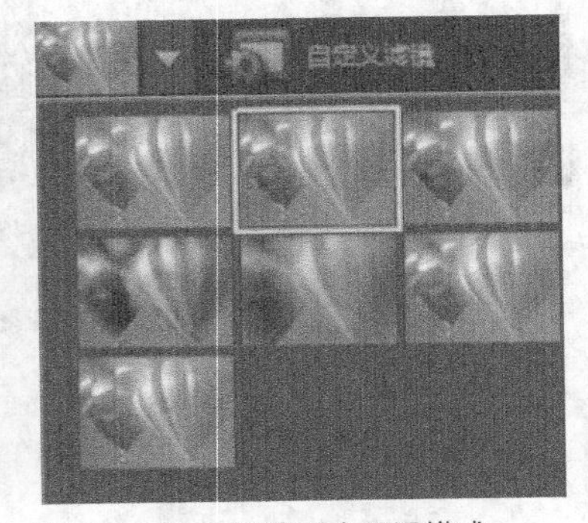

图 4-219 选择第二个预设模式

05 添加“缩放动作”滤镜成功，最终预览效果如图 4-220所示。

图 4-220 预览效果

应用转场效果

在编辑素材时为使两个素材间的过渡更自然流畅，就需要用到会声会影中的转场功能，在本章中将具体介绍转场效果的应用。

实 战
082 自动添加转场

转场是在两个素材之间创建某种过渡效果，合理的运用转场效果可以提高影片的流畅性。

- **素材位置** | 素材\第5章\实战082
- **效果位置** | 效果\第5章\实战082自动添加转场.VSP
- **视频位置** | 视频\第5章\实战082自动添加转场..MP4
- **难易指数** | ★★☆☆☆

操作步骤

01 进入会声会影X10，执行“设置”|“参数选择”命令，如图 5-1所示。

02 执行操作后，弹出“参数选择”对话框，如图 5-2所示。

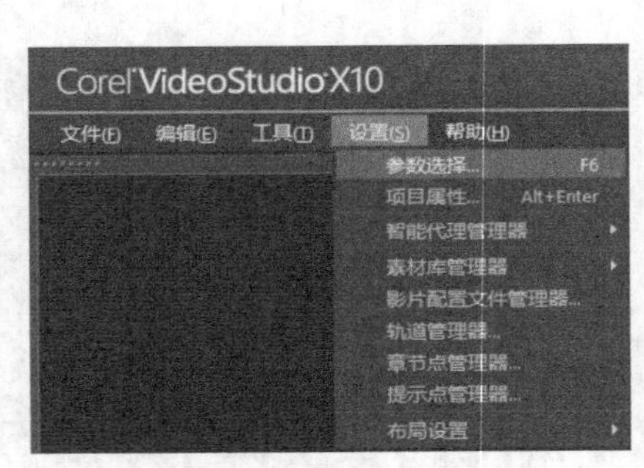

图 5-1 执行“参数选择”命令

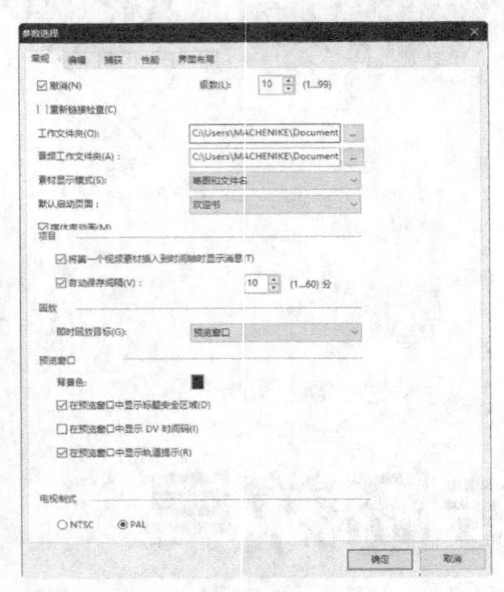

图 5-2 “参数选择”对话框

03 切换至“编辑”选项卡，选中“自动添加转场效果”复选框，如图 5-3所示。然后单击“确定”按钮完成设置。

04 返回会声会影工作界面，在故事板中插入两张素材图片（素材\第5章\实战082），程序自动添加转场效果，如图 5-4所示。

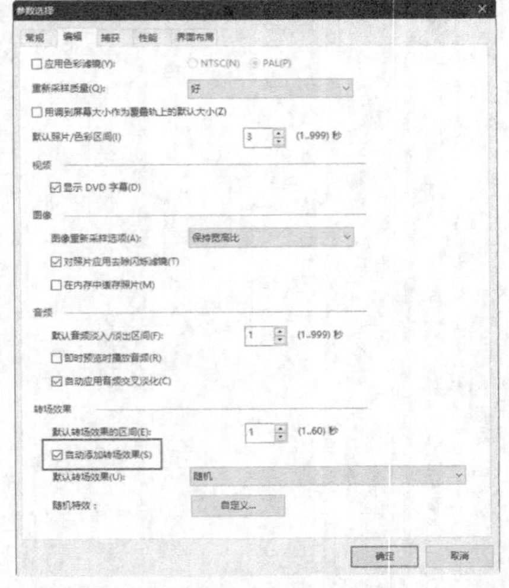

图 5-3 选中“自动添加转场效果”复选框

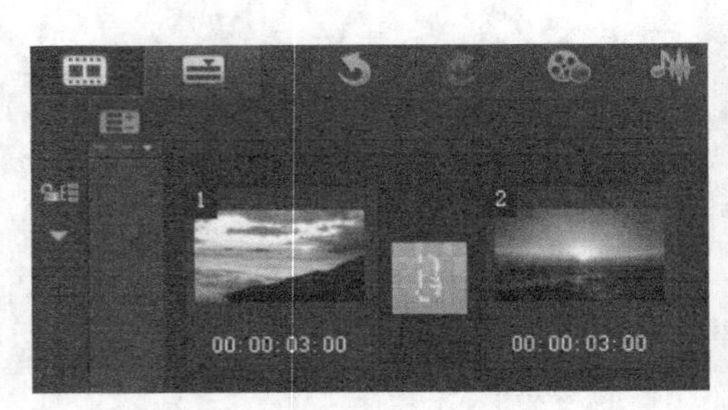

图 5-4 插入素材

05 单击导览面板中的“播放”按钮，即可预览视频效果，如图 5-5所示。

图 5-5 预览效果

实战 083 收藏转场

在会声会影中，用户可收藏自己喜欢的转场效果至收藏夹中，方便以后使用。

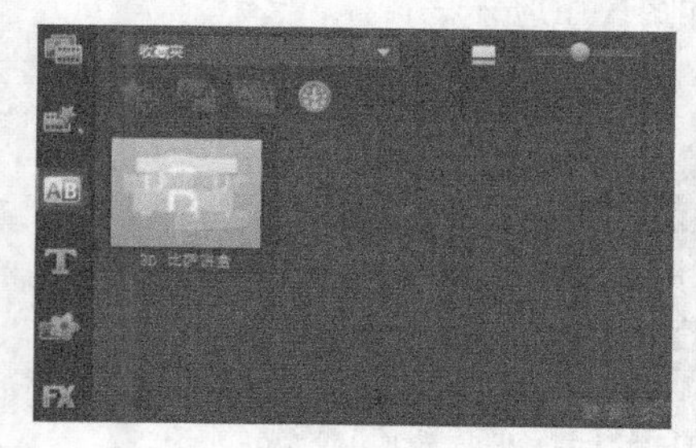

- **素材位置 |** 无
- **效果位置 |** 无
- **视频位置 |** 视频\第5章\实战083收藏转场..MP4
- **难易指数 |** ★★☆☆☆

操作步骤

01 进入会声会影X10，单击“转场”按钮，如图 5-6所示，进入转场特效素材库。

02 在“全部”选项组中选择自己喜欢的转场效果，如图 5-7所示，用鼠标右键单击该转场效果。

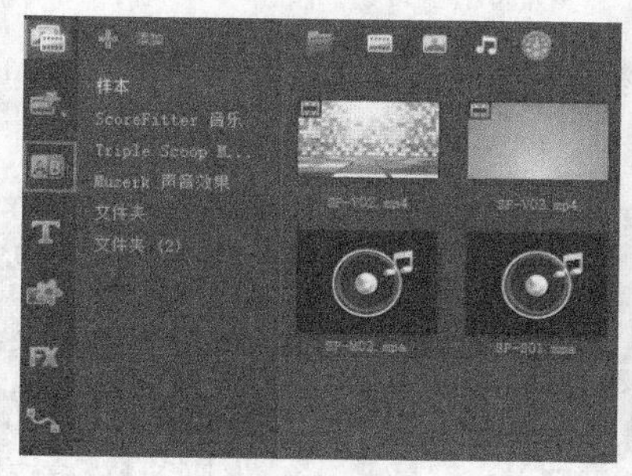

图 5-6 单击“转场”按钮

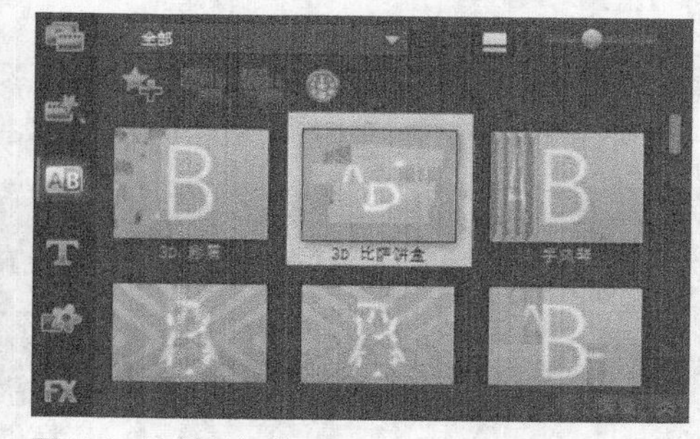

图 5-7 选择转场效果

03 在弹出来的快捷菜单中选择“添加到收藏夹”选项，如图 5-8所示。

04 执行上述操作后，即可完成收藏转场的操作，在“收藏夹”选项组中即可预览，如图 5-9所示。

图 5-8 选择“添加到收藏夹”选项

图 5-9 “收藏夹”选项组

实战 084 应用随机效果

在会声会影X10中，将随机效果应用于整个项目时，程序将随机挑选转场效果，并应用到当前项目的素材之间。

- **素材位置**丨素材\第5章\实战084
- **效果位置**丨效果\第5章\实战084应用随机效果.VSP
- **视频位置**丨视频\第5章\实战084应用随机效果.MP4
- **难易指数**丨★★☆☆☆

操作步骤

01 进入会声会影X10，在故事板中插入两个素材（素材\第5章\实战084），如图 5-10所示。

02 在素材库的左侧，单击“转场”按钮，如图 5-11所示。

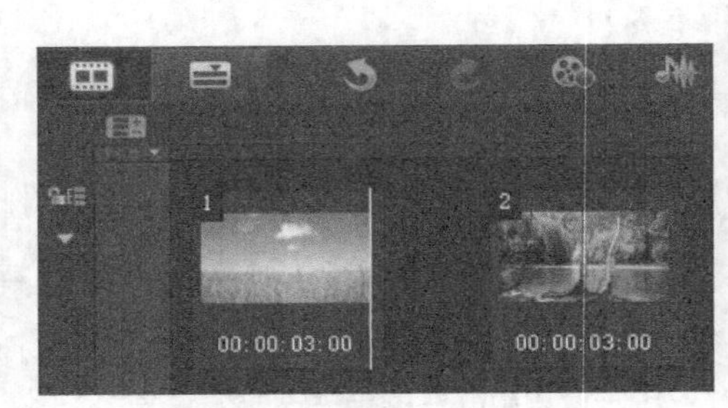

图 5-10 插入素材

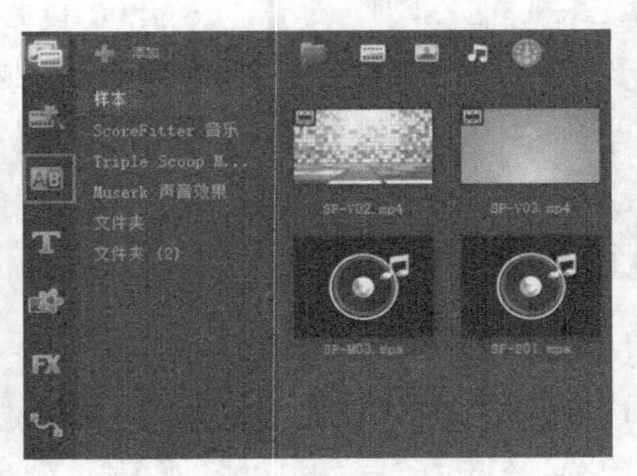

图 5-11 单击“转场”按钮

03 切换至“转场”素材库，单击“对视频轨应用随机效果”按钮，如图 5-12所示。

04 执行操作后，即可在素材图像之间添加随机转场效果，如图 5-13所示。

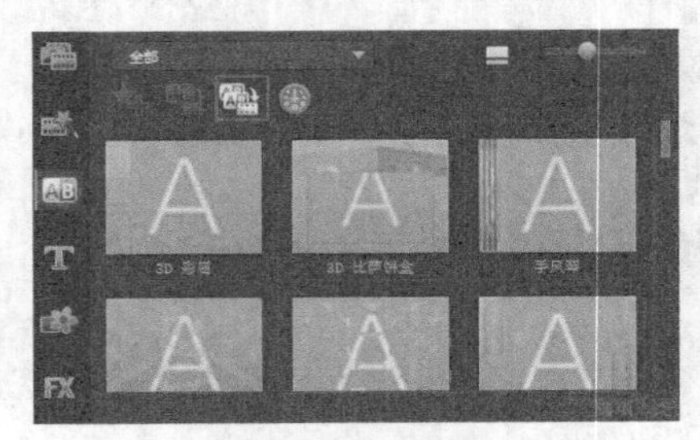

图 5-12 单击“对视频轨应用随机效果”按钮

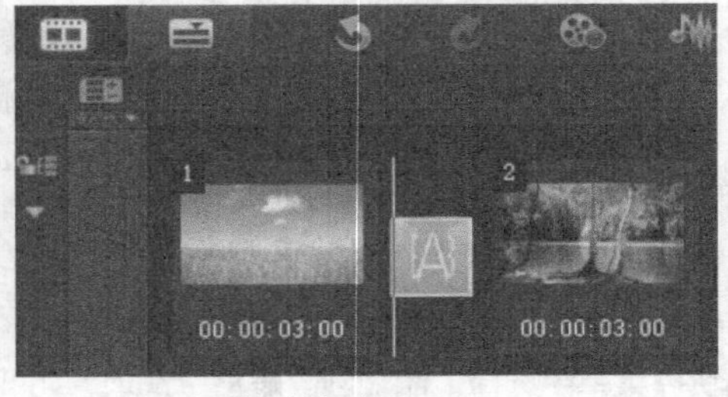

图 5-13 添加随机转场效果

05 在导览面板中单击“播放”按钮，预览随机添加的转场效果，如图 5-14所示。

图 5-14 预览效果

实战
085 应用当前效果

单击“对视频轨应用当前效果”按钮，程序将把当前选中的转场效果应用到当前项目的所有素材之间。

- **素材位置** | 素材\第5章\实战085
- **效果位置** | 效果\第5章\实战085应用当前效果.VSP
- **视频位置** | 视频\第5章\实战085应用当前效果.MP4
- **难易指数** | ★★☆☆☆

操作步骤

01 进入会声会影X10，在故事板中插入素材（素材\第5章\实战085），如图 5-15所示。

02 切换至“转场”素材库，单击素材库上方的“画廊”按钮，在弹出的下拉列表中选择“过滤”选项，如图5-16所示。

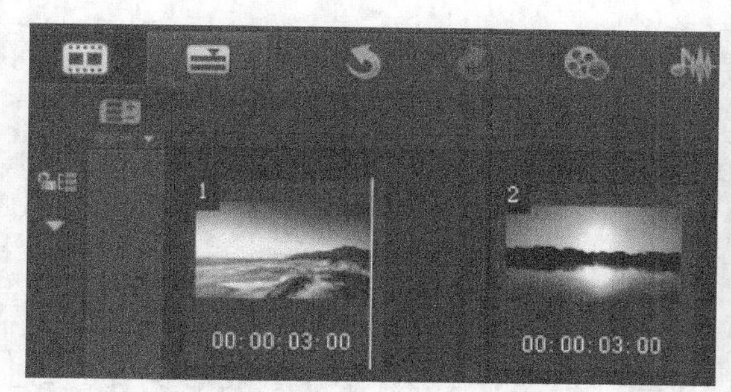

图 5-15 插入素材

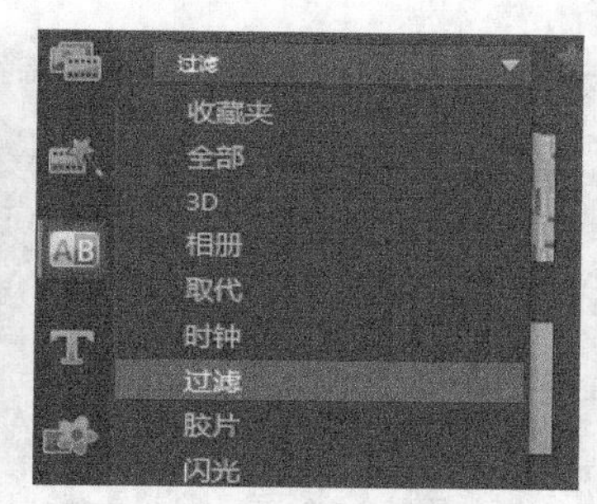

图 5-16 选择“过滤”选项

03 打开“过滤”转场组，在其中选择“喷出”转场效果，如图 5-17所示。

04 单击素材库上方的“对视频轨应用当前效果”按钮，如图 5-18所示。

图 5-17 选择“喷出”转场效果

图 5-18 单击“对视频轨应用当前效果”按钮

05 在导览面板中单击“播放”按钮，预览添加的转场效果，如图 5-19所示。

图 5-19 预览效果

实战 086

设置转场方向 ★重点★

在会声会影X10中，在“方向”选项区中选择不同的转场方向选项，其转场效果会不一样。

- **素材位置** | 素材\第5章\实战086
- **效果位置** | 效果\第5章\实战086设置转场方向.VSP
- **视频位置** | 视频\第5章\实战086设置转场方向..MP4
- **难易指数** | ★★☆☆☆

操作步骤

01 进入会声会影X10，单击“文件”|“打开项目”命令，打开一个项目文件（素材\第5章\实战086\时钟.VSP），如图 5-20所示。

02 在导览面板中单击“播放”按钮，预览视频转场效果，如图 5-21所示。

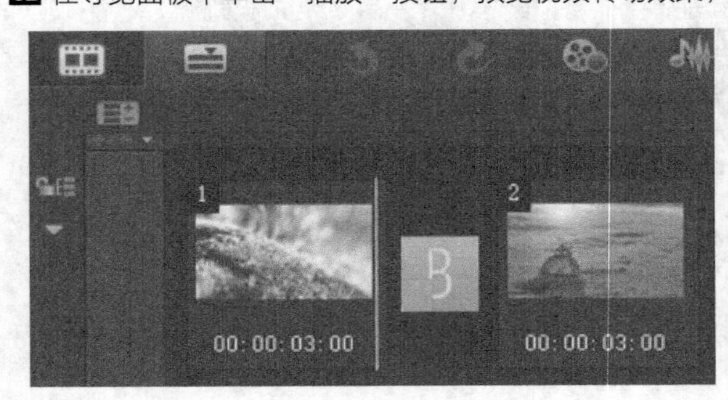

图 5-20 项目文件

图 5-21 预览效果

03 在故事板中选择需要设置方向的转场效果，在“转场”选项面板“方向”选项区中单击“左上到右下”按钮，如图 5-22所示。

04 执行操作后，即可改变转场效果的运动方向。在导览面板中单击“播放”按钮，预览更改方向后的转场效果，如图 5-23所示。

图 5-22 单击“左上到右下”按钮

图 5-23 预览效果

实战 087 设置转场边框及颜色 ★重点★

在会声会影X10中，可以为转场效果设置相应的边框样式及颜色，从而为转场效果锦上添花，加强效果的美观度。

- **素材位置** | 素材\第5章\实战087
- **效果位置** | 效果\第5章\实战087设置转场边框及颜色.VSP
- **视频位置** | 视频\第5章\实战087设置转场边框及颜色.MP4
- **难易指数** | ★★☆☆☆

操作步骤

01 进入会声会影X10，在故事板中插入素材（素材\第5章\实战087），如图 5-24所示。

02 在两幅素材图像之间添加“菱形A-擦拭”转场效果，如图 5-25所示。

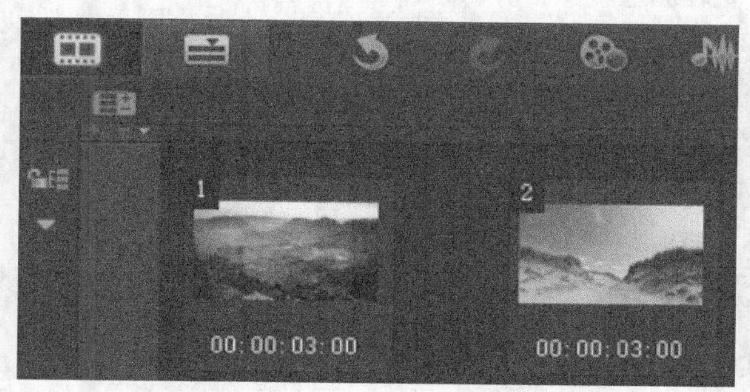

图 5-24 插入素材

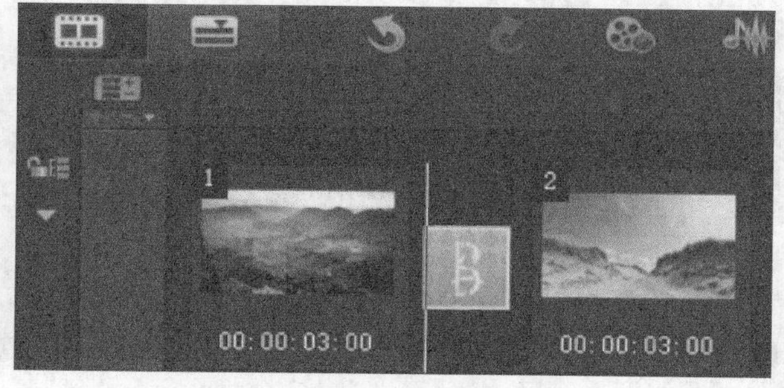

图 5-25 添加“菱形A-擦拭”转场效果

03 在导览面板中单击“播放”按钮，预览视频转场效果，如图 5-26所示。

04 在“转场”选项面板的“边框”数值框中输入“1”，设置边框大小，颜色设置为灰色，如图 5-27所示。

图 5-26 预览效果

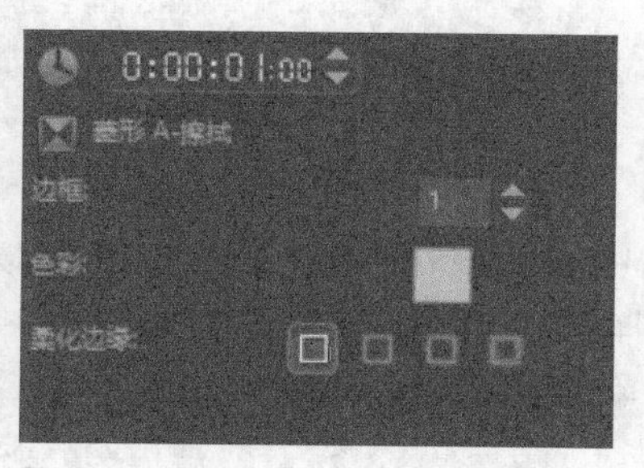

图 5-27 设置参数

05 在导览面板中单击“播放”按钮，预览设置边框后的转场效果，如图 5-28所示。

图 5-28 预览效果

实战 088 自定义转场属性 ★重点★

在会声会影中，用户可根据需要对转场效果进行自定义设置。

- **素材位置 | **素材\第5章\实战088
- **效果位置 | **效果\第5章\实战088自定义转场属性.VSP
- **视频位置 | **视频\第5章\实战088自定义转场属性..MP4
- **难易指数 | **★★☆☆☆

操作步骤

01 进入会声会影X10，在故事板中插入素材（素材\第5章\实战088），如图 5-29所示。

02 在两幅素材图像之间添加“星形-擦拭”转场效果，如图 5-30所示。

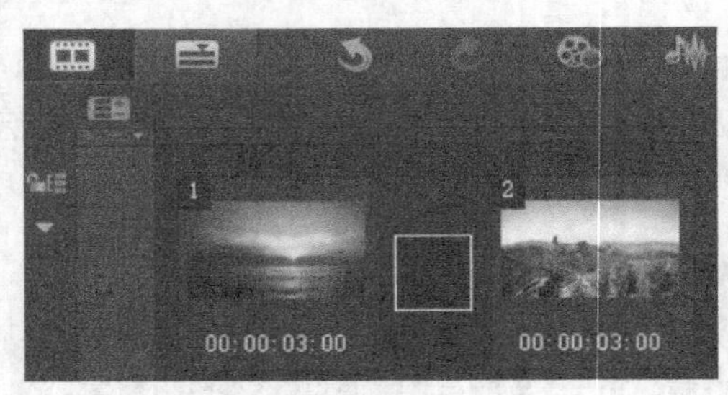

图 5-29 插入素材

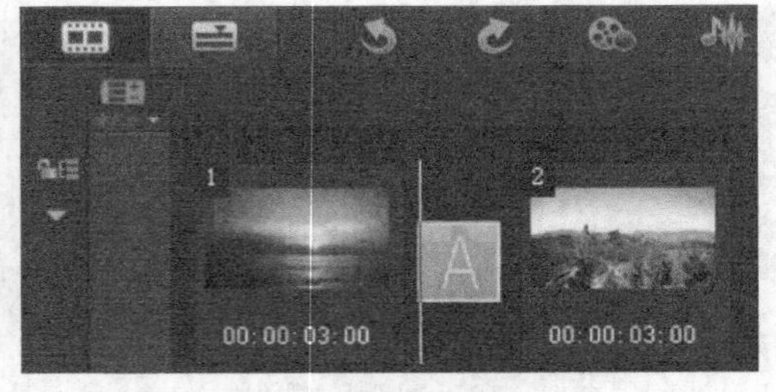

图 5-30 添加“星形-擦拭”转场效果

03 在导览面板中单击“播放”按钮，预览视频转场效果，如图 5-31所示。

04 在“转场”选项面板的“边框”数值框中输入“1”，设置边框大小，方向设置为向内，颜色设置为橙色，柔化边缘选择中等柔化边缘，如图 5-32所示。

图 5-31 预览效果

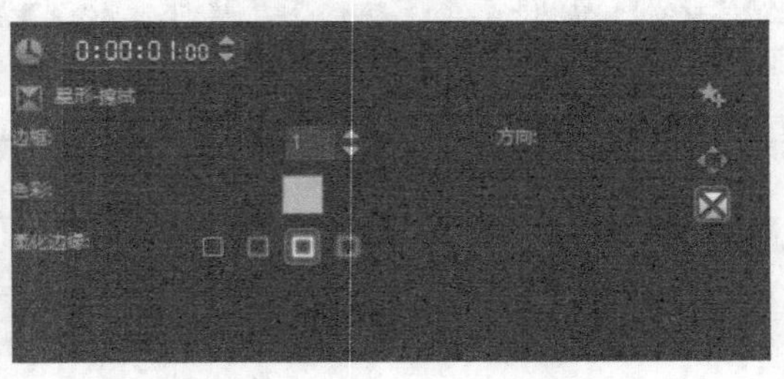

图 5-32 自定义属性

05 在导览面板中单击“播放”按钮，预览自定义转场属性后的转场效果，如图 5-33所示。

图 5-33 预览效果

实战 089 对开门转场——喜迎新春

在会声会影X10中，“对开门”转场效果是在素材A中以对开门的效果显示素材B画面。下面将向读者介绍应用“对开门”转场的方法。

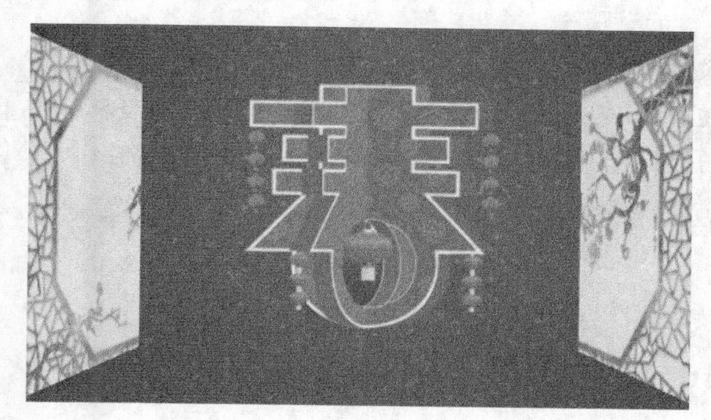

- **素材位置** | 素材\第5章\实战089
- **效果位置** | 效果\第5章\实战089对开门转场——喜迎新春.VSP
- **视频位置** | 视频\第5章\实战089对开门转场——喜迎新春.MP4
- **难易指数** | ★★☆☆☆

操作步骤

01 进入会声会影X10，在故事板中插入素材（素材\第5章\实战089），如图 5-34所示。

02 单击“转场”按钮，切换至“转场”素材库，在素材库中选择“对开门”转场效果，如图 5-35所示。

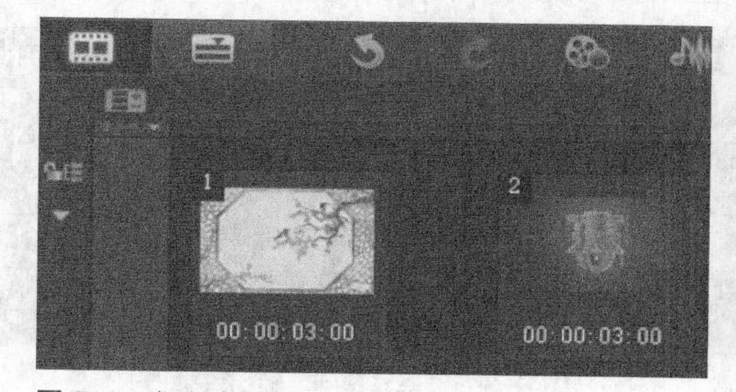

图 5-34 插入素材

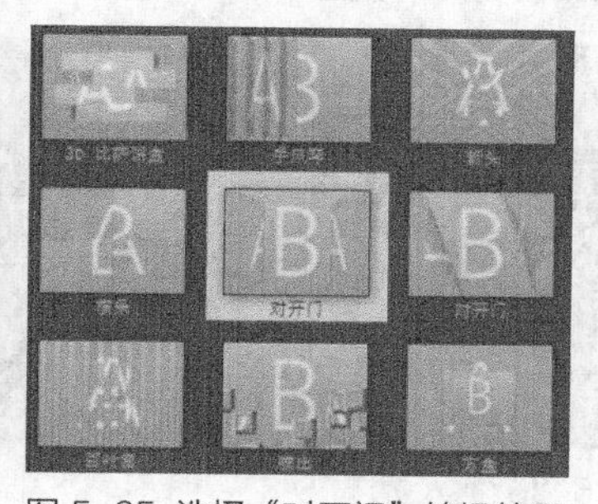

图 5-35 选择“对开门”转场效果

03 按住鼠标左键并拖曳至故事板中的两幅图像素材之间，如图 5-36所示。

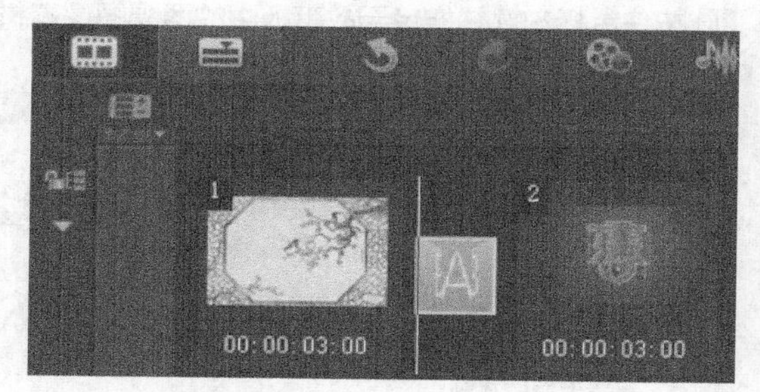

图 5-36 添加转场

04 在导览面板中单击“播放”按钮，即可预览“对开门”转场效果，如图 5-37所示。

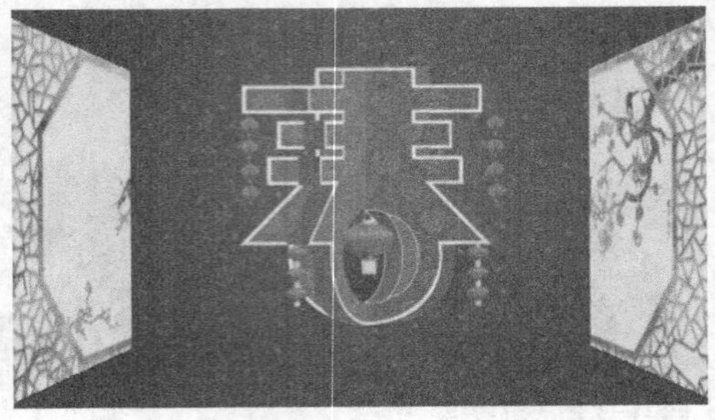

图 5-37 预览效果

实战 090 单向转场——卷轴打开

在会声会影X10中，“单向”转场效果是在素材A中以单向转场的效果显示素材B画面。下面将向读者介绍应用“单向”转场的方法。

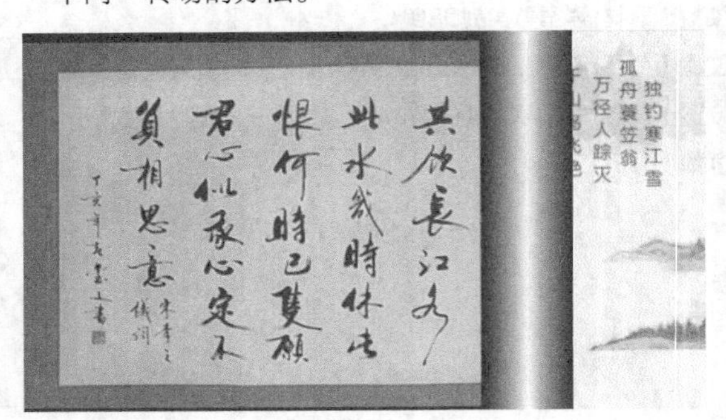

- **素材位置** | 素材\第5章\实战090
- **效果位置** | 效果\第5章\实战090单向转场——卷轴打开.VSP
- **视频位置** | 视频\第5章\实战090单向转场——卷轴打开.MP4
- **难易指数** | ★★☆☆☆

操作步骤

01 进入会声会影X10，在故事板中插入素材（素材\第5章\实战090），如图 5-38所示。

02 单击“转场”按钮，切换至“转场”素材库，在素材库中选择“单向”转场效果，如图 5-39所示。

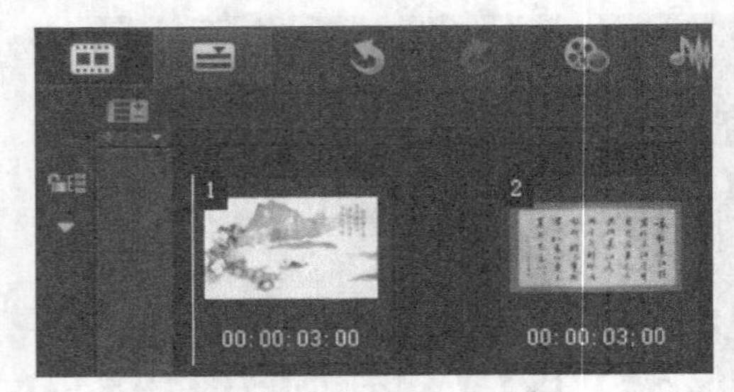

图 5-38 插入素材

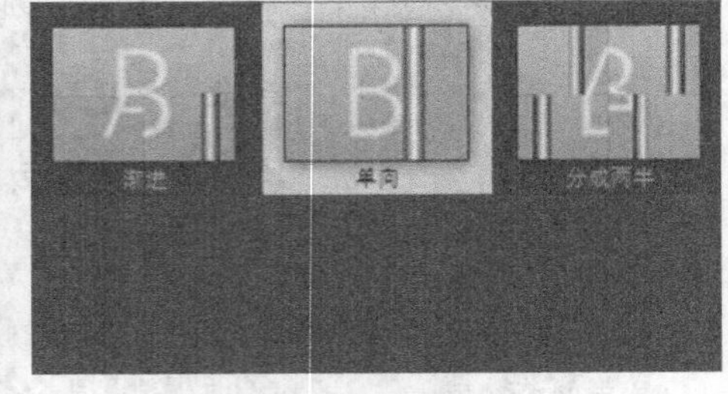

图 5-39 选择“单向”转场效果

03 按住鼠标左键并拖曳至故事板中的两幅图像素材之间，如图 5-40所示。

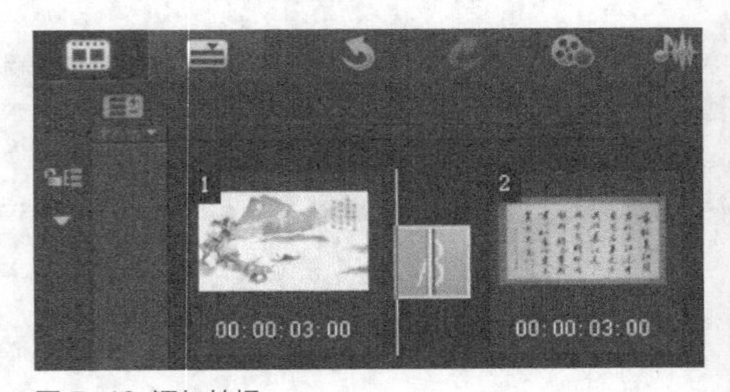

图 5-40 添加转场

04 在导览面板中单击“播放”按钮，即可预览“单向”转场效果，如图 5-41所示。

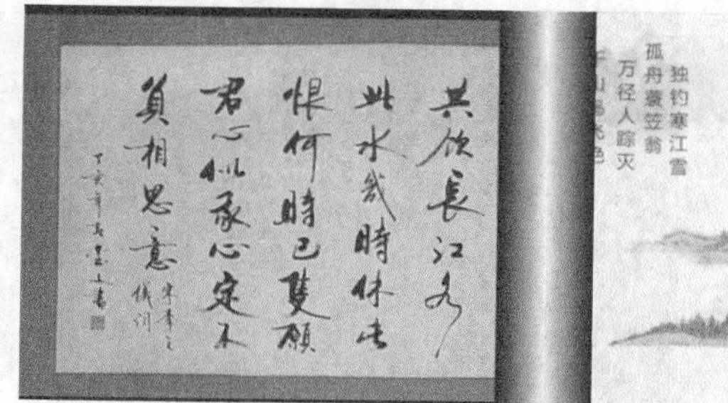

图 5-41 预览效果

实战 091 折叠盒转场——纯真童年

在会声会影X10中，“折叠盒”转场效果是在素材A中以折叠盒的效果显示素材B画面。下面将向读者介绍应用“折叠盒”转场的方法。

- **素材位置 |** 素材\第5章\实战091
- **效果位置 |** 效果\第5章\实战091折叠盒转场——纯真童年.VSP
- **视频位置 |** 视频\第5章\实战091折叠盒转场——纯真童年.MP4
- **难易指数 |** ★★☆☆☆

操作步骤

01 进入会声会影X10，在故事板中插入素材（素材\第5章\实战091），如图 5-42所示。

02 单击“转场”按钮，切换至“转场”素材库，在素材库中选择“折叠盒”转场效果，如图 5-43所示。

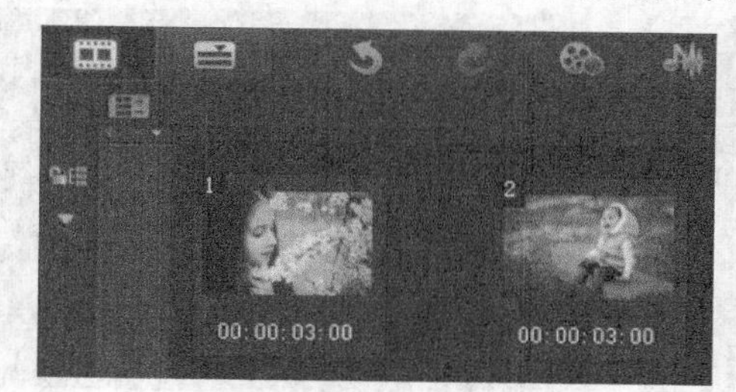

图 5-42 插入素材

图 5-43 选择“折叠盒”转场效果

03 按住鼠标左键将其拖曳至素材之间，即可添加“折叠盒”转场效果，如图 5-44所示。

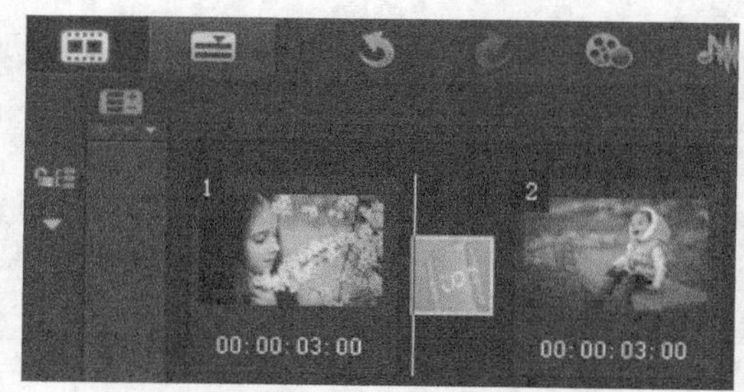

图 5-44 添加转场

04 在导览面板中单击“播放”按钮，即可预览“折叠盒”转场效果，如图 5-45所示。

图 5-45 预览效果

实战 092 翻转转场——婚纱相册

在会声会影X10中，“翻转”转场效果是在素材A中以翻转相册的效果显示素材B画面。下面将向读者介绍应用“翻转”转场的方法。

- **素材位置** | 素材\第5章\实战092
- **效果位置** | 效果\第5章\实战092翻转转场——婚纱相册.VSP
- **视频位置** | 视频\第5章\实战092翻转转场——婚纱相册.MP4
- **难易指数** | ★★☆☆☆

操作步骤

01 进入会声会影X10，在故事板中插入素材（素材\第5章\实战092），如图 5-46所示。

02 单击“转场”按钮，切换至“转场”素材库，在素材库中选择“翻转”转场效果，如图 5-47所示。

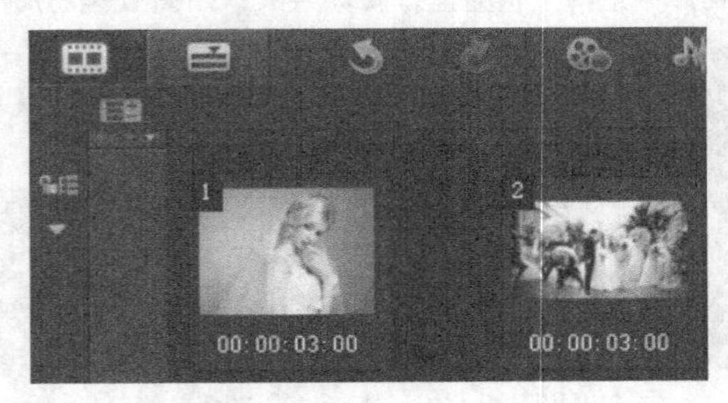

图 5-46 插入素材

图 5-47 选择“翻转”转场

03 按住鼠标左键将其拖曳至素材之间，即可添加“翻转”转场效果，如图 5-48所示。

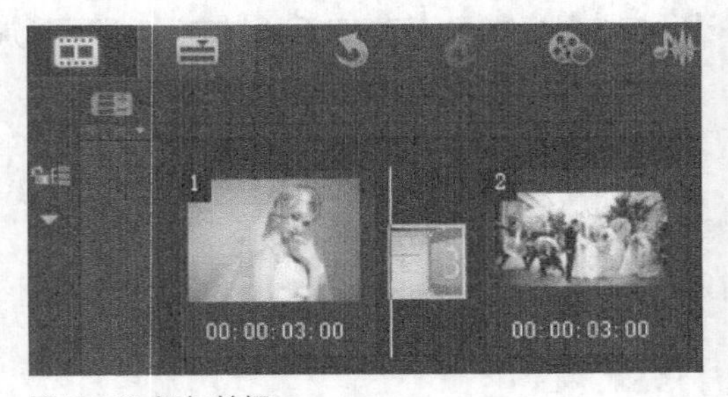

图 5-48 添加转场

04 在导览面板中单击“播放”按钮，即可预览“翻转”转场效果，如图 5-49所示。

图 5-49 预览效果

实战 093 打碎转场——电影预告

在会声会影X10中，“打碎”转场效果是在素材A中以打碎的效果显示素材B画面。下面将向读者介绍应用“打碎”转场的方法。

- **素材位置** | 素材\第5章\实战093
- **效果位置** | 效果\第5章\实战093打碎转场——电影预告.VSP
- **视频位置** | 视频\第5章\实战093打碎转场——电影预告.MP4
- **难易指数** | ★★☆☆☆

操作步骤

01 进入会声会影X10，在故事板中插入素材（素材\第5章\实战093），如图 5-50所示。

02 单击“转场”按钮，切换至“转场”素材库，在素材库中选择“打碎”转场效果，如图 5-51所示。

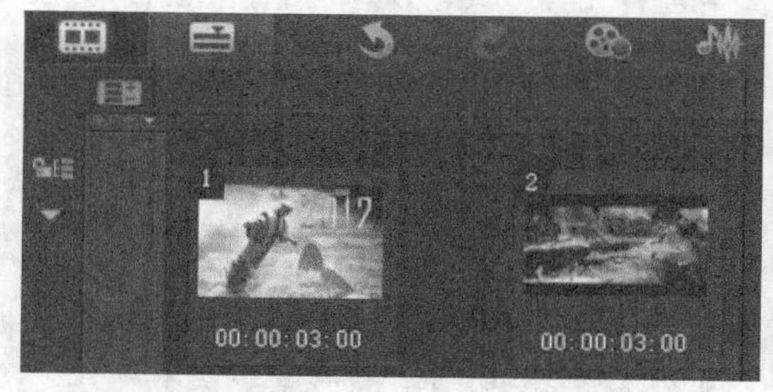

图 5-50 插入素材

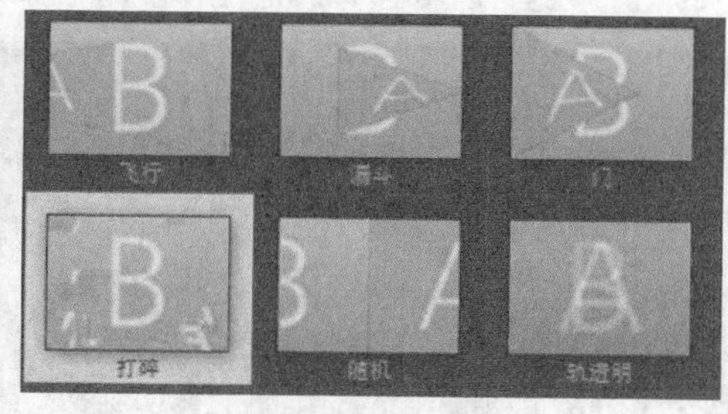

图 5-51 选择“打碎”转场效果

03 按住鼠标左键将其拖曳至素材之间，即可添加“打碎”转场效果，如图 5-52所示。

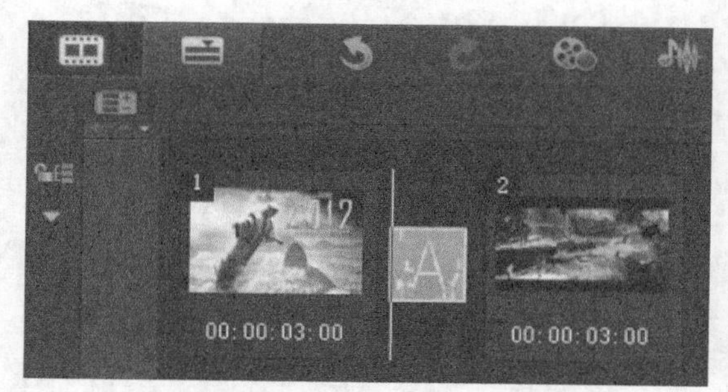

图 5-52 添加转场

04 在导览面板中单击“播放”按钮，即可预览“打碎”转场效果，如图 5-53所示。

图 5-53 预览效果

实战 094 翻页转场——自然风光

在会声会影X10中，“翻页”转场效果是在素材A中以翻页的效果显示素材B画面。下面将向读者介绍应用“翻页”转场的方法。

- **素材位置 |** 素材\第5章\实战094
- **效果位置 |** 效果\第5章\实战094翻页转场——自然风光.VSP
- **视频位置 |** 视频\第5章\实战094翻页转场——自然风光.MP4
- **难易指数 |** ★★☆☆☆

操作步骤

01 进入会声会影X10，在故事板中插入素材（素材\第5章\实战094），如图 5-54所示。

02 单击“转场”按钮，切换至“转场”素材库，在素材库中选择“翻页”转场效果，如图 5-55所示。

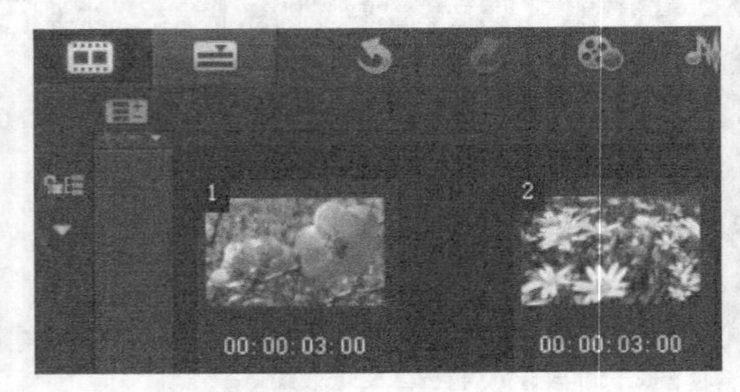

图 5-54 插入素材

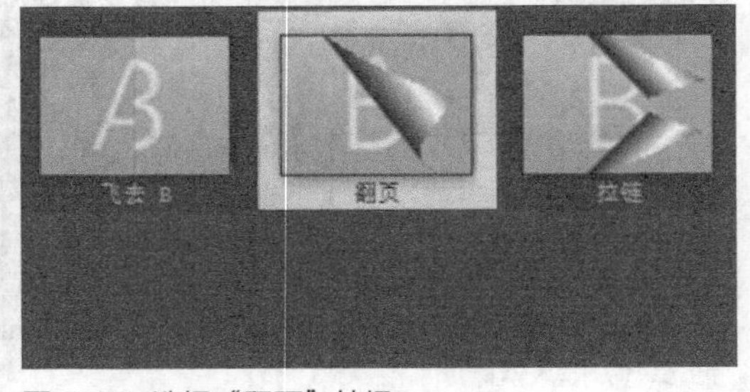

图 5-55 选择“翻页”转场

03 按住鼠标左键将其拖曳至素材之间，即可添加“翻页”转场效果，如图 5-56所示。

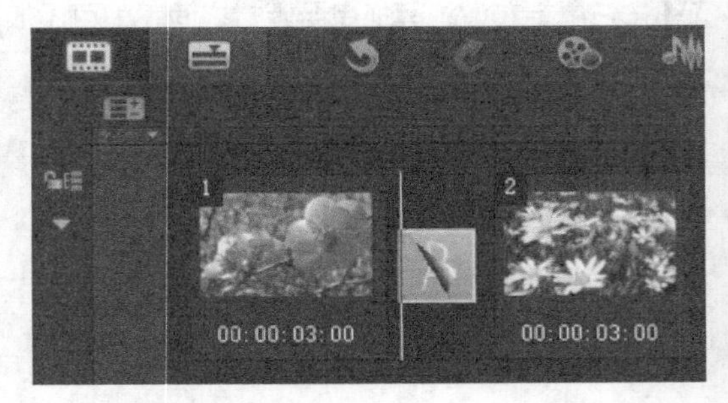

图 5-56 添加转场

04 在导览面板中单击“播放”按钮，即可预览“翻页”转场效果，如图 5-57所示。

图 5-57 预览效果

实战 095 遮罩C转场——生活情调

在会声会影X10中，“遮罩C”转场效果是在素材A中以遮罩的效果显示素材B画面。下面将向读者介绍应用“遮罩C”转场的方法。

- **素材位置** | 素材\第5章\实战095
- **效果位置** | 效果\第5章\实战095遮罩C转场——生活情调.VSP
- **视频位置** | 视频\第5章\实战095遮罩C转场——生活情调.MP4
- **难易指数** | ★★☆☆☆

操作步骤

01 进入会声会影X10，在故事板中插入素材（素材\第5章\实战095），如图 5-58所示。

02 单击“转场”按钮，切换至“转场”素材库，在素材库中选择“遮罩C”转场效果，如图 5-59所示。

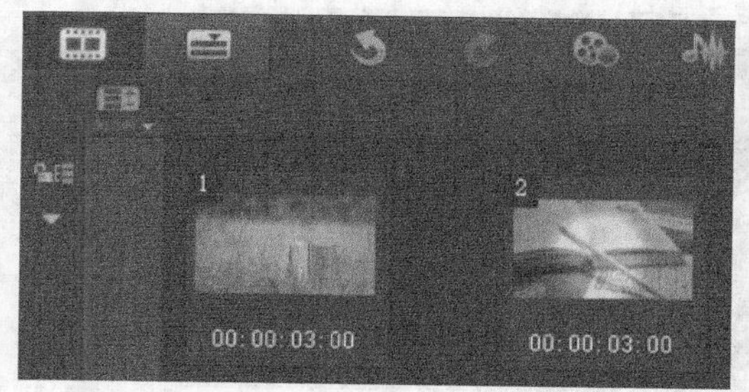

图 5-58 插入素材

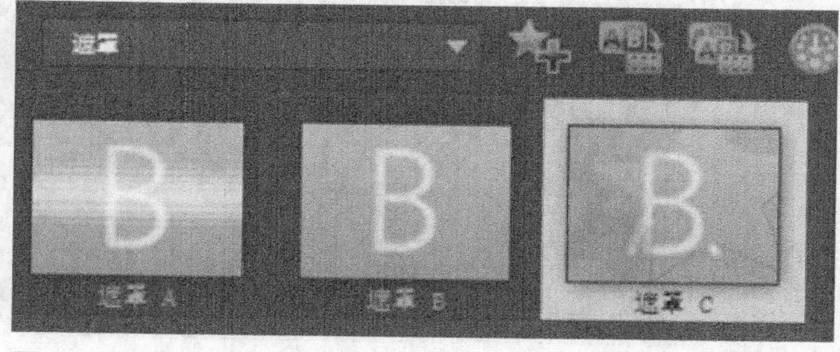

图 5-59 选择“遮罩C”转场

03 按住鼠标左键将其拖曳至素材之间，即可添加“遮罩C”转场效果，如图 5-60所示。

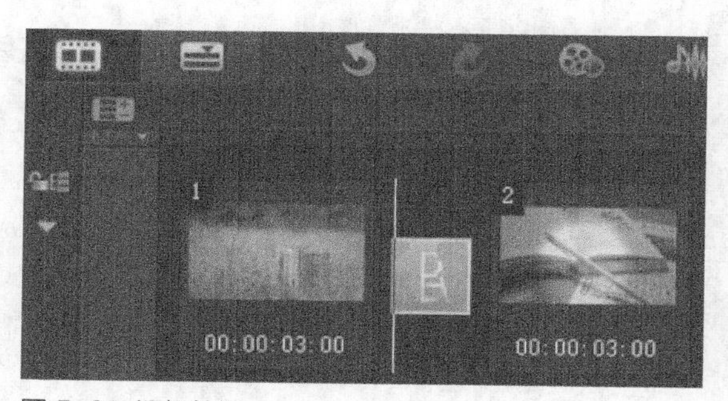

图 5-60 添加转场

04 在导览面板中单击“播放”按钮，即可预览“遮罩C”转场效果，如图 5-61所示。

图 5-61 预览效果

实战 096 百叶窗转场——户外风景

在会声会影X10中，“百叶窗”转场效果是在素材A中以百叶窗的效果显示素材B画面。下面将向读者介绍应用“百叶窗”转场的方法。

- **素材位置** | 素材\第5章\实战096
- **效果位置** | 效果\第5章\实战096百叶窗转场——户外风景.VSP
- **视频位置** | 视频\第5章\实战096百叶窗转场——户外风景.MP4
- **难易指数** | ★★☆☆☆

操作步骤

01 进入会声会影X10，在故事板中插入素材（素材\第5章\实战096），如图 5-62所示。

02 单击“转场”按钮，切换至“转场”素材库，在素材库中选择“百叶窗”转场效果，如图 5-63所示。

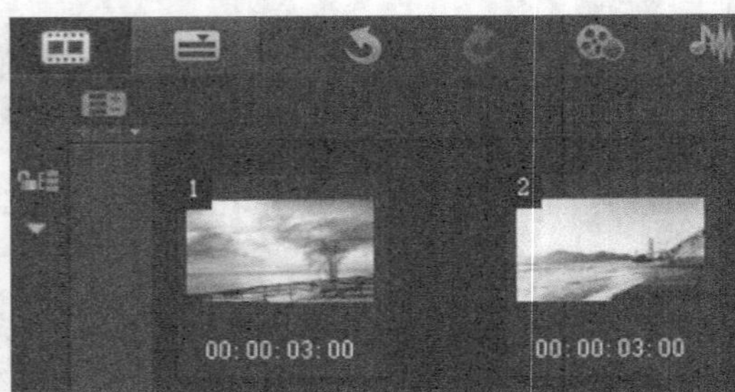

图 5-62 插入素材

图 5-63 选择“百叶窗”转场

03 按住鼠标左键将其拖曳至素材之间，即可添加“百叶窗”转场效果，如图 5-64所示。

图 5-64 添加转场

04 在导览面板中单击“播放”按钮，即可预览“百叶窗”转场效果，如图 5-65所示。

图 5-65 预览效果

实战 097 流动转场——糖果世界

在会声会影X10中，“流动”转场效果是在素材A中以流动的效果显示素材B画面。下面将向读者介绍应用“流动”转场的方法。

- **素材位置 |** 素材\第5章\实战097
- **效果位置 |** 效果\第5章\实战097流动转场——糖果世界.VSP
- **视频位置 |** 视频\第5章\实战097流动转场——糖果世界.MP4
- **难易指数 |** ★★☆☆☆

操作步骤

01 进入会声会影X10，在故事板中插入素材（素材\第5章\实战097），如图 5-66所示。

02 单击“转场”按钮，切换至“转场”素材库，在素材库中选择“流动”转场效果，如图 5-67所示。

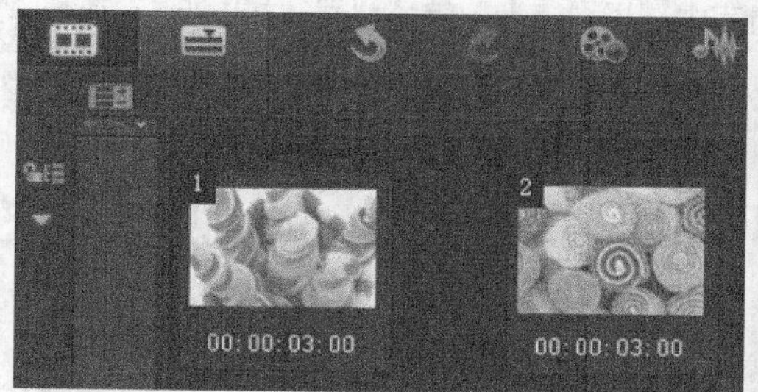

图 5-66 插入素材

图 5-67 选择“流动”转场

03 按住鼠标左键将其拖曳至素材之间，即可添加“流动”转场效果，如图 5-68所示。

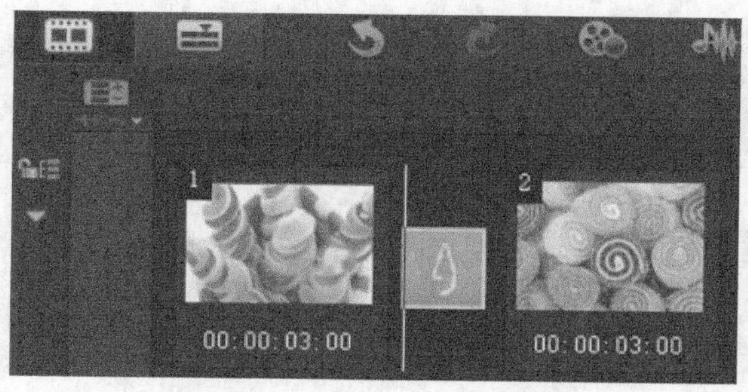

图 5-68 添加转场

04 在导览面板中单击“播放”按钮，即可预览“流动”转场效果，如图 5-69所示。

图 5-69 预览效果

实战 098 棋盘转场——东方美食

在会声会影X10中，“棋盘”转场效果是在素材A中以棋盘的效果显示素材B画面。下面将向读者介绍应用“棋盘”转场的方法。

- **素材位置 |** 素材\第5章\实战098
- **效果位置 |** 效果\第5章\实战098棋盘转场——东方美食.VSP
- **视频位置 |** 视频\第5章\实战098棋盘转场——东方美食.MP4
- **难易指数 |** ★★☆☆☆

操作步骤

01 进入会声会影X10，在故事板中插入素材（素材\第5章\实战098），如图 5-70所示。

02 单击“转场”按钮，切换至“转场”素材库，在素材库中选择“棋盘”转场效果，如图 5-71所示。

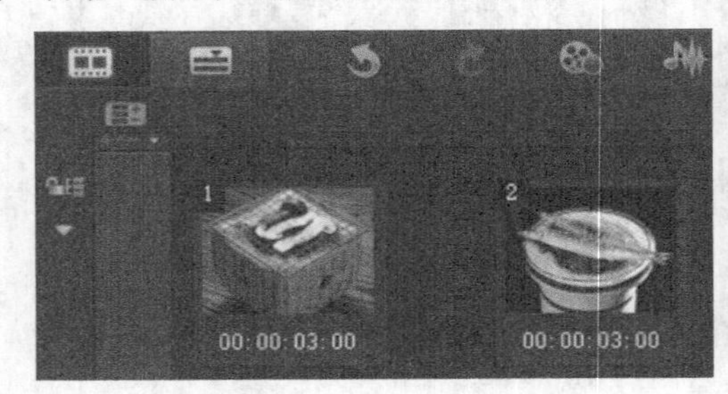

图 5-70 插入素材

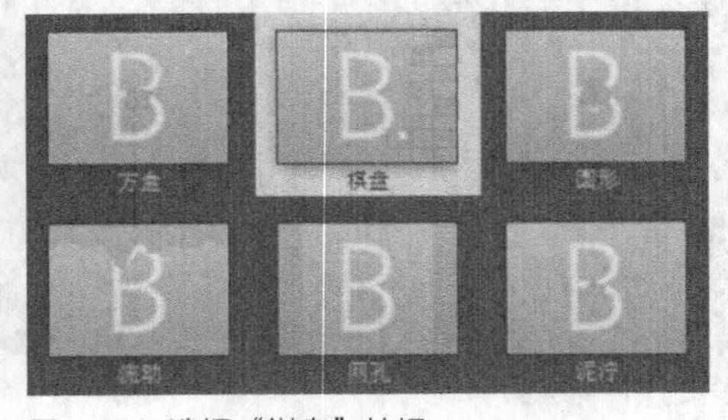

图 5-71 选择“棋盘”转场

03 按住鼠标左键将其拖曳至素材之间，即可添加“棋盘”转场效果，如图 5-72所示。

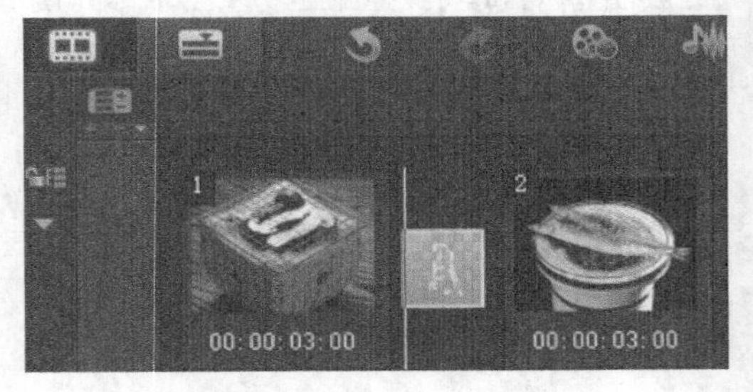

图 5-72 添加转场

04 在导览面板中单击“播放”按钮，即可预览“棋盘”转场效果，如图 5-73所示。

图 5-73 预览效果

实战 099 燃烧转场——热火篮球

在会声会影X10中，“燃烧”转场效果是在素材A中以燃烧的效果显示素材B画面。下面将向读者介绍应用“燃烧”转场的方法。

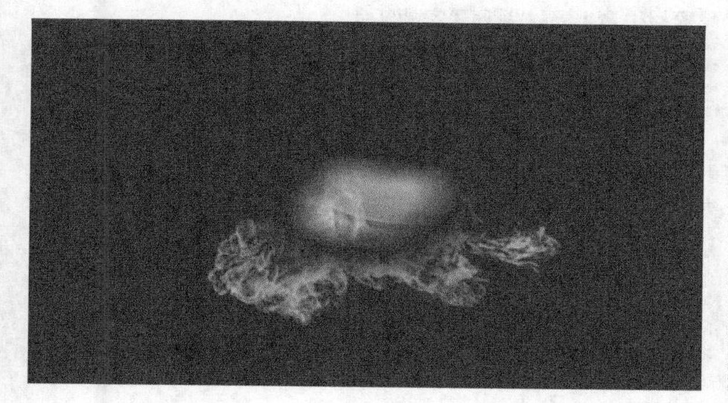

- **素材位置** | 素材\第5章\实战099
- **效果位置** | 效果\第5章\实战099燃烧转场——热火篮球.VSP
- **视频位置** | 视频\第5章\实战099燃烧转场——热火篮球.MP4
- **难易指数** | ★★☆☆☆

操作步骤

01 进入会声会影X10，在故事板中插入素材（素材\第5章\实战099），如图 5-74所示。

02 单击“转场”按钮，切换至“转场”素材库，在素材库中选择“燃烧”转场效果，如图 5-75所示。

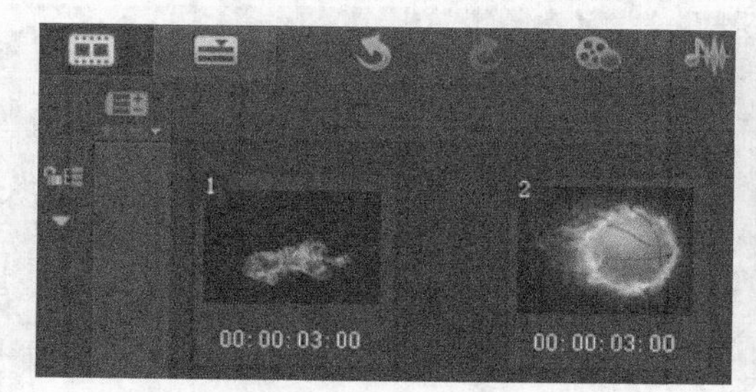

图 5-74 插入素材

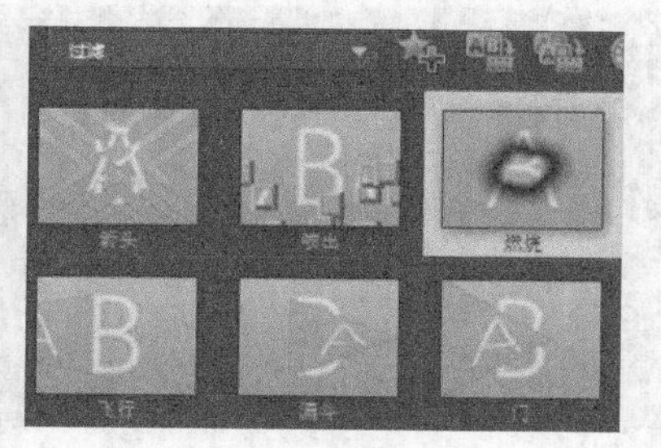

图 5-75 选择“燃烧”转场

03 按住鼠标左键将其拖曳至素材之间，即可添加“燃烧”转场效果，如图 5-76所示。

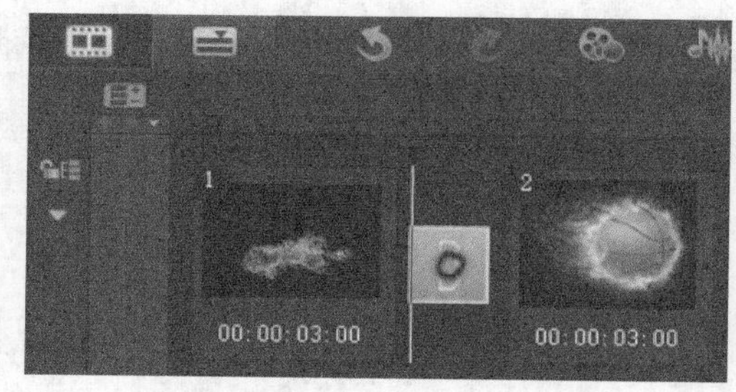

图 5-76 添加转场

04 在导览面板中单击“播放”按钮，即可预览“燃烧”转场效果，如图 5-77所示。

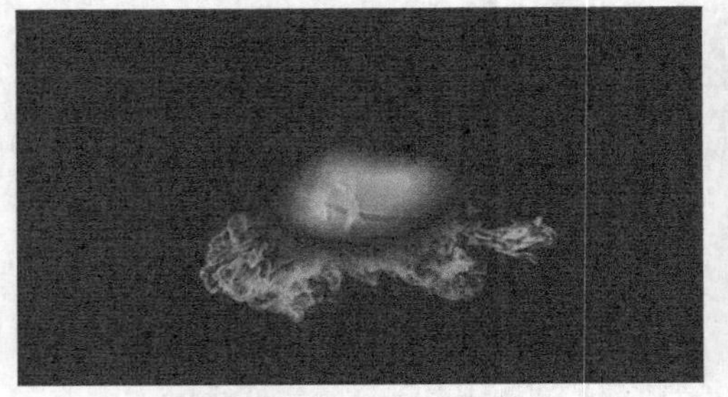
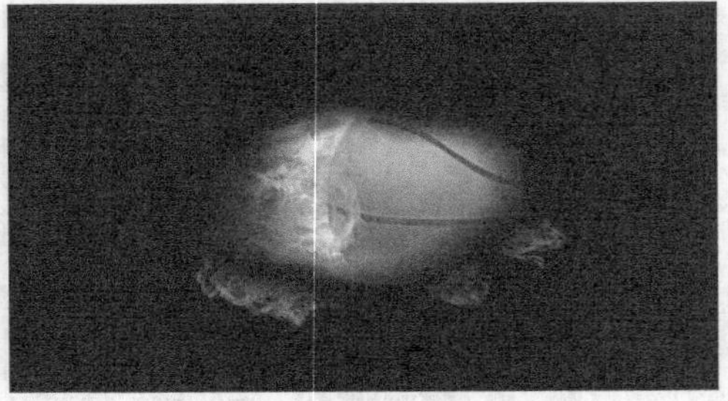

图 5-77 预览效果

实战100 墙壁转场——世界奇观

在会声会影X10中，“墙壁”转场效果是在素材A中以墙壁的效果显示素材B画面。下面将向读者介绍应用“墙壁”转场的方法。

- **素材位置 |** 素材\第5章\实战100
- **效果位置 |** 效果\第5章\实战100墙壁转场——世界奇观.VSP
- **视频位置 |** 视频\第5章\实战100墙壁转场——世界奇观.MP4
- **难易指数 |** ★★☆☆☆

操作步骤

01 进入会声会影X10，在故事板中插入素材（素材\第5章\实战100），如图 5-78所示。

02 单击“转场”按钮，切换至“转场”素材库，在素材库中选择“墙壁”转场效果，如图 5-79所示。

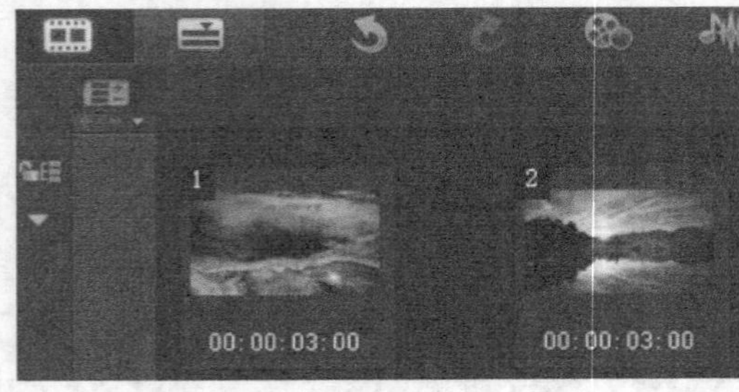

图 5-78 插入素材

A
A
A
墙壁

图 5-79 选择“墙壁”转场

03 按住鼠标左键将其拖曳至素材之间，即可添加“墙壁”转场效果，如图 5-80所示。

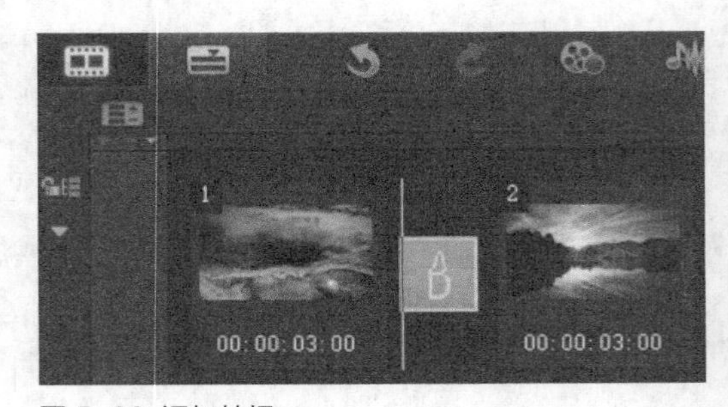

图 5-80 添加转场

04 在导览面板中单击“播放”按钮，即可预览“墙壁”转场效果，如图 5-81所示。

图 5-81 预览效果

实战 101 遮罩F转场——傍晚雪林

在会声会影X10中，“遮罩F”转场效果是在素材A中以遮罩的效果显示素材B画面。下面将向读者介绍应用“遮罩F”转场的方法。

- **素材位置 |** 素材\第5章\实战101
- **效果位置 |** 效果\第5章\实战101遮罩F转场——傍晚雪林.VSP
- **视频位置 |** 视频\第5章\实战101遮罩F转场——傍晚雪林.MP4
- **难易指数 |** ★★☆☆☆

操作步骤

01 进入会声会影X10，在故事板中插入素材（素材\第5章\实战101），如图 5-82所示。

02 单击“转场”按钮，切换至“转场”素材库，在素材库中选择“遮罩F”转场效果，如图 5-83所示。

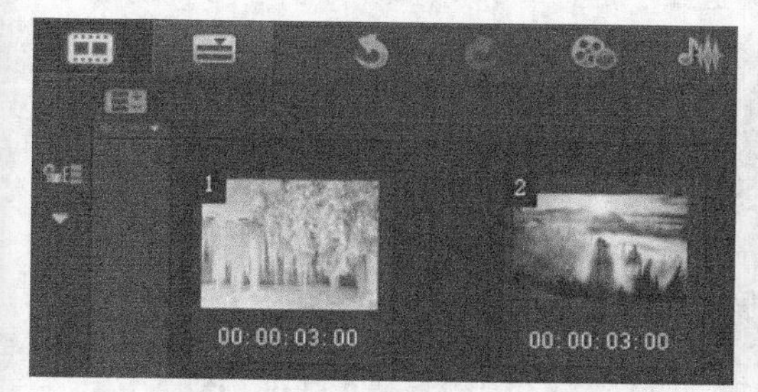

图 5-82 插入素材

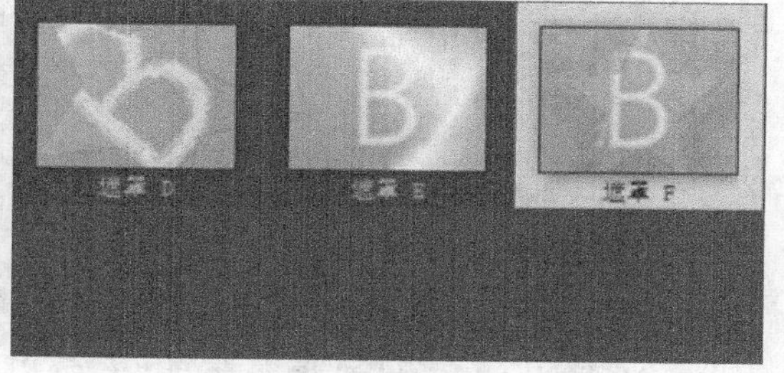

图 5-83 选择“遮罩F”转场

03 按住鼠标左键将其拖曳至素材之间，即可添加“遮罩F”转场效果，如图 5-84所示。

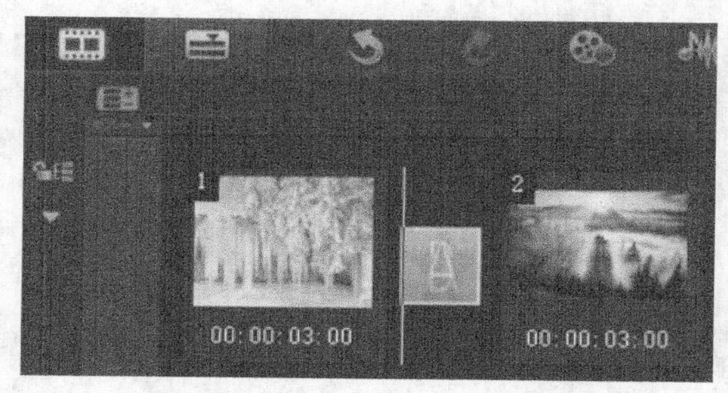

图 5-84 添加转场

04 在导览面板中单击“播放”按钮，即可预览“遮罩F”转场效果，如图 5-85所示。

图 5-85 预览效果

实战 102 喷出转场——拼图效果

在会声会影X10中，“喷出”转场效果是在素材A中以喷出的效果显示素材B画面。下面将向读者介绍应用“喷出”转场的方法。

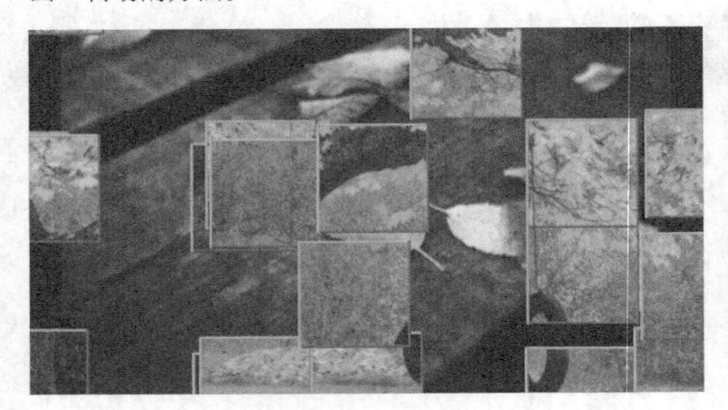

- **素材位置** | 素材\第5章\实战102
- **效果位置** | 效果\第5章\实战102喷出转场——拼图效果.VSP
- **视频位置** | 视频\第5章\实战102喷出转场——拼图效果.MP4
- **难易指数** | ★★☆☆☆

操作步骤

01 进入会声会影X10，在故事板中插入素材（素材\第5章\实战102），如图 5-86所示。

02 单击“转场”按钮，切换至“转场”素材库，在素材库中选择“喷出”转场效果，如图 5-87所示。

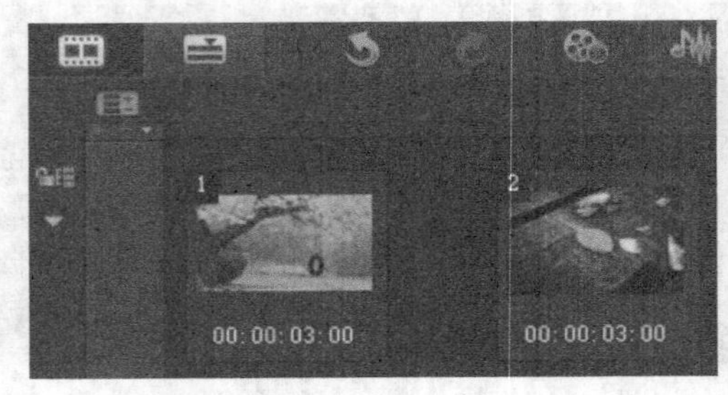

图 5-86 插入素材

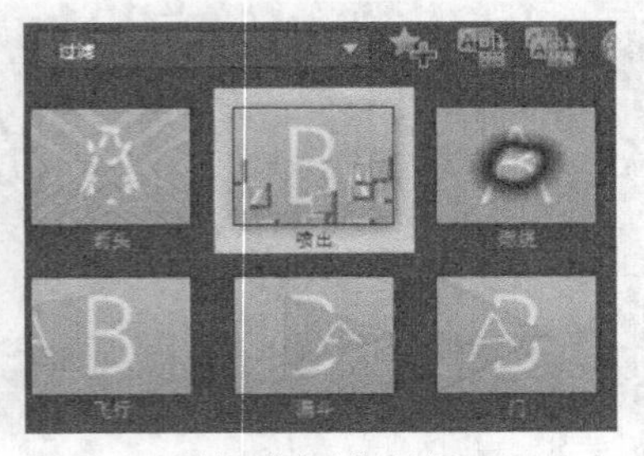

图 5-87 选择“喷出”转场

03 按住鼠标左键将其拖曳至素材之间，即可添加“喷出”转场效果，如图 5-88所示。

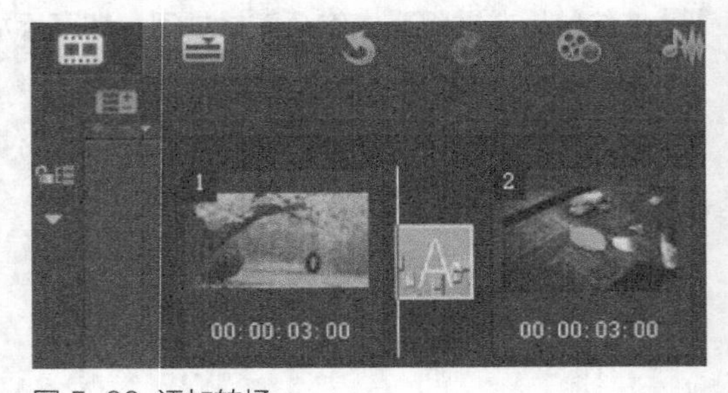

图 5-88 添加转场

04 在导览面板中单击“播放”按钮，即可预览“喷出”转场效果，如图 5-89所示。

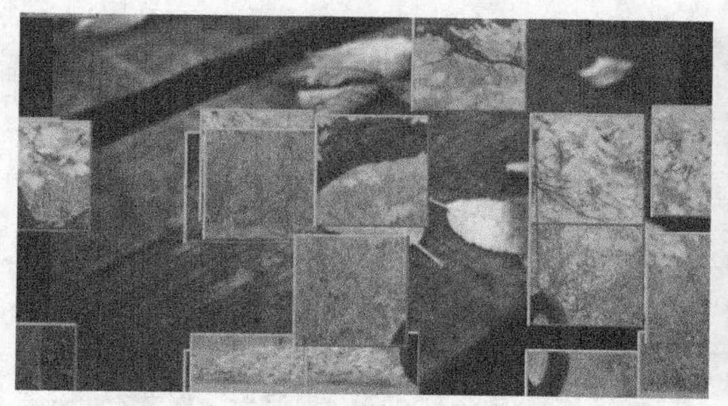
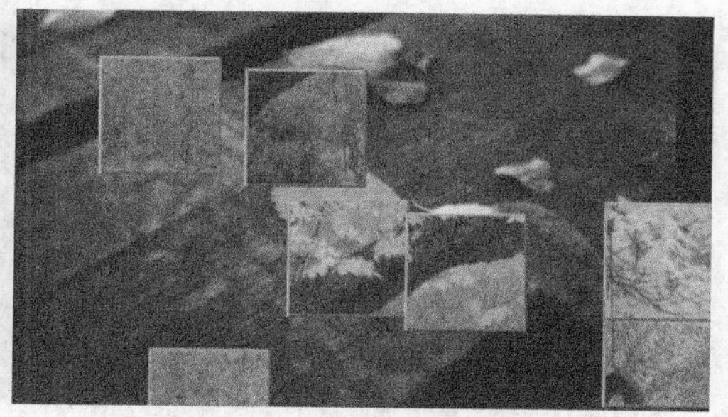

图 5-89 预览效果

实战 103 淡化到黑色转场——海岛小屋

在会声会影X10中，“淡化到黑色”转场效果是在素材A中以淡化到黑色的效果显示素材B画面。下面将向读者介绍应用“淡化到黑色”转场的方法。

- **素材位置** | 素材\第5章\实战103
- **效果位置** | 效果\第5章\实战103淡化到黑色转场——海岛小屋.VSP
- **视频位置** | 视频\第5章\实战103淡化到黑色转场——海岛小屋.MP4
- **难易指数** | ★★☆☆☆

操作步骤

01 进入会声会影X10，在故事板中插入素材（素材\第5章\实战103），如图 5-90所示。

02 单击“转场”按钮，切换至“转场”素材库，在素材库中选择“淡化到黑色”转场效果，如图 5-91所示。

图 5-90 插入素材

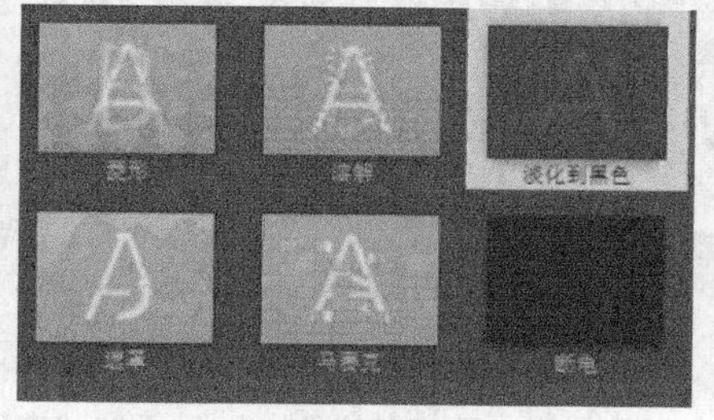

图 5-91 选择“淡化到黑色”转场

03 按住鼠标左键将其拖曳至素材之间，即可添加“淡化到黑色”转场效果，如图 5-92所示。

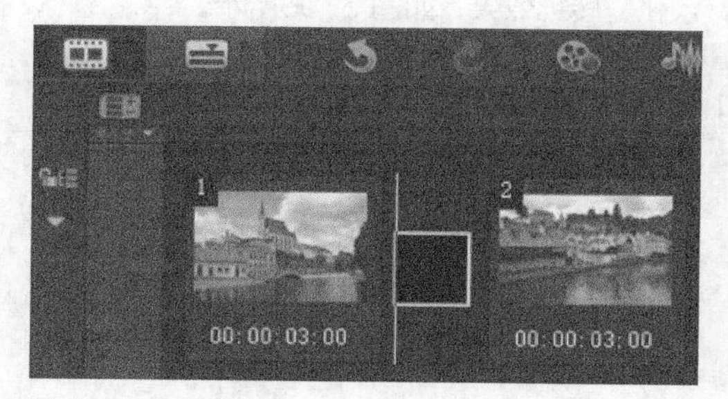

图 5-92 添加转场

04 在导览面板中单击“播放”按钮，即可预览“淡化到黑色”转场效果，如图 5-93所示。

图 5-93 预览效果

实战 104 交叉淡化转场——美丽草原

在会声会影X10中，“交叉淡化”转场效果是在素材A中以交叉淡化的效果显示素材B画面。下面将向读者介绍应用“交叉淡化”转场的方法。

- **素材位置 |** 素材\第5章\实战104
- **效果位置 |** 效果\第5章\实战104交叉淡化转场——美丽草原.VSP
- **视频位置 |** 视频\第5章\实战104交叉淡化转场——美丽草原.MP4
- **难易指数 |** ★★☆☆☆

操作步骤

01 进入会声会影X10，在故事板中插入素材（素材\第5章\实战104），如图 5-94所示。

02 单击“转场”按钮，切换至“转场”素材库，在素材库中选择“交叉淡化”转场效果，如图 5-95所示。

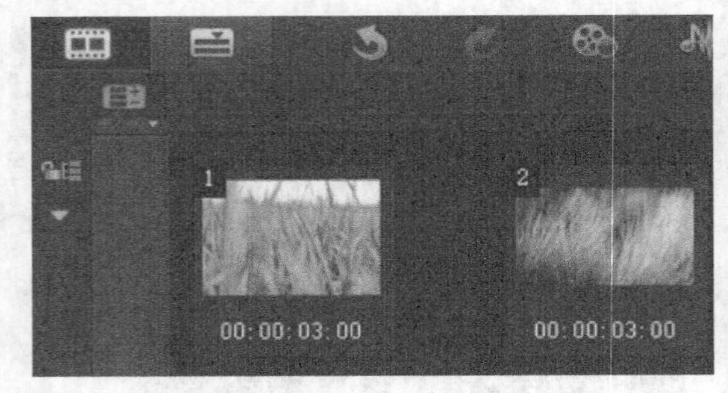

图 5-94 插入素材

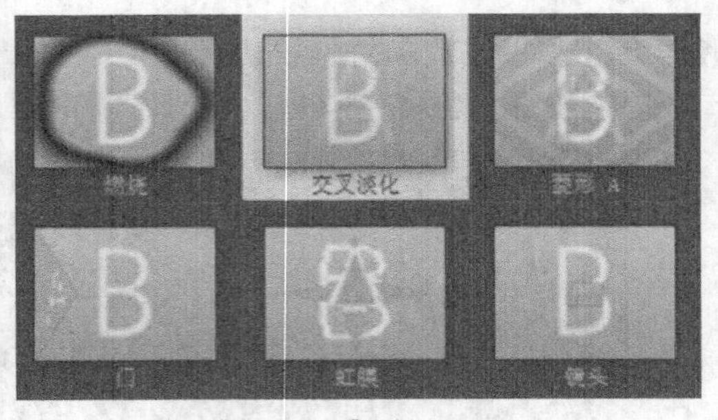

图 5-95 选择“交叉淡化”转场

03 按住鼠标左键将其拖曳至素材之间，即可添加“交叉淡化”转场效果，如图 5-96所示。

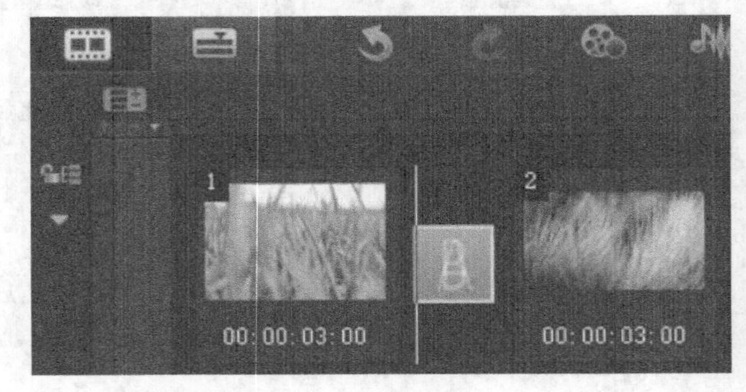

图 5-96 添加转场

04 在导览面板中单击“播放”按钮，即可预览“交叉淡化”转场效果，如图 5-97所示。

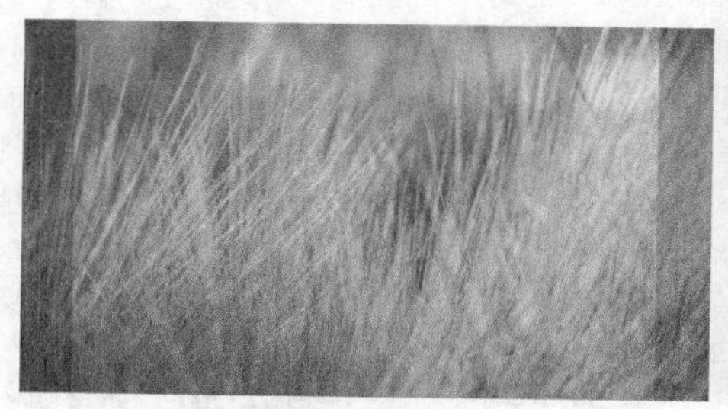

图 5-97 预览效果

实战 105 拼图转场——奇特变化

在会声会影X10中，“拼图”转场效果是在素材A中以拼图的效果显示素材B画面。下面将向读者介绍应用“拼图”转场的方法。

- **素材位置** | 素材\第5章\实战105
- **效果位置** | 效果\第5章\实战105拼图转场——奇特变化.VSP
- **视频位置** | 视频\第5章\实战105拼图转场——奇特变化.MP4
- **难易指数** | ★★☆☆☆

操作步骤

01 进入会声会影X10，在故事板中插入素材（素材\第5章\实战105），如图 5-98所示。

02 单击“转场”按钮，切换至“转场”素材库，在素材库中选择“拼图”转场效果，如图 5-99所示。

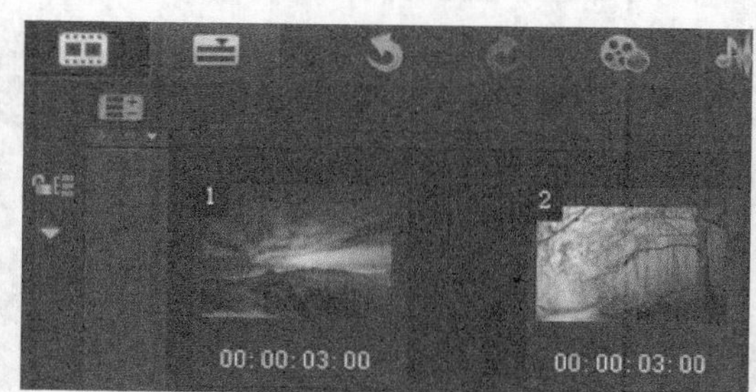

图 5-98 插入素材

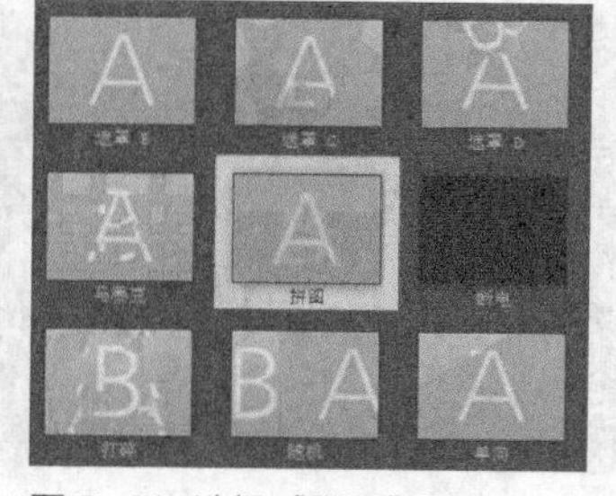

图 5-99 选择“拼图”转场

03 按住鼠标左键将其拖曳至素材之间，即可添加“拼图”转场效果，如图 5-100所示。

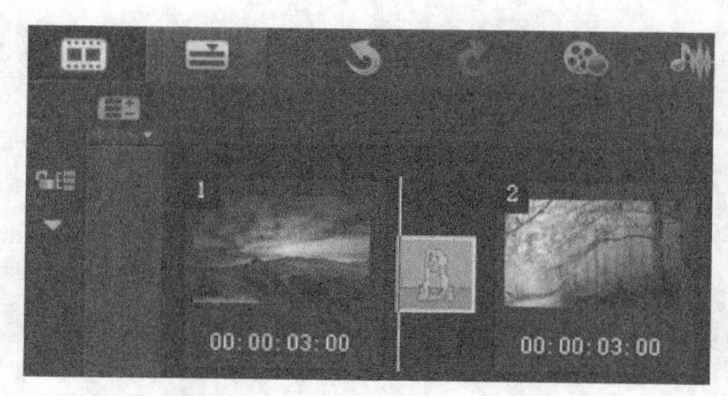

图 5-100 添加转场

04 在导览面板中单击“播放”按钮，即可预览“拼图”转场效果，如图 5-101所示。

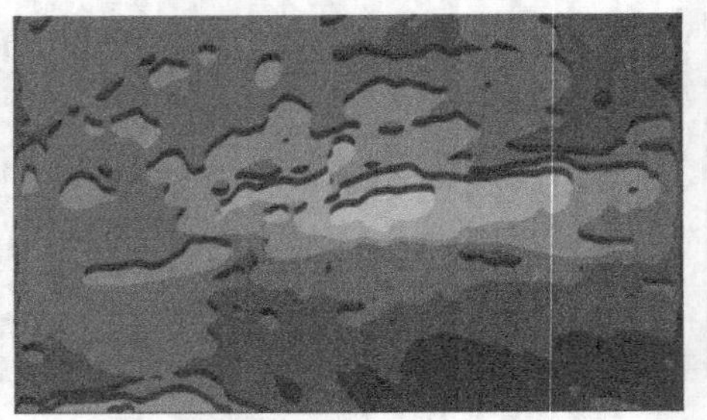
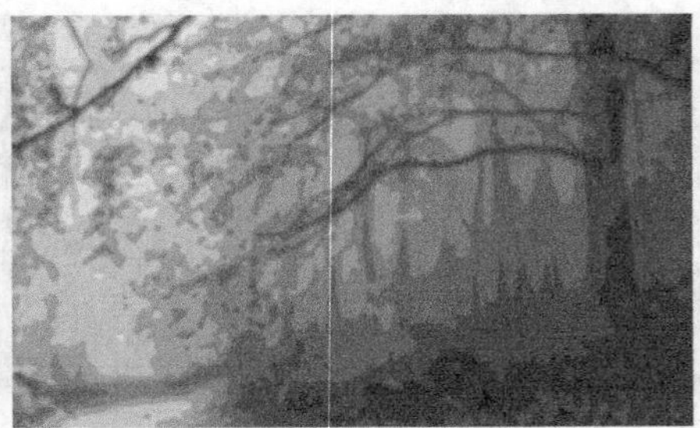

图 5-101 预览效果

实战 106 3D彩屑转场——脱落碎片

在会声会影X10中，“3D彩屑”转场效果是在素材A中以彩屑的效果显示素材B画面。下面将向读者介绍应用“3D彩屑”转场的方法。

- **素材位置 |** 素材\第5章\实战106
- **效果位置 |** 效果\第5章\实战1063D彩屑转场——脱落碎片.VSP
- **视频位置 |** 视频\第5章\实战1063D彩屑转场——脱落碎片.MP4
- **难易指数 |** ★★☆☆☆

操作步骤

01 进入会声会影X10，在故事板中插入素材（素材\第5章\实战106），如图 5-102所示。

02 单击“转场”按钮，切换至“转场”素材库，在素材库中选择“3D彩屑”转场效果，如图 5-103所示。

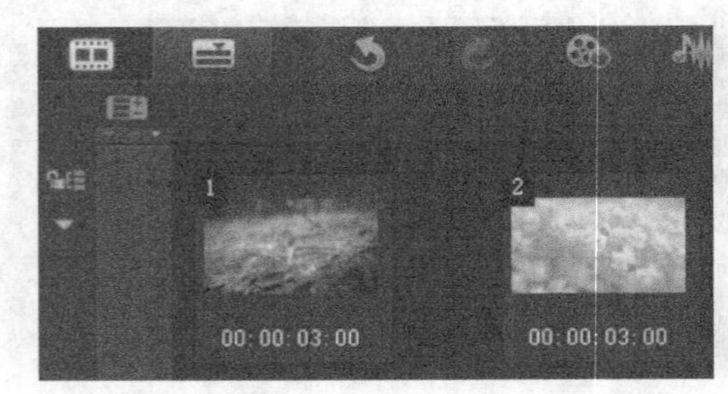

图 5-102 插入素材

图 5-103 选择“3D彩屑”转场

03 按住鼠标左键将其拖曳至素材之间，即可添加“3D彩屑”转场效果，如图 5-104所示。

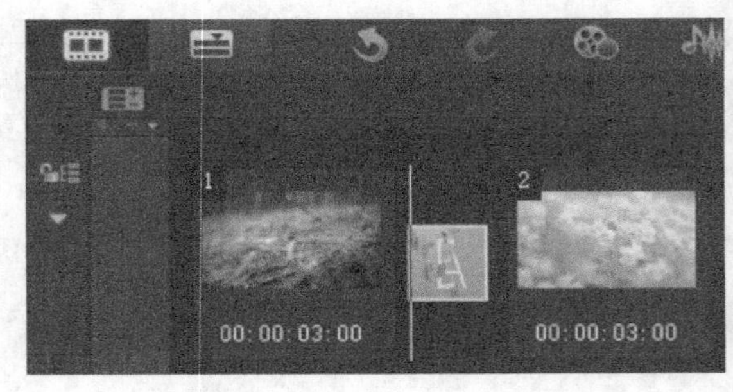

图 5-104 添加转场

04 在导览面板中单击“播放”按钮，即可预览“3D彩屑”转场效果，如图 5-105所示。

图 5-105 预览效果

实战107 交错转场——晨昏替换

在会声会影X10中，“交错”转场效果是在素材A中以交错的效果显示素材B画面。下面将向读者介绍应用“交错”转场的方法。

- **素材位置** | 素材\第5章\实战107
- **效果位置** | 效果\第5章\实战107交错转场——晨昏替换.VSP
- **视频位置** | 视频\第5章\实战107交错转场——晨昏替换.MP4
- **难易指数** | ★★☆☆☆

操作步骤

01 进入会声会影X10，在故事板中插入素材（素材\第5章\实战107），如图 5-106所示。

02 单击“转场”按钮，切换至“转场”素材库，在素材库中选择“交错”转场效果，如图 5-107所示。

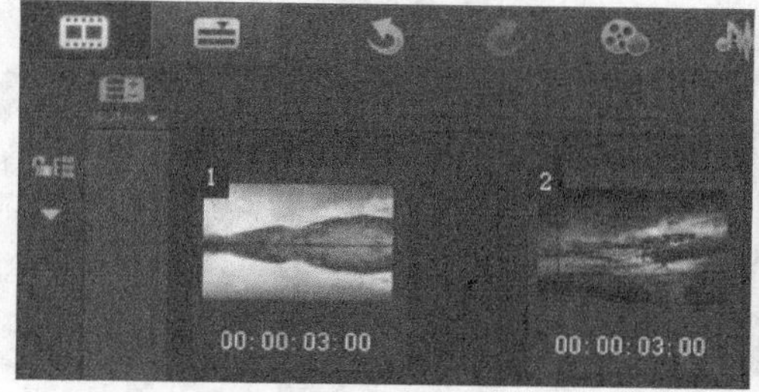

图 5-106 插入素材

图 5-107 选择“交错”转场

03 按住鼠标左键将其拖曳至素材之间，即可添加“交错”转场效果，如图 5-108所示。

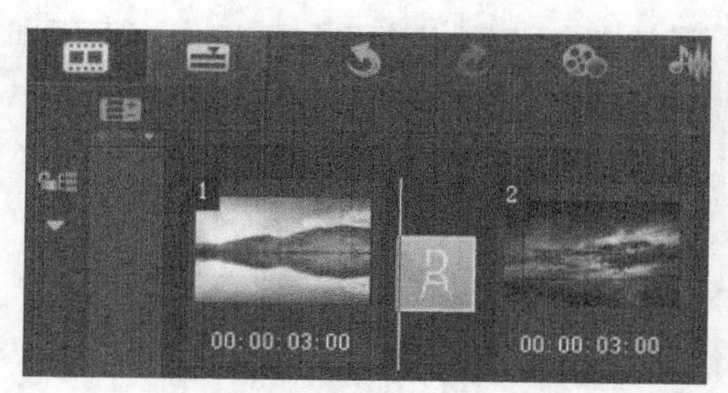

图 5-108 添加转场

04 在导览面板中单击“播放”按钮，即可预览“交错”转场效果，如图 5-109所示。

图 5-109 预览效果

实战 108 手风琴转场——绿色昆虫

在会声会影X10中，“手风琴”转场效果是在素材A中以手风琴的效果显示素材B画面。下面将向读者介绍应用“手风琴”转场的方法。

- **素材位置 |** 素材\第5章\实战108
- **效果位置 |** 效果\第5章\实战108手风琴转场——绿色昆虫.VSP
- **视频位置 |** 视频\第5章\实战108手风琴转场——绿色昆虫.MP4
- **难易指数 |** ★★☆☆☆

操作步骤

01 进入会声会影X10，在故事板中插入素材（素材\第5章\实战108），如图 5-110所示。

02 单击“转场”按钮，切换至“转场”素材库，在素材库中选择“手风琴”转场效果，如图 5-111所示。

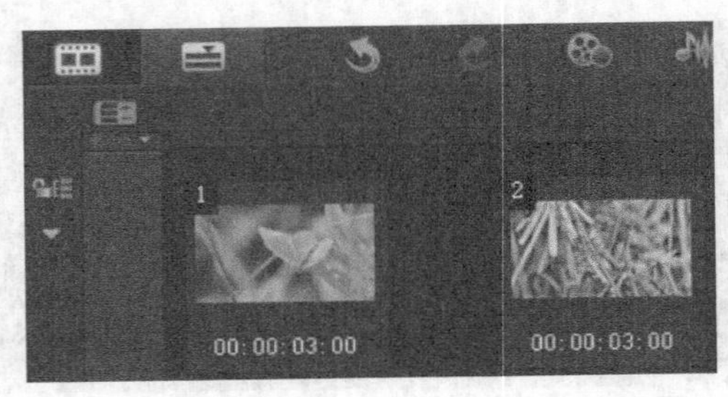

图 5-110 插入素材

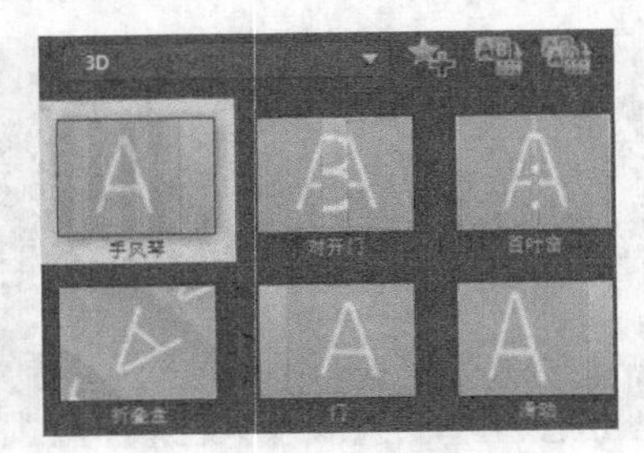

图 5-111 选择“手风琴”转场

03 按住鼠标左键将其拖曳至素材之间，即可添加“手风琴”转场效果，如图 5-112所示。

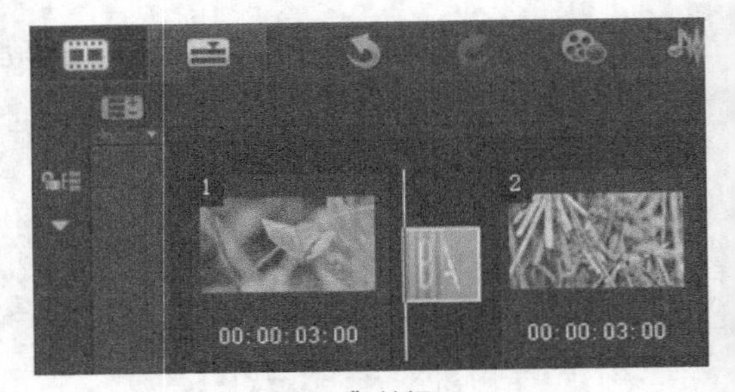

图 5-112 添加“手风琴”转场

04 在导览面板中单击“播放”按钮，即可预览“手风琴”转场效果，如图 5-113所示。

图 5-113 预览效果

实战 109 闪光转场——荒芜草原

在会声会影X10中，“闪光”转场效果是在素材A中以闪光的效果显示素材B画面。下面将向读者介绍应用“闪光”转场的方法。

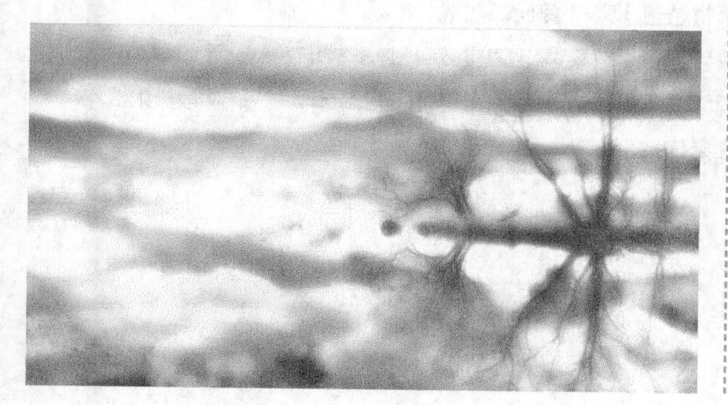

- **素材位置 |** 素材\第5章\实战109
- **效果位置 |** 效果\第5章\实战109闪光转场——荒芜草原.VSP
- **视频位置 |** 视频\第5章\实战109闪光转场——荒芜草原.MP4
- **难易指数 |** ★★☆☆☆

操作步骤

01 进入会声会影X10，在故事板中插入素材（素材\第5章\实战109），如图 5-114所示。

02 单击“转场”按钮，切换至“转场”素材库，在素材库中选择“闪光”转场效果，如图 5-115所示。

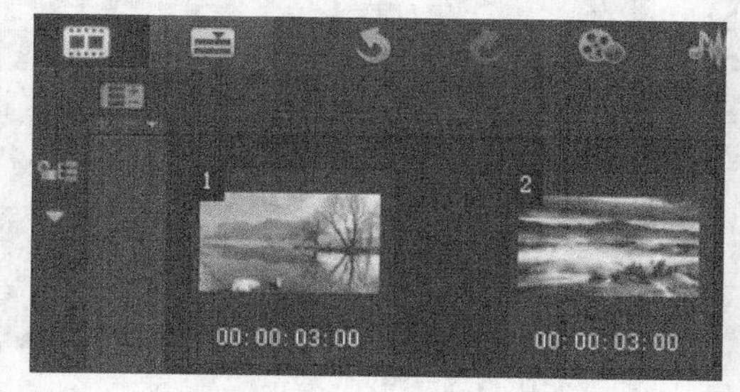

图 5-114 插入素材

图 5-115 选择“闪光”转场

03 按住鼠标左键将其拖曳至素材之间，即可添加“闪光”转场效果，如图 5-116所示。

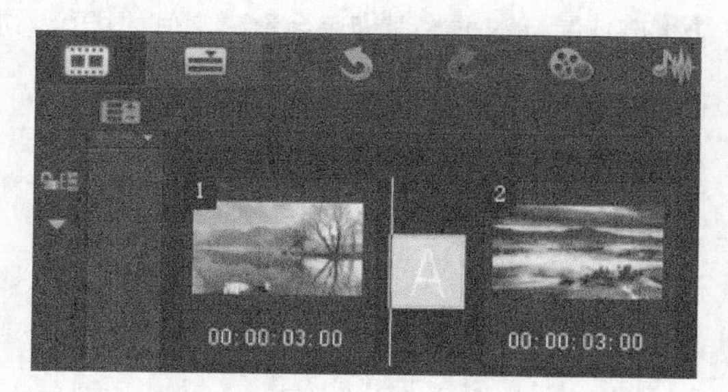

图 5-116 添加转场

04 在导览面板中单击“播放”按钮，即可预览“闪光”转场效果，如图 5-117所示。

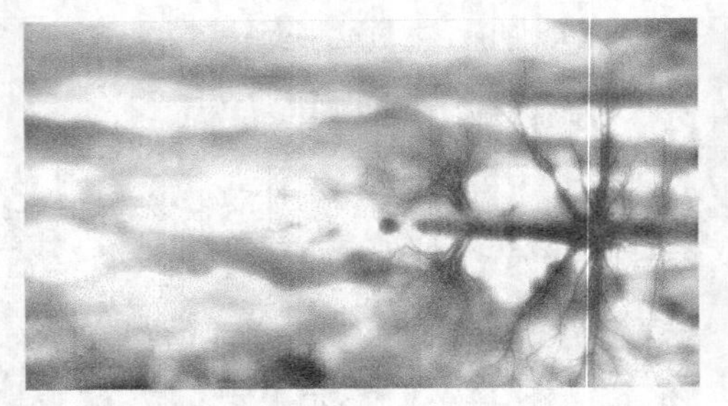
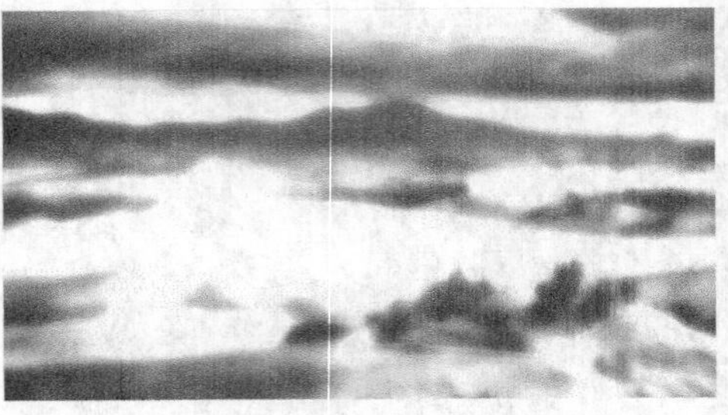

图 5-117 预览效果

实战 110 遮罩转场——抹除效果

在会声会影X10中，“遮罩”转场效果是在素材A中以遮罩的效果显示素材B画面。下面将向读者介绍应用“遮罩”转场的方法。

- **素材位置** | 素材\第5章\实战110
- **效果位置** | 效果\第5章\实战110遮罩转场——抹除效果.VSP
- **视频位置** | 视频\第5章\实战110遮罩转场——抹除效果.MP4
- **难易指数** | ★★☆☆☆

操作步骤

01 进入会声会影X10，在故事板中插入素材（素材\第5章\实战110），如图 5-118所示。

02 单击“转场”按钮，切换至“转场”素材库，在素材库中选择“遮罩”转场效果，如图 5-119所示。

图 5-118 插入素材

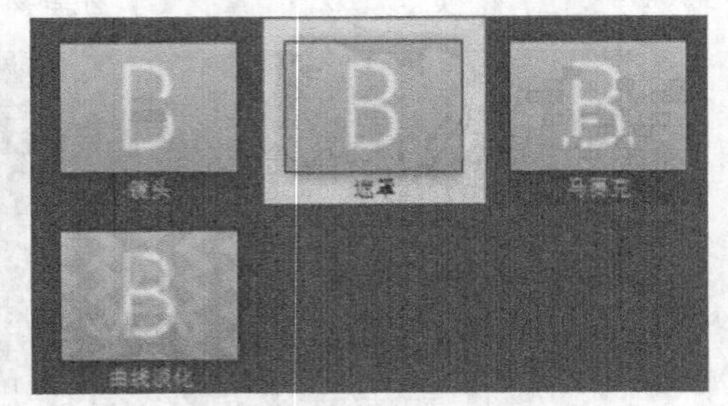

图 5-119 选择“遮罩”转场

03 按住鼠标左键将其拖曳至素材之间，即可添加“遮罩”转场效果，如图 5-120所示。

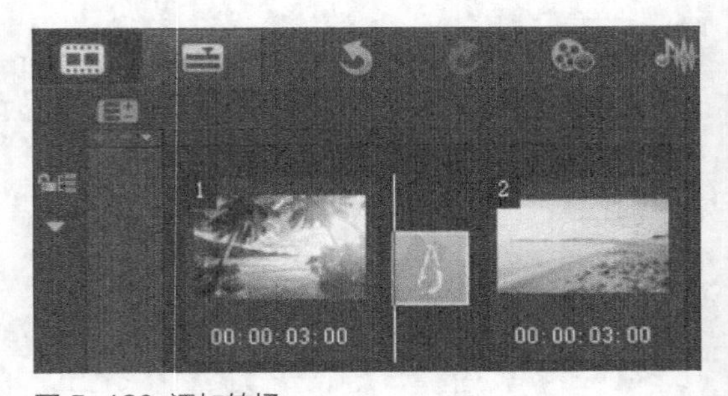

图 5-120 添加转场

04 在导览面板中单击“播放”按钮，即可预览“遮罩”转场效果，如图 5-121所示。

图 5-121 预览效果

实战 111 网孔转场——水天一色

在会声会影X10中，“网孔”转场效果是在素材A中以网孔的效果显示素材B画面。下面将向读者介绍应用“网孔”转场的方法。

- **素材位置** | 素材\第5章\实战111
- **效果位置** | 效果\第5章\实战111网孔转场——水天一色.VSP
- **视频位置** | 视频\第5章\实战111网孔转场——水天一色.MP4
- **难易指数** | ★★☆☆☆

操作步骤

01 进入会声会影X10，在故事板中插入素材（素材\第5章\实战111），如图 5-122所示。

02 单击“转场”按钮，切换至“转场”素材库，在素材库中选择“网孔”转场效果，如图 5-123所示。

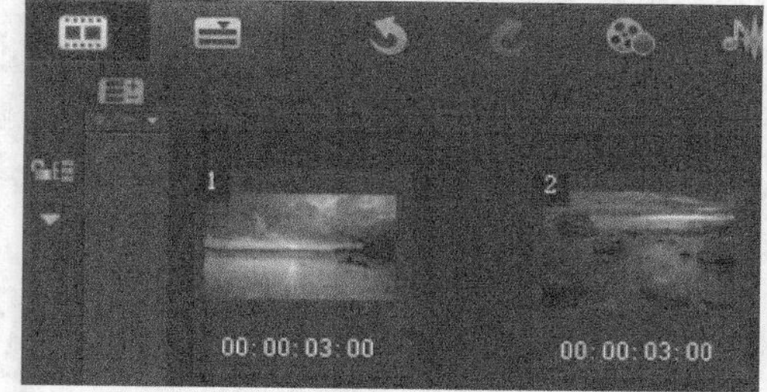

图 5-122 插入素材

图 5-123 选择“网孔”转场

03 按住鼠标左键将其拖曳至素材之间，即可添加“网孔”转场效果，如图 5-124所示。

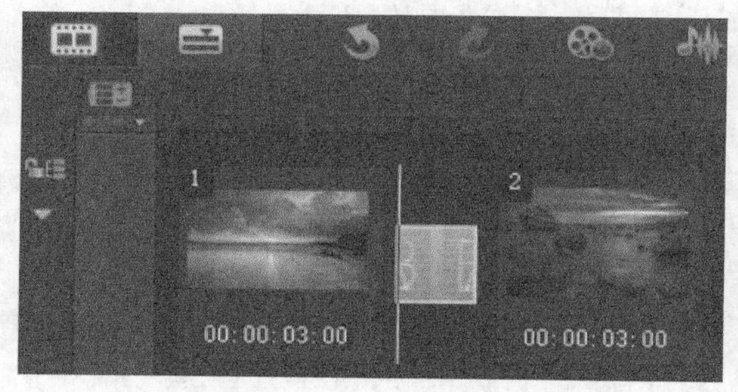

图 5-124 添加转场

04 在导览面板中单击“播放”按钮，即可预览“网孔”转场效果，如图 5-125所示。

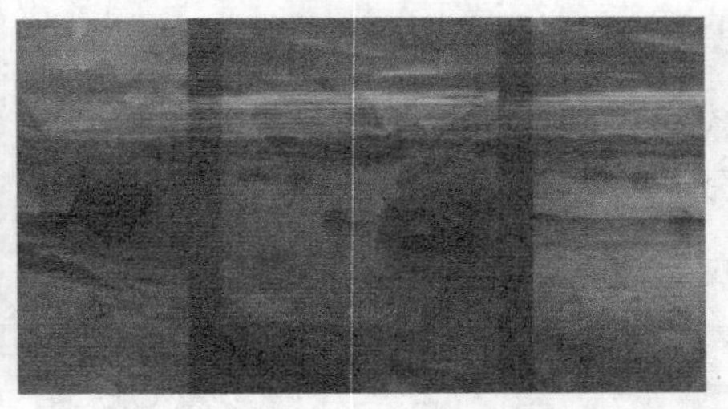

图 5-125 预览效果

实战 112 圆形转场——天真无邪

在会声会影X10中，“圆形”转场效果是在素材A中以圆形的效果显示素材B画面。下面将向读者介绍应用“圆形”转场的方法。

- **素材位置 |** 素材\第5章\实战112
- **效果位置 |** 效果\第5章\实战112圆形转场——天真无邪.VSP
- **视频位置 |** 视频\第5章\实战112圆形转场——天真无邪.MP4
- **难易指数 |** ★★☆☆☆

操作步骤

01 进入会声会影X10，在故事板中插入素材（素材\第5章\实战112），如图 5-126所示。

02 单击“转场”按钮，切换至“转场”素材库，在素材库中选择“圆形”转场效果，如图 5-127所示。

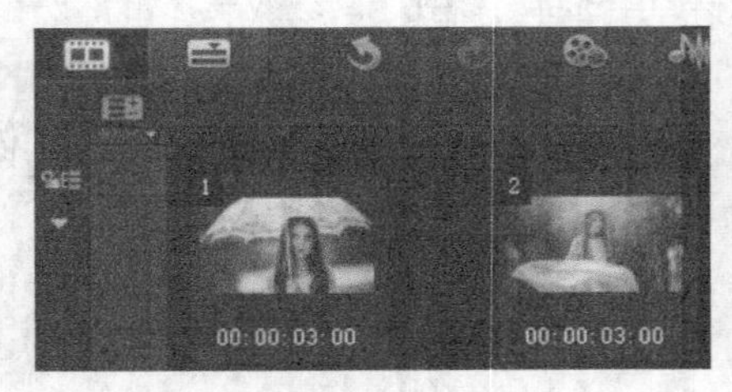

图 5-126 插入素材

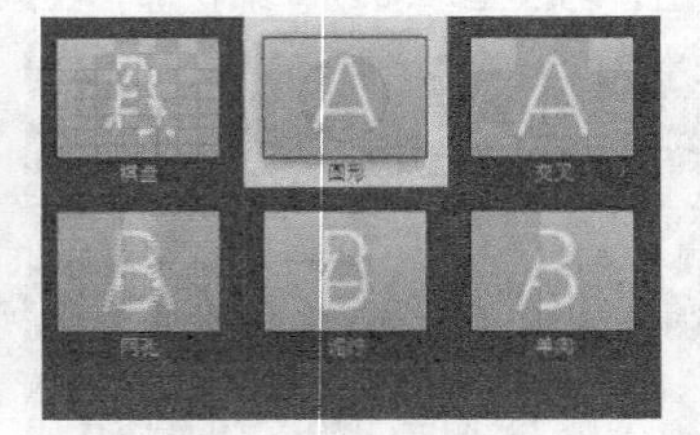

图 5-127 选择“圆形”转场

03 按住鼠标左键将其拖曳至素材之间，即可添加“圆形”转场效果，如图 5-128所示。

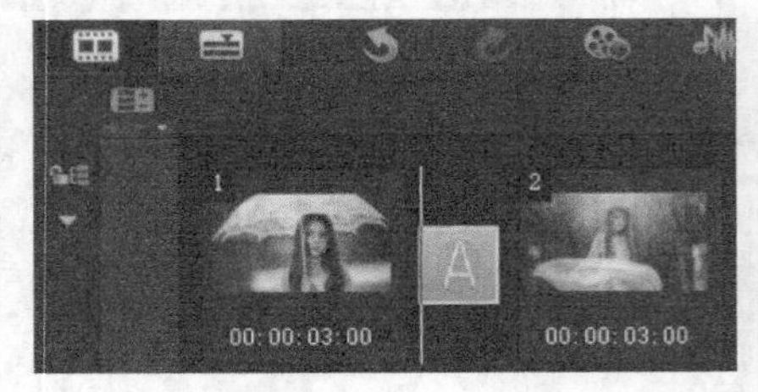

图 5-128 添加转场

04 在导览面板中单击“播放”按钮，即可预览“圆形”转场效果，如图 5-129所示。

图 5-129 预览效果

实战 113 箭头转场——阳光牧场

在会声会影X10中，“箭头”转场效果是在素材A中以箭头的效果显示素材B画面。下面将向读者介绍应用“箭头”转场的方法。

- **素材位置** | 素材\第5章\实战113
- **效果位置** | 效果\第5章\实战113箭头转场——阳光牧场.VSP
- **视频位置** | 视频\第5章\实战113箭头转场——阳光牧场.MP4
- **难易指数** | ★★☆☆☆

操作步骤

01 进入会声会影X10，在故事板中插入素材（素材\第5章\实战113），如图 5-130所示。

02 单击“转场”按钮，切换至“转场”素材库，在素材库中选择“箭头”转场效果，如图 5-131所示。

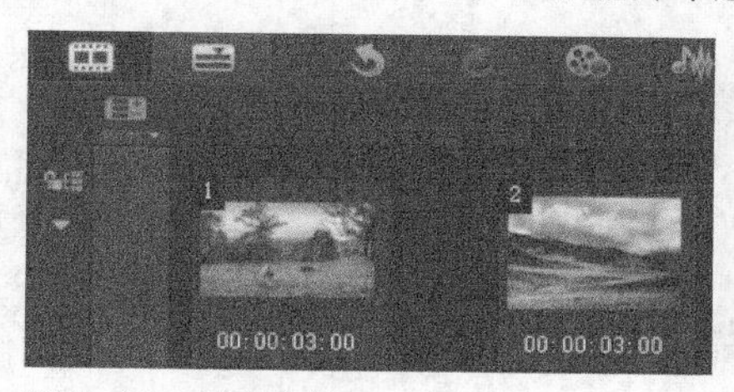

图 5-130 插入素材

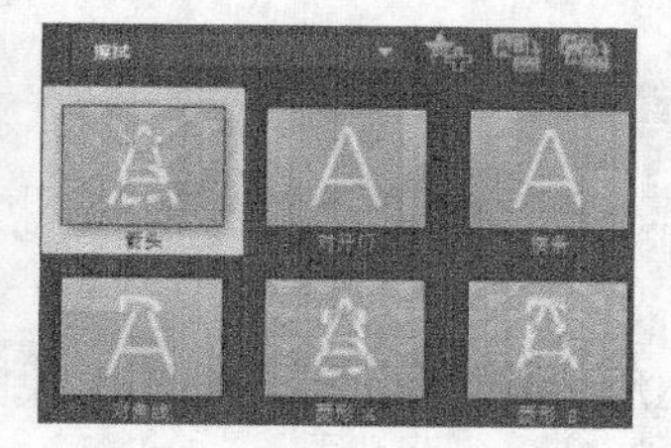

图 5-131 选择“箭头”转场

03 按住鼠标左键将其拖曳至素材之间，即可添加“箭头”转场效果，如图 5-132所示。

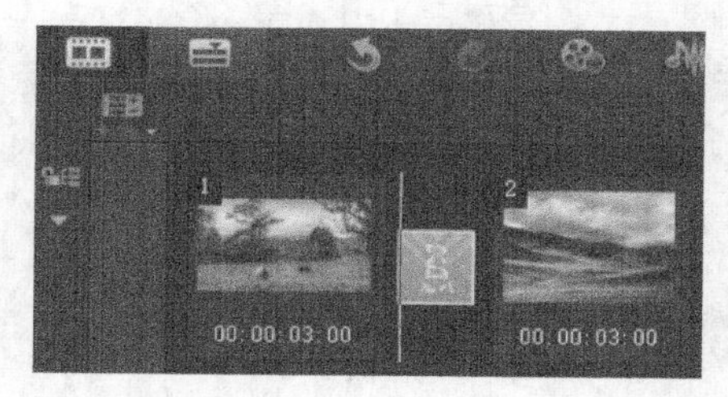

图 5-132 添加转场

04 在导览面板中单击“播放”按钮，即可预览“箭头”转场效果，如图 5-133所示。

图 5-133 预览效果

应用覆叠效果

会声会影中的覆叠功能使编辑的影片画面更加丰富，更具观赏性。在本章中将具体介绍覆叠效果的应用。

实战 114 添加覆叠对象——蝴蝶相框

在会声会影中，可以利用覆叠轨来添加覆叠对象，使画面更加丰富。

- **素材位置** | 素材\第6章\实战114
- **效果位置** | 效果\第6章\实战114添加覆叠对象——蝴蝶相框.VSP
- **视频位置** | 视频\第6章\实战114添加覆叠对象——蝴蝶相框.MP4
- **难易指数** | ★★☆☆☆

操作步骤

01 进入会声会影X10，在视频轨中插入一幅素材图像（素材\第6章\实战114），如图 6-1所示。

02 在覆叠轨中的适当位置单击鼠标右键，在弹出的快捷菜单中选择“插入照片”选项，如图 6-2所示。

图 6-1 插入素材

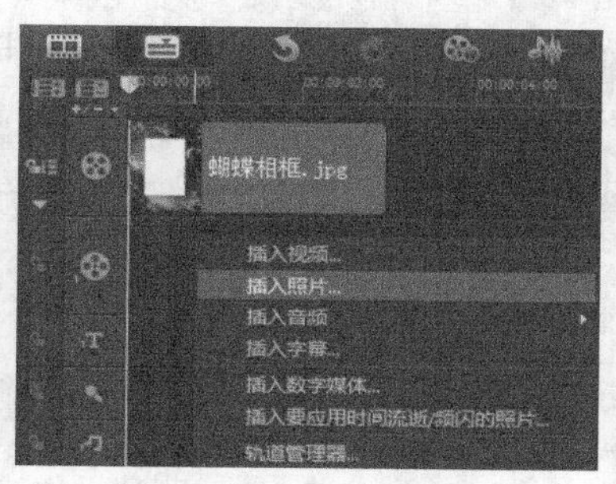

图 6-2 选择“插入照片”选项

03 弹出“浏览照片”对话框，在其中选择相应的照片素材（素材\第6章\实战114），如图 6-3所示。

04 单击“打开”按钮，即可在覆叠轨中添加相应的覆叠素材，如图 6-4所示。

图 6-3 选择素材

图 6-4 插入素材

05 在预览窗口中，拖曳素材四周的控制柄，调整覆叠素材的位置和大小，如图 6-5所示。

06 执行上述操作后，即可完成覆叠对象的添加。单击导览面板中的“播放”按钮，预览覆叠效果，如图 6-6所示。

图 6-5 调整素材

图 6-6 预览效果

实战 115 覆叠素材变形——独自旅行

可以在预览窗口中使覆叠轨中的素材变形，使素材能够自由变化。

- **素材位置 |** 素材\第6章\实战115
- **效果位置 |** 效果\第6章\实战115覆叠素材变形——独自旅行.VSP
- **视频位置 |** 视频\第6章\实战115覆叠素材变形——独自旅行.MP4
- **难易指数 |** ★☆☆☆☆

操作步骤

01 进入会声会影X10，在视频轨中插入一幅素材图像（素材\第6章\实战115），如图 6-7所示。

02 在覆叠轨中插入另一幅素材图像（素材\第6章\实战115），如图 6-8所示。

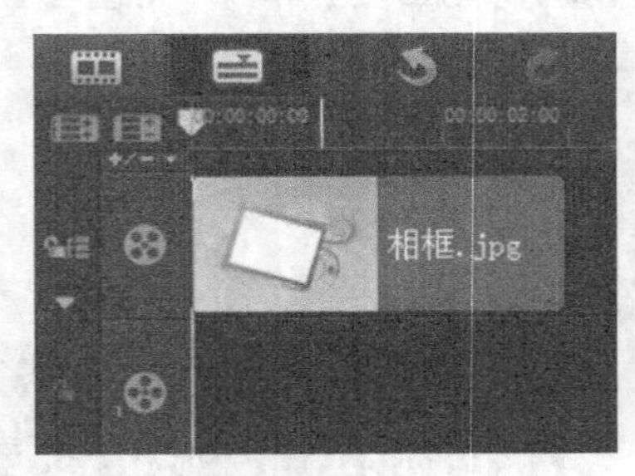

图 6-7 插入素材

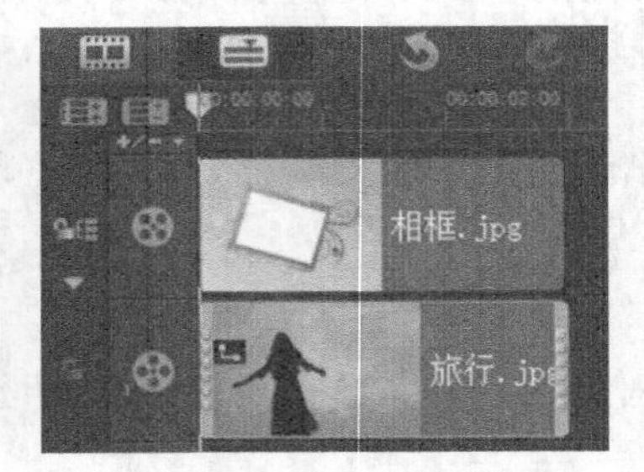

图 6-8 插入素材

03 在预览窗口中，拖曳素材四周的绿色控制柄，使素材变形，如图 6-9所示。

04 执行上述操作后，即可使覆叠素材变形。单击导览面板中的“播放”按钮，预览覆叠效果，如图 6-10所示。

图 6-9 使素材变形

图 6-10 预览效果

实战 116

设置覆叠位置——奇特风景

在“属性”选项面板中单击“对齐选项”按钮，弹出的列表框中包含3种不同类型的对齐方式，用户可根据需要进行相应设置。

- **素材位置 |** 素材\第6章\实战116
- **效果位置 |** 效果\第6章\实战116设置覆叠位置——奇特风景.VSP
- **视频位置 |** 视频\第6章\实战116设置覆叠位置——奇特风景.MP4
- **难易指数 |** ★☆☆☆☆

操作步骤

01 进入会声会影X10，在视频轨中插入一幅素材图像（素材\第6章\实战116），如图 6-11所示。

02 在覆叠轨中插入另一幅素材图像（素材\第6章\实战116），如图 6-12所示。

图 6-11 插入素材

图 6-12 插入素材

03 打开“属性”选项面板，单击“对齐选项”按钮，在弹出的列表框中选择“停靠在底部”|“居右”选项，如图 6-13所示。

04 执行上述操作后，即可设置覆叠素材的对齐方式。在预览窗口中可以预览视频效果，如图 6-14所示。

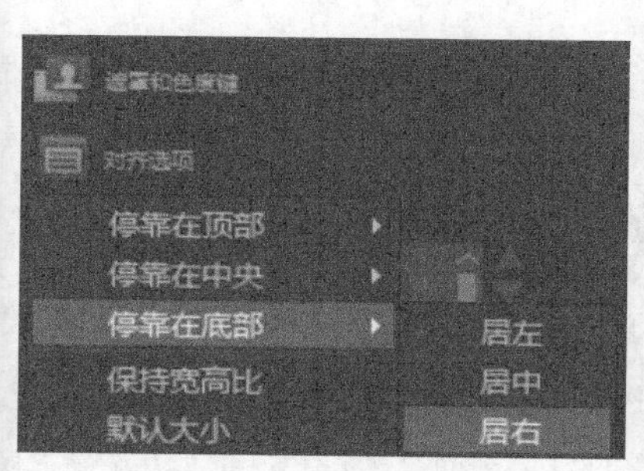

图 6-13 选择“停靠在底部”|“居右”选项

图 6-14 预览效果

实战 117 进入与退出——飞过天际

在会声会影中，我们能够修改覆叠素材的进入与退出的方式。

- **素材位置** | 素材\第6章\实战117
- **效果位置** | 效果\第6章\实战117进入与退出——飞过天际.VSP
- **视频位置** | 视频\第6章\实战117进入与退出——飞过天际.MP4
- **难易指数** | ★☆☆☆☆

操作步骤

01 进入会声会影X10，在视频轨中插入一幅素材图像（素材\第6章\实战117），如图 6-15所示。

02 在覆叠轨中插入另一幅素材图像（素材\第6章\实战117），如图 6-16所示。

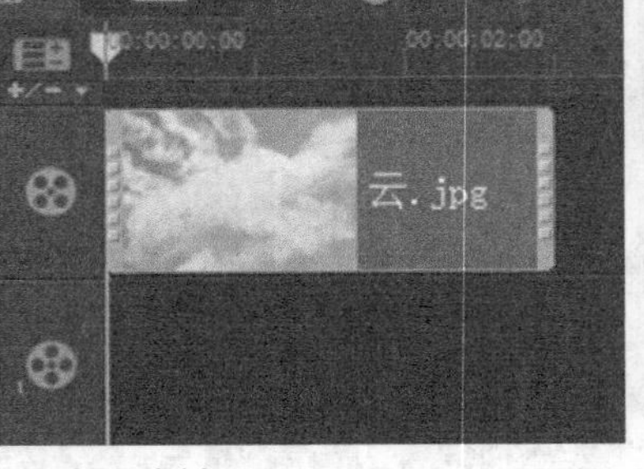

图 6-15 插入素材

图 6-16 插入素材

03 在“属性”面板的“进入”选项区中单击“从右下方进入”按钮，在“退出”选项区中单击“从左上方退出”按钮，如图 6-17所示。

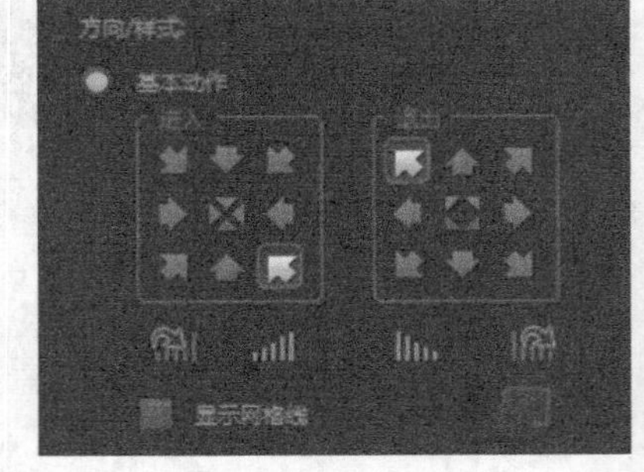

图 6-17 设置动画

04 执行上述操作后，即可设置覆叠素材的进入与退出动画效果。在导览面板中单击“播放”按钮，预览动画效果，如图 6-18所示。

图 6-18 预览效果

实战
118 区间旋转动画——淘气小猫

在会声会影X10中，能够让覆叠轨素材进行区间旋转。下面将具体介绍如何制作区间旋转动画。

- **素材位置** | 素材\第6章\实战118
- **效果位置** | 效果\第6章\实战118 区间旋转动画——淘气小猫.VSP
- **视频位置** | 视频\第6章\实战118 区间旋转动画——淘气小猫.MP4
- **难易指数** | ★☆☆☆☆

操作步骤

01 进入会声会影X10，在视频轨中插入一幅素材图像（素材\第6章\实战118），如图 6-19所示。

02 在覆叠轨中插入另一幅素材图像（素材\第6章\实战118），如图 6-20所示。

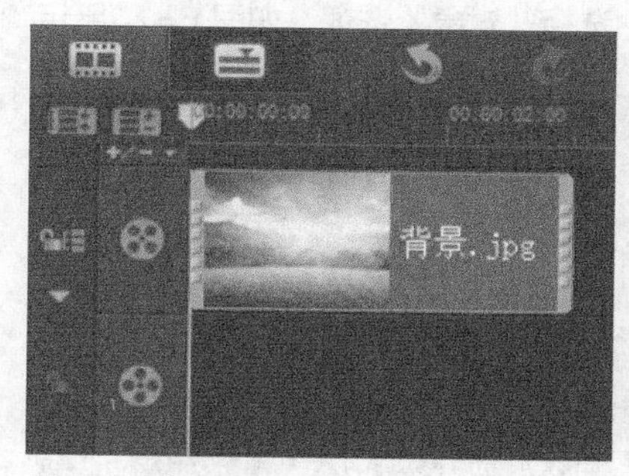

图 6-19 插入素材

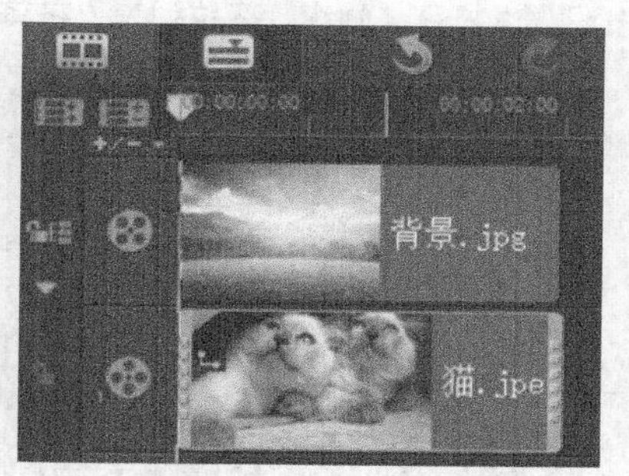

图 6-20 插入素材

03 在“属性”面板中单击“暂停区间前旋转”按钮和“暂停区间后旋转”按钮，如图 6-21所示。

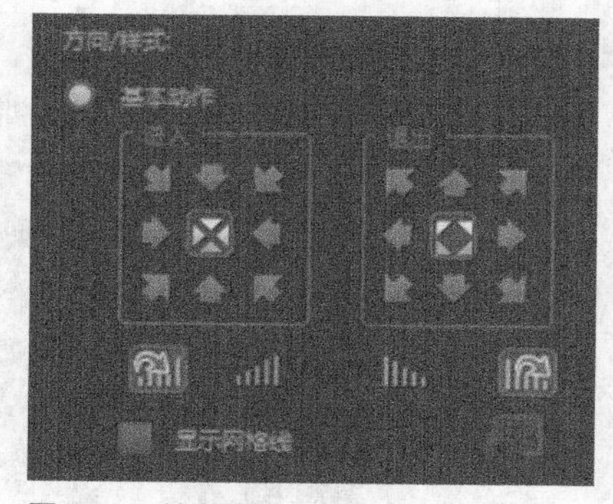

图 6-21 单击按钮

04 执行上述操作后，即可设置覆叠素材的区间旋转效果。在导览面板中单击“播放”按钮，预览视频效果，如图 6-22所示。

图 6-22 预览效果

实战 119 对象覆叠——趣味童年

在会声会影X10中，可以使用软件自带的对象素材。

- **素材位置** | 素材\第6章\实战119
- **效果位置** | 效果\第6章\实战119对象覆叠——趣味童年.VSP
- **视频位置** | 视频\第6章\实战119对象覆叠——趣味童年.MP4
- **难易指数** | ★★☆☆☆

操作步骤

01 进入会声会影X10，在视频轨中插入素材（素材\第6章\实战119），如图 6-23所示。

02 单击“图形”按钮，打开“画廊”下拉列表，在其中选择“对象”选项，如图 6-24所示。

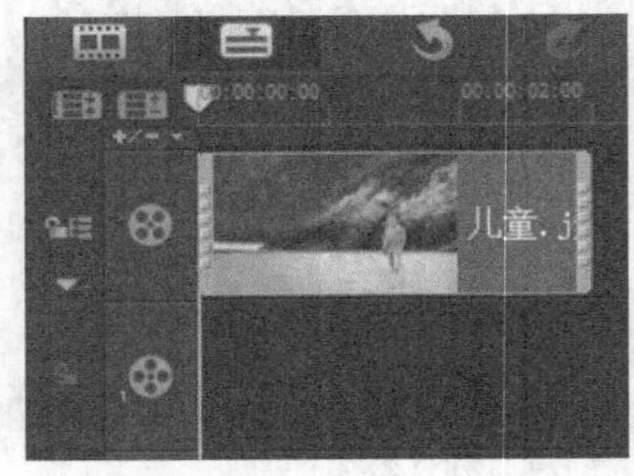

图 6-23 插入素材

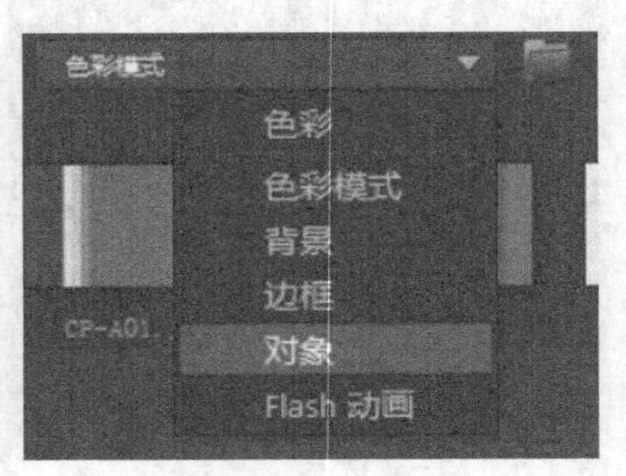

图 6-24 选择“对象”选项

03 在“对象”选项组中选择“OB-16”素材，将其拖曳至覆叠轨中，如图 6-25所示。

04 在预览窗口中，拖曳素材四周的控制柄，调整覆叠素材的位置和大小，如图 6-26所示。

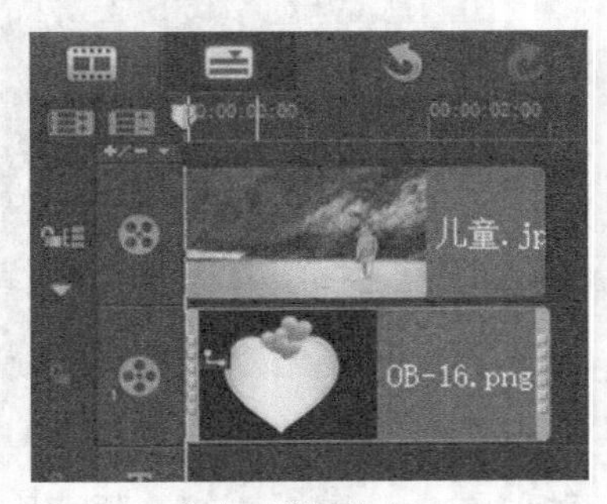

图 6-25 拖曳至覆叠轨中

图 6-26 调整覆叠素材

05 执行上述操作后，即可使用对象。在导览面板中单击“播放”按钮，预览视频效果，如图 6-27所示。

图 6-27 预览效果

实战 120 边框覆叠——滑雪运动

在会声会影X10中，用户可以使用软件自带的边框素材。

- **素材位置** | 素材\第6章\实战120
- **效果位置** | 效果\第6章\实战120边框覆叠——滑雪运动.VSP
- **视频位置** | 视频\第6章\实战120边框覆叠——滑雪运动.MP4
- **难易指数** | ★★☆☆☆

操作步骤

01 进入会声会影X10，单击“图形”按钮，打开“画廊”下拉列表，在其中选择“边框”选项，如图 6-28所示。

02 在“对象”选项组中选择“FR-C04”素材，将其拖曳至视频轨中，如图 6-29所示。

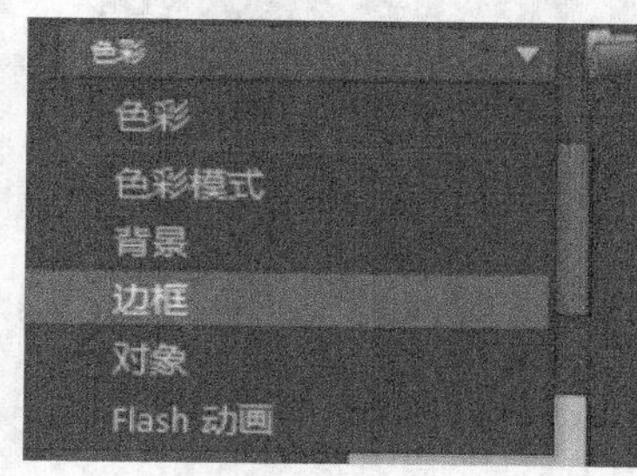

图 6-28 选择“边框”选项

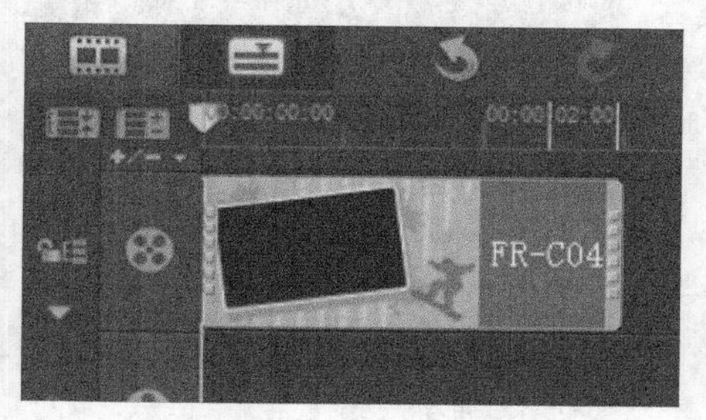

图 6-29 插入素材

03 然后在视频轨中插入素材（素材\第6章\实战120），如图 6-30所示。

04 在预览窗口中，拖曳素材四周的控制柄，调整覆叠素材的位置和大小，如图 6-31所示。

图 6-30 插入素材

图 6-31 调整素材

05 执行上述操作后，即可使用覆叠边框。在导览面板中单击“播放”按钮，预览视频效果，如图 6-32所示。

图 6-32 预览效果

实战 121

Flash覆叠——街边小巷 ★重点★

在会声会影X10中，用户可以使用软件自带的Flash素材。

- **素材位置 |** 素材\第6章\实战121
- **效果位置 |** 效果\第6章\实战121 Flash覆叠——街边小巷.VSP
- **视频位置 |** 视频\第6章\实战121 Flash覆叠——街边小巷.MP4
- **难易指数 |** ★★☆☆☆

操作步骤

01 进入会声会影X10，在视频轨中插入素材（素材\第6章\实战121），如图 6-33所示。

02 单击“图形”按钮，打开“画廊”下拉列表，在其中选择“Flash动画”选项，如图 6-34所示。

图 6-33 插入素材

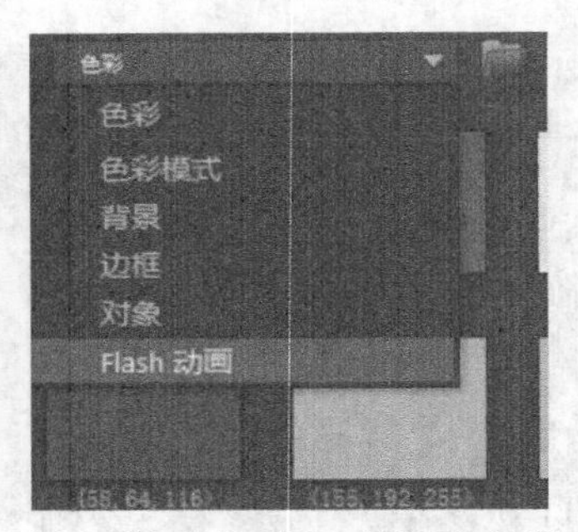

图 6-34 选择“Flash动画”选项

03 在“对象”选项组中选择“FL-F04”素材，将其拖曳至覆叠轨中，如图 6-35所示。

04 在时间轴中，设置覆叠素材的播放区间与视频轨素材一致，如图 6-36所示。

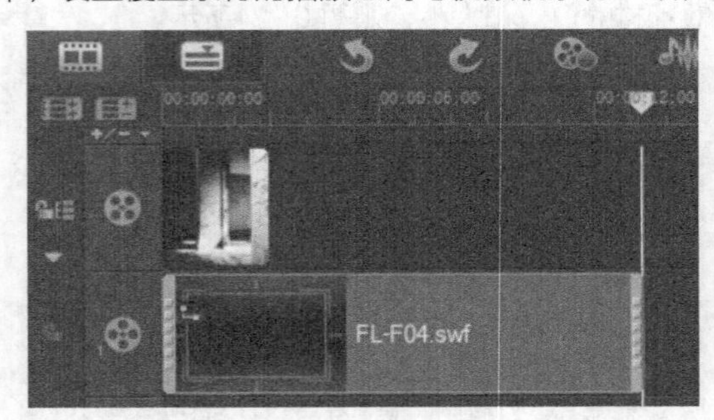

图 6-35 插入素材

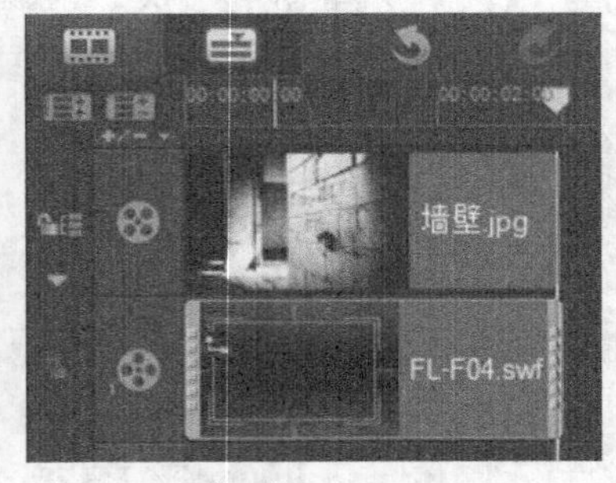

图 6-36 调整区间

05 执行上述操作后，即可使用Flash素材。在导览面板中单击“播放”按钮，预览视频效果，如图 6-37所示。

图 6-37 预览效果

实战 122 覆叠淡入淡出——神秘热气球

在会声会影X10中，对覆叠轨中的图像素材应用淡入和淡出动画效果，可以使素材显示若隐若现效果。下面向读者介绍制作若隐若现叠加画面效果的操作方法。

- **素材位置** | 素材\第6章\实战122
- **效果位置** | 效果\第6章\实战122覆叠淡入淡出——神秘热气球.VSP
- **视频位置** | 视频\第6章\实战122覆叠淡入淡出——神秘热气球.MP4
- **难易指数** | ★☆☆☆☆

操作步骤

01 进入会声会影X10，打开一个项目文件（素材\第6章\实战122\热气球.VSP），如图 6-38所示。

02 在预览窗口中，预览打开的项目的效果，如图 6-39所示。

图 6-38 打开项目

图 6-39 预览效果

03 选择覆叠素材，在"属性"选项面板中单击"淡入动画效果"按钮和"淡出动画效果"按钮，如图 6-40所示。

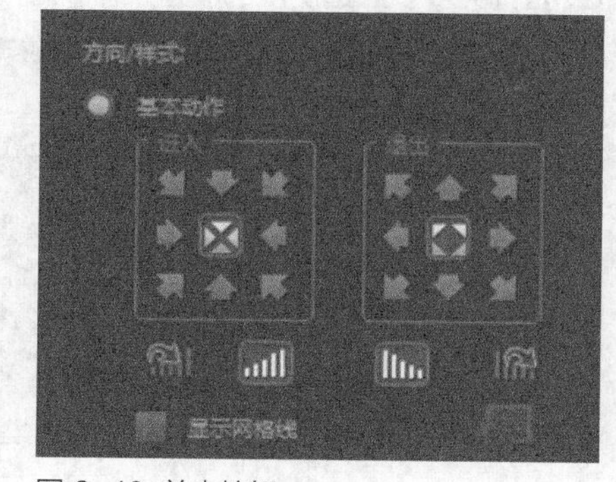

图 6-40 单击按钮

04 执行上述操作后，即可制作覆叠素材若隐若现效果，如图 6-41所示。

图 6-41 预览效果

实战 123 透明度设置——漂流瓶

在“透明度”数值框中输入相应的数值，即可设置覆叠素材的透明度效果。下面向读者介绍设置覆叠素材透明度的操作方法。

- **素材位置 |** 素材\第6章\实战123
- **效果位置 |** 效果\第6章\实战123透明度设置——漂流瓶.VSP
- **视频位置 |** 视频\第6章\实战123透明度设置——漂流瓶.MP4
- **难易指数 |** ★★☆☆☆

操作步骤

01 进入会声会影X10，打开一个项目文件（素材\第6章\实战123\漂流瓶.VSP），如图 6-42所示。

02 在预览窗口中，预览打开的项目的效果，如图 6-43所示。

图 6-42 打开项目

图 6-43 预览效果

03 选择需要设置透明度的覆叠素材，打开“属性”选项面板，单击“遮罩和色度键”按钮，如图 6-44所示。

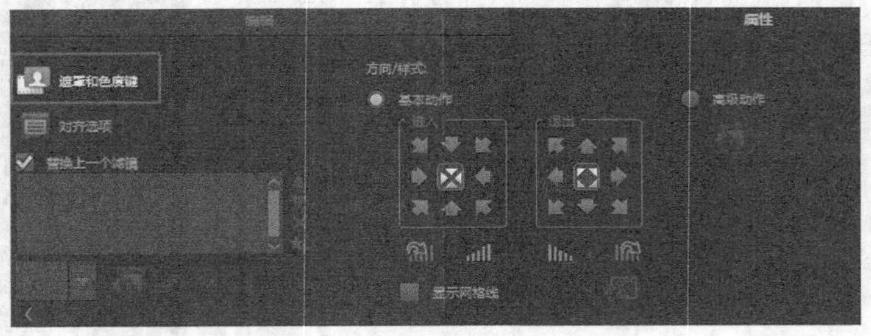

图 6-44 单击“遮罩和色度键”按钮

04 执行操作后，打开“遮罩和色度键”选项面板，在“透明度”数值框中输入“70”，如图 6-45所示。

05 执行操作后，即可设置覆叠素材的透明度效果，在预览窗口中可以预览视频效果，如图 6-46所示。

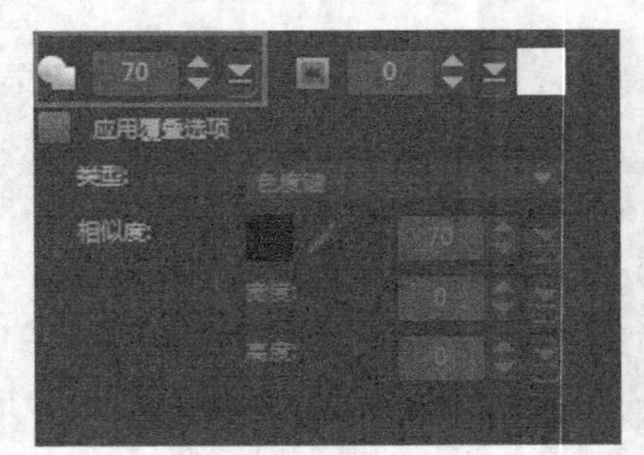

图 6-45 设置参数

图 6-46 预览效果

实战 124 遮罩覆叠——云端美女

在会声会影X10中，遮罩可以使视频轨和覆叠轨中的素材局部透空叠加。下面向读者介绍制作覆叠遮罩特效的操作方法。

- **素材位置** | 素材\第6章\实战124
- **效果位置** | 效果\第6章\实战124遮罩覆叠——云端美女.VSP
- **视频位置** | 视频\第6章\实战124遮罩覆叠——云端美女.MP4
- **难易指数** | ★★☆☆☆

操作步骤

01 进入会声会影X10，打开一个项目文件（素材\第6章\实战124\美女.VSP），如图 6-47所示。

02 在预览窗口中，预览打开的项目的效果，如图 6-48所示。

图 6-47 项目文件

图 6-48 预览效果

03 选择需要设置遮罩特效的覆叠素材，打开“属性”选项面板，单击“遮罩和色度键”按钮，打开相应选项面板，选中“应用覆叠选项”复选框，如图 6-49所示。

04 单击“类型”下拉按钮，在弹出的列表框中选择“遮罩帧”选项，如图 6-50所示。

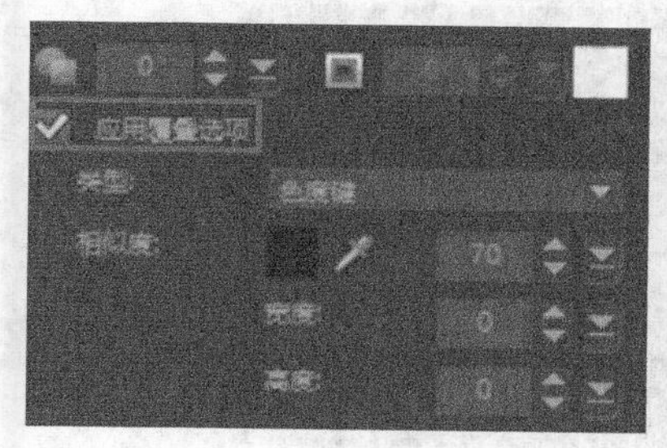

图 6-49 选中“应用覆叠选项”复选框

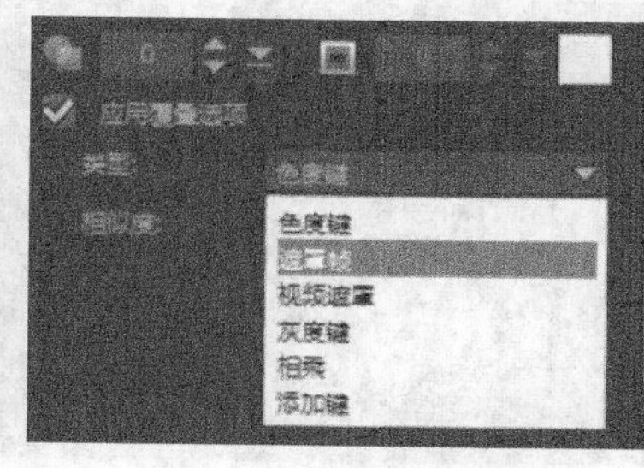

图 6-50 选择“遮罩帧”选项

05 打开覆叠遮罩列表，在其中选择相应的遮罩效果，如图 6-51所示。

06 执行上述操作后，即可添加遮罩效果，在导览面板中单击“播放”按钮，预览视频中的遮罩效果，如图 6-52所示。

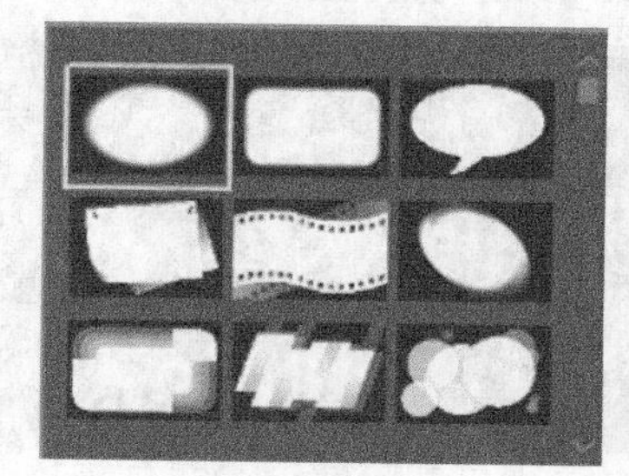

图 6-51 选择效果

图 6-52 预览效果

实战 125 色度键覆叠——彩蝶飞舞

在会声会影X10中，能够利用色度键来使覆叠素材融入视频轨素材中。

- **素材位置 |** 素材\第6章\实战125
- **效果位置 |** 效果\第6章\实战125色度键覆叠——彩蝶飞舞.VSP
- **视频位置 |** 视频\第6章\实战125色度键覆叠——彩蝶飞舞.MP4
- **难易指数 |** ★★☆☆☆

操作步骤

01 进入会声会影X10，打开一个项目文件（素材\第6章\实战125\蝴蝶.VSP），如图 6-53所示。

02 在预览窗口中，预览打开的项目的效果，如图 6-54所示。

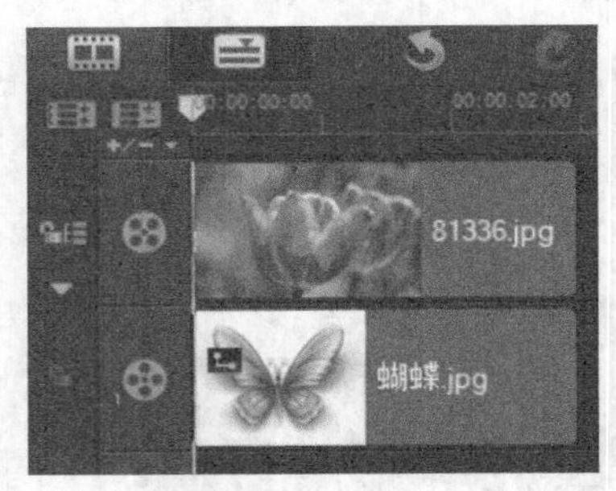

图 6-53 打开项目

图 6-54 预览效果

03 选择覆叠素材，打开“属性”选项面板，单击“遮罩和色度键”按钮，选中“应用覆叠选项”复选框，如图 6-55所示。

04 单击“类型”下拉按钮，在弹出的列表框中选择“色度键”选项，如图 6-56所示。

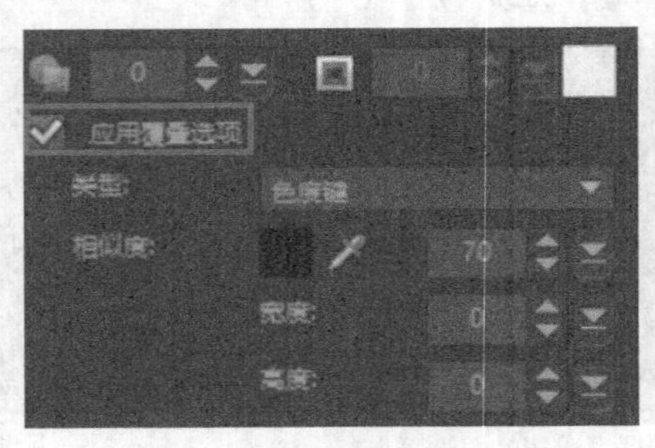

图 6-55 选中“应用覆叠选项”复选框

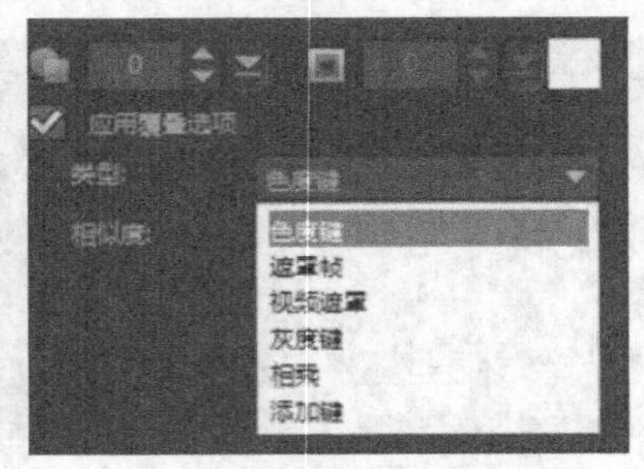

图 6-56 选择“色度键”选项

05 在预览窗口中，拖曳素材四周的控制柄，调整覆叠素材的位置和大小，如图 6-57所示。

06 执行上述操作后，即可添加色度键，在导览面板中单击“播放”按钮，预览视频效果，如图 6-58所示。

图 6-57 预览效果

图 6-58 预览效果

实战 126 路径覆叠——幸福婚纱

在会声会影X10中，也可以运用路径覆叠使素材活动起来。

- **素材位置** | 素材\第6章\实战126
- **效果位置** | 效果\第6章\实战126路径覆叠——幸福婚纱.VSP
- **视频位置** | 视频\第6章\实战126路径覆叠——幸福婚纱.MP4
- **难易指数** | ★☆☆☆☆

操作步骤

01 进入会声会影X10，打开一个项目文件（素材\第6章\实战126\婚纱.VSP），如图 6-59所示。

02 在预览窗口中，预览打开的项目的效果，如图 6-60所示。

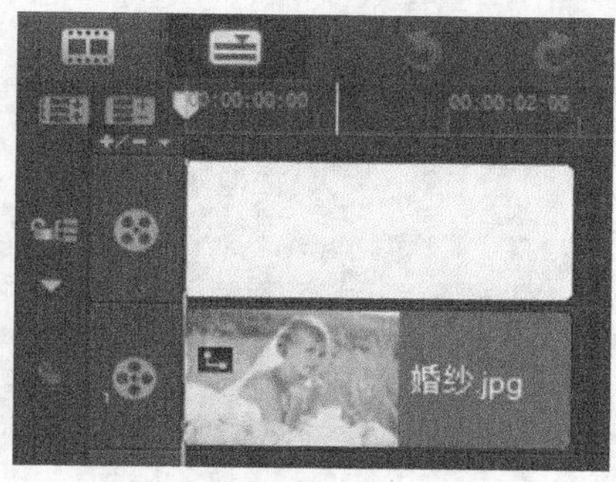

图 6-59 项目文件

图 6-60 预览效果

03 单击“路径”按钮，在素材库中选择“P10”素材，如图 6-61所示，将其拖曳至覆叠轨素材上。

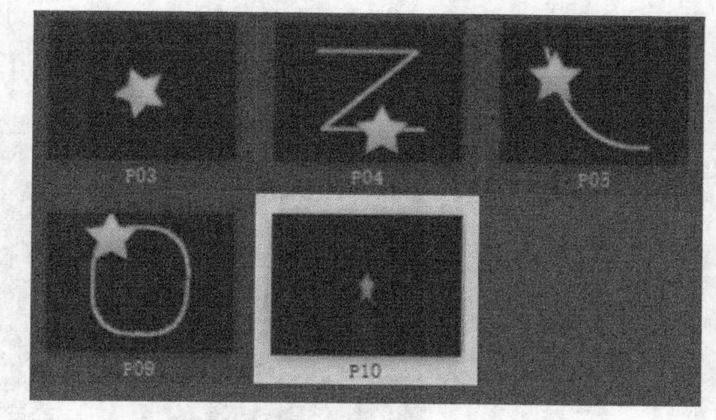

图 6-61 选择“P10”素材

04 执行上述操作后，即可完成添加覆叠路径的操作，单击导览面板中的“播放”按钮，预览视频效果，如图 6-62所示。

图 6-62 预览效果

实战 127 多轨叠加——童年相册

会声会影X10提供了20个覆叠轨，多轨叠加能使视频画面更加丰富。本实战将具体介绍多轨叠加的应用。

- **素材位置 |** 素材\第6章\实战127
- **效果位置 |** 效果\第6章\实战127多轨叠加——童年相册.VSP
- **视频位置 |** 视频\第6章\实战127多轨叠加——童年相册.MP4
- **难易指数 |** ★★★☆☆

操作步骤

01 进入会声会影X10，在视频轨中插入素材（素材\第6章\实战127\相框.jpg），如图 6-63所示。

02 单击时间轴上方的“轨道管理器”按钮，在弹出的面板中的“覆叠轨”下拉列表中选择“3”选项，如图6-64所示。

图 6-63 插入素材

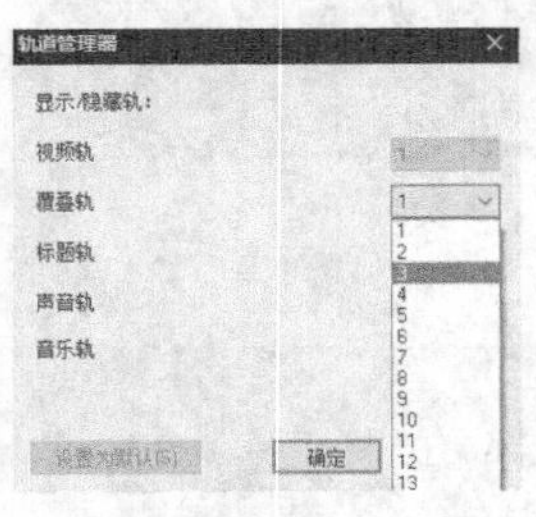

图 6-64 选择“3”选项

03 在覆叠轨1中插入素材（素材\第6章\实战127\儿童.jpg），如图 6-65所示。

04 在覆叠轨2中插入素材（素材\第6章\实战127\儿童2.jpg），如图 6-66所示。

05 在覆叠轨3中插入素材（素材\第6章\实战127\儿童3.jpg），如图 6-67所示。

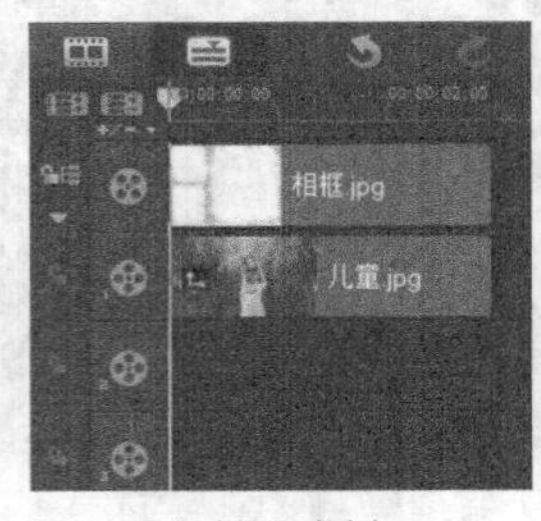

图 6-65 插入素材

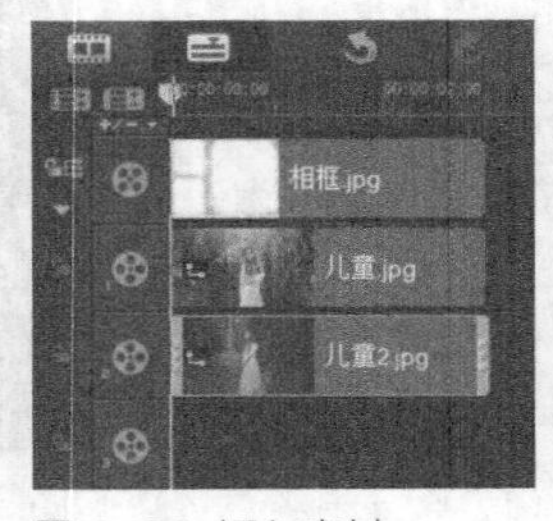

图 6-66 插入素材

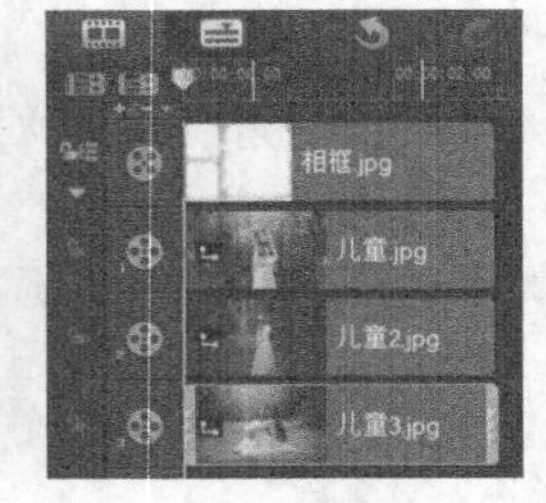

图 6-67 插入素材

06 在预览窗口中调整所有覆叠素材的位置和大小，如图 6-68所示。

07 执行上述操作后，即可完成多轨叠加的操作，单击导览面板中的“播放”按钮，预览视频效果，如图 6-69所示。

图 6-68 调整素材

图 6-69 预览效果

实 战
128 覆叠滤镜应用——云上芭蕾

在会声会影X10中，用户不仅可以为视频轨中的素材添加滤镜效果，还可以为覆叠轨中的素材应用多种滤镜特效。

- **素材位置** | 素材\第6章\实战128
- **效果位置** | 效果\第6章\实战128覆叠滤镜应用——云上芭蕾.VSP
- **视频位置** | 视频\第6章\实战128覆叠滤镜应用——云上芭蕾.MP4
- **难易指数** | ★★☆☆☆

操作步骤

01 进入会声会影X10，打开一个项目文件（素材\第6章\实战128\芭蕾.VSP），如图 6-70所示。

02 在预览窗口中，预览打开的项目的效果，如图 6-71所示。

图 6-70 项目文件

图 6-71 预览效果

03 打开“滤镜”素材库，单击窗口上方的“画廊”按钮，在弹出的列表框中选择“特殊”选项，如图 6-72所示。

04 打开“特殊”滤镜组，在其中选择“云彩”滤镜效果，如图 6-73所示。

图 6-72 选择“特殊”选项

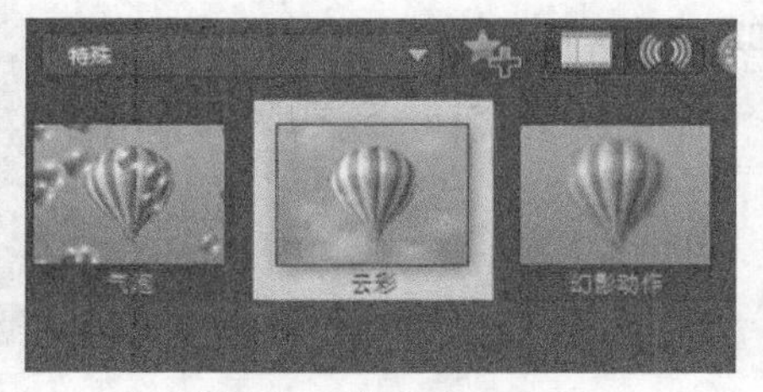

图 6-73 选择“云彩”滤镜效果

05 将选择的滤镜效果拖曳至覆叠轨和视频轨的素材上，即可添加“云彩”滤镜。在导览面板中单击“播放”按钮，预览制作的覆叠滤镜特效，如图 6-74所示。

图 6-74 预览效果

实战 129	复制覆叠属性——东方文化

在会声会影X10中，用户可以对覆叠素材进行复制操作。

- **素材位置 |** 素材\第6章\实战129
- **效果位置 |** 效果\第6章\实战129复制覆叠属性——东方文化.VSP
- **视频位置 |** 视频\第6章\实战129复制覆叠属性——东方文化.MP4
- **难易指数 |** ★★☆☆☆

操作步骤

01 进入会声会影X10，打开一个项目文件（素材\第6章\实战129\东方.VSP），如图 6-75所示。

02 在预览窗口中，预览打开的项目的效果，如图 6-76所示。

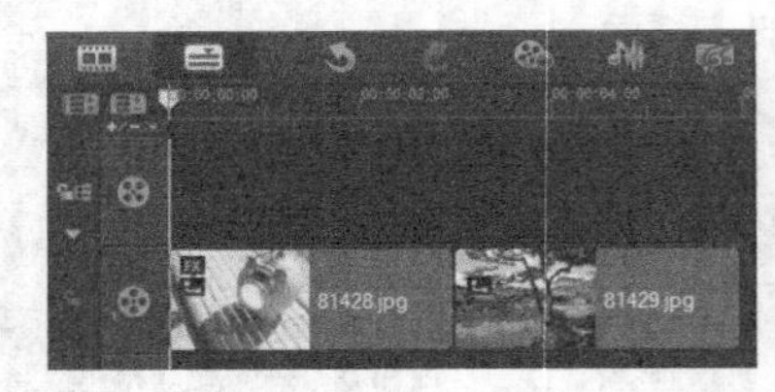

图 6-75 打开项目

图 6-76 预览效果

03 选择覆叠轨中的第一个素材，单击鼠标右键，在快捷菜单中选择“复制属性”选项，如图 6-77所示。

04 再选择覆叠轨中的第二个素材，单击鼠标右键，在快捷菜单中选择“粘贴所有属性”选项，如图 6-78所示。

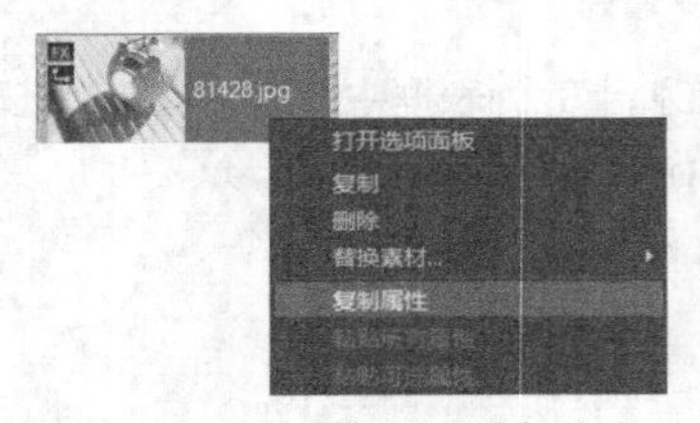

图 6-77 选择“复制属性”选项

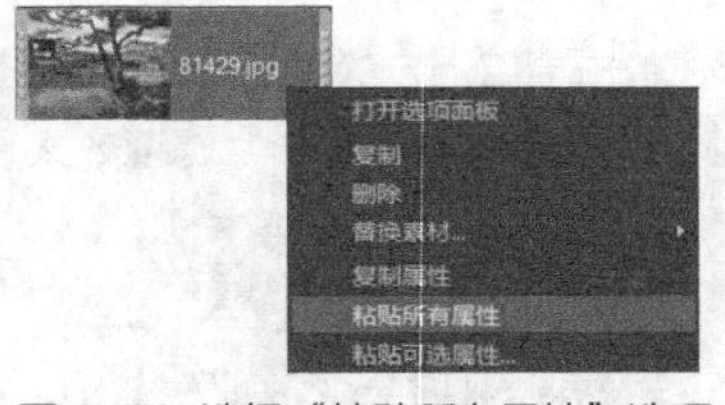

图 6-78 选择“粘贴所有属性”选项

05 执行上述操作后，即可完成复制覆叠属性的操作，单击导览面板中的“播放”按钮，预览视频效果，如图 6-79所示。

图 6-79 预览效果

实战 130	覆叠绘图器——个性书法 ★重点★

在会声会影X10中，“绘图创建器”功能可以让你制作自己的绘图影片效果。

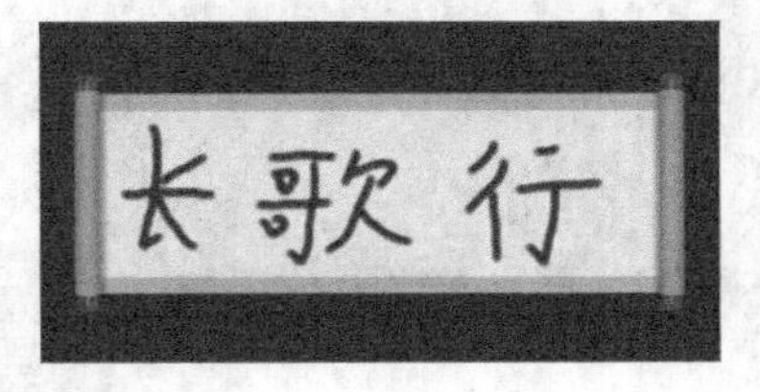

- **素材位置 |** 素材\第6章\实战130
- **效果位置 |** 效果\第6章\实战130覆叠绘图器——个性书法.VSP
- **视频位置 |** 视频\第6章\实战130覆叠绘图器——个性书法.MP4
- **难易指数 |** ★★★☆☆

操作步骤

01 进入会声会影X10，在视频轨中插入一幅素材图像（素材\第6章\实战130），如图 6-80所示。

02 在工作界面中，执行“工具”|“绘图创建器”命令，如图 6-81所示。

图 6-80 插入素材

图 6-81 执行“绘图创建器”命令

03 进入“绘图创建器”窗口，单击“开始录制”按钮后在画布上进行绘图，完成后单击“结束录制”按钮，如图 6-82所示。

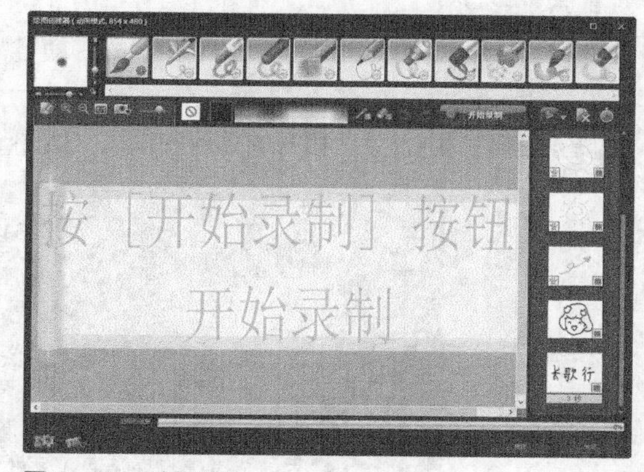

图 6-82 录制视频

04 执行操作后，单击“确定”按钮，文件将被自动放入素材库中，如图 6-83所示。

05 用鼠标左键将刚录制好的素材拖曳至覆叠轨中，如图 6-84所示。

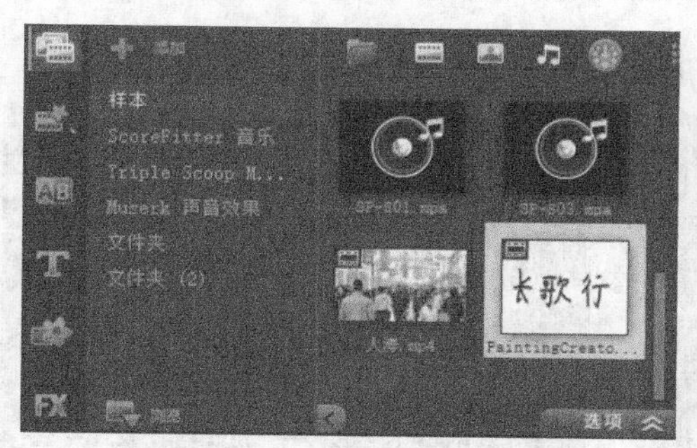

图 6-83 素材库

图 6-84 插入素材

06 执行上述操作后，即可完成覆叠绘图的操作，单击导览面板中的“播放”按钮，预览视频效果，如图 6-85所示。

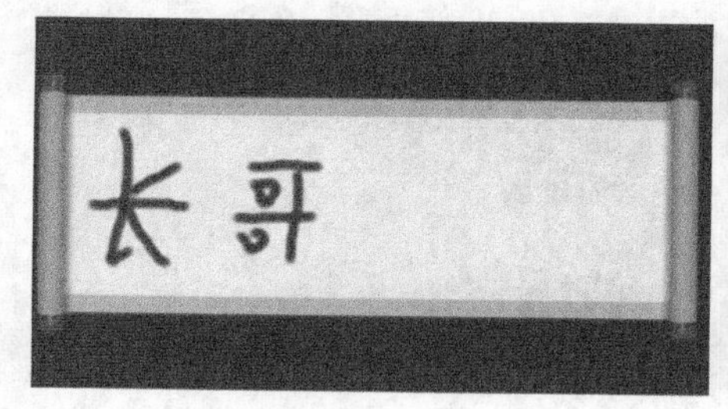

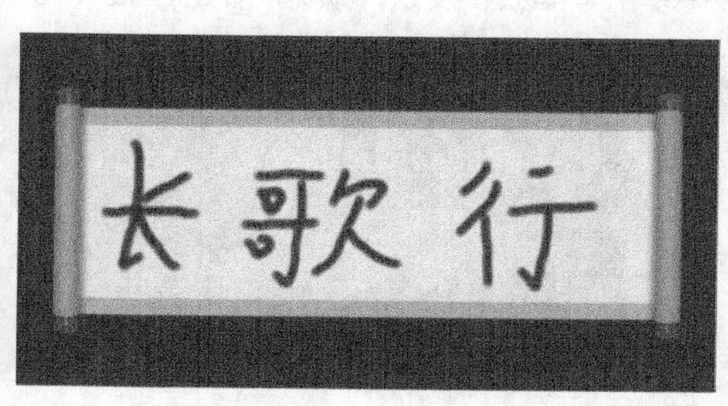

图 6-85 预览效果

实 战
131 覆叠转场应用——照片展示

在会声会影X10中，用户不仅可以为视频轨中的素材添加转场效果，还可以为覆叠轨中的素材添加转场效果。下面向读者介绍制作覆叠转场效果的操作方法。

- **素材位置 |** 素材\第6章\实战131
- **效果位置 |** 效果\第6章\实战131覆叠转场应用——照片展示.VSP
- **视频位置 |** 视频\第6章\实战131覆叠转场应用——照片展示.MP4
- **难易指数 |** ★★☆☆☆

操作步骤

01 进入会声会影X10，单击“文件”|“打开项目”命令打开一个项目文件（素材\第6章\实战131\照片.VSP），如图 6-86所示。

02 在预览窗口中，预览打开的项目的效果，如图 6-87所示。

图 6-86 项目文件

图 6-87 预览效果

03 打开“转场”素材库，单击窗口上方的“画廊”按钮，在弹出的列表框中选择“闪光”选项，进入“闪光”转场组，在其中选择“闪光”转场效果，如图 6-88所示。

04 将选择的转场效果拖曳至时间轴面板中的覆叠轨中的两幅素材图像之间，如图 6-89所示。

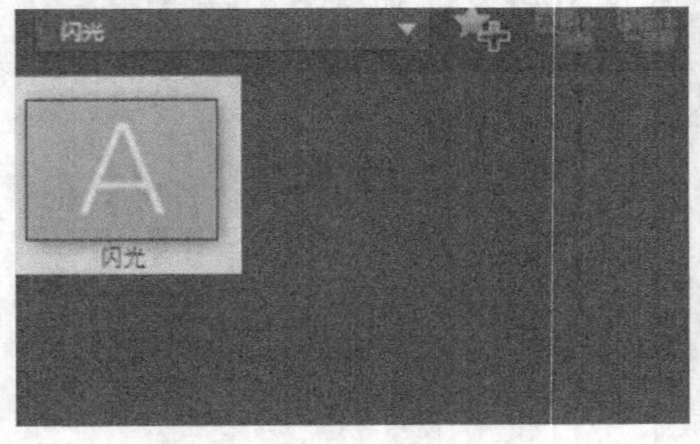

图 6-88 选择“闪光”转场

图 6-89 添加转场

05 在导览面板中单击“播放”按钮，预览制作的覆叠转场效果，如图 6-90所示。

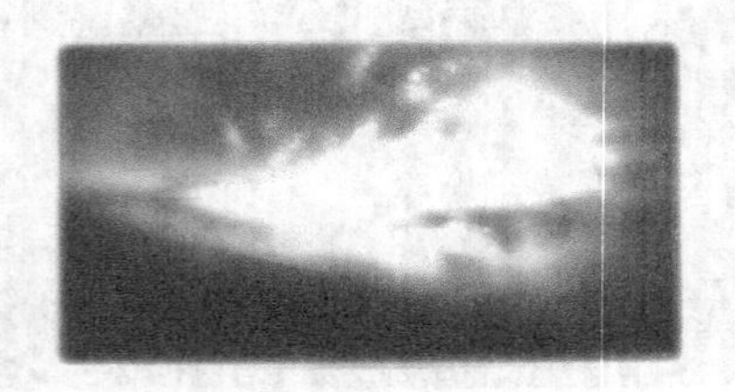

图 6-90 预览效果

添加标题字幕

影片编辑的过程中必不可少的就是标题字幕的添加，它能使观众更好地理解影片的内容。在本章中将具体介绍标题字幕的添加。

实战132 添加标题字幕 ★重点★

标题字幕设计与书写是视频编辑的艺术手段之一，好的标题字幕可以起到美化视频的作用。下面向读者介绍创建单个标题字幕的方法。

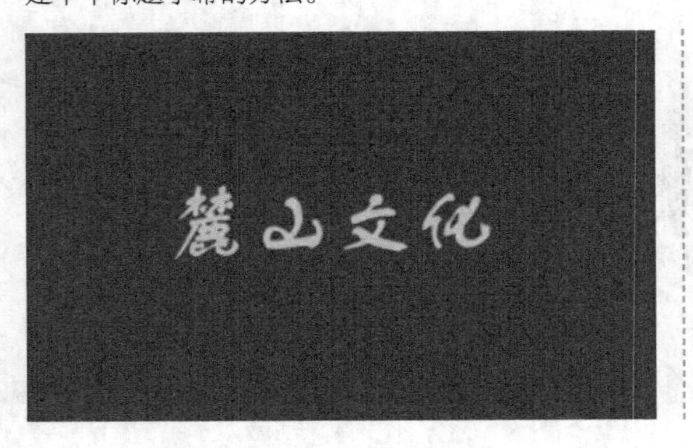

- **素材位置 |** 素材\第7章\实战132
- **效果位置 |** 效果\第7章\实战132添加标题字幕.VSP
- **视频位置 |** 视频\第7章\实战132添加标题字幕.MP4
- **难易指数 |** ★★☆☆☆

操作步骤

01 进入会声会影X10，在素材库的左侧单击“标题”按钮，切换至“标题”素材库，此时预览窗口中显示“双击这里可以添加标题。”字样，如图 7-1所示。

02 在显示的字样上双击鼠标左键，出现一个文本输入框，其中有光标不停地闪烁，如图 7-2所示。

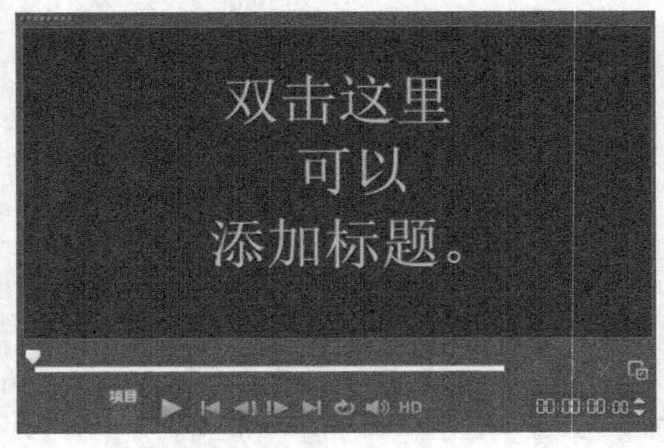

图 7-1 预览窗口

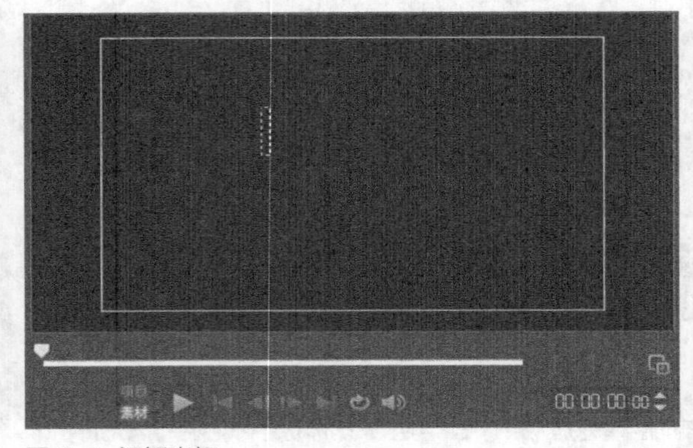

图 7-2 闪烁光标

03 在预览窗口中再次双击鼠标左键，输入文本“麓山文化”，在“编辑”选项面板中设置“字体”为“方正舒体”，“字体大小”为135，“色彩”为橘色，并添加相应的边框属性，如图 7-3所示。

04 在导览面板中单击“播放”按钮，预览标题字幕效果，如图 7-4所示。

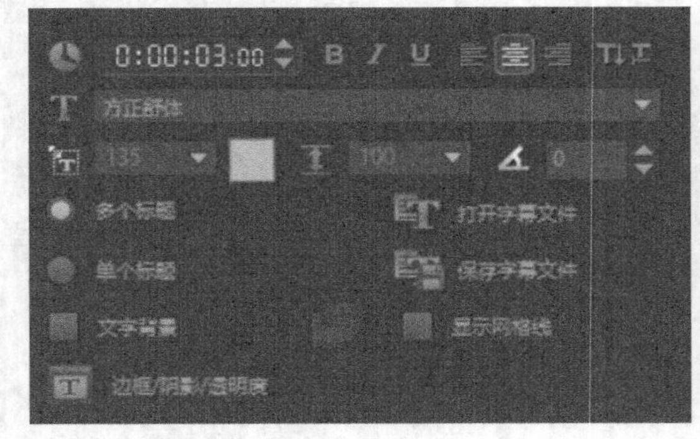

图 7-3 设置字体

图 7-4 预览效果

实战 133 设置标题动画

在会声会影X10中，有多种多样的标题动画样式供用户选择。下面向读者介绍设置标题动画的方法。

- **素材位置** | 素材\第7章\实战133
- **效果位置** | 效果\第7章\实战133设置标题动画.VSP
- **视频位置** | 视频\第7章\实战133设置标题动画.MP4
- **难易指数** | ★★☆☆☆

操作步骤

01 进入会声会影X10，单击“文件”|“打开项目”命令，打开一个项目文件（素材\第7章\ 实战133 \标题.VSP），如图 7-5所示。

02 在标题轨中双击需要制作特效的标题字幕，此时预览窗口中的标题字幕为选中状态，如图 7-6所示。

图 7-5 打开项目

图 7-6 选择字幕

03 在“属性”选项面板中，选中“动画”单选按钮和“应用”复选框，如图 7-7所示。

04 在下方的预设动画类型中选择相应的淡化样式，如图 7-8所示。

图 7-7 选中按钮

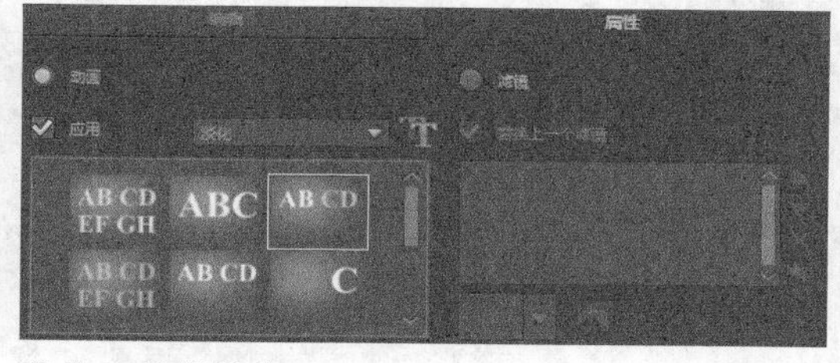

图 7-8 选择样式

05 在导览面板中单击“播放”按钮，预览字幕淡化动画特效，如图 7-9所示。

图 7-9 预览效果

实战 134 字幕修改 ★重点★

在会声会影X10中，用户能够修改字幕的文字内容。下面向读者介绍修改标题字幕的内容的方法。

- **素材位置** | 素材\第7章\实战134
- **效果位置** | 效果\第7章\实战134字幕修改.VSP
- **视频位置** | 视频\第7章\实战134字幕修改.MP4
- **难易指数** | ★★☆☆☆

操作步骤

01 进入会声会影X10，单击“文件” | “打开项目”命令，打开一个项目文件（素材\第7章\实战134\字幕.VSP），如图 7-10所示。

02 在标题轨中双击需要修改的标题字幕，此时预览窗口中的标题字幕为选中状态，如图 7-11所示。

图 7-10 打开项目

图 7-11 选择字幕

03 用输入法输入需要的文字，修改文本框中的内容，如图 7-12所示。

图 7-12 修改文本

04 执行操作后，在导览面板中单击“播放”按钮，预览修改字幕后的效果，如图 7-13所示。

图 7-13 预览效果

实 战
135 制作镂空字 ★新功能★

镂空字体是指字体呈空心状态，只显示字体的外部边界。在会声会影X10中，运用“透明文字”复选框可以制作出镂空字体。

- **素材位置 |** 素材\第7章\实战135
- **效果位置 |** 效果\第7章\实战135制作镂空字.VSP
- **视频位置 |** 视频\第7章\实战135制作镂空字.MP4
- **难易指数 |** ★★★☆☆

操作步骤

01 进入会声会影X10，单击“文件”|“打开项目”命令，打开一个项目文件（素材\第7章\实战135\字幕.VSP），如图 7-14所示。

02 在标题轨中双击需要制作镂空特效的标题字幕，如图 7-15所示。

图 7-14 打开项目

图 7-15 选中字幕

03 在“编辑”选项面板中单击“边框/阴影/透明度”按钮，如图 7-16所示。

04 执行操作后，弹出“边框/阴影/透明度”对话框，选中“透明文字”复选框，如图 7-17所示。

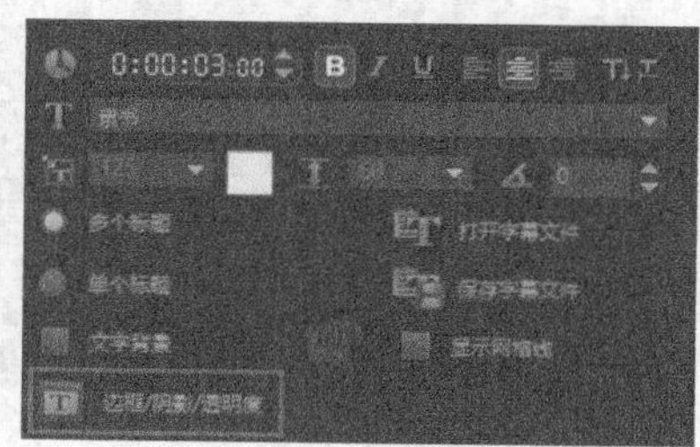

图 7-16 单击“边框/阴影/透明度”按钮

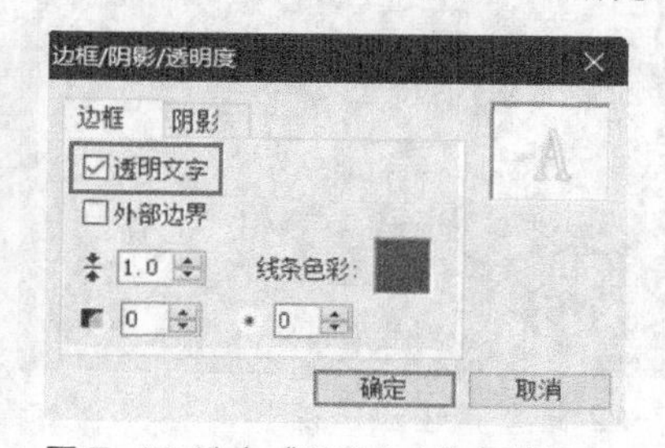

图 7-17 选中“透明文字”复选框

05 在下方选中“外部边界”复选框，设置“边框宽度”为5，如图 7-18所示。

06 执行上述操作后，单击“确定”按钮，即可设置镂空字体。在预览窗口中可以预览镂空字幕效果，如图 7-19所示。

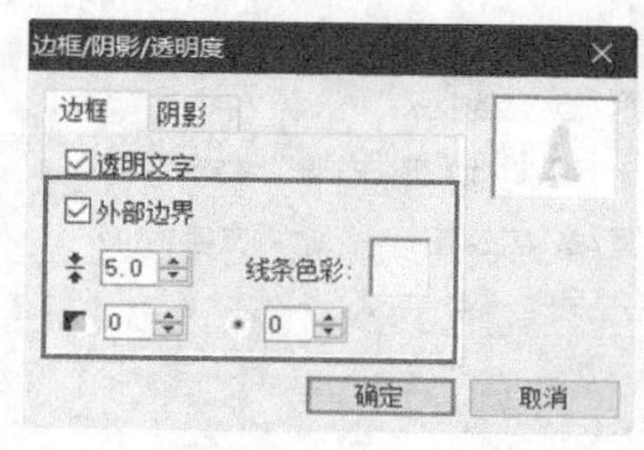

图 7-18 设置边框

图 7-19 预览效果

实战 136 制作变形字 ★新功能★

变形字体是指字体呈变形状态，在会声会影X10中，运用变形可以制作出变形字体。

- **素材位置 |** 素材\第7章\实战136
- **效果位置 |** 效果\第7章\实战136制作变形字.VSP
- **视频位置 |** 视频\第7章\实战136制作变形字.MP4
- **难易指数 |** ★★☆☆☆

操作步骤

01 进入会声会影X10，单击“文件”|“打开项目”命令，打开一个项目文件（素材\第7章\实战136\字幕.VSP），如图 7-20所示。

02 在标题轨中双击需要变形的标题字幕，如图 7-21所示。

图 7-20 打开项目

图 7-21 选中字幕

03 单击“滤镜”按钮FX，在“二维映射”选项组中选择“涟漪”滤镜，并将其拖曳至标题字幕上，如图 7-22所示。

04 执行上述操作后，即可完成使字幕变形的操作，在预览窗口中可以预览变形字效果，如图 7-23所示。

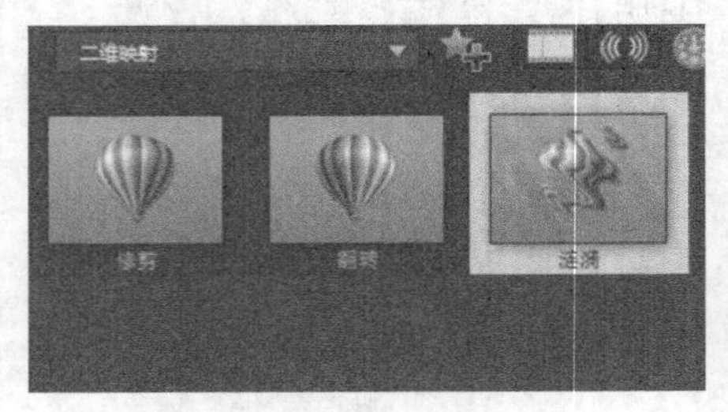

图 7-22 选择“涟漪”滤镜

图 7-23 预览效果

实战 137 制作谢幕文字 ★新功能★

在会声会影X10中，我们可以利用行间距来制作谢幕文字。

- **素材位置 |** 素材\第7章\实战137
- **效果位置 |** 效果\第7章\实战137制作谢幕文字.VSP
- **视频位置 |** 视频\第7章\实战137制作谢幕文字.MP4
- **难易指数 |** ★★☆☆☆

操作步骤

01 进入会声会影X10，单击“文件”|“打开项目”命令，打开一个项目文件（素材\第7章\实战137\字幕.VSP），如图 7-24所示。

02 在标题轨中双击需要制作谢幕文字的标题字幕，如图 7-25所示。

图 7-24 打开项目

图 7-25 选中字幕

03 单击“编辑”选项面板中的“行间距”按钮，在弹出的下拉列表框中选择“160”选项，如图 7-26所示。

04 执行操作后，即可制作谢幕文字，效果如图 7-27所示。

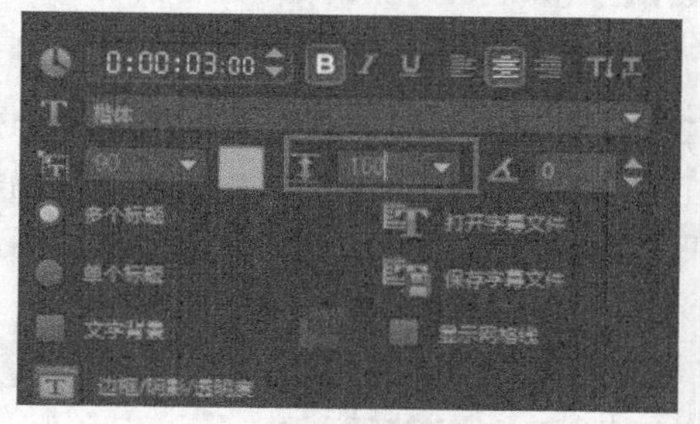

图 7-26 选择“160”选项

图 7-27 预览效果

实战 138 制作滚动字幕 ★新功能★

滚动字幕在电影电视中都起到了很重要的作用。

- **素材位置** | 素材\第7章\实战138
- **效果位置** | 效果\第7章\实战138制作滚动字幕.VSP
- **视频位置** | 视频\第7章\实战138制作滚动字幕.MP4
- **难易指数** | ★★★☆☆

操作步骤

01 进入会声会影X10，单击“文件”|“打开项目”命令，打开一个项目文件（素材\第7章\实战138\字幕.VSP），如图 7-28所示。

02 在标题轨中双击需要制作滚动特效的标题字幕，如图 7-29所示。

图 7-28 打开项目

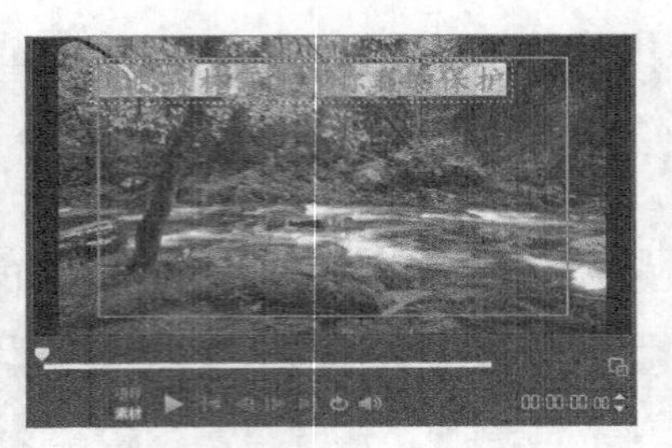
图 7-29 选中标题

03 进入“选项”面板，设置“字体”为楷体，“字体大小”参数设置为100，并设置颜色为白色，如图 7-30所示。
04 选中“文字背景”复选框，然后单击“自定义文字背景的属性”按钮，如图 7-31所示。

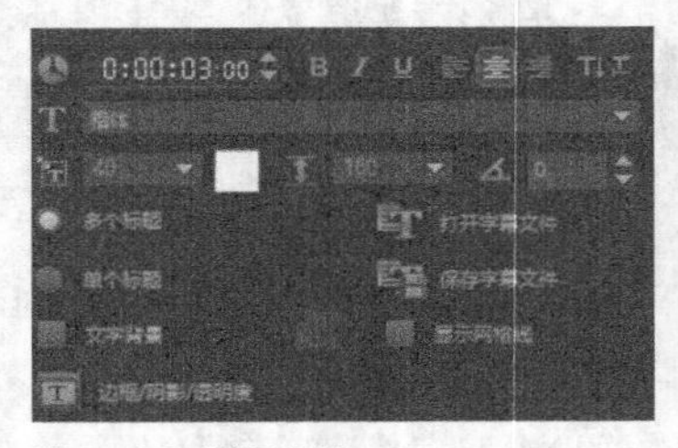
图 7-30 设置参数

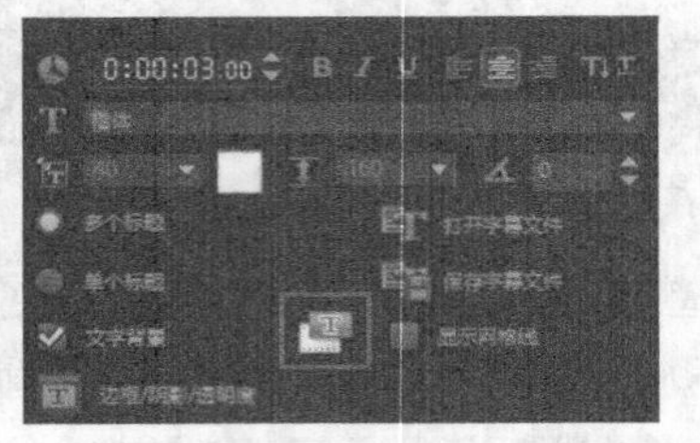
图 7-31 单击“自定义文字背景的属性”按钮

05 在“背景类型”中选中“单色背景栏”单选按钮，在“色彩设置”中选中“渐变”单选按钮，设置“渐变”颜色为绿色和白色，单击“上”“下”按钮，设置“透明度”为70，如图 7-32所示。然后单击“确定”按钮完成设置。
06 切换至“属性”选项卡，选中“应用”复选框，在“选取动画类型”下拉列表中选择“飞行”选项，选取第六个预设效果，然后单击“自定义动画属性”按钮，如图 7-33所示。

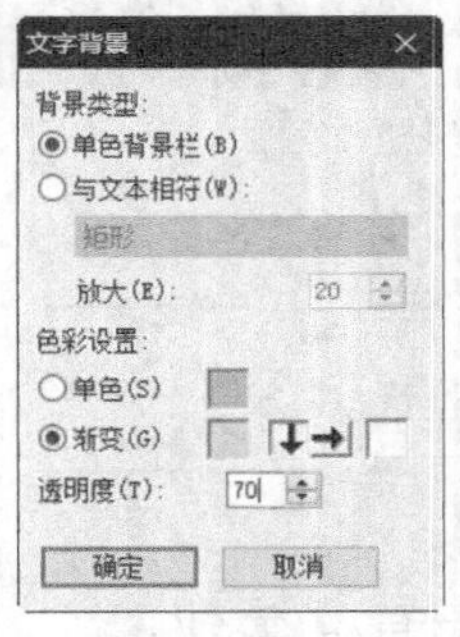

图 7-32 设置参数

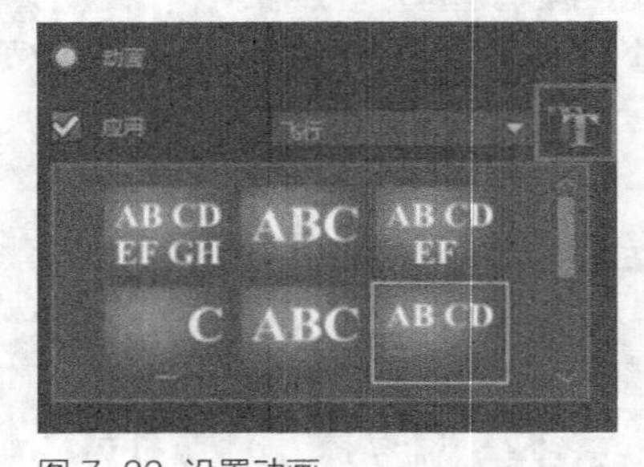

图 7-33 设置动画

07 在弹出的对话框中，设置“起始单位”和“终止单位”均为“行”，在“进入”选项组中单击“从右边中间进入”按钮，在“离开”选项组中单击“从左边中间离开”按钮，如图 7-34所示。然后单击“确定”完成设置。

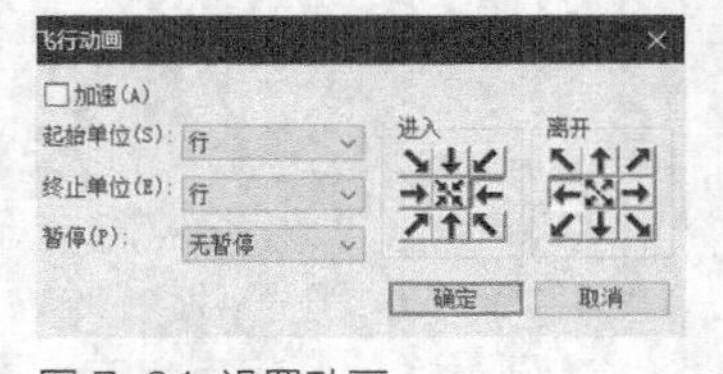

图 7-34 设置动画

08 执行上述操作后，即可完成滚动字幕的制作，在预览窗口中可以预览滚动字幕效果，如图 7-35所示。

图 7-35 预览效果

实战139 制作霓虹变色字 ★新功能★

标题样式配合不同滤镜使用可以制作出不同的效果。

- **素材位置** | 素材\第7章\实战139
- **效果位置** | 效果\第7章\实战139制作霓虹变色字.VSP
- **视频位置** | 视频\第7章\实战139制作霓虹变色字.MP4
- **难易指数** | ★★★☆☆

操作步骤

01 进入会声会影X10，单击“文件”|“打开项目”命令，打开一个项目文件（素材\第7章\实战139\字幕.VSP），如图 7-36所示。

02 在标题轨中双击需要制作霓虹变色特效的标题字幕，如图 7-37所示。

图 7-36 打开项目

图 7-37 选中字幕

03 进入选项面板，在“编辑”选项卡中单击“边框/阴影/透明度”按钮，在“边框”选项卡中选中“外部边界”复选框，设置“边框宽度”为6.0，设置颜色RGB参数为120、210、255，如图 7-38所示。

04 切换至“阴影”选项卡，单击“光晕阴影”按钮，设置“光晕阴影色彩”为蓝色，单击“确定”按钮完成设置，如图 7-39所示。

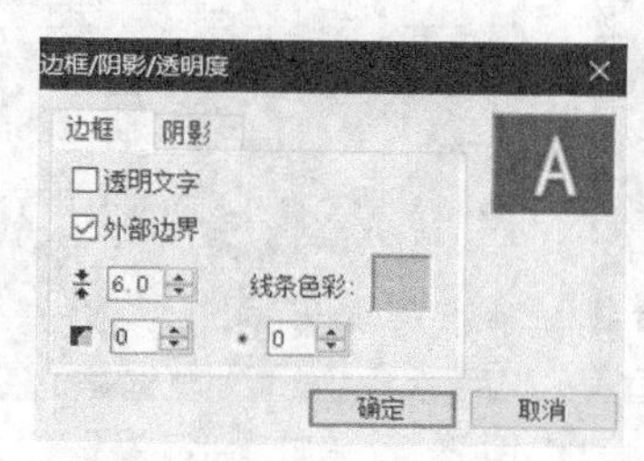

图 7-38 设置边框

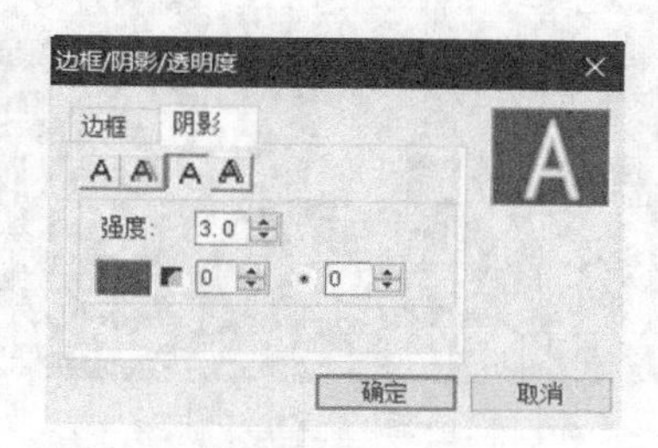

图 7-39 设置阴影

05 切换至“属性”选项卡，选中“应用”复选框，然后单击“自定义动画属性”按钮，如图 7-40所示。

06 在弹出的对话框中的“单位”下拉列表中选择“字符”选项，在“淡化样式”选项组中选中“交叉淡化”单选按钮，如图 7-41所示。单击“确定”完成设置。

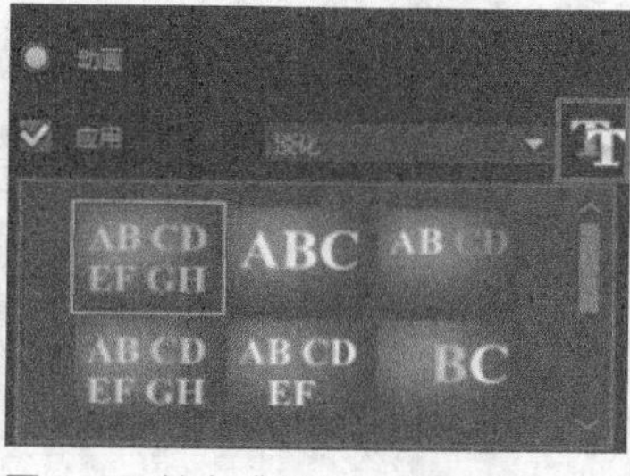

图 7-40 单击“自定义动画属性”按钮

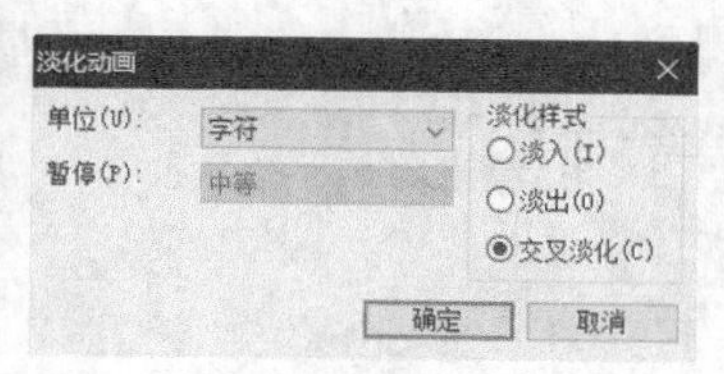

图 7-41 设置动画

07 单击“滤镜”按钮，在素材库中选择“发散光晕”滤镜，将其拖曳至字幕上，如图 7-42所示。

08 切换至“属性”选项卡，单击“滤镜”单选按钮，取消勾选“替换上一个滤镜”复选框，然后单击“自定义滤镜”按钮，如图 7-43所示。

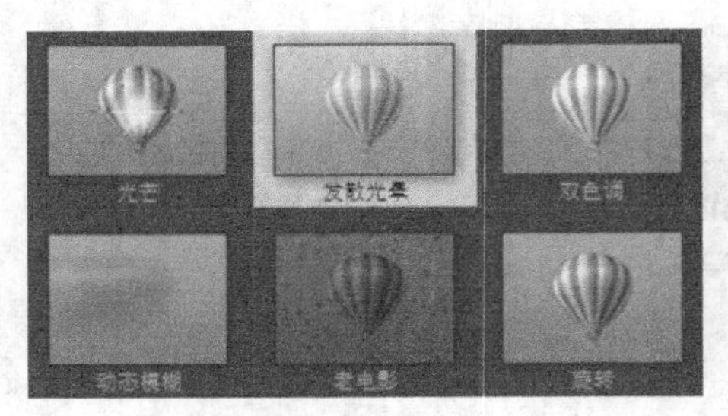

图 7-42 选择“发散光晕”滤镜

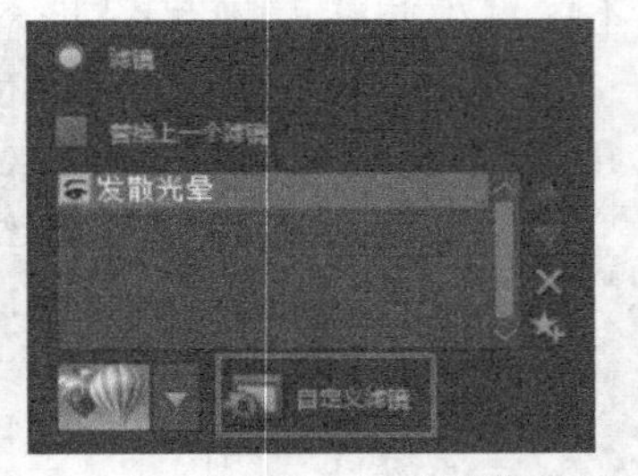

图 7-43 单击“自定义滤镜”按钮

09 在弹出的对话框中选中第一个关键帧，设置“光晕角度”参数为6，选中第二个关键帧，设置“光晕角度”参数为5，如图 7-44所示。然后单击“确定”按钮完成设置。

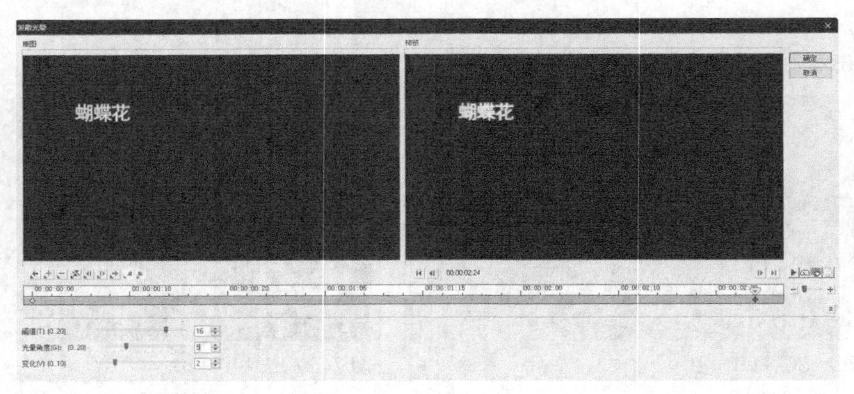

图 7-44 自定义滤镜

10 在“滤镜”素材库中选中“色调和饱和度”滤镜，将其拖曳至素材上，如图 7-45所示。

11 切换至“属性”选项卡，单击“滤镜”单选按钮，然后单击“自定义滤镜”按钮，如图 7-46所示。

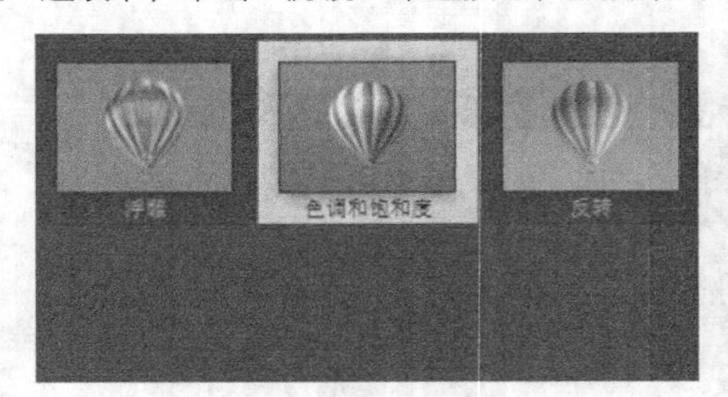

图 7-45 选中“色调和饱和度”滤镜

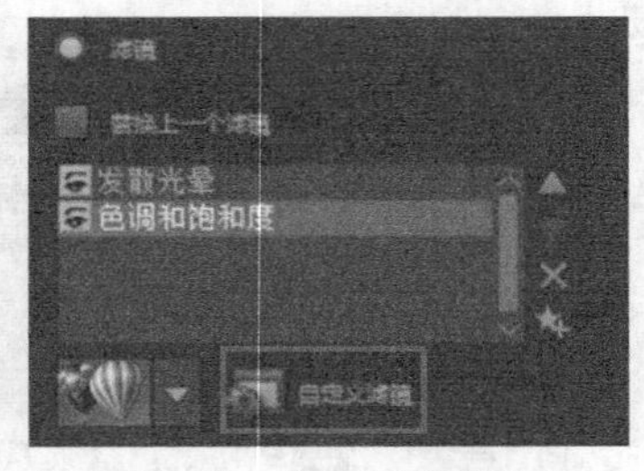

图 7-46 单击“自定义滤镜”按钮

12 选中第一个关键帧，设置“色调”参数为-150，选中第二个关键帧，设置“色调”参数为140，如图 7-47所示。然后单击“确定”按钮完成设置。

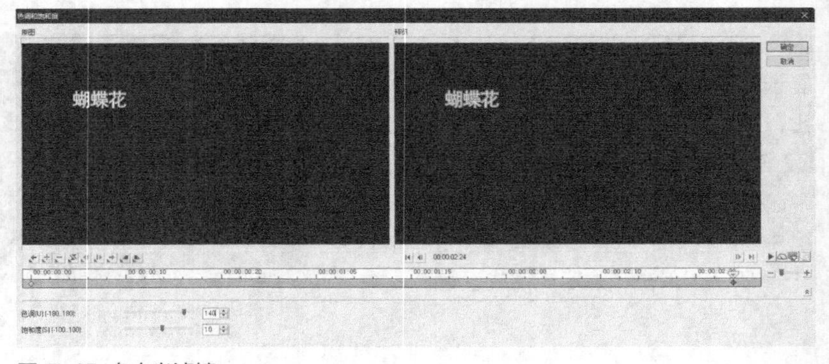

图 7-47 自定义滤镜

13 执行上述操作后，即可完成霓虹变色字幕的制作，在预览窗口中可以预览霓虹变色字幕效果，如图 7-48所示。

图 7-48 预览效果

实战 140 制作立体流光字 ★新功能★

会声会影能利用文字的阴影模板模拟出有立体感的文字。

- **素材位置** | 素材\第7章\实战140
- **效果位置** | 效果\第7章\实战140制作立体流光字.VSP
- **视频位置** | 视频\第7章\实战140制作立体流光字.MP4
- **难易指数** | ★★☆☆☆

操作步骤

01 进入会声会影X10，单击“文件”|“打开项目”命令，打开一个项目文件（素材\第7章\实战140\字幕.VSP），如图 7-49所示。

02 在标题轨中双击需要制作立体流光特效的标题字幕，如图 7-50所示。

图 7-49 打开项目

图 7-50 选中字幕

03 进入选项面板，在“编辑”选项卡中单击“边框/阴影/透明度”按钮，弹出对话框，切换至“阴影”选项卡，单击“突起阴影”按钮，设置*X*参数为17.0，*Y*参数为5.0，并设置颜色为蓝色，单击“确定”按钮完成设置，如图 7-51所示。

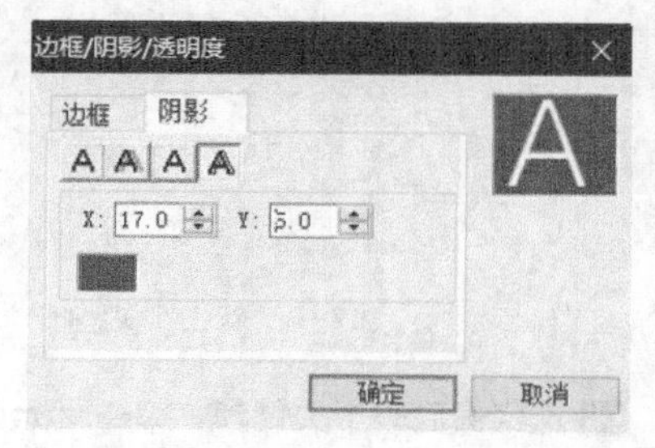

图 7-51 设置阴影

04 单击“滤镜”按钮，在素材库中选择“光线”滤镜，将其拖曳至字幕上，如图 7-52所示。

05 切换至“属性”选项卡，单击“滤镜”单选按钮，取消勾选“替换上一个滤镜”复选框，然后单击“自定义滤镜”按钮，如图 7-53所示。

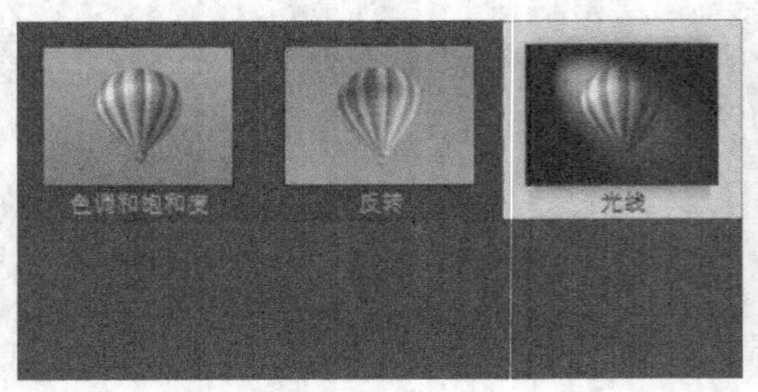

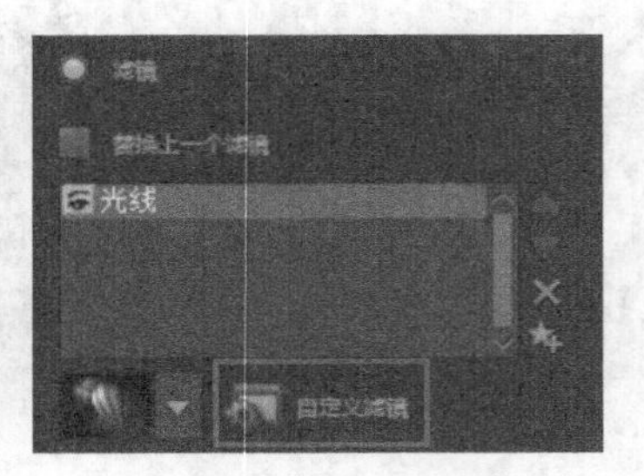

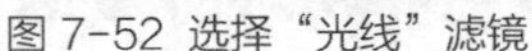

图 7-52 选择“光线”滤镜　　图 7-53 单击“自定义滤镜”按钮

06 弹出“光线”对话框，在“距离”下拉列表中选择“远”，在“曝光”下拉列表中选择“更长”，设置“发散”参数为30，并设置颜色RGB为198、117、236，如图 7-54所示。然后单击“确定”按钮。

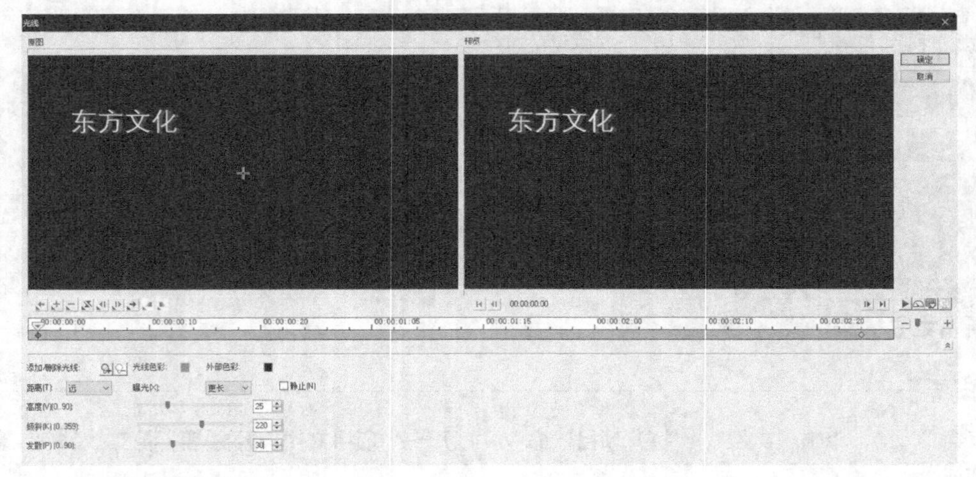

图 7-54 第一个关键帧

07 在第一个关键帧上单击鼠标右键，执行“复制”命令，然后将滑轨移至1帧处，执行粘贴命令，设置“发散”参数为15，如图 7-55所示。

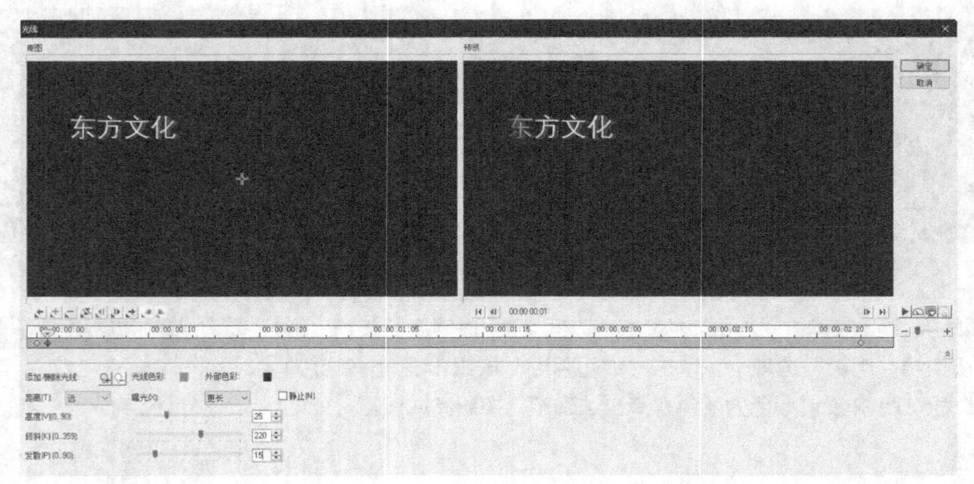

图 7-55 第二个关键帧

08 选择最后一个关键帧，单击鼠标右键，执行“粘贴”命令。设置“倾斜”参数为320，调整十字标记的位置，如图 7-56所示。然后单击“确定”按钮完成设置。

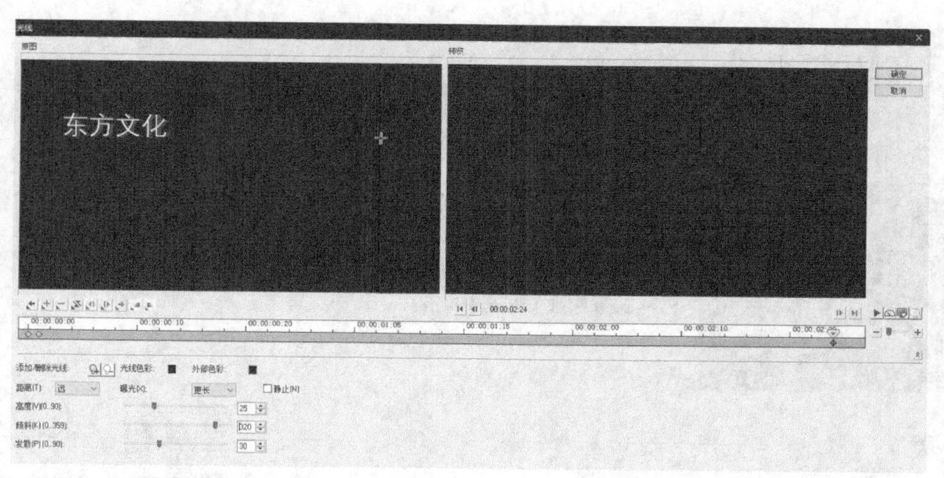

图 7-56 最后一个关键帧

09 单击“滤镜”按钮，在素材库中选择“发散光晕”滤镜，将其拖曳至字幕上，如图 7-57所示。

10 切换至“属性”选项卡，单击“滤镜”单选按钮，然后单击“自定义滤镜”按钮，如图 7-58所示。

图 7-57 选择“发散光晕”滤镜

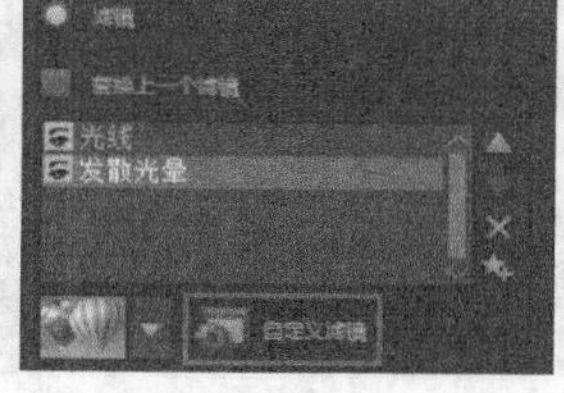

图 7-58 单击“自定义滤镜”按钮

11 弹出对话框，选中第一个关键帧，设置“光晕角度”参数为2，选择第二个关键帧，设置“光晕角度”参数为4，如图 7-59所示。然后单击“确定”按钮完成设置。

图 7-59 设置关键帧

12 执行上述操作后，即可完成流光字幕的制作，在预览窗口中可以预览流光字幕效果，如图 7-60所示。

图 7-60 预览效果

实战 141 制作扫光字 ★新功能★

扫光字是一种比较常见的字体，应用也比较多。

- **素材位置 |** 素材\第7章\实战141
- **效果位置 |** 效果\第7章\实战141制作扫光字.VSP
- **视频位置 |** 视频\第7章\实战141制作扫光字.MP4
- **难易指数 |** ★★★☆☆

操作步骤

01 进入会声会影X10，单击“文件”|“打开项目”命令，打开一个项目文件（素材\第7章\实战141\字幕.VSP），如图 7-61所示。

02 在标题轨中双击需要制作扫光特效的标题字幕，如图 7-62所示。

图 7-61 打开项目

图 7-62 选择字幕

03 单击“滤镜”按钮，在素材库中选择“缩放动作”滤镜，将其拖曳至字幕上，如图 7-63所示。

04 切换至“属性”选项卡，单击“滤镜”单选按钮，取消勾选“替换上一个滤镜”复选框，然后单击“自定义滤镜”按钮，如图 7-64所示。

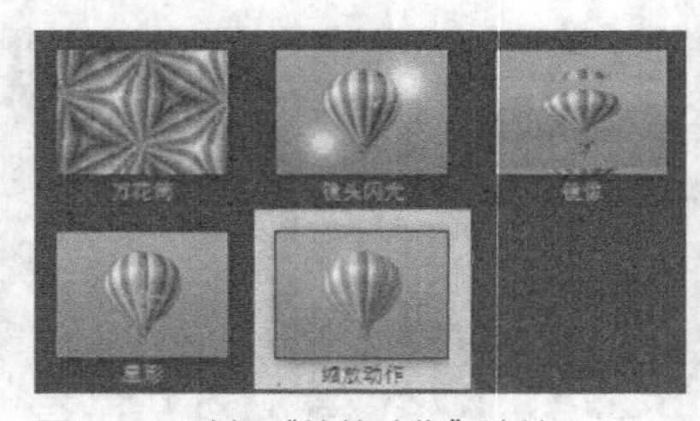

图 7-63 选择“缩放动作”滤镜

图 7-64 单击“自定义滤镜”按钮

05 选中第一个关键帧，设置“速度”参数为1，将滑轨拖至1帧处，创建一个新的关键帧，设置“速度”参数为1，如图 7-65所示。

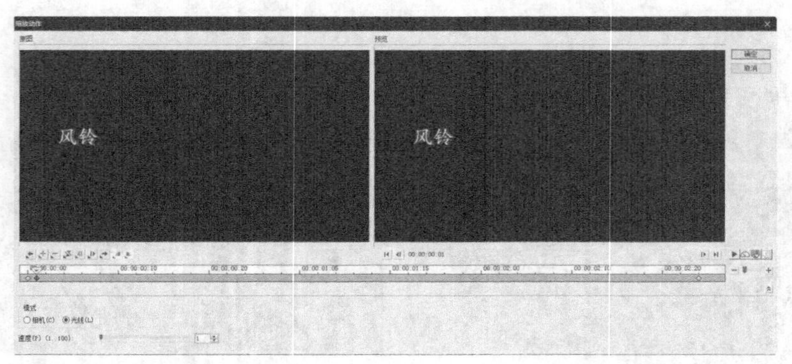

图 7-65 设置关键帧

06 将滑轨拖至3帧处，创建一个新的关键帧，设置“速度”参数为100，如图 7-66所示。

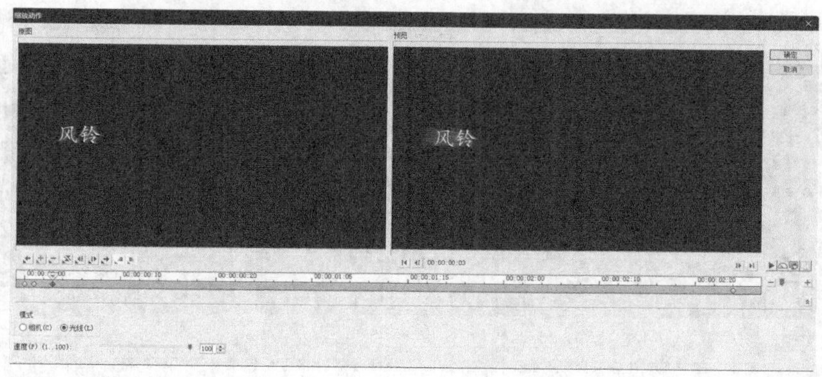

图 7-66 第三个关键帧

07 选中最后一个关键帧，设置“速度”参数为1，如图 7-67所示。然后单击“确定”按钮完成设置。

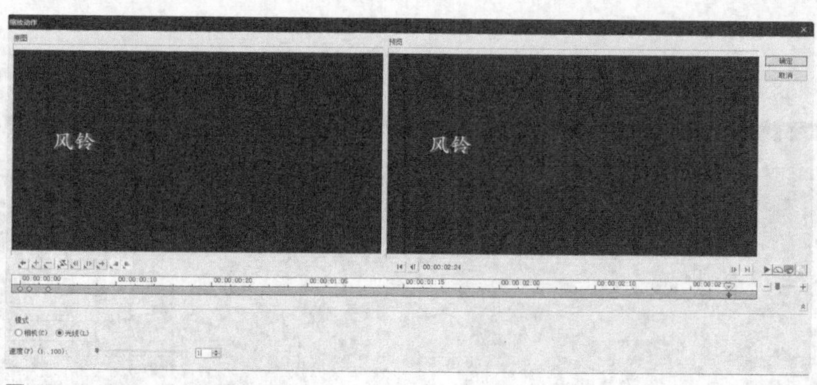

图 7-67 最后一个关键帧

08 单击“滤镜”按钮，在素材库中选择“发散光晕”滤镜，将其拖曳至字幕上，如图 7-68所示。

09 切换至“属性”选项卡，单击“滤镜”单选按钮，单击“自定义滤镜”按钮，如图 7-69所示。

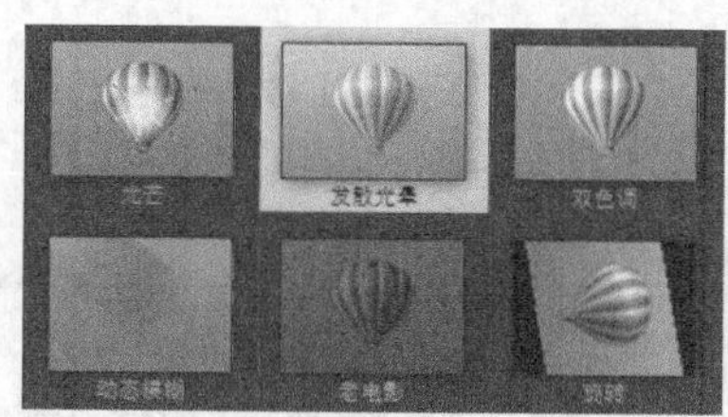

图 7-68 选择“发散光晕”滤镜

图 7-69 单击“自定义滤镜”按钮

10 在弹出的对话框中选择第一个关键帧，设置“阈值”参数为10，“光晕角度”参数为0，如图 7-70所示。

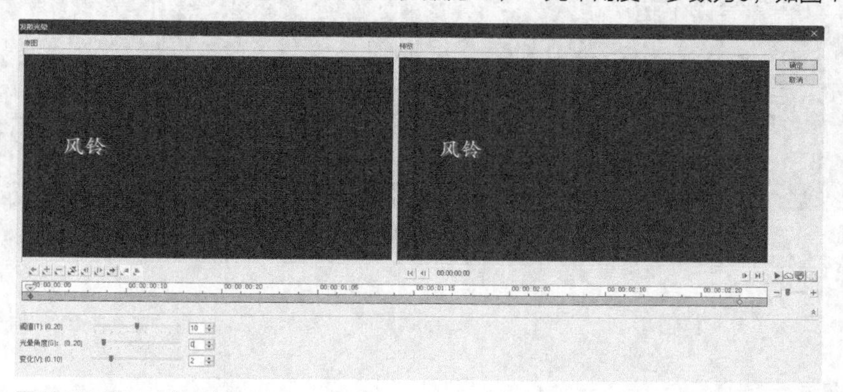

图 7-70 第一个关键帧

11 将滑轨拖动到1帧的位置，创建新的关键帧，设置“阈值”参数为10，“光晕角度”参数为0，如图 7-71所示。

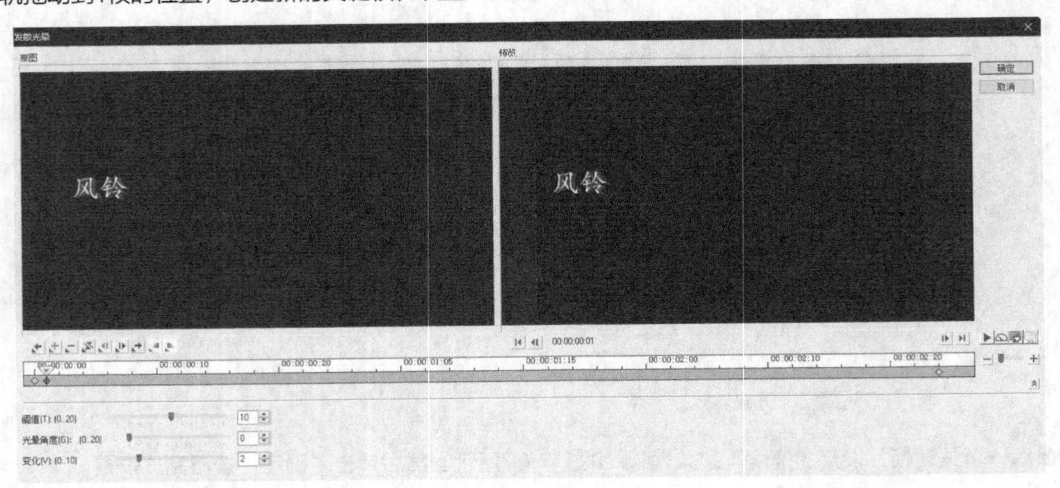

图 7-71 第二个关键帧

12 将滑轨拖动到3帧的位置，创建新的关键帧，设置“阈值”参数为10，“光晕角度”参数为4，如图 7-72所示。

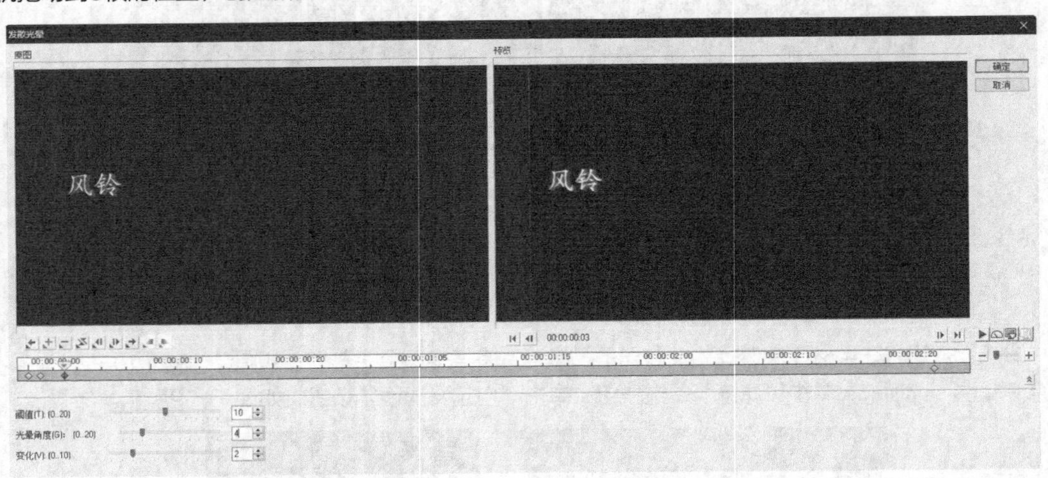

图 7-72 第三个关键帧

13 选中最后一个关键帧设置“阈值”参数为10，“光晕角度”参数为0，如图 7-73所示。然后单击“确定”按钮完成设置。

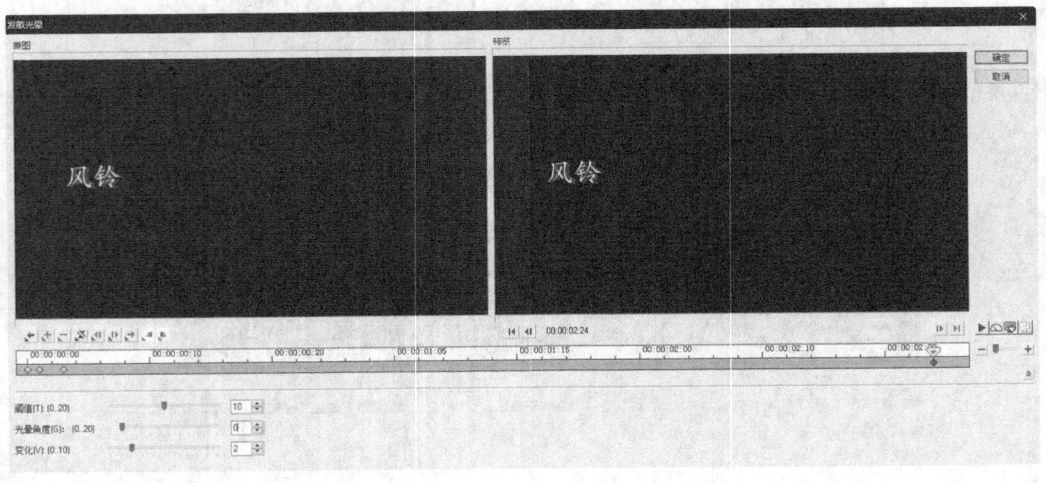

图 7-73 最后一个关键帧

14 执行上述操作后，即可完成扫光字幕的制作，在预览窗口中可以预览扫光字幕效果，如图 7-74所示。

图 7-74 预览效果

实战 142 制作运动模糊字 ★新功能★

很多特殊的标题效果都需要通过标题样式与滤镜功能的结合才能实现。

- **素材位置** | 素材\第7章\实战142
- **效果位置** | 效果\第7章\实战142制作运动模糊字.VSP
- **视频位置** | 视频\第7章\实战142制作运动模糊字.MP4
- **难易指数** | ★★☆☆☆

操作步骤

01 进入会声会影X10，单击“文件”|“打开项目”命令，打开一个项目文件（素材\第7章\实战142\字幕.VSP），如图 7-75所示。

02 在标题轨中双击需要制作运动模糊特效的标题字幕，如图 7-76所示。

图 7-75 打开项目

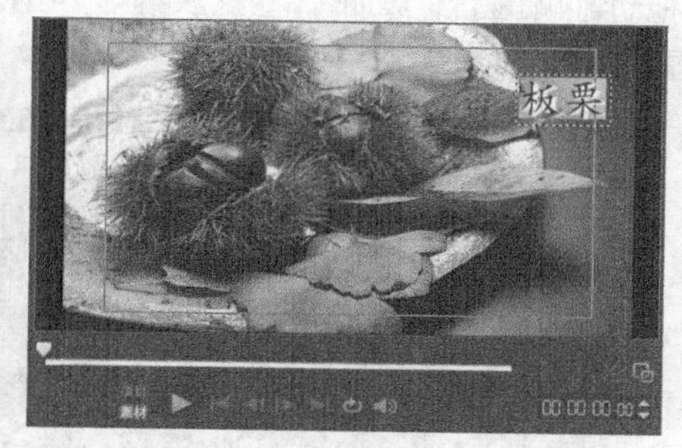

图 7-76 选择标题

03 切换至“属性”选项卡，选中“应用”复选框，在“选取动画类型”下拉列表中选择“移动路径”选项，如图 7-77所示。

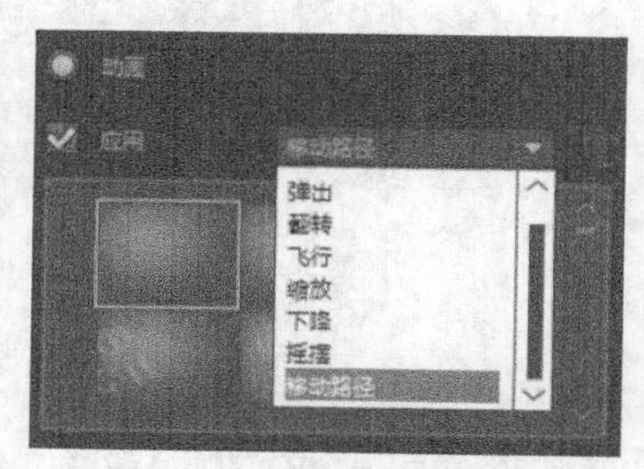

图 7-77 选择“移动路径”选项

04 单击“滤镜”按钮，在素材库中选择“幻影动作”滤镜，将其拖曳至字幕上，如图 7-78所示。

05 切换至“属性”选项卡，单击“滤镜”单选按钮，取消勾选“替换上一个滤镜”复选框，然后单击“自定义滤镜”按钮，如图 7-79所示。

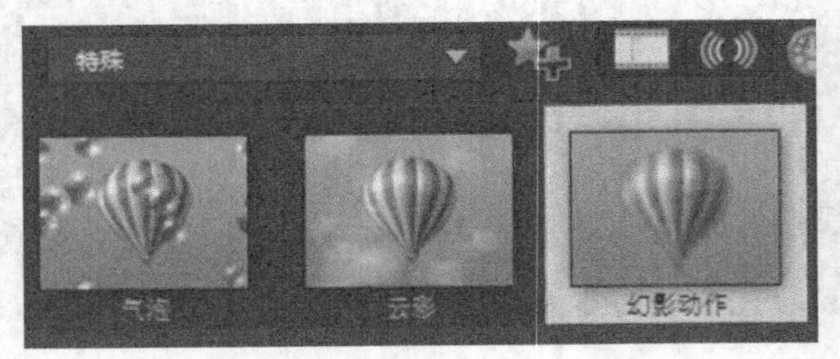

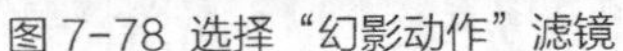

图 7-78 选择“幻影动作”滤镜

图 7-79 单击“自定义滤镜”按钮

06 将滑轨拖至2帧位置，添加一个新的关键帧，设置“步骤边框”参数为5，“透明度”参数为50，“柔和”参数为20，如图 7-80所示。

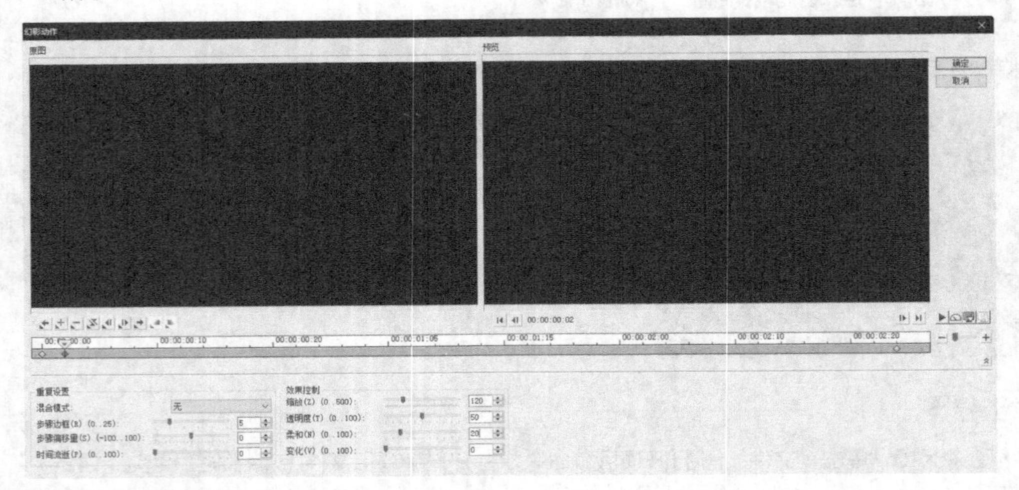

图 7-80 第二个关键帧

07 将滑轨拖动到4帧位置，添加一个新的关键帧，设置“步骤边框”参数为2，“透明度”参数为25，“柔和”参数为10，如图 7-81所示。

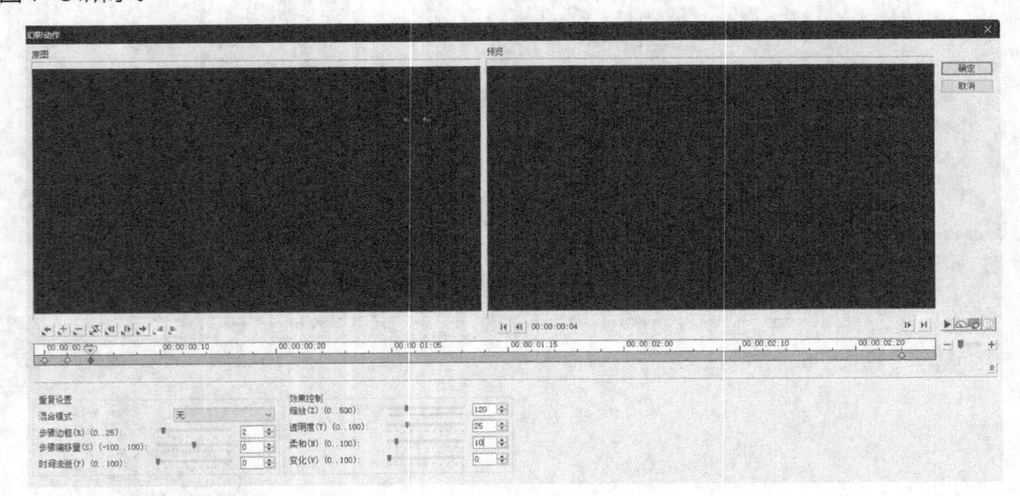

图 7-81 第三个关键帧

08 选择最后一个关键帧，设置“透明度”参数为0，如图 7-82所示。单击“确定”按钮完成设置。

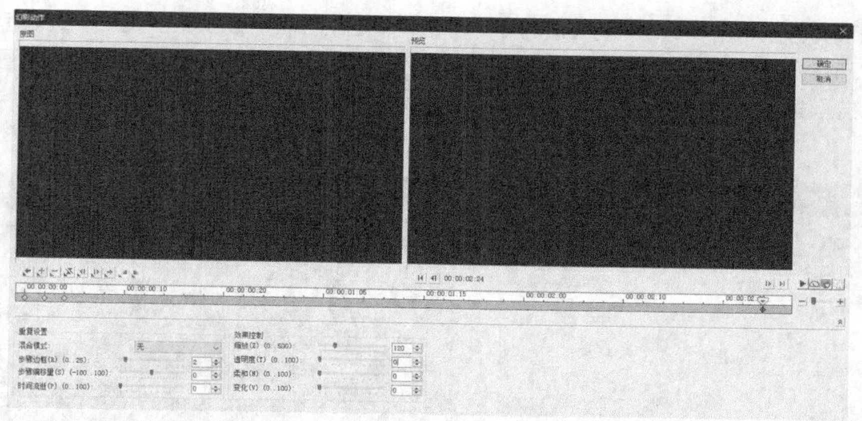

图 7-82 最后一个关键帧

09 执行上述操作后，即可完成运动字幕的制作，在预览窗口中可以预览运动字幕效果，如图 7-83所示。

图 7-83 预览效果

实战 143 制作光晕字 ★新功能★

在会声会影X10中，用户可以为标题字幕添加光晕特效，使其更加精彩夺目。下面向读者介绍制作光晕字幕的操作方法。

- **素材位置 |** 素材\第7章\实战143
- **效果位置 |** 效果\第7章\实战143制作光晕字.VSP
- **视频位置 |** 视频\第7章\实战143制作光晕字.MP4
- **难易指数 |** ★★☆☆☆

操作步骤

01 进入会声会影X10，单击“文件” | “打开项目”命令，打开一个项目文件（素材\第7章\实战143\字幕.VSP），如图 7-84所示。

02 在标题轨中双击需要制作光晕特效的标题字幕，如图 7-85所示。

图 7-84 打开项目

图 7-85 选择标题

03 在“编辑”选项面板中单击“边框/阴影/透明度”按钮，弹出对话框，切换至“阴影”选项卡，单击“光晕阴影”按钮，设置“强度”为10.0，“光晕阴影色彩”为米黄色，“光晕阴影柔化边缘”为100，如图 7-86所示。

04 执行上述操作后，单击“确定”按钮，即可制作光晕字幕。在预览窗口中可以预览光晕字幕特效，如图 7-87所示。

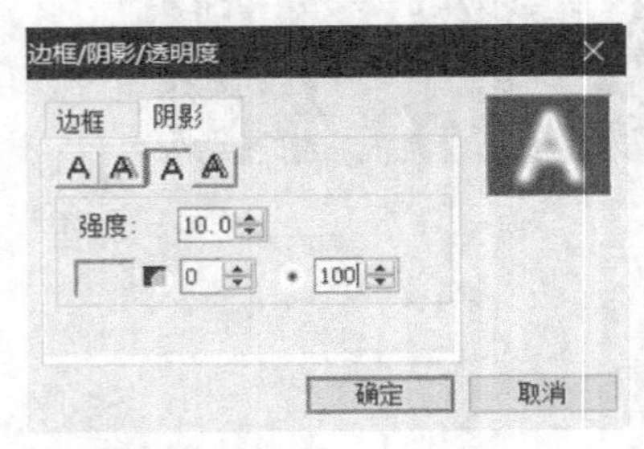

图 7-86 设置阴影

图 7-87 预览效果

实战 144 制作下垂字 ★新功能★

在会声会影X10中，为了让标题字幕更加美观，用户可以为标题字幕添加下垂阴影效果。下面向读者介绍制作下垂字幕的操作方法。

- **素材位置** | 素材\第7章\实战144
- **效果位置** | 效果\第7章\实战144制作下垂字.VSP
- **视频位置** | 视频\第7章\实战144制作下垂字.MP4
- **难易指数** | ★★☆☆☆

操作步骤

01 进入会声会影X10，单击“文件”|“打开项目”命令，打开一个项目文件（素材\第7章\实战144\字幕.VSP），如图 7-88所示。

02 在标题轨中双击需要制作下垂特效的标题字幕，如图 7-89所示。

图 7-88 打开项目

图 7-89 选择标题

03 在“编辑”选项面板中单击“边框/阴影/透明度”按钮，弹出对话框，切换至“阴影”选项卡，单击“下垂阴影”按钮，在其中设置*X*为20.0，*Y*为20.0，“下垂阴影色彩”为红色，如图 7-90所示。

04 执行上述操作后，单击“确定”按钮，即可制作下垂字幕。在预览窗口中可以预览下垂字幕效果，如图 7-91所示。

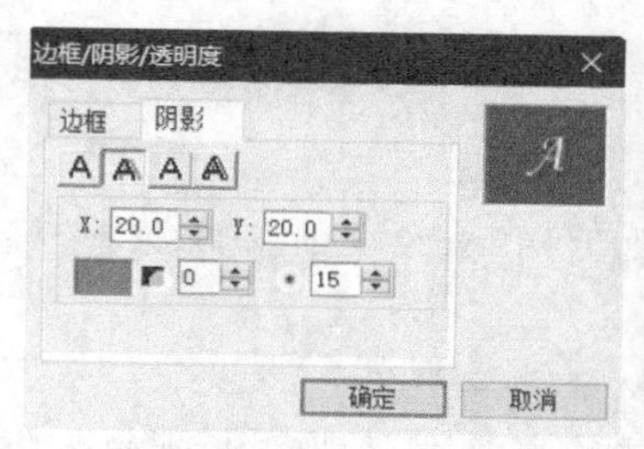

图 7-90 设置阴影

图 7-91 预览效果

实战 145 制作描边字 ★新功能★

在会声会影X10中，为了使标题字幕样式丰富多彩，用户可以为标题字幕设置描边效果。下面向读者介绍制作描边字幕的操作方法。

- **素材位置 |** 素材\第7章\实战145
- **效果位置 |** 效果\第7章\实战145制作描边字.VSP
- **视频位置 |** 视频\第7章\实战145制作描边字.MP4
- **难易指数 |** ★★☆☆☆

操作步骤

01 进入会声会影X10，单击“文件”|“打开项目”命令，打开一个项目文件（素材\第7章\实战145\字幕.VSP），如图 7-92所示。

02 在标题轨中双击需要制作描边特效的标题字幕，如图 7-93所示。

图 7-92 打开项目

图 7-93 选择标题

03 在“编辑”选项面板中单击“边框/阴影/透明度”按钮，弹出对话框，在其中选中“外部边界”复选框，然后设置“边框宽度”为35.0，在右侧设置“线条色彩”为绿色，如图 7-94所示。

04 执行上述操作后，单击“确定”按钮，即可设置描边字幕。在预览窗口中可以预览描边字幕效果，如图 7-95所示。

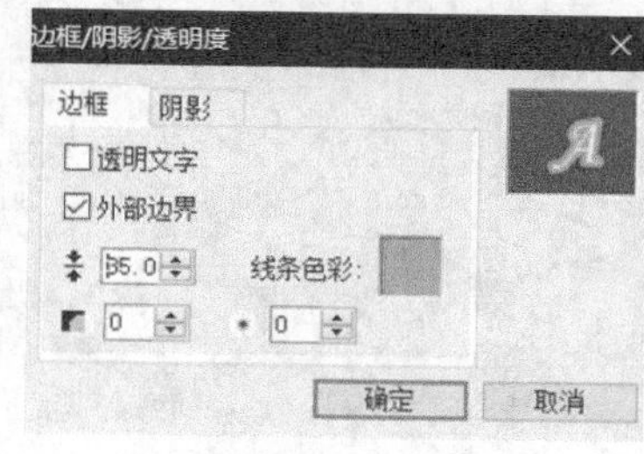

图 7-94 设置边框

图 7-95 预览效果

实战 146 制作淡化动画特效 ★新功能★

在会声会影X10中，淡入淡出的字幕效果在当前的各种影视节目中是最常见的字幕效果。下面介绍制作淡化动画的操作方法。

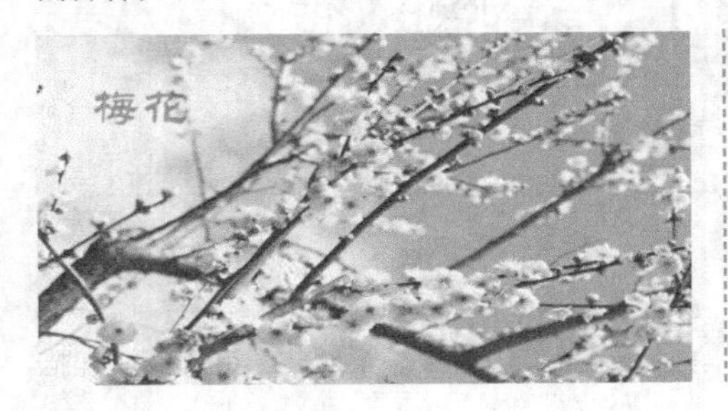

- **素材位置 |** 素材\第7章\实战146
- **效果位置 |** 效果\第7章\实战146制作淡化动画特效.VSP
- **视频位置 |** 视频\第7章\实战146制作淡化动画特效.MP4
- **难易指数 |** ★★☆☆☆

操作步骤

01 进入会声会影X10，单击“文件”|“打开项目”命令，打开一个项目文件（素材\第7章\实战146\字幕.VSP），如图 7-96所示。

02 在标题轨中双击需要制作淡化特效的标题字幕，此时预览窗口中的标题字幕为选中状态，如图 7-97所示。

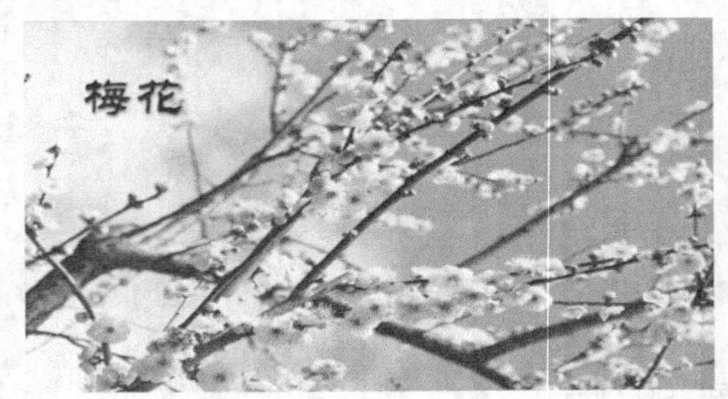

图 7-96 打开项目

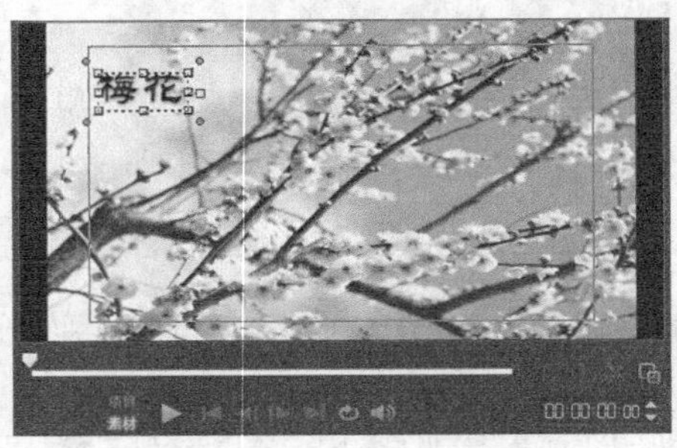

图 7-97 选择字幕

03 在“属性”选项面板中选中“动画”单选按钮和“应用”复选框，在下方的预设动画类型中选择相应的淡化样式，如图 7-98所示。

图 7-98 选择样式

04 在导览面板中单击“播放”按钮，预览字幕淡化动画特效，如图 7-99所示。

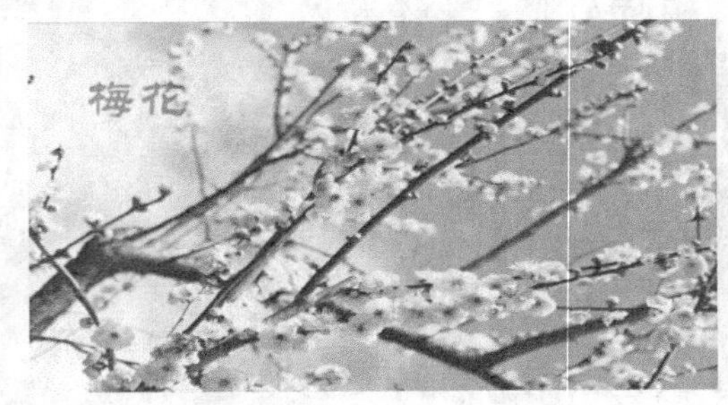

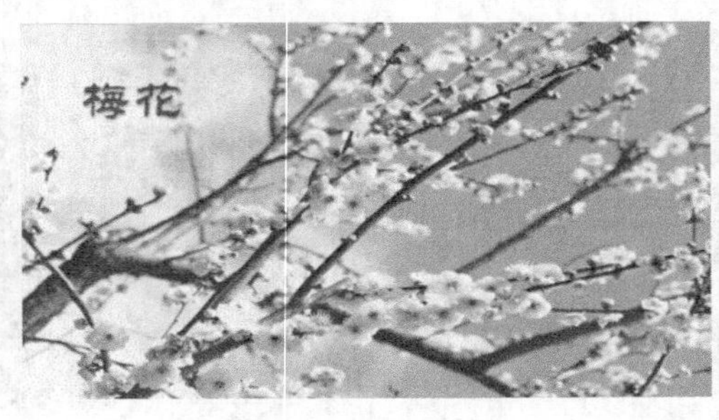

图 7-99 预览效果

实战 147

制作弹出动画特效

在会声会影X10中，弹出效果是指可以使文字产生由画面上的某个分界线弹出显示的动画效果。下面介绍制作弹出动画的操作方法。

- **素材位置 |** 素材\第7章\实战147
- **效果位置 |** 效果\第7章\实战147制作弹出动画特效.VSP
- **视频位置 |** 视频\第7章\实战147制作弹出动画特效.MP4
- **难易指数 |** ★★☆☆☆

操作步骤

01 进入会声会影X10，单击“文件”|“打开项目”命令，打开一个项目文件（素材\第7章\实战147\字幕.VSP），如图 7-100所示。

02 在标题轨中双击需要制作弹出特效的标题字幕，此时预览窗口中的标题字幕为选中状态，如图 7-101所示。

图 7-100 打开项目

图 7-101 选择字幕

03 在“属性”选项面板中选中“动画”单选按钮和“应用”复选框，单击“选取动画类型”下拉按钮，在弹出的列表框中选择“弹出”选项，如图 7-102所示。

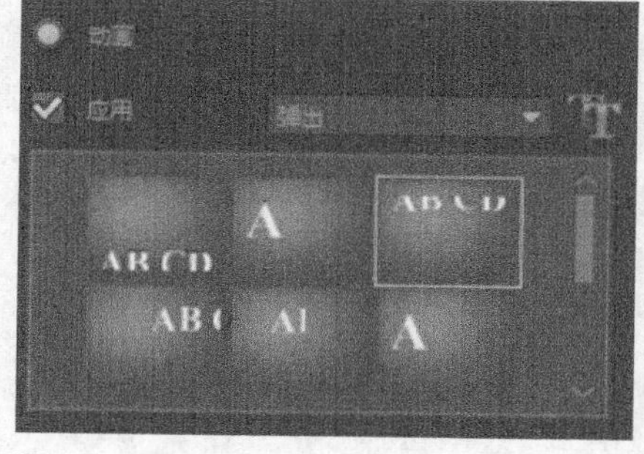

图 7-102 选择样式

04 在导览面板中单击“播放”按钮，预览字幕弹出的动画特效，如图 7-103所示。

图 7-103 预览效果

实战 148 制作翻转动画特效

在会声会影X10中，翻转动画可以使文字产生翻转回旋的动画效果。下面向读者介绍制作翻转动画的操作方法。

- **素材位置** | 素材\第7章\实战148
- **效果位置** | 效果\第7章\实战148制作翻转动画特效.VSP
- **视频位置** | 视频\第7章\实战148制作翻转动画特效.MP4
- **难易指数** | ★★☆☆☆

操作步骤

01 进入会声会影X10，单击“文件”|“打开项目”命令，打开一个项目文件（素材\第7章\实战148\字幕.VSP），如图 7-104所示。

02 在标题轨中双击需要制作翻转特效的标题字幕，此时预览窗口中的标题字幕为选中状态，如图 7-105所示。

图 7-104 打开项目

图 7-105 选择标题

03 在“属性”选项面板中选中“动画”单选按钮和“应用”复选框，单击“选取动画类型”下拉按钮，在弹出的列表框中选择“翻转”选项，如图 7-106所示。

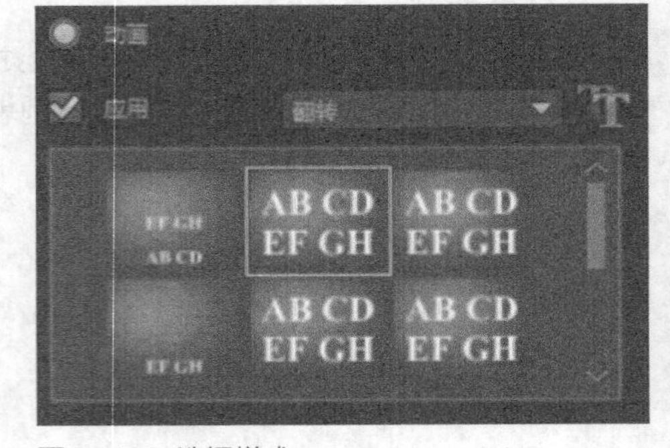

图 7-106 选择样式

04 在导览面板中单击“播放”按钮，预览字幕翻转的动画特效，如图 7-107所示。

图 7-107 预览效果

实战 149 制作飞行动画特效

在会声会影X10中，飞行动画可以使视频中的标题字幕或者单词沿着一定的路径飞行。下面向读者介绍制作飞行动画的操作方法。

- **素材位置** | 素材\第7章\实战149
- **效果位置** | 效果\第7章\实战149制作飞行动画特效.VSP
- **视频位置** | 视频\第7章\实战149制作飞行动画特效.MP4
- **难易指数** | ★★☆☆☆

操作步骤

01 进入会声会影X10，单击“文件”|“打开项目”命令，打开一个项目文件（素材\第7章\实战149\字幕.VSP），如图 7-108所示。

02 在标题轨中双击需要制作飞行特效的标题字幕，此时预览窗口中的标题字幕为选中状态，如图 7-109所示。

图 7-108 打开项目

图 7-109 选择标题

03 在“属性”选项面板中选中“动画”单选按钮和“应用”复选框，单击“选取动画类型”下拉按钮，在弹出的列表框中选择“飞行”选项，如图 7-110所示。

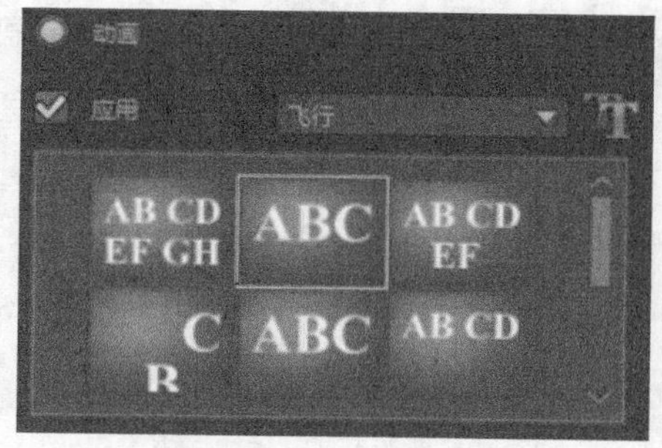

图 7-110 选择样式

04 在导览面板中单击“播放”按钮，预览字幕飞行动画特效，如图 7-111所示。

图 7-111 预览效果

实战 150 制作缩放动画特效

在会声会影X10中，缩放动画可以使文字在运动的过程中放大或缩小。下面向读者介绍制作缩放动画的操作方法。

- **素材位置** | 素材\第7章\实战150
- **效果位置** | 效果\第7章\实战150制作缩放动画特效.VSP
- **视频位置** | 视频\第7章\实战150制作缩放动画特效.MP4
- **难易指数** | ★★☆☆☆

操作步骤

01 进入会声会影X10，单击“文件”|“打开项目”命令，打开一个项目文件（素材\第7章\实战150\字幕.VSP），如图 7-112所示。

02 在标题轨中双击需要制作缩放特效的标题字幕，此时预览窗口中的标题字幕为选中状态，如图 7-113所示。

图 7-112 打开项目

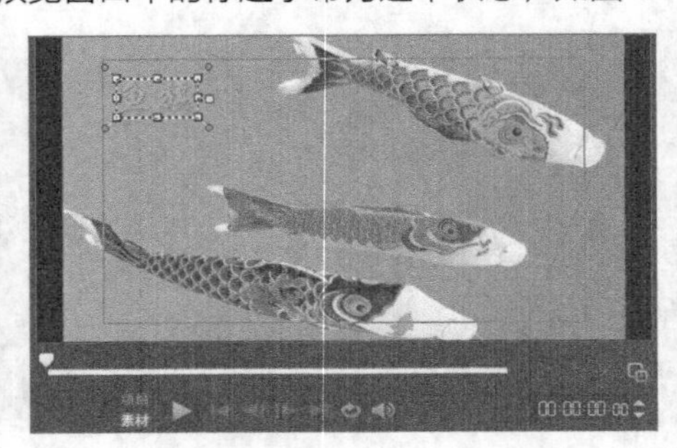

图 7-113 选择标题

03 在“属性”选项面板中选中“动画”单选按钮和“应用”复选框，单击“选取动画类型”下拉按钮，在弹出的列表框中选择“缩放”选项，如图 7-114所示。

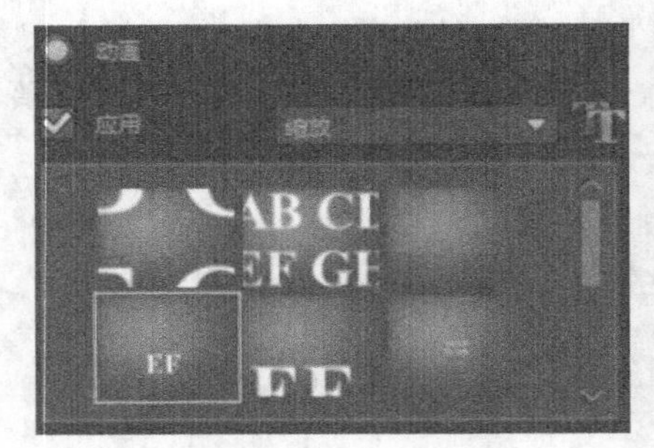

图 7-114 选择样式

04 在导览面板中单击“播放”按钮，预览字幕缩放动画特效，如图 7-115所示。

图 7-115 预览效果

实战 151 制作下降动画特效

在会声会影X10中，下降动画可以使文字在运动的过程中由大到小地逐渐变化。下面向读者介绍制作下降动画的操作方法。

- **素材位置** | 素材\第7章\实战151
- **效果位置** | 效果\第7章\实战151制作下降动画特效.VSP
- **视频位置** | 视频\第7章\实战151制作下降动画特效.MP4
- **难易指数** | ★★☆☆☆

操作步骤

01 进入会声会影X10，单击“文件”|“打开项目”命令，打开一个项目文件（素材\第7章\实战151\字幕.VSP），如图 7-116所示。

02 在标题轨中双击需要制作下降特效的标题字幕，此时预览窗口中的标题字幕为选中状态，如图 7-117所示。

图 7-116 打开项目

图 7-117 选择标题

03 在“属性”选项面板中选中“动画”单选按钮和“应用”复选框，单击“选取动画类型”下拉按钮，在弹出的列表框中选择“下降”选项，如图 7-118所示。

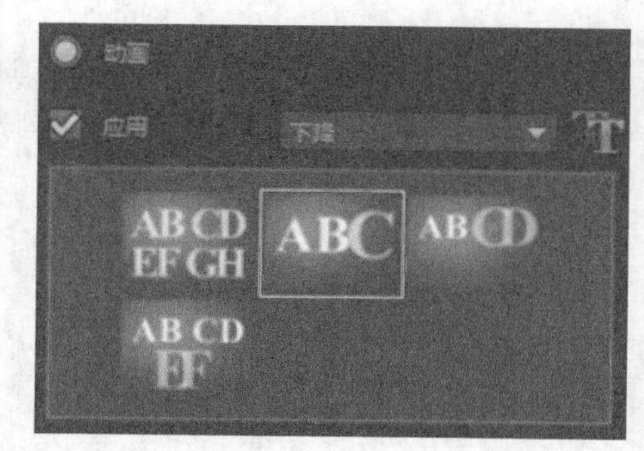

图 7-118 选择样式

04 在导览面板中单击“播放”按钮，预览字幕下降动画特效，如图 7-119所示。

图 7-119 预览效果

实战 152	制作摇摆动画特效

在会声会影X10中，摇摆动画可以使视频中的标题字幕产生左右摇摆运动的效果。下面向读者介绍制作摇摆动画的操作方法。

- **素材位置** | 素材\第7章\实战152
- **效果位置** | 效果\第7章\实战152制作摇摆动画特效.VSP
- **视频位置** | 视频\第7章\实战152制作摇摆动画特效.MP4
- **难易指数** | ★★☆☆☆

操作步骤

01 进入会声会影X10，单击"文件" | "打开项目"命令，打开一个项目文件（素材\第7章\实战152\字幕.VSP），如图 7-120所示。

02 在标题轨中双击需要制作摇摆特效的标题字幕，此时预览窗口中的标题字幕为选中状态，如图 7-121所示。

图 7-120 打开项目

图 7-121 选择标题

03 在"属性"选项面板中选中"动画"单选按钮和"应用"复选框，单击"选取动画类型"下拉按钮，在弹出的列表框中选择"摇摆"选项，如图 7-122所示。

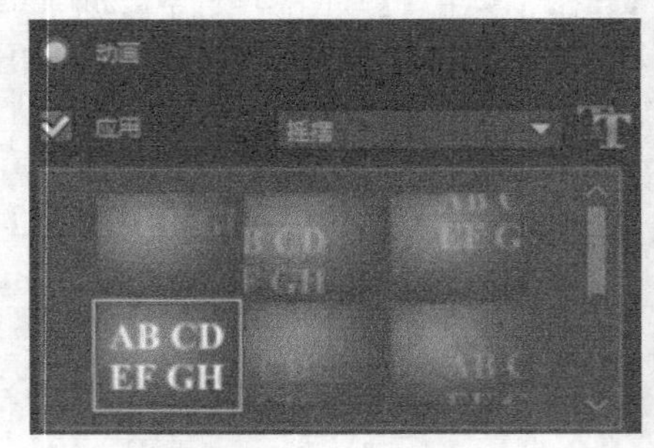

图 7-122 选择样式

04 在导览面板中单击"播放"按钮，预览字幕摇摆动画特效，如图 7-123所示。

图 7-123 预览效果

实战
153
制作移动路径特效

在会声会影X10中，移动路径动画可以使视频中的标题字幕产生沿指定路径运动的效果。下面向读者介绍制作移动路径动画的操作方法。

- **素材位置** | 素材\第7章\实战153
- **效果位置** | 效果\第7章\实战153制作移动路径特效.VSP
- **视频位置** | 视频\第7章\实战153制作移动路径特效.MP4
- **难易指数** | ★★☆☆☆

操作步骤

01 进入会声会影X10，单击“文件”|“打开项目”命令，打开一个项目文件（素材\第7章\实战153\字幕.VSP），如图 7-124所示。

02 在标题轨中双击需要制作移动路径的标题字幕，此时预览窗口中的标题字幕为选中状态，如图 7-125所示。

图 7-124 打开项目

图 7-125 选择标题

03 在“属性”选项面板中选中“动画”单选按钮和“应用”复选框，单击“选取动画类型”下拉按钮，在弹出的列表框中选择“移动路径”选项，如图 7-126所示。

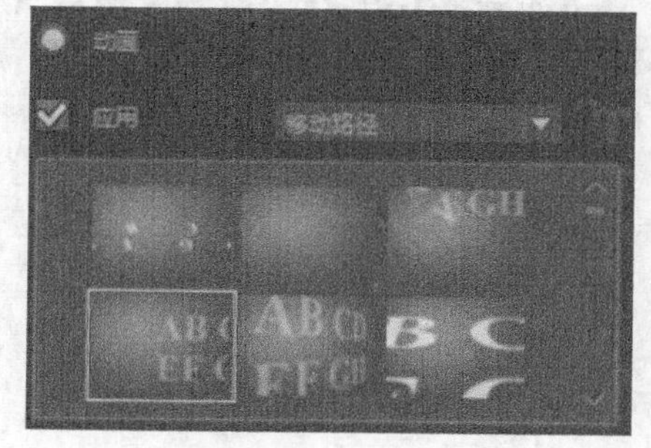

图 7-126 选择样式

04 在导览面板中单击“播放”按钮，预览字幕移动路径特效，如图 7-127所示。

图 7-127 预览效果

音频添加制作

在视频编辑中，声音是影片制作不可缺少的元素，合适的声音素材才能使整个影片更具观赏性和视听性。本章中将具体介绍音频的添加和编辑。

实战 154 添加音频文件 ★重点★

添加素材库中的音频是最常用的添加音频素材的方法，会声会影X10提供了多种不同类型的音频素材，用户可根据需要从素材库中选择所需的音频素材。

- **素材位置 |** 素材\第8章\实战154
- **效果位置 |** 效果\第8章\实战154添加音频文件.VSP
- **视频位置 |** 视频\第8章\实战154添加音频文件.MP4
- **难易指数 |** ★☆☆☆☆

操作步骤

01 进入会声会影X10，在视频轨中插入一幅素材图像（素材\第8章\实战154），如图 8-1所示。

02 在“媒体”素材库中，单击“显示音频文件”按钮，如图 8-2所示。

图 8-1 预览效果

图 8-2 单击“显示音频文件”按钮

03 执行操作后，即可显示素材库中的音频素材，选择需要的音频素材，按住鼠标左键将其拖曳至音乐轨中，如图 8-3所示。

04 释放鼠标左键，即可添加音频素材，如图 8-4所示。单击“播放”按钮可试听音频效果。

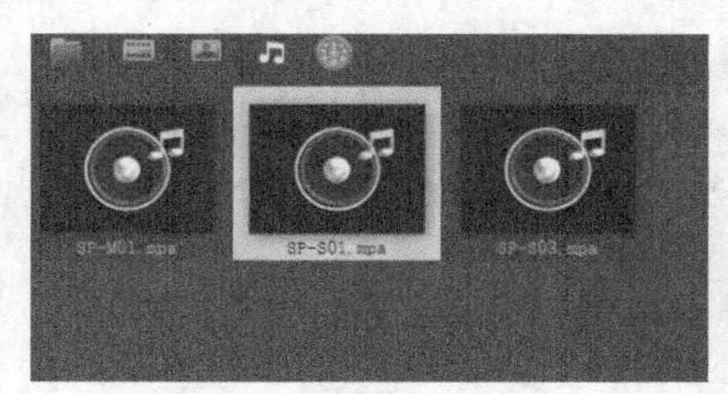

图 8-3 选择素材

图 8-4 预览效果

实战 155 分割音频文件 ★重点★

在编辑视频时，有时原视频文件的音频不需要用到时，可以将其分割出来，进行下一步编辑。本例次具体介绍音频文件的分割。

- **素材位置 |** 素材\第8章\实战155
- **效果位置 |** 效果\第8章\实战155分割音频文件.VSP
- **视频位置 |** 视频\第8章\实战155分割音频文件.MP4
- **难易指数 |** ★☆☆☆☆

操作步骤

01 进入会声会影X10，在视频轨中插入视频素材（素材\第8章\实战155），如图 8-5所示。

02 展开“选项”面板，在“视频”选项卡中单击“分割音频”按钮，如图 8-6所示。

图 8-5 预览效果

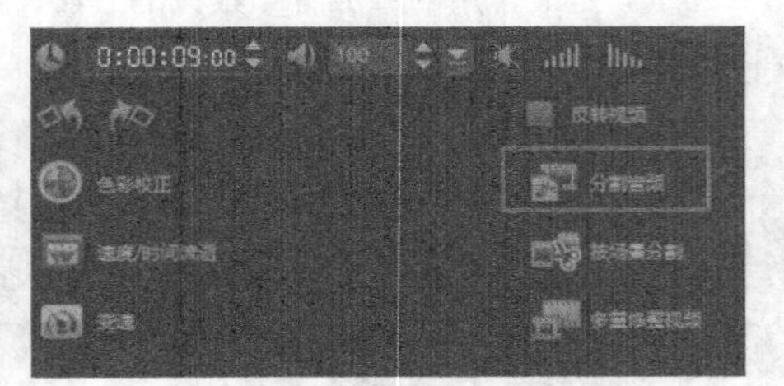

图 8-6 单击“分割音频”按钮

03 执行操作后，即可在时间轴视图中看到分割出来的音频文件，如图 8-7所示。

04 单击导览面板中的“播放”按钮，即可预览视频效果，如图 8-8所示。

图 8-7 分割音频

图 8-8 预览效果

实战 156 调节音频音量 ★重点★

在会声会影X10中，调节整段素材音量，可分别选择时间轴中的各个轨，然后在选项面板中对相应的音量控制选项进行调节。

- **素材位置** | 素材\第8章\实战156
- **效果位置** | 效果\第8章\实战156调节音频音量.VSP
- **视频位置** | 视频\第8章\实战156调节音频音量.MP4
- **难易指数** | ★☆☆☆☆

操作步骤

01 进入会声会影X10，单击“文件”|“打开项目”命令，打开一个项目文件（素材\第8章\实战156\音量.VSP），如图 8-9所示。

02 在时间轴面板中，选择声音轨中的音频文件，如图 8-10所示。

图 8-9 预览效果

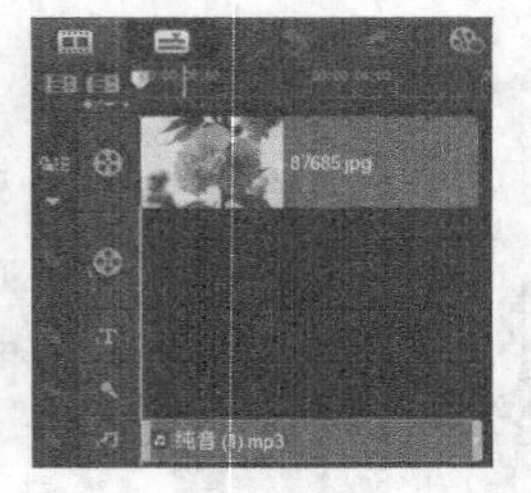

图 8-10 选择音频

03 展开“音乐和声音”选项面板，在“素材音量”右侧的数值框中输入“220”，即可调整素材音量，如图 8-11所示。

04 执行操作后，单击“播放”按钮，可试听音频效果，如图 8-12所示。

图 8-11 调整音量

图 8-12 预览效果

实战 157 使用环绕混音

在会声会影X10中，混音器可以动态调整音量调节线，它允许在播放影片项目的同时实时调整某个轨道素材任意一点的音量。

- **素材位置** | 素材\第8章\实战157
- **效果位置** | 效果\第8章\实战157使用环绕混音.VSP
- **视频位置** | 视频\第8章\实战157使用环绕混音.MP4
- **难易指数** | ★★☆☆☆

操作步骤

01 进入会声会影X10，单击“文件”|“打开项目”命令，打开一个项目文件（素材\第8章\实战157\城市.VSP），如图 8-13所示。

02 单击时间轴面板上方的“混音器”按钮，切换至混音器视图，在“环绕混音”选项面板中单击“声音轨”按钮，如图 8-14所示。

图 8-13 项目文件

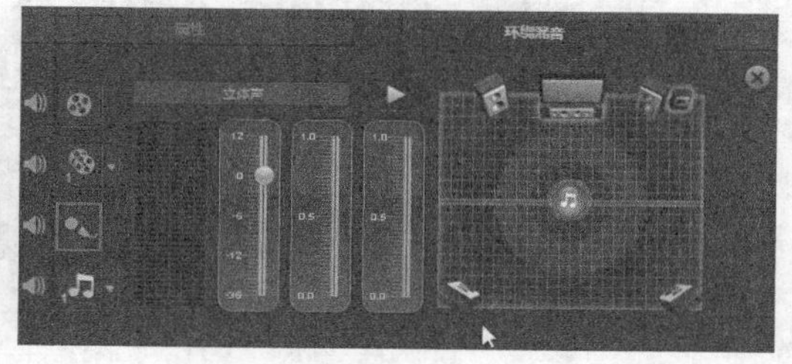

图 8-14 单击“声音轨”按钮

03 执行上述操作后，即可选择要调节的音频轨道，在“环绕混音”选项面板中单击“播放”按钮，如图 8-15所示。

04 开始试听选择的轨道中的音频效果，并且在混音器中可以看到音量起伏的变化，如图 8-16所示。

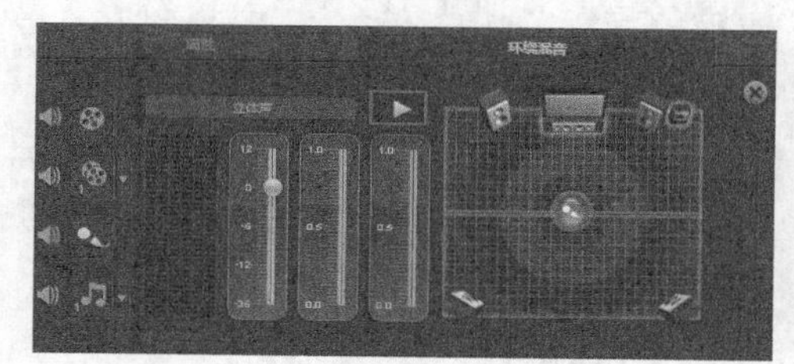

图 8-15 单击“播放”按钮

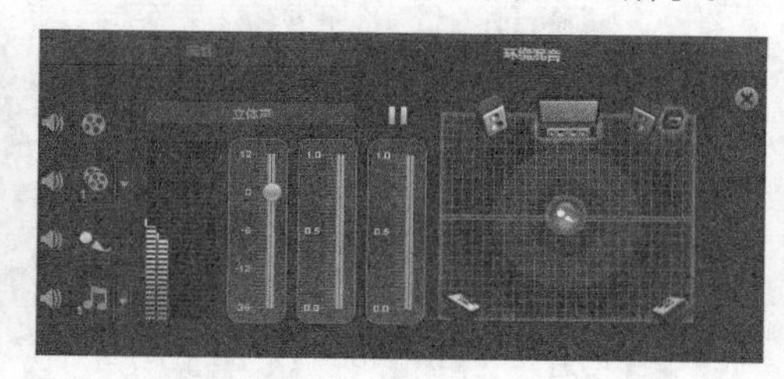

图 8-16 试听音频

05 单击“环绕混音”选项面板中的“音量”按钮，并向下拖曳光标，如图 8-17所示。

06 执行上述操作后，即可播放并实时调节音量，在声音轨中可查看音频调节效果，如图 8-18所示。

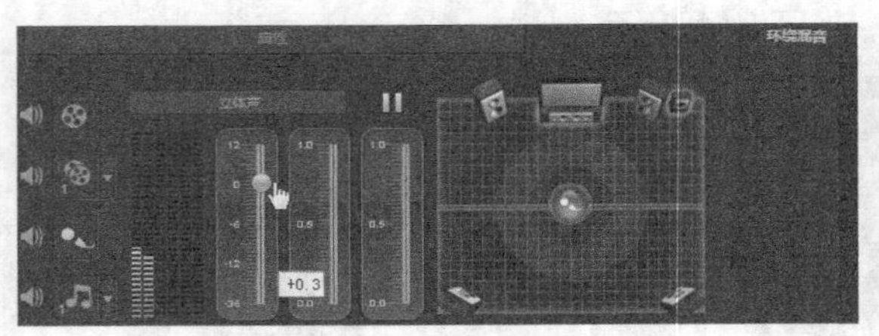

图 8-17 拖动光标

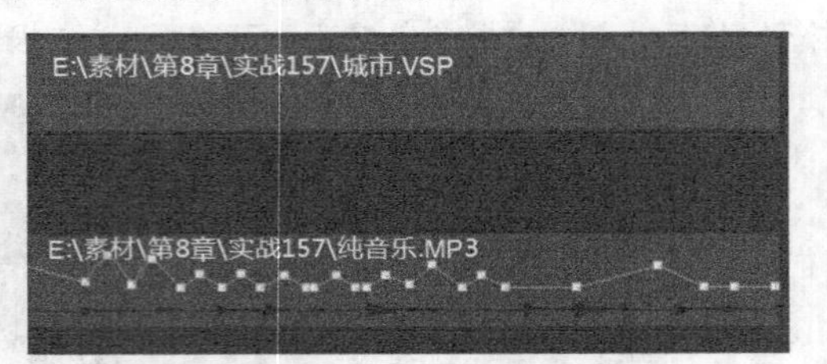

图 8-18 调节效果

实战 158 回声特效

在会声会影X10中，能够通过添加回声音频滤镜来制造回声的音频效果，让音频素材更加完美。

- **素材位置** | 素材\第8章\实战158
- **效果位置** | 效果\第8章\实战158回声特效.VSP
- **视频位置** | 视频\第8章\实战158回声特效.MP4
- **难易指数** | ★☆☆☆☆

操作步骤

01 进入会声会影X10，单击“文件”|“打开项目”命令，打开一个项目文件（素材\第8章\实战158\回声.VSP），如图 8-19所示。

02 在声音轨中，双击需要添加音频滤镜的素材，如图 8-20所示。

图 8-19 项目文件

图 8-20 选择音频

03 打开“音乐和声音”选项面板，单击“音频滤镜”按钮，弹出“音频滤镜”对话框，在“可用滤镜”列表框中选择“回声”选项，如图 8-21所示。

04 单击“添加”按钮，选择的滤镜即可显示在“已用滤镜”列表框中，如图 8-22所示。

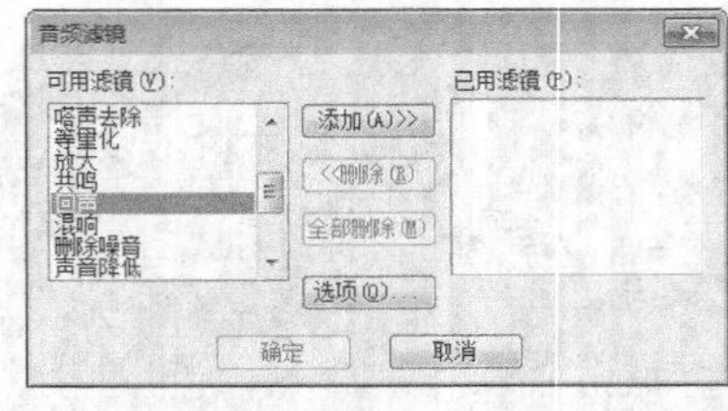

图 8-21 选择滤镜

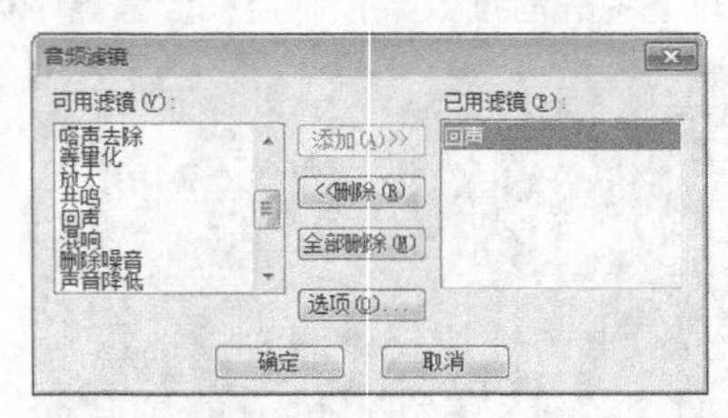

图 8-22 添加滤镜

05 单击“确定”和“播放”按钮，试听音频滤镜特效，查看视频画面效果，如图 8-23所示。

图 8-23 预览效果

实战 159 数码变声特效

在会声会影X10中，能够通过添加音调偏移音频滤镜来偏移原始音频音效。下面向读者介绍添加音调偏移音频滤镜的操作方法。

- **素材位置 |** 素材\第8章\实战159
- **效果位置 |** 效果\第8章\实战159数码变声特效.VSP
- **视频位置 |** 视频\第8章\实战159数码变声特效.MP4
- **难易指数 |** ★☆☆☆☆

操作步骤

01 进入会声会影X10，单击“文件”|“打开项目”命令，打开一个项目文件（素材\第8章\实战159\变声.VSP），如图 8-24所示。

02 在声音轨中，双击需要添加音频滤镜的素材，如图 8-25所示。

图 8-24 打开项目

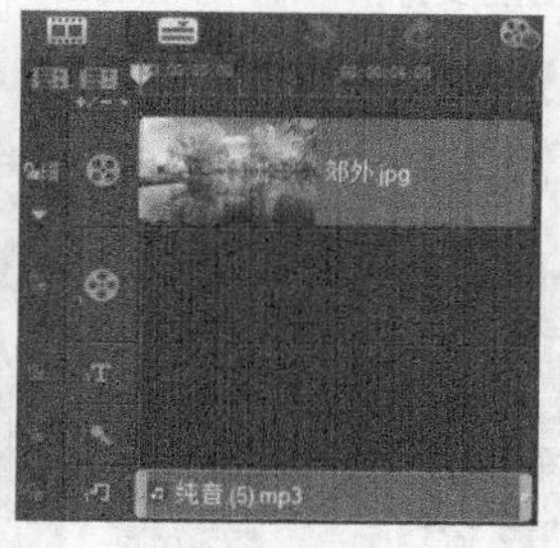

图 8-25 选择素材

03 打开“音乐和声音”选项面板，单击“音频滤镜”按钮，弹出“音频滤镜”对话框，在“可用滤镜”列表框中选择“音调偏移”选项，如图 8-26所示。

04 单击“添加”按钮，选择的滤镜即可显示在“已用滤镜”列表框中，如图 8-27所示。

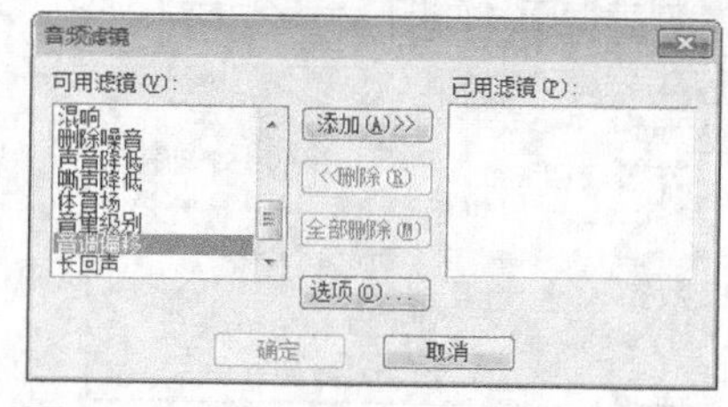

图 8-26 选择滤镜

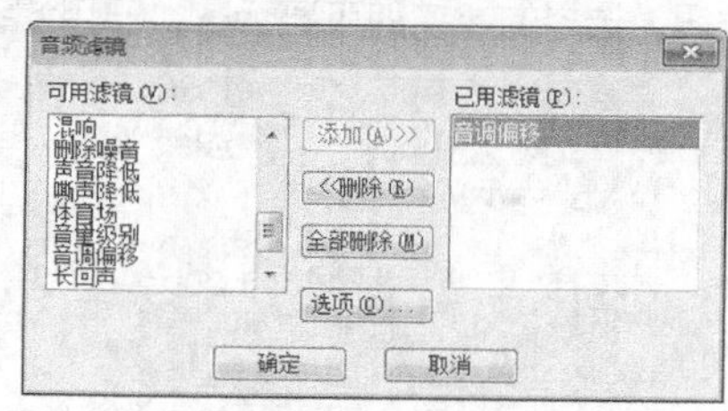

图 8-27 添加滤镜

05 单击“确定”和“播放”按钮，试听音频滤镜特效，查看视频画面效果，如图 8-28所示。

图 8-28 预览效果

实战 160 转音特效

在会声会影X10中，能够通过添加声音降低音频滤镜来减小音频素材的原始音量。下面向读者介绍添加声音降低音频滤镜的操作方法。

- **素材位置 |** 素材\第8章\实战160
- **效果位置 |** 效果\第8章\实战160转音特效.VSP
- **视频位置 |** 视频\第8章\实战160转音特效.MP4
- **难易指数 |** ★★☆☆☆

操作步骤

01 进入会声会影X10，单击“文件”|“打开项目”命令，打开一个项目文件（素材\第8章\实战160\转音.VSP），如图 8-29所示。

02 在声音轨中，双击需要添加音频滤镜的素材，如图 8-30所示。

图 8-29 打开项目

图 8-30 选择素材

03 打开“音乐和声音”选项面板，单击“音频滤镜”按钮，弹出“音频滤镜”对话框，在“可用滤镜”列表框中选择“声音降低”选项，如图 8-31所示。

04 单击“添加”按钮，选择的滤镜即可显示在“已用滤镜”列表框中，如图 8-32所示。

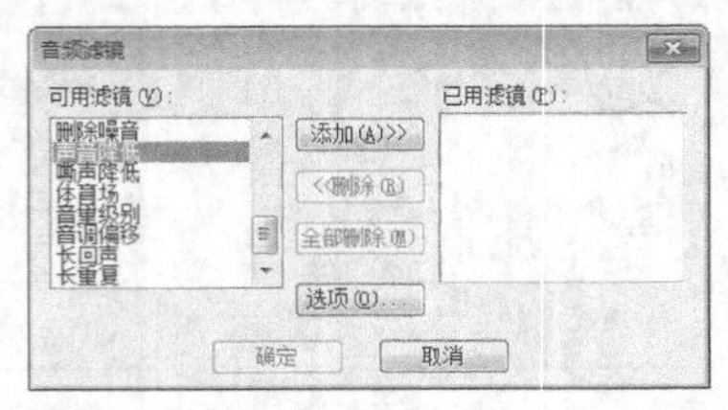

图 8-31 选择滤镜

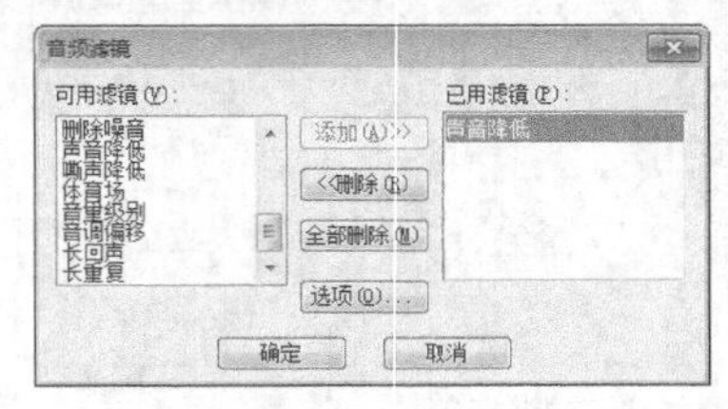

图 8-32 添加滤镜

05 单击“确定”和“播放”按钮，试听音频滤镜特效，查看视频画面效果，如图 8-33所示。

图 8-33 预览效果

实战 161 体育场音效

在会声会影X10中，能够通过添加体育场音频滤镜来制造体育场音效，让音频素材的音效更加逼真。

- **素材位置 |** 素材\第8章\实战161
- **效果位置 |** 效果\第8章\实战161体育场音效.VSP
- **视频位置 |** 视频\第8章\实战161体育场音效.MP4
- **难易指数 |** ★☆☆☆☆

操作步骤

01 进入会声会影X10，单击“文件”|“打开项目”命令，打开一个项目文件（素材\第8章\实战161\体育.VSP），如图 8-34所示。

02 在声音轨中，双击需要添加音频滤镜的素材，如图 8-35所示。

图 8-34 项目文件

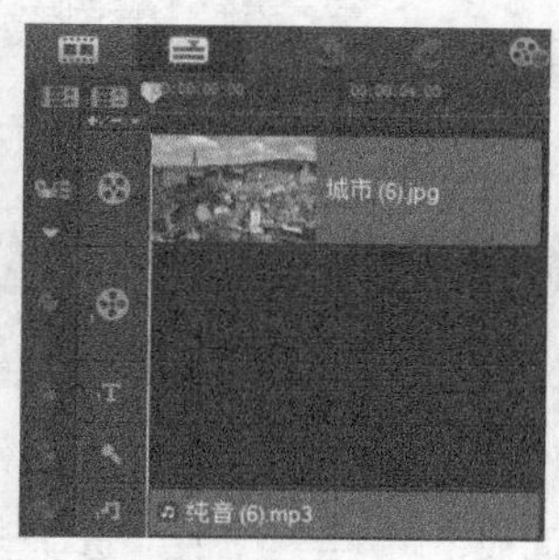

图 8-35 选择素材

03 打开“音乐和声音”选项面板，单击“音频滤镜”按钮，弹出“音频滤镜”对话框，在“可用滤镜”列表框中选择“体育场”选项，如图 8-36所示。

04 单击“添加”按钮，选择的滤镜即可显示在“已用滤镜”列表框中，如图 8-37所示。

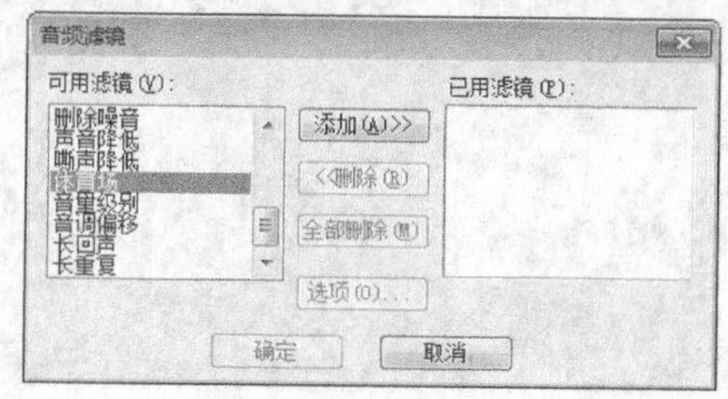

图 8-36 选择滤镜

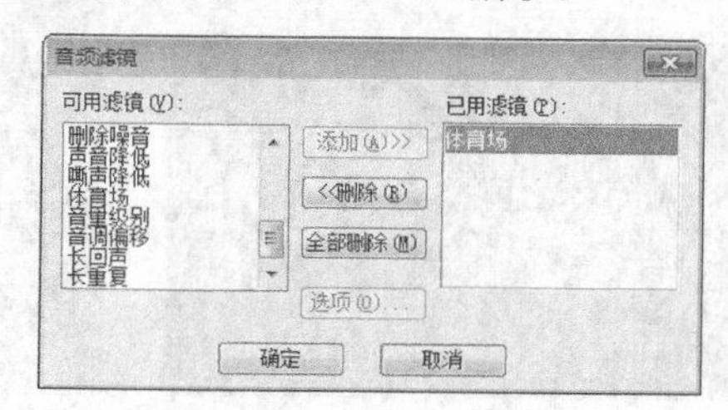

图 8-37 添加滤镜

05 单击“确定”和“播放”按钮，试听音频滤镜特效，查看视频画面效果，如图 8-38所示。

图 8-38 预览效果

实战 162 伴奏乐提取

会声会影能够提取原视频中的伴奏文件，非常方便快捷。

- **素材位置 |** 素材\第8章\实战162
- **效果位置 |** 效果\第8章\实战162伴奏乐提取.VSP
- **视频位置 |** 视频\第8章\实战162伴奏乐提取.MP4
- **难易指数 |** ★★☆☆☆

操作步骤

01 进入会声会影X10，插入视频素材（素材\第8章\实战162）至视频轨中，如图 8-39所示。

02 单击时间轴面板上方的“混音器”按钮，切换至混音器视图，如图 8-40所示。

图 8-39 视频素材

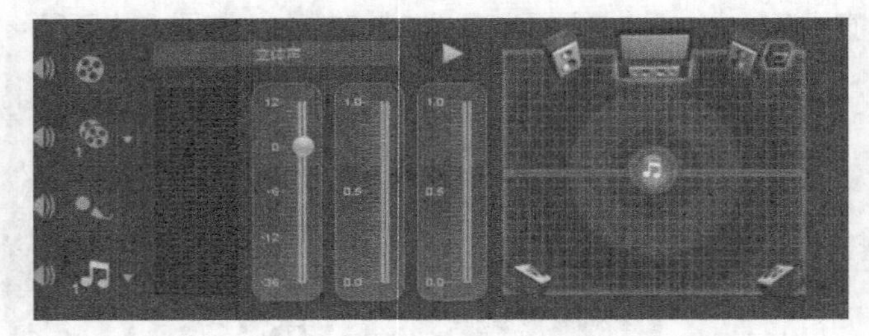

图 8-40 混音器视图

03 弹出“选项”面板，切换至“属性”选项卡，勾选“复制声道”复选框，然后单击“左”单选按钮，如图 8-41所示。

04 单击“共享”按钮，进入“共享”步骤，单击“音频”按钮输出音频文件，如图 8-42所示。

图 8-41 “属性”选项卡

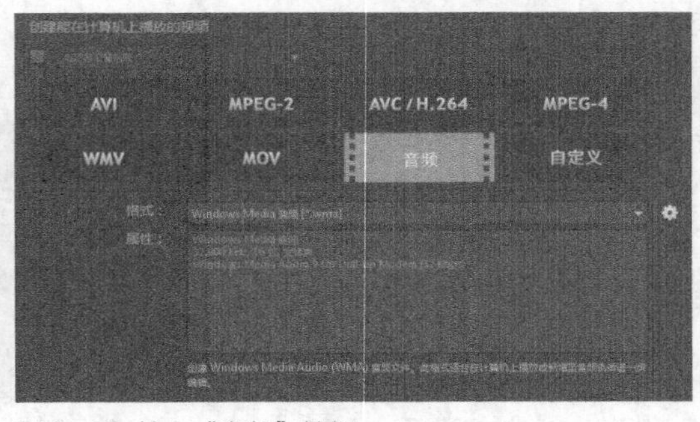

图 8-42 单击“音频”按钮

视频共享输出

视频编辑的最后一步就是将制作好的视频文件共享输出，可以直接导出为网页，也可以导出为电子邮件，还可以将其刻录成光盘等。在本章中将具体介绍视频的共享输出。

实战 163

输出视频文件——海星贝壳

AVI主要应用在多媒体光盘上，用来保存电视、电影等各种影像信息，下面向读者介绍输出AVI视频文件的操作方法。

- **素材位置 |** 素材\第9章\实战163
- **效果位置 |** 效果\第9章\实战163输出视频文件——海星贝壳.VSP
- **视频位置 |** 视频\第9章\实战163输出视频文件——海星贝壳.MP4
- **难易指数 |** ★☆☆☆☆

操作步骤

01 进入会声会影X10，单击“文件”|“打开项目”命令，打开一个项目文件（素材\第9章\实战163\海星.VSP），如图 9-1所示。

02 在编辑器的上方单击“共享”标签，切换至“共享”步骤面板，如图 9-2所示。

图 9-1 打开项目

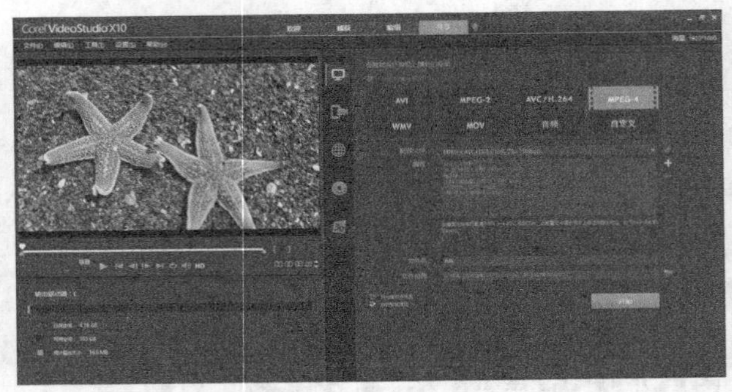

图 9-2 “共享”步骤面板

03 在上方面板中，选择“AVI”选项，如图 9-3所示。

04 在下方面板中，单击“文件位置”右侧的“浏览”按钮，如图 9-4所示。

图 9-3 选择“AVI”选项

图 9-4 单击“浏览”按钮

05 弹出“浏览”对话框，在其中设置视频文件的输出名称与输出位置，如图 9-5所示。

06 设置完成后，单击“保存”按钮，返回会声会影X10工作界面。单击下方的“开始”按钮，开始渲染视频文件，并显示渲染进度，如图 9-6所示。稍等片刻，等待视频文件输出完成后，弹出信息提示框，提示用户视频文件建立成功，单击“确定”按钮，完成输出视频的操作。

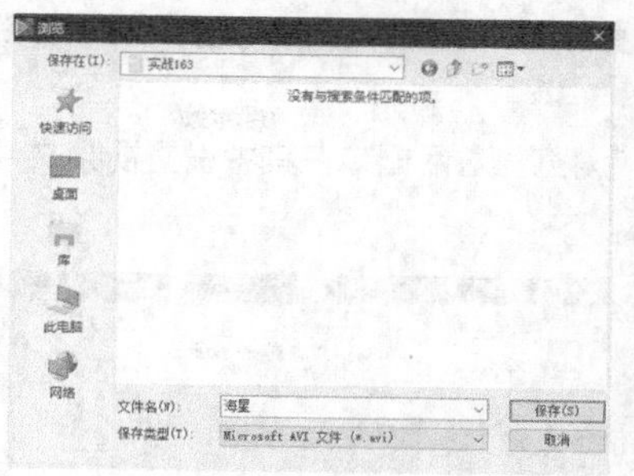

图 9-5 “浏览”对话框

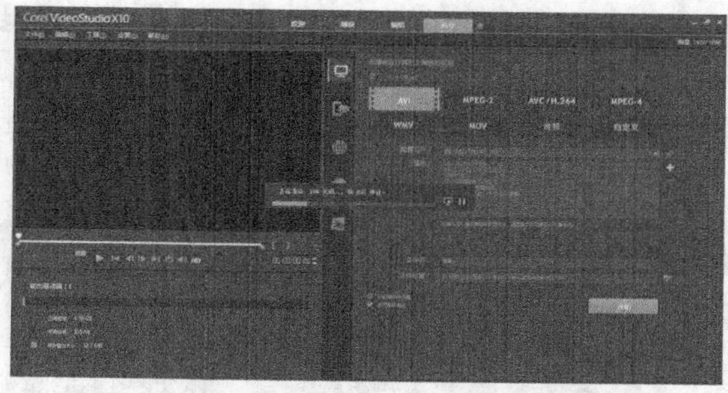

图 9-6 渲染过程

07 在导览面板中单击“播放”按钮，预览输出的视频画面效果，如图 9-7所示。

图 9-7 预览效果

实战 164 输出预览范围——百变时钟

在会声会影X10中渲染视频时，为了更好地查看视频效果，常常需要渲染视频中的部分视频内容。

- **素材位置 |** 素材\第9章\实战164
- **效果位置 |** 效果\第9章\实战164输出预览范围——百变时钟.VSP
- **视频位置 |** 视频\第9章\实战164输出预览范围——百变时钟.MP4
- **难易指数 |** ★☆☆☆☆

操作步骤

01 进入会声会影X10，单击“文件”|“打开项目”命令，打开一个项目文件（素材\第9章\实战164\时钟.VSP），如图 9-8所示。

图 9-8 打开项目

02 在时间轴上拖曳当前时间标记至00：00：01：00的位置，单击“开始标记”按钮，此时时间轴上将出现黄色标记，如图 9-9所示。

03 拖曳当前时间标记至00：00：06：00的位置，单击“结束标记”按钮，时间轴上黄色标记的区域为用户所指定的预览范围，如图 9-10所示。

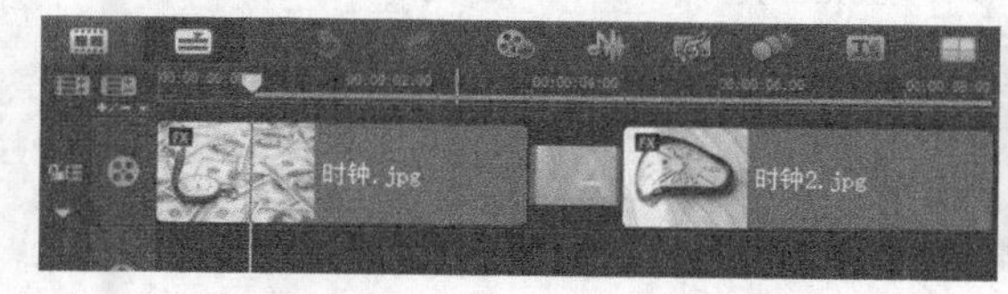

图 9-9 设置开始标记

图 9-10 设置结束标记

04 在编辑器的上方单击“共享”标签，切换至“共享”步骤面板，在上方面板中选择“MPEG-4”选项，如图 9-11所示。

05 在下方面板中，单击“文件位置”右侧的“浏览”按钮，弹出“浏览”对话框，在其中设置视频文件的输出名称与输出位置，如图 9-12所示。

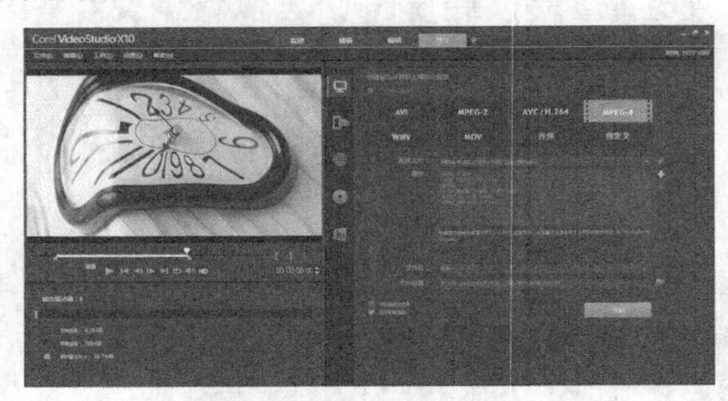

图 9-11 切换至“共享”步骤面板

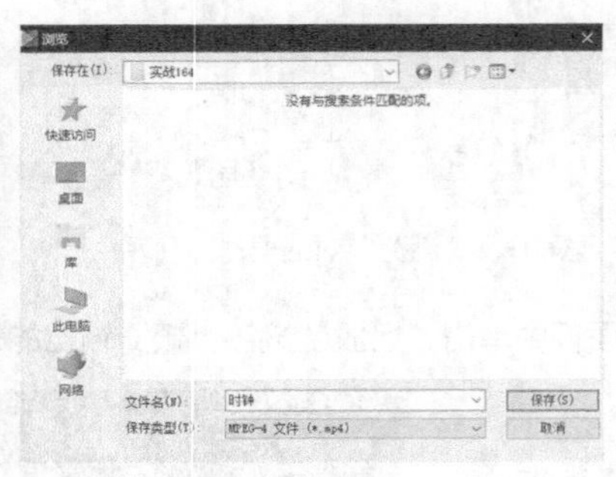

图 9-12 “浏览”对话框

06 设置完成后，单击“保存”按钮，返回会声会影X10工作界面。在面板下方选中“只创建预览范围”复选框，如图 9-13所示。

07 单击“开始”按钮，开始渲染视频文件，并显示渲染进度，如图 9-14所示。

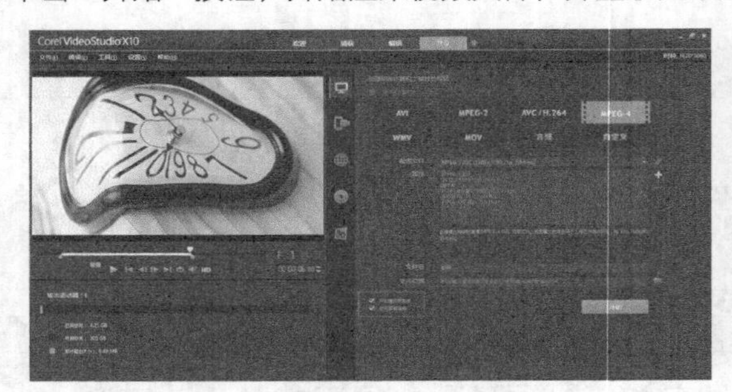

图 9-13 选中“只创建预览范围”复选框

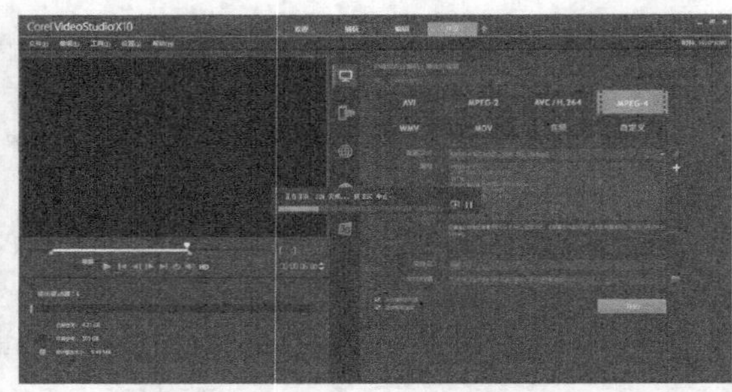

图 9-14 渲染视频

08 稍等片刻，待视频文件输出完成后，弹出信息提示框，提示用户视频文件建立成功，单击“确定”按钮，完成指定影片输出范围的操作。在导览面板中单击“播放”按钮，预览输出的部分视频画面效果，如图 9-15所示。

图 9-15 预览效果

165 导出为模板——阳光海岸

在会声会影X10中，用户可以根据需要将现有项目文件导出为模板，方便以后调用。下面向读者介绍导出为模板的操作方法。

- **素材位置** | 素材\第9章\实战165
- **效果位置** | 效果\第9章\实战165导出为模板——阳光海岸.VSP
- **视频位置** | 视频\第9章\实战165导出为模板——阳光海岸.MP4
- **难易指数** | ★☆☆☆☆

操作步骤

01 进入会声会影X10，单击“文件”|“打开项目”命令，打开一个项目文件（素材\第9章\实战165\沙滩.VSP），如图 9-16所示。

02 执行“文件”|“导出为模板”|“即时项目模板”命令，如图 9-17所示。

图 9-16 项目文件

图 9-17 执行“即时项目模板”命令

03 弹出对话框，单击“是”按钮保存项目文件，然后弹出“将项目导出为模板”对话框，在“类别”下拉列表中选择“自定义”，单击“确定”完成设置，如图 9-18所示。

04 保存模板后，能在相应类别中找到模板并再次使用，如图 9-19所示。

图 9-18 “将项目导出为模板”对话框

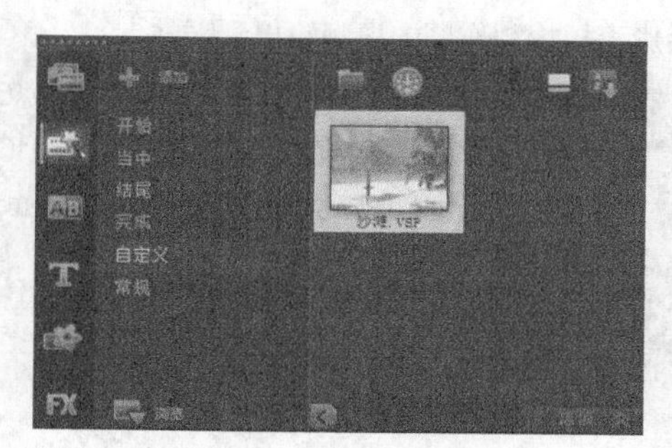

图 9-19 素材库

实战 166 输出至手机中——森林奇观

在会声会影X10中，我们能够直接将制作好的视频输出到手机中。

- **素材位置** | 素材\第9章\实战166
- **效果位置** | 效果\第9章\实战166输出至手机中——森林奇观.VSP
- **视频位置** | 视频\第9章\实战166输出至手机中——森林奇观.MP4
- **难易指数** | ★☆☆☆☆

操作步骤

01 进入会声会影X10，单击“文件”|“打开项目”命令，打开一个项目文件（素材\第9章\实战166\森林.VSP），如图 9-20所示。

图 9-20 打开项目

02 切换至“共享”面板，单击左侧选项中的“设备”按钮，切换至“设备”选项面板，如图 9-21所示。

03 在上方选择“移动设备”按钮，单击“开始”按钮，开始渲染输出，如图 9-22所示。

图 9-21 单击“设备”按钮

图 9-22 渲染输出

实战 167 上传到网站上——海底世界

我们能够利用会声会影直接将制作好的视频输出到网站上。

- **素材位置 |** 素材\第9章\实战167
- **效果位置 |** 效果\第9章\实战167上传到网站上——海底世界.VSP
- **视频位置 |** 视频\第9章\实战167上传到网站上——海底世界.MP4
- **难易指数 |** ★☆☆☆☆

操作步骤

01 进入会声会影X10，单击“文件”|“打开项目”命令，打开一个项目文件（素材\第9章\实战167\海底.VSP），如图 9-23所示。

02 切换至“共享”面板，单击左侧选项中的“网络”按钮，切换至“网络”选项面板，如图 9-24所示。

图 9-23 项目文件

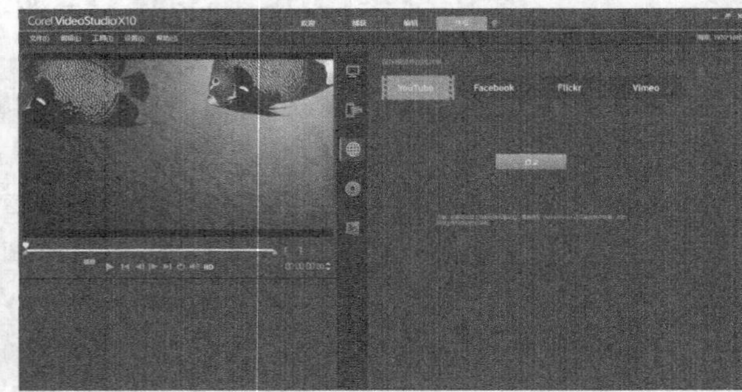

图 9-24 “网络”选项面板

03 在上方选择需要投稿的网站，单击“登录”按钮，登录账户进行上传，如图 9-25所示。

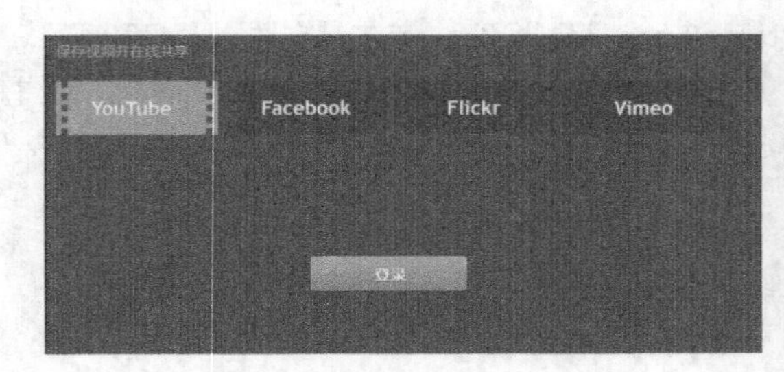

图 9-25 单击“登录”按钮

实 战
168 刻录光盘——宁静之海

会声会影X10中，可以直接将编辑好的视频刻录到光盘中，这样可以方便对视频的编辑。

- **素材位置** | 素材\第9章\实战168
- **效果位置** | 效果\第9章\实战168刻录光盘——宁静之海.VSP
- **视频位置** | 视频\第9章\实战168刻录光盘——宁静之海.MP4
- **难易指数** | ★☆☆☆☆

操作步骤

01 进入会声会影X10，单击“文件”|“打开项目”命令，打开一个项目文件（素材\第9章\实战168\海.VSP），如图 9-26所示。

02 切换至“共享”面板，单击左侧选项中的“光盘”按钮，切换至“光盘”选项面板，如图 9-27所示。

图 9-26 项目文件

图 9-27 单击“光盘”按钮

03 在上方选择需要输出的设备，单击“DVD”按钮，将弹出编辑界面，如图 9-28所示。

04 在第一个步骤界面中进行视频编辑和修整，修整完毕后，单击“下一步”按钮，如图 9-29所示。

图 9-28 步骤界面

图 9-29 编辑视频

05 在第二个步骤界面中选择智能菜单，选择完毕后，单击“下一步”按钮，如图 9-30所示。

06 在第三个步骤界面中选择输出的格式和位置，选择完毕后，单击“刻录”按钮，完成操作，如图 9-31所示。

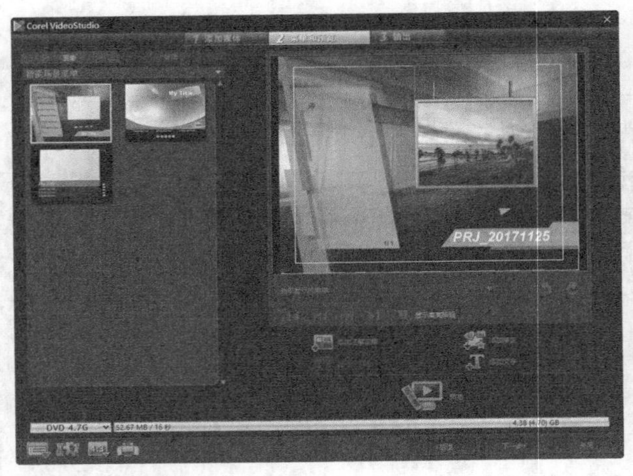

图 9-30 选择智能菜单

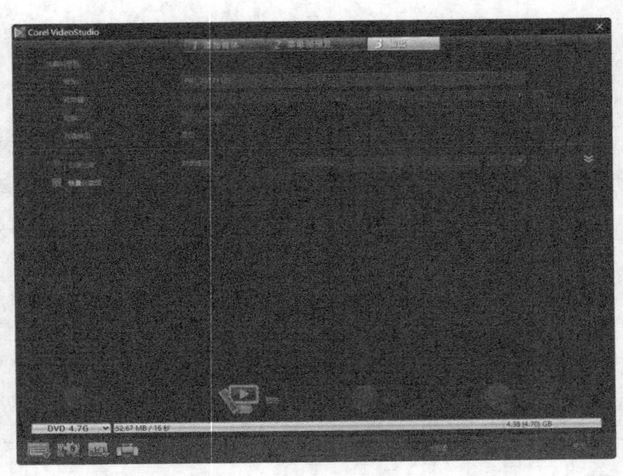

图 9-31 刻录光盘

实战 169

导出到SD卡中——青山青苔

会声会影X10中，能够将制作好的视频直接输出到SD卡中，便于存储。

- **素材位置** | 素材\第9章\实战169
- **效果位置** | 效果\第9章\实战169导出到SD卡中——青山青苔.VSP
- **视频位置** | 视频\第9章\实战169导出到SD卡中——青山青苔.MP4
- **难易指数** | ★☆☆☆☆

操作步骤

01 进入会声会影X10，单击“文件”|“打开项目”命令，打开一个项目文件（素材\第9章\实战169\青山.VSP），如图 9-32所示。

02 切换至“共享”面板，单击左侧选项中的“光盘”按钮，切换至“光盘”选项面板，如图 9-33所示。

图 9-32 项目文件

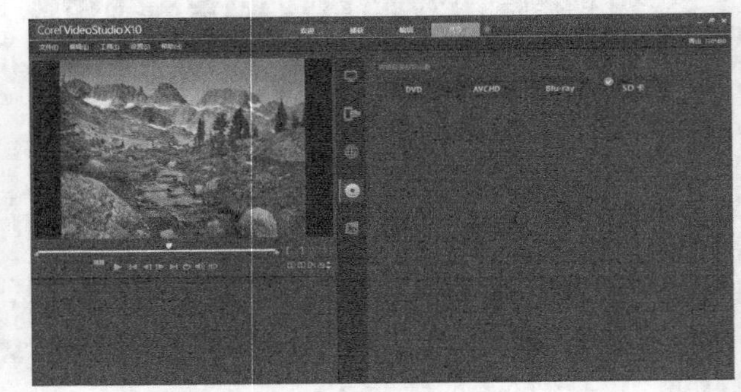

图 9-33 单击“光盘”按钮

03 在上方选择需要输出的设备，单击“SD卡”按钮，将弹出编辑界面，如图 9-34所示。

04 在第一个步骤界面中进行视频编辑和修整，修整完毕后，单击“下一步”按钮，如图 9-35所示。

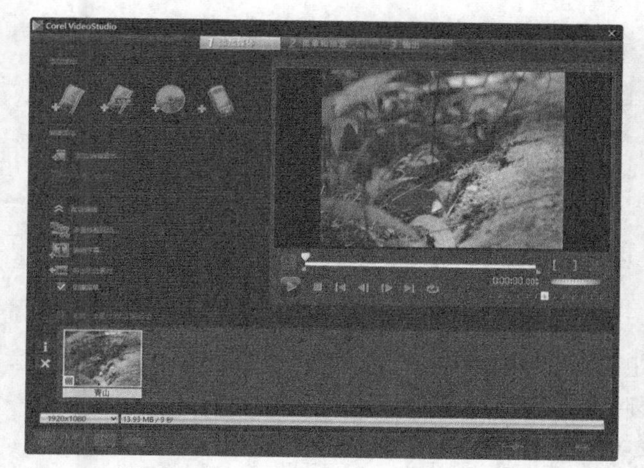

图 9-34 编辑界面

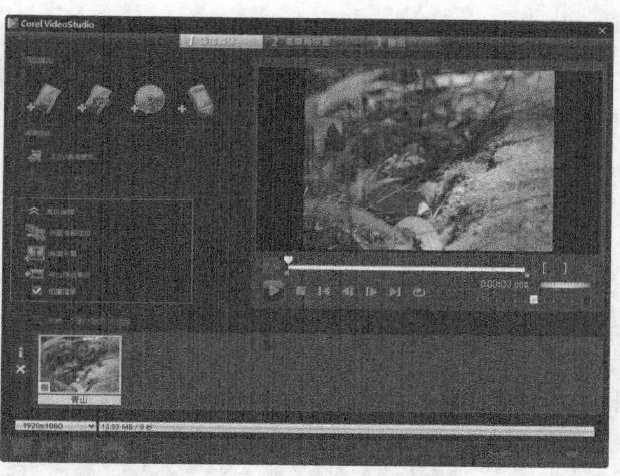

图 9-35 修整视频

05 在第二个步骤界面中选择智能菜单，选择完毕后，单击“下一步”按钮，如图 9-36所示。

06 在第三个步骤界面中选择输出的格式和位置，选择完毕后，单击“刻录”按钮，完成操作，如图 9-37所示。

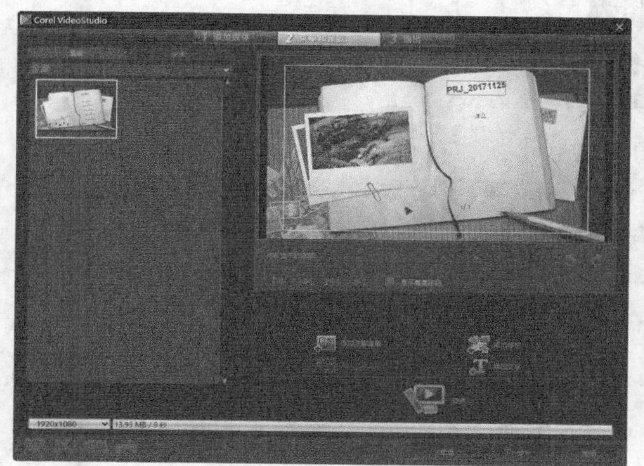

图 9-36 选择智能菜单

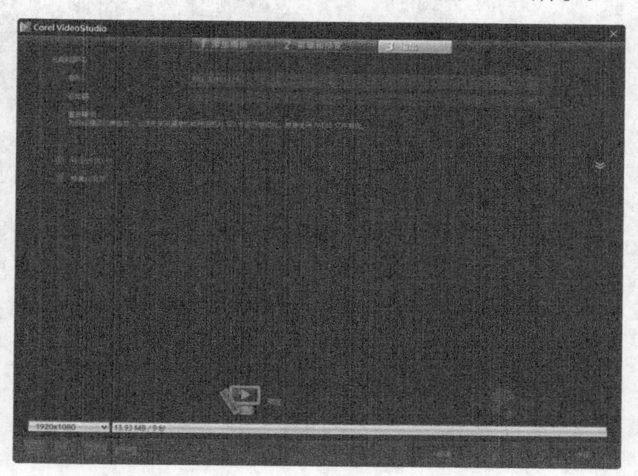

图 9-37 输出视频

实战 170 输出3D影片——温馨家居

3D影片是现在的潮流趋势，会声会影也能够输出3D影片。

- **素材位置丨**素材\第9章\实战170
- **效果位置丨**效果\第9章\实战170输出3D影片——温馨家居.VSP
- **视频位置丨**视频\第9章\实战170输出3D影片——温馨家居.MP4
- **难易指数丨**★☆☆☆☆

操作步骤

01 进入会声会影X10，单击“文件”|“打开项目”命令，打开一个项目文件（素材\第9章\实战170\家居.VSP），如图 9-38所示。

02 在编辑器的上方单击“共享”标签 共享 ，切换至“共享”步骤面板，在左侧面板中单击“3D影片”按钮，如图 9-39所示。

图 9-38 项目文件

图 9-39 单击“3D影片”按钮

03 在下方面板中，单击“文件位置”右侧的“浏览”按钮，如图 9-40所示。

04 弹出“浏览”对话框，在其中设置视频文件的输出名称与输出位置，如图 9-41所示。

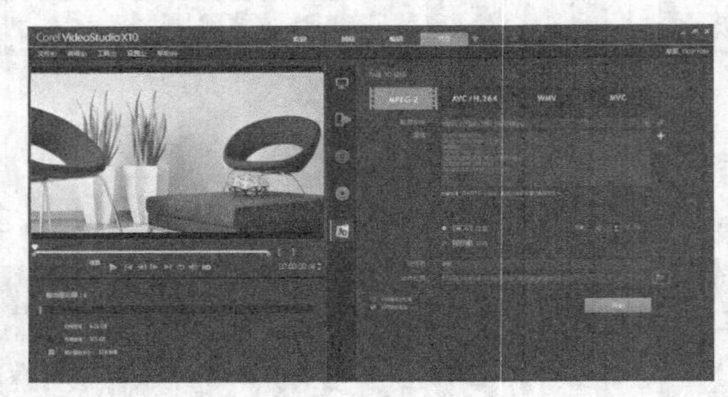

图 9-40 单击“浏览”按钮

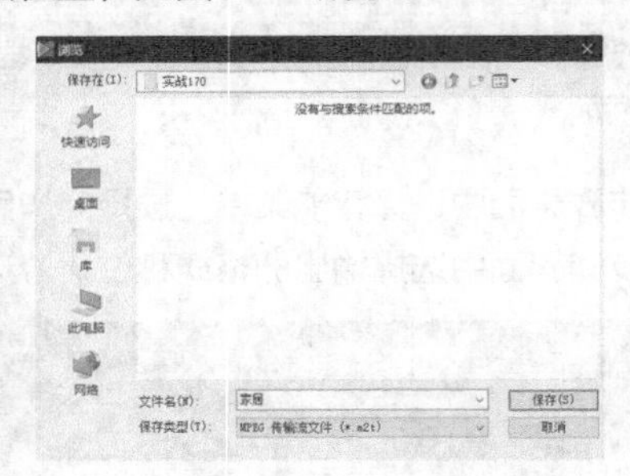

图 9-41 “浏览”对话框

05 设置完成后，单击“保存”按钮，返回会声会影X10工作界面。单击下方的“开始”按钮，开始渲染视频文件，并显示渲染进度，如图 9-42所示。稍等片刻，等待视频文件输出完成后，弹出信息提示框，提示用户视频文件建立成功，单击“确定”按钮，完成输出3D视频的操作。

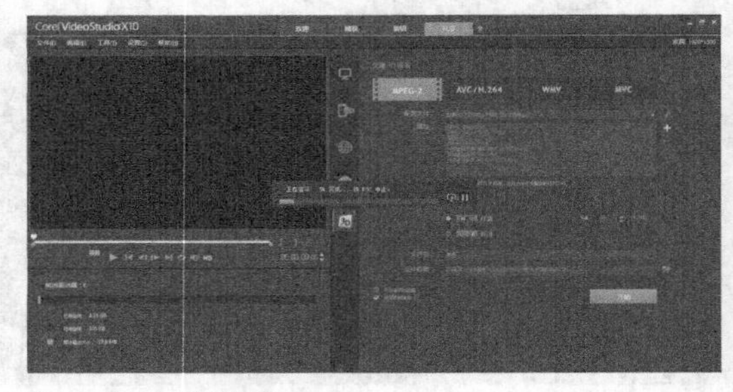

图 9-42 渲染视频

06 在导览面板中单击“播放”按钮，预览输出的3D视频的画面效果，如图 9-43和图 9-44所示。

图 9-43 预览效果

图 9-44 预览效果

实战 171 输出不带音频的影片——繁华都市

会声会影能输出不带音频的影片，能够满足用户的特殊需求。

- **素材位置** | 素材\第9章\实战171
- **效果位置** | 效果\第9章\实战171输出不带音频的影片——繁华都市.VSP
- **视频位置** | 视频\第9章\实战171输出不带音频的影片——繁华都市.MP4
- **难易指数** | ★☆☆☆☆

操作步骤

01 进入会声会影X10，单击“文件”|“打开项目”命令，打开一个项目文件（素材\第9章\实战171\都市.VSP），如图 9-45所示。

02 在时间轴视图中用鼠标右键单击需要删除的音频素材，在弹出的快捷菜单中选择“删除”选项，如图 9-46所示。

图 9-45 项目文件

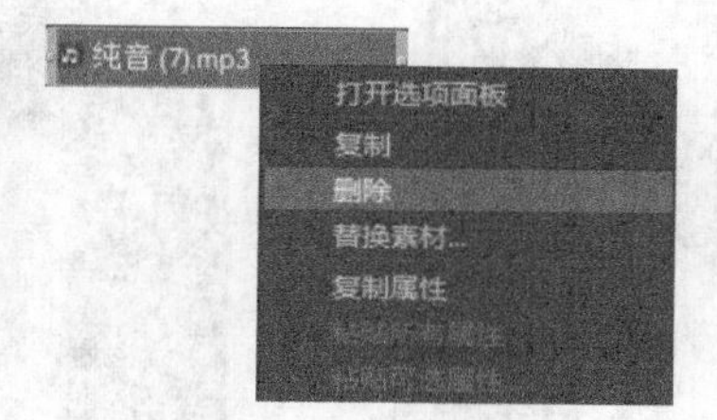

图 9-46 选择“删除”选项

03 在编辑器的上方单击“共享”标签，切换至“共享”步骤面板，并选择“AVI”选项，如图 9-47所示。

04 在下方面板中，单击“文件位置”右侧的“浏览”按钮，弹出“浏览”对话框，在其中设置视频文件的输出名称与输出位置，如图 9-48所示。

图 9-47 “共享”步骤面板

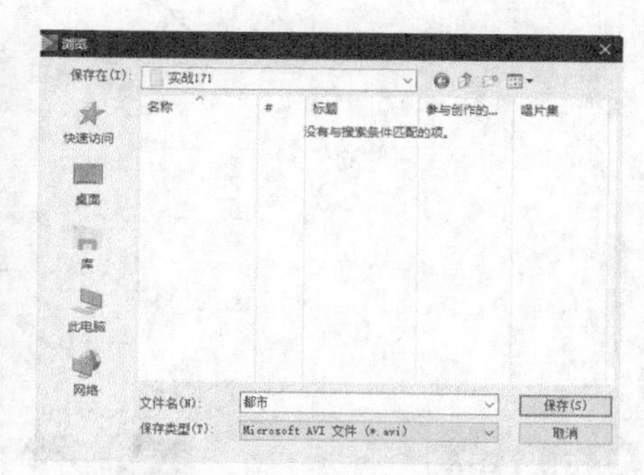

图 9-48 “浏览”对话框

05 设置完成后，单击“保存”按钮，返回会声会影X10工作界面。单击下方的“开始”按钮，开始渲染视频文件，并显示渲染进度，如图 9-49所示。稍等片刻，等待视频文件输出完成后，弹出信息提示框，提示用户视频文件建立成功，单击“确定”按钮，完成输出视频的操作。

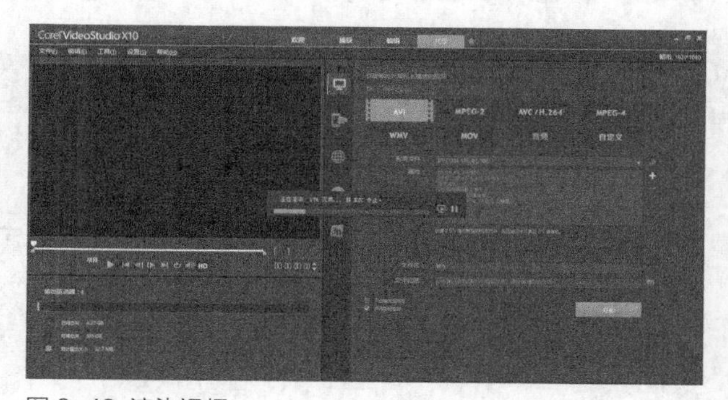

图 9-49 渲染视频

06 在导览面板中单击“播放”按钮，预览输出的视频画面效果，如图 9-50所示。

图 9-50 预览效果

婚礼视频——我们结婚啦

婚礼是人生中最重要的阶段，我们希望能够通过影片永远记录下这一刻，这样在我们老年的时候，再次拿出来观看时，必定内心会涌出一股暖流。

10.1 生活记录视频的制作要点

（1）在会声会影中插入素材，对其运用转场和滤镜效果来制作出理想的效果。

（2）为制作好的视频添加字幕，解读画面中的元素。

（3）添加合适的音频文件，使影片更加吸引人。

10.2 制作视频

实战 172 添加并修整素材

素材是影片的关键，对素材的修整能够直接影响到观影体验。

- **素材位置 |** 素材\第10章\实战172
- **效果位置 |** 效果\第10章\实战172添加并修整素材.VSP
- **视频位置 |** 视频\第10章\实战172添加并修整素材.MP4
- **难易指数 |** ★★★☆☆

操作步骤

01 进入会声会影X10，执行“设置”|“参数选择”命令，如图 10-1所示。

02 切换至“编辑”选项卡，设置“默认照片/色彩区间”参数为5秒，如图 10-2所示。然后单击“确定”按钮完成设置。

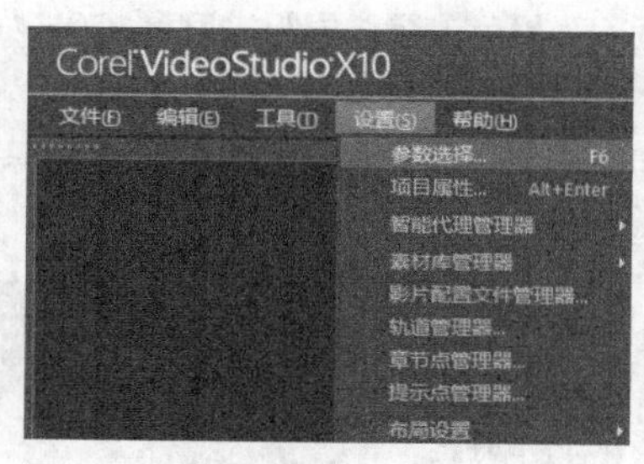

图 10-1 执行命令

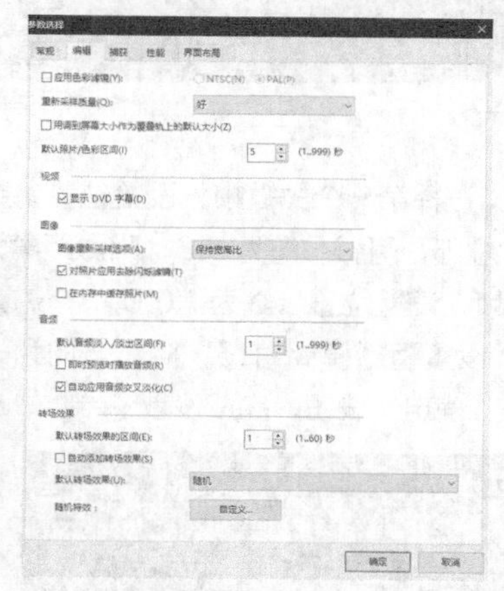

图 10-2 设置区间

03 在时间轴视图中单击“轨道管理器”按钮，在弹出的对话框中的“覆叠轨”下拉列表中选择“2”选项，在“标题轨”下拉列表中选择“2”选项，如图 10-3所示。然后单击“确定”按钮完成设置。

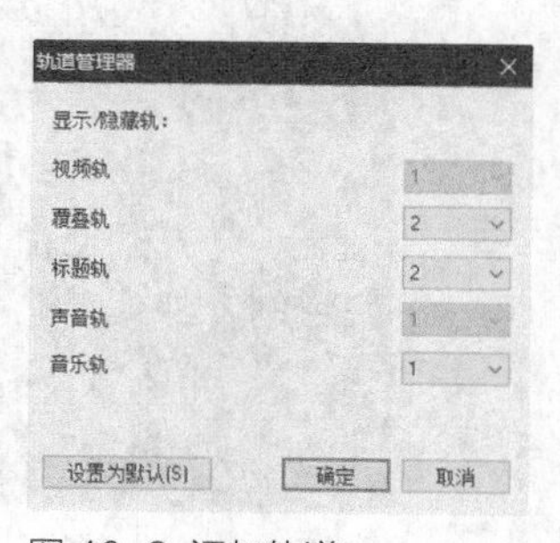

图 10-3 添加轨道

04 在视频轨中插入视频素材（素材\第10章\实战172\Untitled1.MP4），如图 10-4所示。

05 展开“编辑”选项卡，设置播放区间为23秒21帧，如图 10-5所示。

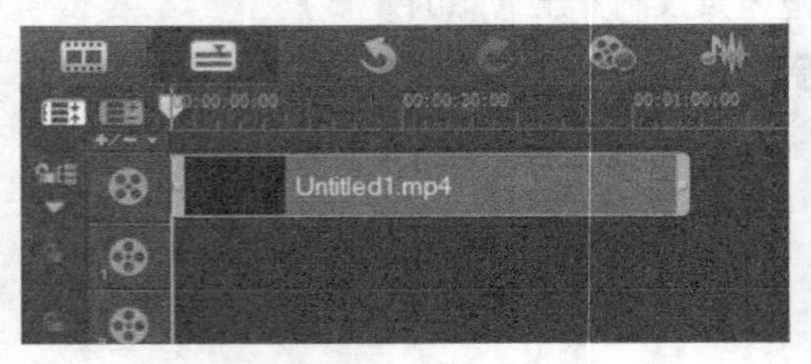

图 10-4 插入素材

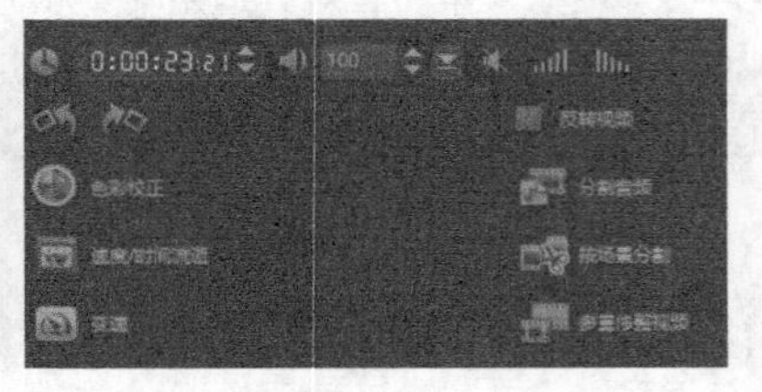

图 10-5 设置区间

06 再次在视频轨中插入素材（素材\第10章\实战172\Untitled1.MP4），如图 10-6所示。

07 展开“编辑”选项卡，设置播放区间为12秒11帧，如图 10-7所示。

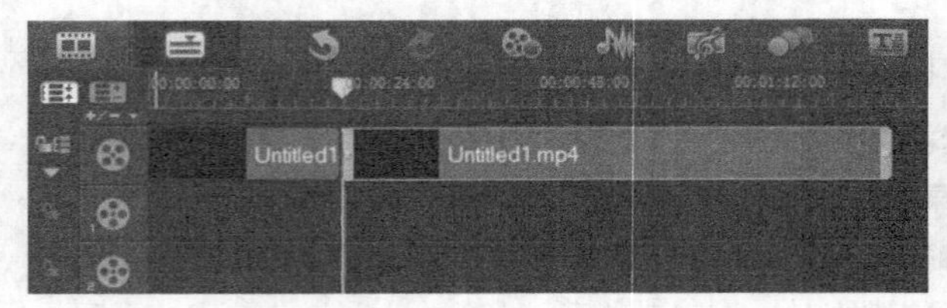

图 10-6 插入素材

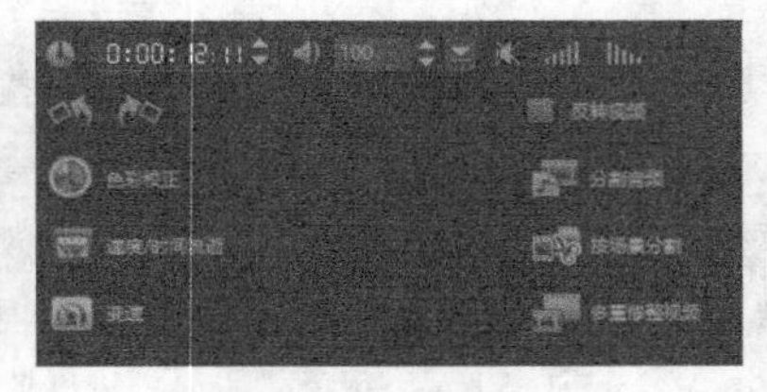

图 10-7 设置区间

08 在覆叠轨1中插入所有图片素材（素材\第10章\实战172），如图 10-8所示。

09 选中“1（4）.jpg”素材，展开“属性”选项卡，单击面板中的“高级动作”单选按钮，然后再单击“自定义动作”按钮，如图 10-9所示。

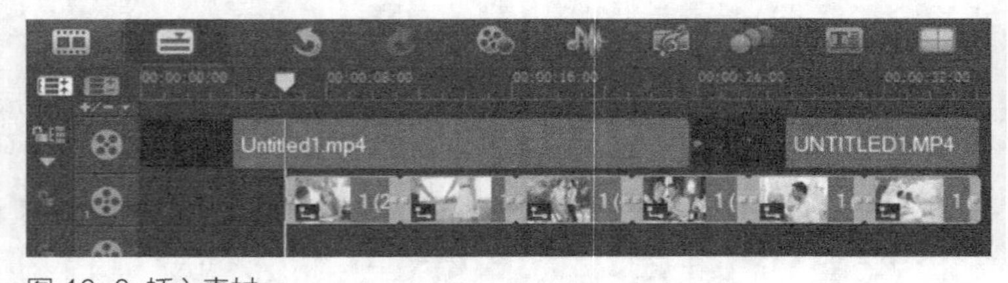

图 10-8 插入素材

图 10-9 单击“自定义动作”按钮

10 在弹出的对话框中，选择第一个关键帧，设置位置参数为（0,0），设置大小参数为（109,109），设置阻光度为100，设置阴影模糊为15，阴影方向为-40，阴影距离为10，最后设置边界阻光度为100，如图 10-10所示。

11 选择最后一个关键帧，设置位置参数为（0,0），设置大小参数为（128,128），设置阻光度为100，设置旋转参数为（0,0，-9），设置阴影模糊为15，阴影方向为-40，阴影距离为10，最后设置边界阻光度为100，如图 10-11所示。然后单击“确定”按钮，完成设置。

图 10-10 第一个关键帧

图 10-11 最后一个关键帧

12 按住Shift键，用鼠标左键单击“1（2）.jpg”和“1（6）.jpg”素材，单击鼠标右键，在弹出来的快捷菜单中选择“自动摇动和缩放”选项，如图 10-12所示。

13 选择“1（4）.jpg”素材，展开“属性”选项卡，单击面板中的“遮罩和色度键”按钮，勾选“应用覆叠选项”复选框，在“类型”下拉列表中选择“遮罩帧”选项，选择需要的遮罩效果，如图 10-13所示。

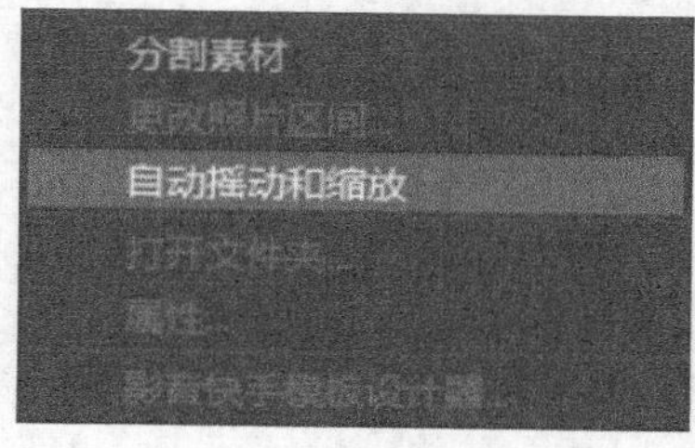

图 10-12 选择“自动摇动和缩放”选项

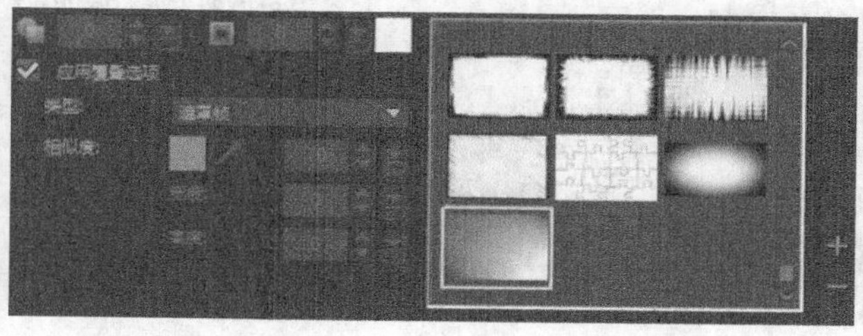
图 10-13 选择遮罩

14 选择“1（2）.jpg”素材，展开“属性”选项卡，单击面板中的“遮罩和色度键”按钮，勾选“应用覆叠选项”复选框，在“类型”下拉列表中选择“遮罩帧”选项，选择需要的遮罩效果，如图 10-14所示。

15 选择“1（3）.jpg”素材，展开“属性”选项卡，单击面板中的“遮罩和色度键”按钮，勾选“应用覆叠选项”复选框，在“类型”下拉列表中选择“遮罩帧”选项，选择需要的遮罩效果，如图 10-15所示。

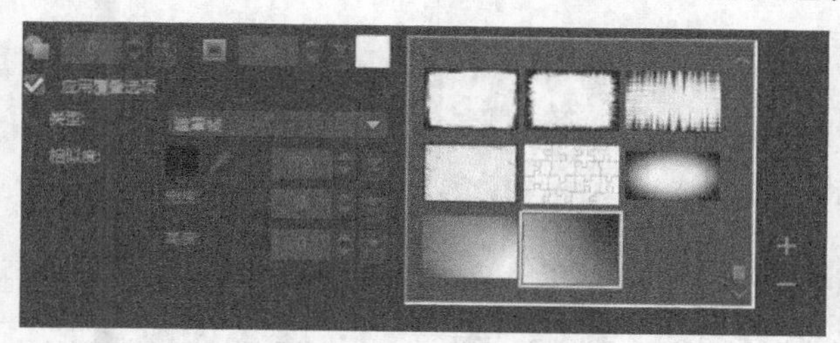
图 10-14 选择遮罩

图 10-15 选择遮罩

16 选择“1（5）.jpg”素材，展开“属性”选项卡，单击面板中的“遮罩和色度键”按钮，勾选“应用覆叠选项”复选框，在“类型”下拉列表中选择“遮罩帧”选项，选择需要的遮罩效果，如图 10-16所示。

17 选择“1（6）.jpg”素材，展开“属性”选项卡，单击面板中的“遮罩和色度键”按钮，勾选“应用覆叠选项”复选框，在“类型”下拉列表中选择“遮罩帧”选项，选择需要的遮罩效果，如图 10-17所示。

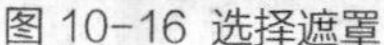
图 10-16 选择遮罩

图 10-17 选择遮罩

18 完成上述操作后，单击导览面板中的“播放”按钮，预览视频效果，如图 10-18所示。

图 10-18 预览效果

实战 173 添加滤镜和转场效果

滤镜和转场效果能够让影片变得别具一格，让过渡显得更加自然。

- **素材位置** | 素材\第10章\实战173
- **效果位置** | 效果\第10章\实战173添加滤镜和转场效果.VSP
- **视频位置** | 视频\第10章\实战173添加滤镜和转场效果.MP4
- **难易指数** | ★★★★☆

操作步骤

01 进入会声会影X10，单击“文件”|“打开项目”命令，打开一个项目文件（素材\第10章\实战173\添加并修整素材.VSP），如图 10-19所示。

02 在会声会影工作界面中单击“滤镜”按钮，在素材库中选择“镜头闪光”滤镜，将其拖曳至所需添加滤镜的素材上，如图 10-20所示。

图 10-19 打开项目

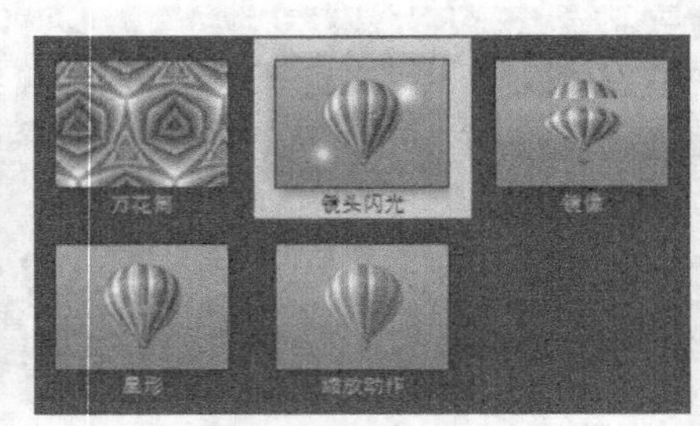

图 10-20 选择“镜头闪光”滤镜

03 在会声会影工作界面中单击“转场”按钮，在素材库中选择“百叶窗”转场特效，如图 10-21所示，将其拖曳至素材之间。

04 在会声会影工作界面中单击“转场”按钮，在素材库中选择“喷出”转场特效，如图 10-22所示，将其拖曳至素材之间。

05 在会声会影工作界面中单击“转场”按钮，在素材库中选择“棋盘”转场特效，如图 10-23所示，将其拖曳至素材之间。

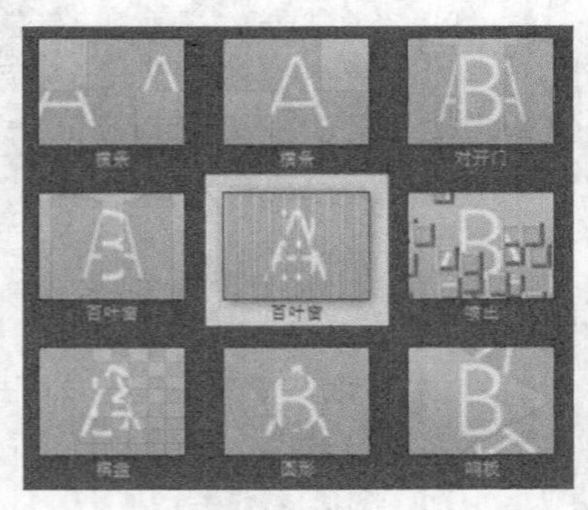

图 10-21 选择“百叶窗”转场特效

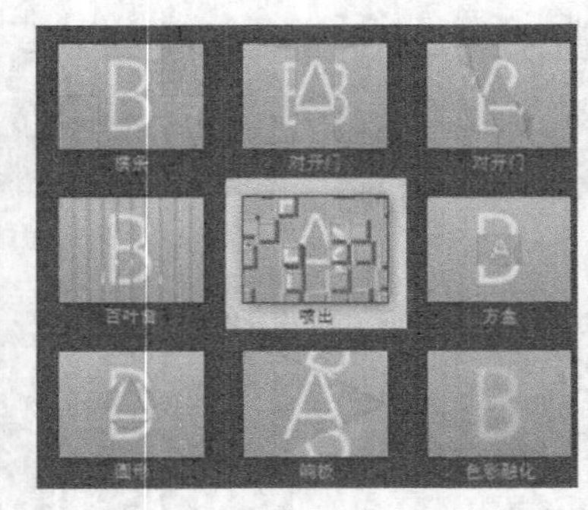

图 10-22 选择“喷出”转场特效

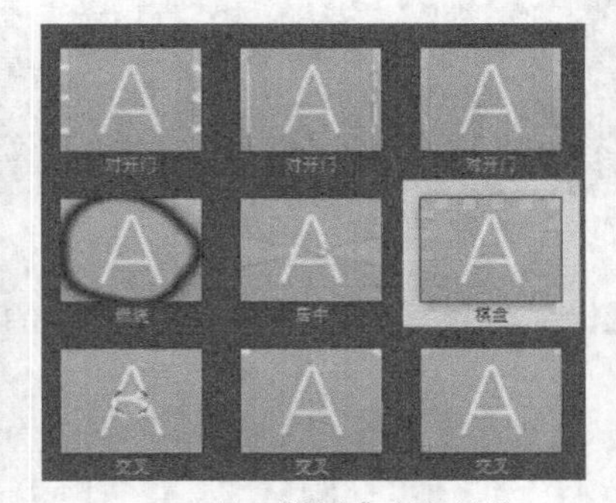

图 10-23 选择“棋盘”转场特效

06 在会声会影工作界面中单击“转场”按钮，在素材库中选择“方盒”转场特效，如图 10-24所示，将其拖曳至素材之间。

07 在会声会影工作界面中单击“转场”按钮，在素材库中选择“色彩融化”转场特效，如图 10-25所示，将其拖曳至素材之间。

图 10-24 选择“方盒”转场特效

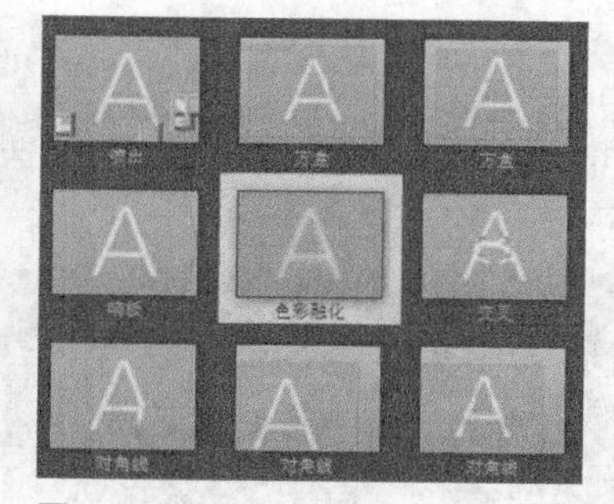
图 10-25 选择“色彩融化”转场特效

08 完成上述操作后，单击导览面板中的“播放”按钮，预览视频效果，如图 10-26所示。

图 10-26 预览效果

实战 174 添加标题字幕

标题字幕是一部视频作品中不可缺少的一部分，会声会影拥有许多不错的字体效果供我们使用。

- **素材位置** | 素材\第10章\实战174
- **效果位置** | 效果\第10章\实战174添加标题字幕.VSP
- **视频位置** | 视频\第10章\实战174 添加标题字幕.MP4
- **难易指数** | ★★★☆☆

操作步骤

01 进入会声会影X10，单击“文件”|“打开项目”命令，打开一个项目文件（素材\第10章\实战174\添加滤镜和转场效果.VSP），如图 10-27所示。

02 在工作界面中单击“标题”按钮，然后将时间线移至1秒16帧处，在标题轨1中创建一个标题字幕，如图 10-28所示。

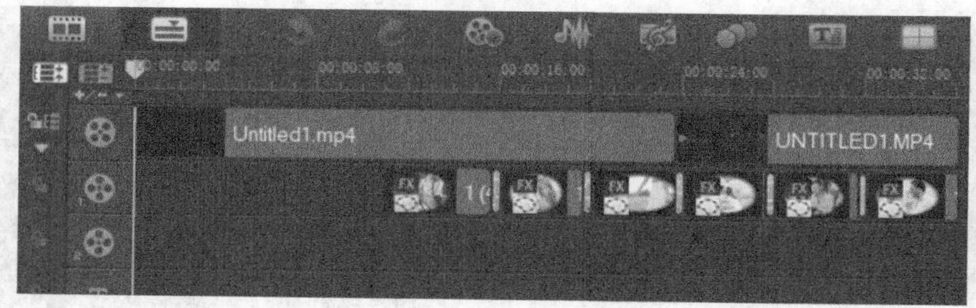

图 10-27 打开项目

图 10-28 创建字幕

03 选中字幕文件，在“编辑”选项卡中设置字体大小为57，字体为新宋体，颜色为白色，设置为加粗字体，行间距为100，如图 10-29所示。

04 然后单击“边框/阴影/透明度”按钮，在弹出来的对话框中勾选“外部边界”复选框，设置“边框宽度”为1，线条色彩为白色，如图 10-30所示。

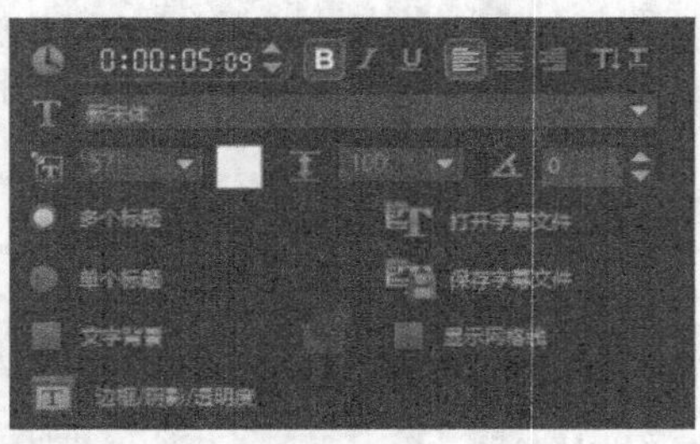

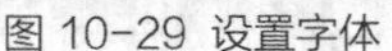
图 10-29 设置字体

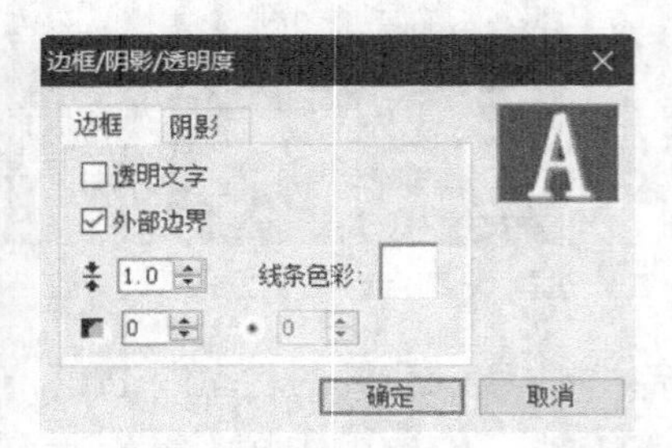

图 10-30 “边框”选项卡

05 在“阴影”选项卡中，单击“突起阴影”按钮，设置X为2，Y为3，颜色为紫粉色，如图 10-31所示。然后单击“确定”按钮完成设置。

06 在工作界面中单击“标题”按钮，然后将时间线移至1秒16帧处，在标题轨2中创建一个标题字幕，如图 10-32所示。

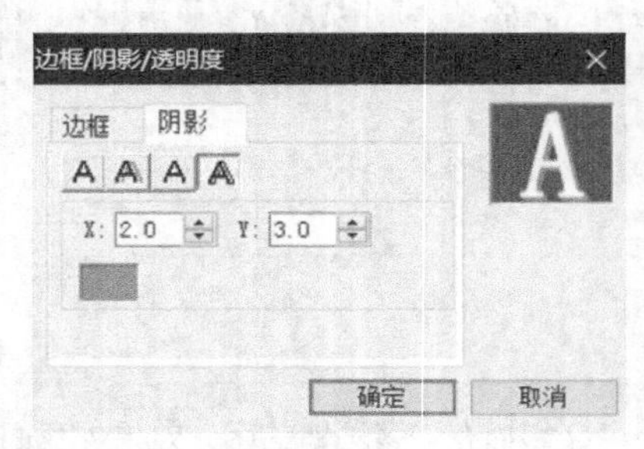

图 10-31 “阴影”选项卡

图 10-32 创建字幕

07 选中字幕文件，在“编辑”选项卡中设置字体大小为24，字体为新宋体，颜色为白色，设置为加粗字体，行间距为100，如图 10-33所示。

08 然后单击“边框/阴影/透明度”按钮，在弹出来的对话框中设置“边框宽度”为1，线条色彩为白色，如图 10-34所示。

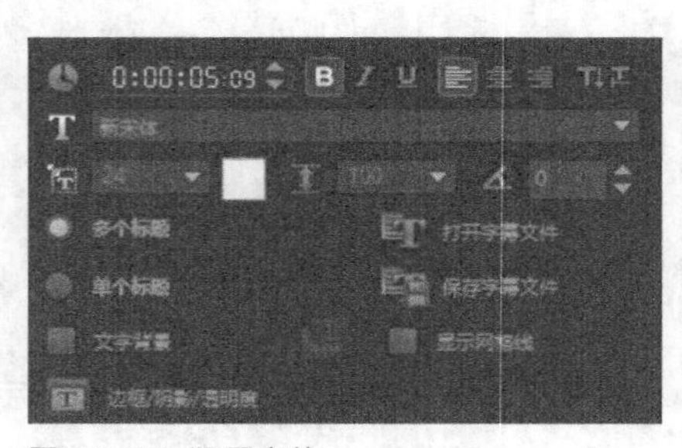

图 10-33 设置字体

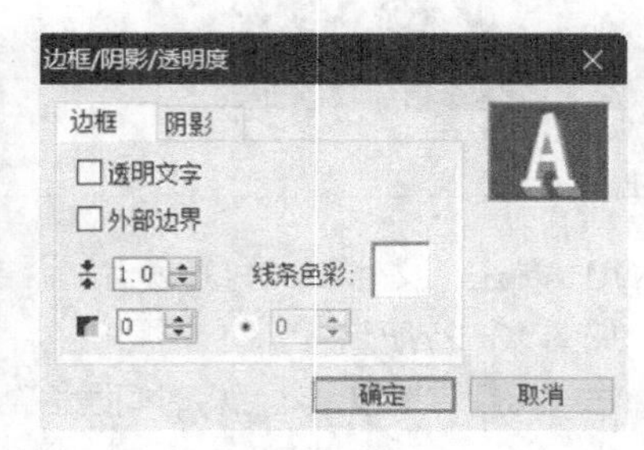

图 10-34 “边框”选项卡

09 在“阴影”选项卡中，单击“突起阴影”按钮，设置X为2，Y为3，颜色为紫粉色，如图 10-35所示。然后单击“确定”按钮完成设置。

10 在工作界面中单击“标题”按钮，然后将时间线移至11秒处，在这里创建一个标题字幕，如图 10-36所示。

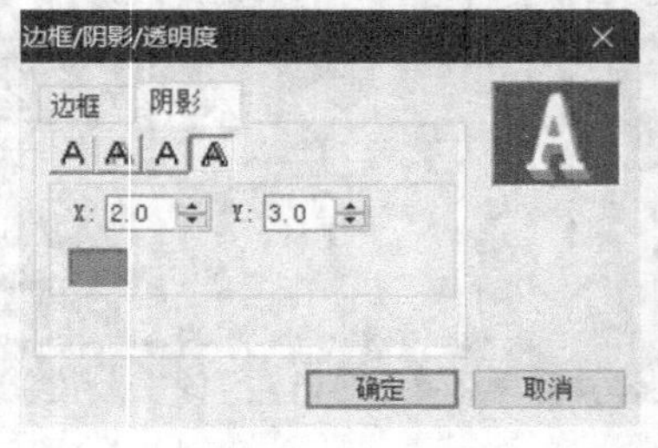

图 10-35 “阴影”选项卡

图 10-36 创建字幕

11 选中字幕文件，在“编辑”选项卡中设置字体大小为33，字体为Tahoma，颜色为白色，设置为加粗字体，行间距为100，如图 10-37所示。

12 然后单击“边框/阴影/透明度”按钮，在弹出来的对话框中设置“边框宽度”为1，线条色彩为白色，如图 10-38所示。

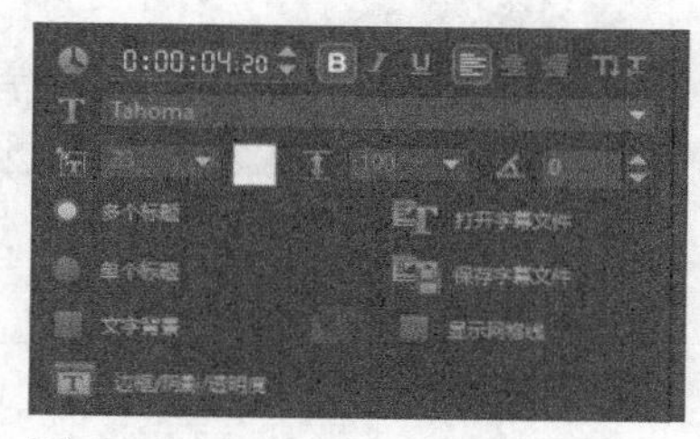

图 10-37 设置字体

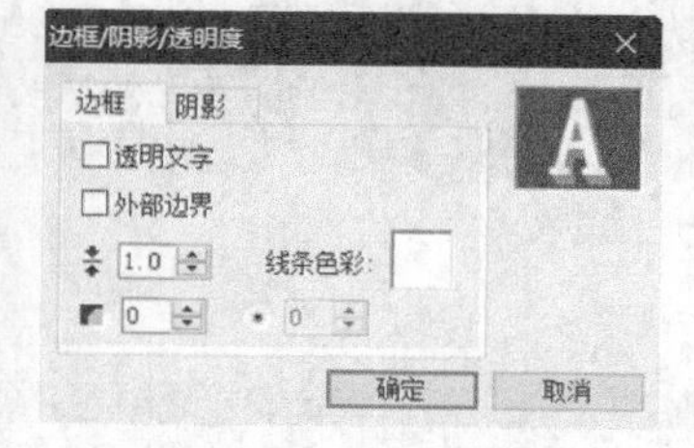

图 10-38 “边框”选项卡

13 在“阴影”选项卡中，单击“突起阴影”按钮，设置*X*为2，*Y*为3，颜色为紫粉色，如图 10-39所示。然后单击“确定”按钮完成设置。

14 用相同的方法，将时间线移至16秒5帧处，在这里创建一个标题字幕，如图 10-40所示。

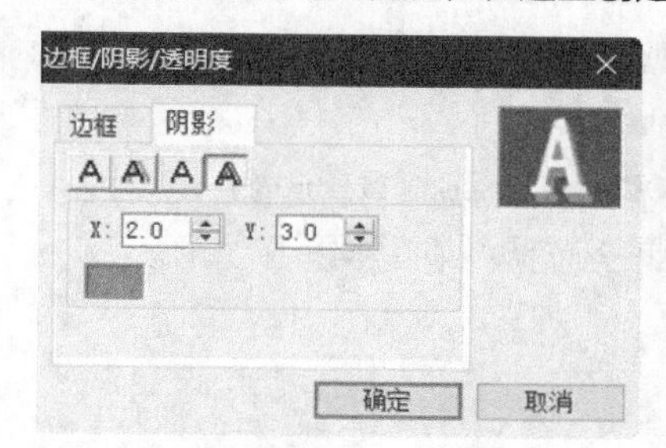

图 10-39 “阴影”选项卡

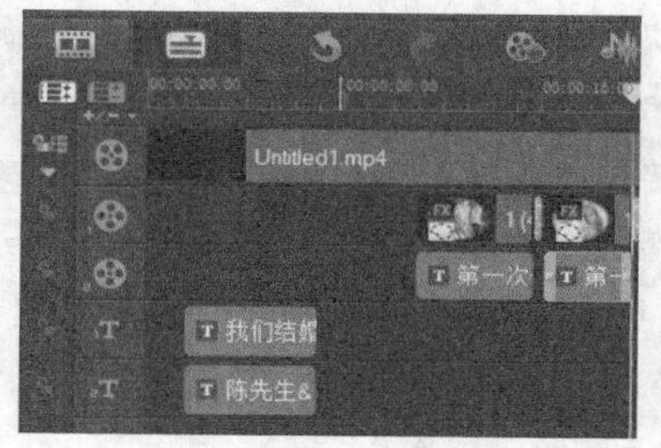

图 10-40 创建字幕

15 用相同的方法，将时间线移至20秒5帧处，在这里创建一个标题字幕，如图 10-41所示。

16 用相同的方法，将时间线移至24秒5帧处，在这里创建一个标题字幕，如图 10-42所示。

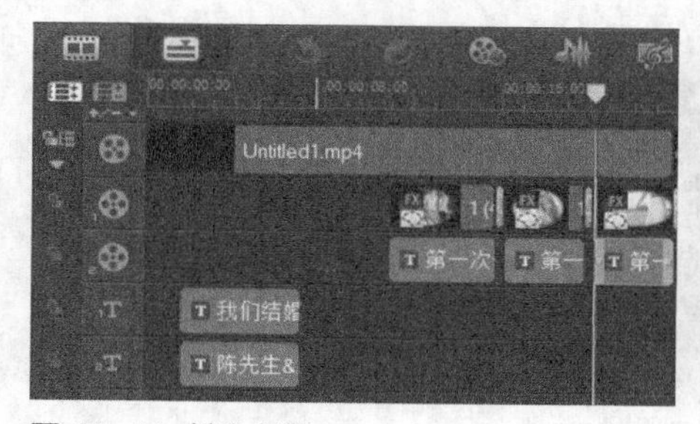

图 10-41 创建字幕

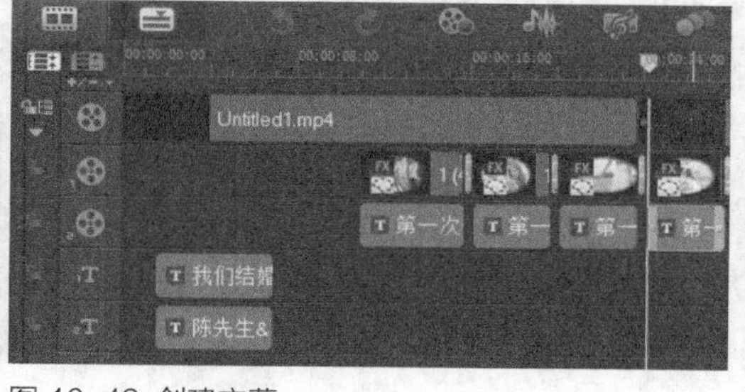

图 10-42 创建字幕

17 用相同的方法，将时间线移至28秒6帧处，在这里创建一个标题字幕，如图 10-43所示。

18 用相同的方法，将时间线移至32秒6帧处，在这里创建一个标题字幕，如图 10-44所示。

图 10-43 创建字幕

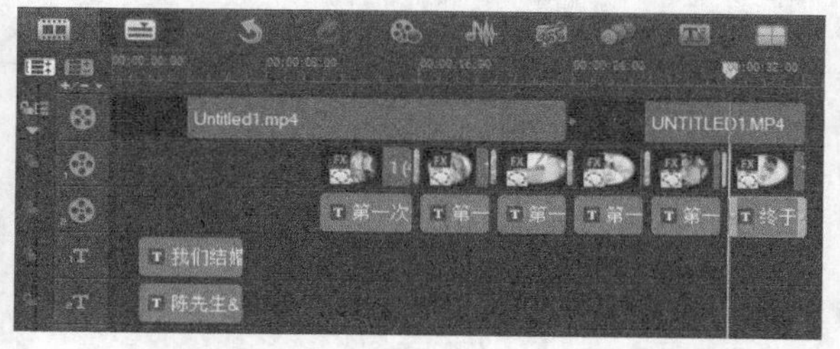

图 10-44 创建字幕

19 执行上述操作后，单击导览面板中的“播放”按钮，即可预览视频效果，如图 10-45所示。

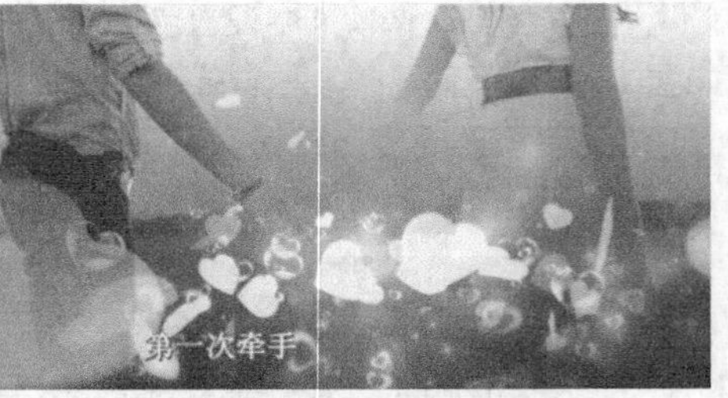

图 10-45 预览效果

10.3 后期制作

实战 175 添加背景音乐

背景音乐能够渲染视频的色彩，带动人的情绪，渲染视频氛围，也是十分重要的一部分。

- **素材位置 |** 素材\第10章\实战175
- **效果位置 |** 效果\第10章\实战175添加背景音乐.VSP
- **视频位置 |** 视频\第10章\实战175添加背景音乐.MP4
- **难易指数 |** ★☆☆☆☆

操作步骤

01 在“媒体”素材库中，单击“显示音频文件”按钮，如图 10-46所示，显示素材库中的音频文件。

02 在素材库的上方，单击“导入媒体文件”按钮，如图 10-47所示。

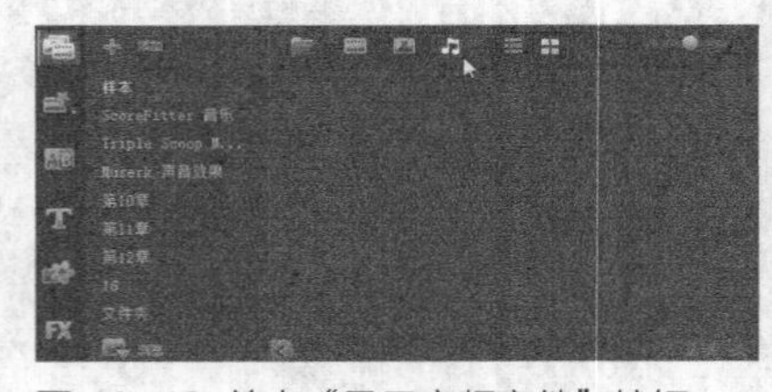
图 10-46 单击“显示音频文件”按钮

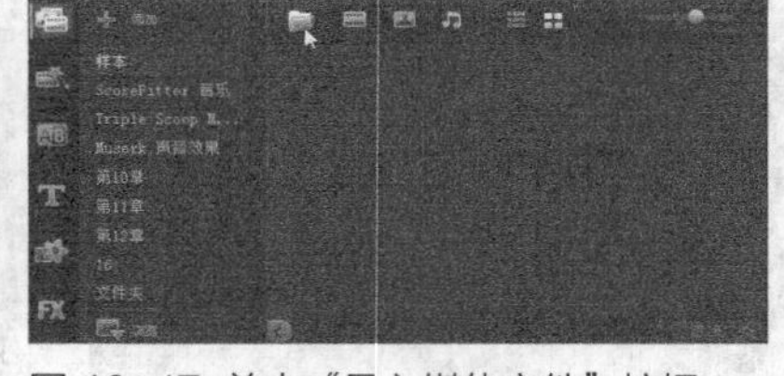
图 10-47 单击“导入媒体文件”按钮

03 执行操作后，弹出“浏览媒体文件”对话框，在其中选择需要导入的背景音乐素材（素材\第10章\实战175\ 659_overcomer.MP3），如图 10-48所示。

04 单击“打开”按钮，即可将背景音乐导入素材库中，如图 10-49所示。

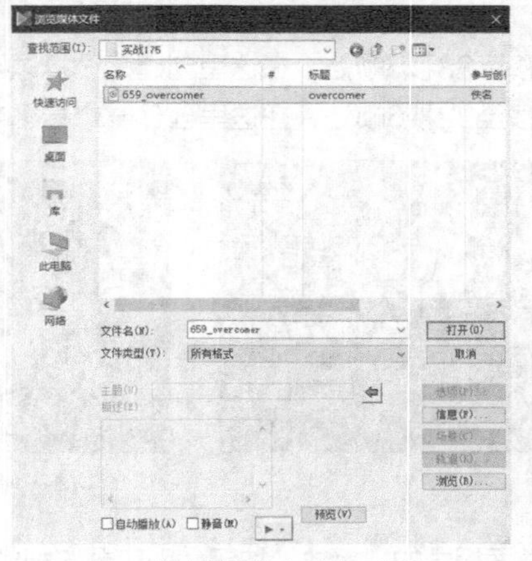
图 10-48 “浏览媒体文件”对话框

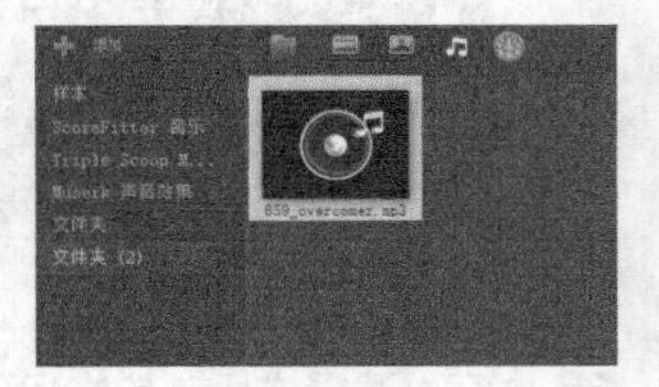
图 10-49 素材库

05 将时间线移至素材的开始位置，在“文件夹”选项卡中选择“659_overcomer.MP3”音频文件，在选择的音频文件上按住鼠标左键将其拖曳至音乐轨中，如图 10-50所示。

06 双击音乐素材，在“音乐和声音”选项面板中设置播放区间为00：00：36：07，并单击“淡入”和“淡出”按钮，如图 10-51所示。

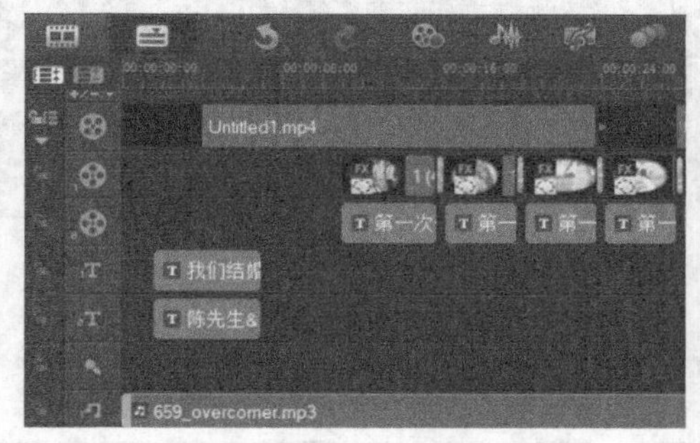

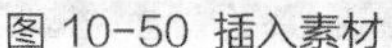

图 10-50 插入素材

图 10-51 设置音频

07 在时间轴面板上方，单击“混音器”按钮，如图 10-52所示。

08 执行操作后，打开混音器视图，在音乐轨中可以查看淡入与淡出特效关键帧，如图 10-53所示。在关键帧上按住鼠标左键并拖曳，可以调整音乐淡入与淡出特效的播放时间，用户在音乐文件上还可以通过添加与删除关键帧的操作来编辑背景音乐。

图 10-52 单击“混音器”按钮

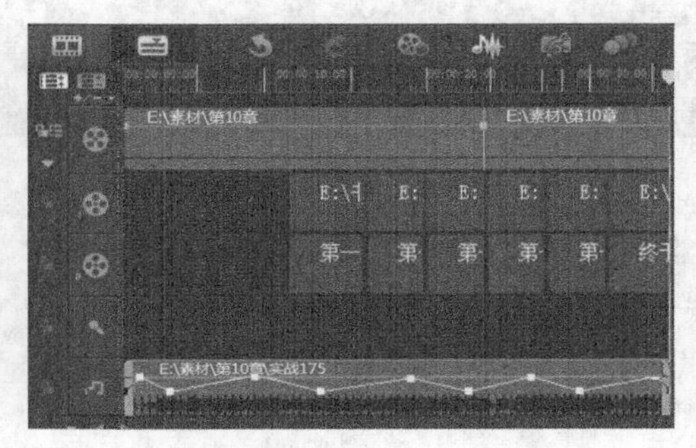

图 10-53 编辑音频

实战 176 输出视频文件

制作完视频后，应该利用会声会影将视频输出以便于共享视频。

- **素材位置** | 素材\第10章\实战176
- **效果位置** | 无
- **视频位置** | 视频\第10章\实战176输出视频文件.MP4
- **难易指数** | ★☆☆☆☆

操作步骤

01 进入会声会影X10，单击“文件”|“打开项目”命令，打开一个项目文件（素材\第10章\实战176\婚礼开场视频.VSP），如图 10-54所示。

02 在会声会影X10工作界面的上方单击“共享”标签，切换至“共享”步骤面板，在其中选择“MPEG-2”选项，如图 10-55所示。

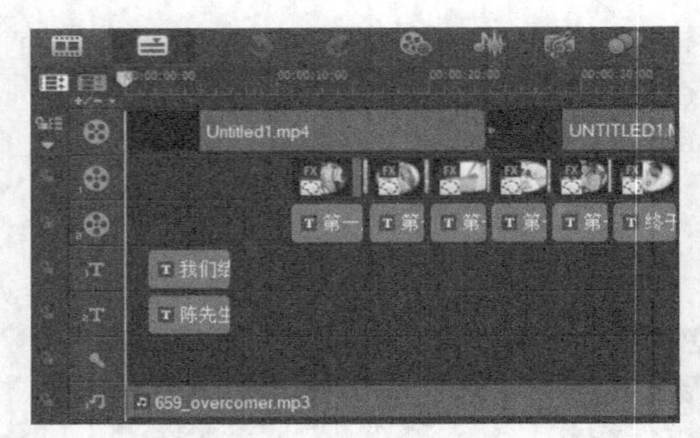

图 10-54 打开项目

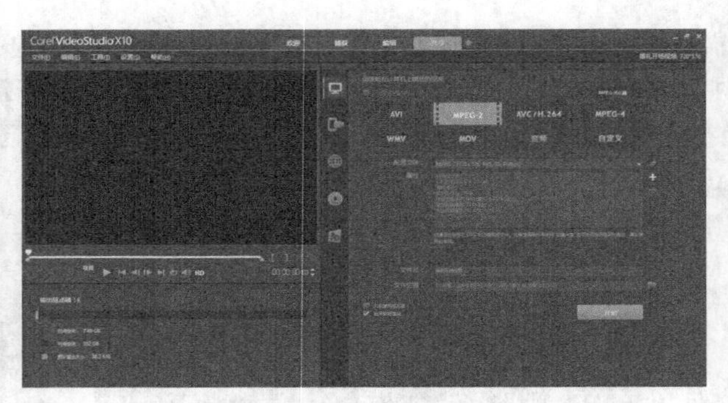

图 10-55 选择“MPEG-2”选项

03 在下方面板中，单击“文件位置”右侧的“浏览”按钮，如图 10-56所示。

04 弹出“浏览”对话框，在其中设置文件的保存位置和名称，如图 10-57所示。

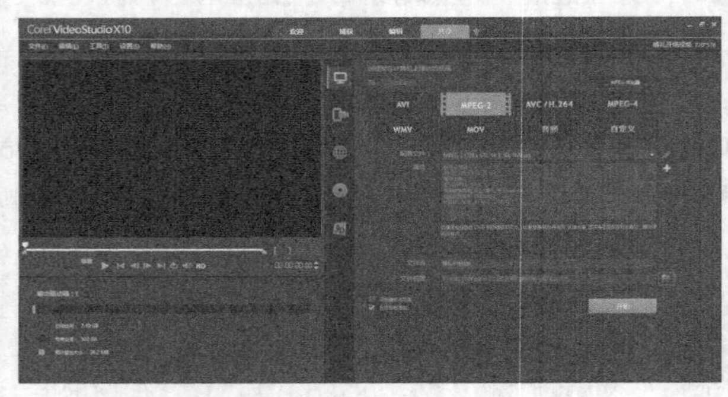

图 10-56 单击“浏览”按钮

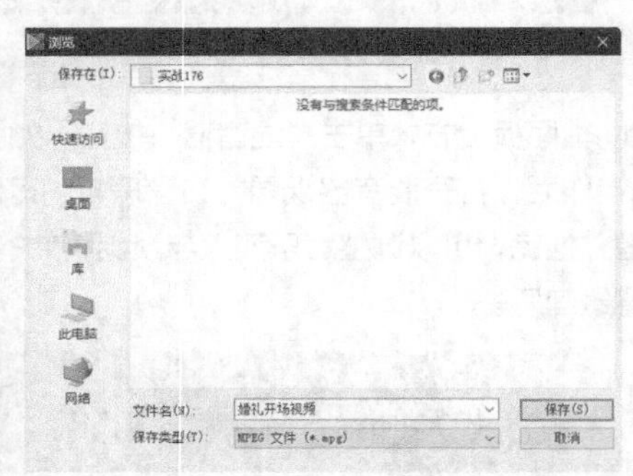

图 10-57 “浏览”对话框

05 单击“保存”按钮，返回会声会影“共享”步骤面板。单击“开始”按钮，开始渲染视频文件，并显示渲染进度，如图 10-58所示。渲染完成后，即可完成影片文件的渲染输出。

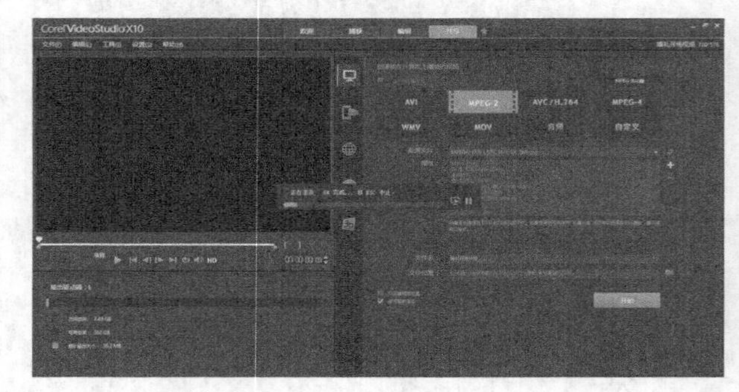

图 10-58 渲染视频

06 刚输出的视频文件在预览窗口中会自动播放，用户可以查看输出的视频的画面效果，如图 10-59所示。

图 10-59 预览效果

节目片头——山水中国

我们在电视上经常能够看到有关于中国风景的纪录片，这些纪录片往往用中国的各种名胜古迹来作为片头，这些片头能够吸引观众，画面也十分优美。

11.1 节目片头视频的制作要点

（1）在会声会影中插入素材，对其运用转场和滤镜效果来制作出理想的效果。

（2）为制作好的视频添加字幕，解读画面中的元素。

（3）添加合适的音频文件，使影片更加吸引人。

11.2 制作视频

实战 177 添加并修整素材

素材是影片的关键，对素材的修整能够直接影响到观影体验。

- **素材位置 |** 素材\第11章\实战177
- **效果位置 |** 效果\第11章\实战177添加并修整素材.VSP
- **视频位置 |** 视频\第11章\实战177添加并修整素材.MP4
- **难易指数 |** ★★★☆☆

操作步骤

01 进入会声会影X10，执行“设置”|“参数选择”命令，如图 11-1所示。

02 切换至“编辑”选项卡，设置“默认照片/色彩区间”参数为5秒，如图 11-2所示。然后单击“确定”按钮完成设置。

图 11-1 执行命令

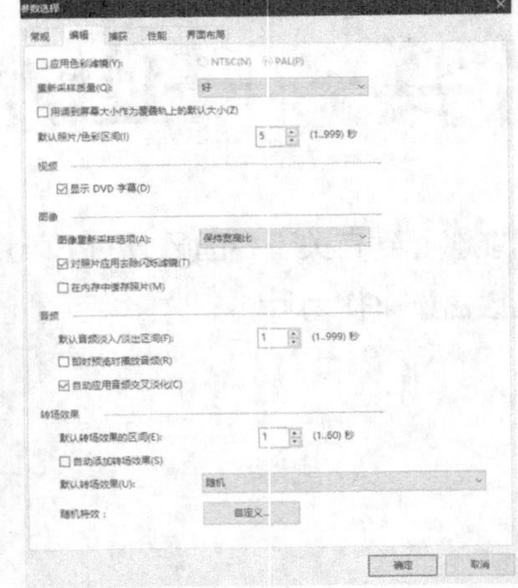

图 11-2 设置参数

03 在时间轴视图中单击“轨道管理器”按钮，在弹出的对话框中的“覆叠轨”下拉列表中选择“2”选项，如图 11-3所示。然后单击“确定”按钮完成设置。

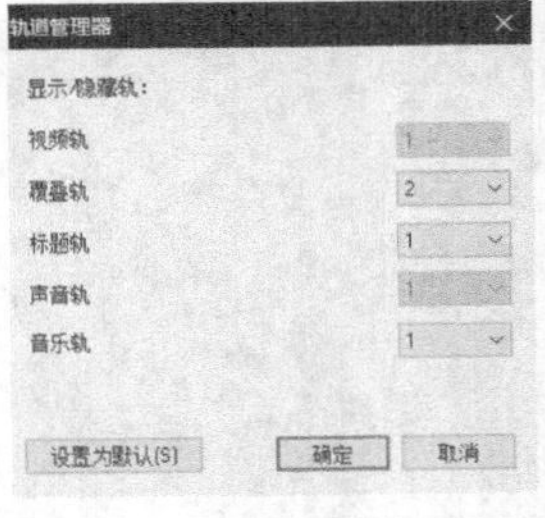

图 11-3 增加覆叠轨

04 在覆叠轨1中插入所有风景图片素材（素材\第11章\实战177），如图 11-4所示。

05 在覆叠轨2中插入视频素材（素材\第11章\实战177\INK 02.mov），如图 11-5所示。

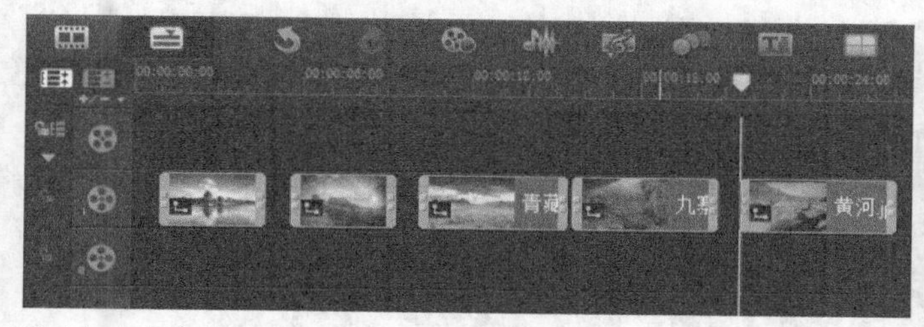

图 11-4 插入素材

图 11-5 插入素材

06 展开“编辑”选项卡，设置播放区间为35秒11帧，如图 11-6所示。

07 展开“属性”选项卡，单击面板中的“高级动作”单选按钮，然后再单击“自定义动作”按钮，如图 11-7所示。

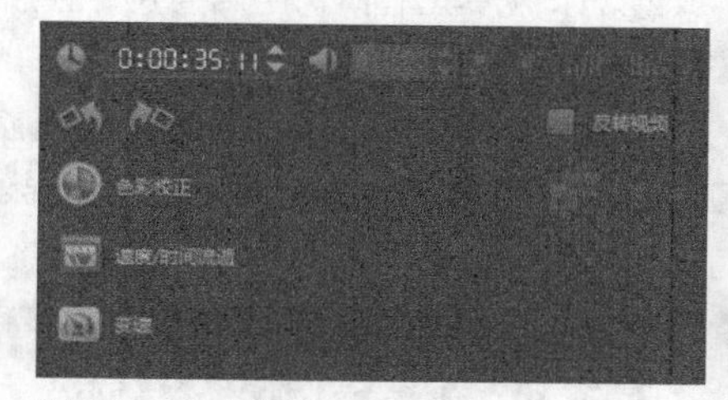

图 11-6 设置播放区间

图 11-7 单击“自定义动作”按钮

08 在弹出的对话框中，选择第一个关键帧，设置位置参数为（0,0），设置大小参数为（102,102），设置阻光度为100，设置阴影模糊为15，阴影方向为-40，阴影距离为10，最后设置边界阻光度为100，如图 11-8所示。

09 选择最后一个关键帧，设置位置参数为（0,0），设置大小参数为（102,102），设置阻光度为100，设置阴影模糊为15，阴影方向为-40，阴影距离为10，最后设置边界阻光度为100，如图 11-9所示。然后单击“确定”按钮，完成设置。

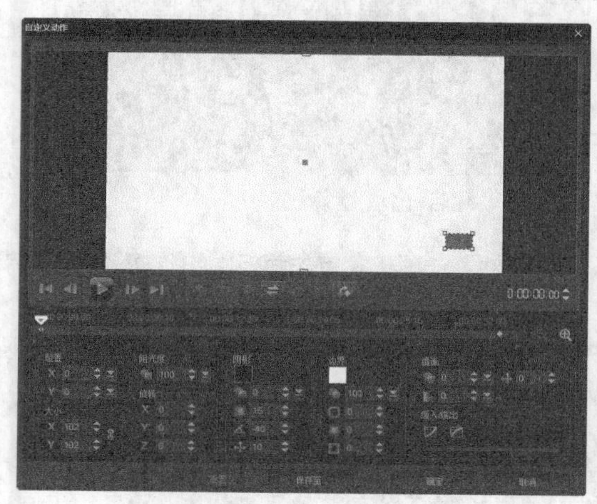

图 11-8 第一个关键帧

图 11-9 最后一个关键帧

10 在“属性”选项卡中，单击“遮罩和色度键”按钮，如图 11-10所示。

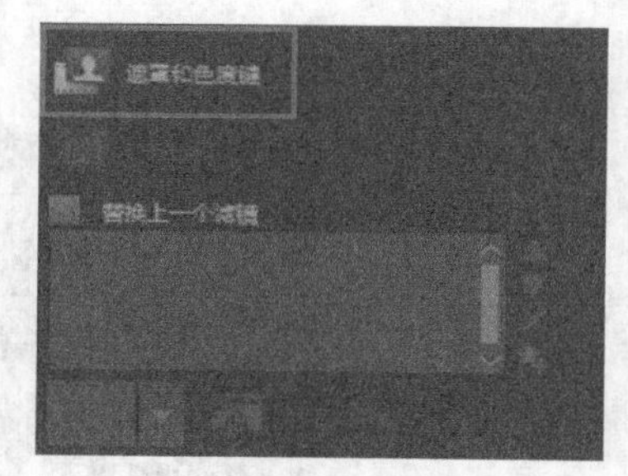

图 11-10 单击“遮罩和色度键”按钮

11 在切换至的面板中，勾选“应用覆叠选项”复选框，在“类型”下拉列表中选择“色度键”选项，设置Gamma值为-26，如图 11-11所示。

12 在时间轴视图中选择覆叠轨1中的“紫禁城.jpg”素材，展开“属性”选项卡，单击面板中的“高级动作”单选按钮，然后再单击“自定义动作”按钮，如图 11-12所示。

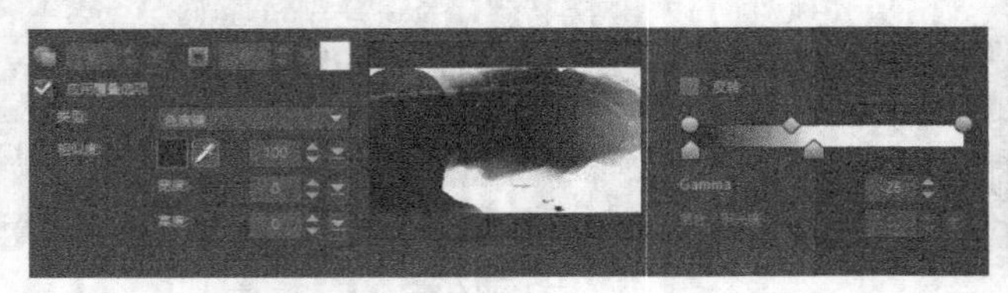

图 11-11 设置覆叠属性

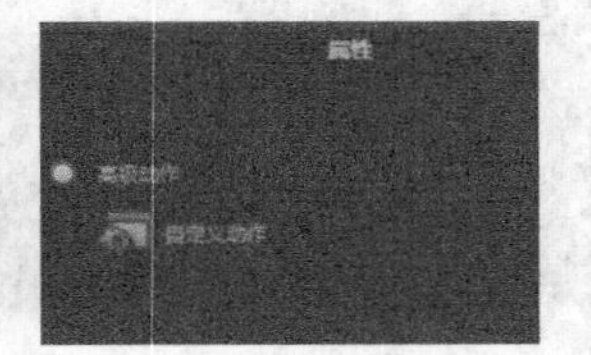

图 11-12 单击“高级动作”单选按钮

13 在弹出的对话框中，选择第一个关键帧，设置位置参数为（0,0），设置大小参数为（90,90），设置旋转参数为（0,0,1），设置阻光度为100，设置阴影模糊为15，阴影方向为-40，阴影距离为10，最后设置边界阻光度为100，如图 11-13所示。

14 选择最后一个关键帧，设置位置参数为（0,-3），设置大小参数为（100,100），设置旋转参数为（0,0,-1），设置阻光度为100，设置阴影模糊为15，阴影方向为-40，阴影距离为10，最后设置边界阻光度为100，如图 11-14所示。然后单击“确定”按钮，完成设置。

图 11-13 第一个关键帧

图 11-14 最后一个关键帧

15 在时间轴视图中选择覆叠轨1中的“长城.jpg”素材，展开“属性”选项卡，单击面板中的“高级动作”单选按钮，然后再单击“自定义动作”按钮，如图 11-15所示。

16 在弹出的对话框中，选择第一个关键帧，设置位置参数为（16，-15），设置大小参数为（110,110），设置阴影模糊为15，阴影方向为-40，阴影距离为10，最后设置边界阻光度为100，如图 11-16所示。

图 11-15 单击“高级动作”单选按钮

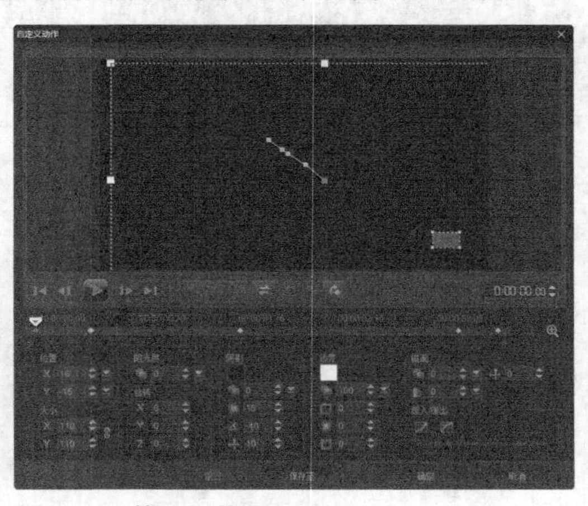

图 11-16 第一个关键帧

17 将滑轨移动至00:00:00:11的位置，创建一个关键帧，设置位置参数为（6,0），设置大小参数为（105,105），设置阻光度为100，最后设置边界阻光度为100，如图 11-17所示。

18 将滑轨移动至00:00:01:16的位置，创建一个关键帧，设置位置参数为（-3,10），设置大小参数为（100,100），最后设置边界阻光度为100，如图 11-18所示。

图 11-17 第二个关键帧

图 11-18 第三个关键帧

19 将滑轨移动至00:00:03:10的位置，创建一个关键帧，设置位置参数为（-6,14），设置大小参数为（99,99），最后设置边界阻光度为100，如图 11-19所示。

20 选择最后一个关键帧，设置位置参数为（-13,23），设置大小参数为（99,99），最后设置边界阻光度为100，如图 11-20所示。然后单击“确定”按钮，完成设置。

图 11-19 第四个关键帧

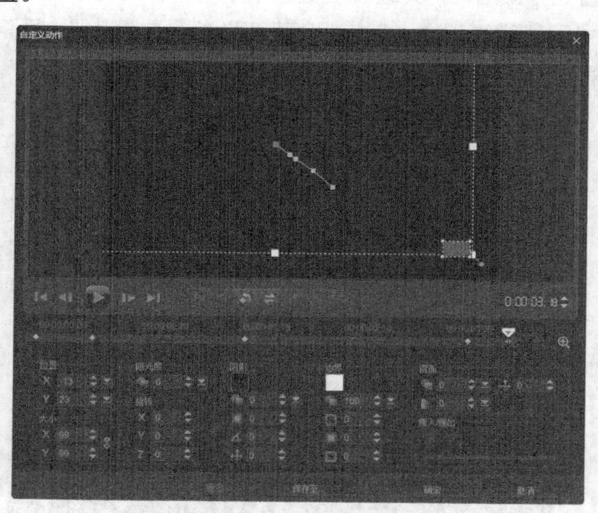

图 11-20 最后一个关键帧

21 在时间轴视图中选择覆叠轨1中的“青藏高原.jpg”素材，展开“属性”选项卡，单击面板中的“高级动作”单选按钮，然后再单击“自定义动作”按钮，如图 11-21所示。

图 11-21 单击“高级动作”单选按钮

22 在弹出的对话框中，选择第一个关键帧，设置位置参数为（0,0），设置大小参数为（80,80），设置旋转参数为（0,0,1），设置阴影模糊为15，阴影方向为-40，阴影距离为10，最后设置边界阻光度为100，如图 11-22所示。

23 将滑轨移动至00:00:01:09的位置，创建一个关键帧，设置位置参数为（0,0），设置大小参数为（98,98），设置阻光度为100，设置阴影模糊为15，阴影方向为-40，阴影距离为10，最后设置边界阻光度为100，如图 11-23所示。

图 11-22 第一个关键帧

图 11-23 第二个关键帧

24 将滑轨移动至00:00:05:01的位置，创建一个关键帧，设置位置参数为（0,0），大小参数为（119,119），阻光度为100，旋转参数为（0,0,-1），阴影模糊为15，阴影方向为-40，阴影距离为10，最后设置边界阻光度为100，如图 11-24所示。

25 选择最后一个关键帧，设置位置参数为（0,0），大小参数为（120,120），旋转参数为（0,0,-1），阴影模糊为15，阴影方向为-40，阴影距离为10，最后设置边界阻光度为100，如图 11-25所示。最后单击“确定”按钮，完成设置。

图 11-24 第三个关键帧

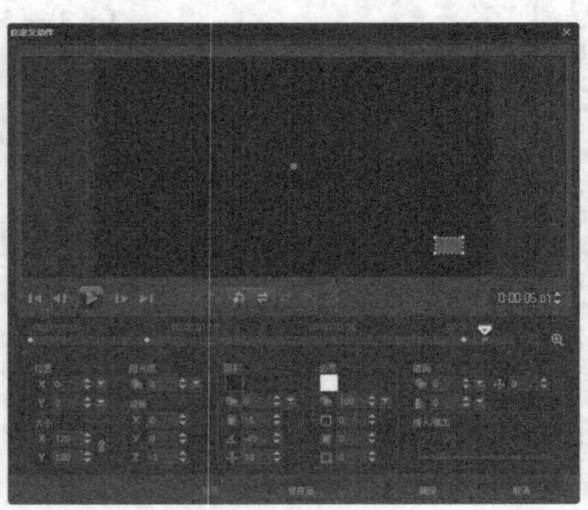

图 11-25 第四个关键帧

26 在时间轴视图中选择覆叠轨1中的“九寨沟.jpg”素材，展开“属性”选项卡，单击面板中的“高级动作”单选按钮，然后再单击“自定义动作”按钮，如图 11-26所示。

图 11-26 单击“高级动作”单选按钮

27 在弹出的对话框中，选择第一个关键帧，设置位置参数为（0,0），设置大小参数为（100,100），设置阴影模糊为15，阴影方向为-40，阴影距离为10，最后设置边界阻光度为100，如图 11-27所示。

28 将滑轨移动至00:00:00:12的位置，创建一个关键帧，设置位置参数为（0,0），设置大小参数为（101,101），设置阻光度为100，设置阴影模糊为15，阴影方向为-40，阴影距离为10，最后设置边界阻光度为100，如图 11-28所示。

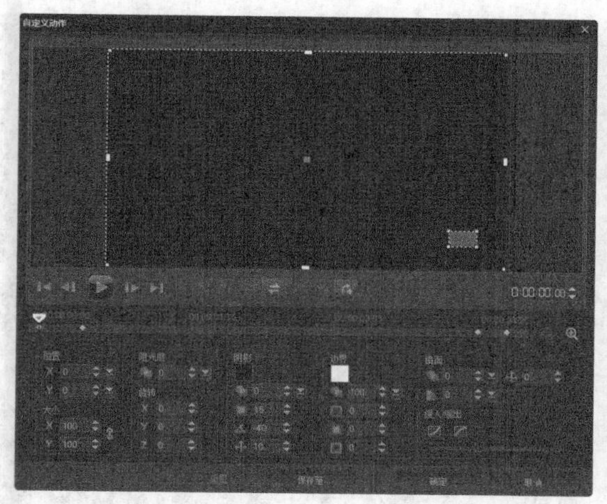
图 11-27 第一个关键帧

图 11-28 第二个关键帧

29 将滑轨移动至00:00:04:20的位置，创建一个关键帧，设置位置参数为（0,0），设置大小参数为（109,109），设置阻光度为100，设置阴影模糊为15，阴影方向为-40，阴影距离为10，最后设置边界阻光度为100，如图 11-29所示。

30 选择最后一个关键帧，设置位置参数为（0,0），设置大小参数为（110,110），设置阴影模糊为15，阴影方向为-40，阴影距离为10，最后设置边界阻光度为100，如图 11-30所示。然后单击“确定”按钮，完成设置。

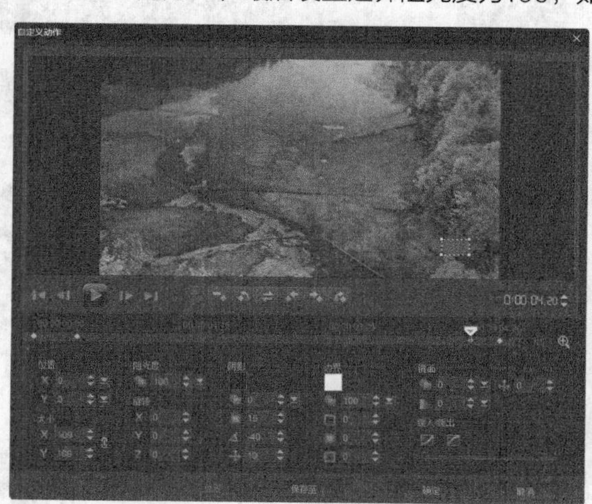
图 11-29 第三个关键帧

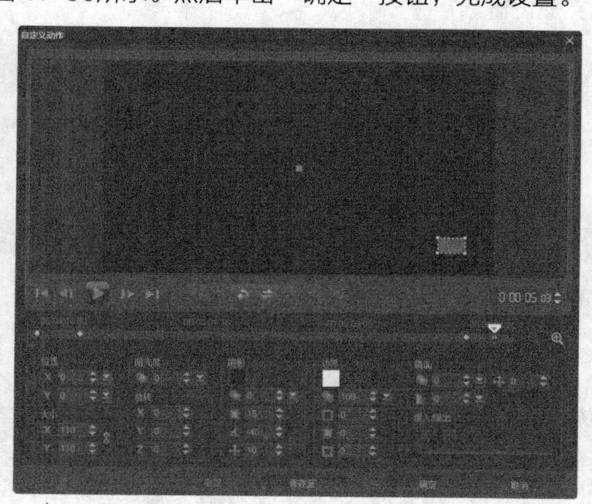
图 11-30 第四个关键帧

31 在时间轴视图中选择覆叠轨1中的“黄河.jpg”素材，展开“属性”选项卡，单击面板中的“高级动作”单选按钮，然后再单击“自定义动作”按钮，如图 11-31所示。

图 11-31 单击“高级动作”单选按钮

32 在弹出的对话框中，选择第一个关键帧，设置位置参数为（0,0），设置大小参数为（80,80），设置阻光度为100，设置阴影模糊为15，阴影方向为-40，阴影距离为10，最后设置边界阻光度为100，如图 11-32所示。

33 将滑轨移动至00:00:04:20的位置，创建一个关键帧，设置位置参数为（0,0），设置大小参数为（113,113），设置阻光度为100，设置阴影模糊为15，阴影方向为-40，阴影距离为10，最后设置边界阻光度为100，如图 11-33所示。

图 11-32 第一个关键帧

图 11-33 第二个关键帧

34 选择最后一个关键帧，设置位置参数为（0,0），设置大小参数为（160,160），设置阻光度为100，设置阴影模糊为15，阴影方向为-40，阴影距离为10，最后设置边界阻光度为100，如图 11-34所示。然后单击“确定”按钮，完成设置。

图 11-34 最后一个关键帧

35 执行上述操作后，单击导览面板中的“播放”按钮，预览视频效果，如图 11-35所示。

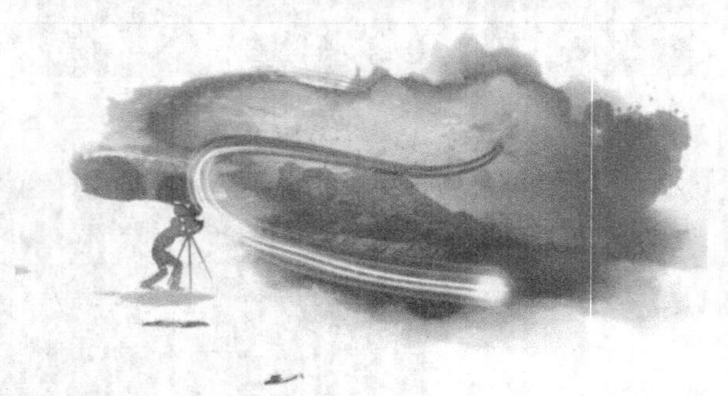

图 11-35 预览效果

实战 **178**

添加滤镜和转场效果

节目片头的素材中自带了转场效果，本实战将具体介绍如何添加滤镜效果。

- **素材位置** | 素材\第11章\实战178
- **效果位置** | 效果\第11章\实战178添加滤镜和转场效果.VSP
- **视频位置** | 视频\第11章\实战178添加滤镜和转场效果.MP4
- **难易指数** | ★★★★☆

操作步骤

01 进入会声会影X10，单击“文件”|“打开项目”命令，打开一个项目文件（素材\第11章\实战178\添加并修整素材.VSP），如图 11-36所示。

02 在会声会影工作界面中单击“滤镜”按钮，在“全部”素材库中选择“柔焦”滤镜，将其拖曳至“长城.jpg”图片素材上，如图 11-37所示。

图 11-36 打开项目

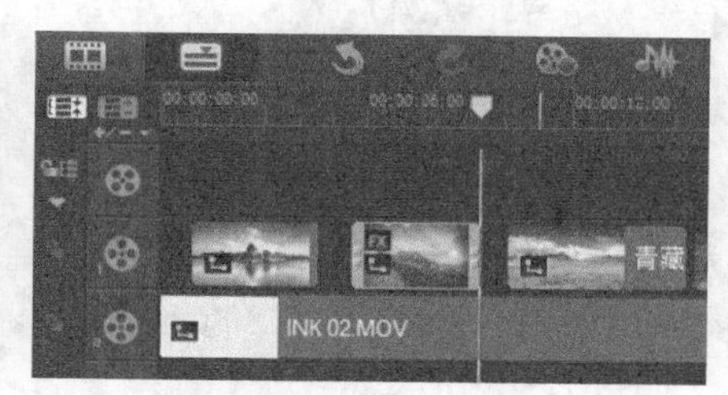

图 11-37 添加滤镜

03 在会声会影工作界面中单击“滤镜”按钮，在“全部”素材库中选择“柔焦”滤镜，将其拖曳至“青藏高原.jpg”图片素材上，如图 11-38所示。

04 在会声会影工作界面中单击“滤镜”按钮，在“全部”素材库中选择“柔焦”滤镜，将其拖曳至“九寨沟.jpg”图片素材上，如图 11-39所示。

图 11-38 添加滤镜

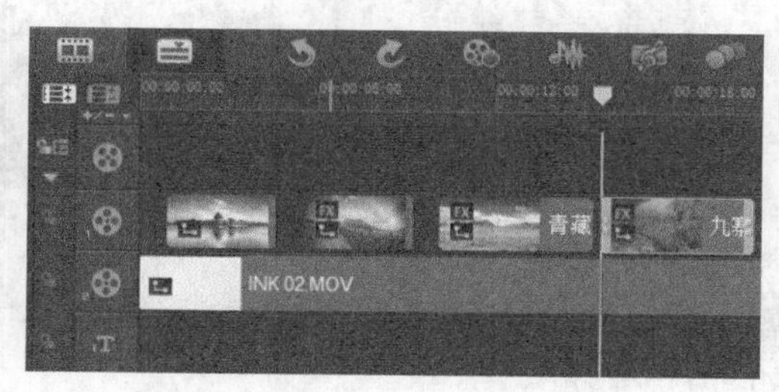

图 11-39 添加滤镜

05 在会声会影工作界面中单击“滤镜”按钮，在“全部”素材库中选择“柔焦”滤镜，将其拖曳至“黄河.jpg”图片素材上，如图 11-40所示。

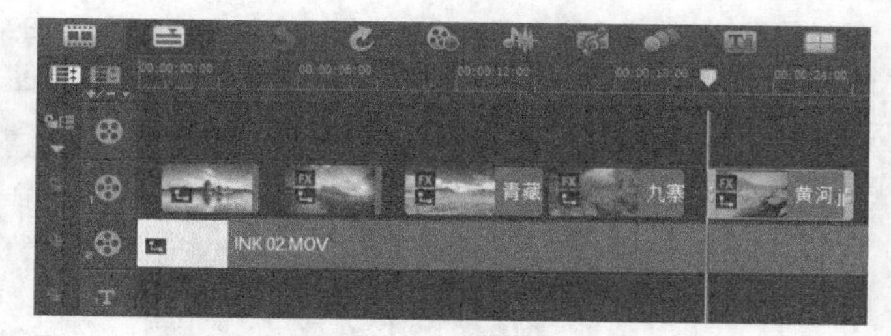

图 11-40 添加滤镜

06 执行操作后，单击导览面板中的“播放”按钮，预览视频效果，如图 11-41所示。

图 11-41 预览效果

实战 179 添加标题字幕

本例所制作的节目片头整体偏大气、中国风，因此在字幕字体的选择上也要尽量贴合传统，与整体风格统一。

- **素材位置** | 素材\第11章\实战179
- **效果位置** | 效果\第11章\实战179添加标题字幕.VSP
- **视频位置** | 视频\第11章\实战179 添加标题字幕.MP4
- **难易指数** | ★★★☆☆

操作步骤

01 进入会声会影X10，单击“文件” | “打开项目”命令，打开一个项目文件（素材\第11章\实战179\添加滤镜和转场效果.VSP），如图 11-42所示。

02 在工作界面中单击“标题”按钮，然后将时间线移至6秒1帧处，在这里创建一个标题字幕，如图 11-43所示。

图 11-42 打开项目

图 11-43 创建标题字幕

03 选中字幕文件，在“编辑”选项卡中设置字体大小为34，字体为微软雅黑，颜色为黑色，设置为斜字体，行间距为100，如图 11-44所示。

04 然后打开“属性”选项面板，单击“动画”单选按钮，勾选“应用”复选框，在下拉列表中选择“淡化”效果，然后单击“自定义动画属性”按钮，在弹出的对话框中的“单位”下拉列表中选择“字符”选项，在“暂停”下拉列表中选择“自定义”选项，设置淡化样式为淡入，如图 11-45所示。单击“确定”按钮即可完成设置。

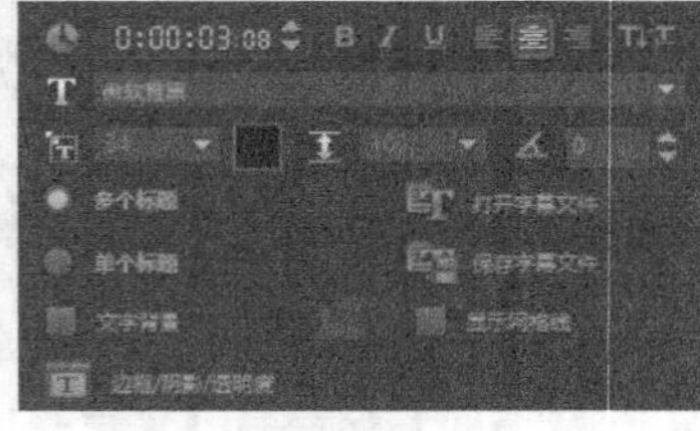

图 11-44 设置字体

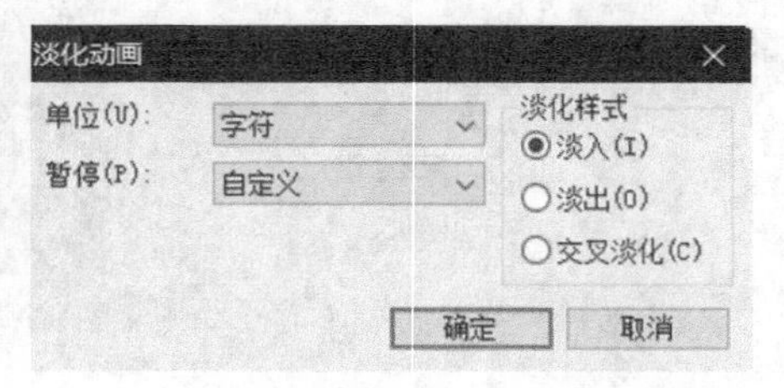

图 11-45 设置动画属性

05 在工作界面中单击“标题”按钮，然后将时间线移至11秒1帧处，在这里创建一个标题字幕，如图 11-46所示。

06 选中字幕文件，在“编辑”选项卡中设置字体大小为36，字体为华文隶书，颜色为黑色，行间距为100，如图 11-47所示。

图 11-46 创建字幕

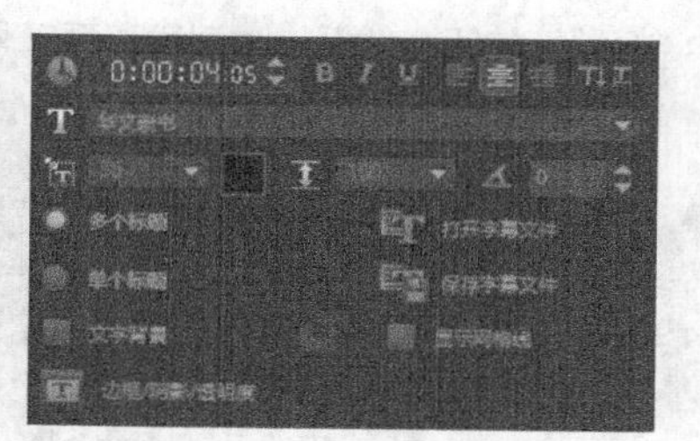

图 11-47 设置字体

07 然后打开“属性”选项面板，单击“动画”单选按钮，勾选“应用”复选框，在下拉列表中选择“淡化”效果，然后单击“自定义动画属性”按钮，在弹出的对话框中的“单位”下拉列表中选择“字符”选项，在“暂停”下拉列表中选择“自定义”选项，设置淡化样式为淡入，如图 11-48所示。单击“确定”按钮即可完成设置。

08 在工作界面中单击“标题”按钮，然后将时间线移至17秒2帧处，在这里创建一个标题字幕，如图 11-49所示。

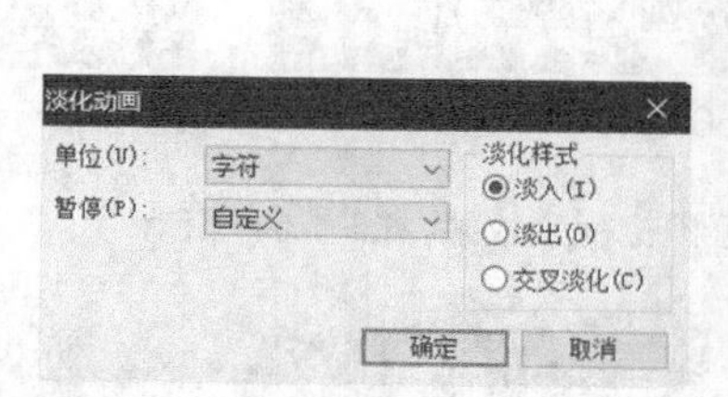

图 11-48 设置动画

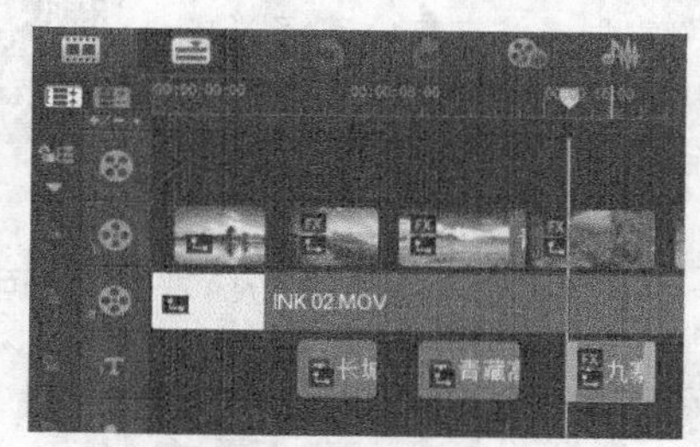

图 11-49 创建字幕

09 选中字幕文件，在“编辑”选项卡中设置字体大小为43，字体为华文行楷，颜色为黑色，行间距为100，并添加“柔焦”滤镜，如图 11-50所示。

10 然后打开“属性”选项面板，单击“动画”单选按钮，勾选“应用”复选框，在下拉列表中选择“淡化”效果，然后单击“自定义动画属性”按钮，在弹出的对话框中的“单位”下拉列表中选择“字符”选项，在“暂停”下拉列表中选择“自定义”选项，设置淡化样式为淡入，如图 11-51所示。单击“确定”按钮即可完成设置。

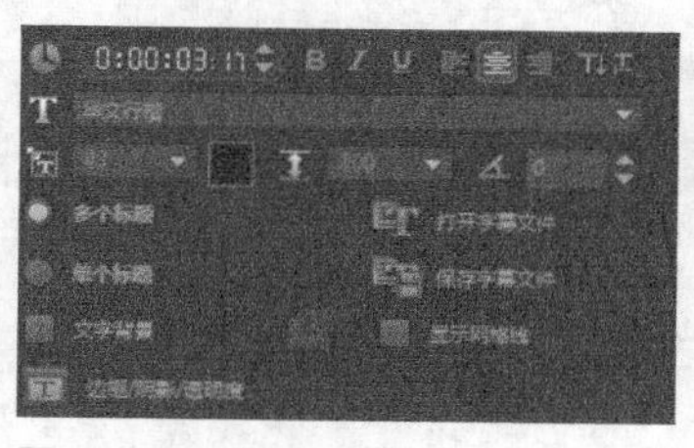

图 11-50 设置字体

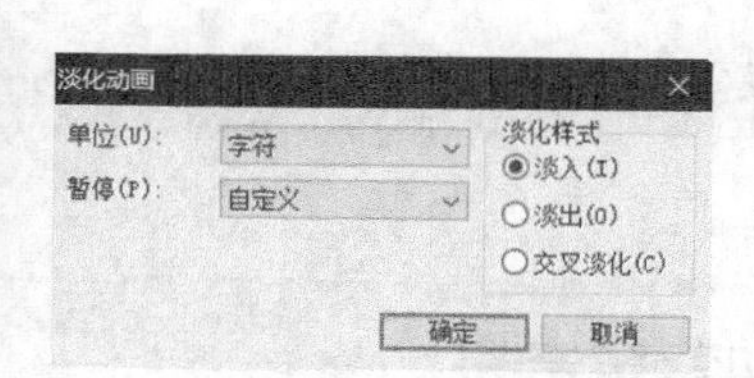

图 11-51 设置动画

11 在工作界面中单击“标题”按钮，然后将时间线移至23秒处，在这里创建一个标题字幕，如图 11-52所示。

12 选中字幕文件，在“编辑”选项卡中设置字体大小为60，字体为隶书，颜色为黑色，行间距为100，并添加“柔焦”滤镜，如图 11-53所示。

图 11-52 创建字幕

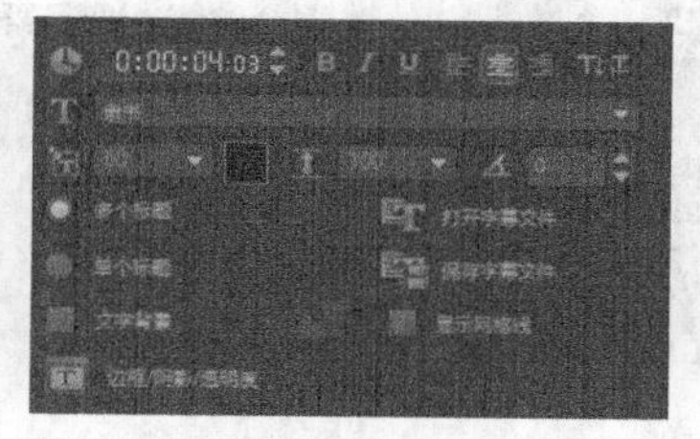

图 11-53 设置字体

13 然后打开“属性”选项面板，单击“动画”单选按钮，勾选“应用”复选框，在下拉列表中选择“淡化”效果，然后单击“自定义动画属性”按钮，在弹出的对话框中的“单位”下拉列表中选择“字符”选项，在“暂停”下拉列表中选择“自定义”选项，设置淡化样式为淡入，如图 11-54所示。单击“确定”按钮即可完成设置。

14 在工作界面中单击“标题”按钮，然后将时间线移至30秒3帧处，在这里创建一个标题字幕，如图 11-55所示。

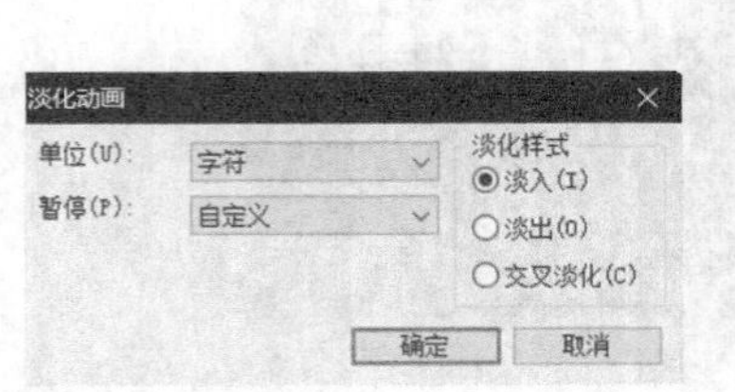

图 11-54 设置动画

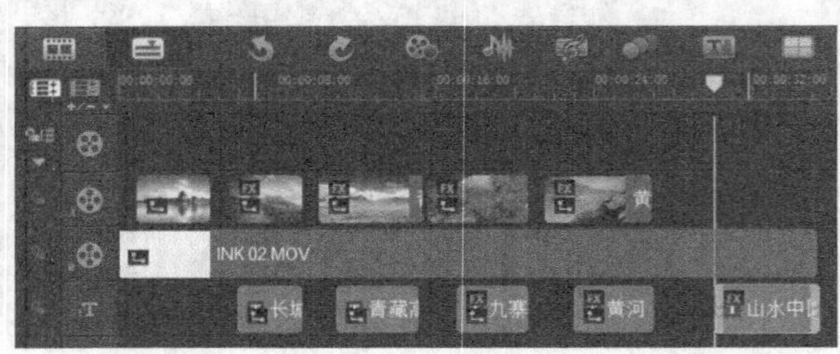

图 11-55 创建字幕

15 选中字幕文件，在“编辑”选项卡中设置字体大小为40，字体为微软雅黑，颜色为黑红色，行间距为100，如图 11-56所示。

16 然后打开“滤镜”素材库，在其中选择“修剪”“光线”“星形”三个滤镜，添加到该字幕文件中，如图11-57所示。

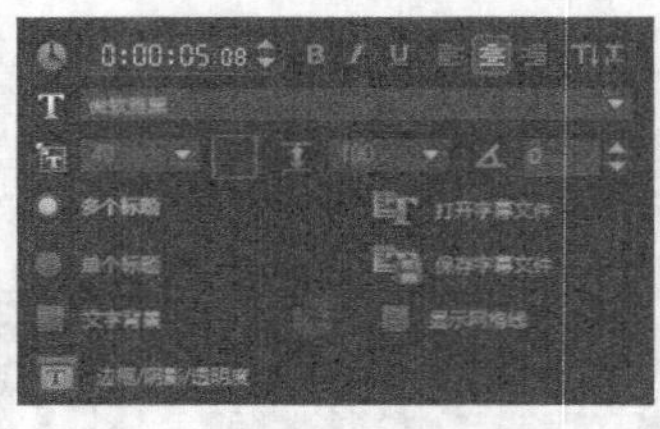

图 11-56 设置字体

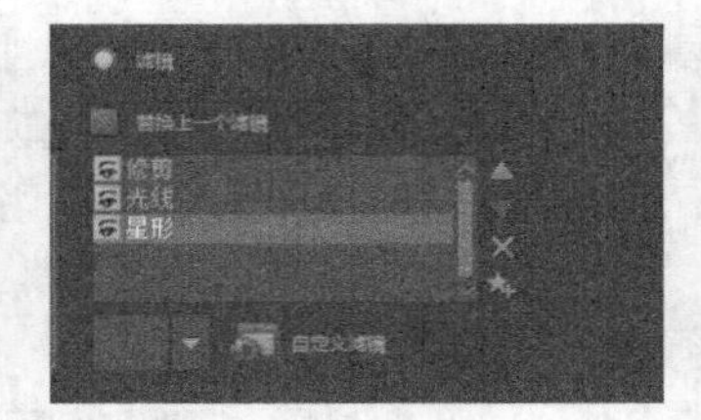

图 11-57 设置动画

17 执行上述操作后，单击导览面板中的“播放”按钮，即可预览视频效果，如图 11-58所示。

图 11-58 预览效果

11.3 后期制作

实战 180 添加背景音乐

背景音乐能够渲染视频的色彩，带动人的情绪，渲染视频氛围，也是十分重要的一部分。

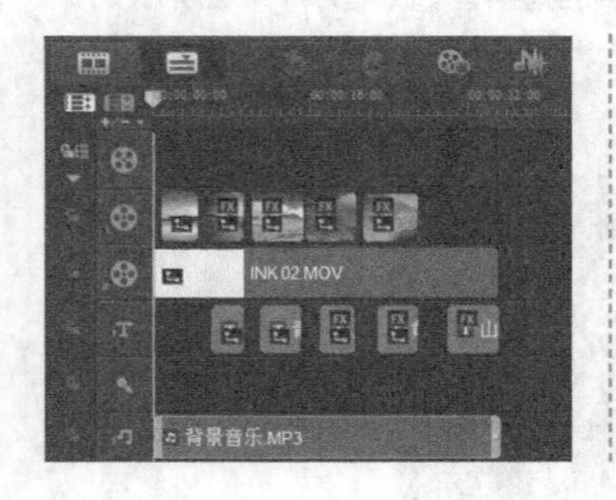

- **素材位置**｜素材\第11章\实战180
- **效果位置**｜效果\第11章\实战180添加背景音乐.VSP
- **视频位置**｜视频\第11章\实战180添加背景音乐.MP4
- **难易指数**｜★☆☆☆☆

操作步骤

01 在“媒体”素材库中，单击“显示音频文件”按钮，如图 11-59所示，显示素材库中的音频文件。

02 在素材库的上方，单击“导入媒体文件”按钮，如图 11-60所示。

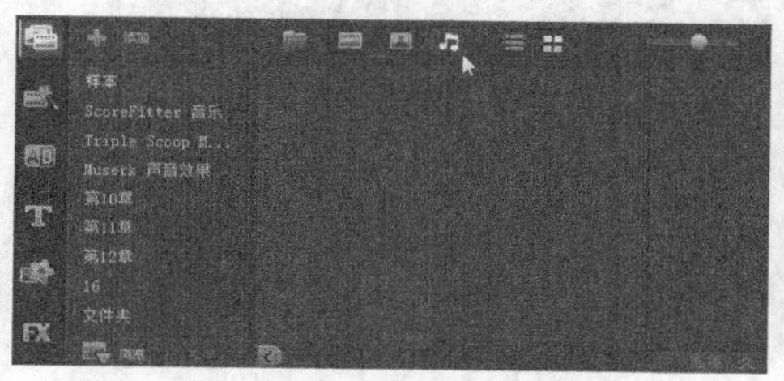

图 11-59 单击“显示音频文件”按钮

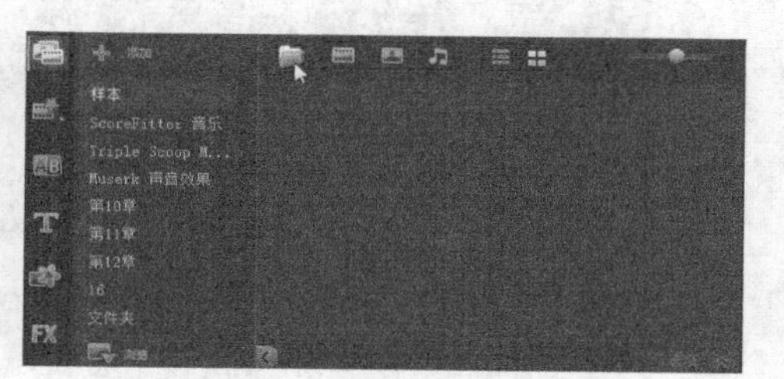

图 11-60 单击“导入媒体文件”按钮

03 执行操作后，弹出“浏览媒体文件”对话框，在其中选择需要导入的背景音乐素材（素材\第11章\实战180\ 背景音乐.MP3），如图 11-61所示。

04 单击“打开”按钮，即可将背景音乐导入素材库中，如图 11-62所示。

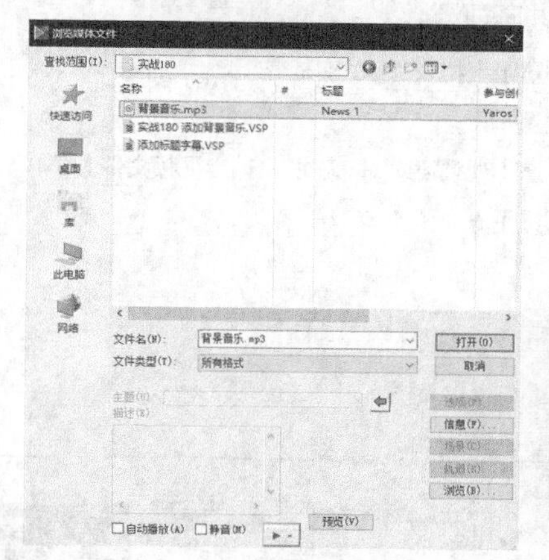

图 11-61 “浏览媒体文件”对话框

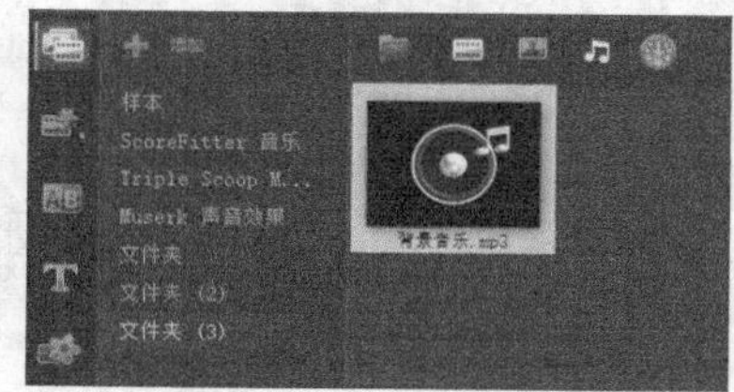

图 11-62 素材库

05 将时间线移至素材的开始位置，在“文件夹”选项卡中选择“背景音乐.MP3”音频文件，在选择的音频文件上按住鼠标左键将其拖曳至音乐轨中，如图 11-63所示。

06 双击音乐素材，在“音乐和声音”选项面板中设置播放区间为00:00:35:11，并单击“淡出”按钮，如图 11-64所示。

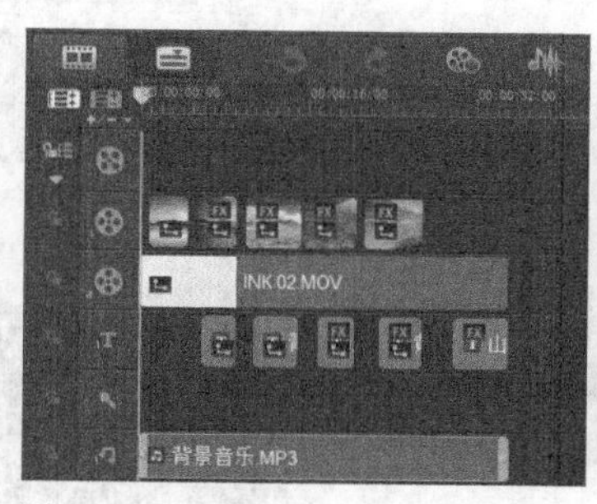

图 11-63 插入素材

图 11-64 设置音频属性

07 在时间轴面板上方，单击“混音器”按钮，如图 11-65所示。

08 执行操作后，打开混音器视图，在音乐轨中可以查看淡入与淡出特效关键帧，如图 11-66所示。在关键帧上按住鼠标左键并拖曳，可以调整音乐淡入与淡出特效的播放时间，用户在音乐文件上还可以通过添加与删除关键帧的操作来编辑背景音乐。

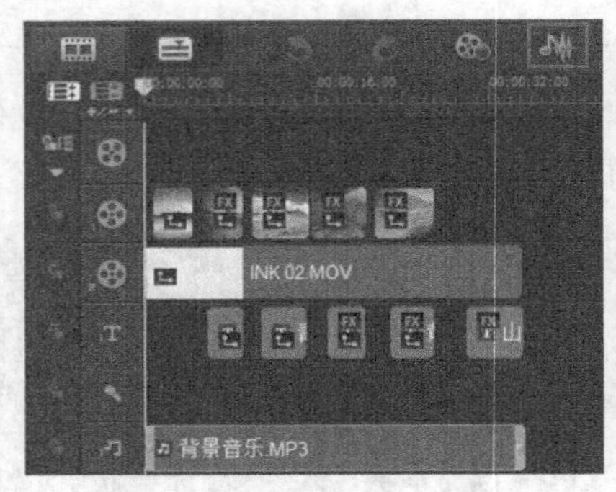

图 11-65 单击“混音器”按钮

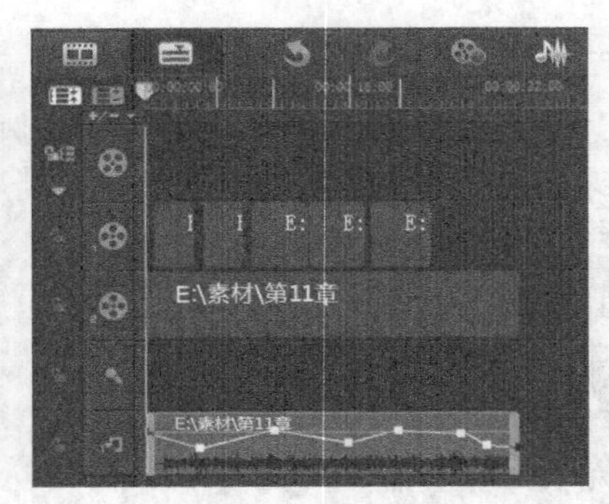

图 11-66 编辑音频

实战 181 输出视频文件

制作完视频后，应该利用会声会影将视频输出以便于共享视频。

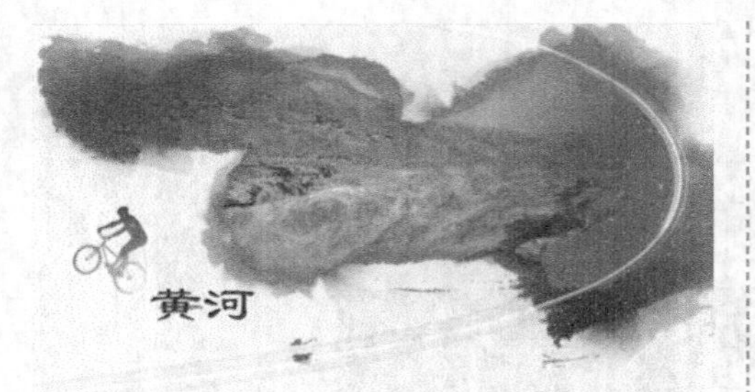

- **素材位置** | 素材\第11章\实战181
- **效果位置** | 无
- **视频位置** | 视频\第11章\实战181输出视频文件.MP4
- **难易指数** | ★☆☆☆☆

操作步骤

01 进入会声会影X10，单击“文件”|“打开项目”命令，打开一个项目文件（素材\第11章\实战181\山水中国.VSP），如图 11-67所示。

图 11-67 打开项目

02 在会声会影X10工作界面的上方单击“共享”标签，切换至“共享”步骤面板，在其中选择“MPEG-2”选项，如图 11-68所示。

03 在下方面板中，单击“文件位置”右侧的“浏览”按钮，如图 11-69所示。

图 11-68 选择“MPEG-2”选项

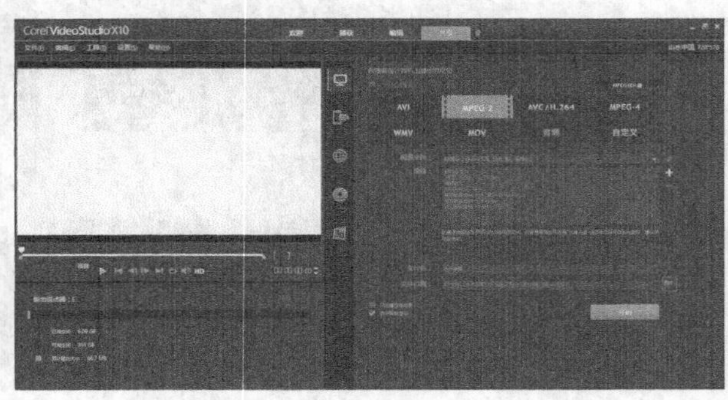
图 11-69 单击“浏览”按钮

04 弹出“浏览”对话框，在其中设置文件的保存位置和名称，如图 11-70所示。

05 单击“保存”按钮，返回会声会影“共享”步骤面板。单击“开始”按钮，开始渲染视频文件，并显示渲染进度，如图 11-71所示。渲染完成后，即可完成影片文件的渲染输出。

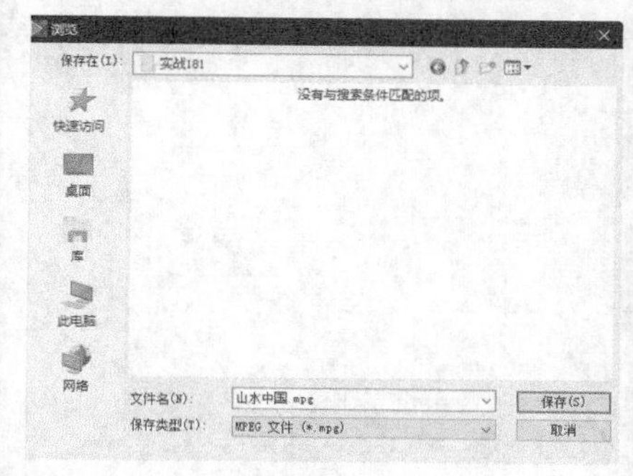

图 11-70 “浏览”对话框

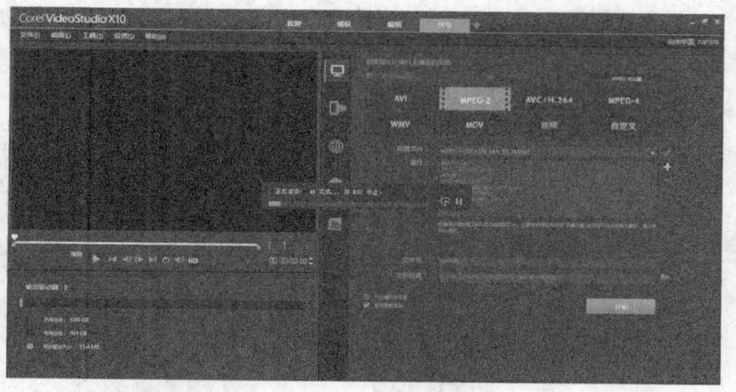

图 11-71 渲染视频

06 刚输出的视频文件在预览窗口中会自动播放，用户可以查看输出的视频的画面效果，如图 11-72所示。

图 11-72 预览效果

第12章

童年相册——温馨童年

童年时光是人生中最快乐的时候，能够无忧无虑地玩耍，许多父母用相机或手机拍下自己孩子的童年，希望能够制作成童年相册，保存他们最美好的时光。

12.1 童年相册视频的制作要点

（1）在会声会影中插入素材，调整素材的位置和形状。

（2）为制作好的视频添加字幕，解读画面中的元素。

（3）添加合适的音频文件，使影片更加吸引人。

12.2 制作视频

实战 182 添加并修整素材

素材是影片的关键，对素材的修整能够直接影响到观影体验。本例所创建的童年相册视频的重点便是儿童的图片素材，因此在修整时需花费较多精力。

- **素材位置 |** 素材\第12章\实战182
- **效果位置 |** 效果\第12章\实战182添加并修整素材.VSP
- **视频位置 |** 视频\第12章\实战182添加并修整素材.MP4
- **难易指数 |** ★★★☆☆

操作步骤

01 进入会声会影X10，执行“设置”|“参数选择”命令，如图 12-1所示。

02 切换至“编辑”选项卡，设置“默认照片/色彩区间”参数为7秒，如图 12-2所示。然后单击“确定”按钮完成设置。

图 12-1 执行命令

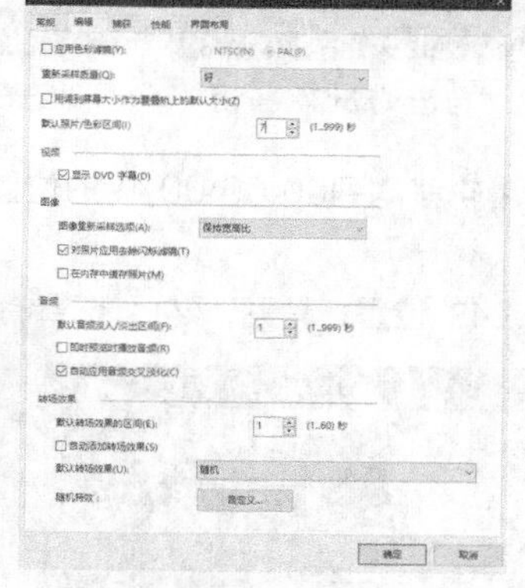

图 12-2 设置区间

03 在时间轴视图中单击“轨道管理器”按钮，在弹出的对话框中的“覆叠轨”下拉列表中选择“7”选项，如图 12-3所示。然后单击“确定”按钮完成设置。

04 在覆叠轨1中插入视频素材（素材\第12章\实战182\花纹视频背景.MP4），如图 12-4所示。

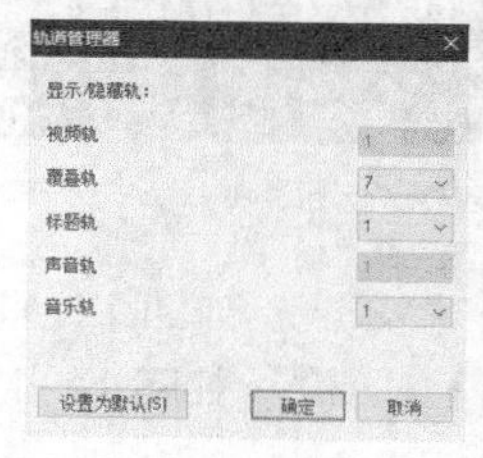

图 12-3 添加轨道

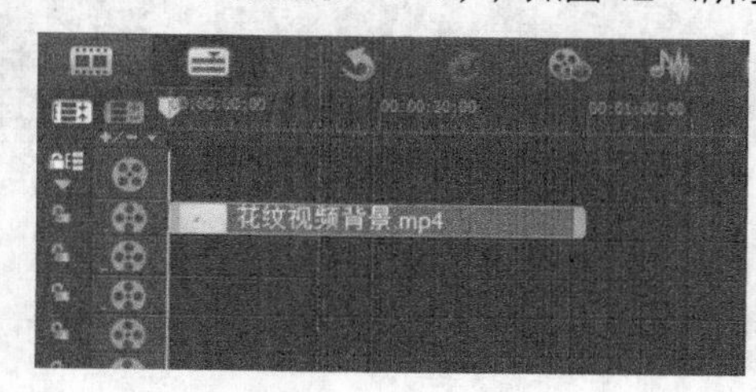

图 12-4 插入素材

05 展开“编辑”选项卡，设置播放区间为1分钟，并单击“静音”按钮，如图 12-5所示。

06 在覆叠轨2~7中对应位置插入所有图片素材（素材\第12章\实战182），如图 12-6所示。

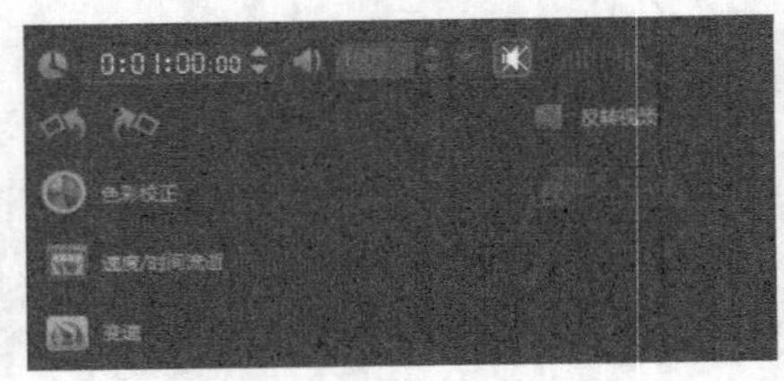

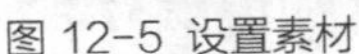
图 12-5 设置素材

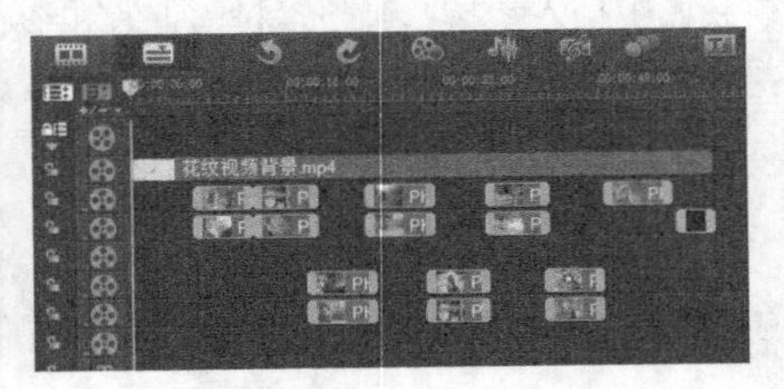

图 12-6 插入素材

07 选中“photo19.jpg”素材，展开“属性”选项卡，单击面板中的“高级动作”单选按钮，然后再单击“自定义动作”按钮，如图 12-7所示。

08 在弹出的对话框中，选择第一个关键帧，设置位置参数为（250,26），大小参数为（50,50），阻光度为100，旋转参数为（0,0,-10），阴影不透明度为30，阴影模糊为15，阴影方向为-40，阴影距离为10，最后设置边界阻光度为100，边界尺寸为10，并单击“缓出”按钮，如图 12-8所示。

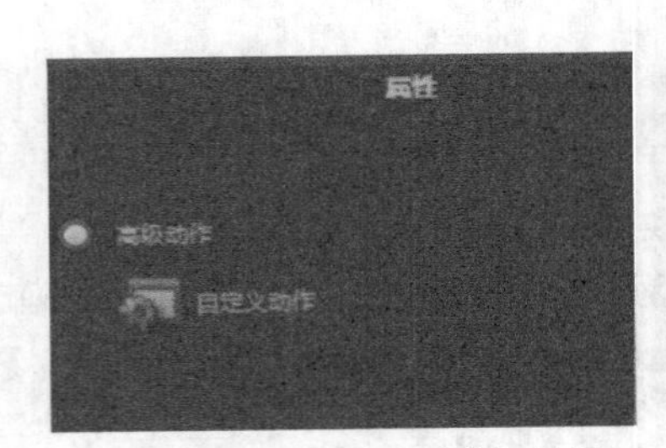

图 12-7 单击“自定义动作”按钮

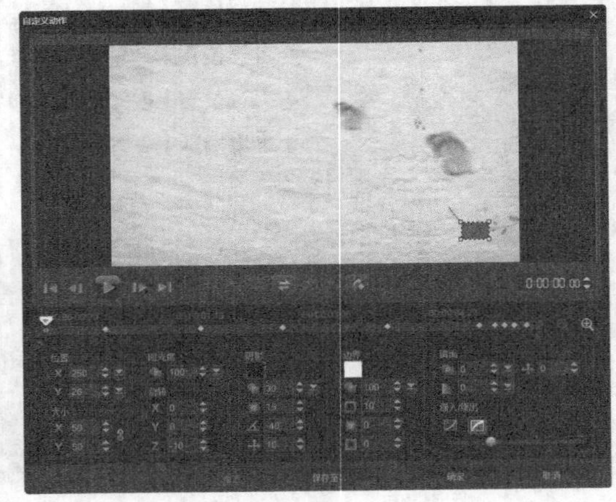

图 12-8 第一个关键帧

09 复制第一个关键帧，将滑轨移动到00:00:00:19的位置，粘贴，然后修改位置参数为（52,26），如图 12-9所示。

10 将滑轨移动到00:00:01:24的位置，粘贴，然后修改位置参数为（50,28），如图 12-10所示。

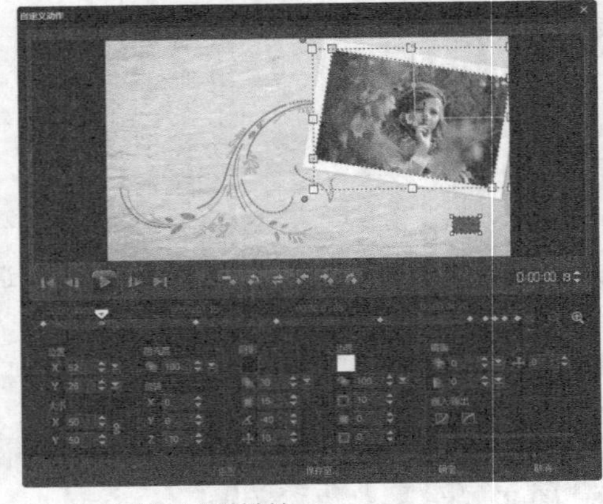

图 12-9 第二个关键帧

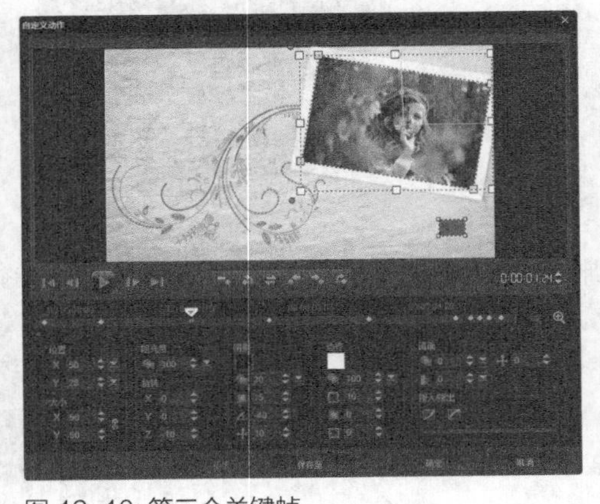

图 12-10 第三个关键帧

11 将滑轨移动到00:00:03:00的位置，粘贴，然后修改位置参数为（51,23），如图 12-11所示。

12 将滑轨移动到00:00:04:08的位置，粘贴，然后修改位置参数为（50,26），如图 12-12所示。

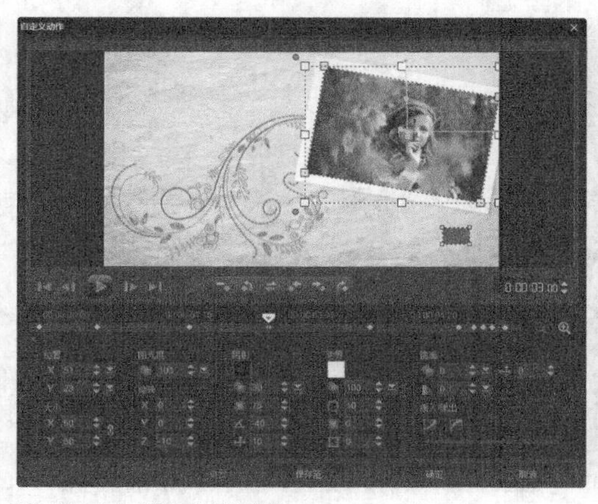

图 12-11 第四个关键帧

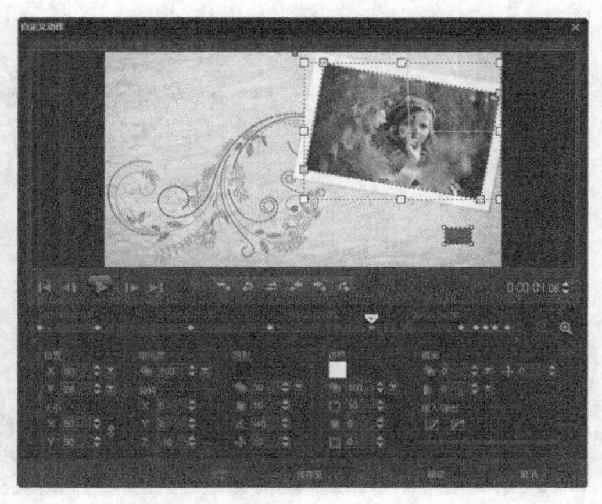

图 12-12 第五个关键帧

13 将滑轨移动到00:00:05:12的位置，粘贴，然后修改位置参数为（54,21），如图 12-13所示。

14 将滑轨移动到00:00:05:17的位置，粘贴，然后修改位置参数为（53,56），如图 12-14所示。

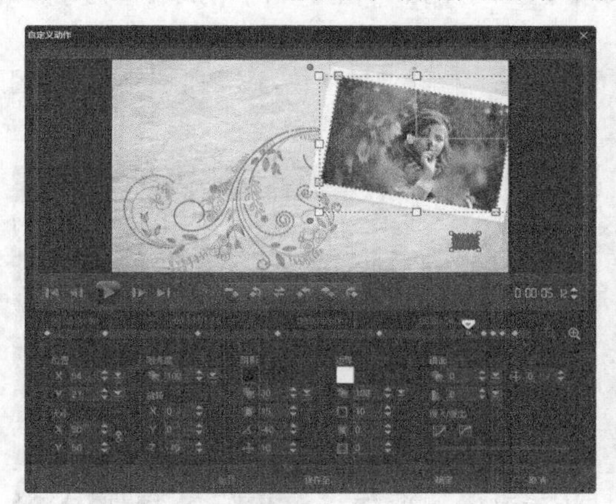

图 12-13 第六个关键帧

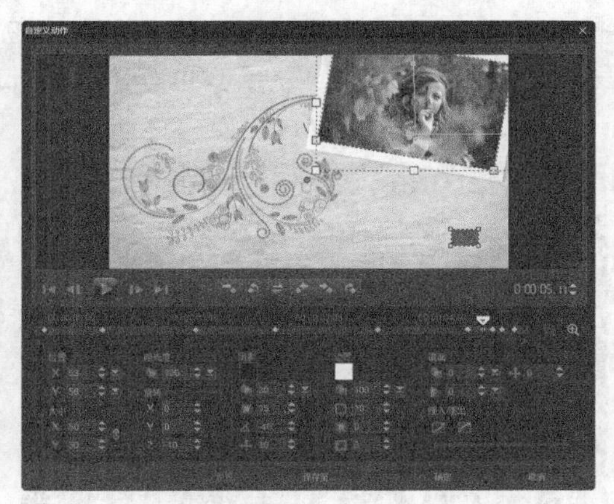

图 12-14 第七个关键帧

15 将滑轨移动到00:00:05:20的位置，粘贴，然后修改位置参数为（53,91），如图 12-15所示。

16 将滑轨移动到00:00:05:23的位置，粘贴，然后修改位置参数为（52,150），如图 12-16所示。

图 12-15 第八个关键帧

图 12-16 第九个关键帧

17 将滑轨移动到00:00:06:02的位置，粘贴，然后修改位置参数为（52,186），如图 12-17所示。单击“确定”按钮完成设置。

18 选中“photo18.jpg”素材，展开“属性”选项卡，单击面板中的“高级动作”单选按钮，然后再单击“自定义动作”按钮，如图 12-18所示。

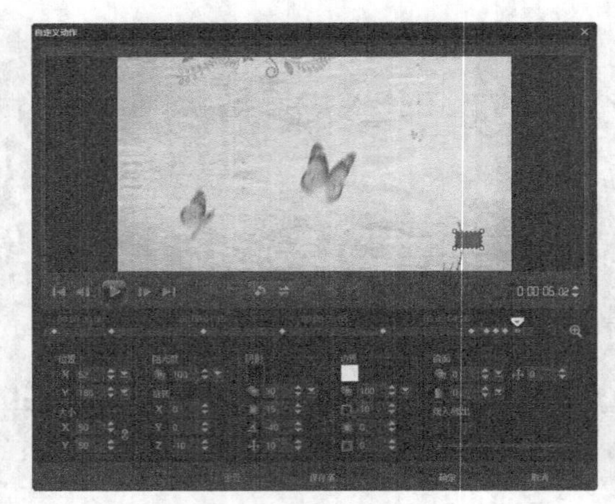

图 12-17 第十个关键帧

图 12-18 单击“自定义动作”按钮

19 在弹出的对话框中，选择第一个关键帧，设置位置参数为（200,-17），大小参数为（50,50），阻光度为100，旋转参数为（0,0,-10），阴影不透明度为30，阴影模糊为15，阴影方向为-40，阴影距离为10，最后设置边界阻光度为100，边界尺寸为10，并单击“缓出”按钮，如图 12-19所示。

20 复制第一个关键帧，将滑轨移动到00:00:00:19的位置，粘贴，修改位置参数为（28,-17），如图 12-20所示。

图 12-19 第一个关键帧

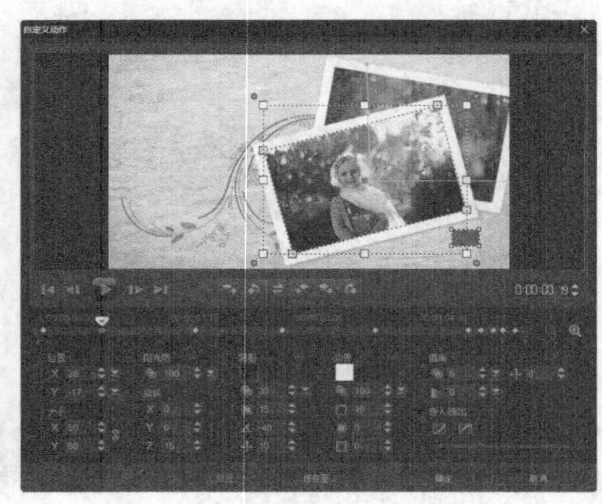

图 12-20 第二个关键帧

21 将滑轨移动到00:00:01:24的位置，粘贴，修改位置参数为（26,-15），如图 12-21所示。

22 将滑轨移动到00:00:03:00的位置，粘贴，修改位置参数为（28,-19），如图 12-22所示。

图 12-21 第三个关键帧

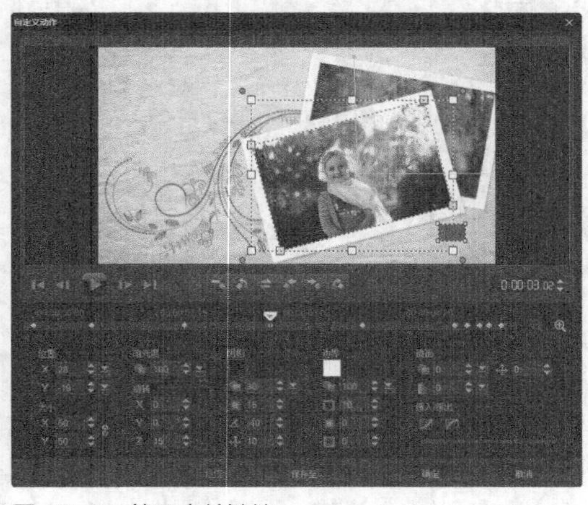

图 12-22 第四个关键帧

23 将滑轨移动到00:00:04:08的位置，粘贴，修改位置参数为（27,-16），如图 12-23所示。

24 将滑轨移动到00:00:05:12的位置，粘贴，修改位置参数为（31,-21），如图 12-24所示。

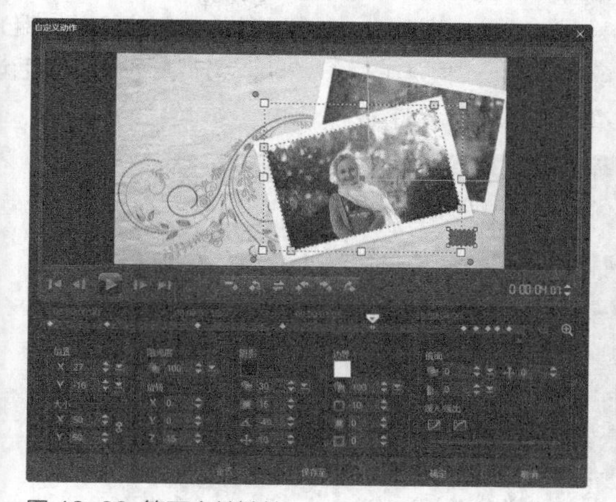

图 12-23 第五个关键帧

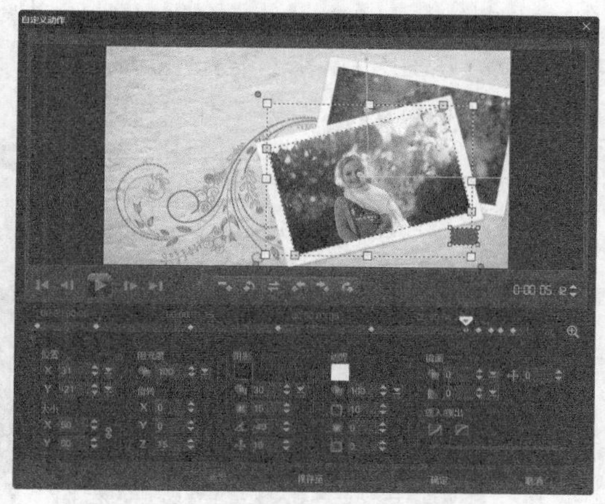

图 12-24 第六个关键帧

25 将滑轨移动到00:00:05:17的位置，粘贴，修改位置参数为（30,-1），如图 12-25所示。

26 将滑轨移动到00:00:05:20的位置，粘贴，修改位置参数为（30,44），如图 12-26所示。

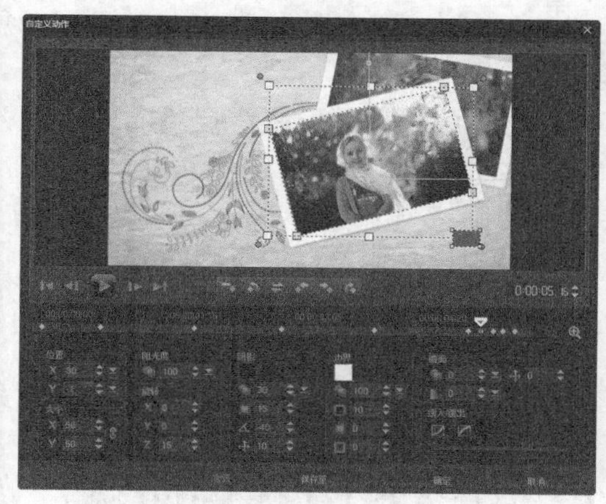

图 12-25 第七个关键帧

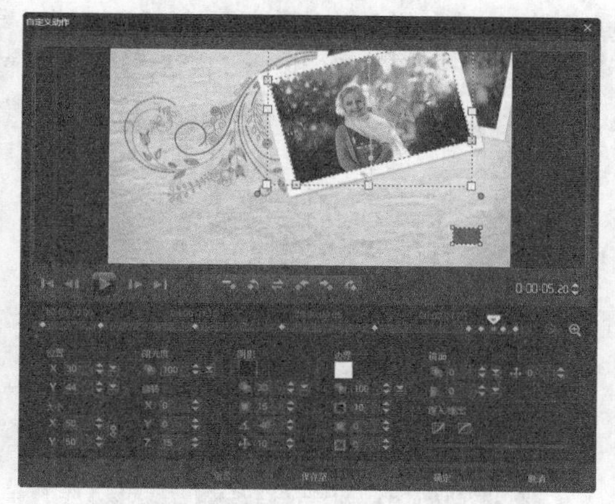

图 12-26 第八个关键帧

27 将滑轨移动到00:00:05:23的位置，粘贴，修改位置参数为（29,90），如图 12-27所示。

28 将滑轨移动到00:00:06:02的位置，粘贴，修改位置参数为（28,175），如图 12-28所示。单击“确定”按钮完成设置。

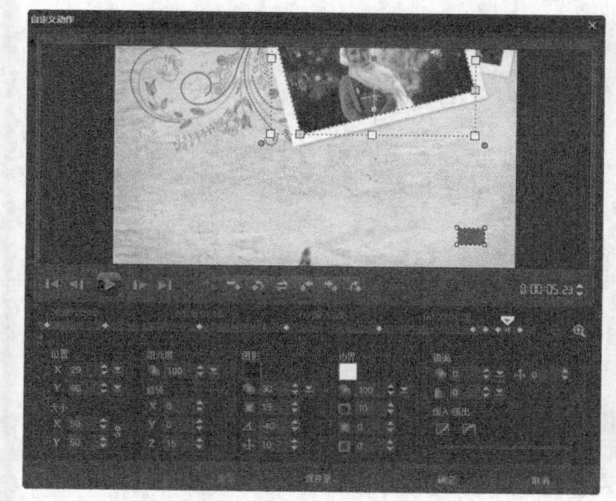

图 12-27 第九个关键帧

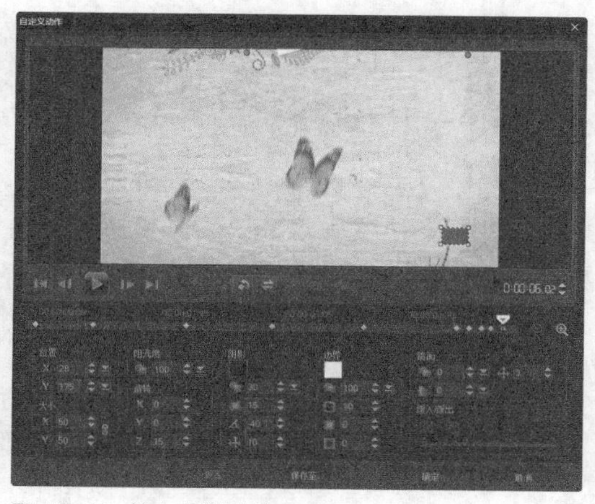

图 12-28 第十个关键帧

29 选中“photo1.jpg”素材，展开“属性”选项卡，单击面板中的“高级动作”单选按钮，然后再单击“自定义动作”按钮，如图 12-29所示。

30 在弹出的对话框中，选择第一个关键帧，设置位置参数为（-41,-172），大小参数为（50,50），阻光度为100，旋转参数为（0,0,10），阴影不透明度为30，阴影模糊为15，阴影方向为-40，阴影距离为10，最后设置边界阻光度为100，边界尺寸为10，并单击“缓出”按钮，如图 12-30所示。

图 12-29 单击“自定义动作”按钮

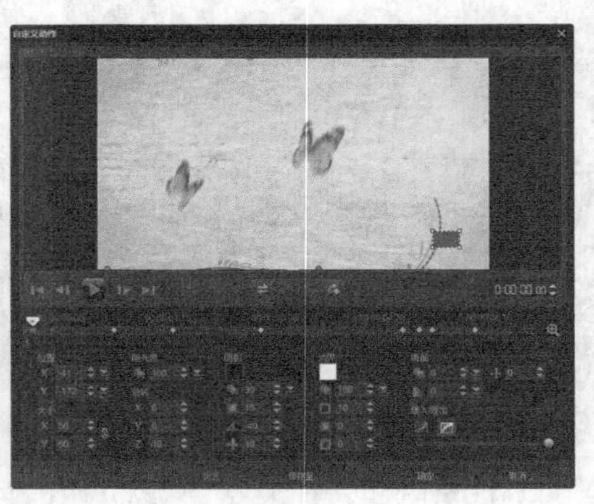

图 12-30 第一个关键帧

31 复制第一个关键帧，将滑轨移动到00:00:01:05的位置，粘贴，修改位置参数为（-41,5），如图 12-31所示。

32 将滑轨移动到00:00:02:02的位置，粘贴，修改位置参数为（-39,3），如图 12-32所示。

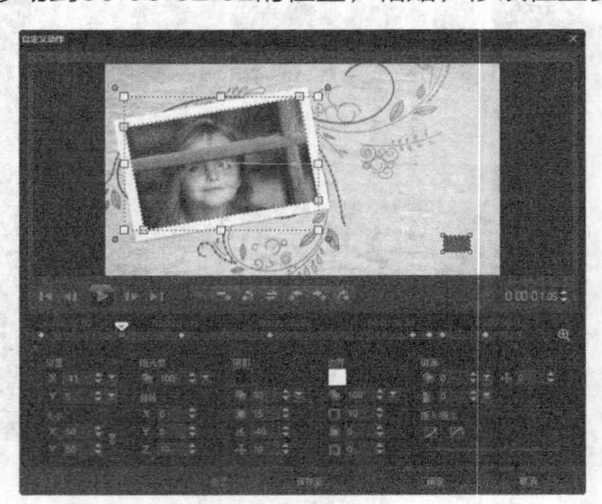

图 12-31 第二个关键帧

图 12-32 第三个关键帧

33 将滑轨移动到00:00:03:10的位置，粘贴，修改位置参数为（-42,2），如图 12-33所示。

34 将滑轨移动到00:00:05:13的位置，粘贴，修改位置参数为（-40,6），如图 12-34所示。

图 12-33 第四个关键帧

图 12-34 第五个关键帧

35 将滑轨移动到00:00:05:19的位置，粘贴，修改位置参数为（-4,6），如图 12-35所示。

36 将滑轨移动到00:00:05:24的位置，粘贴，修改位置参数为（58,5），如图 12-36所示。

图 12-35 第六个关键帧

图 12-36 第七个关键帧

37 将滑轨移动到00:00:06:15的位置，粘贴，修改位置参数为（160,5），如图 12-37所示。单击“确定”按钮完成设置。

38 选中“photo10.jpg”素材，展开“属性”选项卡，单击面板中的“高级动作”单选按钮，然后再单击“自定义动作”按钮，如图 12-38所示。

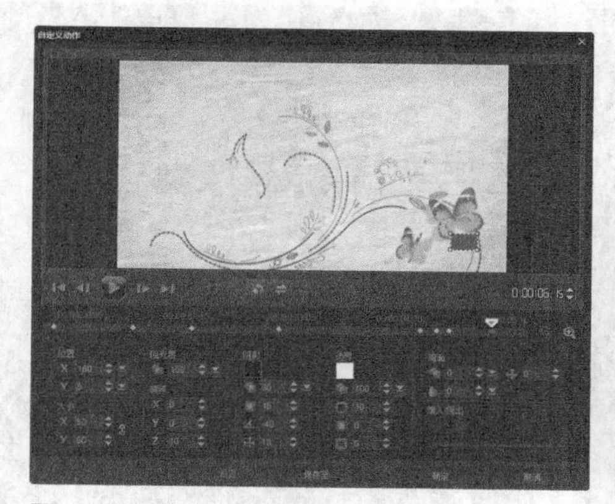

图 12-37 第八个关键帧

图 12-38 单击“自定义动作”按钮

39 在弹出的对话框中，选择第一个关键帧，设置位置参数为（-28,-171），大小参数为（50,50），阻光度为100，旋转参数为（0,0,-8），阴影不透明度为30，阴影模糊为15，阴影方向为-40，阴影距离为10，最后设置边界阻光度为100，边界尺寸为10，并单击“缓出”按钮，如图 12-39所示。

40 复制第一个关键帧，将滑轨移动到00:00:00:23的位置，粘贴，修改位置参数为（-28，-4），如图 12-40所示。

图 12-39 第一个关键帧

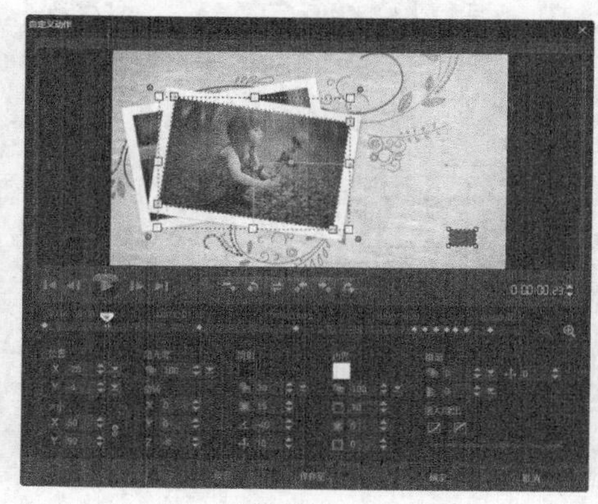

图 12-40 第二个关键帧

41 将滑轨移动到00:00:02:07的位置，粘贴，修改位置参数为（-26，-5），如图 12-41所示。

42 将滑轨移动到00:00:03:18的位置，粘贴，修改位置参数为（-27，-8），如图 12-42所示。

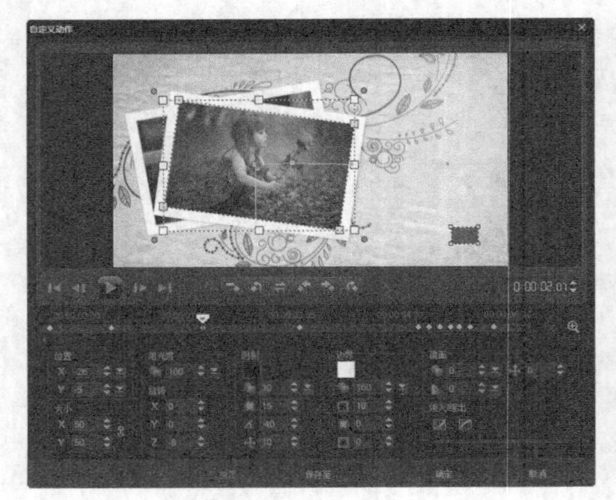

图 12-41 第三个关键帧

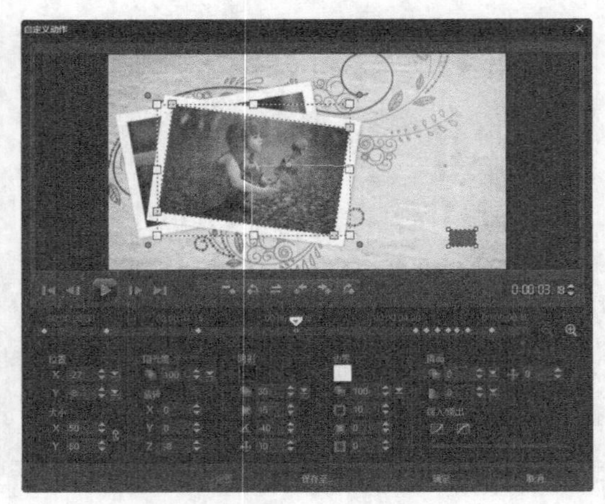

图 12-42 第四个关键帧

43 将滑轨移动到00:00:05:12的位置，粘贴，修改位置参数为（-28，-4），如图 12-43所示。

44 将滑轨移动到00:00:05:16的位置，粘贴，修改位置参数为（-9，-3），如图 12-44所示。

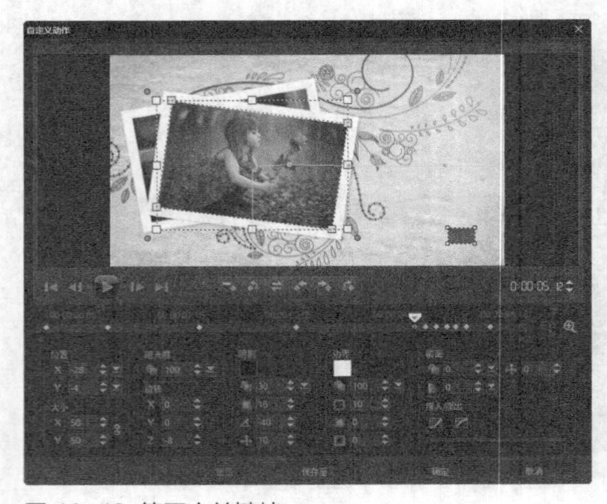

图 12-43 第五个关键帧

图 12-44 第六个关键帧

45 将滑轨移动到00:00:05:20的位置，粘贴，修改位置参数为（21，-4），如图 12-45所示。

46 将滑轨移动到00:00:05:24的位置，粘贴，修改位置参数为（70，-4），如图 12-46所示。

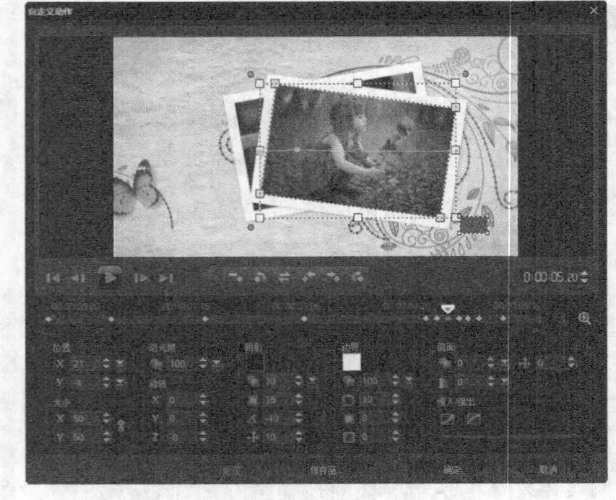

图 12-45 第七个关键帧

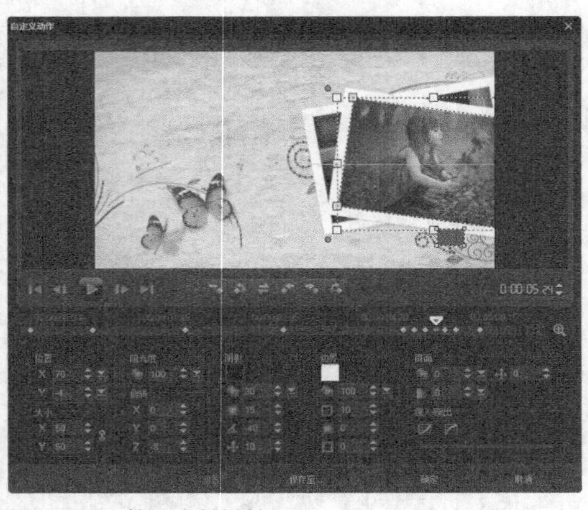

图 12-46 第八个关键帧

47 将滑轨移动到00:00:06:02的位置，粘贴，修改位置参数为（117，-4），如图 12-47所示。

48 将滑轨移动到00:00:06:06的位置，粘贴，修改位置参数为（153，-4），如图 12-48所示。

图 12-47 第九个关键帧

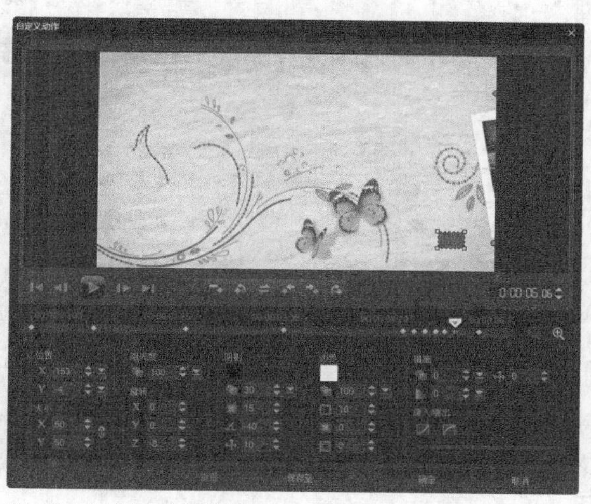

图 12-48 第十个关键帧

49 将滑轨移动到00:00:06:15的位置，粘贴，修改位置参数为（200，-4），如图 12-49所示。单击“确定”按钮完成设置。

50 用相同的方法，设置好后面所剩下的图片素材，如图 12-50所示。

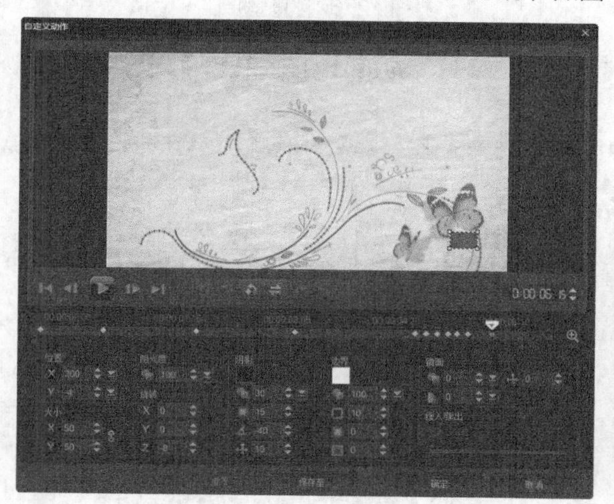

图 12-49 第十一个关键帧

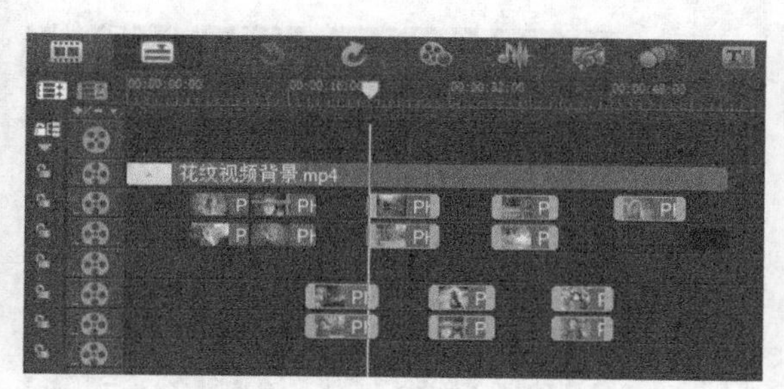

图 12-50 设置素材

51 执行上述操作后，即可完成对素材图像的修整，单击导览面板中的“播放”按钮，预览视频效果，如图 12-51所示。

图 12-51 预览效果

实战
183

添加滤镜和转场效果

滤镜和过场效果能够让影片变得别具一格，让过渡显得更加自然。

- **素材位置 |** 素材\第12章\实战183
- **效果位置 |** 效果\第12章\实战183添加滤镜和转场效果.VSP
- **视频位置 |** 视频\第12章\实战183添加滤镜和转场效果.MP4
- **难易指数 |** ★★★★☆

操作步骤

01 进入会声会影X10，单击“文件”|“打开项目”命令，打开一个项目文件（素材\第12章\实战183\添加并修整素材.VSP），如图 12-52 所示。

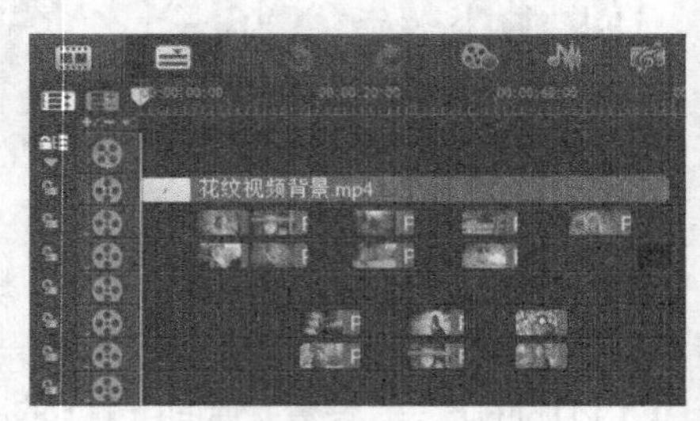

图 12-52 打开项目

02 在会声会影工作界面中单击“滤镜”按钮，在素材库中选择“修剪”滤镜，如图12-53所示，将其拖曳至“Line.tga”素材上。

03 在会声会影工作界面中单击“转场”按钮，在素材库中选择“交叉淡化”转场，如图12-54所示，将其拖曳至“Line.tga”素材上。

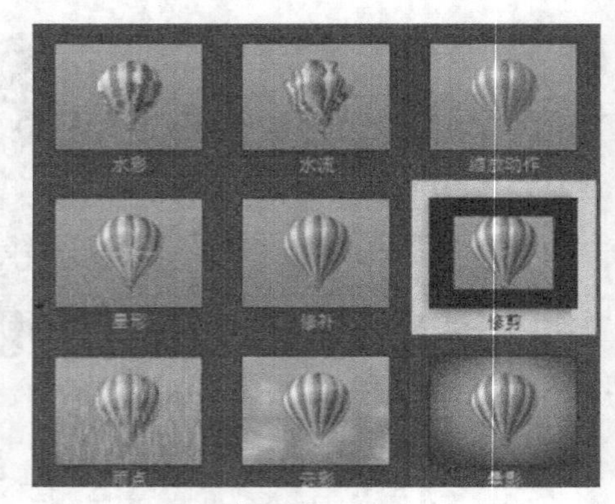

图 12-53 选择“修剪”滤镜

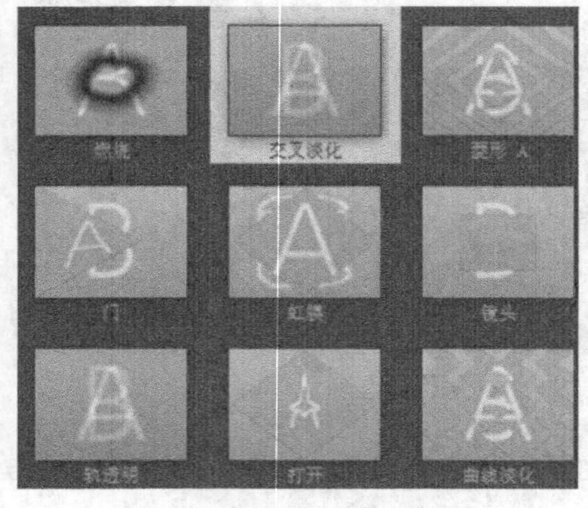

图 12-54 选择“交叉淡化”转场

04 执行操作后，单击导览面板中的“播放”按钮，预览视频效果，如图 12-55所示。

图 12-55 预览效果

实战 184 添加标题字幕

本例所创建的童年相册视频旨在记录儿童在成长中的点点滴滴，因此重点在于照片，文字仅起到点缀的作用，因此在字体与大小选择上切忌喧宾夺主。

- **素材位置** | 素材\第12章\实战184
- **效果位置** | 效果\第12章\实战184添加标题字幕.VSP
- **视频位置** | 视频\第12章\实战184 添加标题字幕.MP4
- **难易指数** | ★★★☆☆

操作步骤

01 进入会声会影X10，单击“文件”|“打开项目”命令，打开一个项目文件（素材\第12章\实战184\添加滤镜和转场效果.VSP），如图 12-56所示。

02 在工作界面中单击“标题”按钮，然后将时间线移至1秒2帧处，在覆叠轨4中创建一个标题字幕，如图 12-57所示。

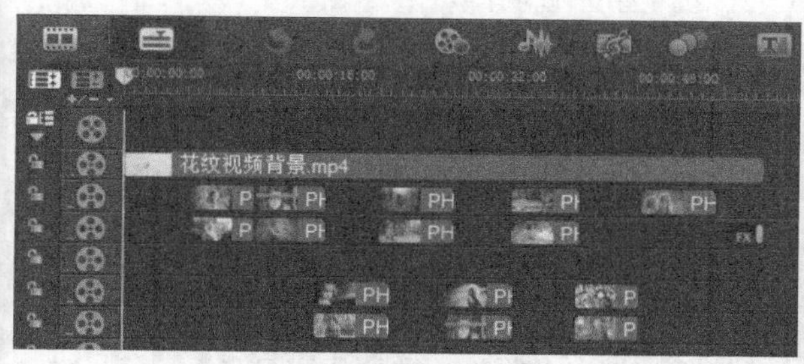

图 12-56 打开项目

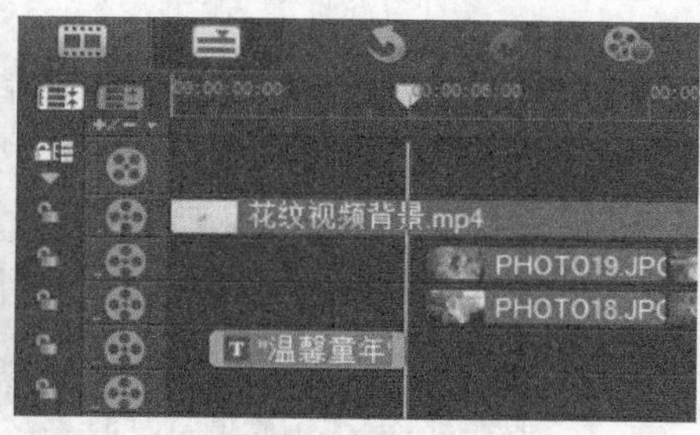

图 12-57 创建字幕

03 选中字幕文件，在“编辑”选项卡中设置字体大小为103，字体为新宋体，颜色为黑灰色，设置为加粗字体，加上下划线，行间距为100，如图 12-58所示。

04 在工作界面中单击“标题”按钮，然后将时间线移至3秒3帧处，在覆叠轨5中创建一个标题字幕，如图 12-59所示。

图 12-58 设置字体

图 12-59 创建字幕

05 选中字幕文件，在“编辑”选项卡中设置字体大小为56，字体为华文琥珀，颜色为褐色，设置为加粗字体，行间距为100，如图 12-60所示。

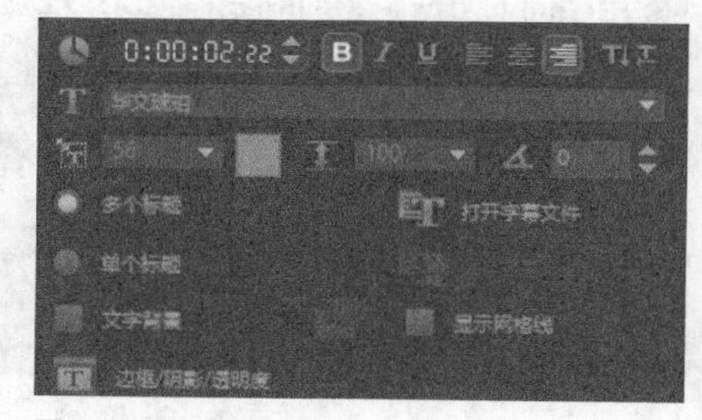

图 12-60 设置字体

06 在工作界面中单击“标题”按钮，然后将时间线移至7秒8处帧，在这里创建一个标题字幕，如图 12-61所示。

07 选中字幕文件，在“编辑”选项卡中设置字体大小为75，字体为楷体，颜色为黑灰色，设置为加粗字体，行间距为100，如图 12-62所示。

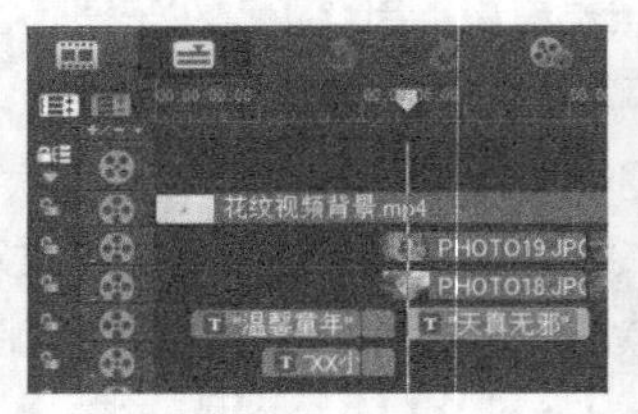

图 12-61 创建字幕

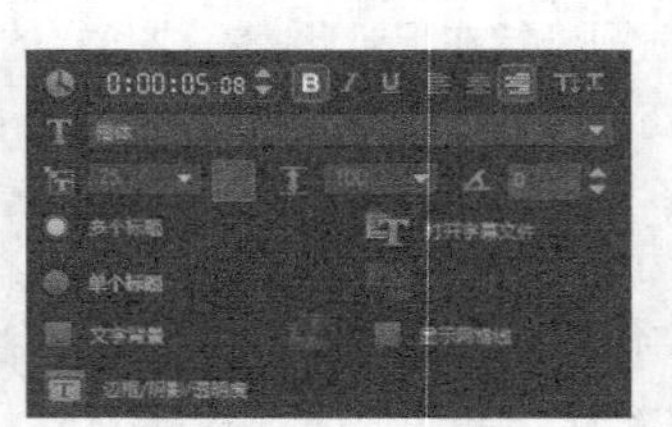

图 12-62 设置字体

08 用相同的方法，将时间线移至13秒23帧处，在这里创建一个标题字幕，如图 12-63所示。

09 用相同的方法，将时间线移至19秒11帧处，在这里创建一个标题字幕，如图 12-64所示。

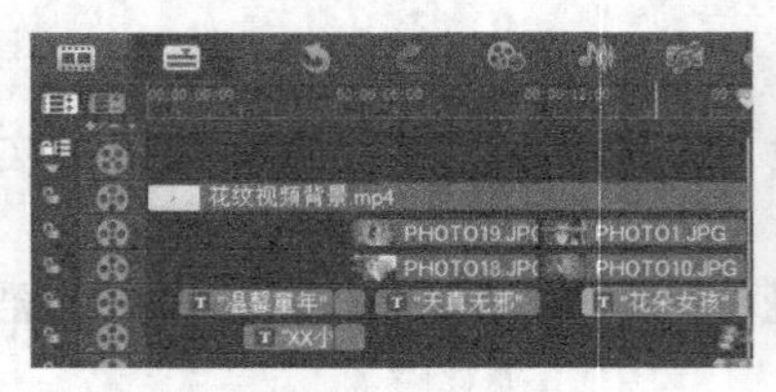

图 12-63 创建字幕

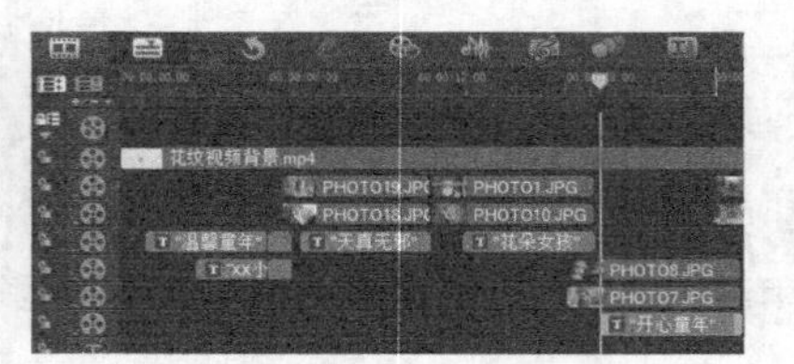

图 12-64 创建字幕

10 用相同的方法，将时间线移至25秒12帧处，在这里创建一个标题字幕，如图 12-65所示。

11 用相同的方法，将时间线移至31秒11帧处，在这里创建一个标题字幕，如图 12-66所示。

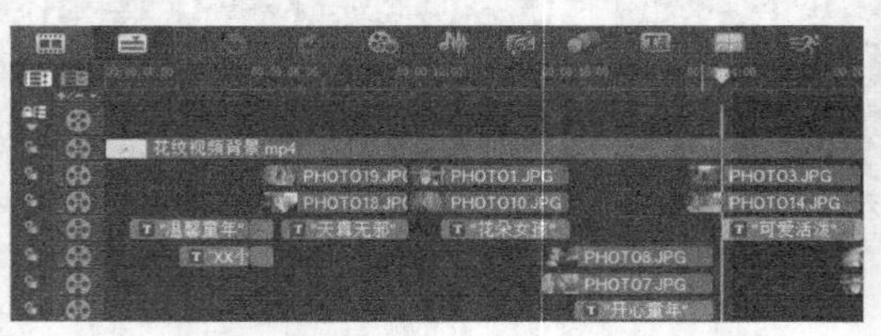

图 12-65 创建字幕

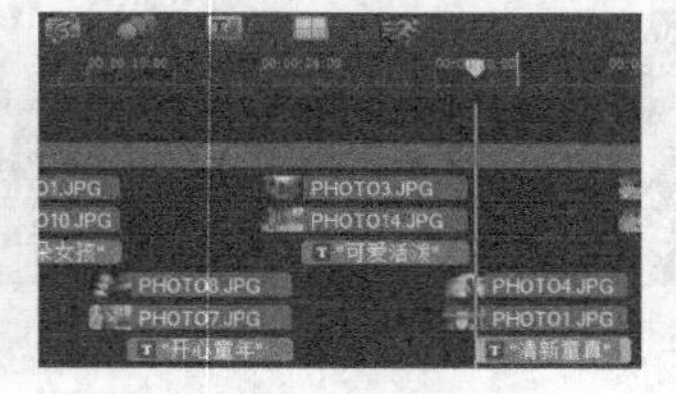

图 12-66 创建字幕

12 用相同的方法，将时间线移至37秒14帧处，在这里创建一个标题字幕，如图 12-67所示。

13 用相同的方法，将时间线移至43秒12帧处，在这里创建一个标题字幕，如图 12-68所示。

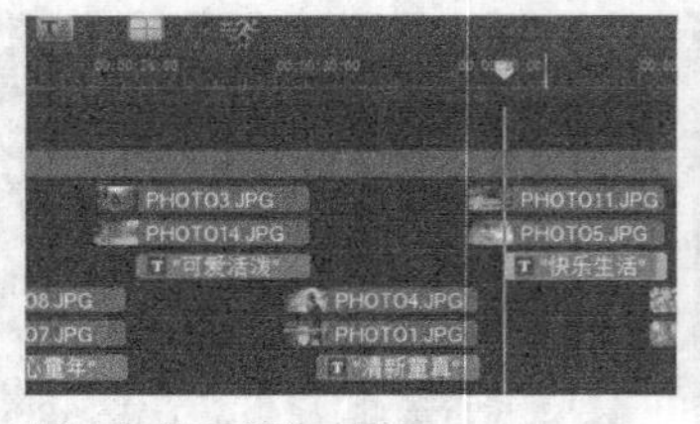

图 12-67 创建字幕

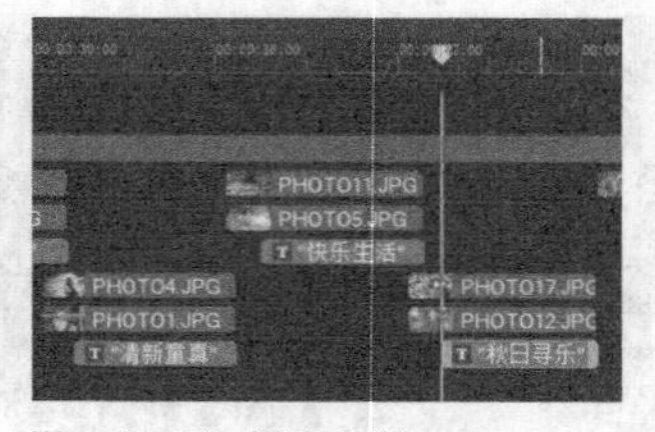

图 12-68 创建字幕

14 用相同的方法，将时间线移至49秒18帧处，在这里创建一个标题字幕，如图 12-69所示。

15 用相同的方法，将时间线移至56秒2帧处，在这里创建一个标题字幕，如图 12-70所示。

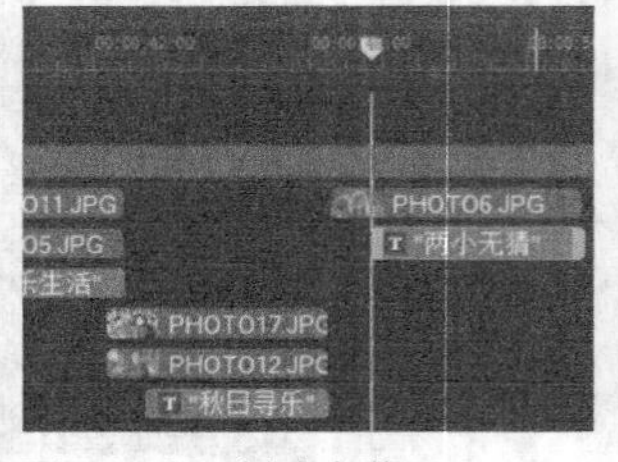

图 12-69 创建字幕

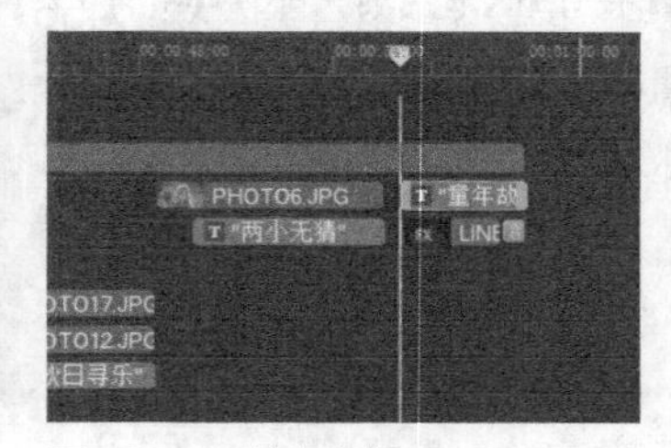

图 12-70 创建字幕

16 执行上述操作后，单击导览面板中的“播放”按钮，即可预览视频效果，如图 12-71所示。

图 12-71 预览效果

12.3 后期制作

实战 185 添加背景音乐

背景音乐能够渲染视频的色彩，带动人的情绪，渲染视频氛围，也是十分重要的一部分。

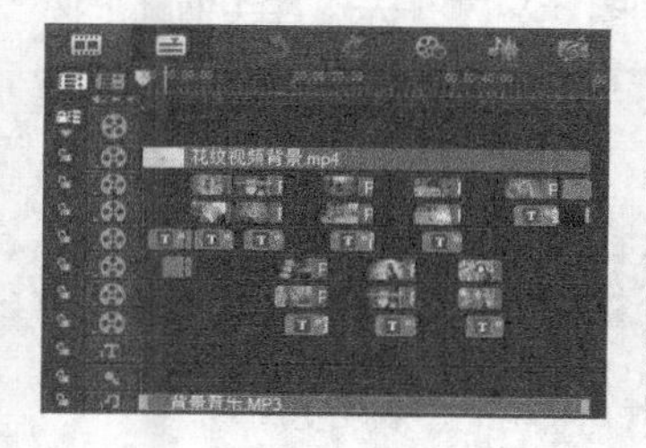

- **素材位置** | 素材\第12章\实战185
- **效果位置** | 效果\第12章\实战185添加背景音乐.VSP
- **视频位置** | 视频\第12章\实战185添加背景音乐.MP4
- **难易指数** | ★☆☆☆☆

操作步骤

01 在“媒体”素材库中，单击“显示音频文件”按钮，如图 12-72所示，显示素材库中的音频文件。

02 在素材库的上方，单击“导入媒体文件”按钮，如图 12-73所示。

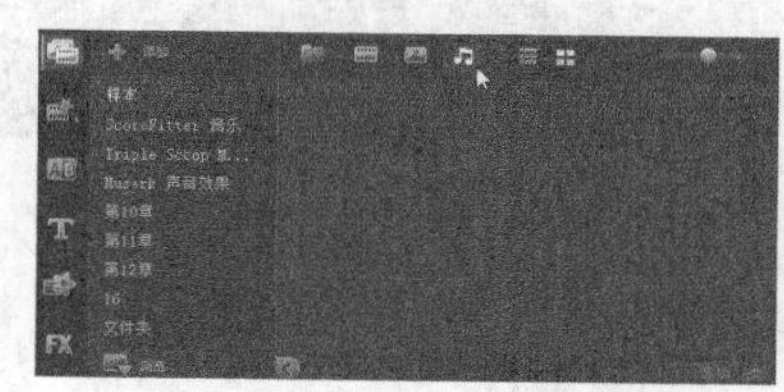

图 12-72 单击“显示音频文件”按钮

图 12-73 单击“导入媒体文件”按钮

03 执行操作后，弹出“浏览媒体文件”对话框，在其中选择需要导入的背景音乐素材（素材\第12章\实战185\ 背景音乐.MP3），如图 12-74所示。

04 单击“打开”按钮，即可将背景音乐导入素材库中，如图 12-75所示。

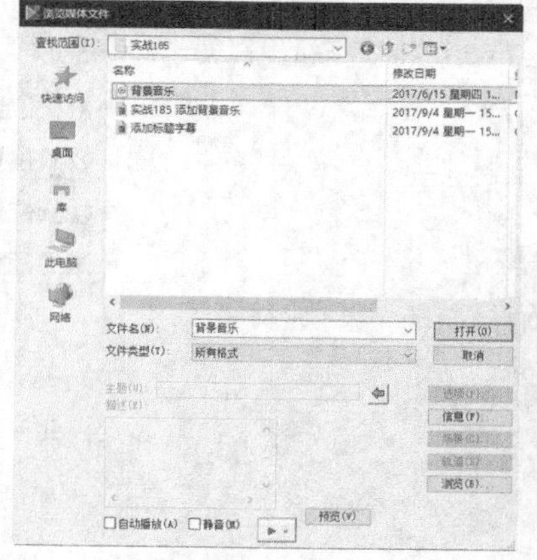

图 12-74 “浏览媒体文件”对话框

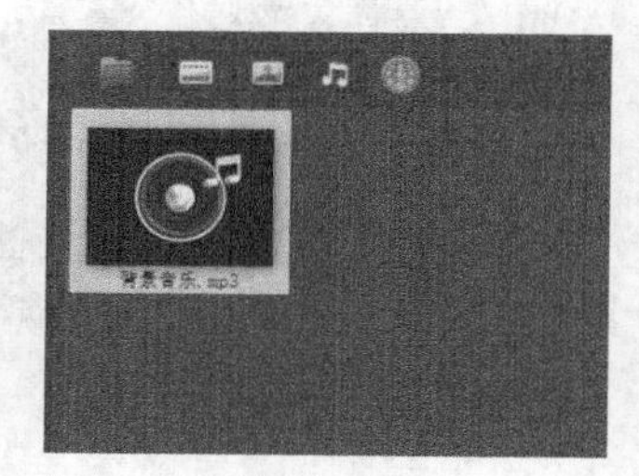

图 12-75 素材库

05 将时间线移至素材的开始位置，在“文件夹”选项卡中选择“背景音乐.MP3”音频文件，在选择的音频文件上按住鼠标左键将其拖曳至音乐轨中，如图 12-76所示。

06 双击音乐素材，在“音乐和声音”选项面板中设置播放区间为00:01:00:00，并单击“淡入”和“淡出”按钮，如图 12-77所示。

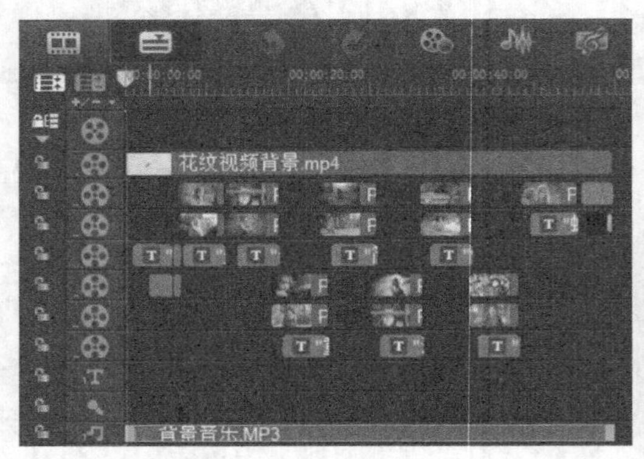

图 12-76 插入素材

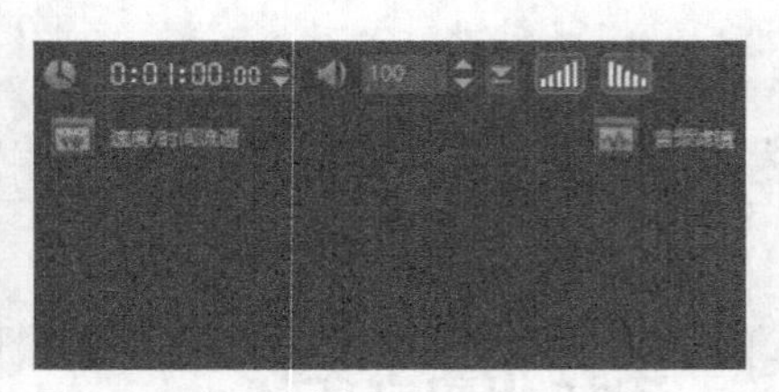

图 12-77 设置音频

07 在时间轴面板上方，单击“混音器”按钮，如图 12-78所示。

08 执行操作后，打开混音器视图，在音乐轨中可以查看淡入与淡出特效关键帧，如图 12-79所示。在关键帧上按住鼠标左键并拖曳，可以调整音乐淡入与淡出特效的播放时间，用户在音乐文件上还可以通过添加与删除关键帧的操作来编辑背景音乐。

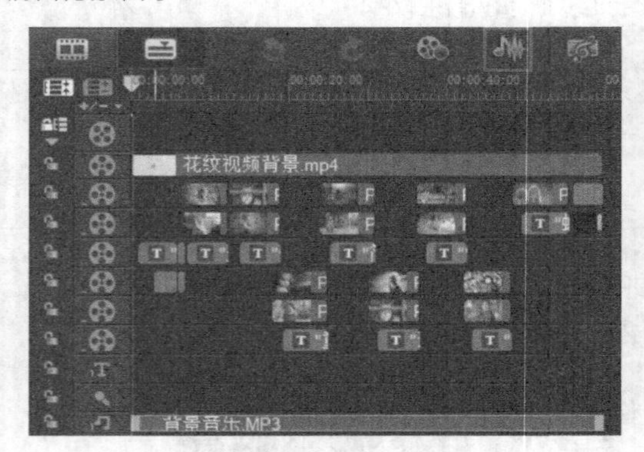

图 12-78 单击“混音器”按钮

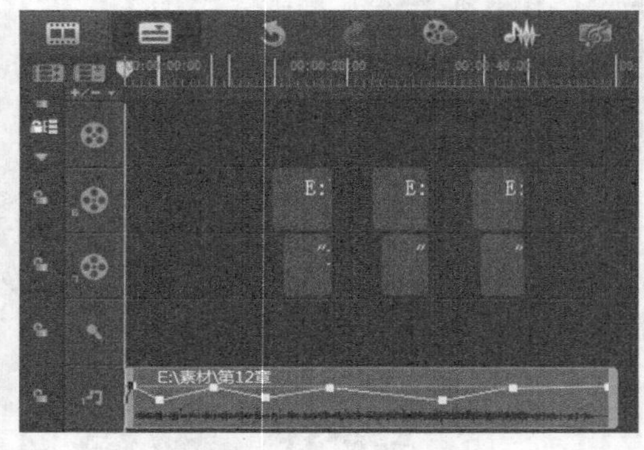

图 12-79 编辑音频

实战 186 输出视频文件

制作完视频后，应该利用会声会影将视频输出以便于共享视频。

- **素材位置** | 素材\第12章\实战186
- **效果位置** | 无
- **视频位置** | 视频\第12章\实战186输出视频文件.MP4
- **难易指数** | ★☆☆☆☆

操作步骤

01 进入会声会影X10，单击“文件”|“打开项目”命令，打开一个项目文件（素材\第12章\实战186\温馨童年.VSP），如图12-80所示。

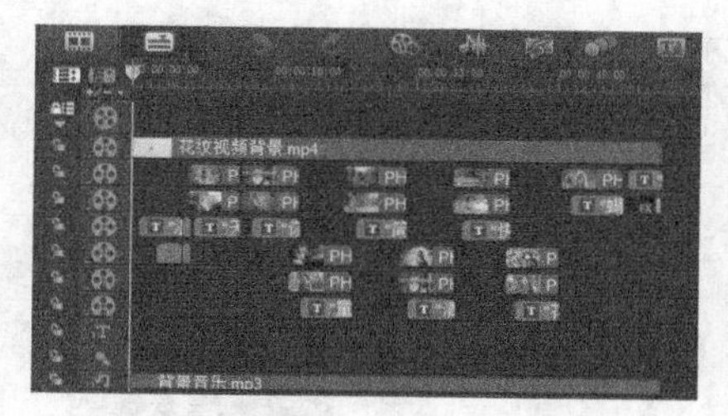

图12-80 打开项目

02 在会声会影X10工作界面的上方单击“共享”标签，切换至“共享”步骤面板，在其中选择“MPEG-2”选项，如图12-81所示。

03 在下方面板中，单击“文件位置”右侧的“浏览”按钮，如图12-82所示。

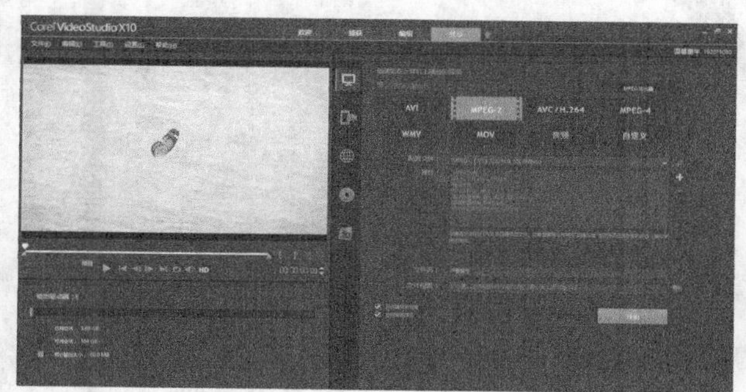

图12-81 选择“MPEG-2”选项

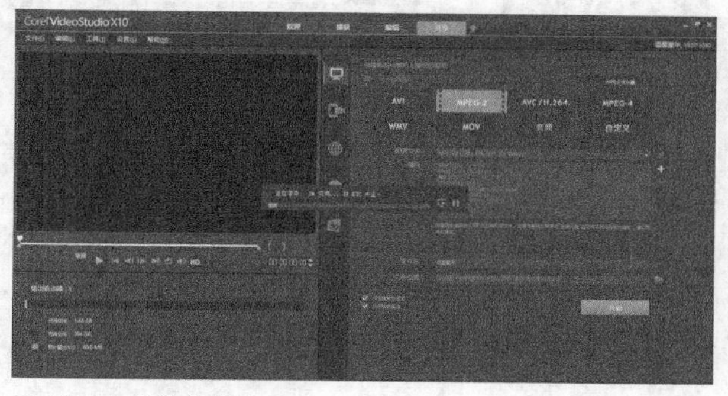

图12-82 单击“浏览”按钮

04 弹出“浏览”对话框，在其中设置文件的保存位置和名称，如图12-83所示。

05 单击“保存”按钮，返回会声会影“共享”步骤面板。单击“开始”按钮，开始渲染视频文件，并显示渲染进度，如图12-84所示。渲染完成后，即可完成影片文件的渲染输出。

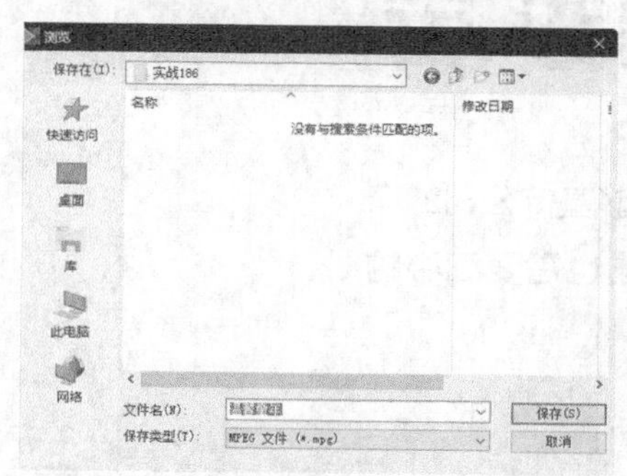

图12-83 “浏览”对话框

图12-84 渲染视频

06 刚输出的视频文件在预览窗口中会自动播放，用户可以查看输出的视频的画面效果，如图12-85所示。

图12-85 预览效果

商业广告——时尚家居

在电视或网络中常常能见到各种各样的广告，广告能够宣传公司的产品，能够大幅度地提高产品的销量。当然，好的广告也需要细心的剪辑。

13.1 商业广告视频的制作要点

（1）在会声会影中插入素材，调整素材的位置和形状。

（2）为制作好的视频添加字幕，解读画面中的元素。

（3）添加合适的音频文件，使影片更加吸引人。

13.2 制作视频

实战 187 添加并修整素材

本章是以一家居店为例制作商业广告，所做视频可以用于多个场合，如淘宝店铺、微信、网站主页等。因此所选的图片最好是产品的效果图，并事先做一定的美化，将自己产品最优秀的一面展示给顾客。

- **素材位置** | 素材\第13章\实战187
- **效果位置** | 效果\第13章\实战187添加并修整素材.VSP
- **视频位置** | 视频\第13章\实战187添加并修整素材.MP4
- **难易指数** | ★★★☆☆

操作步骤

01 进入会声会影X10，执行“设置”|“参数选择”命令，如图 13-1所示。

02 切换至“编辑”选项卡，设置“默认照片/色彩区间”参数为6秒，如图 13-2所示。然后单击“确定”按钮完成设置。

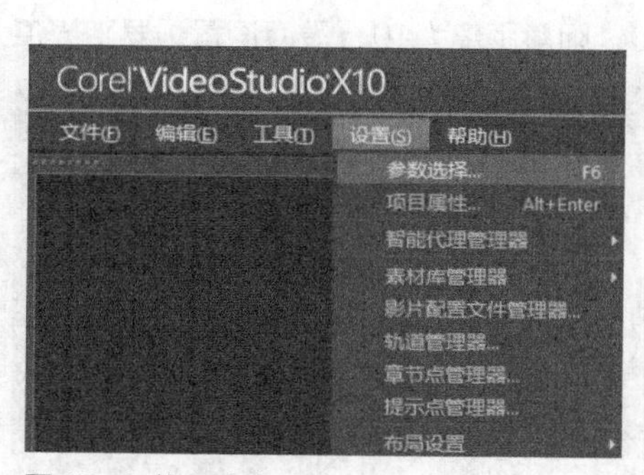

图 13-1 执行命令

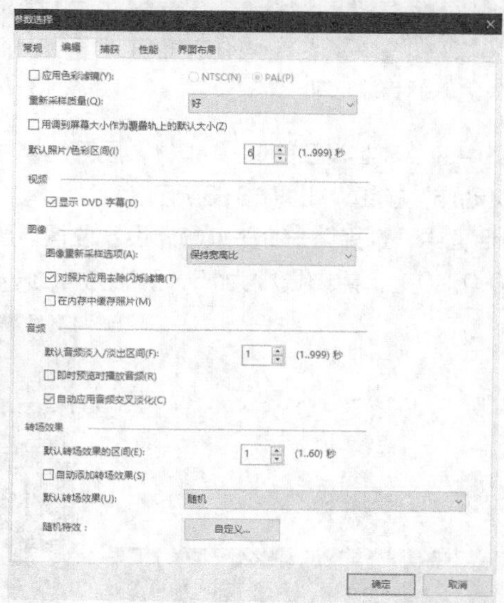

图 13-2 设置区间

03 在时间轴视图中单击“轨道管理器”按钮，在弹出的对话框中的“覆叠轨”下拉列表中选择“7”选项，如图13-3所示。然后单击“确定”按钮完成设置。

04 在视频轨中插入视频素材（素材\第13章\实战187\MAIN.MP4），如图 13-4所示。

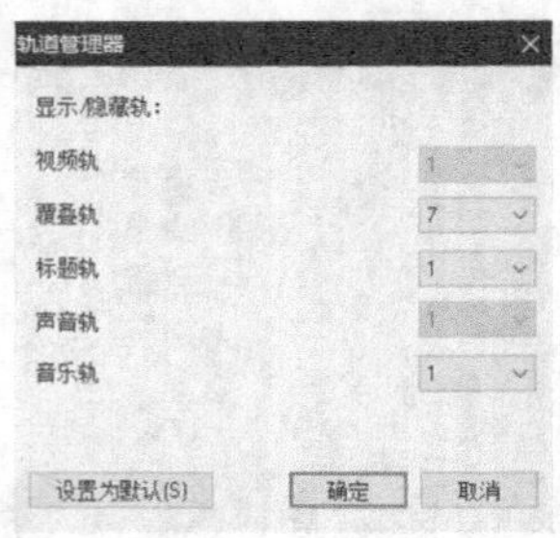

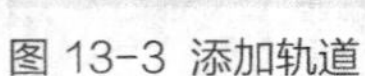

图 13-3 添加轨道

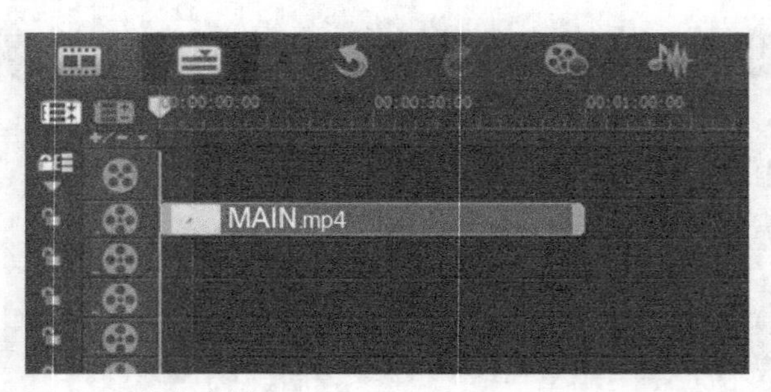

图 13-4 插入素材

05 展开“编辑”选项卡，设置播放区间为31秒16帧，如图 13-5所示。

06 在视频轨中再次插入视频素材（素材\第13章\实战187\MAIN.MP4），如图 13-6所示。

图 13-5 设置素材

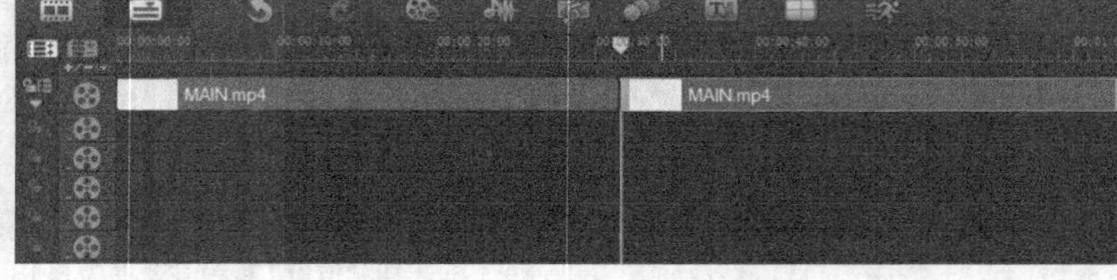

图 13-6 插入素材

07 展开“编辑”选项卡，设置播放区间为15秒17帧，如图 13-7所示。

08 在覆叠轨1~7中对应位置插入所有图片素材（素材\第13章\实战187），如图 13-8所示。

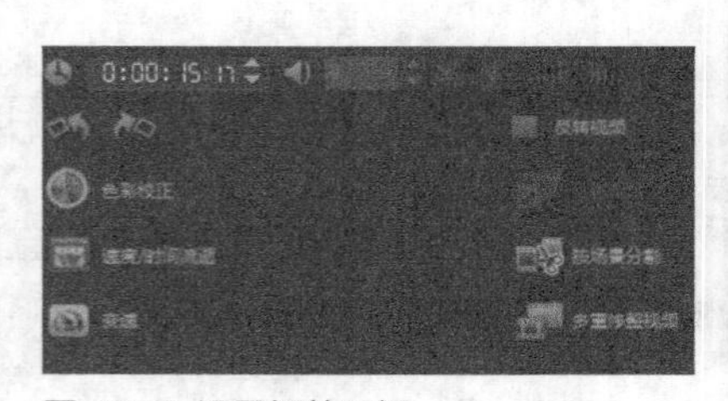

图 13-7 设置播放区间

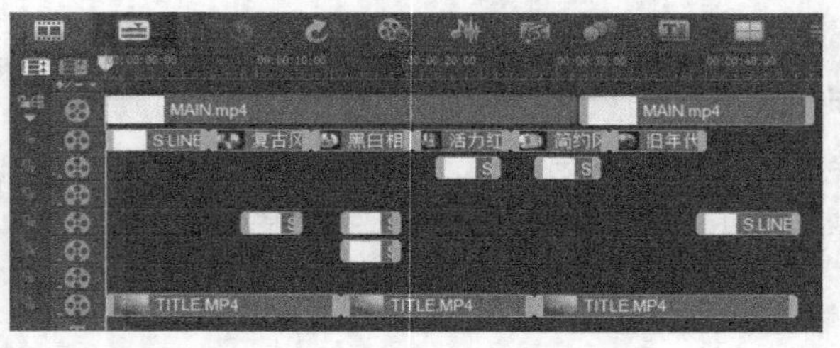

图 13-8 插入素材

09 选中覆叠轨1中的“S LINE.PNG”素材，展开“属性”选项卡，单击面板中的“高级动作”单选按钮，然后再单击“自定义动作”按钮，如图 13-9所示。

10 在弹出的对话框中，选择第一个关键帧，设置位置参数为（0，-4），大小参数为（25,65），阻光度为100，旋转参数为（0,0,90），阴影模糊为15，阴影方向为-40，阴影距离为10，最后设置边界阻光度为100，如图 13-10所示。

图 13-9 单击按钮

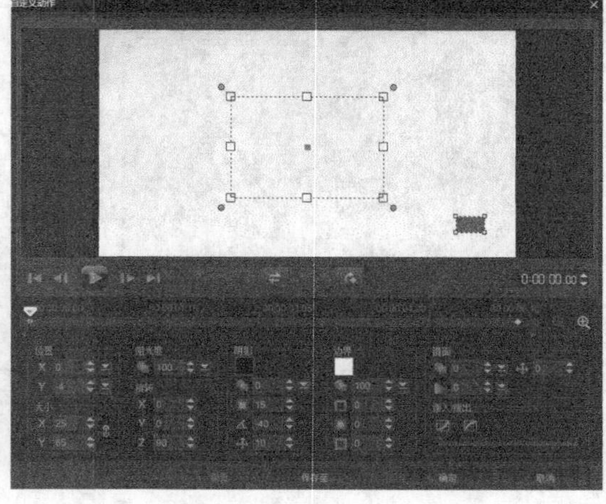

图 13-10 第一个关键帧

11 复制第一个关键帧，然后选择最后一个关键帧，粘贴，如图 13-11所示。单击“确定”按钮完成设置。

12 选中覆叠轨4中最后一个“S LINE.PNG”素材，展开“属性”选项卡，单击面板中的“高级动作”单选按钮，然后再单击“自定义动作”按钮，如图 13-12所示。

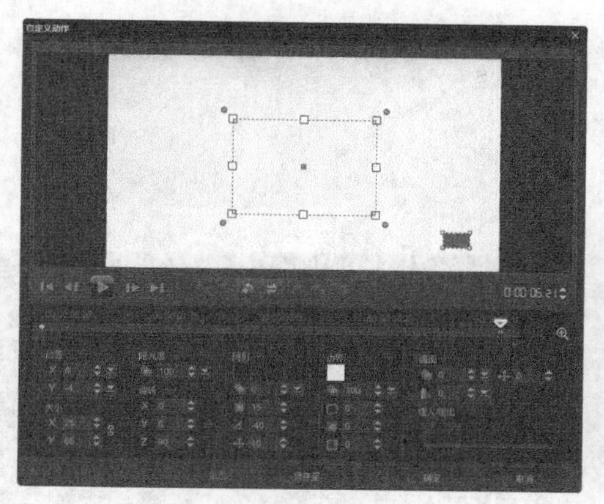

图 13-11 最后一个关键帧

图 13-12 单击“自定义动作”按钮

13 在弹出的对话框中，选择第一个关键帧，设置位置参数为（0，-4），大小参数为（25,65），阻光度为100，旋转参数为（0,0,90），阴影模糊为15，阴影方向为-40，阴影距离为10，最后设置边界阻光度为100，如图 13-13所示。

14 复制第一个关键帧，然后选择最后一个关键帧，粘贴，如图 13-14所示。单击“确定”按钮完成设置。

图 13-13 第一个关键帧

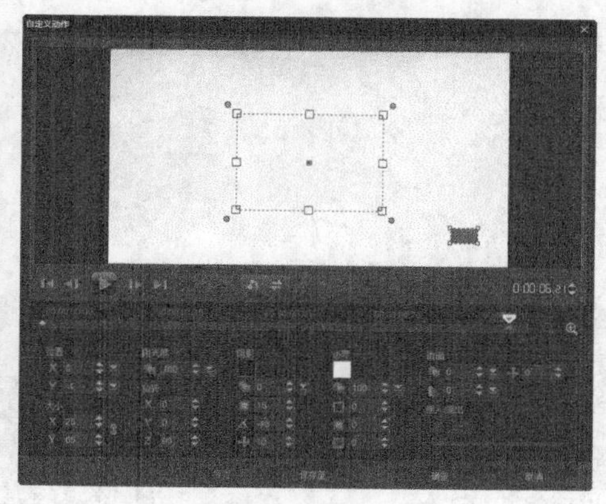

图 13-14 最后一个关键帧

15 选中“复古风格.jpg”素材，展开“属性”选项卡，单击面板中的“高级动作”单选按钮，然后再单击“自定义动作”按钮，如图 13-15所示。

16 在弹出的对话框中，选择第一个关键帧，设置位置参数为（0,0,），大小参数为（100,100），阻光度为100，阴影不透明度为30，阴影模糊为15，阴影方向为-40，阴影距离为10，最后设置边界阻光度为100，如图 13-16所示。

图 13-15 单击“自定义动作”按钮

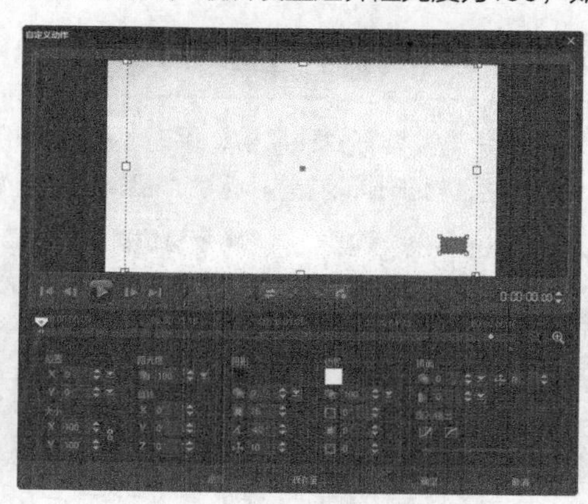

图 13-16 第一个关键帧

17 复制第一个关键帧，选择最后一个关键帧，粘贴，修改大小参数为（105,105），如图 13-17所示。

18 返回属性面板，单击“遮罩和色度键”按钮，勾选“应用覆叠选项”复选框，在“类型”下拉列表中选择“视频遮罩”，然后在右边选择需要的视频遮罩，如图 13-18所示。

图 13-17 最后一个关键帧

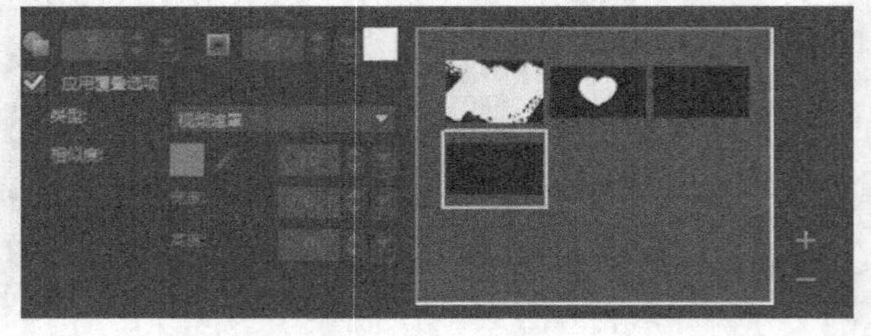

图 13-18 选择遮罩

19 用相同的方法，设置好后面所剩下的图片素材，如图 13-19所示。

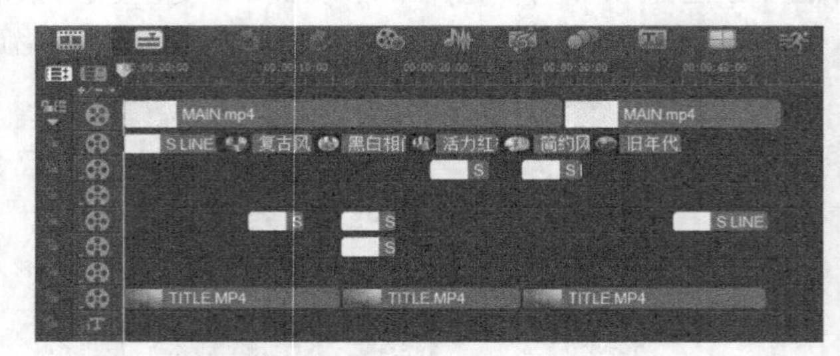

图 13-19 设置素材

20 执行上述操作后，即可完成对素材图像的修整，单击导览面板中的“播放”按钮，预览视频效果，如图 13-20所示。

图 13-20 预览效果

实战 188 添加滤镜和转场效果

对于家居店来说，产品通常具有多种风格，供有不同喜好的消费者筛选，因此在不同风格的产品之间添加合适的转场效果就显得尤为重要，对于其他有差异化的产品来说也是如此。

- **素材位置** | 素材\第13章\实战188
- **效果位置** | 效果\第13章\实战188添加滤镜和转场效果.VSP
- **视频位置** | 视频\第13章\实战188添加滤镜和转场效果.MP4
- **难易指数** | ★★★★☆

操作步骤

01 进入会声会影X10，单击“文件”|“打开项目”命令，打开一个项目文件（素材\第13章\实战188\添加并修整素材.VSP），如图 13-21所示。

02 在会声会影工作界面中单击“滤镜”按钮，在素材库中选择“修剪”滤镜，如图 13-22所示，将其拖曳至所有“S LINE.PNG”素材上。

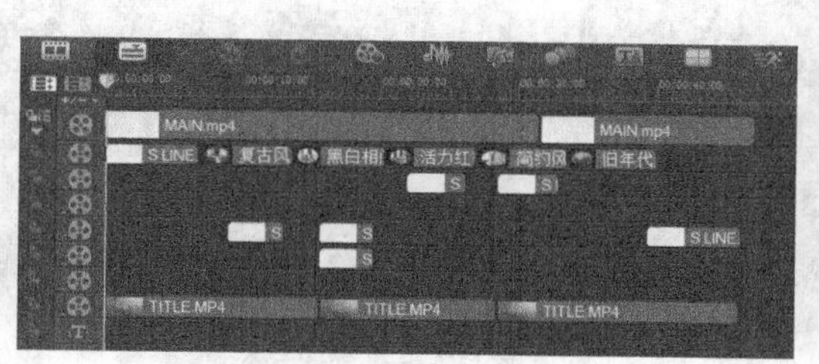

图 13-21 打开项目

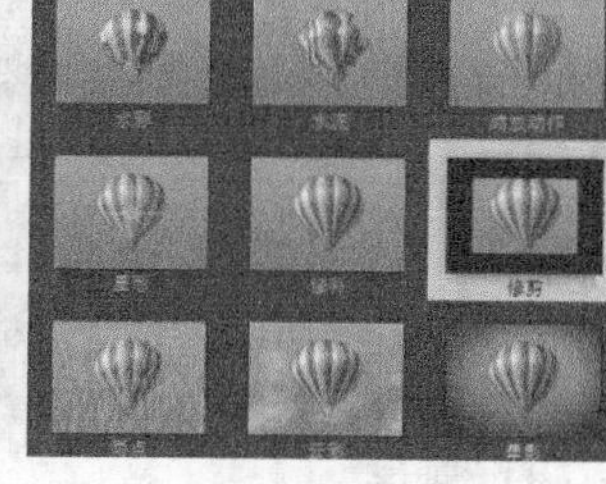

图 13-22 选择“修剪”滤镜

03 在会声会影工作界面中单击“滤镜”按钮，在素材库中选择“浮雕”滤镜，如图 13-23所示，将其拖曳至所有“S LINE.PNG”素材上。

04 在会声会影工作界面中单击“转场”按钮，在素材库中选择“交叉淡化”转场，将其拖曳至指定位置，如图 13-24所示。

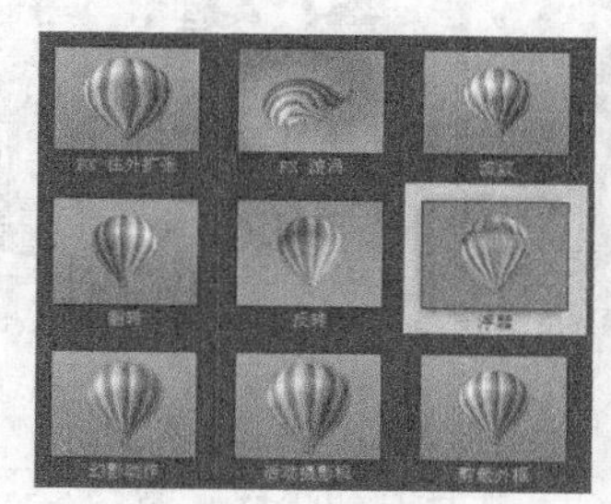

图 13-23 选择“浮雕”滤镜

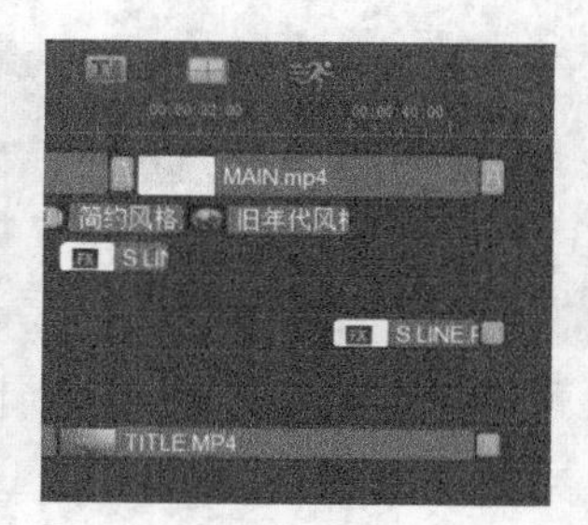

图 13-24 添加“交叉淡化”转场

05 执行操作后，单击导览面板中的“播放”按钮，预览视频效果，如图 13-25所示。

图 13-25 预览效果

实战 189 添加标题字幕

相比于其他类型的视频，商业广告在文字方面需要颇下功夫。无论是何种产品，如果仅提供效果图和若干无关痛痒的文字，是无法打动消费者的。因此最好能留出一部分空间专门展示文字介绍，并精练地说明产品的特点。

- **素材位置** | 素材\第13章\实战189
- **效果位置** | 效果\第13章\实战189添加标题字幕.VSP
- **视频位置** | 视频\第13章\实战189 添加标题字幕.MP4
- **难易指数** | ★★★☆☆

操作步骤

01 进入会声会影X10，单击“文件”|“打开项目”命令，打开一个项目文件（素材\第13章\实战189\添加滤镜和转场效果.VSP），如图 13-26所示。

02 在工作界面中单击“标题”按钮，然后将时间线移至1秒21帧处，在覆叠轨2中创建一个标题字幕，如图 13-27所示。

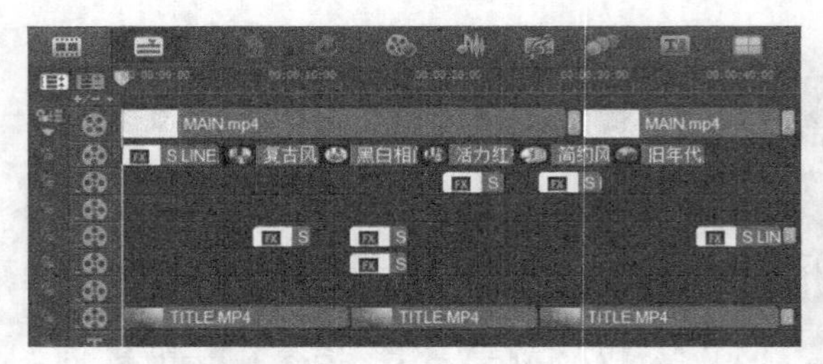

图 13-26 打开项目

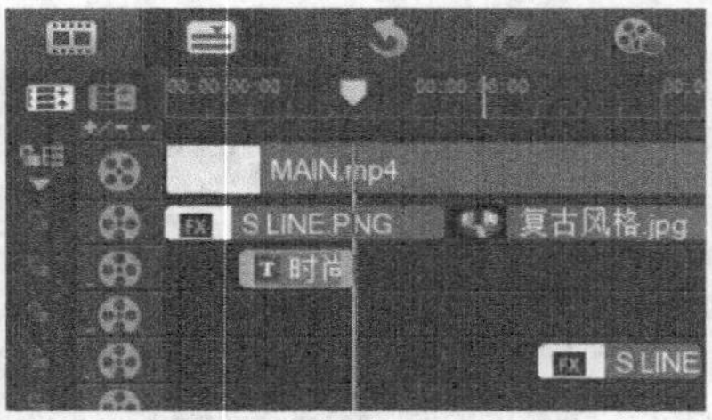

图 13-27 创建字幕

03 选中字幕文件，在“编辑”选项卡中设置字体大小为21，字体为新宋体，颜色为黑色，行间距为80，如图 13-28所示。

04 在工作界面中单击“标题”按钮，然后将时间线移至1秒21帧处，在覆叠轨3中创建一个标题字幕，如图 13-29所示。

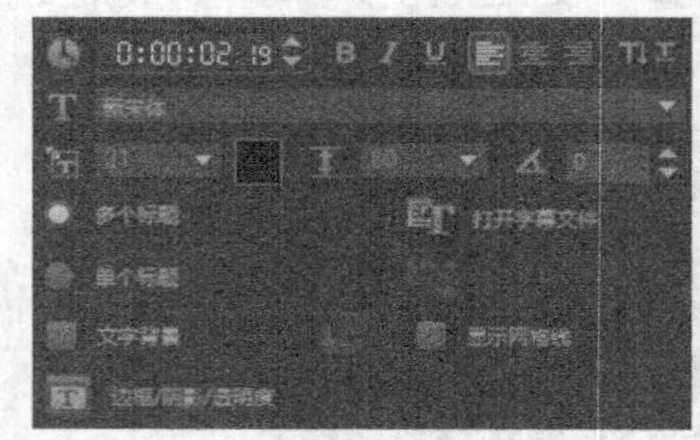

图 13-28 设置字体

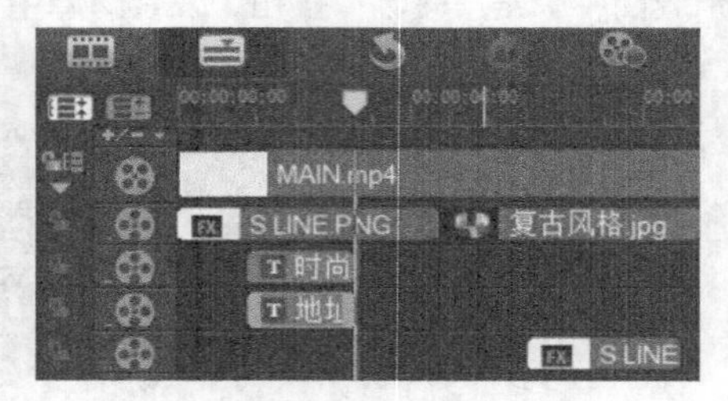

图 13-29 创建字幕

05 选中字幕文件，在“编辑”选项卡中设置字体大小为21，字体为新宋体，颜色为黑色，行间距为80，如图 13-30所示。

06 复制覆叠轨2中第一个字幕文件，然后将时间线移至4秒15帧处，在这里粘贴一个标题字幕，如图 13-31所示。

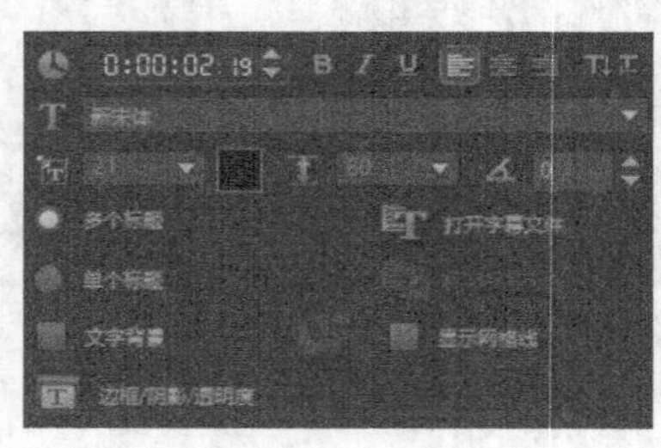

图 13-30 设置字体

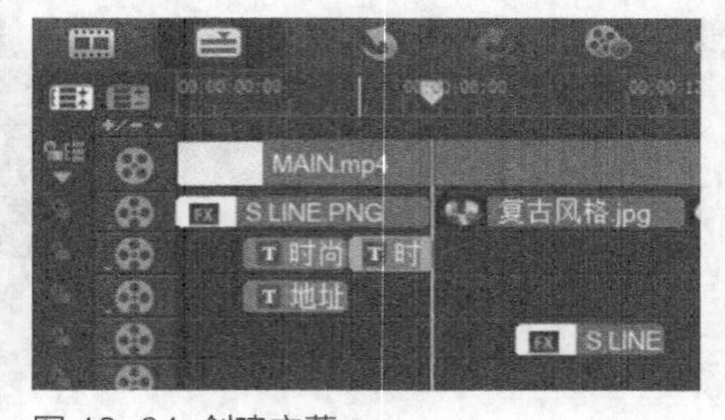

图 13-31 创建字幕

07 复制覆叠轨3中第一个字幕文件，然后将时间线移至4秒15帧处，在这里粘贴一个标题字幕，如图 13-32所示。

08 在工作界面中单击“标题”按钮，然后将时间线移至6秒23帧处，在覆叠轨3中创建一个标题字幕，如图 13-33所示。

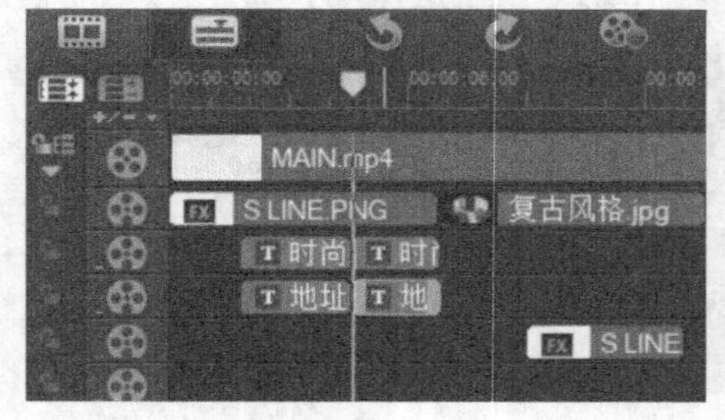

图 13-32 创建字幕

图 13-33 创建字幕

09 选中字幕文件，在“编辑”选项卡中设置字体大小为123，字体为新宋体，颜色为黑色，行间距为120，并添加“画中画”滤镜，如图 13-34所示。

10 用相同的方法，将时间线移至10秒12帧处，在这里创建一个标题字幕，如图 13-35所示。

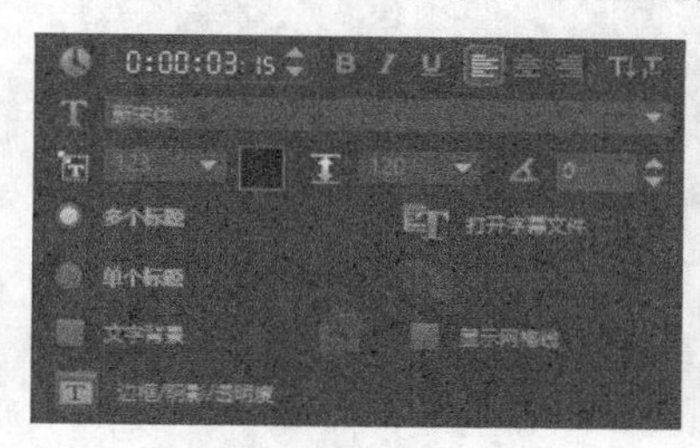

图 13-34 创建字幕

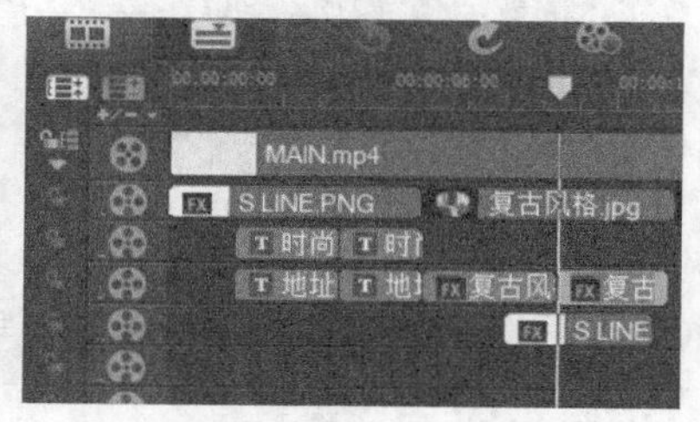

图 13-35 创建字幕

11 用相同的方法，将时间线移至14秒7帧处，在这里创建一个标题字幕，如图 13-36所示。

12 用相同的方法，将时间线移至17秒15帧处，在这里创建一个标题字幕，如图 13-37所示。

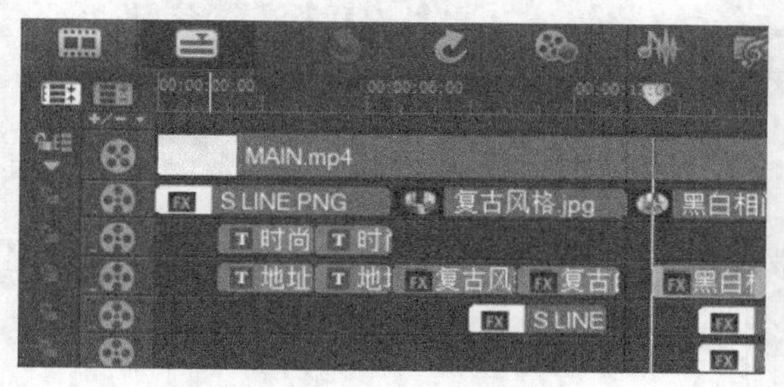

图 13-36 创建字幕

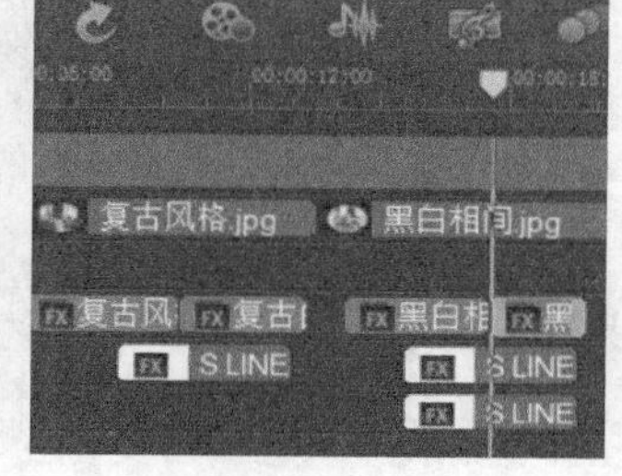

图 13-37 创建字幕

13 用相同的方法，将时间线移至20秒12帧处，在这里创建一个标题字幕，如图 13-38所示。

14 用相同的方法，将时间线移至24秒2帧处，在这里创建一个标题字幕，如图 13-39所示。

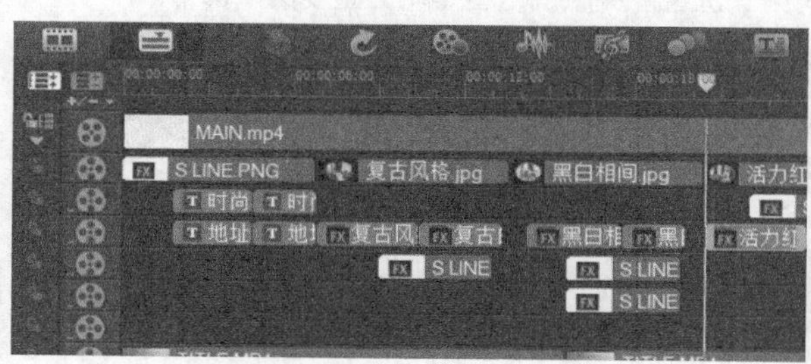

图 13-38 创建字幕

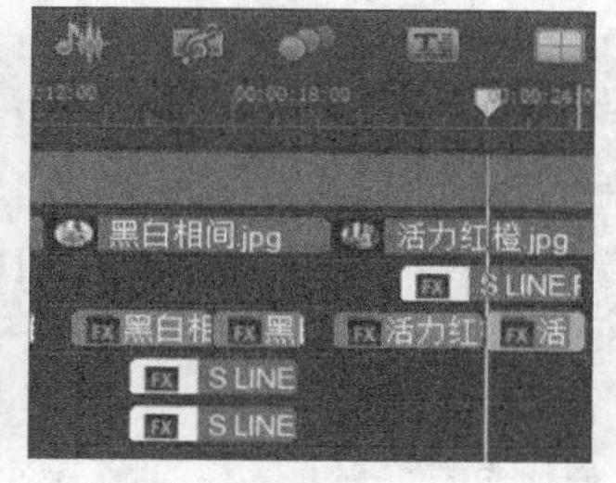

图 13-39 创建字幕

15 用相同的方法，将时间线移至27秒1帧处，在这里创建一个标题字幕，如图 13-40所示。

16 用相同的方法，将时间线移至30秒16帧处，在这里创建一个标题字幕，如图 13-41所示。

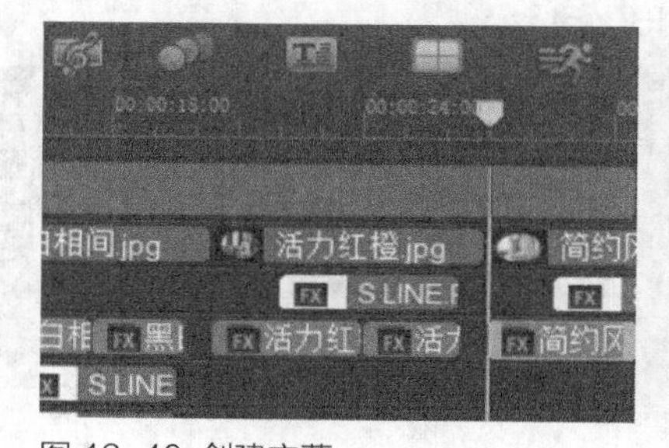

图 13-40 创建字幕

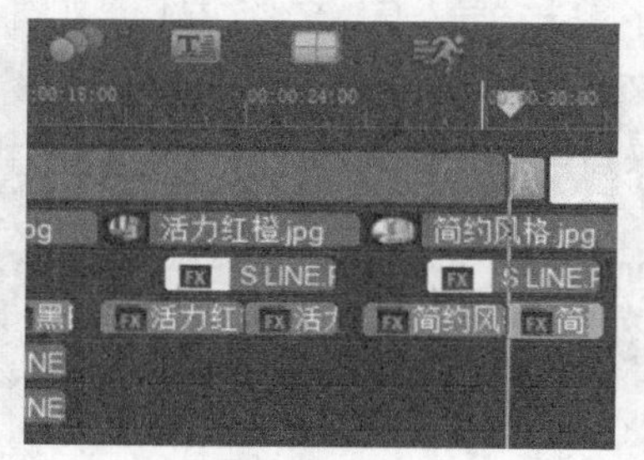

图 13-41 创建字幕

17 用相同的方法，将时间线移至33秒15帧处，在这里创建一个标题字幕，如图 13-42所示。

18 用相同的方法，将时间线移至36秒23帧处，在这里创建一个标题字幕，如图 13-43所示。

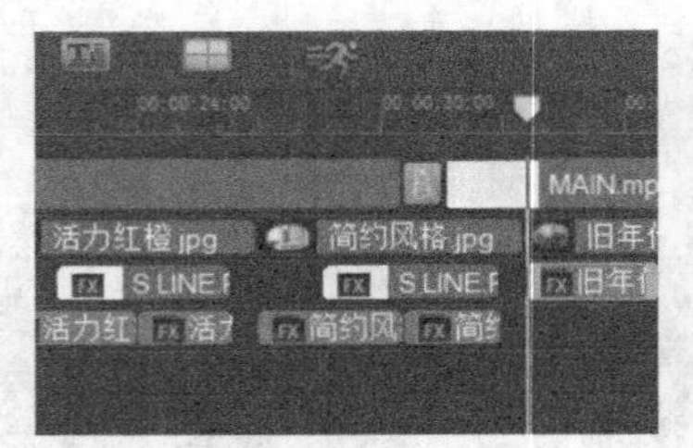

图 13-42 创建字幕

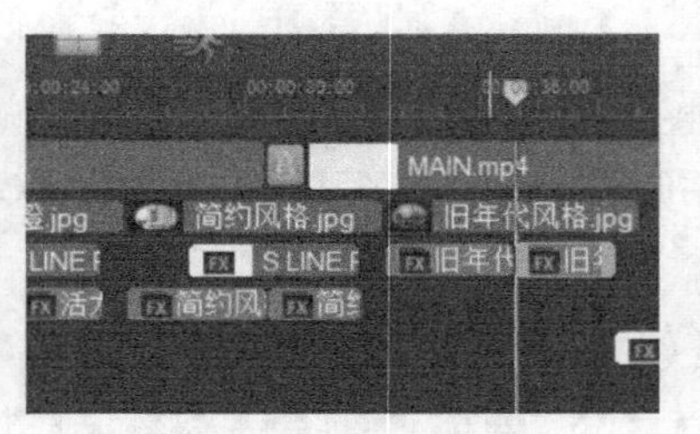

图 13-43 创建字幕

19 执行上述操作后，单击导览面板中的“播放”按钮，即可预览视频效果，如图 13-44所示。

图 13-44 预览效果

13.3 后期制作

实战 190 添加背景音乐

背景音乐能够渲染视频的色彩，带动人的情绪，渲染视频氛围，也是十分重要的一部分。

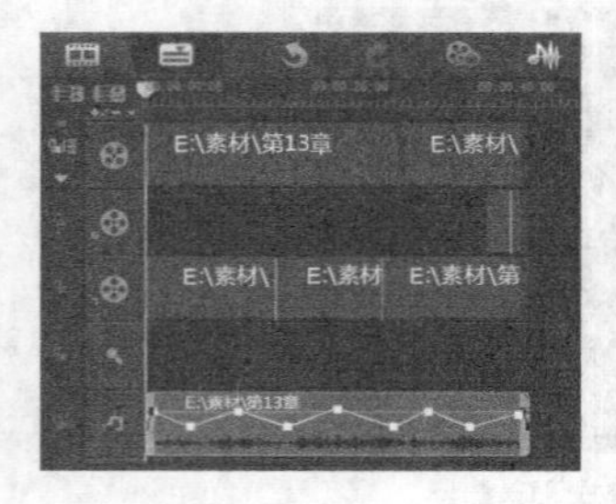

- **素材位置** | 素材\第13章\实战190
- **效果位置** | 效果\第13章\实战190添加背景音乐.VSP
- **视频位置** | 视频\第13章\实战190添加背景音乐.MP4
- **难易指数** | ★☆☆☆☆

操作步骤

01 在“媒体”素材库中，单击“显示音频文件”按钮，如图 13-45所示，显示素材库中的音频文件。

02 在素材库的上方，单击“导入媒体文件”按钮，如图 13-46所示。

图 13-45 单击“显示音频文件”按钮

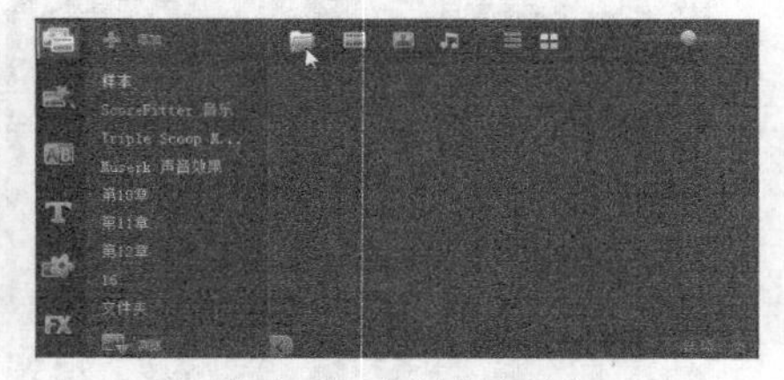

图 13-46 单击“导入媒体文件”按钮

03 执行操作后，弹出“浏览媒体文件”对话框，在其中选择需要导入的背景音乐素材（素材\第13章\实战190\夜的钢琴曲-五-纯音乐 纯音乐 WIKICLA 纯音乐.MP3），如图 13-47所示。

04 单击“打开”按钮，即可将背景音乐导入素材库中，如图 13-48所示。

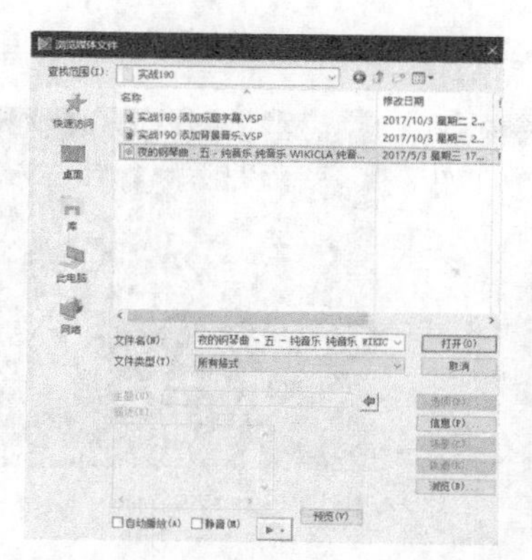

图 13-47 “浏览媒体文件”对话框

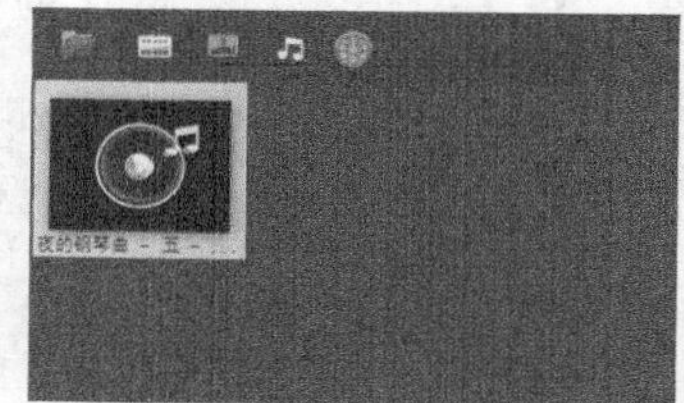

图 13-48 素材库

05 将时间线移至素材的开始位置，在“文件夹”选项卡中选择“背景音乐.MP3”音频文件，在选择的音频文件上按住鼠标左键将其拖曳至音乐轨中，如图 13-49所示。

06 双击音乐素材，在“音乐和声音”选项面板中设置播放区间为00:00:46:09，并单击“淡入”和“淡出”按钮，如图 13-50所示。

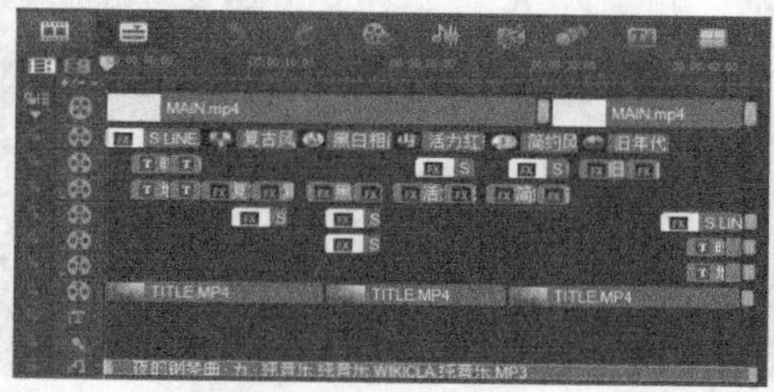

图 13-49 插入素材

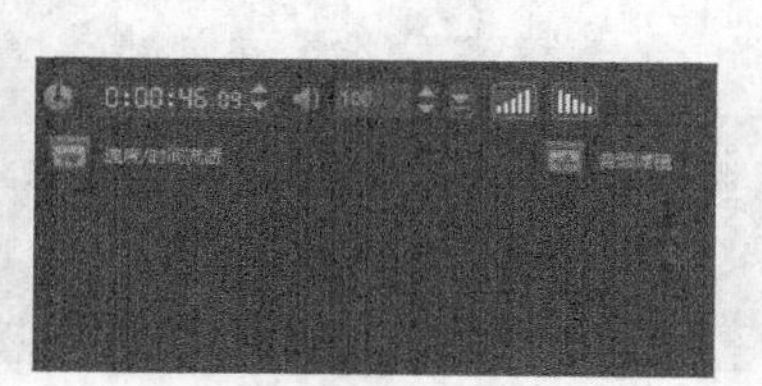

图 13-50 设置音频

07 在时间轴面板上方，单击“混音器”按钮，如图 13-51所示。

08 执行操作后，打开混音器视图，在音乐轨中可以查看淡入与淡出特效关键帧，如图 13-52所示。在关键帧上按住鼠标左键并拖曳，可以调整音乐淡入与淡出特效的播放时间，用户在音乐文件上还可以通过添加与删除关键帧的操作来编辑背景音乐。

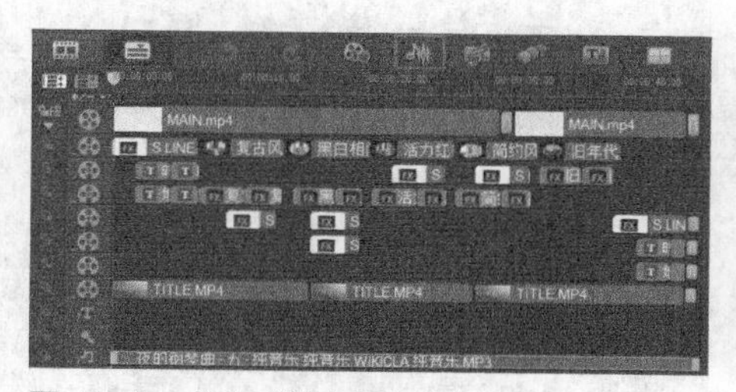

图 13-51 单击“混音器”按钮

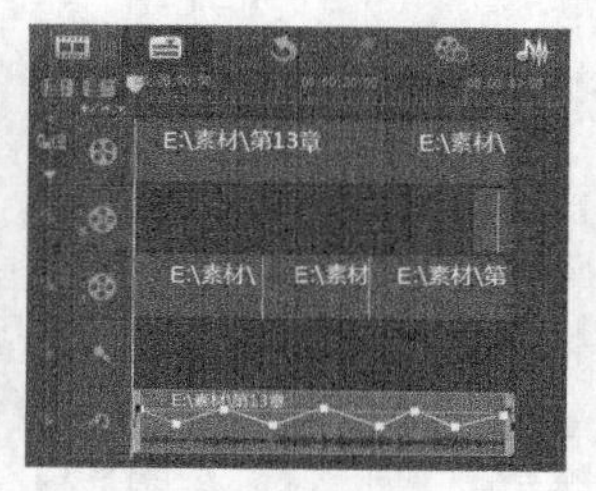

图 13-52 编辑音频

实战 191 输出视频文件

制作完视频后，应该利用会声会影将视频输出以便于共享视频。

- **素材位置 |** 素材\第13章\实战191
- **效果位置 |** 无
- **视频位置 |** 视频\第13章\实战191输出视频文件.MP4
- **难易指数 |** ★☆☆☆☆

操作步骤

01 进入会声会影X10，单击“文件”|“打开项目”命令，打开一个项目文件（素材\第13章\实战191\时尚家居.VSP），如图 13-53所示。

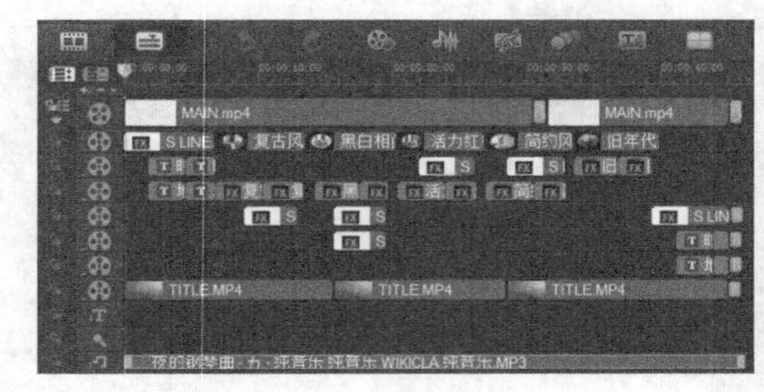

图 13-53 打开项目

02 在会声会影X10工作界面的上方单击“共享”标签，切换至“共享”步骤面板，在其中选择“MPEG-2”选项，如图 13-54所示。

03 在下方面板中，单击“文件位置”右侧的“浏览”按钮，如图 13-55所示。

图 13-54 选择“MPEG-2”选项

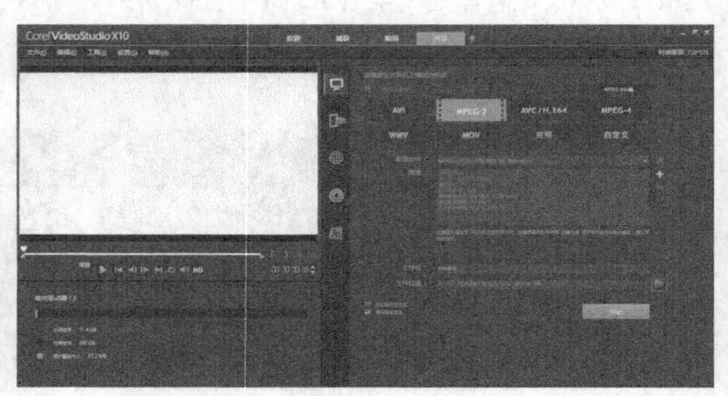

图 13-55 单击“浏览”按钮

04 弹出“浏览”对话框，在其中设置文件的保存位置和名称，如图 13-56所示。

05 单击“保存”按钮，返回会声会影“共享”步骤面板。单击“开始”按钮，开始渲染视频文件，并显示渲染进度，如图 13-57所示。渲染完成后，即可完成影片文件的渲染输出。

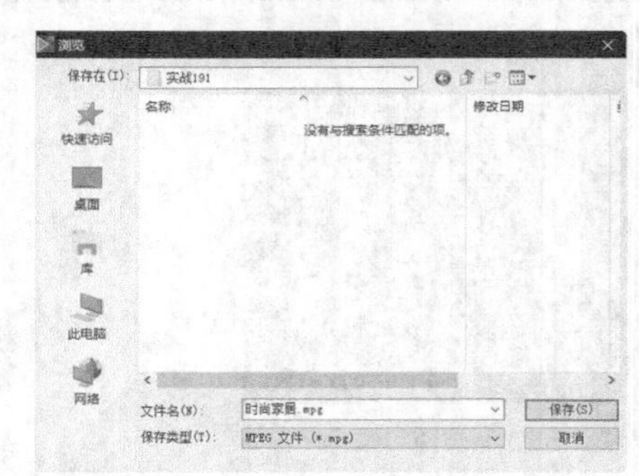

图 13-56 “浏览”对话框

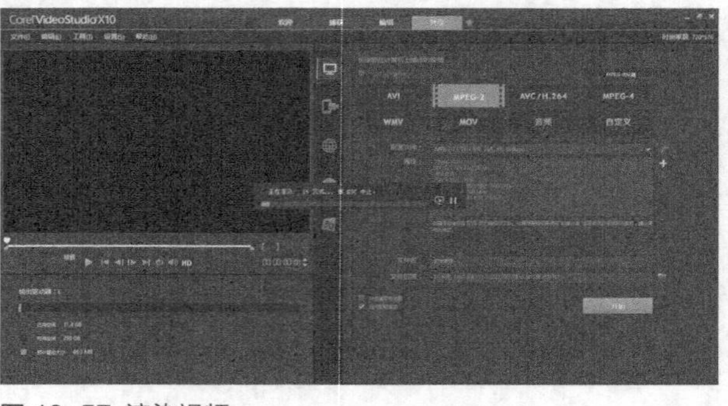

图 13-57 渲染视频

06 刚输出的视频文件在预览窗口中会自动播放，用户可以查看输出的视频的画面效果，如图 13-58所示。

图 13-58 预览效果

企业招聘——麓山图文

在现在互联网发展迅速的年代，不少公司通过制作企业招聘的视频来招募人才，这样不仅能够降低宣传成本，而且非常吸引年轻人的眼球。

14.1 企业招聘视频的制作要点

（1）在会声会影中插入素材，调整素材的位置和形状。

（2）为制作好的视频添加字幕，解读画面中的元素。

（3）添加合适的音频文件，使影片更加吸引人。

14.2 制作视频

实战 192 添加并修整素材

随着互联网的普及，视频的内容越发多样，人们也乐意观看并转发视频。企业的招聘视频相较于其他类型视频来说要更为复杂，甚至可能还需事先编写好剧本，然而再根据剧本去制作相关的图片素材与文案。

- **素材位置｜**素材\第14章\实战192
- **效果位置｜**效果\第14章\实战192添加并修整素材.VSP
- **视频位置｜**视频\第14章\实战192添加并修整素材.MP4
- **难易指数｜**★★★☆☆

操作步骤

01 进入会声会影X10，执行“设置”|“参数选择”命令，如图 14-1所示。

02 切换至“编辑”选项卡，设置“默认照片/色彩区间”参数为6秒，如图 14-2所示。然后单击“确定”按钮完成设置。

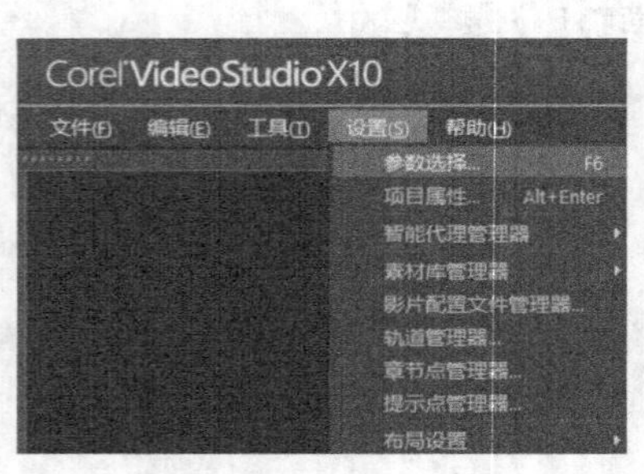

图 14-1 执行命令

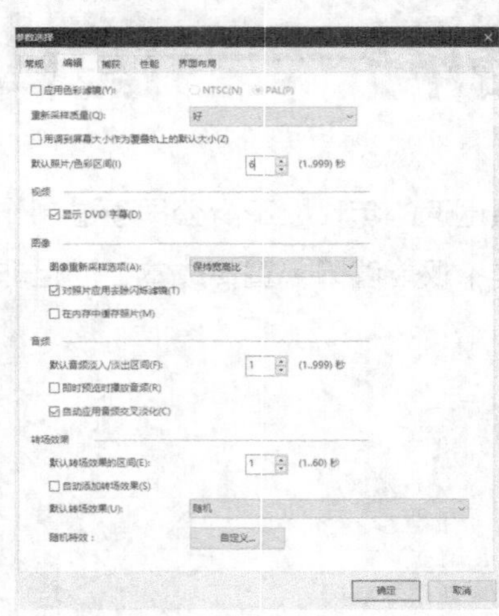

图 14-2 设置区间

03 在时间轴视图中单击“轨道管理器”按钮，在弹出的对话框中的“覆叠轨”下拉列表中选择“6”选项，如图 14-3所示。然后单击“确定”按钮完成设置。

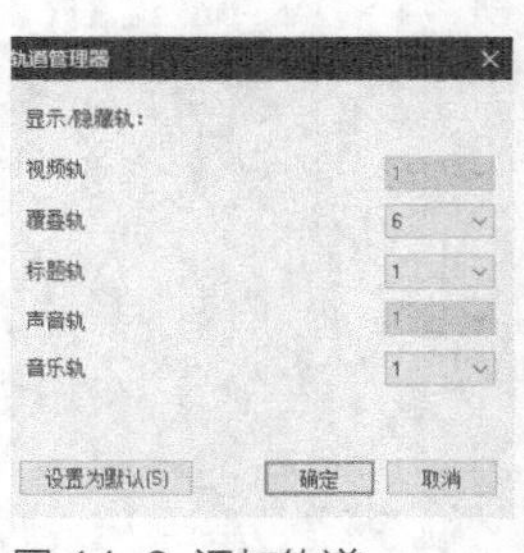

图 14-3 添加轨道

04 在覆叠轨1中插入图片素材（素材\第14章\实战192\ uvs150827-001.BMP），如图 14-4所示。

05 展开“编辑”选项卡，设置播放区间为59秒12帧，如图 14-5所示。

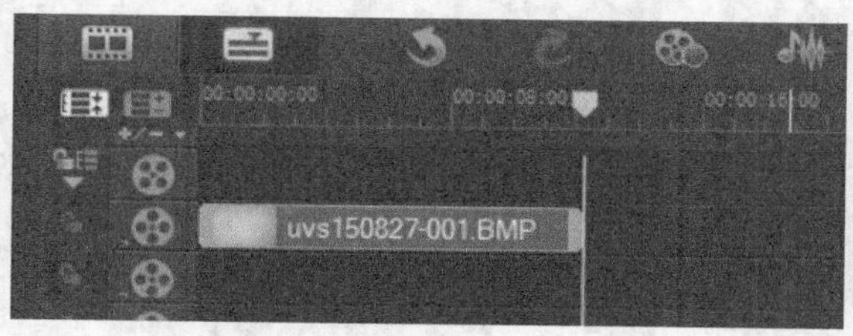

图 14-4 插入素材

图 14-5 设置素材

06 在覆叠轨2~6中对应位置插入所有图片和视频素材（素材\第14章\实战192），如图 14-6所示。

07 选中覆叠轨2中的“架子.png”素材，展开“属性”选项卡，单击面板中的“高级动作”单选按钮，然后再单击“自定义动作”按钮，如图 14-7所示。

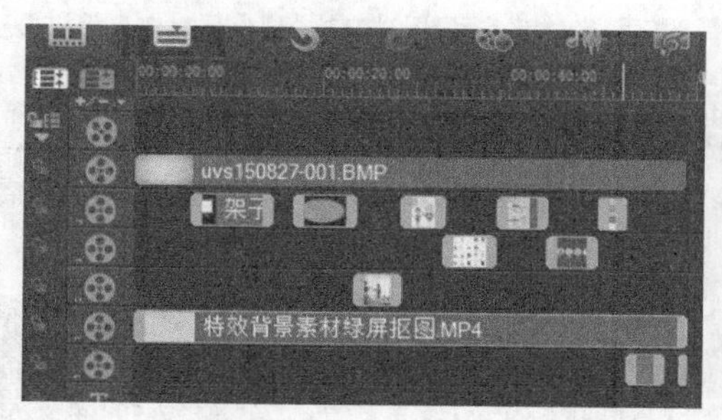

图 14-6 插入素材

图 14-7 单击按钮

08 在弹出的对话框中，选择第一个关键帧，设置位置参数为（-160，-12），设置大小参数为（112,89），设置阻光度为100，设置旋转参数为（0,0,15），设置阴影模糊为15，阴影方向为-40，阴影距离为10，如图 14-8所示。

09 将滑轨移动到00:00:00:09处，创建一个新的关键帧，设置位置参数为（-26，-12），设置大小参数为（112,89），设置阻光度为100，设置旋转参数为（0,0,0），设置阴影模糊为15，阴影方向为-40，阴影距离为10，如图 14-9所示。

图 14-8 第一个关键帧

图 14-9 第二个关键帧

10 将滑轨移动到00:00:08:16处，创建一个新的关键帧，设置位置参数为（-26，-12），设置大小参数为（112,89），设置阻光度为100，设置旋转参数为（0,0,0），设置阴影模糊为15，阴影方向为-40，阴影距离为10，如图 14-10所示。

11 选择最后一个关键帧，设置位置参数为（-26，-12），设置大小参数为（112,89），设置阻光度为0，设置旋转参数为（0,0,0），设置阴影模糊为15，阴影方向为-40，阴影距离为10，如图 14-11所示。单击“确定”按钮完成设置。

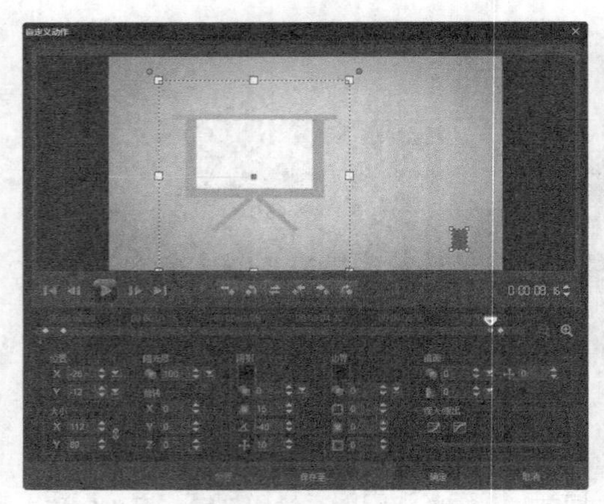

图 14-10 第三个关键帧

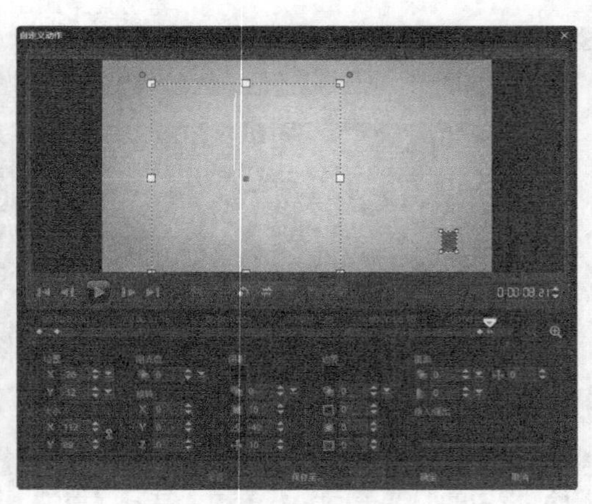

图 14-11 最后一个关键帧

12 选中覆叠轨2中的“1.jpg”素材，展开“属性”选项卡，单击面板中的“高级动作”单选按钮，然后再单击“自定义动作”按钮，如图 14-12所示。

13 在弹出的对话框中，选择第一个关键帧，设置位置参数为（-1,180），设置大小参数为（72,73），设置阻光度为100，设置旋转参数为（0,0,0），设置阴影模糊为15，阴影方向为-40，阴影距离为10，最后设置边界阻光度为0，如图 14-13所示。

图 14-12 单击“自定义动作”按钮

图 14-13 第一个关键帧

14 复制第一个关键帧，将滑轨移动到00:00:01:00的位置，粘贴，修改位置参数为（-1,27），如图 14-14所示。

15 复制第一个关键帧，将滑轨移动到00:00:01:05的位置，粘贴，修改位置参数为（-1,40），如图 14-15所示。

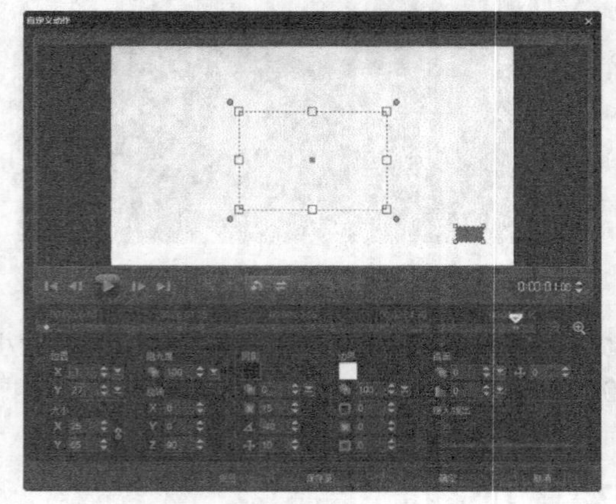

图 14-14 第二个关键帧

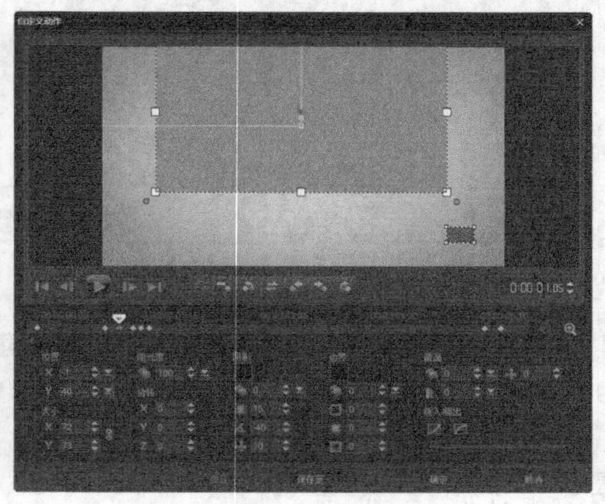

图 14-15 第三个关键帧

16 复制第一个关键帧，将滑轨移动到00:00:01:10的位置，粘贴，修改位置参数为（-1,27），如图 14-16所示。

17 复制第一个关键帧，将滑轨移动到00:00:01:13的位置，粘贴，修改位置参数为（-1,35），如图 14-17所示。

图 14-16 第四个关键帧

图 14-17 第五个关键帧

18 复制第一个关键帧，将滑轨移动到00:00:01:16的位置，粘贴，修改位置参数为（-1,27），如图 14-18所示。

19 复制第一个关键帧，将滑轨移动到00:00:06:13的位置，粘贴，修改位置参数为（-1,27），如图 14-19所示。

图 14-18 第六个关键帧

图 14-19 第七个关键帧

20 复制第一个关键帧，选择最后一个关键帧，粘贴，修改位置参数为（-180,27），如图 14-20所示。

21 返回属性面板，单击“遮罩和色度键”按钮，勾选“应用覆叠选项”复选框，在“类型”下拉列表中选择“遮罩帧”，然后在右边选择需要的遮罩，如图 14-21所示。

图 14-20 最后一个关键帧

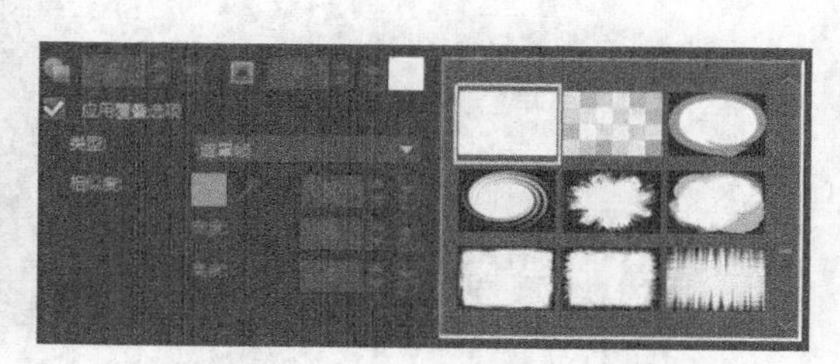

图 14-21 选择遮罩

22 用相同的方法，设置好后面所剩下的图片素材，如图 14-22所示。

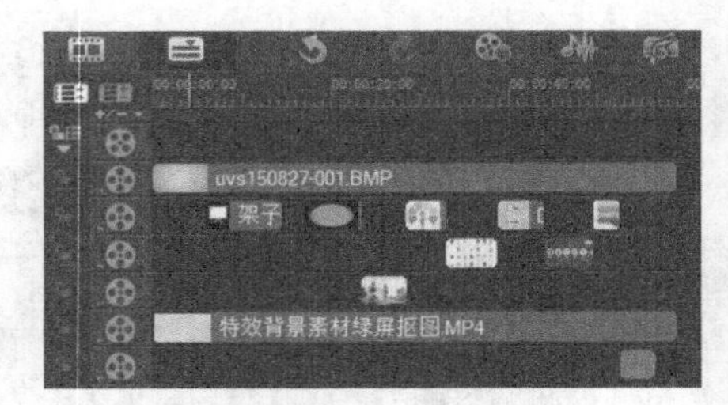

图 14-22 设置素材

23 执行上述操作后，即可完成对素材图像的修整，单击导览面板中的“播放”按钮，预览视频效果，如图 14-23所示。

图 14-23 预览效果

实战 193 添加滤镜和转场效果

企业的招聘视频中应尽可能多地透露出公司的基本情况，包括公司种类、公司规模、入职待遇，等等，每当介绍完一种情况后，可以适当地添加转场效果，让人在观看视频时不会觉得切换过于生硬。

- **素材位置 |** 素材\第14章\实战193
- **效果位置 |** 效果\第14章\实战193添加滤镜和转场效果.VSP
- **视频位置 |** 视频\第14章\实战193添加滤镜和转场效果.MP4
- **难易指数 |** ★★★★☆

操作步骤

01 进入会声会影X10，单击“文件”|“打开项目”命令，打开一个项目文件（素材\第14章\实战193\添加并修整素材.VSP），如图 14-24所示。

02 在会声会影工作界面中单击“滤镜”按钮，在素材库中选择“修剪”滤镜，如图 14-25所示，将其拖曳至覆叠轨2中的“1.jpg”素材上。

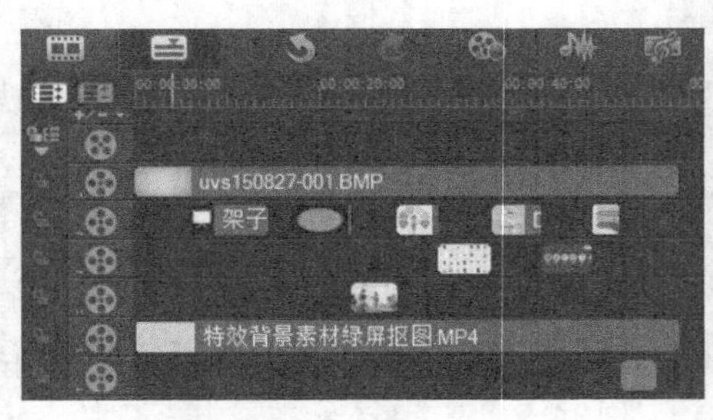

图 14-24 打开项目

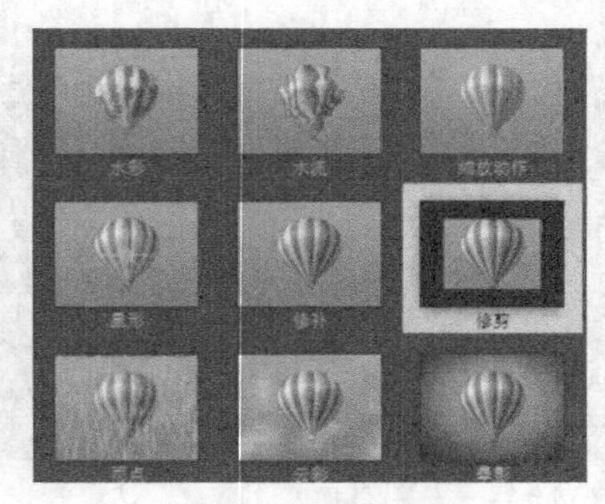

图 14-25 选择“修剪”滤镜

03 执行操作后，单击导览面板中的“播放”按钮，预览视频效果，如图 14-26所示。

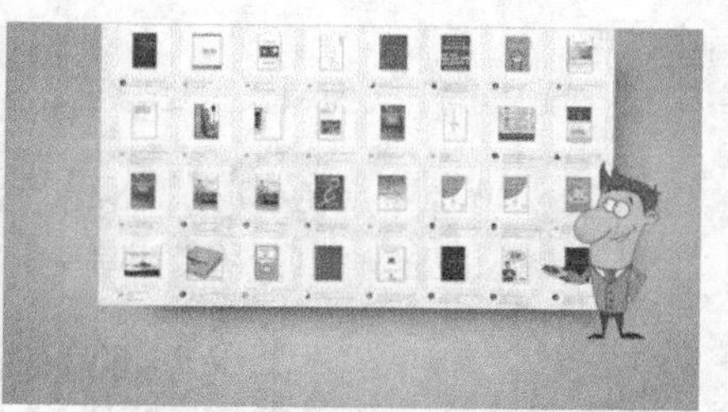

图 14-26 预览效果

实战 194 添加标题字幕

公司的招聘信息与入职的待遇介绍不可能全部通过图片的形式给出，因此有必要添加字幕来补充说明。这部分要注意的便是字幕的字体、颜色以及出场方式。

- **素材位置 |** 素材\第14章\实战194
- **效果位置 |** 效果\第14章\实战194添加标题字幕.VSP
- **视频位置 |** 视频\第14章\实战194 添加标题字幕.MP4
- **难易指数 |** ★★★☆☆

操作步骤

01 进入会声会影X10，单击“文件”|“打开项目”命令，打开一个项目文件（素材\第14章\实战194\添加滤镜和转场效果.VSP），如图 14-27所示。

02 在工作界面中单击“标题”按钮，然后将时间线移至6秒1帧处，在覆叠轨3中创建一个标题字幕，如图14-28所示。

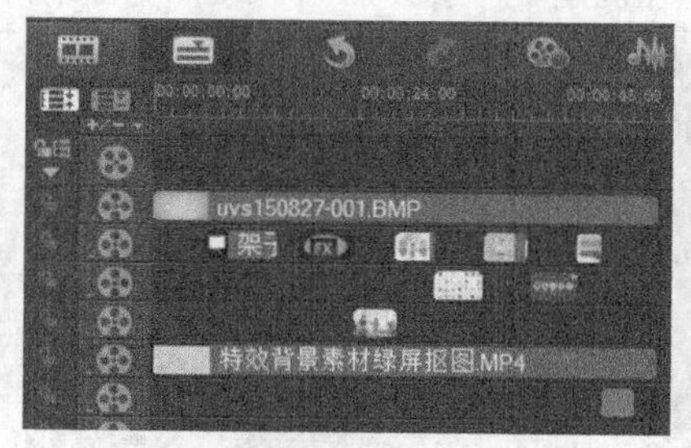

图 14-27 打开项目

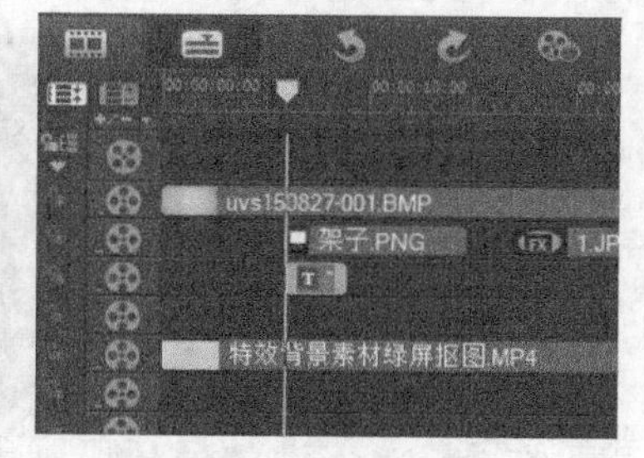

图 14-28 创建字幕

03 选中字幕文件，在“编辑”选项卡中设置字体大小为39，字体为华文隶书，颜色为黑色，行间距为120，如图14-29所示。

04 在工作界面中单击“标题”按钮，然后将时间线移至9秒1帧处，在覆叠轨3中创建一个标题字幕，如图14-30所示。

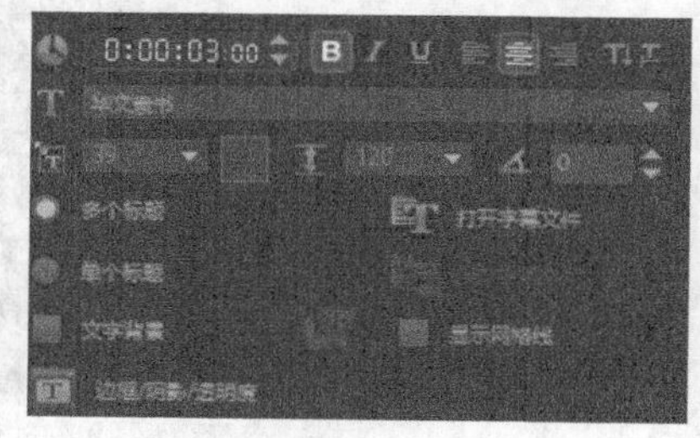

图 14-29 设置字体

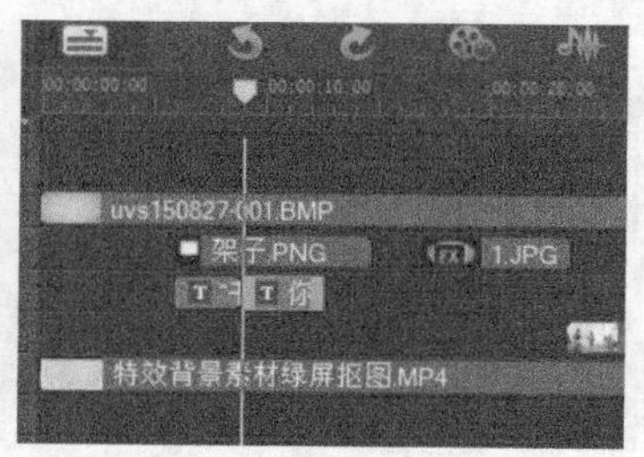

图 14-30 创建字幕

05 选中字幕文件，在“编辑”选项卡中设置字体大小为40，字体为方正细黑一简体，颜色为灰色，行间距为120，如图 14-31所示。

06 在工作界面中单击“标题”按钮，然后将时间线移至12秒18帧处，在覆叠轨3中创建一个标题字幕，如图 14-32所示。

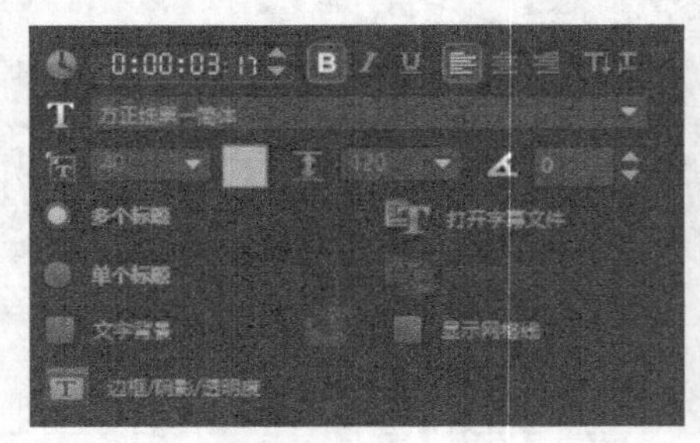

图 14-31 设置字体

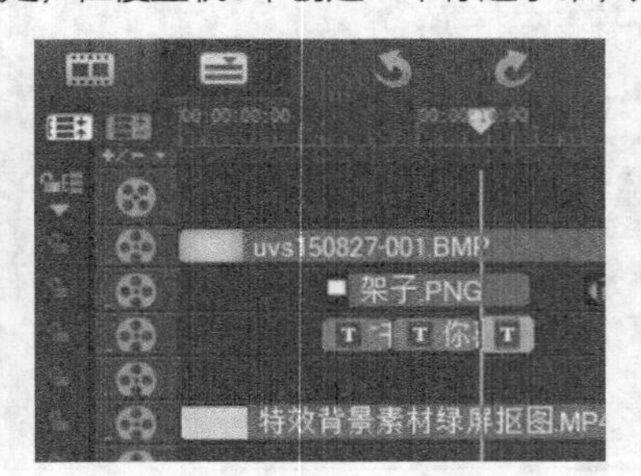

图 14-32 创建字幕

07 选中字幕文件，在“编辑”选项卡中设置字体大小为37，字体为方正细黑一简体，颜色为黑色，行间距为100，如图 14-33所示。

08 在工作界面中单击“标题”按钮，然后将时间线移至18秒18帧处，在覆叠轨3中创建一个标题字幕，如图14-34所示。

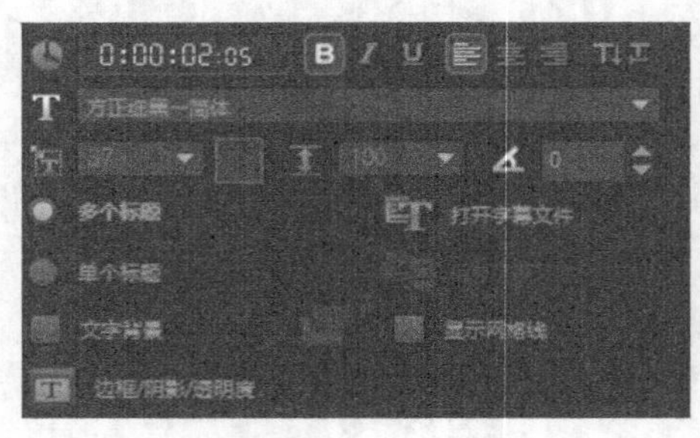

图 14-33 设置字体

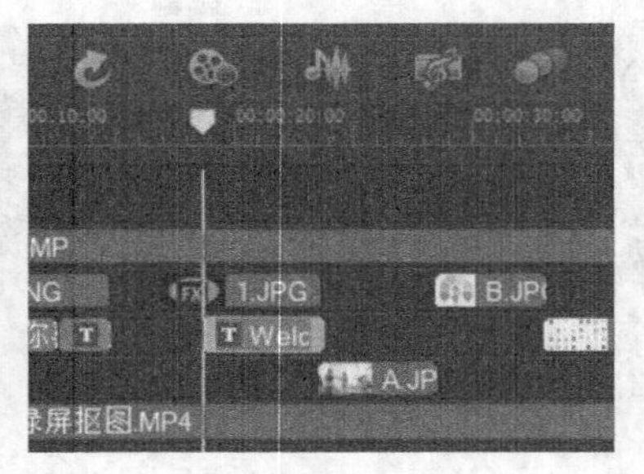

图 14-34 创建字幕

09 选中字幕文件，在“编辑”选项卡中设置字体为华文新魏，颜色为灰色，行间距为100，并添加“弹出”动画，如图 14-35所示。

10 用相同的方法，将时间线移至24秒3帧处，在覆叠轨7中创建一个标题字幕，如图 14-36所示。

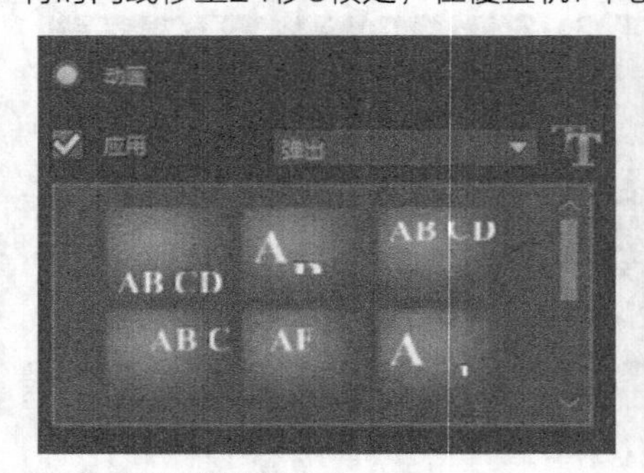

图 14-35 添加动画

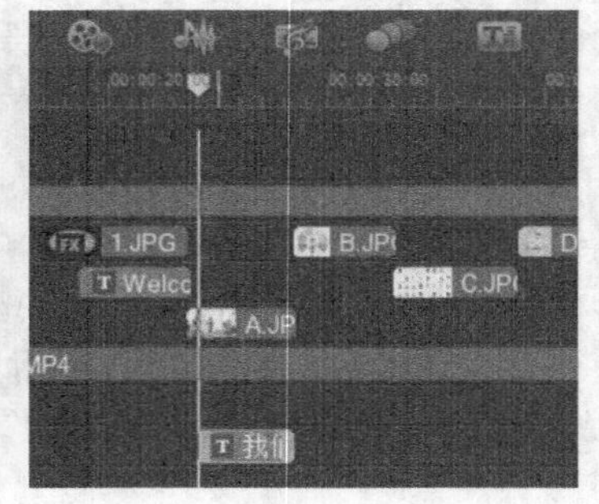

图 14-36 创建字幕

11 用相同的方法，将时间线移至29秒6帧处，在这里创建一个标题字幕，如图 14-37所示。

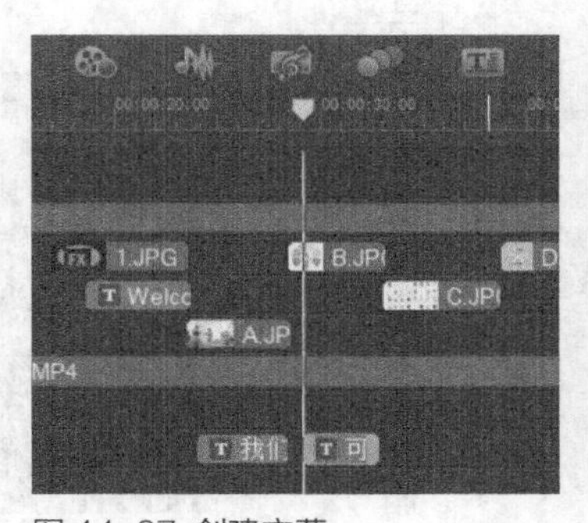

图 14-37 创建字幕

12 用相同的方法，将时间线移至33秒14帧处，在这里创建一个标题字幕，如图 14-38所示。

13 用相同的方法，将时间线移至35秒24帧处，在这里创建一个标题字幕，如图 14-39所示。

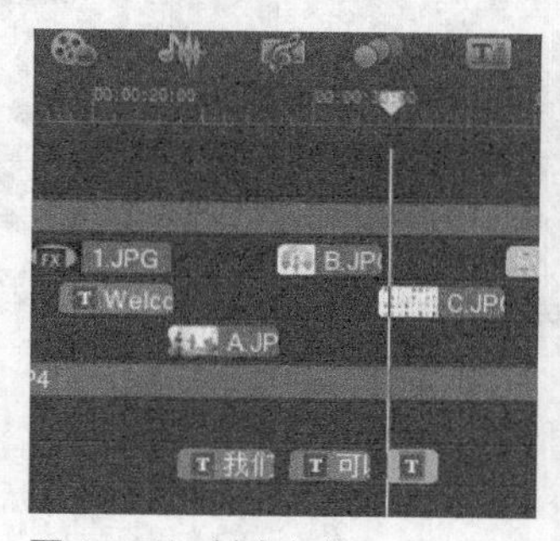

图 14-38 创建字幕

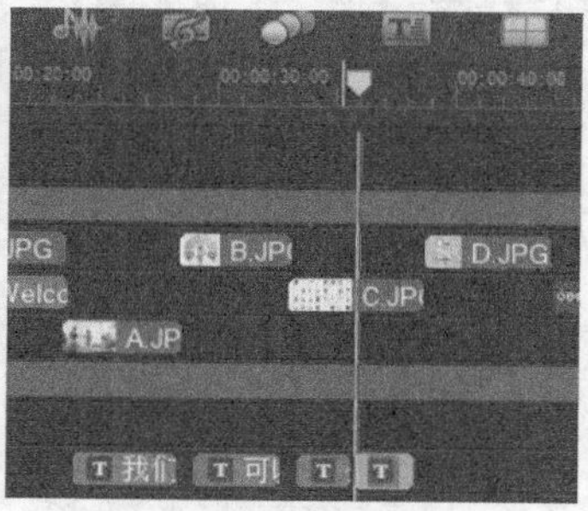

图 14-39 创建字幕

14 用相同的方法，将时间线移至39秒1帧处，在这里创建一个标题字幕，如图 14-40所示。

15 用相同的方法，将时间线移至40秒17帧处，在这里创建一个标题字幕，如图 14-41所示。

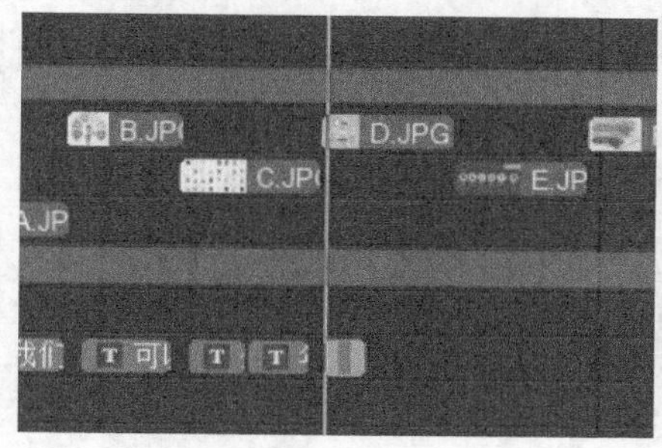

图 14-40 创建字幕

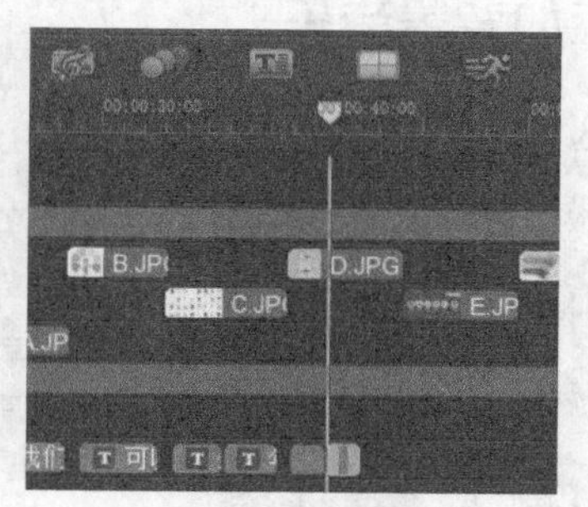

图 14-41 创建字幕

16 用相同的方法，将时间线移至42秒8帧处，在这里创建一个标题字幕，如图 14-42所示。

17 用相同的方法，将时间线移至44秒14帧处，在标题轨1中创建一个标题字幕，如图 14-43所示。

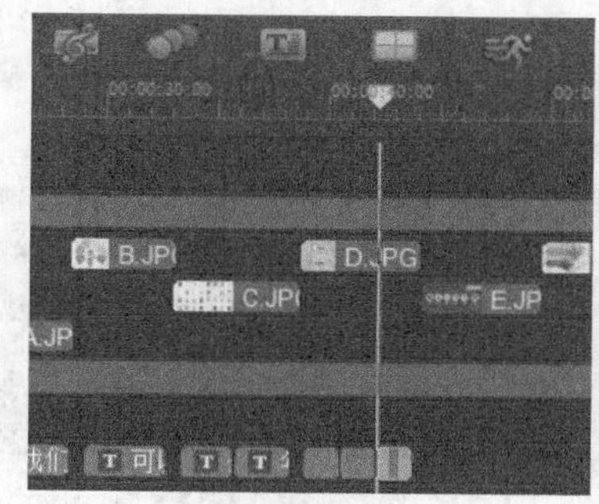

图 14-42 创建字幕

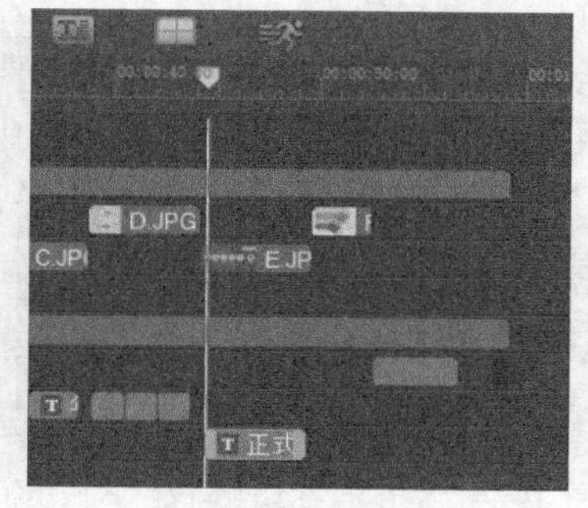

图 14-43 创建字幕

18 用相同的方法，将时间线移至50秒处，在这里创建一个标题字幕，如图 14-44所示。

19 用相同的方法，将时间线移至53秒2帧处，在这里创建一个标题字幕，如图 14-45所示。

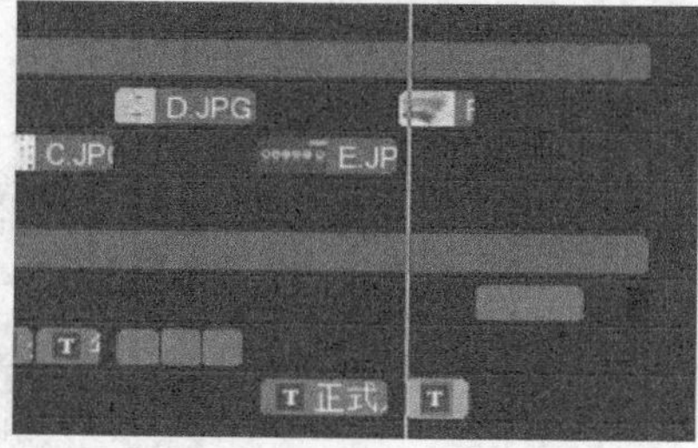

图 14-44 创建字幕

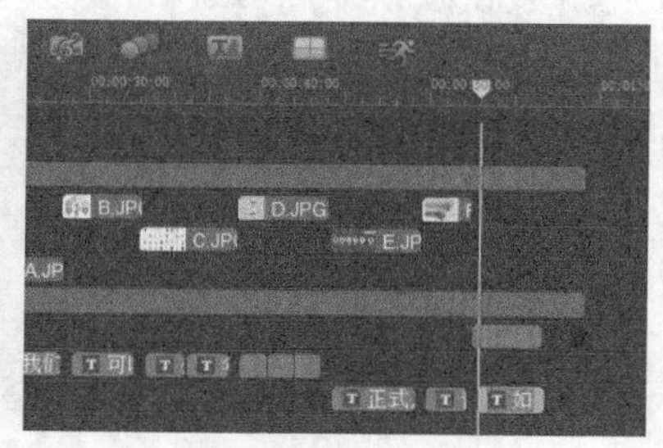

图 14-45 创建字幕

20 执行上述操作后，单击导览面板中的“播放”按钮，即可预览视频效果，如图 14-46所示。

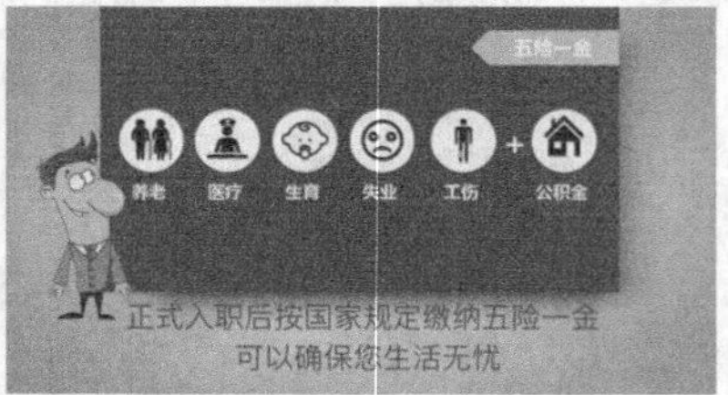

图 14-46 预览效果

14.3 后期制作

实战 195 添加背景音乐

背景音乐能够渲染视频的色彩，带动人的情绪，渲染视频氛围，也是十分重要的一部分。

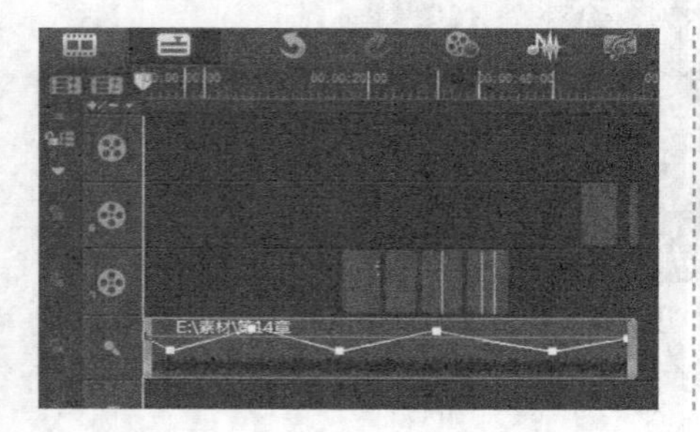

- **素材位置** | 素材\第14章\实战195
- **效果位置** | 效果\第14章\实战195添加背景音乐.VSP
- **视频位置** | 视频\第14章\实战195添加背景音乐.MP4
- **难易指数** | ★☆☆☆☆

操作步骤

01 在“媒体”素材库中，单击“显示音频文件”按钮，如图 14-47所示，显示素材库中的音频文件。

02 在素材库的上方，单击“导入媒体文件”按钮，如图 14-48所示。

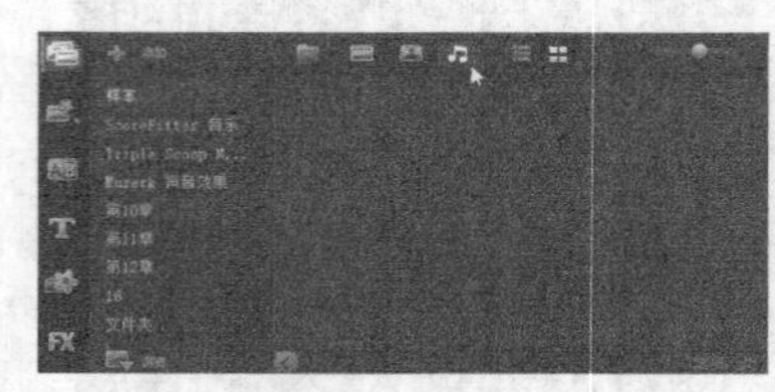

图 14-47 单击“显示音频文件”按钮

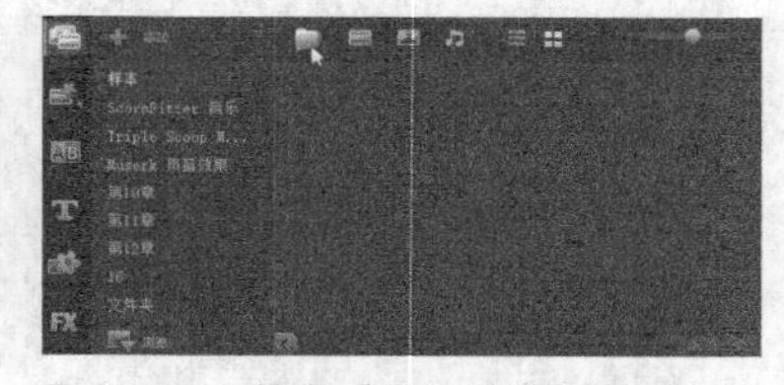

图 14-48 单击“导入媒体文件”按钮

03 执行操作后，弹出“浏览媒体文件”对话框，在其中选择需要导入的背景音乐素材（素材\第14章\实战195\ sound.wav），如图 14-49所示。

04 单击“打开”按钮，即可将背景音乐导入素材库中，如图 14-50所示。

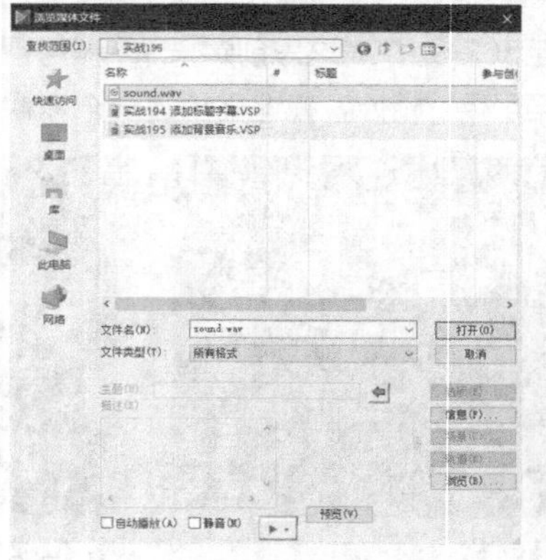

图 14-49 “浏览媒体文件”对话框

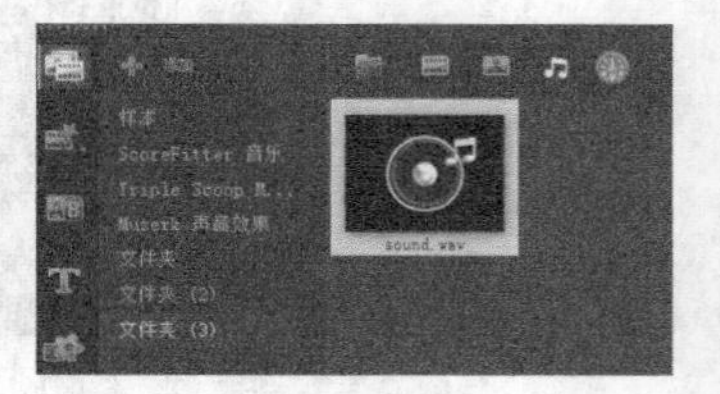

图 14-50 素材库

05 将时间线移至素材的开始位置，在“文件夹”选项卡中选择“sound.wav”音频文件，在选择的音频文件上按住鼠标左键将其拖曳至声音轨中，如图 14-51所示。

06 双击音乐素材，在“音乐和声音”选项面板中设置播放区间为00:00:59:12，并单击“淡出”按钮，如图 14-52所示。

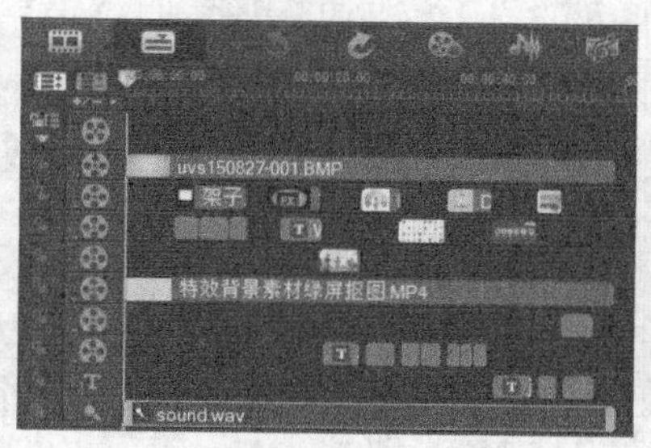

图 14-51 插入素材

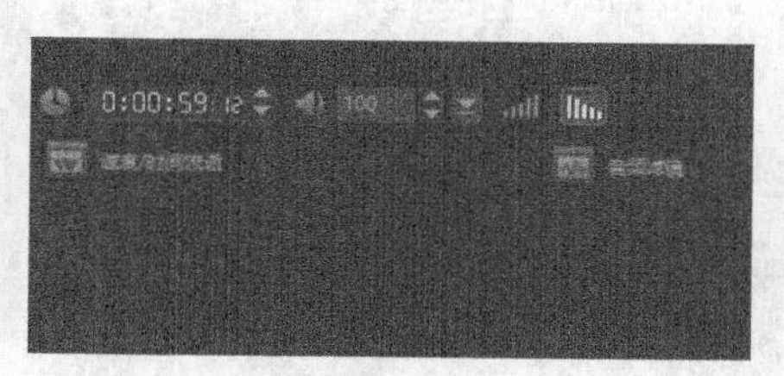

图 14-52 设置音频

07 在时间轴面板上方，单击“混音器”按钮，如图 14-53所示。

08 执行操作后，打开混音器视图，在音乐轨中可以查看淡入与淡出特效关键帧，如图 14-54所示。在关键帧上按住鼠标左键并拖曳，可以调整音乐淡入与淡出特效的播放时间，用户在音乐文件上还可以通过添加与删除关键帧的操作来编辑背景音乐。

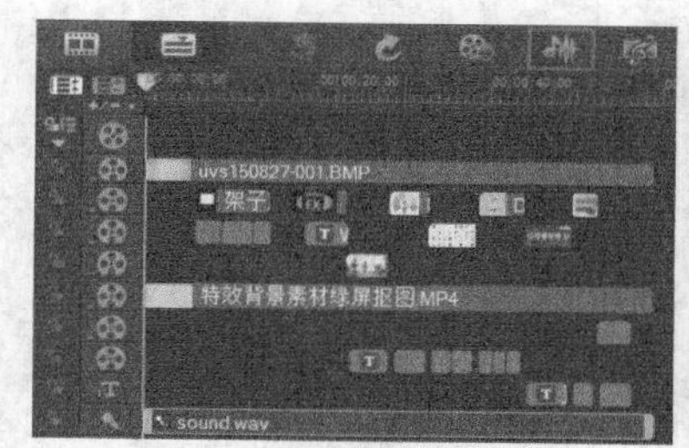

图 14-53 单击“混音器”按钮

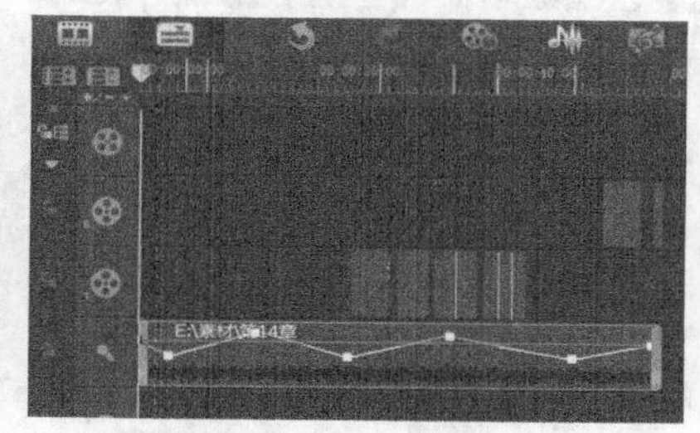
图 14-54 编辑音频

实战 196 输出视频文件

制作完视频后，应该利用会声会影将视频输出以便于共享视频。

- **素材位置 |** 素材\第14章\实战196
- **效果位置 |** 无
- **视频位置 |** 视频\第14章\实战196输出视频文件.MP4
- **难易指数 |** ★☆☆☆☆

操作步骤

01 进入会声会影X10，单击“文件”|“打开项目”命令，打开一个项目文件（素材\第14章\实战196\企业招聘.VSP），如图 14-55所示。

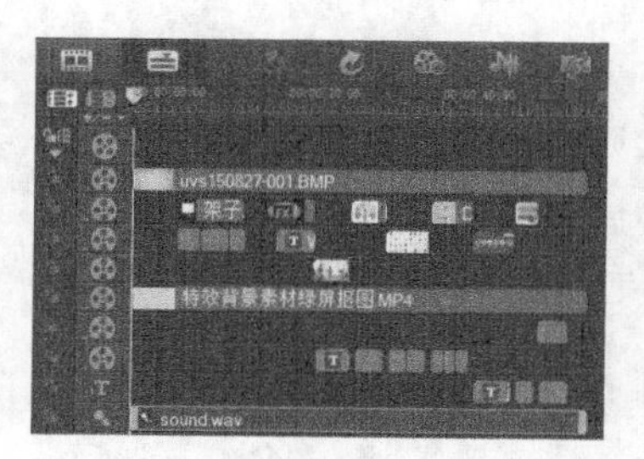

图 14-55 打开项目

02 在会声会影X10工作界面的上方单击“共享”标签，切换至“共享”步骤面板，在其中选择“MPEG-2”选项，如图 14-56所示。

03 在下方面板中，单击“文件位置”右侧的“浏览”按钮，如图 14-57所示。

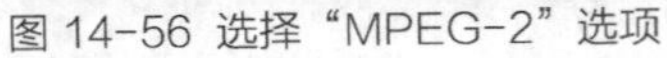
图 14-56 选择“MPEG-2”选项

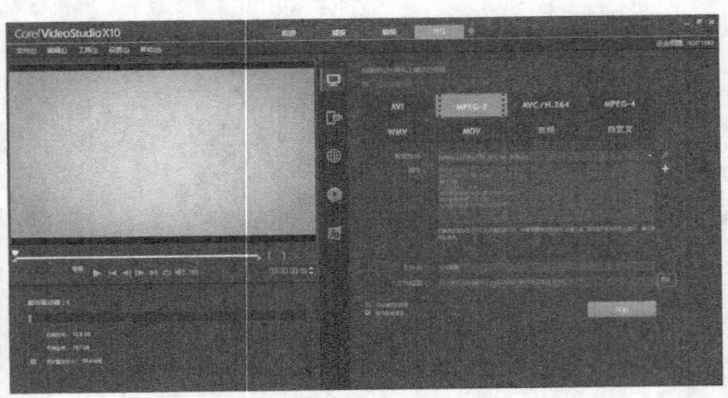

图 14-57 单击“浏览”按钮

04 弹出“浏览”对话框，在其中设置文件的保存位置和名称，如图 14-58所示。

05 单击“保存”按钮，返回会声会影“共享”步骤面板。单击“开始”按钮，开始渲染视频文件，并显示渲染进度，如图 14-59所示。渲染完成后，即可完成影片文件的渲染输出。

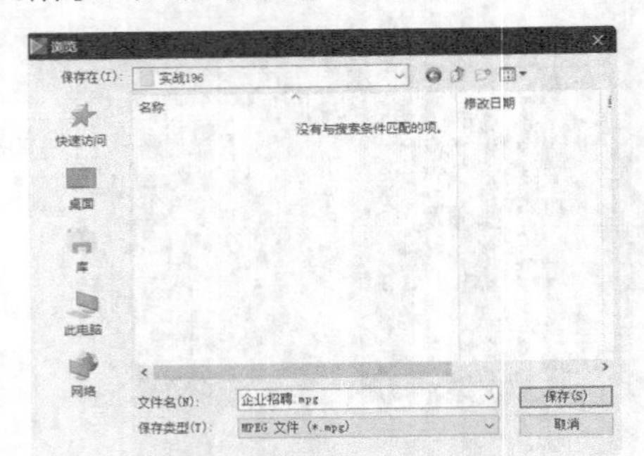

图 14-58 “浏览”对话框

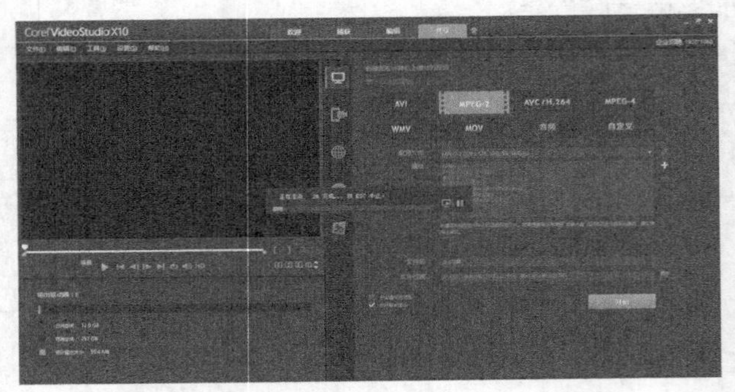

图 14-59 渲染视频

06 刚输出的视频文件在预览窗口中会自动播放，用户可以查看输出的视频的画面效果，如图 14-60所示。

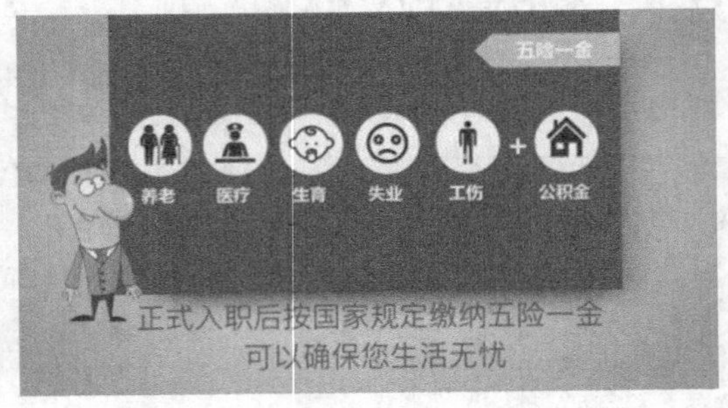

图 14-60 预览效果

第15章

城市宣传——斯德哥尔摩

每座城市都有独特的风景，有自己的文化，城市或许典雅，或许开放，又或许僻静。无论如何，想要让一座城市进入大众的眼光，在今天的互联网社会中，最有用的是制作一部城市宣传片。

15.1 城市宣传视频的制作要点

（1）在会声会影中插入素材，调整素材的位置和形状。

（2）为制作好的视频添加字幕，解读画面中的元素。

（3）添加合适的音频文件，使影片更加吸引人。

15.2 制作视频

实战 197 添加并修整素材

制作城市宣传视频时，事先必须对所拍的城市有一个大致的了解。可以从它的景点、历史遗迹、经济建设等角度入手，拍摄相关的照片或视频，然后根据主题需要进行筛选。

- **素材位置｜**素材\第15章\实战197
- **效果位置｜**效果\第15章\实战197添加并修整素材.VSP
- **视频位置｜**视频\第15章\实战197添加并修整素材.MP4
- **难易指数｜**★★★☆☆

操作步骤

01 进入会声会影X10，执行“设置”|“参数选择”命令，如图 15-1所示。

02 切换至“编辑”选项卡，设置“默认照片/色彩区间”参数为5秒，如图 15-2所示。然后单击“确定”按钮完成设置。

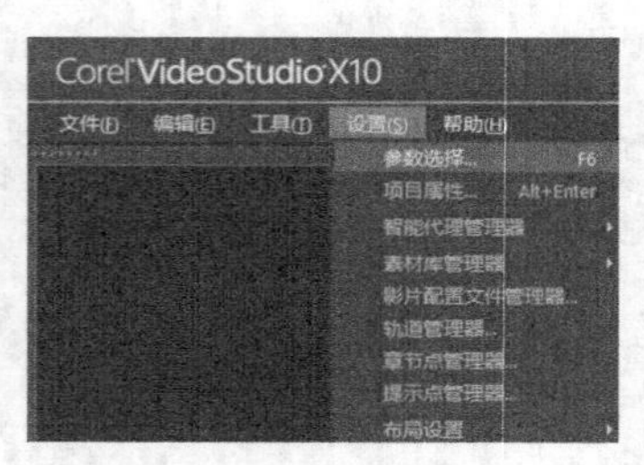

图 15-1 执行命令

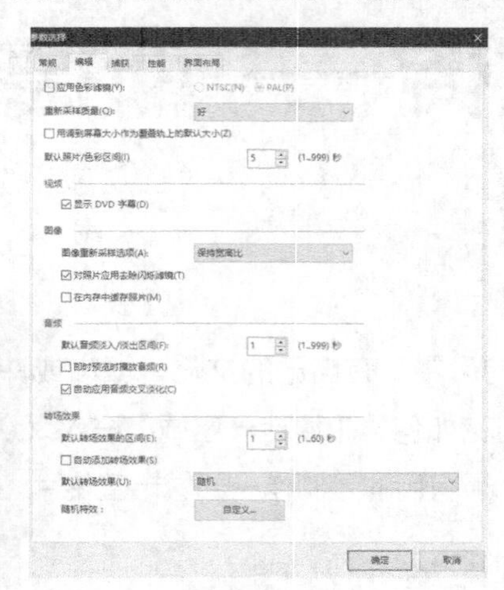

图 15-2 设置区间

03 在时间轴视图中单击“轨道管理器”按钮，在弹出的对话框中的“覆叠轨”下拉列表中选择“6”选项，如图 15-3所示。然后单击“确定”按钮完成设置。

04 在覆叠轨1中插入图片素材（素材\第15章\实战197\ 街道.jpg），如图 15-4所示。

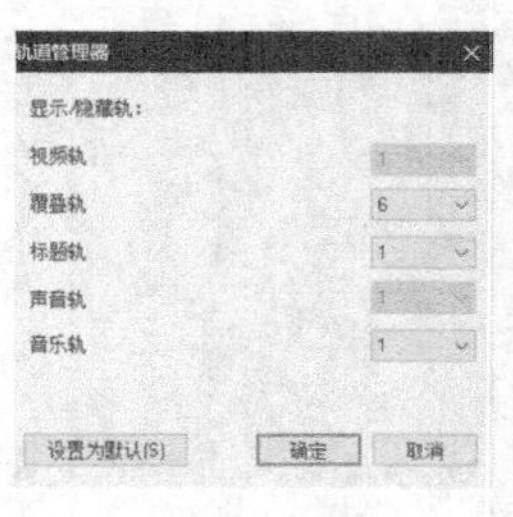

图 15-3 添加轨道

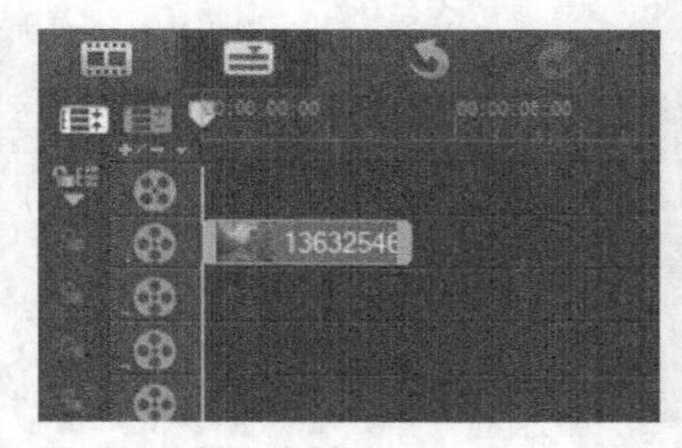

图 15-4 插入素材

05 展开“编辑”选项卡，设置播放区间为5秒，如图 15-5所示。

06 在覆叠轨2~5中对应位置插入所有图片和视频素材（素材\第15章\实战197），如图 15-6所示。

图 15-5 设置素材

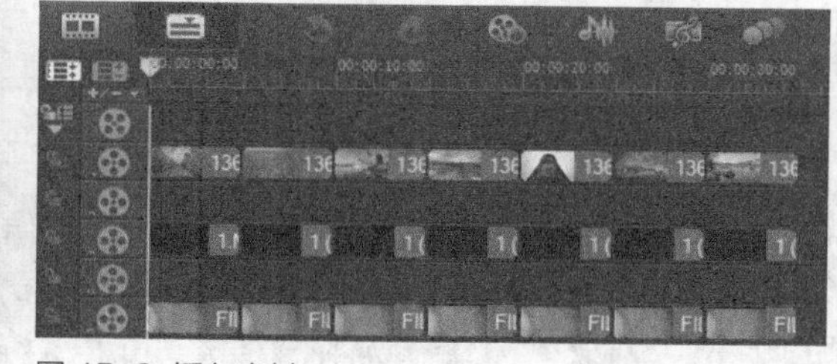

图 15-6 插入素材

07 在会声会影工作界面中，利用Shift键选中覆叠轨2中所有的图片素材，如图 15-7所示。

08 执行操作后，单击鼠标右键，在弹出的快捷菜单中，选择“自动摇动和缩放”命令，如图 15-8所示。

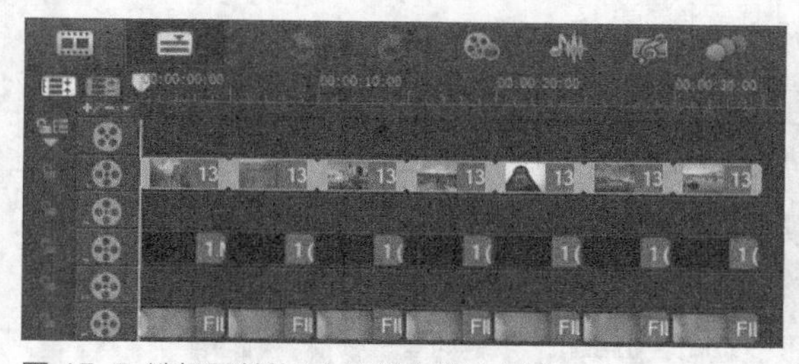

图 15-7 选择覆盖轨2中的所有图片素材

图 15-8 选择“自动摇动和缩放”命令

09 执行上述操作后，即可完成对素材图像的修整，单击导览面板中的“播放”按钮，预览视频效果，如图 15-9所示。

图 15-9 预览效果

实战 198 添加滤镜和转场效果

城市宣传视频从某种意义上属于艺术视频，因此相较于其他商业类视频来说应该具有一定的美感，这一点除了体现在所拍摄的素材上，也体现在影片的后期编辑中。

- **素材位置** | 素材\第15章\实战198
- **效果位置** | 效果\第15章\实战198添加滤镜和转场效果.VSP
- **视频位置** | 视频\第15章\实战198添加滤镜和转场效果.MP4
- **难易指数** | ★★★★☆

操作步骤

01 进入会声会影X10，单击“文件”|“打开项目”命令，打开一个项目文件（素材\第15章\实战198\添加并修整素材.VSP），如图 15-10所示。

02 在覆叠轨6中，按顺序插入“Transition 03.mov”，如图 15-11所示。

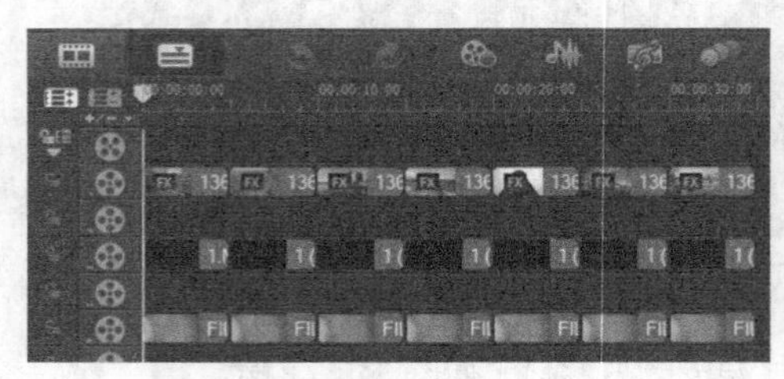

图 15-10 打开项目

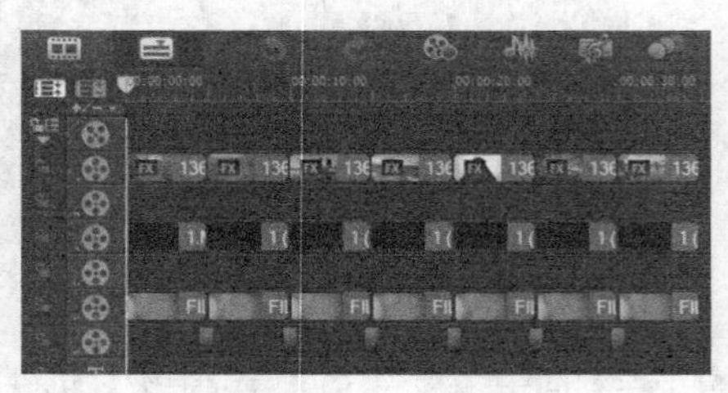

图 15-11 插入视频

03 执行操作后，单击导览面板中的“播放”按钮，预览视频效果，如图 15-12所示。

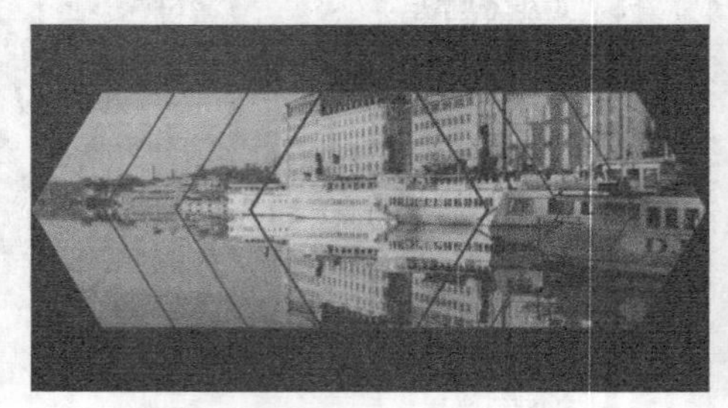

图 15-12 预览效果

实战 199 添加标题字幕

城市宣传视频不是简单的连环画。它的文字解说部分应该是视频内容的延伸与拓展，也是作者本人对于城市本身的内心理解。如果条件允许的话可以加上后期配音解说，效果更好。

- **素材位置 |** 素材\第15章\实战199
- **效果位置 |** 效果\第15章\实战199添加标题字幕.VSP
- **视频位置 |** 视频\第15章\实战199 添加标题字幕.MP4
- **难易指数 |** ★★★☆☆

操作步骤

01 进入会声会影X10，单击“文件”|“打开项目”命令，打开一个项目文件（素材\第15章\实战199\添加滤镜和转场效果.VSP），如图 15-13所示。

图 15-13 打开项目

02 在工作界面中单击“标题”按钮，然后将时间线移至0秒处，在覆叠轨2中创建一个标题字幕，如图 15-14所示。

03 选中字幕文件，在“编辑”选项卡中设置字体大小为39，字体为Arial，颜色为白色，行间距为120，并且加粗，如图 15-15所示。

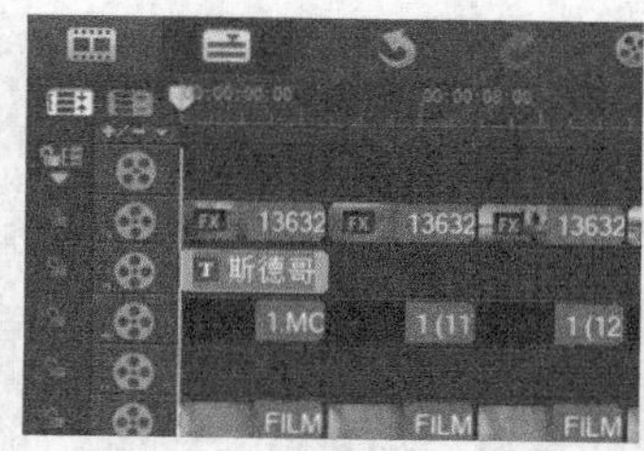

图 15-14 创建字幕

图 15-15 设置字体

04 在工作界面中单击“标题”按钮，然后将时间线移至5秒处，在覆叠轨4中创建一个标题字幕，如图 15-16所示。

05 选中字幕文件，在“编辑”选项卡中设置字体大小为84，字体为方正小标宋简体，颜色为褐色，行间距为120，如图 15-17所示。

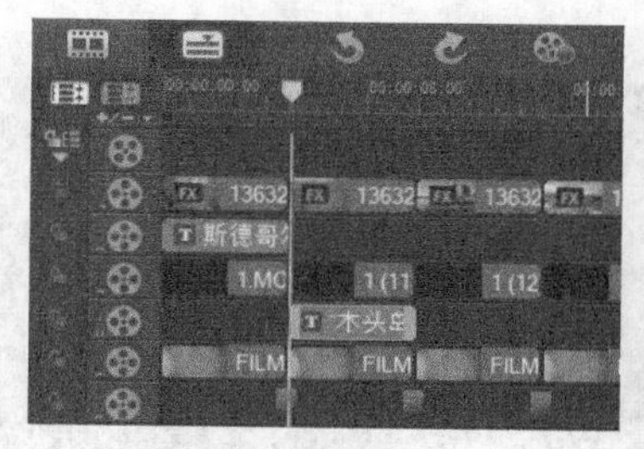

图 15-16 创建字幕

图 15-17 设置字体

06 在工作界面中单击“标题”按钮，然后将时间线移至10秒处，在覆叠轨2中创建一个标题字幕，如图 15-18所示。

07 选中字幕文件，在“编辑”选项卡中设置字体大小为61，字体为华文新魏，颜色为米黄色，行间距为120，并且加粗，如图 15-19所示。

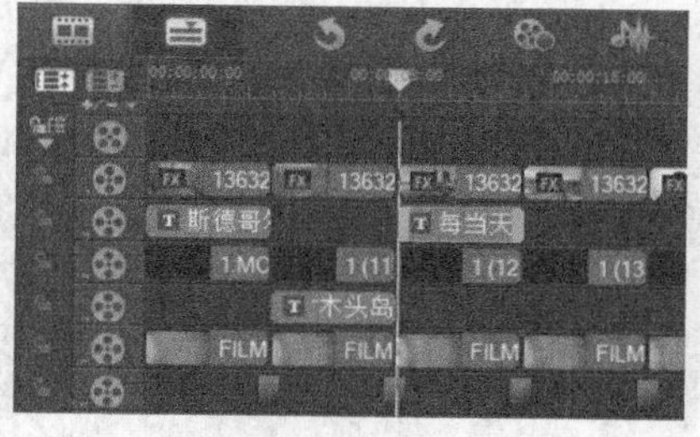

图 15-18 创建字幕

图 15-19 设置字体

08 在工作界面中单击“标题”按钮，然后将时间线移至15秒处，在覆叠轨2中创建一个标题字幕，如图 15-20所示。

09 选中字幕文件，在“编辑”选项卡中设置字体大小为71，字体为苹方 中等，颜色为浅橘色，行间距为120，并且加粗，如图 15-21所示。

图 15-20 创建字幕

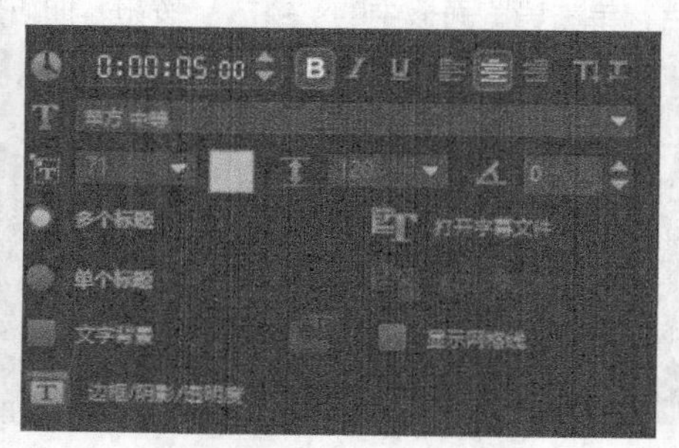

图 15-21 设置字体

10 用相同的方法，将时间线移至20秒处，在覆叠轨4中创建一个标题字幕，如图 15-22所示。

11 选中字幕文件，在“编辑”选项卡中设置字体大小为33，字体为华文新魏，颜色为灰色，部分字体颜色为其他颜色，行间距为120，并且加粗，如图 15-23所示。

图 15-22 创建字幕

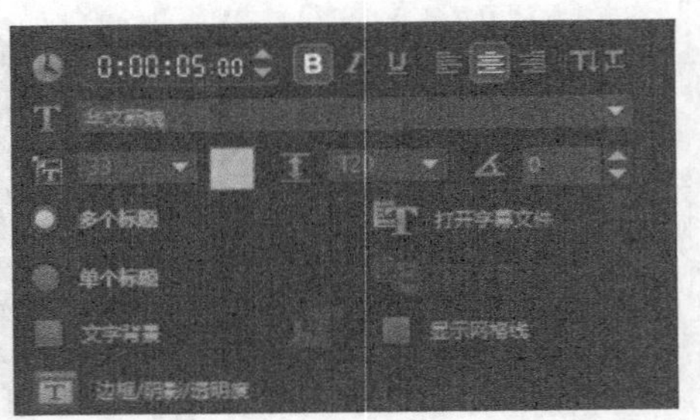

图 15-23 设置字体

12 用相同的方法，将时间线移至25秒处，在这里创建一个标题字幕，如图 15-24所示。

13 选中字幕文件，在“编辑”选项卡中设置字体大小为33，字体为方正细黑一简体，颜色为灰色，部分字体颜色为其他颜色，行间距为80，并且加粗，如图 15-25所示。

图 15-24 创建字幕

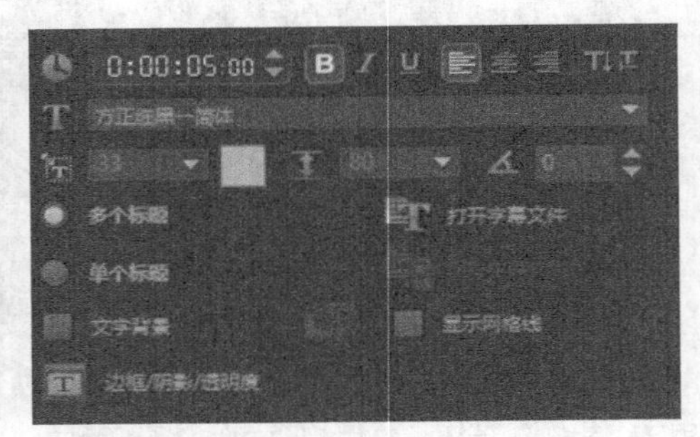

图 15-25 设置字体

14 用相同的方法，将时间线移至30秒处，在这里创建一个标题字幕，如图 15-26所示。

15 选中字幕文件，在“编辑”选项卡中设置字体大小为32，字体为苹方 特粗，颜色为白色，部分字体颜色为其他颜色，行间距为120，如图 15-27所示。

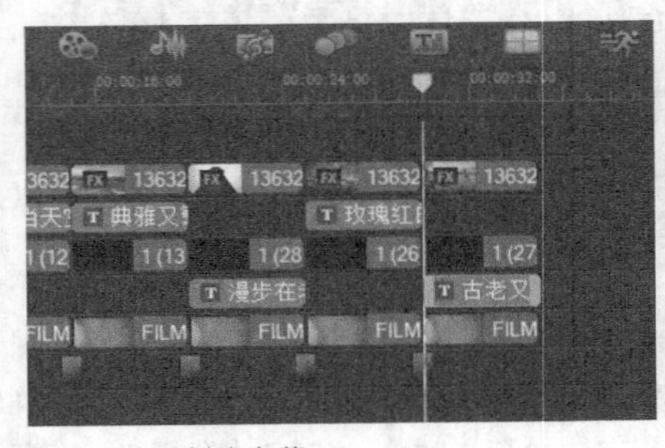

图 15-26 创建字幕

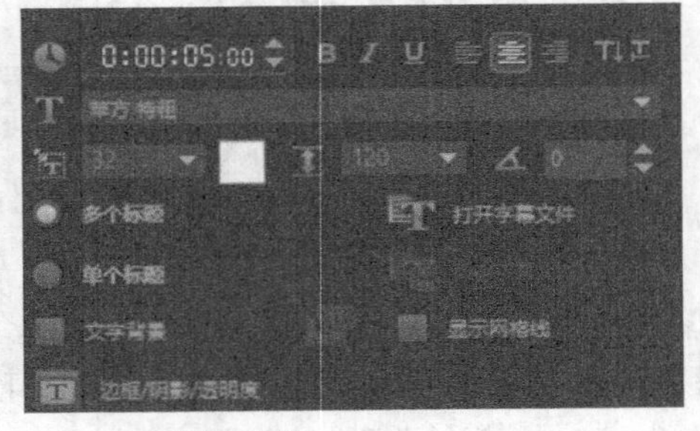

图 15-27 设置字体

16 执行上述操作后，单击导览面板中的“播放”按钮，即可预览视频效果，如图 15-28所示。

图 15-28 预览效果

15.3 后期制作

实战 200 添加背景音乐

在为城市宣传视频添加背景音乐时，可以根据视频主题、城市的历史背景、所在国家的经典乐曲、特色乐器等方面来寻找合适的配乐。

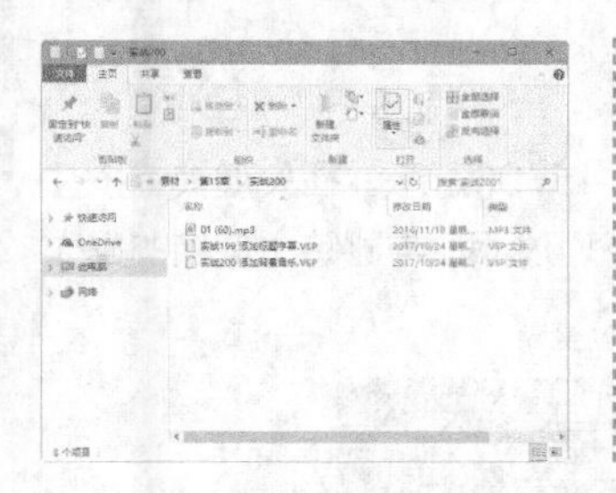

- **素材位置 |** 素材\第15章\实战200
- **效果位置 |** 效果\第15章\实战200添加背景音乐.VSP
- **视频位置 |** 视频\第15章\实战200添加背景音乐.MP4
- **难易指数 |** ★☆☆☆☆

操作步骤

01 在“媒体”素材库中，单击“显示音频文件”按钮，如图 15-29所示，显示素材库中的音频文件。

02 在素材库的上方，单击“导入媒体文件”按钮，如图 15-30所示。

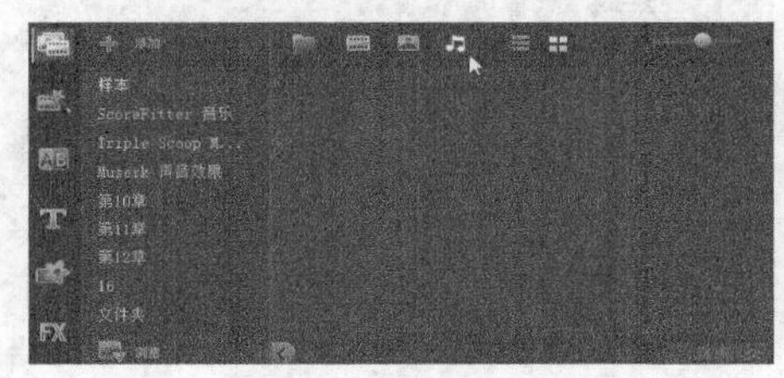

图 15-29 单击“显示音频文件”按钮

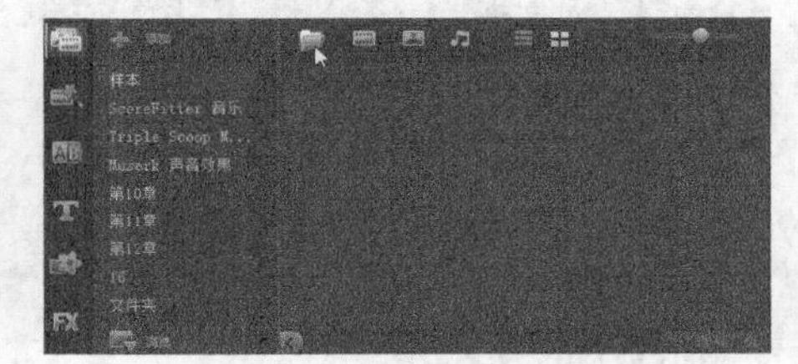

图 15-30 单击“导入媒体文件”按钮

03 执行操作后，弹出“浏览媒体文件”对话框，在其中选择需要导入的背景音乐素材［素材\第15章\实战200\ 01 (60).MP3］，如图 15-31所示。

04 单击“打开”按钮，即可将背景音乐导入素材库中，如图 15-32所示。

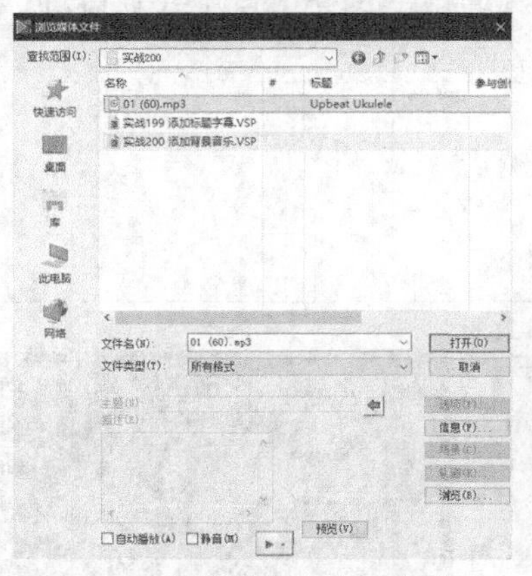

图 15-31 “浏览媒体文件”对话框

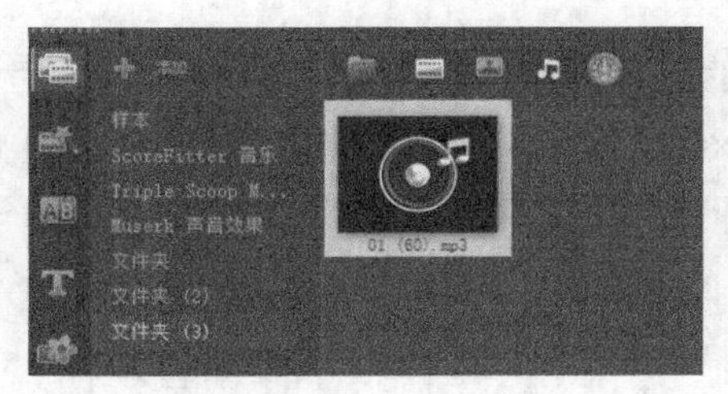

图 15-32 素材库

05 将时间线移至素材的开始位置，在“文件夹”选项卡中选择“01 (60).MP3”音频文件，在选择的音频文件上按住鼠标左键将其拖曳至音乐轨中，如图 15-33所示。

06 双击音乐素材，在“音乐和声音”选项面板中设置播放区间为00:00:35:00，并单击“淡出”按钮，如图 15-34所示。

图 15-33 插入素材

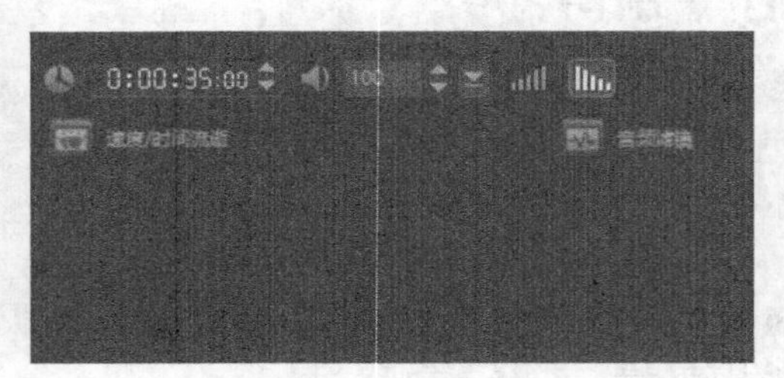

图 15-34 设置音频

07 在时间轴面板上方，单击“混音器”按钮，如图 15-35所示。

08 执行操作后，打开混音器视图，在音乐轨中可以查看淡入与淡出特效关键帧，如图 15-36所示。在关键帧上按住鼠标左键并拖曳，可以调整音乐淡入与淡出特效的播放时间，用户在音乐文件上还可以通过添加与删除关键帧的操作来编辑背景音乐。

图 15-35 单击“混音器”按钮

图 15-36 编辑音频

实战 201 输出视频文件

制作完视频后，应该利用会声会影将视频输出以便于共享视频。

- **素材位置 |** 素材\第15章\实战201
- **效果位置 |** 无
- **视频位置 |** 视频\第15章\实战201输出视频文件.MP4
- **难易指数 |** ★☆☆☆☆

操作步骤

01 进入会声会影X10，单击“文件”|“打开项目”命令，打开一个项目文件（素材\第15章\实战201\斯德哥尔摩.VSP），如图 15-37所示。

图 15-37 打开项目

02 在会声会影X10工作界面的上方单击“共享”标签，切换至“共享”步骤面板，在其中选择“MPEG-2”选项，如图 15-38所示。

03 在下方面板中，单击“文件位置”右侧的“浏览”按钮，如图 15-39所示。

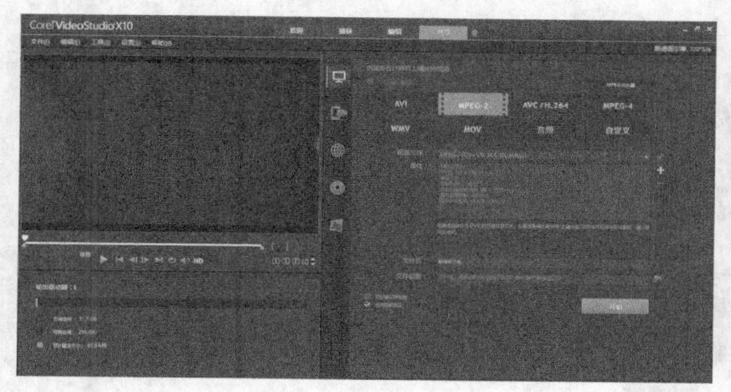

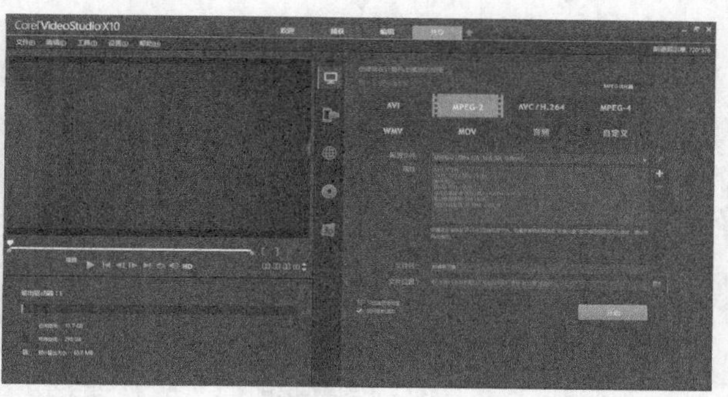

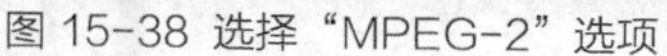

图 15-38 选择“MPEG-2”选项

图 15-39 单击“浏览”按钮

04 弹出“浏览”对话框，在其中设置文件的保存位置和名称，如图 15-40所示。

05 单击“保存”按钮，返回会声会影“共享”步骤面板。单击“开始”按钮，开始渲染视频文件，并显示渲染进度，如图 15-41所示。渲染完成后，即可完成影片文件的渲染输出。

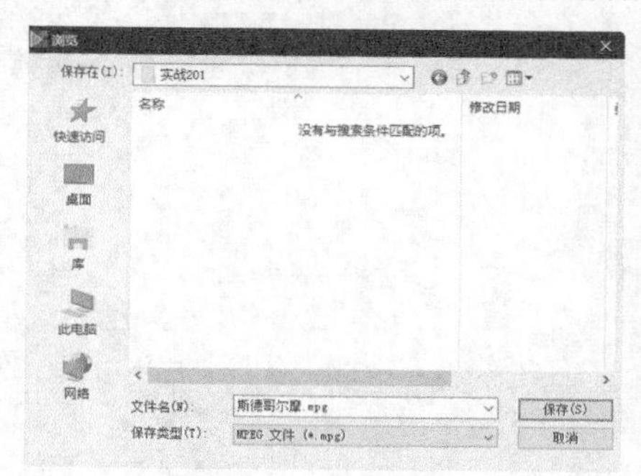

图 15-40 “浏览”对话框

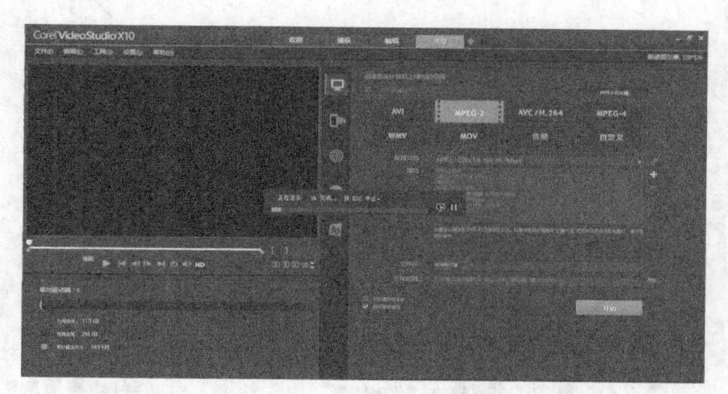

图 15-41 渲染视频

06 刚输出的视频文件在预览窗口中会自动播放，用户可以查看输出的视频的画面效果，如图 15-42所示。

图 15-42 预览效果

第16章

个人简历——视频简历

在当今工作难抢的社会，有一份独特的简历十分重要，它能够帮助我们在竞争压力极大的职场上给别人留下好的第一印象。个人简历视频的制作并不复杂。

16.1 个人简历视频的制作要点

（1）在会声会影中插入素材，调整素材的位置和形状。

（2）为制作好的视频添加字幕，解读画面中的元素。

（3）添加合适的音频文件，使影片更加吸引人。

16.2 制作视频

实战 202 修整程序参数

参数是程序的关键，修改好参数就能方便编辑视频。

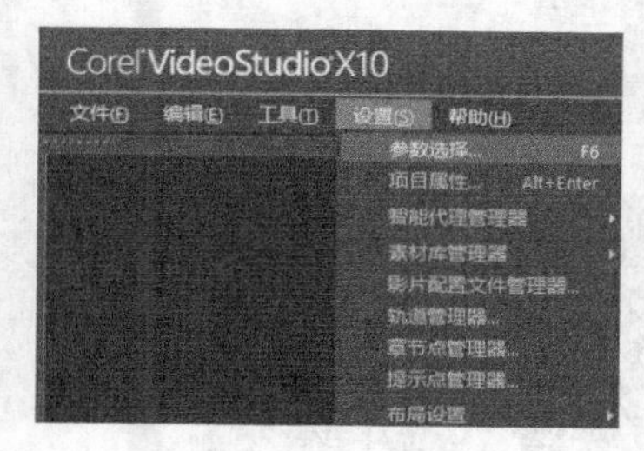

- **素材位置 |** 素材\第16章\实战202
- **效果位置 |** 无
- **视频位置 |** 视频\第16章\实战202修整程序参数.MP4
- **难易指数 |** ★★★☆☆

操作步骤

01 进入会声会影X10，执行“设置”|“参数选择”命令，如图 16-1所示。

02 切换至“编辑”选项卡，设置“默认照片/色彩区间”参数为5秒，如图 16-2所示。然后单击“确定”按钮完成设置。

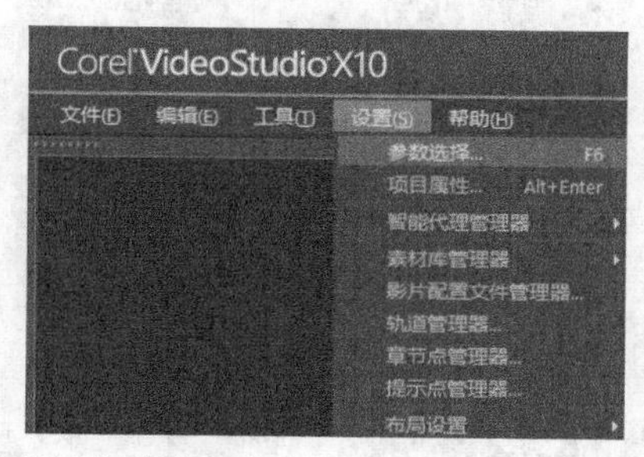

图 16-1 执行命令

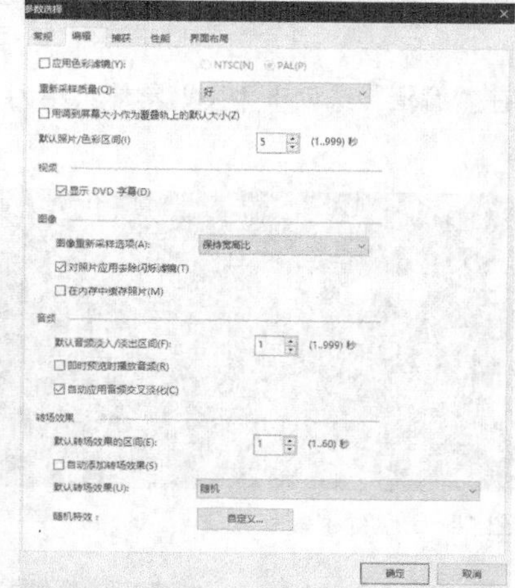

图 16-2 设置区间

03 在时间轴视图中单击“轨道管理器”按钮，在弹出的对话框中的“覆叠轨”下拉列表中选择“10”选项，如图 16-3所示。然后单击“确定”按钮完成设置。

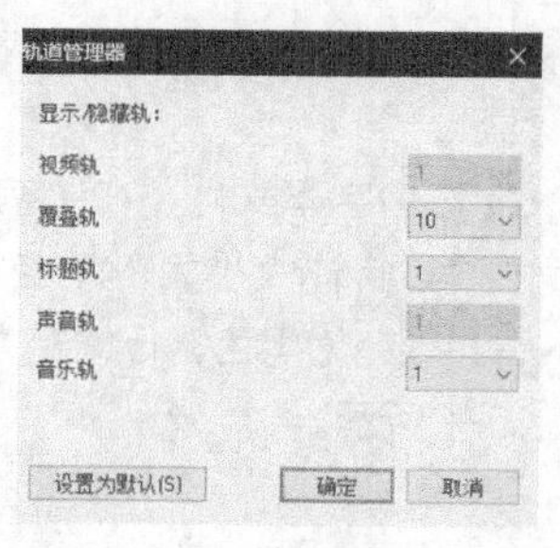

图 16-3 添加轨道

实战 203

“个人信息”部分

个人信息部分可以写清楚自己的姓名、性别、毕业院校、学历、以及所要求的薪资待遇等基本信息，让面试官在第一时间的对自己有一个基本的了解。

- **素材位置 |** 素材\第16章\实战203
- **效果位置 |** 效果\第16章\实战203 “个人信息”部分.VSP
- **视频位置 |** 视频\第16章\实战203 “个人信息”部分.MP4
- **难易指数 |** ★★★★☆

操作步骤

01 在视频轨中插入视频素材（素材\第16章\实战203\BG.MP4），如图 16-4所示。

02 展开“编辑”选项卡，设置播放区间为16秒2帧，如图 16-5所示。

图 16-4 插入素材

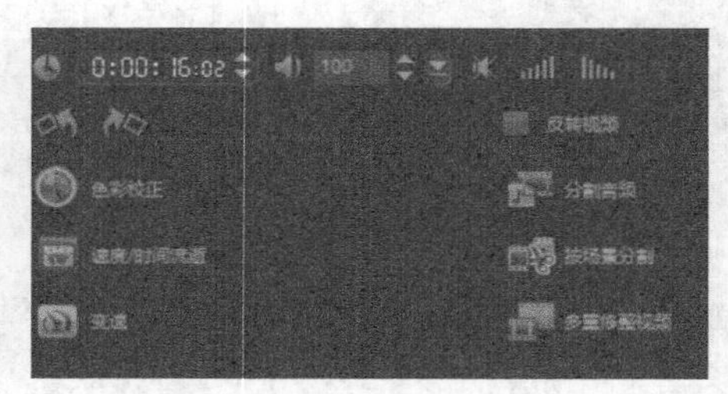

图 16-5 设置区间

03 在工作界面中单击“标题”按钮，然后将时间线移至5秒11帧处，在覆叠轨8中创建一个标题字幕，如图 16-6所示。

04 选中字幕文件，在“编辑”选项卡中设置字体大小为77，字体为微软雅黑，颜色为黑色，行间距为100，如图 16-7所示。

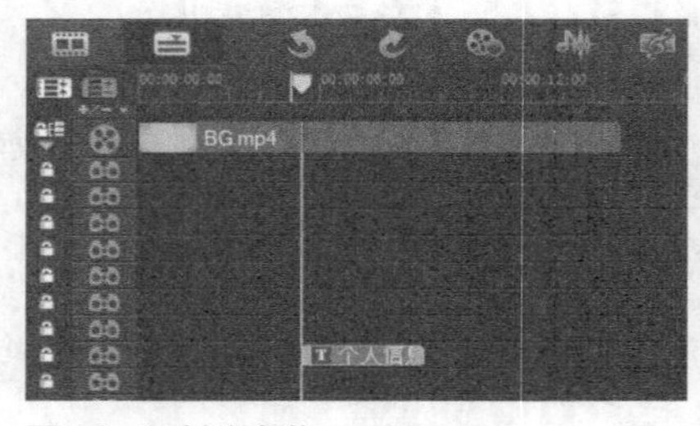

图 16-6 创建字幕

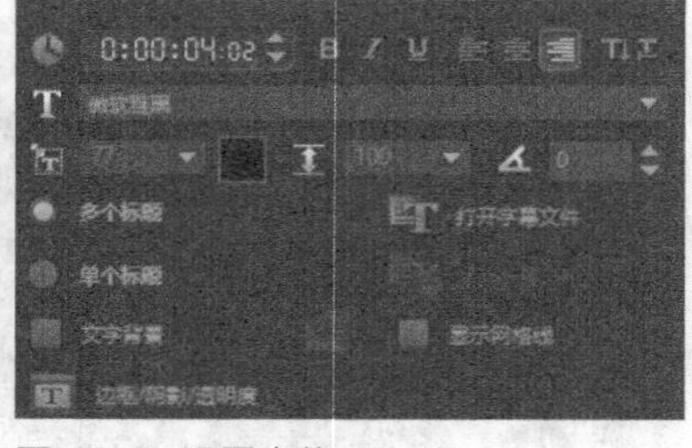

图 16-7 设置字体

05 在工作界面中单击“标题”按钮，然后将时间线移至6秒4帧处，在覆叠轨9中创建一个标题字幕，如图 16-8所示。

06 选中字幕文件，在“编辑”选项卡中设置字体大小为24，字体为微软雅黑，颜色为黑色，行间距为100，如图 16-9所示。

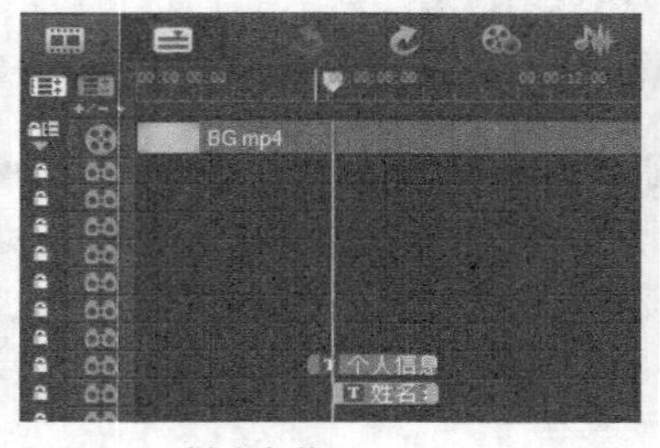

图 16-8 创建字幕

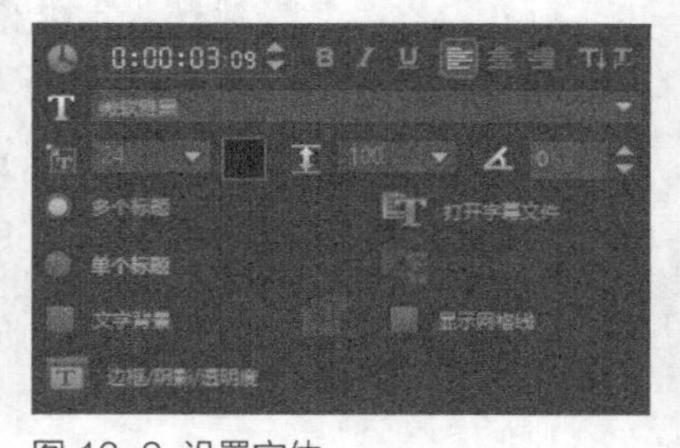

图 16-9 设置字体

07 执行上述操作后，单击导览面板中的“播放”按钮，即可预览视频效果，如图 16-10所示。

图 16-10 预览效果

实战 204 “我的照片”部分

照片部分用来展示自己的个人照片。一般情况下使用自己的正面免冠照即可，部分职位可能需要生活或艺术照，视情况而定即可。

- **素材位置** | 素材\第16章\实战204
- **效果位置** | 效果\第16章\实战204 “我的照片”部分.VSP
- **视频位置** | 视频\第16章\实战204 “我的照片”部分.MP4
- **难易指数** | ★★★☆☆

操作步骤

01 进入会声会影X10，单击“文件”|“打开项目”命令，打开一个项目文件（素材\第16章\实战204\“个人信息”部分.VSP），如图 16-11所示。

02 在覆叠轨1~10中对应位置插入所有图片和视频素材（素材\第16章\实战204），如图 16-12所示。

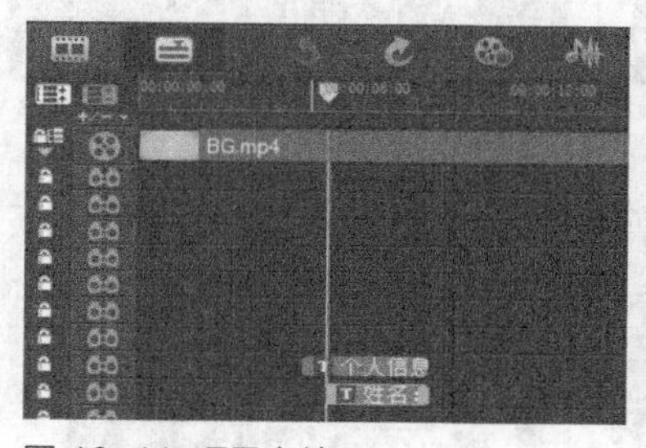

图 16-11 项目文件

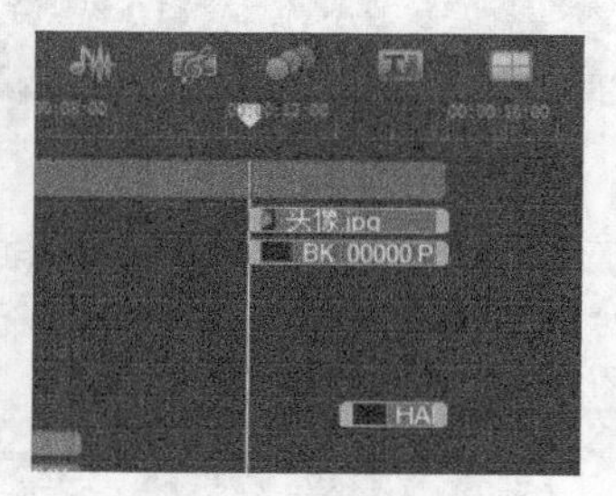

图 16-12 插入素材

03 在工作界面中单击“标题”按钮，然后将时间线移至12秒11帧处，在覆叠轨8中创建一个标题字幕，如图 16-13所示。

04 选中字幕文件，在“编辑”选项卡中设置字体大小为75，字体为微软雅黑，颜色为白色，行间距为100，如图 16-14所示。

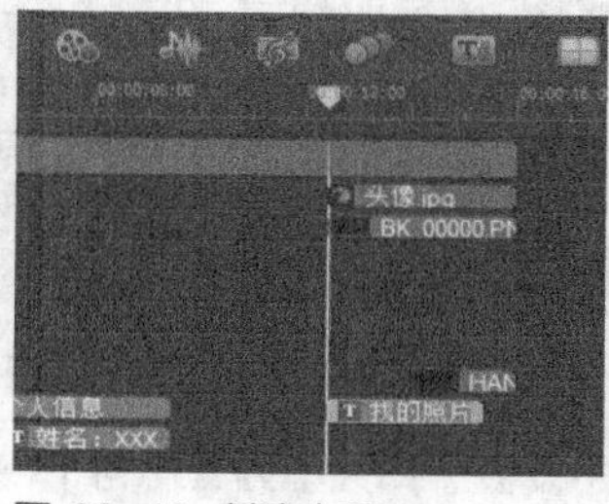

图 16-13 创建字幕

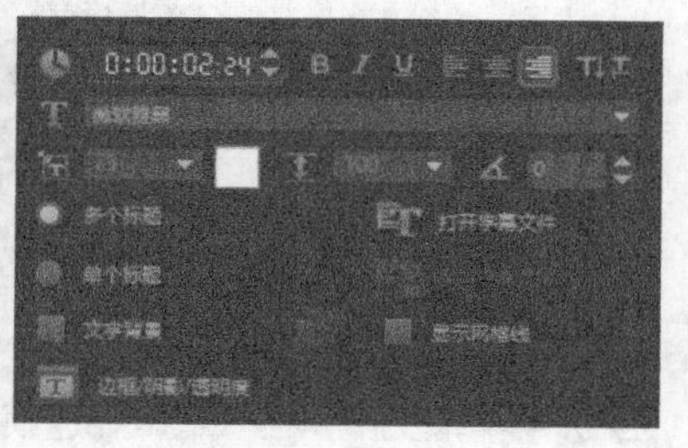

图 16-14 设置字体

05 执行上述操作后，单击导览面板中的“播放”按钮，即可预览视频效果，如图 16-15所示。

图 16-15 预览效果

实战 205 “参加的组织及任职”部分

此部分可以填写一些自己在大学或者工作时的经历，许多岗位除了看重学历和专业能力外，个人经历也通常是考察的重点。

- **素材位置 |** 素材\第16章\实战205
- **效果位置 |** 效果\第16章\实战205 “参加的组织及任职”部分.VSP
- **视频位置 |** 视频\第16章\实战205 “参加的组织及任职”部分.MP4
- **难易指数 |** ★★★☆☆

操作步骤

01 在视频轨中插入视频素材（素材\第16章\实战205\BG.MP4），如图 16-16所示。

02 展开“编辑”选项卡，设置播放区间为3秒13帧，如图 16-17所示。

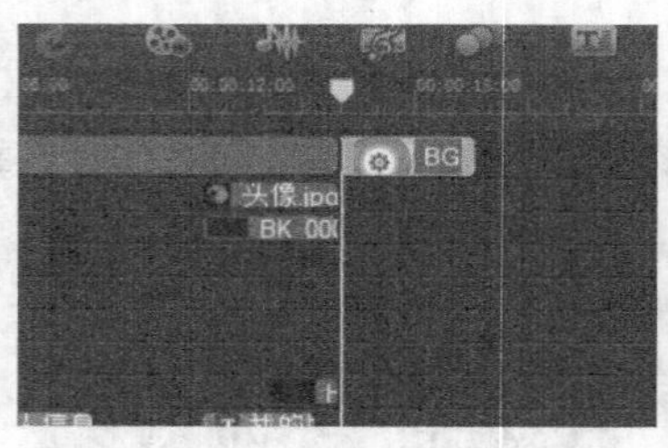
图 16-16 插入素材

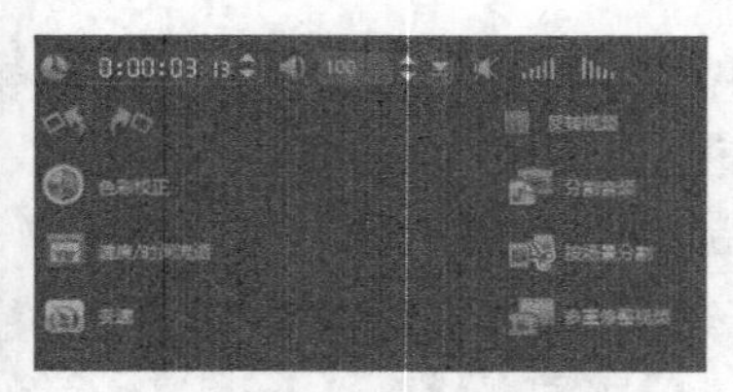
图 16-17 设置区间

03 在覆叠轨1~10中对应位置插入所有图片和视频素材（素材\第16章\实战205），如图 16-18所示。

04 在工作界面中单击“标题”按钮，然后将时间线移至16秒2帧处，在覆叠轨9中创建一个标题字幕，如图 16-19所示。

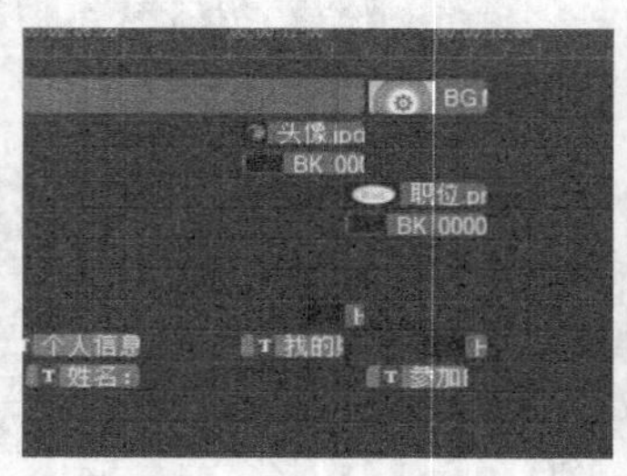
图 16-18 插入素材

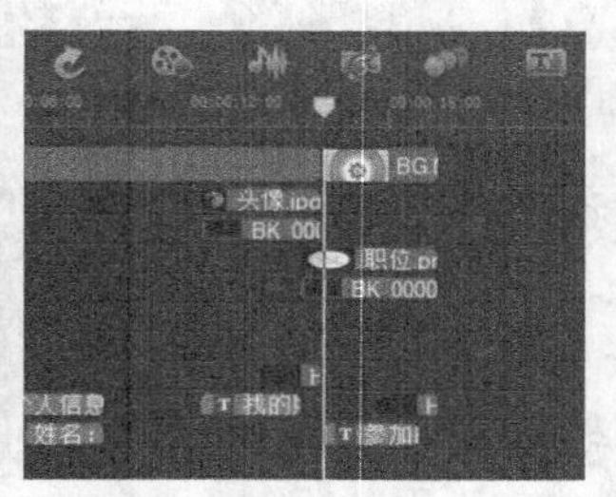
图 16-19 创建字幕

05 选中字幕文件，在“编辑”选项卡中设置字体大小为75，字体为微软雅黑，颜色为白色，行间距为100，如图 16-20所示。

06 执行上述操作后，单击导览面板中的“播放”按钮，即可预览视频效果，如图 16-21所示。

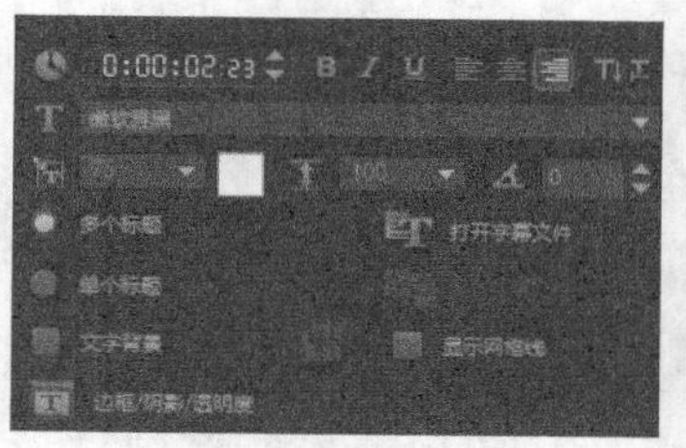

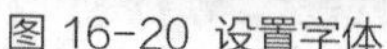

图 16-20 设置字体

图 16-21 预览效果

实战 206 “获过的证书和文凭”部分

证书和文凭是自己多年学习经历的证明，也是一份简历上必不可少的部分，通常情况下也是进入很多企业的敲门砖。

- **素材位置 |** 素材\第16章\实战206
- **效果位置 |** 效果\第16章\实战206 “获过的证书和文凭”部分.VSP
- **视频位置 |** 视频\第16章\实战206 “获过的证书和文凭”部分.MP4
- **难易指数 |** ★★★☆☆

操作步骤

01 在视频轨中插入视频素材（素材\第16章\实战206\BG.MP4），如图 16-22所示。

02 展开“编辑”选项卡，设置播放区间为3秒13帧，如图 16-23所示。

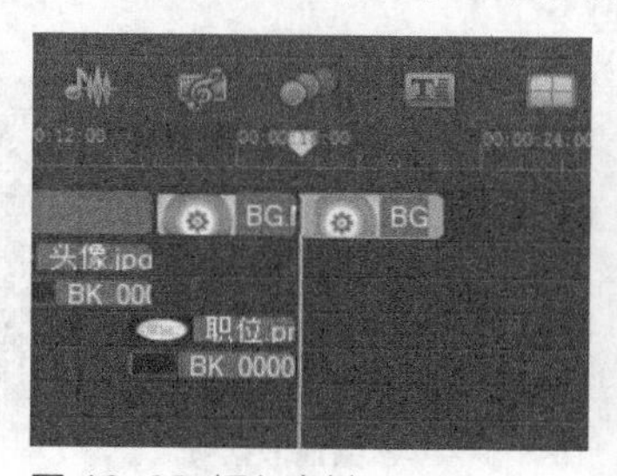

图 16-22 插入素材

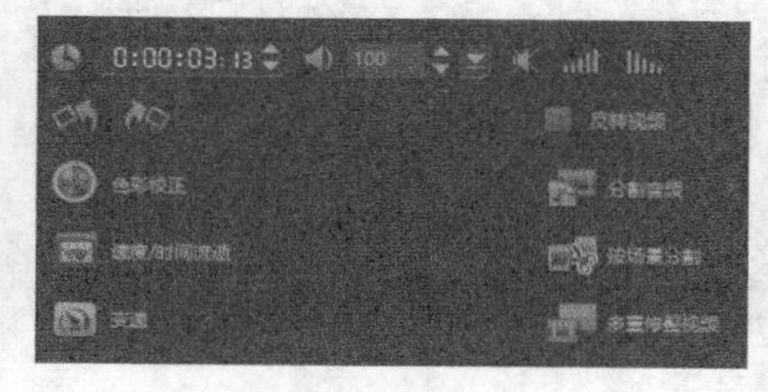

图 16-23 设置播放区间

03 在覆叠轨1~10中对应位置插入所有图片和视频素材（素材\第16章\实战206），如图 16-24所示。

04 在工作界面中单击“标题”按钮，然后将时间线移至19秒15帧处，在覆叠轨10中创建一个标题字幕，如图 16-25所示。

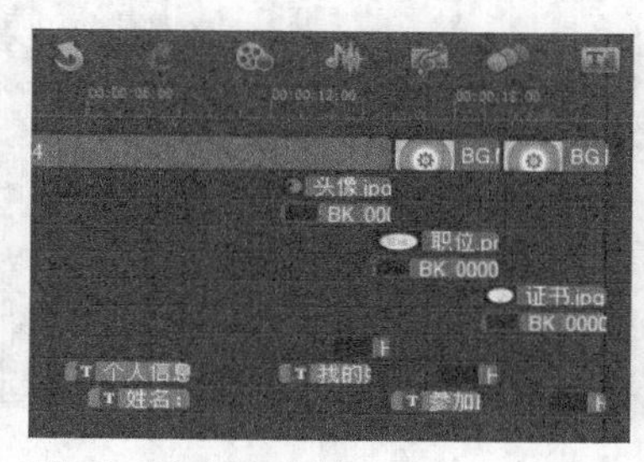

图 16-24 插入素材

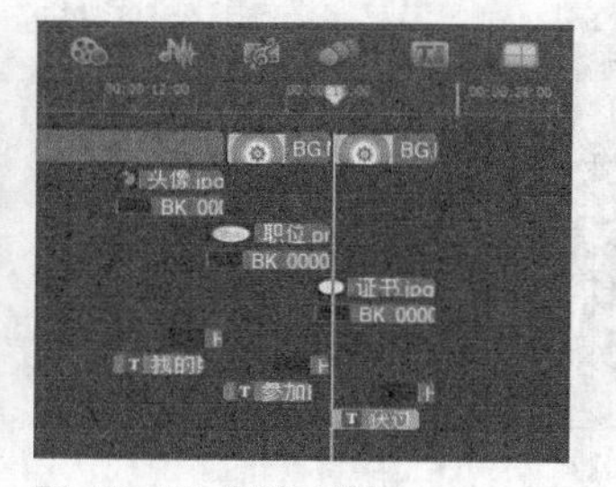

图 16-25 创建字幕

05 选中字幕文件，在“编辑”选项卡中设置字体大小为75，字体为微软雅黑，颜色为白色，行间距为100，如图 16-26所示。

06 执行上述操作后，单击导览面板中的“播放”按钮，即可预览视频效果，如图 16-27所示。

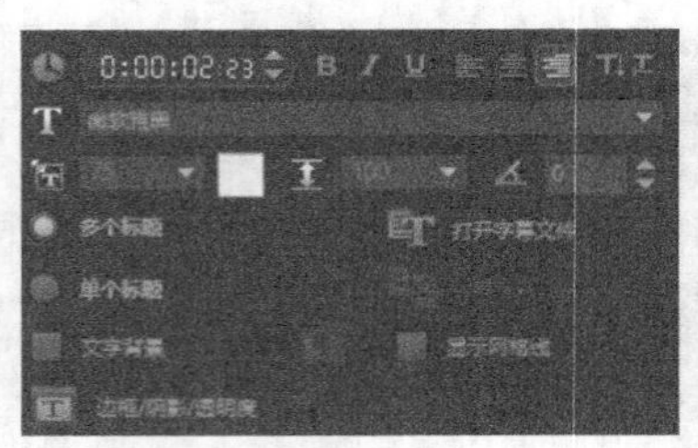
图 16-26 设置字体

图 16-27 预览效果

实战 207 “我的作品”部分

无论是应届生还是已参加工作的再就业人员，都最好在简历中附上自己的作品，可以是简单的一两张图片，或者是可预览的链接，视情况而定。没有什么比作品更具说服力，作品是为自己赢得工作岗位的重要砝码。

- **素材位置 |** 素材\第16章\实战207
- **效果位置 |** 效果\第16章\实战207 “我的作品”部分.VSP
- **视频位置 |** 视频\第16章\实战207 “我的作品”部分.MP4
- **难易指数 |** ★★★☆☆

操作步骤

01 在视频轨中插入视频素材（素材\第16章\实战207\BG.MP4），如图 16-28所示。

02 展开“编辑”选项卡，设置播放区间为3秒13帧，如图 16-29所示。

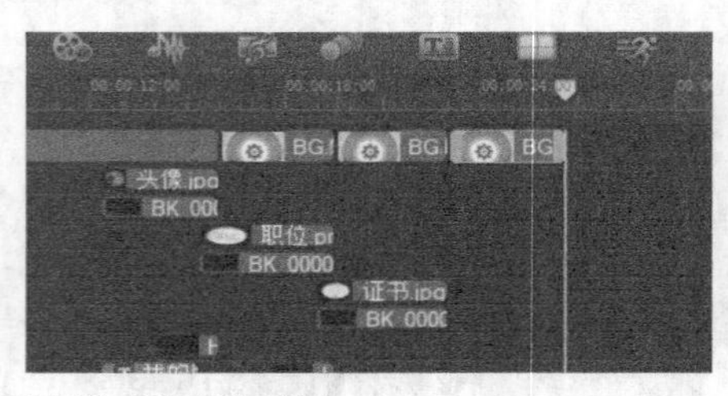
图 16-28 插入素材

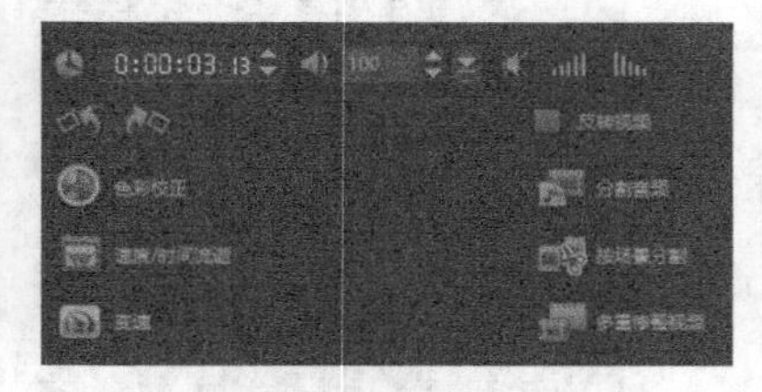
图 16-29 设置播放区间

03 在覆叠轨1~10中对应位置插入所有图片和视频素材（素材\第16章\实战207），如图 16-30所示。

04 在工作界面中单击“标题”按钮，然后将时间线移至23秒3帧处，在覆叠轨10中创建一个标题字幕，如图 16-31所示。

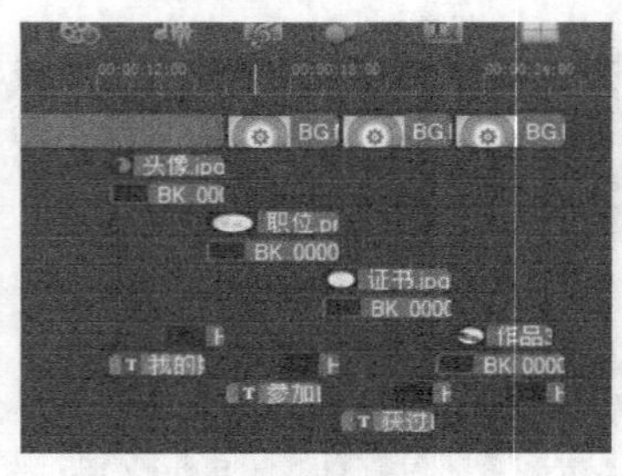
图 16-30 插入所有素材

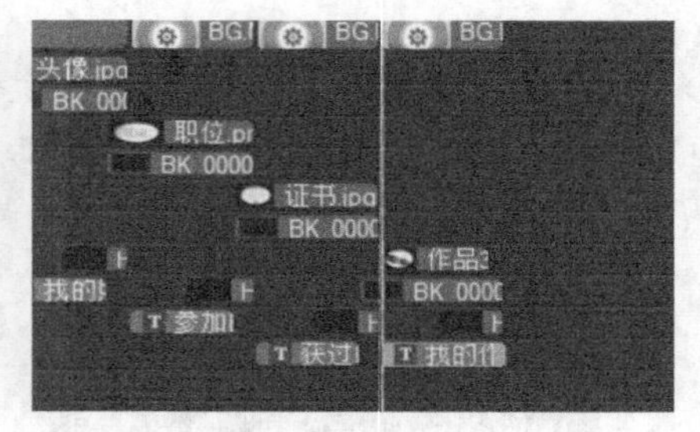
图 16-31 创建字幕

05 选中字幕文件，在“编辑”选项卡中设置字体大小为75，字体为微软雅黑，颜色为白色，行间距为100，如图 16-32所示。

06 执行上述操作后，单击导览面板中的“播放”按钮，即可预览视频效果，如图 16-33所示。

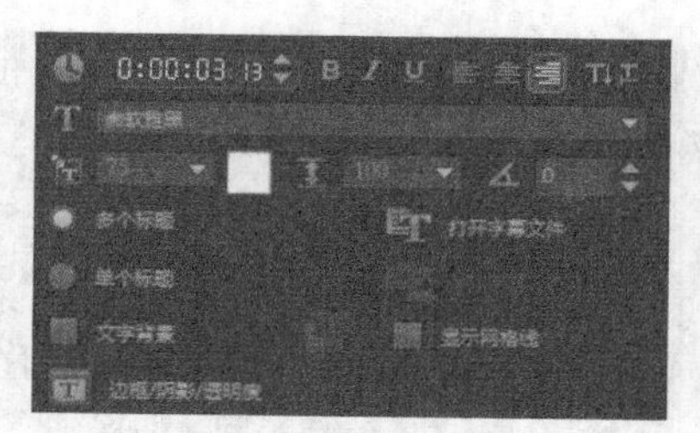

图 16-32 设置字体

图 16-33 预览效果

实战 208 “联系信息”部分

简历上还有一个重要的组成部分就是联系信息，是用人单位联系自己的主要渠道。上面可以写清楚自己的联系方式，如手机号码、QQ或微信号，稍显正式的话还可以留邮箱地址与家庭地址。

- **素材位置 |** 素材\第16章\实战208
- **效果位置 |** 效果\第16章\实战208 “联系信息”部分.VSP
- **视频位置 |** 视频\第16章\实战208 “联系信息”部分.MP4
- **难易指数 |** ★★★☆☆

操作步骤

01 在视频轨中插入视频素材（素材\第16章\实战208\BG.MP4），如图 16-34所示。

02 展开“编辑”选项卡，设置播放区间为7秒16帧，如图 16-35所示。

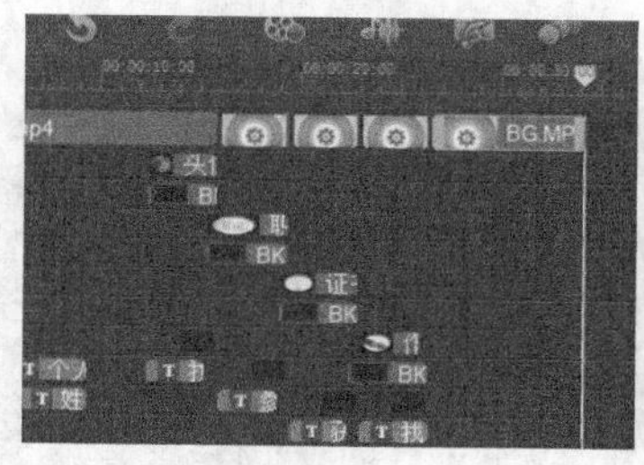

图 16-34 插入素材

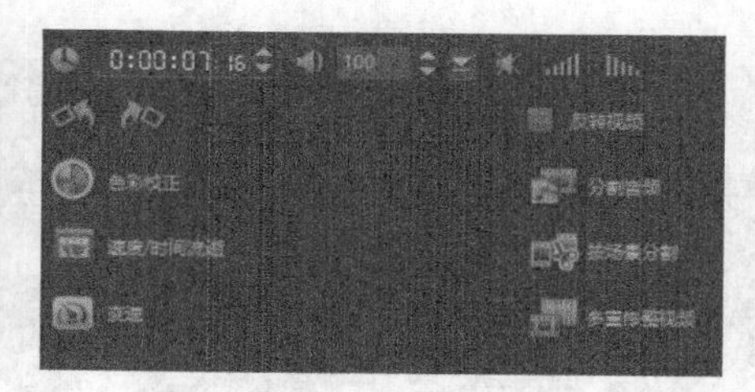

图 16-35 设置播放区间

03 在覆叠轨1~10中对应位置插入所有图片和视频素材（素材\第16章\实战208），如图 16-36所示。

04 在工作界面中单击“标题”按钮，然后将时间线移至29秒24帧处，在覆叠轨1中创建一个标题字幕，如图 16-37所示。

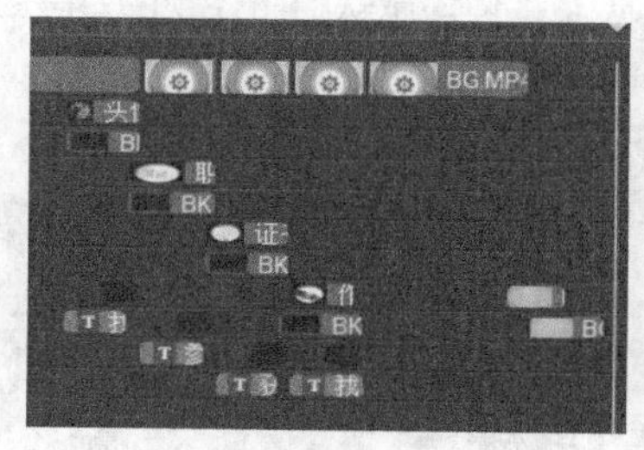

图 16-36 插入素材

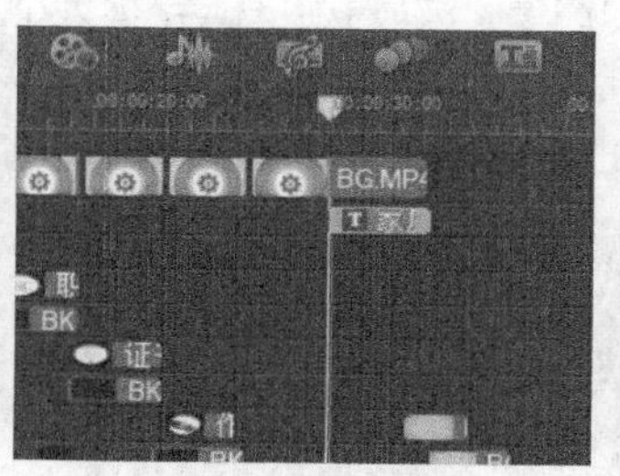

图 16-37 插入字幕

05 选中字幕文件，在“编辑”选项卡中设置字体大小为35，字体为微软雅黑，颜色为白色，行间距为100，并且加粗，如图 16-38所示。

06 在工作界面中单击“标题”按钮，然后将时间线移至30秒4帧处，在覆叠轨2中创建一个标题字幕，如图 16-39所示。

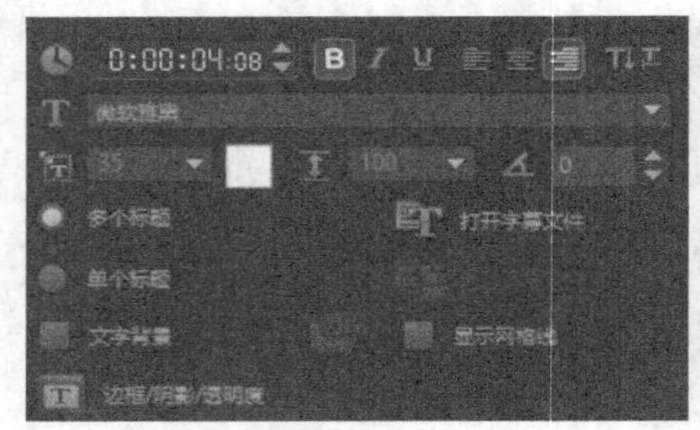

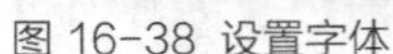

图 16-38 设置字体

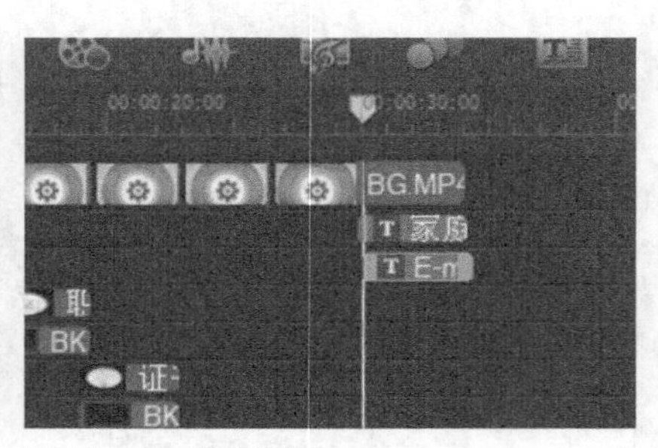

图 16-39 创建字幕

07 选中字幕文件，在“编辑”选项卡中设置字体大小为30，字体为微软雅黑，颜色为白色，行间距为100，如图16-40所示。

08 在工作界面中单击“标题”按钮，然后将时间线移至30秒9帧处，在覆叠轨3中创建一个标题字幕，如图16-41所示。

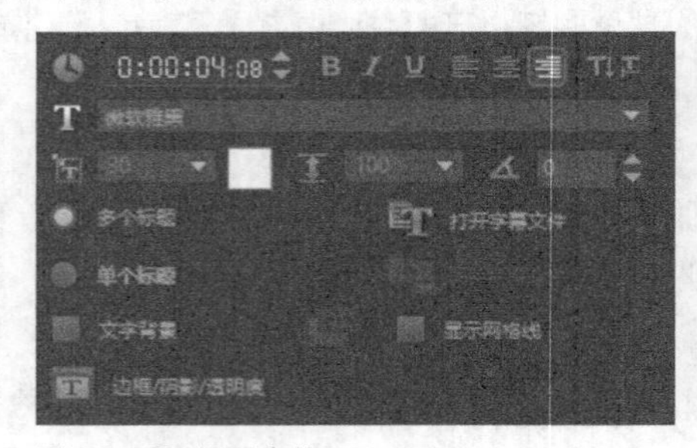

图 16-40 设置字体

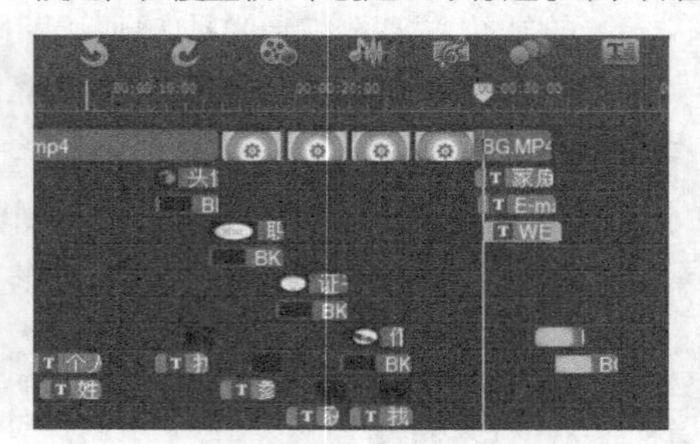

图 16-41 创建字幕

09 选中字幕文件，在“编辑”选项卡中设置字体大小为30，字体为微软雅黑，颜色为白色，行间距为100，如图16-42所示。

10 在工作界面中单击“标题”按钮，然后将时间线移至30秒14帧处，在覆叠轨4中创建一个标题字幕，如图16-43所示。

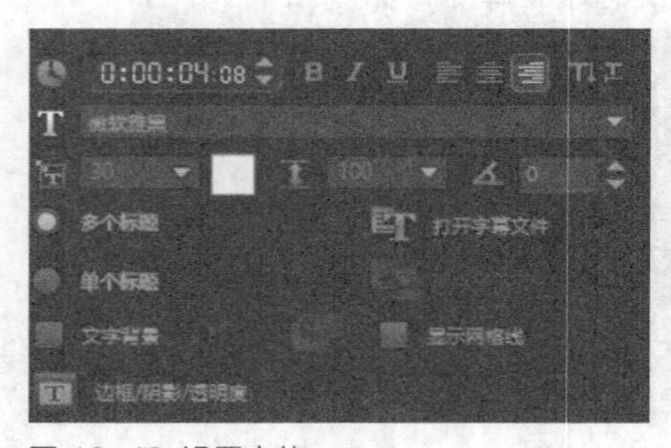

图 16-42 设置字体

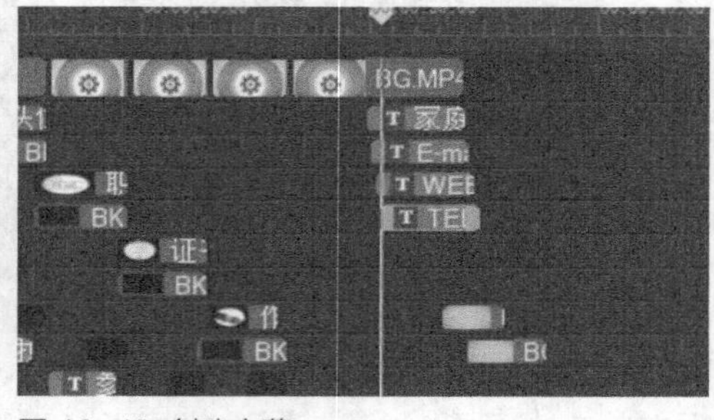

图 16-43 创建字幕

11 选中字幕文件，在“编辑”选项卡中设置字体大小为30，字体为微软雅黑，颜色为黑色，行间距为100，如图16-44所示。

12 执行上述操作后，单击导览面板中的“播放”按钮，即可预览视频效果，如图16-45所示。

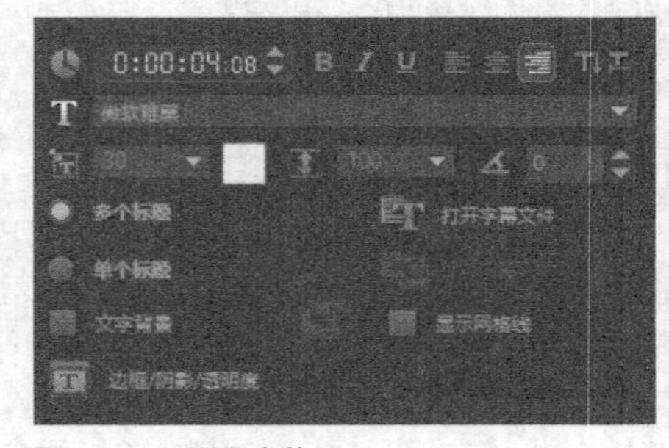

图 16-44 设置字体

图 16-45 预览效果

实战 209 结束部分

除了上述部分，简历的收尾也是至关重要的。为简历添加文明礼貌的结束语不仅能让自己显得专业，也能增添面试人员对自己的好感。

- **素材位置** | 素材\第16章\实战209
- **效果位置** | 效果\第16章\实战209结束部分.VSP
- **视频位置** | 视频\第16章\实战209结束部分.MP4
- **难易指数** | ★★★☆☆

操作步骤

01 在视频轨中插入图片素材（素材\第16章\实战209\uvs150817-002.BMP），如图 16-46所示。

02 展开“编辑”选项卡，设置播放区间为9秒20帧，如图 16-47所示。

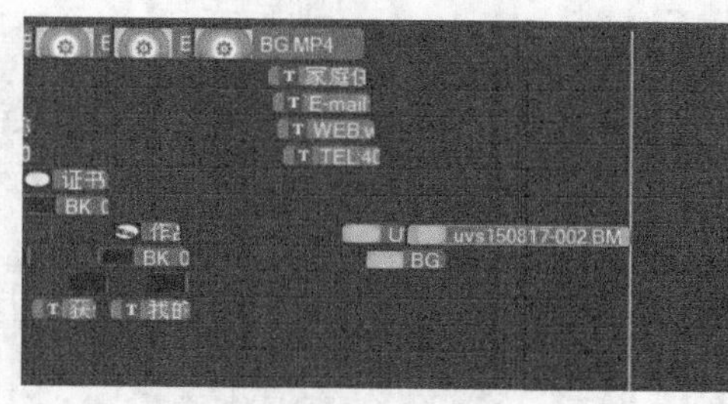

图 16-46 插入素材

图 16-47 设置播放区间

03 在工作界面中单击“标题”按钮，然后将时间线移至37秒24帧处，在标题轨1中创建一个标题字幕，如图 16-48所示。

04 选中字幕文件，在“编辑”选项卡中设置字体大小为71，字体为微软雅黑，颜色为黑色，行间距为120，如图 16-49所示。

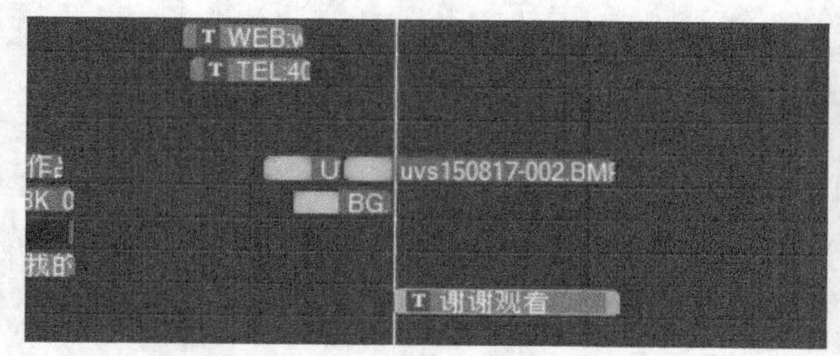

图 16-48 创建标题

图 16-49 设置字体

05 执行上述操作后，单击导览面板中的“播放”按钮，即可预览视频效果，如图 16-50所示。

图 16-50 预览效果

16.3 后期制作

实战 210 添加背景音乐

背景音乐能够渲染视频的色彩，带动人的情绪，渲染视频氛围，也是十分重要的一部分。

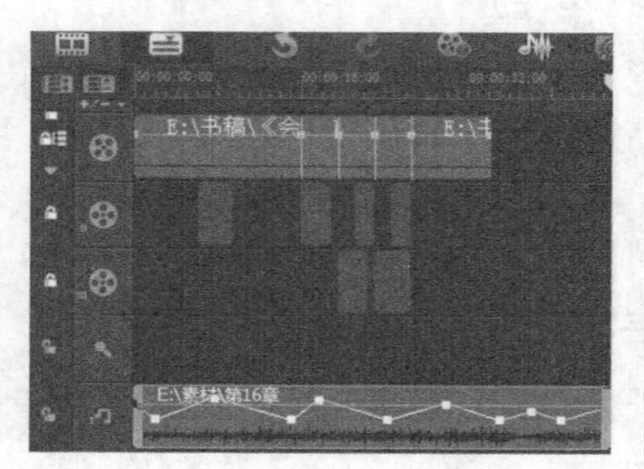

- **素材位置** | 素材\第16章\实战210
- **效果位置** | 效果\第16章\实战210添加背景音乐.VSP
- **视频位置** | 视频\第16章\实战210添加背景音乐.MP4
- **难易指数** | ★☆☆☆☆

操作步骤

01 在“媒体”素材库中，单击“显示音频文件”按钮，如图 16-51所示，显示素材库中的音频文件。

02 在素材库的上方，单击“导入媒体文件”按钮，如图 16-52所示。

图 16-51 单击“显示音频文件”按钮

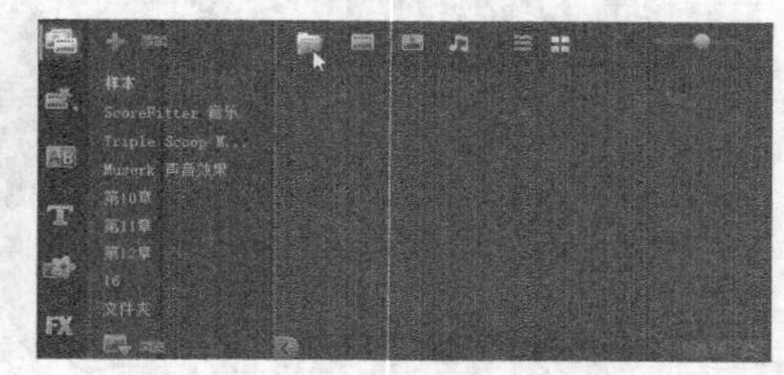

图 16-52 单击“导入媒体文件”按钮

03 执行操作后，弹出“浏览媒体文件”对话框，在其中选择需要导入的背景音乐素材（素材\第16章\实战210\Live My Life pre.mp3），如图 16-53所示。

04 单击“打开”按钮，即可将背景音乐导入素材库中，如图 16-54所示。

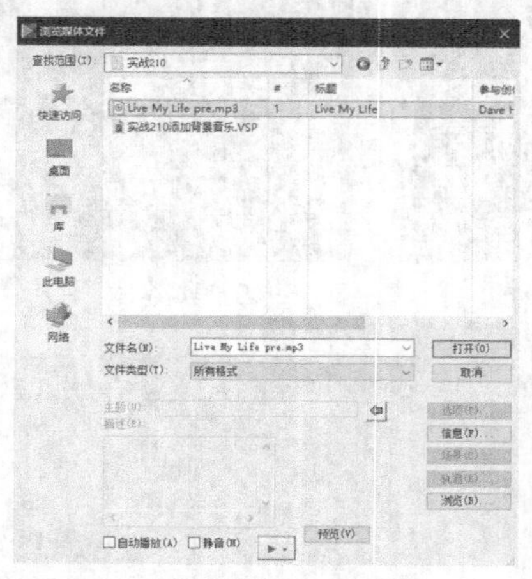

图 16-53 “浏览媒体文件”对话框

图 16-54 素材库

05 将时间线移至素材的开始位置，在“文件夹”选项卡中选择“Live My Life pre.mp3”音频文件，在选择的音频文件上按住鼠标左键将其拖曳至音乐轨中，如图 16-55所示。

06 双击音乐素材，在“音乐和声音”选项面板中设置播放区间为00:00:45:24，如图 16-56所示。

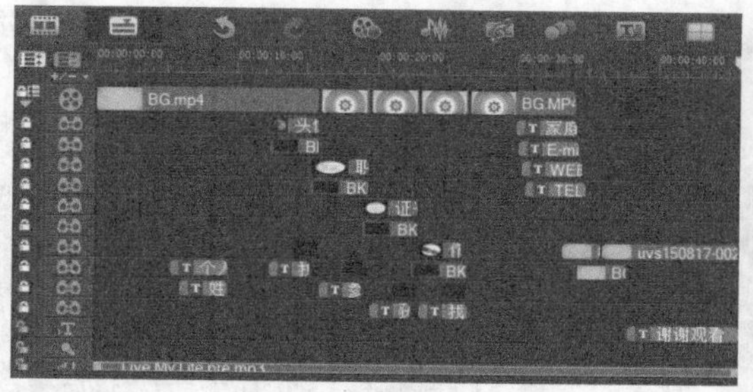

图 16-55 插入素材

图 16-56 设置音频

07 在时间轴面板上方，单击“混音器”按钮，如图 16-57所示。

08 执行操作后，打开混音器视图，在音乐轨中可以查看淡入与淡出特效关键帧，如图 16-58所示。在关键帧上按住鼠标左键并拖曳，可以调整音乐淡入与淡出特效的播放时间，用户在音乐文件上还可以通过添加与删除关键帧的操作来编辑背景音乐。

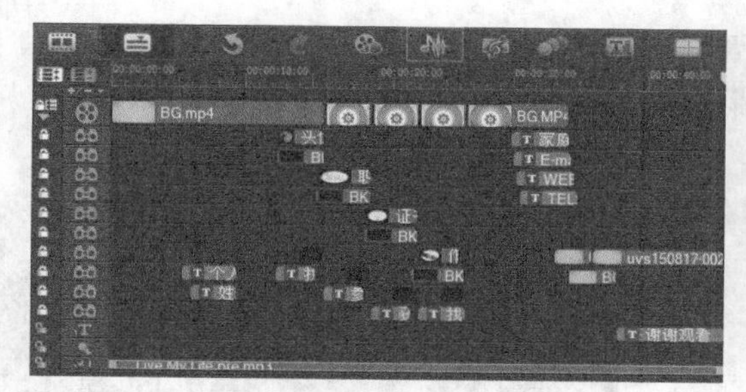

图 16-57 单击“混音器”按钮

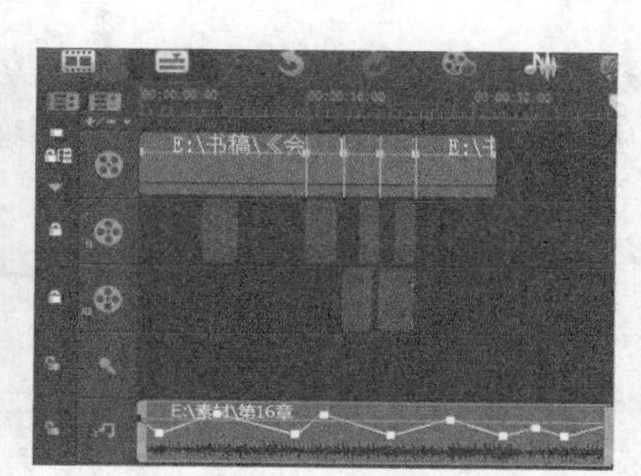

图 16-58 编辑音频

实战 211 输出视频文件

制作完视频后，应该利用会声会影将视频输出以便于共享视频。

- **素材位置 |** 素材\第16章\实战211
- **效果位置 |** 无
- **视频位置 |** 视频\第16章\实战211输出视频文件.MP4
- **难易指数 |** ★☆☆☆☆

操作步骤

01 进入会声会影X10，单击“文件”|“打开项目”命令，打开一个项目文件（素材\第16章\实战211\个人简历.VSP），如图 16-59所示。

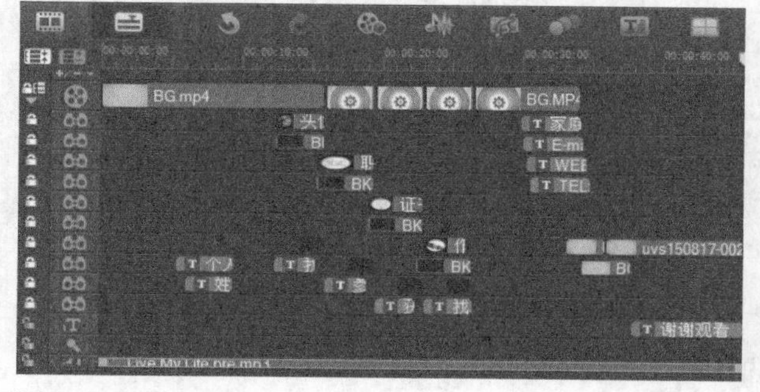

图 16-59 打开项目

02 在会声会影X10工作界面的上方单击“共享”标签，切换至“共享”步骤面板，在其中选择“MPEG-2”选项，如图16-60所示。

03 在下方面板中，单击“文件位置”右侧的“浏览”按钮，如图16-61所示。

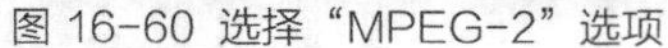

图 16-60 选择“MPEG-2”选项

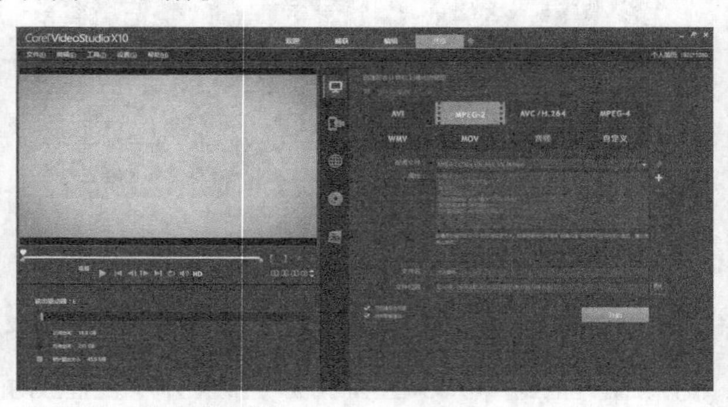

图 16-61 单击“浏览”按钮

04 弹出“浏览”对话框，在其中设置文件的保存位置和名称，如图16-62所示。

05 单击“保存”按钮，返回会声会影“共享”步骤面板。单击“开始”按钮，开始渲染视频文件，并显示渲染进度，如图16-63所示。渲染完成后，即可完成影片文件的渲染输出。

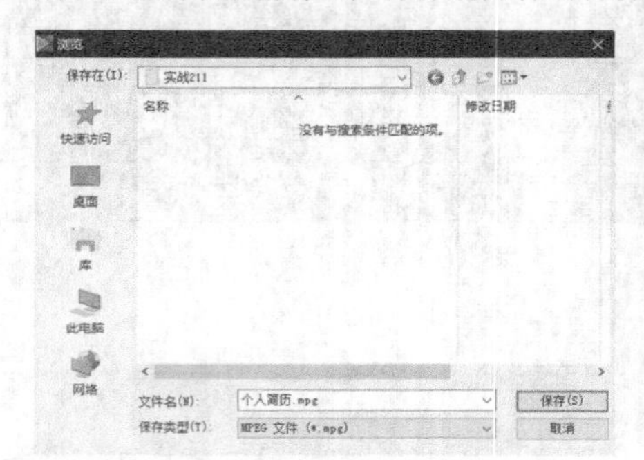

图 16-62 “浏览”对话框

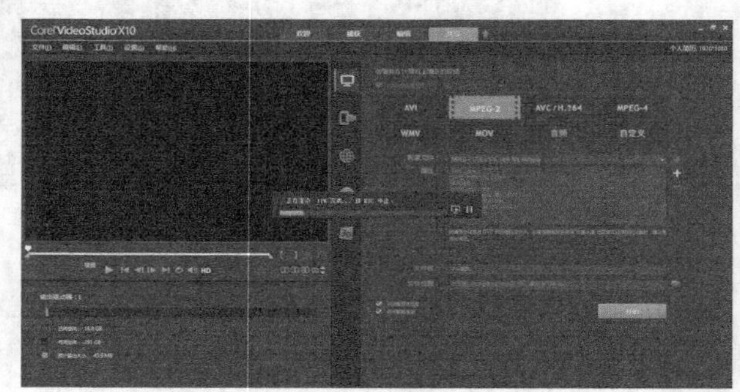

图 16-63 渲染视频

06 刚输出的视频文件在预览窗口中会自动播放，用户可以查看输出的视频的画面效果，如图16-64所示。

图 16-64 预览效果

第 17 章

淘宝视频——“双十二”促销

网购成了互联网时代的新宠，几乎所有人都知道网购的方便快捷，因此，网上卖家为了促销自己的产品，达到宣传的效果，就制作电商视频来宣传自家打折的产品，这样往往能吸引很多顾客。

17.1 淘宝视频的制作要点

（1）在会声会影中插入素材，调整素材的位置和形状。

（2）为制作好的视频添加字幕，解读画面中的元素。

（3）添加合适的音频文件，使影片更加吸引人。

17.2 制作视频

实战 212 修整程序参数

参数是程序的关键，修改好参数就能方便编辑视频。

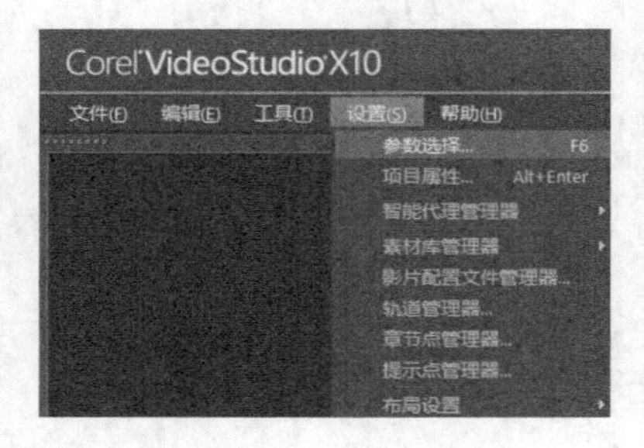

- **素材位置 |** 无
- **效果位置 |** 无
- **视频位置 |** 视频\第17章\实战212修整程序参数.MP4
- **难易指数 |** ★★☆☆☆

操作步骤

01 进入会声会影X10，执行“设置”|“参数选择”命令，如图 17-1所示。

02 切换至“编辑”选项卡，设置“默认照片/色彩区间”参数为5秒，如图 17-2所示。然后单击“确定”按钮完成设置。

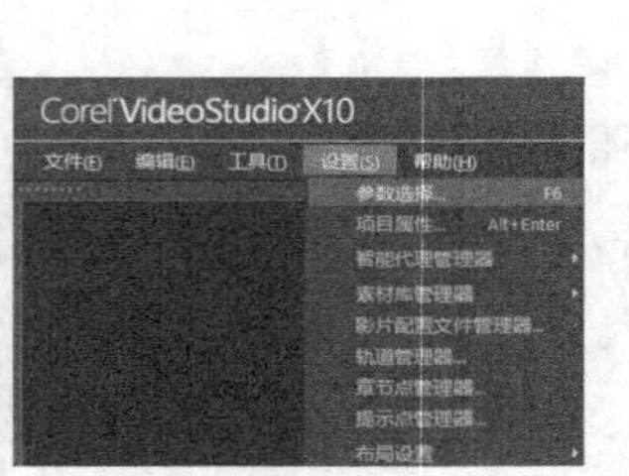

图 17-1 执行命令

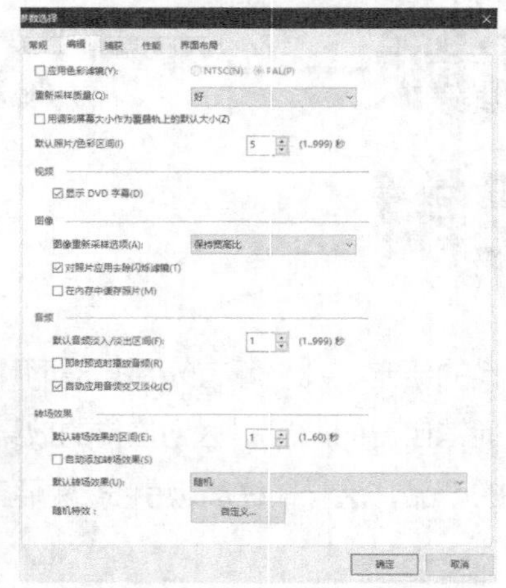

图 17-2 设置区间

03 在时间轴视图中单击“轨道管理器”按钮，在弹出的对话框中的“覆叠轨”下拉列表中选择“9”选项，如图 17-3所示。然后单击“确定”按钮完成设置。

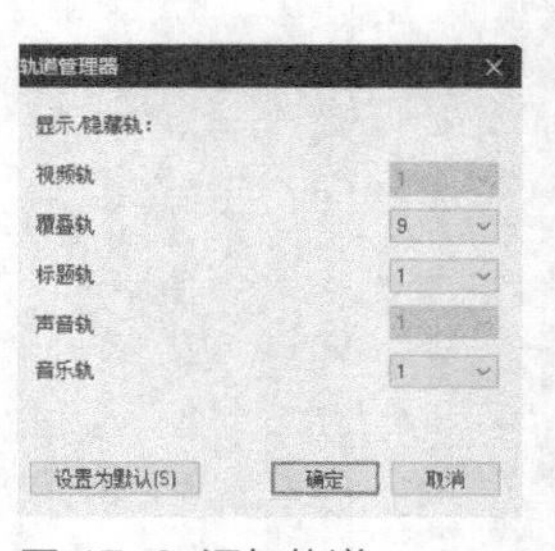

图 17-3 添加轨道

实战 213 开场部分

开场部分需要写明促销的特别优惠或者其他吸引顾客的点。对于顾客来说，打折无疑是最具吸引力的卖点，因此可以在视频开场阶段就写明重点，并将具体折扣重点表示出来。

- **素材位置 |** 素材\第17章\实战213
- **效果位置 |** 效果\第17章\实战213开场部分.VSP
- **视频位置 |** 视频\第17章\实战213开场部分.MP4
- **难易指数 |** ★★★★☆

操作步骤

01 在视频轨中插入图片素材（素材\第17章\实战213\ bg_00065.jpg），如图 17-4所示。

02 展开“编辑”选项卡，设置播放区间为5秒7帧，如图 17-5所示。

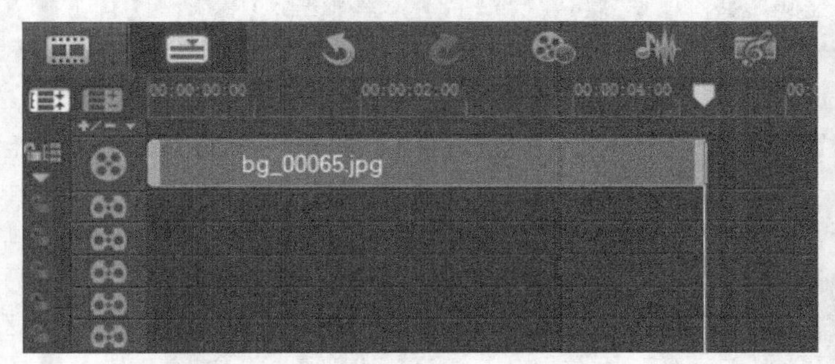

图 17-4 插入素材　　图 17-5 设置区间

03 在覆叠轨1~9中对应位置插入所有图片和视频素材（素材\第17章\实战213），如图 17-6所示。

04 在工作界面中单击“标题”按钮，然后将时间线移至15帧处，在覆叠轨1中创建一个标题字幕，如图 17-7所示。

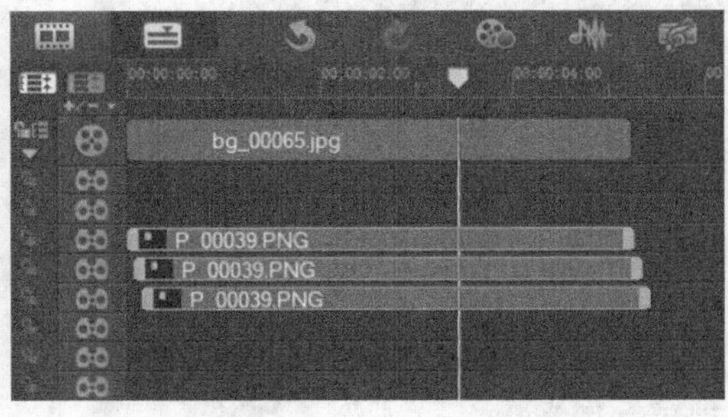

图 17-6 插入素材

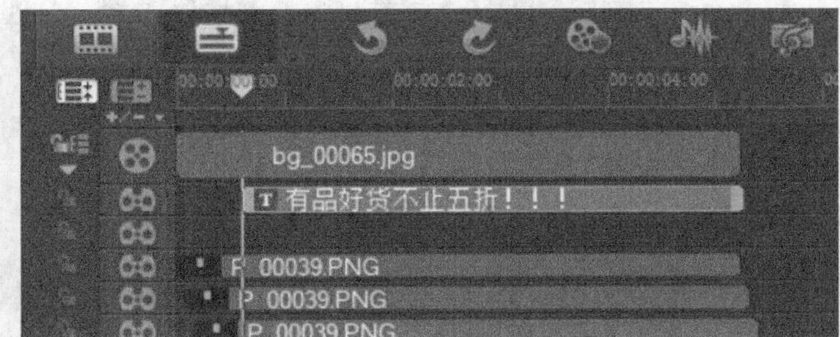

图 17-7 创建字幕

05 选中字幕文件，在“编辑”选项卡中设置字体大小为100，字体为华文琥珀，颜色为灰色，其中折扣数“五”字为红色，行间距为80，旋转角度为4，如图 17-8所示。

06 在工作界面中单击“标题”按钮，然后将时间线移至0秒处，在覆叠轨6中创建一个标题字幕，如图 17-9所示。

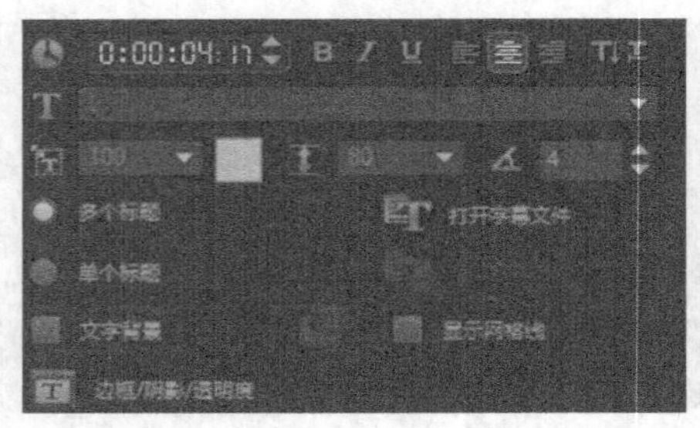

图 17-8 设置字体

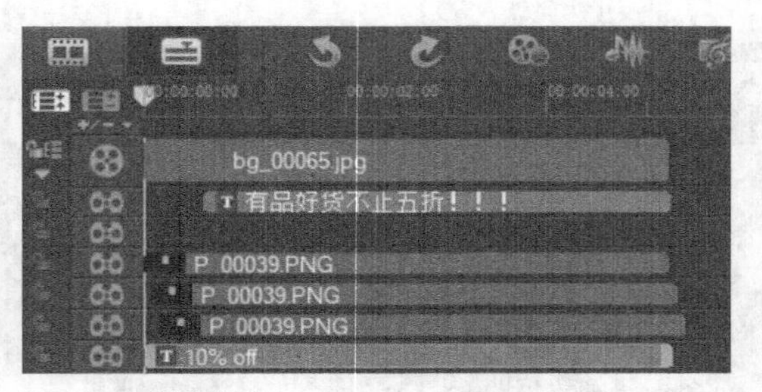

图 17-9 创建字幕

07 选中字幕文件，在“编辑”选项卡中设置字体大小为自定，字体为Broadway BT，颜色为黑色，行间距为80，如图 17-10所示。

08 在工作界面中单击“标题”按钮，然后将时间线移至2帧处，在覆叠轨7中创建一个标题字幕，如图 17-11所示。

图 17-10 设置字体

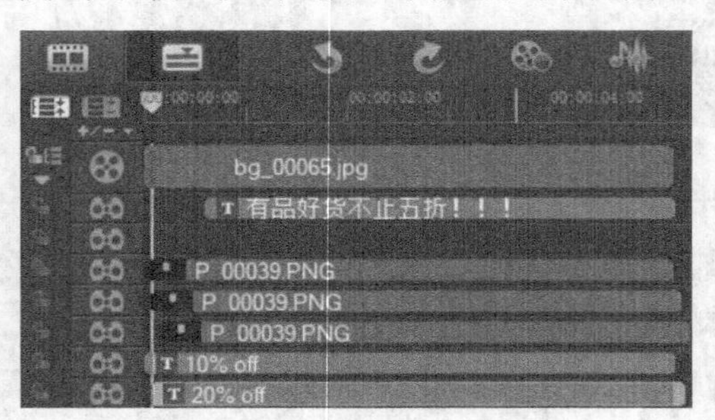

图 17-11 创建字幕

09 选中字幕文件，在“编辑”选项卡中设置字体大小为自定，字体为Broadway BT，颜色为黑色，行间距为80，如图 17-12所示。

10 在工作界面中单击“标题”按钮，然后将时间线移至4帧处，在覆叠轨8中创建一个标题字幕，如图 17-13所示。

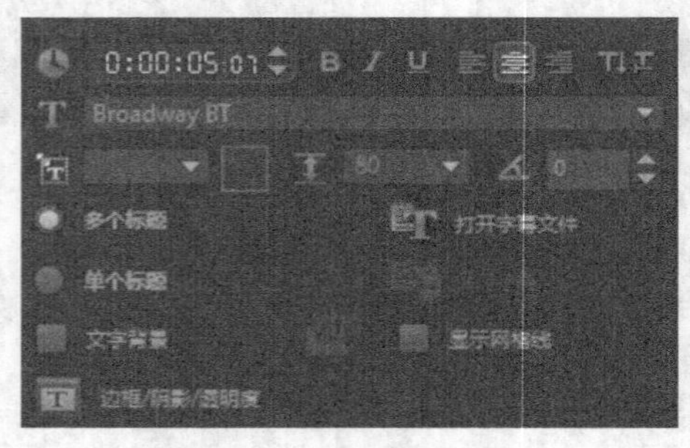

图 17-12 设置字体

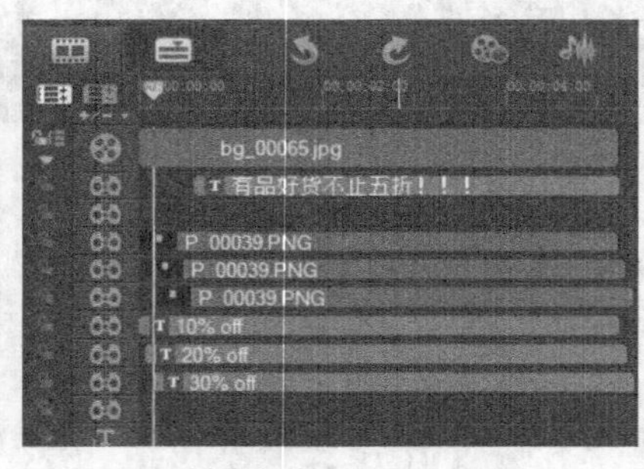

图 17-13 创建字幕

11 选中字幕文件，在“编辑”选项卡中设置字体大小为自定，字体为Broadway BT，颜色为黑色，行间距为80，如图 17-14所示。

12 执行上述操作后，单击导览面板中的“播放”按钮，即可预览视频效果，如图 17-15所示。

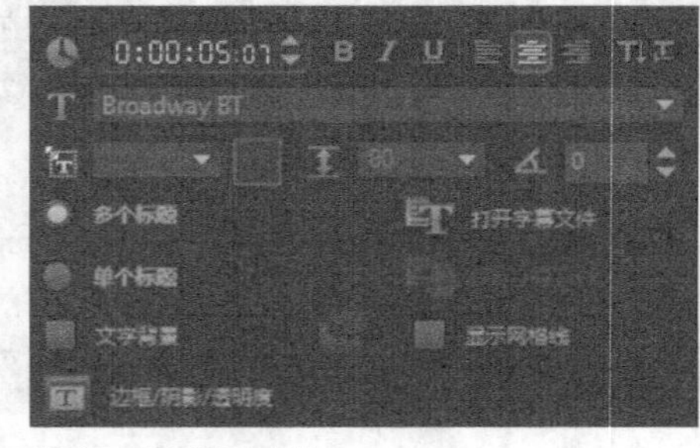

图 17-14 设置字体

图 17-15 预览效果

实战 214

"iPhone 8 plus"部分

促销商品打折部分用来展示商品最好的照片。本实战以手机为例，来介绍数码电器类商品的展示方法。

- **素材位置** | 素材\第17章\实战214
- **效果位置** | 效果\第17章\实战214 "iPhone 8 plus"部分.VSP
- **视频位置** | 视频\第17章\实战214 "iPhone 8 plus"部分.MP4
- **难易指数** | ★★★☆☆

操作步骤

01 进入会声会影X10，单击"文件"|"打开项目"命令，打开一个项目文件（素材\第17章\实战214\实战213开场部分.VSP），如图 17-16所示。

02 在覆叠轨1~9中对应位置插入所有图片和视频素材（素材\第17章\实战214），如图 17-17所示。

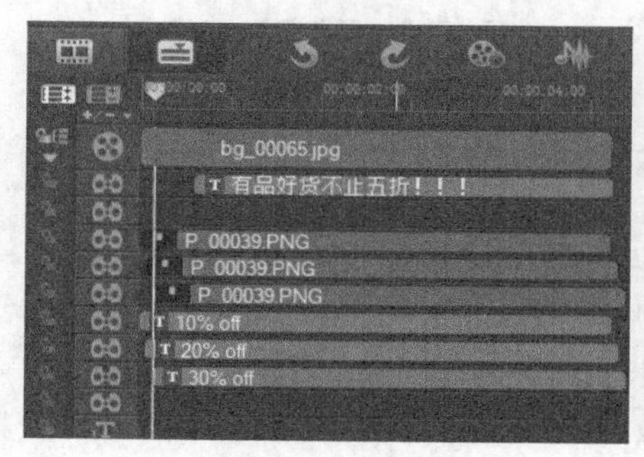

图 17-16 项目文件

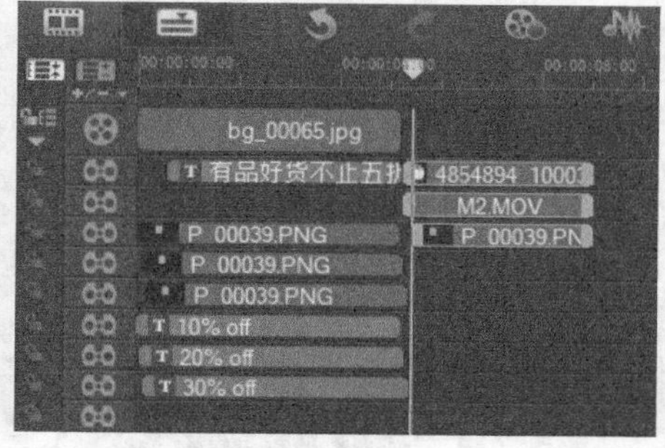

图 17-17 插入素材

03 在工作界面中单击"标题"按钮，然后将时间线移至5秒11帧处，在覆叠轨5中创建一个标题字幕，如图 17-18所示。

04 选中字幕文件，在"编辑"选项卡中设置字体大小为自定，字体为Broadway BT，颜色为黑色，行间距为80，如图 17-19所示。

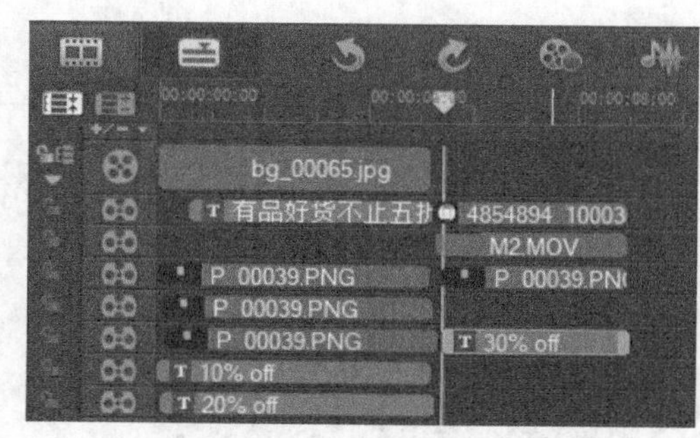

图 17-18 创建字幕

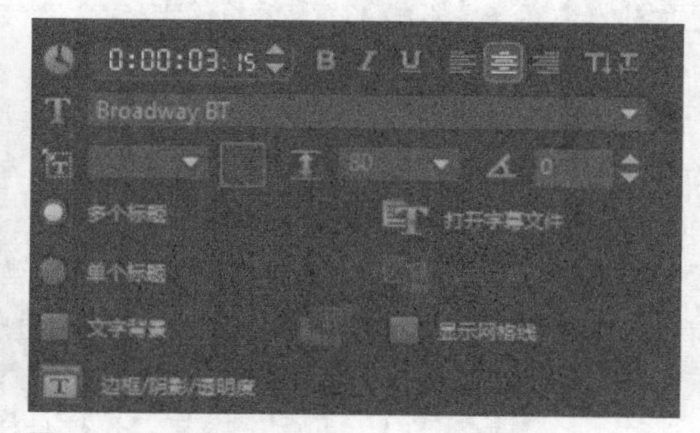

图 17-19 设置字体

05 在工作界面中单击"标题"按钮，然后将时间线移至5秒7帧处，在覆叠轨9中创建一个标题字幕，如图 17-20所示。

06 选中字幕文件，在"编辑"选项卡中设置字体大小为70，字体为Broadway BT，颜色为白色，行间距为80，旋转角度为6，如图 17-21所示。

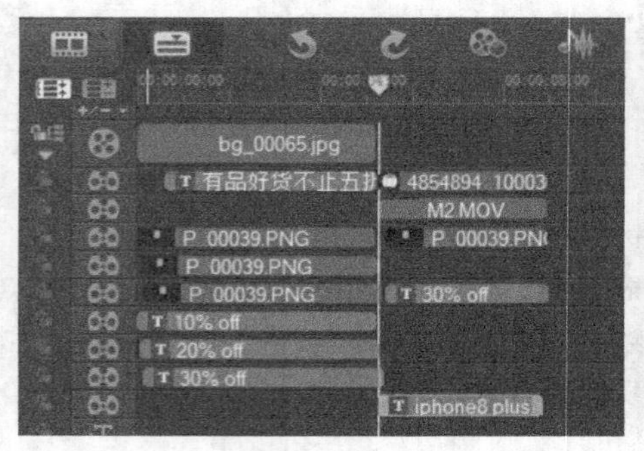

图 17-20 创建字幕

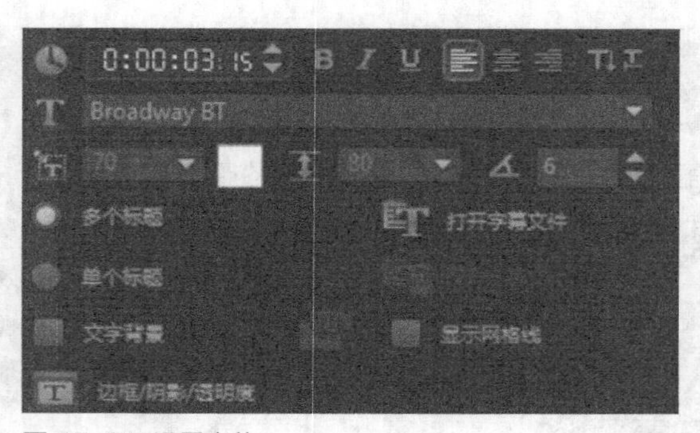

图 17-21 设置字体

07 执行上述操作后，单击导览面板中的“播放”按钮，即可预览视频效果，如图 17-22所示。

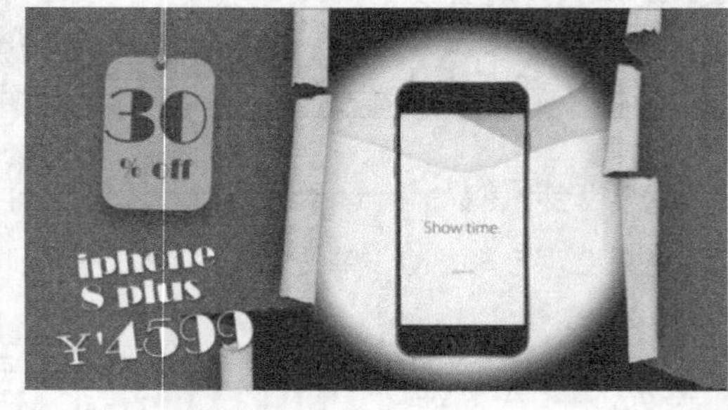

图 17-22 预览效果

实战 215 “户外运动鞋”部分

本实战以户外运动鞋为例，来介绍服装、鞋靴类商品的展示方法。

- **素材位置** | 素材\第17章\实战215
- **效果位置** | 效果\第17章\实战215 “户外运动鞋”部分.VSP
- **视频位置** | 视频\第17章\实战215 “户外运动鞋”部分.MP4
- **难易指数** | ★★★☆☆

操作步骤

01 进入会声会影X10，单击“文件”|“打开项目”命令，打开一个项目文件（素材\第17章\实战215\实战214“iPhone 8 plus”部分.VSP），如图 17-23所示。

02 在覆叠轨1~9中对应位置插入所有图片和视频素材（素材\第17章\实战215），如图 17-24所示。

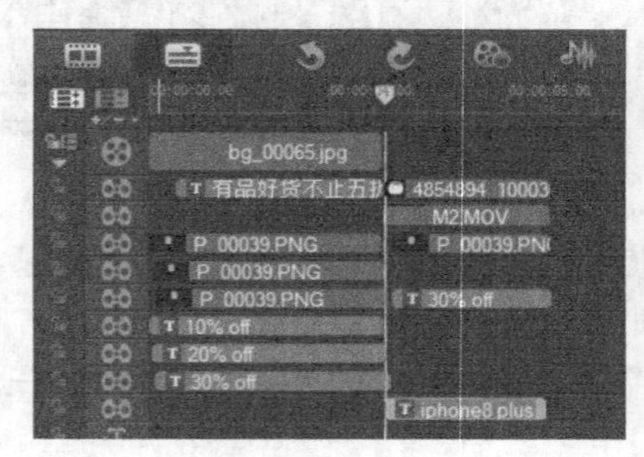

图 17-23 项目文件

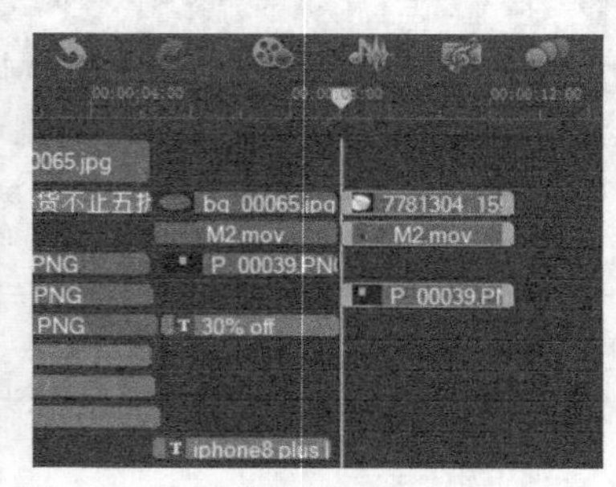

图 17-24 插入素材

03 在工作界面中单击“标题”按钮，然后将时间线移至9秒1帧处，在覆叠轨6中创建一个标题字幕，如图17-25所示。

04 选中字幕文件，在“编辑”选项卡中设置字体大小为自定，字体为Broadway BT，颜色为黑色，行间距为80，如图17-26所示。

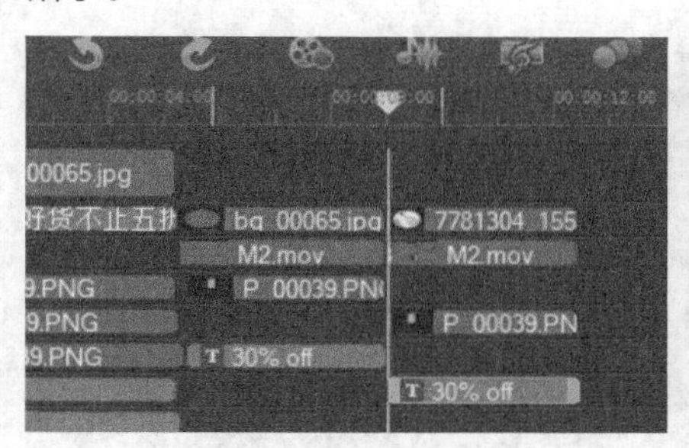

图 17-25 创建字幕

图 17-26 设置字体

05 在工作界面中单击“标题”按钮，然后将时间线移至9秒1帧处，在覆叠轨8中创建一个标题字幕，如图17-27所示。

06 选中字幕文件，在“编辑”选项卡中设置字体大小为自定，字体为Broadway BT，颜色为白色，行间距为80，并且加粗，设置旋转角度为－8，如图17-28所示。

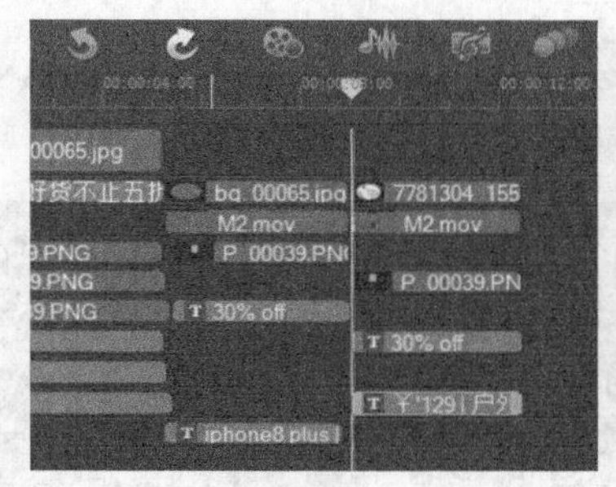

图 17-27 创建字幕

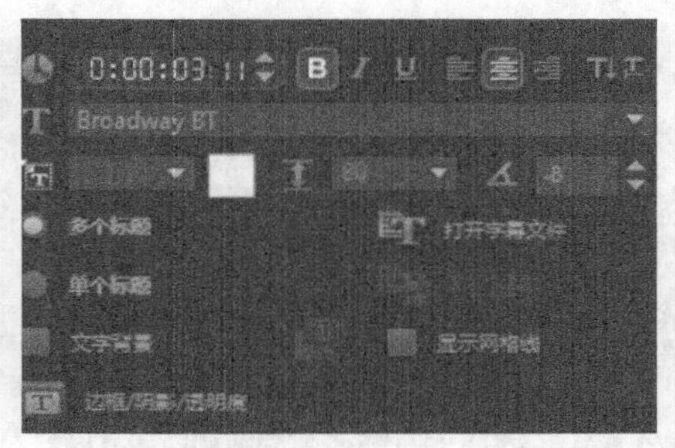

图 17-28 设置字体

07 执行上述操作后，单击导览面板中的“播放”按钮，即可预览视频效果，如图17-29所示。

图 17-29 预览效果

实战 216 “熊公仔抱枕”部分

本实战以熊公仔抱枕为例，介绍抱枕、玩具等商品的具体展示方法。

- **素材位置 |** 素材\第17章\实战216
- **效果位置 |** 效果\第17章\实战216 “熊公仔抱枕”部分.VSP
- **视频位置 |** 视频\第17章\实战216 “熊公仔抱枕”部分.MP4
- **难易指数 |** ★★★☆☆

操作步骤

01 进入会声会影X10，单击“文件”|“打开项目”命令，打开一个项目文件（素材\第17章\实战216\实战215“户外运动鞋”部分.VSP），如图 17-30所示。

02 在覆叠轨1~9中对应位置插入所有图片和视频素材（素材\第17章\实战216），如图 17-31所示。

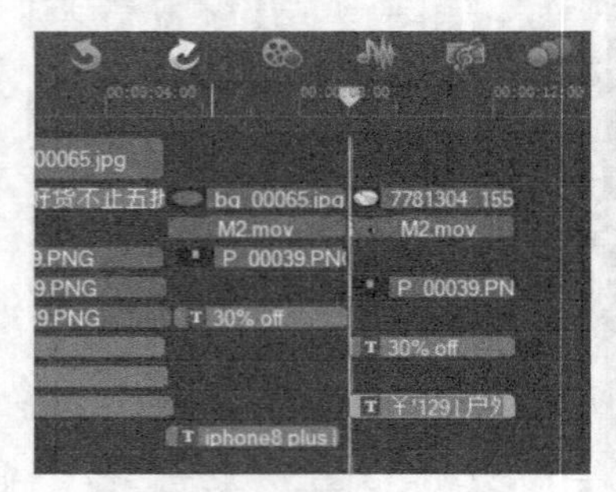

图 17-30 项目文件

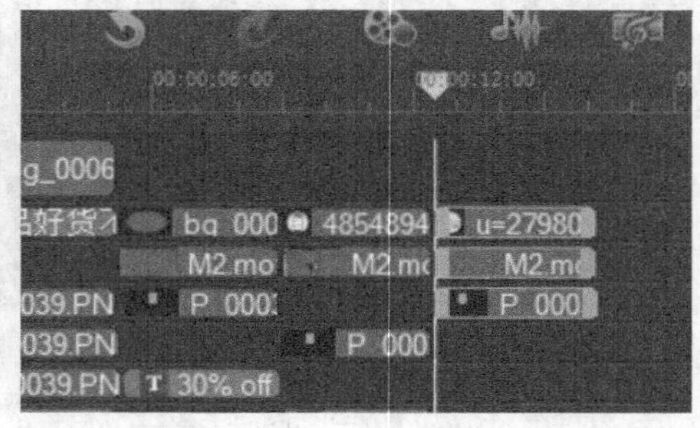

图 17-31 插入素材

03 在工作界面中单击“标题”按钮，然后将时间线移至12秒13帧处，在覆叠轨5中创建一个标题字幕，如图 17-32所示。

04 选中字幕文件，在“编辑”选项卡中设置字体大小为自定，字体为Broadway BT，颜色为黑色，行间距为80，如图 17-33所示。

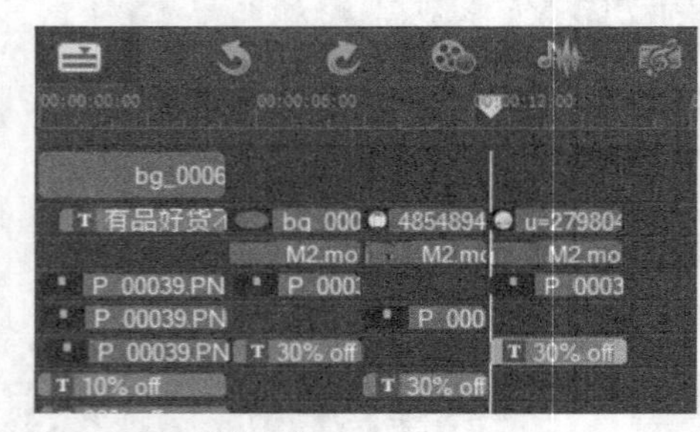

图 17-32 创建字幕

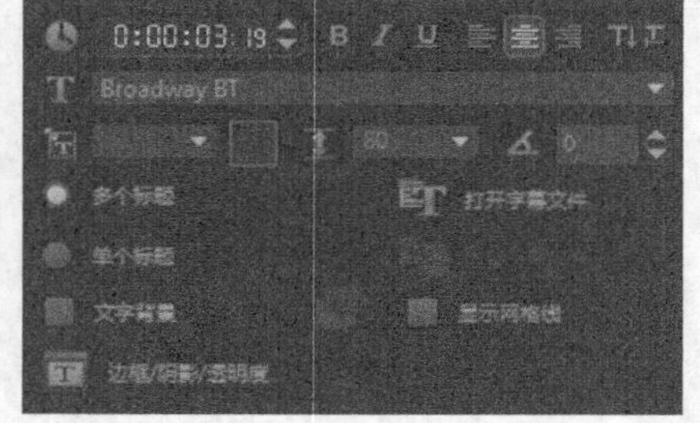

图 17-33 设置字体

05 在工作界面中单击“标题”按钮，然后将时间线移至12秒13帧处，在覆叠轨9中创建一个标题字幕，如图 17-34所示。

06 选中字幕文件，在“编辑”选项卡中设置字体大小为89，字体为华文琥珀，颜色为白色，行间距为80，并且加粗，变为斜体，设置旋转角度为6，如图 17-35所示。

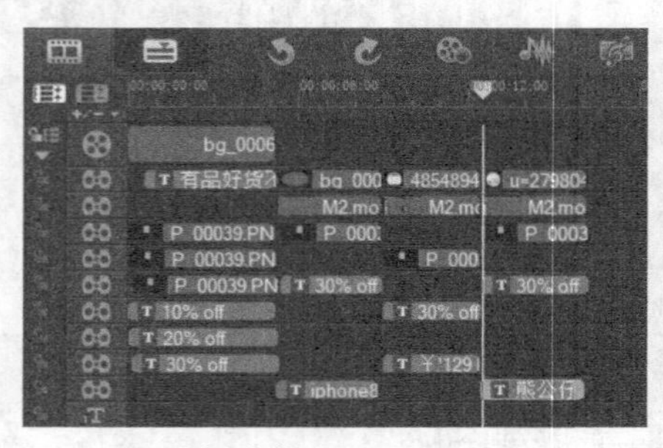

图 17-34 创建字幕

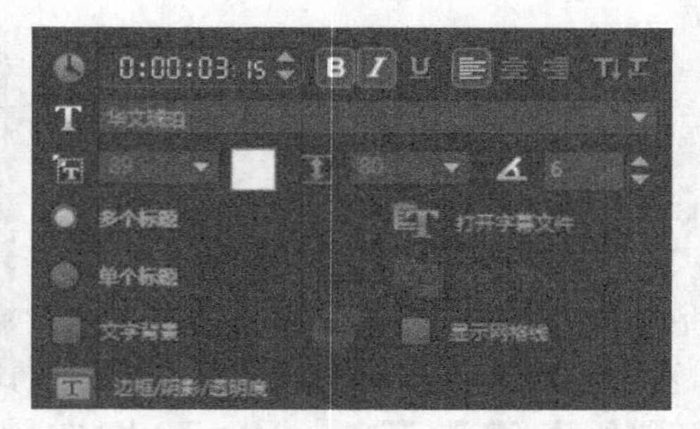

图 17-35 设置字体

07 执行上述操作后，单击导览面板中的“播放”按钮，即可预览视频效果，如图 17-36所示。

图 17-36 预览效果

实战 217 “远足双肩包”部分

本实战以双肩包为例，介绍箱包、文具等个人生活类商品的具体展示方法。

- **素材位置** | 素材\第17章\实战217
- **效果位置** | 效果\第17章\实战217 “远足双肩包”部分.VSP
- **视频位置** | 视频\第17章\实战217 “远足双肩包”部分.MP4
- **难易指数** | ★★★☆☆

操作步骤

01 进入会声会影X10，单击“文件”|“打开项目”命令，打开一个项目文件（素材\第17章\实战217\实战216“熊公仔抱枕”部分.VSP），如图 17-37所示。

02 在覆叠轨1~9中对应位置插入所有图片和视频素材（素材\第17章\实战217），如图 17-38所示。

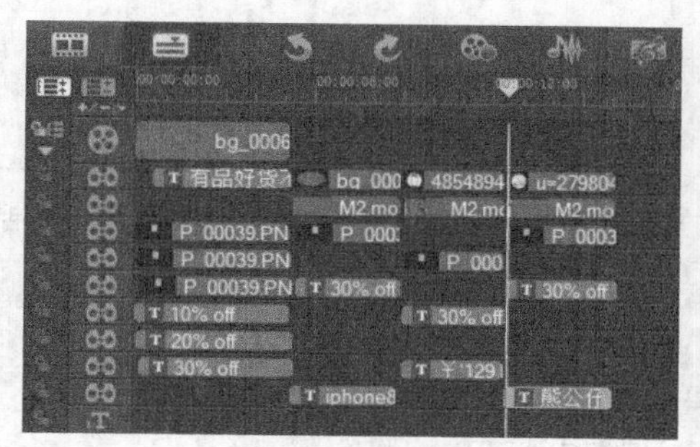

图 17-37 项目文件

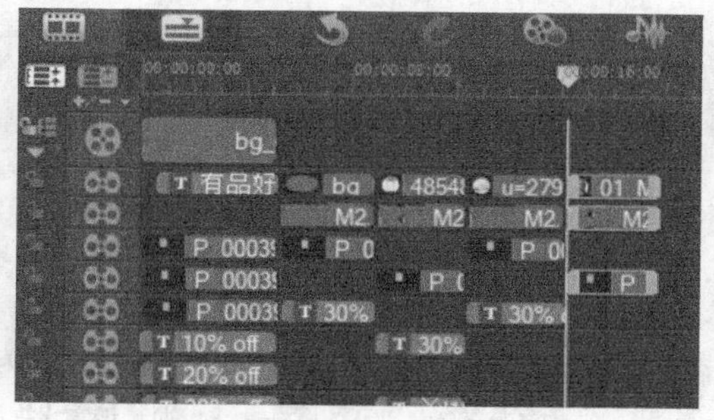

图 17-38 插入所有素材

03 在工作界面中单击“标题”按钮，然后将时间线移至16秒3帧处，在覆叠轨6中创建一个标题字幕，如图 17-39所示。

04 选中字幕文件，在“编辑”选项卡中设置字体大小为自定，字体为Broadway BT，颜色为黑色，行间距为80，如图 17-40所示。

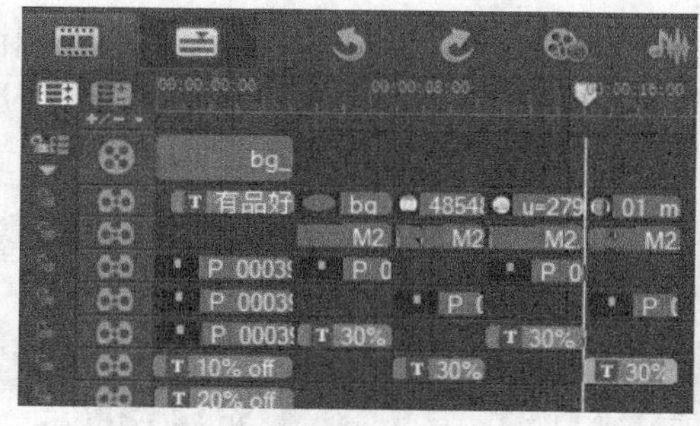

图 17-39 创建字幕

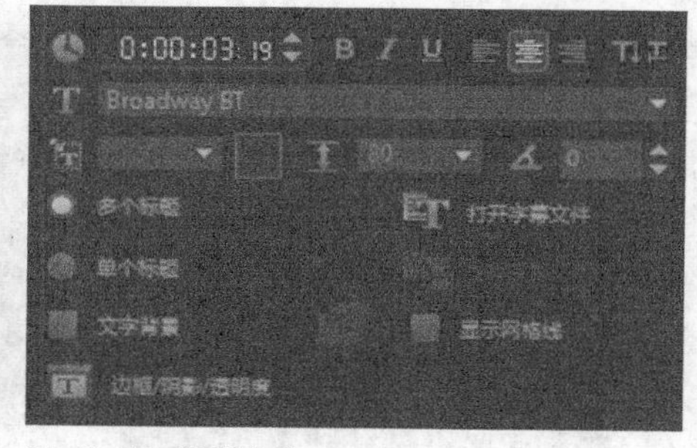

图 17-40 设置字体

05 在工作界面中单击“标题”按钮，然后将时间线移至16秒3帧处，在覆叠轨8中创建一个标题字幕，如图 17-41所示。

06 选中字幕文件，在“编辑”选项卡中设置字体为100，字体为Broadway BT，颜色为白色，行间距为80，旋转角度为-8，如图 17-42所示。

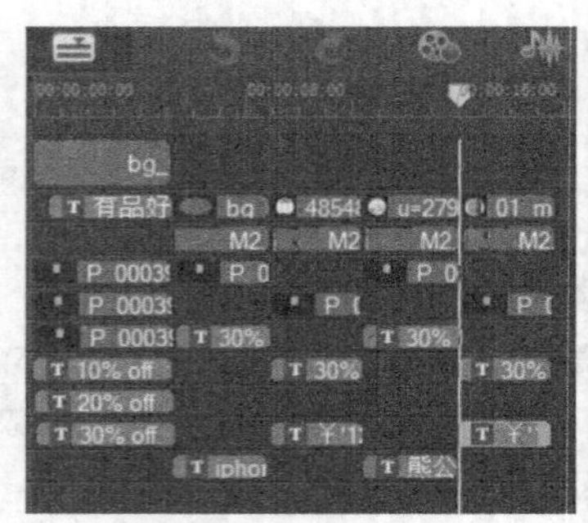

图 17-41 创建字幕

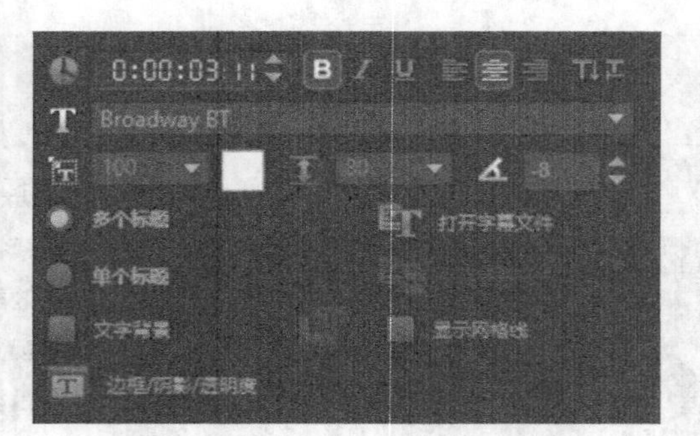

图 17-42 设置字体

07 执行上述操作后，单击导览面板中的“播放”按钮，即可预览视频效果，如图 17-43所示。

图 17-43 预览效果

实战 218 “新品促销”部分

除了店内常见商品的展示，电商视频还可以提炼卖点，在最后增加“新品促销”或“秒杀抽奖”等活动宣传介绍。

- **素材位置** | 素材\第17章\实战218
- **效果位置** | 效果\第17章\实战218 “新品促销”部分.VSP
- **视频位置** | 视频\第17章\实战218 “新品促销”部分.MP4
- **难易指数** | ★★★☆☆

操作步骤

01 进入会声会影X10，单击“文件”|“打开项目”命令，打开一个项目文件（素材\第17章\实战218\实战217“远足双肩包”部分.VSP），如图 17-44所示。

02 在覆叠轨1~9中对应位置插入所有图片和视频素材（素材\第17章\实战218），如图 17-45所示。

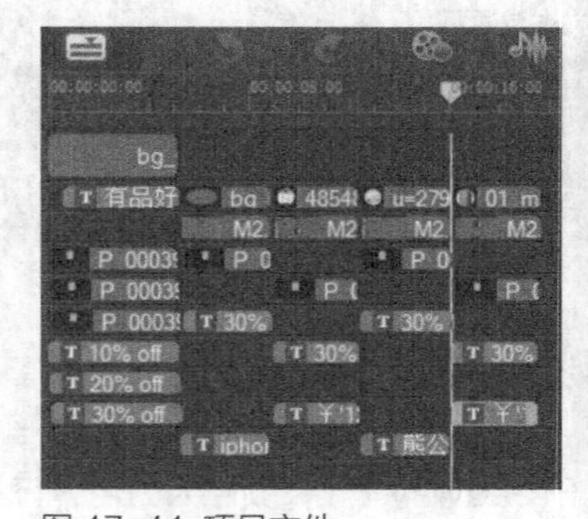

图 17-44 项目文件

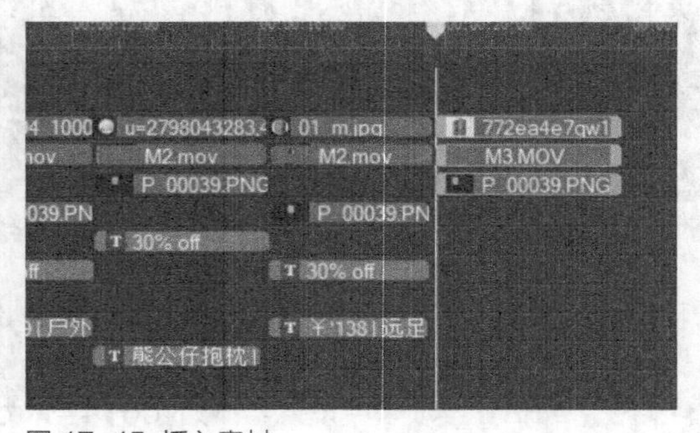

图 17-45 插入素材

03 在工作界面中单击“标题”按钮，然后将时间线移至19秒20帧处，在覆叠轨5中创建一个标题字幕，如图17-46所示。

04 选中字幕文件，在“编辑”选项卡中设置字体大小为101，字体为方正小标宋简体，颜色为黑色，行间距为80，如图 17-47所示。

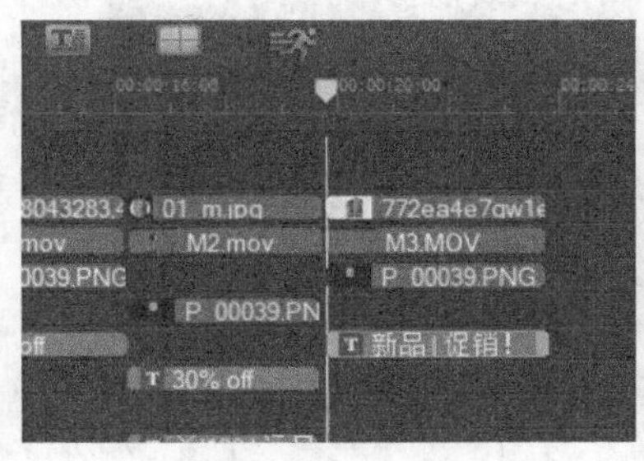

图 17-46 插入字幕

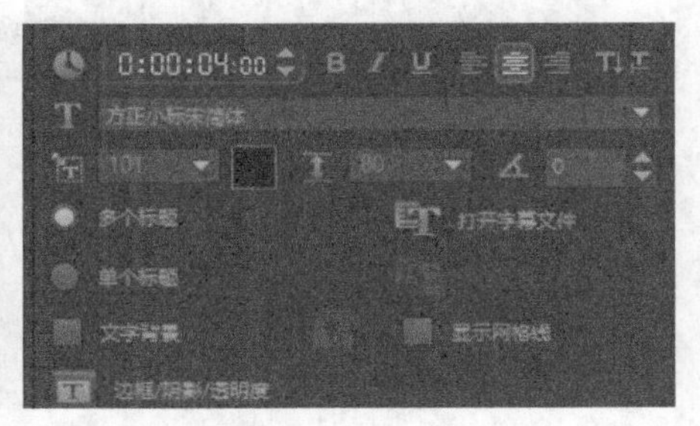

图 17-47 设置字体

05 执行上述操作后，单击导览面板中的“播放”按钮，即可预览视频效果，如图 17-48所示。

图 17-48 预览效果

实战 219 结束部分

视频的结束部分同样非常重要，应该再次点明打折的信息，以及活动的时间等，做到首尾呼应。

- **素材位置 |** 素材\第17章\实战219
- **效果位置 |** 效果\第17章\实战219结束部分.VSP
- **视频位置 |** 视频\第17章\实战219结束部分.MP4
- **难易指数 |** ★★★☆☆

操作步骤

01 进入会声会影X10，单击“文件” | “打开项目”命令，打开一个项目文件（素材\第17章\实战219\实战218 “新品促销”部分.VSP），如图 17-49所示。

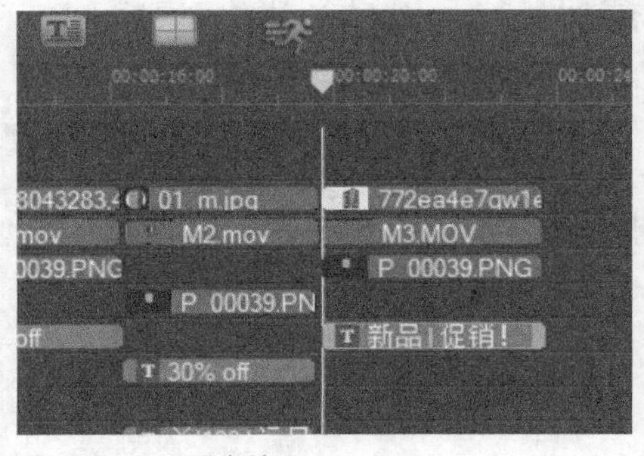

图 17-49 项目文件

02 在覆叠轨1~9中对应位置插入所有图片和视频素材（素材\第17章\实战219），如图 17-50所示。

03 在工作界面中单击“标题”按钮，然后将时间线移至23秒20帧处，在覆叠轨5中创建一个标题字幕，如图 17-51所示。

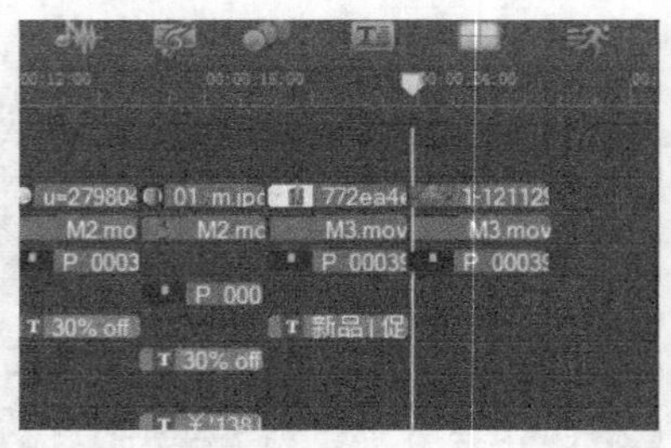
图 17-50 插入素材

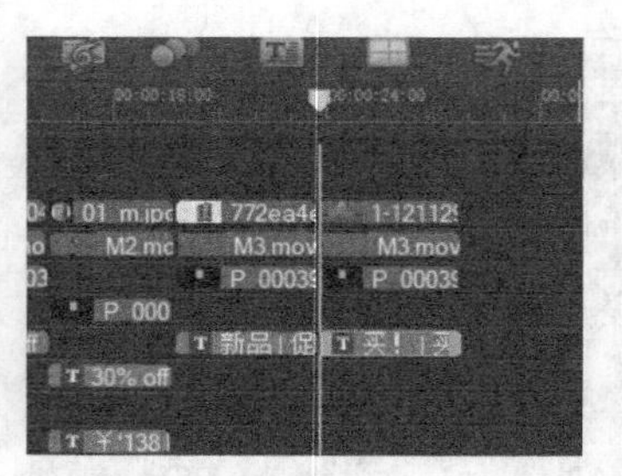
图 17-51 创建标题

04 选中字幕文件，在“编辑”选项卡中设置字体大小为126，字体为苹方 粗体，颜色为黑色，行间距为80，如图 17-52所示。

05 执行上述操作后，单击导览面板中的“播放”按钮，即可预览视频效果，如图 17-53所示。

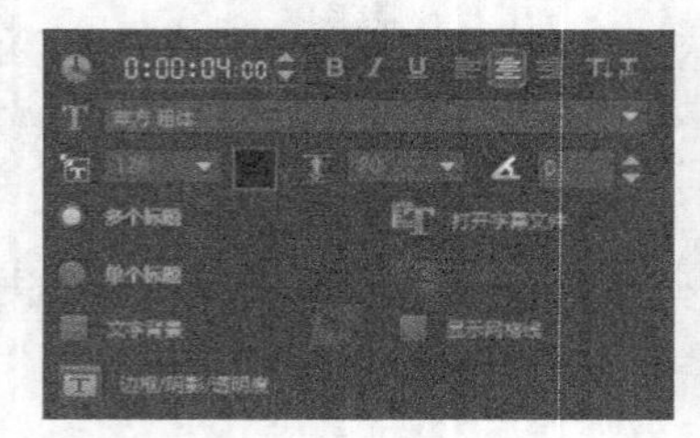
图 17-52 设置字体

图 17-53 预览效果

实战 **220**

添加滤镜效果

滤镜效果能够使视频效果更佳，适当使用滤镜是不错的选择。

- **素材位置** | 素材\第17章\实战220
- **效果位置** | 效果\第17章\实战220添加滤镜效果.VSP
- **视频位置** | 视频\第17章\实战220添加滤镜效果.MP4
- **难易指数** | ★★★☆☆

操作步骤

01 进入会声会影X10，单击“文件”|“打开项目”命令，打开一个项目文件（素材\第17章\实战220\实战219 结束部分.VSP），如图 17-54所示。

02 在工作界面中单击“滤镜”按钮，在“全部”滤镜素材库中选择“双色调”滤镜，如图 17-55所示。

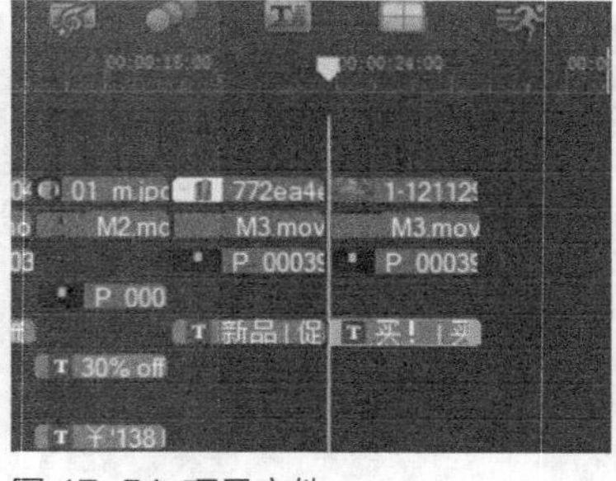
图 17-54 项目文件

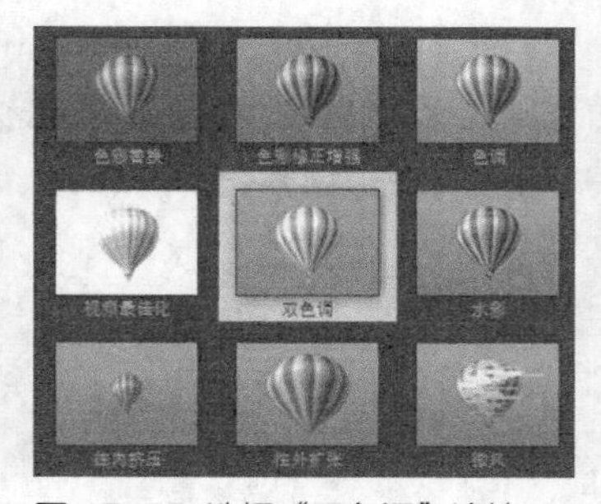
图 17-55 选择“双色调”滤镜

03 按住鼠标左键，将“双色调”滤镜添加至所有MOV文件上，如图 17-56所示。

04 执行操作后，单击导览面板中的“播放”按钮，即可预览视频效果，如图 17-57所示。

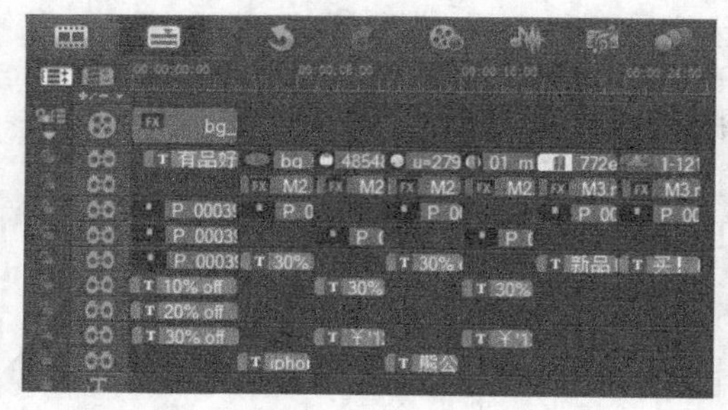

图 17-56 添加滤镜

图 17-57 预览效果

实战 221 添加遮罩帧图片

遮罩帧图片可以由用户自己添加，不局限于系统自带的几款遮罩帧。

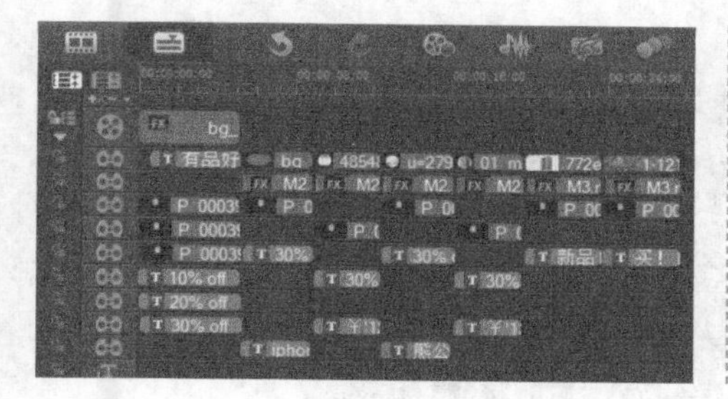

- **素材位置 |** 素材\第17章\实战221
- **效果位置 |** 无
- **视频位置 |** 视频\第17章\实战221添加遮罩帧图片.MP4
- **难易指数 |** ★★★☆☆

操作步骤

01 进入会声会影X10，单击“文件” | “打开项目”命令，打开一个项目文件（素材\第17章\实战221\实战220 添加滤镜效果.VSP），如图 17-58所示。

02 在覆叠轨中选中一个素材，在“属性”选项面板中单击“遮罩和色度键”按钮，如图 17-59所示。

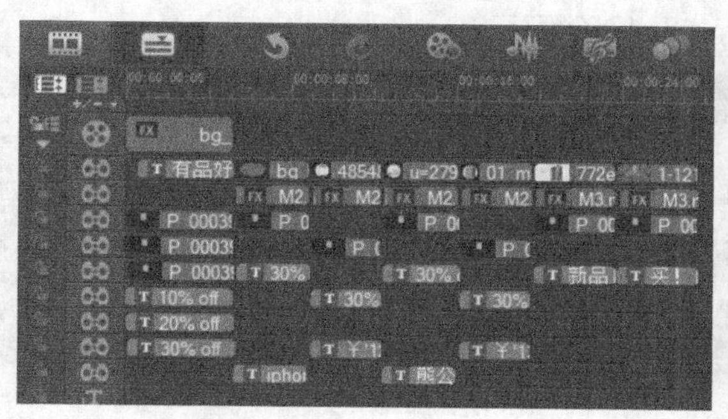

图 17-58 项目文件

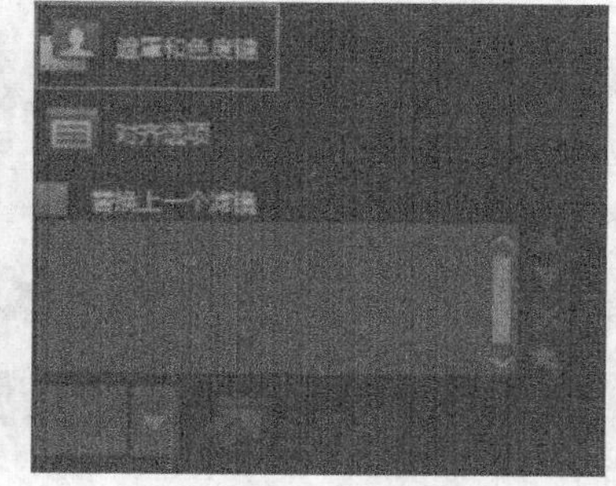

图 17-59 单击“遮罩和色度键”按钮

03 在切换至的面板中勾选“应用覆叠选项”复选框，在“类型”下拉列表中选择“遮罩帧”选项，然后单击右方的“添加遮罩项”按钮，如图 17-60所示。执行操作后，即可添加遮罩帧图片。

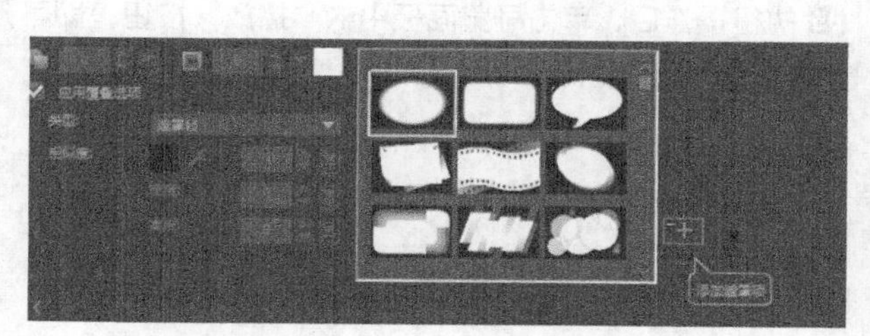

图 17-60 添加遮罩项

实战
222 应用遮罩帧

添加完遮罩帧后，就应该应用到视频中，这样才能真正使用遮罩帧。

- **素材位置** | 素材\第17章\实战222
- **效果位置** | 效果\第17章\实战222应用遮罩帧.VSP
- **视频位置** | 视频\第17章\实战222应用遮罩帧.MP4
- **难易指数** | ★★★☆☆

操作步骤

01 进入会声会影X10，单击“文件”|“打开项目”命令，打开一个项目文件（素材\第17章\实战222\实战220 添加滤镜效果.VSP），如图 17-61所示。

02 在覆叠轨中选中“bg_00065.jpg”素材，在“属性”选项面板中单击“遮罩和色度键”按钮，如图 17-62所示。

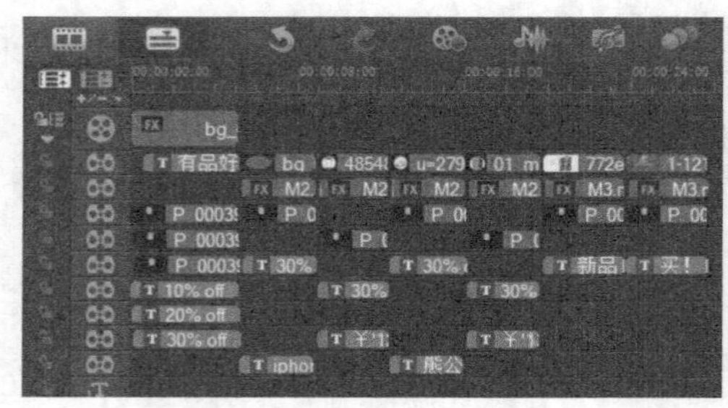

图 17-61 项目文件

图 17-62 单击“遮罩和色度键”按钮

03 在切换至的面板中勾选“应用覆叠选项”复选框，在“类型”下拉列表中选择“遮罩帧”选项，然后在右边的素材库中选择添加的遮罩帧，如图 17-63所示。执行操作后，即可应用遮罩帧图片。

04 用相同的方法，为指定的图片素材添加遮罩帧，如图 17-64所示。

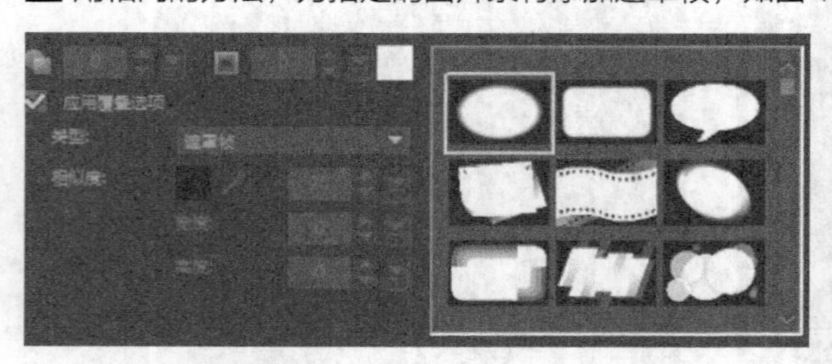

图 17-63 选择遮罩帧

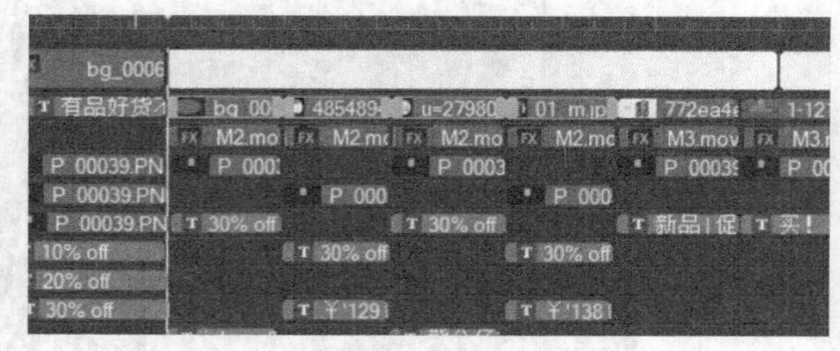

图 17-64 添加遮罩帧

05 执行操作后，单击导览面板中的“播放”按钮，即可预览视频效果，如图 17-65所示。

图 17-65 预览效果

实战 223 添加白色背板部分

添加白色背板是为了让产品展示效果更佳，可以起到修饰视频的作用。

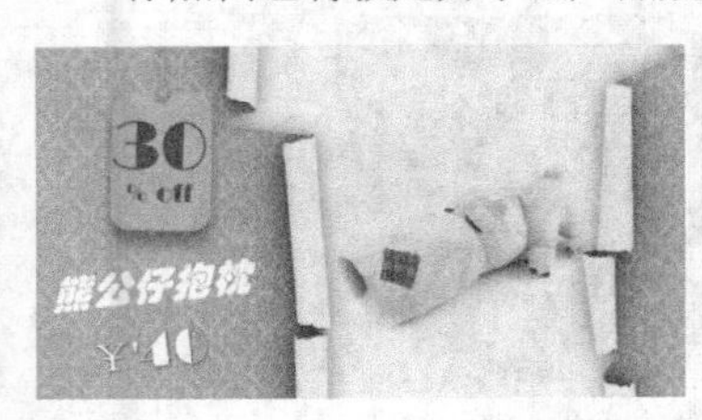

- **素材位置 |** 素材\第17章\实战223
- **效果位置 |** 效果\第17章\实战223添加白色背板部分.VSP
- **视频位置 |** 视频\第17章\实战223添加白色背板部分.MP4
- **难易指数 |** ★★★☆☆

操作步骤

01 进入会声会影X10，单击“文件”|“打开项目”命令，打开一个项目文件（素材\第17章\实战223\实战222应用遮罩帧.VSP），如图 17-66所示。

02 在工作界面中单击“图形”按钮，在“色彩模式”下拉列表中选择“色彩”素材库，如图 17-67所示。

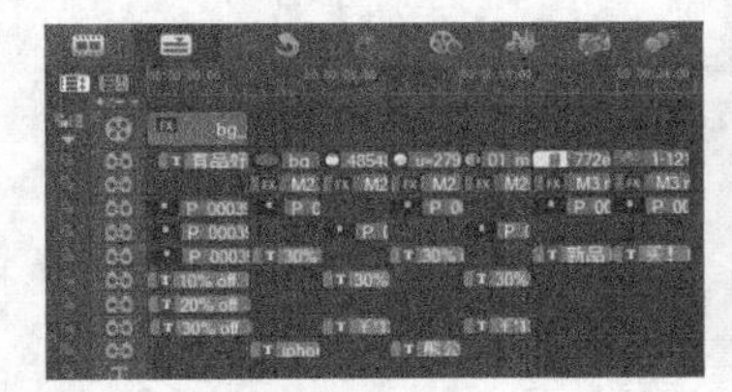

图 17-66 项目文件

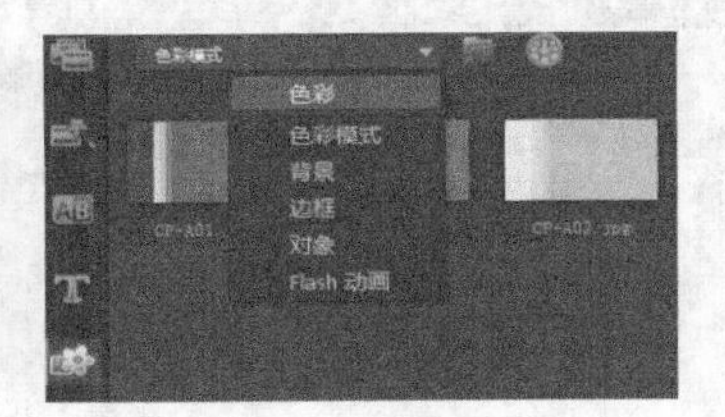

图 17-67 选择“色彩”素材库

03 在“色彩”素材库中选择白色背景板，按住鼠标左键，将白色背景板添加至视频轨中指定位置，如图 17-68所示。

04 执行操作后，单击导览面板中的“播放”按钮，即可预览视频效果，如图 17-69所示。

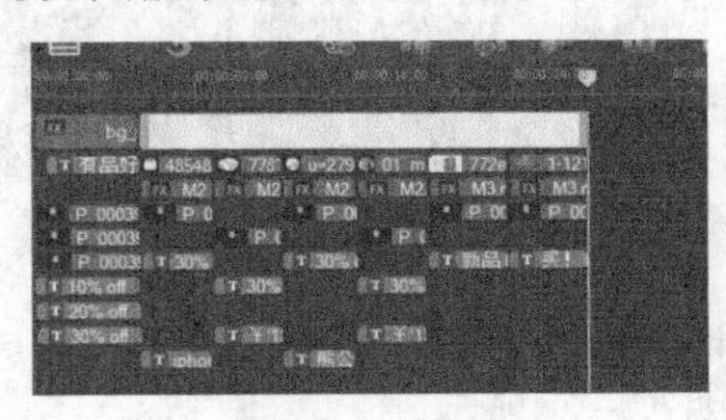

图 17-68 插入白色背景板

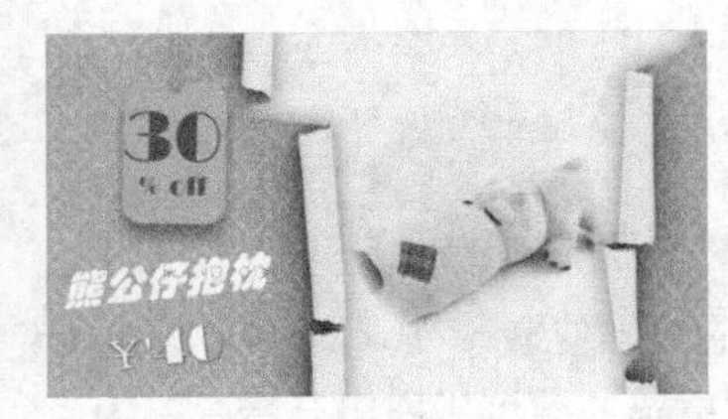

图 17-69 预览效果

17.3 后期制作

实战 224 添加背景音乐

背景音乐能够渲染视频的色彩，带动人的情绪，渲染视频氛围，也是十分重要的一部分。

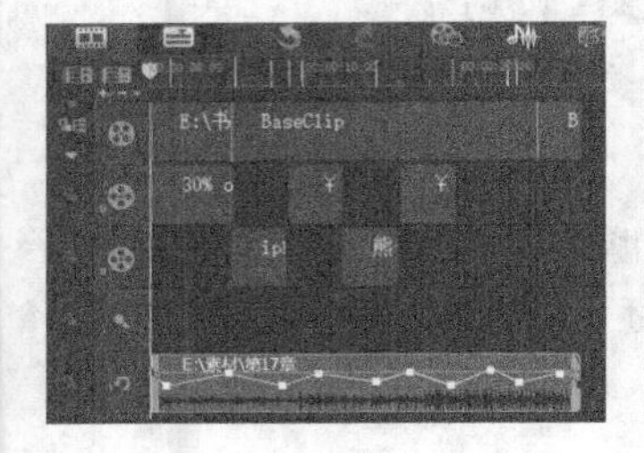

- **素材位置 |** 素材\第17章\实战224
- **效果位置 |** 效果\第17章\实战224添加背景音乐.VSP
- **视频位置 |** 视频\第17章\实战224添加背景音乐.MP4
- **难易指数 |** ★☆☆☆☆

操作步骤

01 在“媒体”素材库中，单击“显示音频文件”按钮，如图 17-70所示，显示素材库中的音频文件。

02 在素材库的上方，单击“导入媒体文件”按钮，如图 17-71所示。

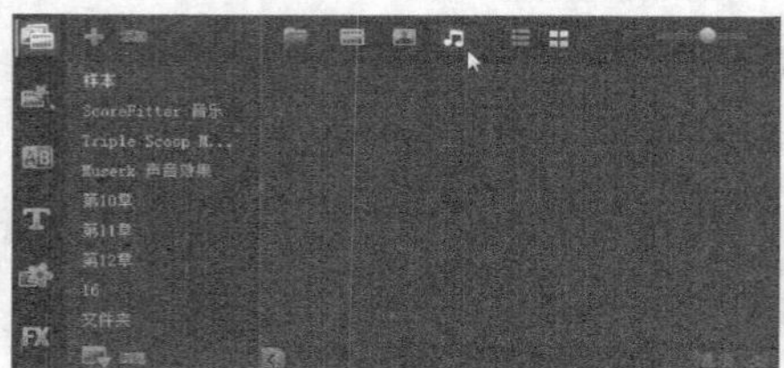

图 17-70 单击“显示音频文件”按钮

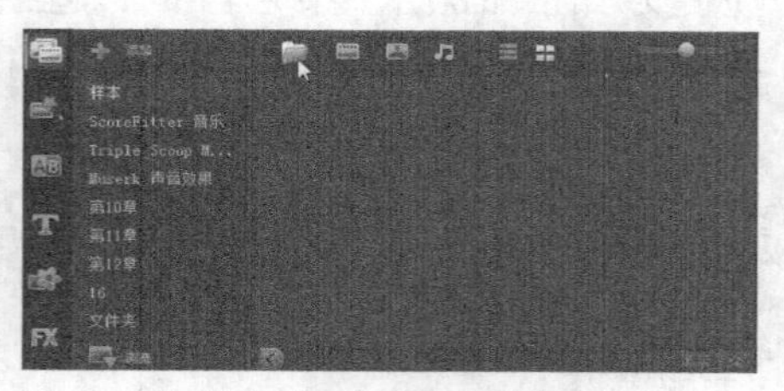

图 17-71 单击“导入媒体文件”按钮

03 执行操作后，弹出“浏览媒体文件”对话框，在其中选择需要导入的背景音乐素材（素材\第17章\实战224\Holiday Adventures pre.mp3），如图 17-72所示。

04 单击“打开”按钮，即可将背景音乐导入素材库中，如图 17-73所示。

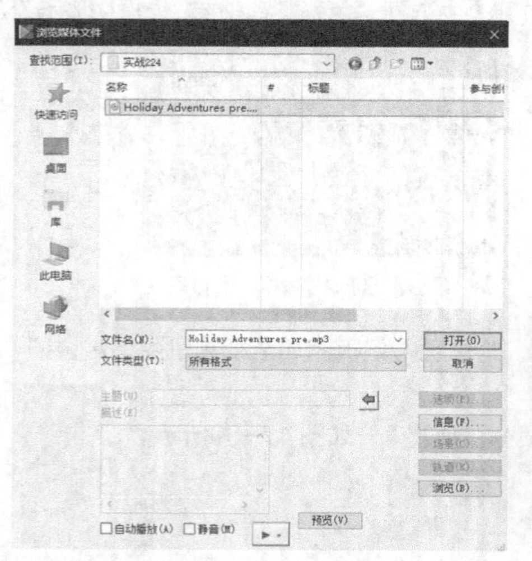

图 17-72 “浏览媒体文件”对话框

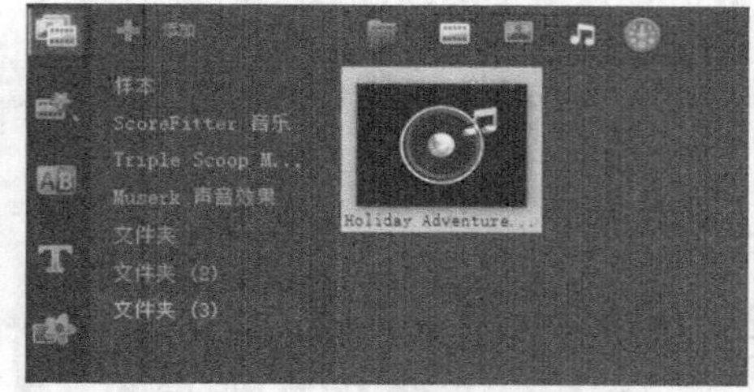

图 17-73 素材库

05 将时间线移至素材的开始位置，在“文件夹”选项卡中选择“Holiday Adventures pre.mp3”音频文件，在选择的音频文件上按住鼠标左键将其拖曳至音乐轨中，如图 17-74所示。

06 双击音乐素材，在“音乐和声音”选项面板中设置播放区间为00:00:27:20，并添加淡出效果，如图 17-75所示。

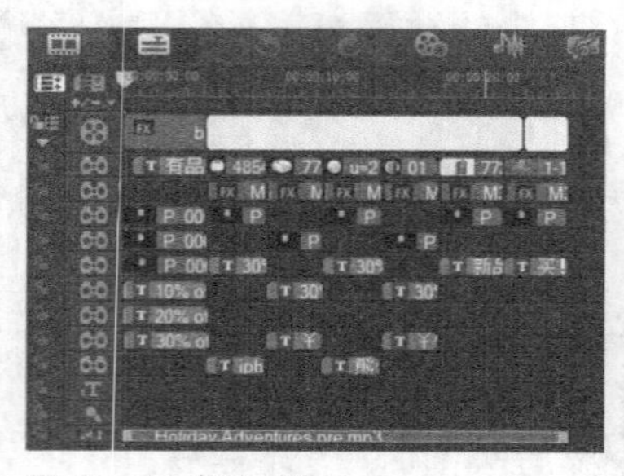

图 17-74 插入素材

图 17-75 设置音频

07 在时间轴面板上方，单击“混音器”按钮，如图 17-76所示。

08 执行操作后，打开混音器视图，在音乐轨中可以查看淡入与淡出特效关键帧，如图 17-77所示。在关键帧上按住鼠标左键并拖曳，可以调整音乐淡入与淡出特效的播放时间，用户在音乐文件上还可以通过添加与删除关键帧的操作来编辑背景音乐。

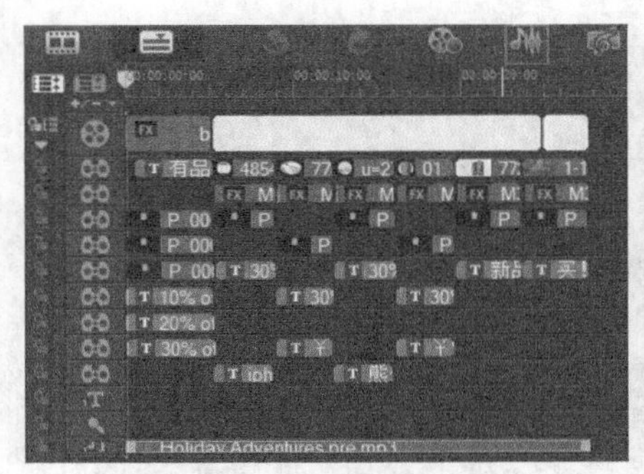

图 17-76 单击“混音器”按钮

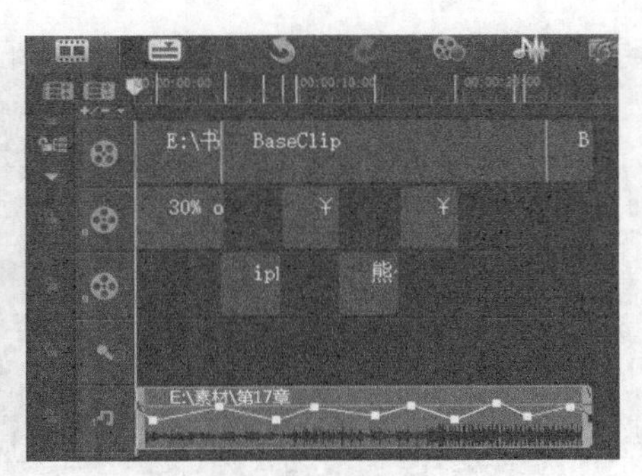

图 17-77 编辑音频

实战 225 输出视频文件

制作完视频后，应该利用会声会影将视频输出以便于共享视频。

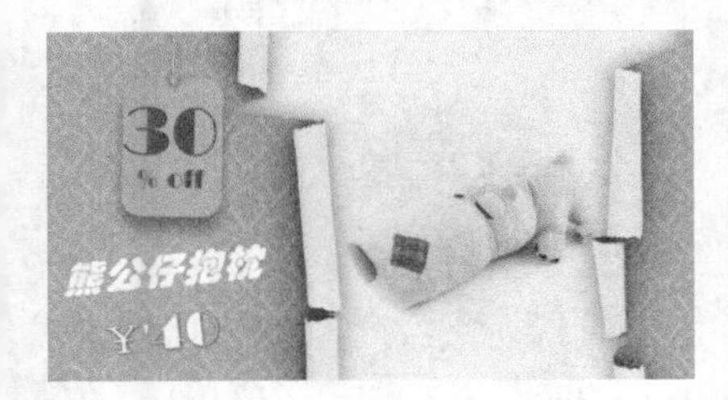

- **素材位置** | 素材\第17章\实战225
- **效果位置** | 无
- **视频位置** | 视频\第17章\实战225 输出视频文件.MP4
- **难易指数** | ★☆☆☆☆

操作步骤

01 进入会声会影X10，单击“文件”|“打开项目”命令，打开一个项目文件（素材\第17章\实战225\淘宝视频.VSP），如图 17-78所示。

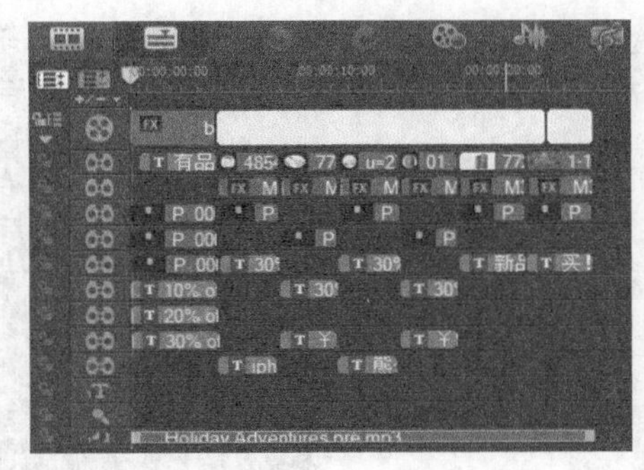

图 17-78 打开项目

02 在会声会影X10工作界面的上方单击“共享”标签，切换至“共享”步骤面板，在其中选择“MPEG-2”选项，如图 17-79所示。

图 17-79 选择“MPEG-2”选项

03 在下方面板中，单击“文件位置”右侧的“浏览”按钮，如图 17-80所示。

图 17-80 单击“浏览”按钮

04 弹出“浏览”对话框，在其中设置文件的保存位置和名称，如图 17-81所示。

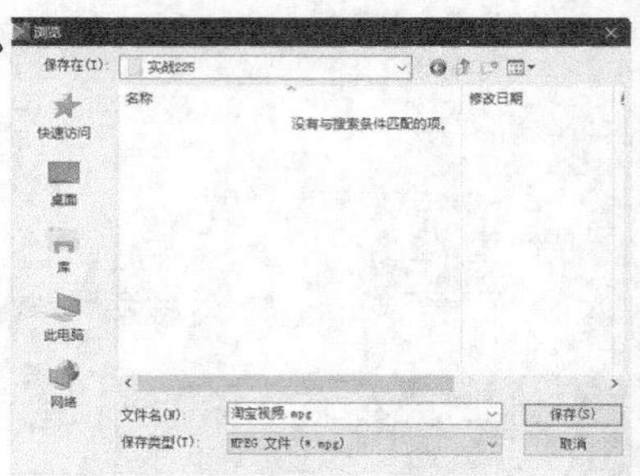

图 17-81 “浏览”对话框

05 单击“保存”按钮，返回会声会影“共享”步骤面板。单击“开始”按钮，开始渲染视频文件，并显示渲染进度，如图 17-82所示。渲染完成后，即可完成影片文件的渲染输出。

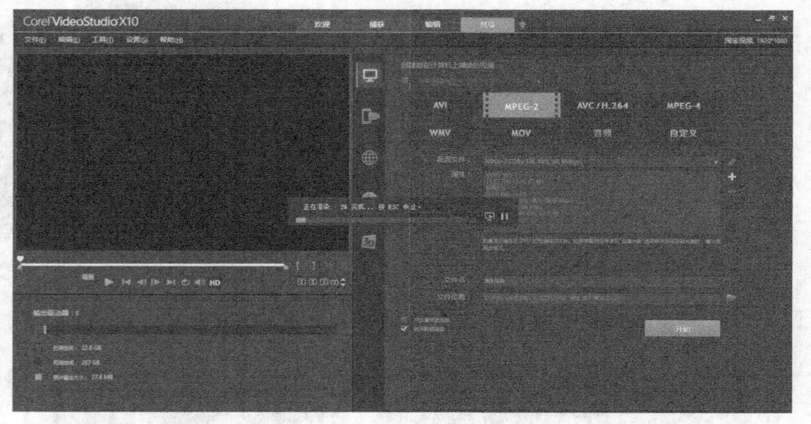

图 17-82 渲染视频

06 刚输出的视频文件在预览窗口中会自动播放，用户可以查看输出的视频的画面效果，如图 17-83和图 17-84所示。

图 17-83 预览效果

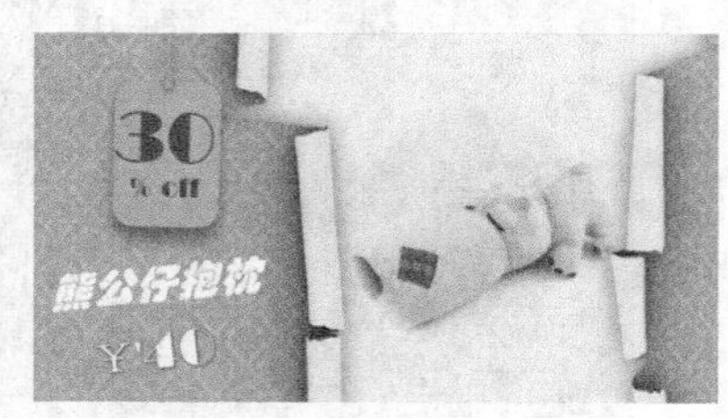

图 17-84 预览效果